뽀이 토핑 이유식

일러두기

1. 이 책에서 언급한 이유식 관련 정보는 2021년 기준으로 미국 소아과학회, 미국 국립보건원, 세계보건기구(WHO), 유럽식품안전청(EFSA, EUROPEAN FOOD SAFETY AUTHORITY), 우리나라 식품의약품안전처에서 발표한 자료를 근거로 했음을 밝힙니다.

2. 잡곡은 식량작물 중 백미와 찹쌀을 제외한 보리, 율무, 콩, 조, 기장, 수수, 옥수수 등을 말합니다. 잡곡에는 비타민, 무기질 및 식이섬유가 쌀의 2~3배 정도 많고 기타 다양한 생리활성물질이 다량 함유되어 있어서 건강을 유지키시는 역할을 합니다(출처: 한국유기농학회지). 다만, 이 책에서는 현미, 흑미, 찹쌀도 잡곡으로 포함시켜서 설명했습니다.

뽀야 토핑 이유식

최신 이유식 지침을 반영한
세상 쉽고 맛있는 레시피 253

정주희(희야) 지음

서 사 원

프롤로그

이른둥이 뿐이를 건강하게 키운 토핑 이유식을 소개합니다

첫째 튼이를 참 힘들게 만났는데요. 둘째 뿐이는 조금 더 어려운 길을 지나 저에게 와주었어요. 시험관 시술 일곱 번 만에 겨우 만났으니까요. 시험관 7차 동안 배에 수백 개의 주사를 스스로 놓으면서 많이 힘들었지만 아이를 만나고 싶은 간절함 하나로 버텨냈어요. 난임을 겪어본 분들은 아시겠지만 정말 끝없는 터널을 걷는 기분이었어요.

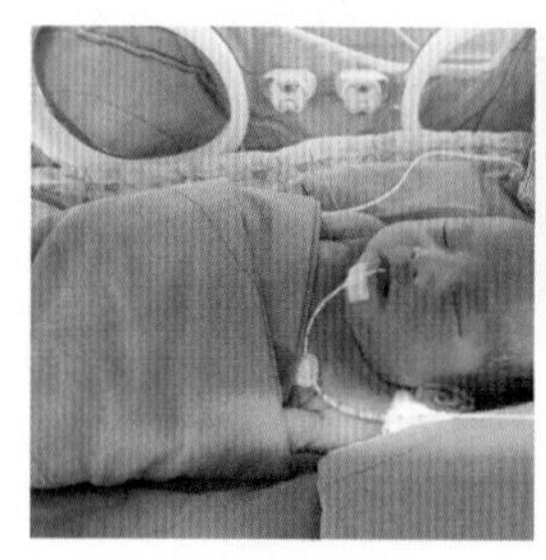

그토록 어렵게 만난 뿐이는 40주 동안 잘 품어서 건강하게만 낳기를 바랐는데도 불구하고 35주 1일 차에 이른둥이로 태어났습니다. 2.32kg의 저체중으로 태어났고, 스스로 호흡하는 걸 힘들어 해서 태어나자마자 대학병원 신생아 집중치료실에 입원했어요. 보름 동안 아이를 볼 수도 없었고, 한두 장의 사진만 겨우 받아보았어요. 그마저도 수많은 기계를 몸에 부착하고 있는, 잘 먹지 못해서 위까지 연결된 줄로 수유하고 있는 한없이 가여운 모습이었죠. 지금도 그때 사진만 보면 눈물이 왈칵 쏟아집니다.

뿐이를 건강하게 품어주지 못했다는 사실에 수없이 자책하면서 산후조리원에서 힘든 시간을 보내던 어느 날 뿐이 담당선생님에게 전화가 왔어요. "검사 결과 심방중격결손이 발견되었습니다." 하고요. 잘 이해하지 못해서 재차 여쭈었는데, 쉽게 말해 심장에 구멍이 있다는 뜻이었어요. 원래 엄마 뱃속에 있을 때는 심장에 구멍이 열려 있어야 하고, 태어나면 닫혀야 하는데 열린 채 태어났다는 거였죠. 일단 지켜봐야 하고 나중에 수술이 필요할 수도 있다는 설명이 더해졌어요. 전화를 끊고 남편에게 이야기를 전하면서 얼마나 울었는지 모릅니다. 안 그래도 나 때문에 일찍 태어난 것 같아 마음 아팠는데 심장까지 이상이 있다고 하니 마음이 무너져내렸죠. 그저 시간이 지나면서 뿐이 심장의 구멍이 닫히기만을 간절히 바라는 것밖에 할 수 있는 게 없었습니다.

이른둥이로 태어나면 퇴원 후에도 심장검사, 안과검사 등 검사가 줄줄이 이어집니다. 그렇게 마음 졸이는 시간들이 지나고 하나씩 졸업했습니다. 마지막으로 심방중격결손 완치 판정까지. 수술을 하지 않아도 된다는 이야기에 얼마나 기뻤던지요.

그런 상황에서도 뿐이는 건강하게 자라서 이유식을 시작할 때가 되었어요. 담당 교수님에게 상담해보니 이른둥이여도 생후 날짜 기준으로 이유식을 시작해도 된다고 하셨어요. 그래서 뿐이는 생후 174일부터 이유식을 시작했습니다. 첫째 튼이가 이유식을 하던 때와는 정말 많은 부분이 바뀌어 있었어요. 완모/완분 구분 없이 생후 6개월 무렵부터 이유식을 시작하고, 미음 형태보다 입자감 있는 게 더 좋고, 농도도 빠르게 올리는 게 좋다고 전문가들은 말합니다. 변화가 많다 보니 혼란스럽더라고요. 이 책을 읽고 있는 분들도 마찬가지겠죠. 하지만 요리 초보였던 저도 해냈으니 여러분도 할 수 있습니다. 튼이를 위해서 죽 이유식(밥솥 이유식)도 해봤고, 뿐이를 위해서 토핑 이유식, 자기주도이유식까지 모두 해봤던 경험을 살려 다양한 노하우를 이 책에 담았습니다. 이유식을 처음 시작하는 분들에게 도움이 되었으면 좋겠습니다.

토핑 이유식, 죽 이유식(밥솥 이유식), 자기주도이유식, 형태만 조금씩 다를 뿐 결국 같은 이유식이고, 아기가 잘 먹는다면 어떤 방법이든 괜찮습니다. 2.32kg으로 만지면 부서질 것만 같은 팔다리를 가졌던 이른둥이 뿐이는 이유식을 먹고 10kg이 넘는 건강한 아기로 자랐습니다. 지금도 또래 친구들과 비교하면 큰 편이에요.

우리의 이유식 목표는 아기가 돌이 되었을 때 가족이 함께 한 자리에 모여서 삼시 세 끼 즐거운 식사를 하는 것입니다. 조금 느리게 천천히 진행되더라도 아기를 믿고 기다려주세요. 여러분의 사랑스러운 아기들도 뿐이처럼 잘 먹으면서 건강하게 자라날 테니까요.

튼이뿐이 엄마 희야 드림

차례

프롤로그
이른둥이 뿐이를 건강하게 키운 토핑 이유식을 소개합니다 • 6

PART 0 토핑 이유식 시작 전에 알아두면 좋아요

이유식은 무엇일까? 왜 해야 할까? • 14
새로 바뀐 이유식 지침 • 16
알레르기 테스트: 밀가루, 달걀 흰자, 땅콩 • 22
이유식 준비물 • 35
초기 쌀가루, 중기 쌀가루, 중기 잡곡가루는 얼마나 사야 할까? • 46
시기별 토핑 이유식의 양 • 48
물 마시는 시기와 섭취량, 빨대컵 사용 시기 • 53
한 번에 6가지 큐브를 만드는 방법 • 57
달걀 고르는 방법 • 65
두부 고르는 방법 • 67
채소, 과일을 세척하는 방법 • 69
아기 과자, 아기 치즈, 아기 요거트를 고르는 방법 • 73
유기농, 무농약, 친환경, GAP 인증, 무항생제 이해하기 • 76
이유식 시작 후 변비가 생겼을 때 • 78
토핑 이유식 각 시기별 특징 • 80

PART 1 초기 토핑 이유식

1장 | 초기 토핑 이유식 시작 전에 알아두면 좋아요

초기 이유식을 왜 쌀로 시작할까? • 85
왜 오트밀로 이유식을 만들까? • 86
초기 토핑 이유식 먹는 양과 시간 • 88
토핑 이유식 큐브 해동법과 이유식 데워 먹이는 방법 • 91
초기 이유식 때 간식을 줘도 될까? • 93
초기 토핑 이유식 소고기 활용법 • 95
초기 이유식&토핑 이유식 질문 • 97
초기 토핑 이유식 재료 • 100
토핑 이유식 식사 차림 예시 • 103
초기 토핑 이유식 식단표 • 105

2장 | 초기 토핑 이유식

쌀죽(불린 쌀 10배죽) • 120
쌀죽(밥 5배죽) • 122
쌀죽(쌀가루 16배죽) • 124
오트밀죽(쌀가루+퀵롤드 오트밀) • 126
오트밀죽(불린 쌀+퀵롤드 오트밀 10배죽) • 128
소고기죽(쌀가루 16배죽) • 130
쌀죽 • 132
오트밀죽(8배죽) • 134
소고기 • 138
애호박 • 140
청경채 • 144
오이 • 148
브로콜리 • 152
양배추 • 156
사과 • 159
당근 • 160
단호박 • 164
완두콩 • 168
달걀노른자 • 172

PART 2 중기 토핑 이유식

1장 | 중기 토핑 이유식 시작 전에 알아두면 좋아요

중기 이유식&토핑 이유식 질문 • 179
중기 토핑 이유식 식단표 재료 미리보기 • 183
이유식에서 사용 가능한 흰살 생선 • 187
중기 이유식 필수템 채소 육수 • 192
중기 토핑 이유식 체크사항 및 스케줄 • 194
중기 토핑 이유식의 재료 비율과 양 • 203
중기 토핑 이유식 식단표(하루 2~3회) • 204

2장 | 중기 토핑 이유식 1단계

중기토핑 이유식 1단계 베이스죽 • 215
현미쌀죽(10배죽) • 216
닭고기 • 218
양파 • 224
두부 • 228
쌀보리죽(10배죽) • 232
시금치 • 236
고구마와 고구마퓌레 • 240
무 • 243
아욱 • 246
퀴노아쌀죽(8배죽) • 250
적채 • 254
비트 • 258
토마토 • 262

3장 | 중기 토핑 이유식 2단계

흑미쌀죽(8배죽) • 268
새송이버섯 • 272
배추 • 276
흰살 생선 • 280
수수쌀죽(8배죽) • 284
소고기토마토소스 • 288
연근 • 290
비타민 • 294
달걀순두부조림 • 298
양송이버섯 • 300
소고기양송이볶음 • 304

PART 3 후기 토핑 이유식

1장 | 후기 토핑 이유식 시작 전에 알아두면 좋아요

후기 토핑 이유식 재료 • 309
후기 토핑 이유식 재료 구매처 • 315
후기 토핑 이유식 체크사항 • 316
후기 토핑 이유식 스케줄과 이유식&분유량 • 320
아기가 이유식을 잘 안 먹을 때 • 326
오트밀 포리지 만드는 방법 • 329

2장 | 후기 토핑 이유식 1단계

후기 이유식 식단표 1단계 • 333
차조무른밥(7배죽) • 338
6배 잡곡무른밥(중기용 가루) • 342
3배 잡곡무른밥(불린 쌀+잡곡) • 344
소고기미역죽(무른밥) • 348
검은콩, 검은콩퓌레 • 352
구기자닭죽(무른밥) • 356
밤 • 360

팽이버섯 • 364
근대 • 368
파프리카 • 372
김 • 379
가지 • 382

3장 후기 토핑 이유식 2단계

후기 이유식 식단표 2단계 • 387
2배 잡곡진밥 • 392
아스파라거스 • 394
숙주나물 • 398
느타리버섯 • 402
케일 • 406
케일달걀오믈렛 • 409
건포도(단호박건포도범벅) • 410
새우 • 414
새우애호박조림 • 418
부추 • 420
부추달걀스크램블드에그 • 422
연어양파감자볼 • 426
삼색 닭안심소시지 • 430
소고기라구소스 • 432
우엉 • 434
게살수프 • 438
자기주도이유식 주의사항 • 441
바나나 • 442
오이 • 445
샤인머스켓 • 446

4장 후기 토핑 이유식 3단계

후기 이유식 3단계 참고사항 • 450
후기 토핑 이유식 식단표 3단계 • 456
1.5배 잡곡진밥 • 462
돼지고기 • 464
톳밥(전자레인지) • 466
톳밥(밥솥) • 468
셀러리 • 472
오징어 • 475
오징어볼 • 476
쑥갓 • 479
매생이달걀찜 • 480
콜라비 • 484
강낭콩밥 • 485
밥새우주먹밥 • 487
그린빈 • 488
그린빈스크램블드에그 • 489

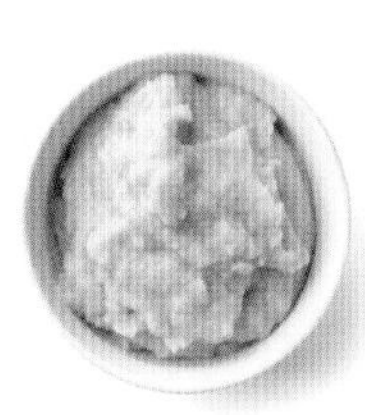

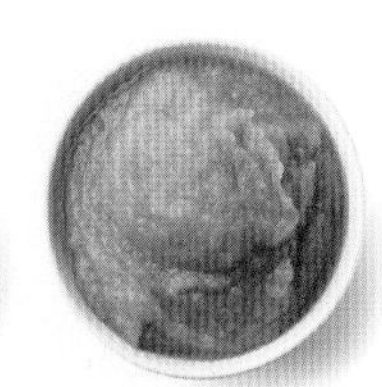

PART 4 완료기 이유식

1장 | 완료기 이유식 시작 전에 알아두면 좋아요

잘 먹던 아이가 갑자기 이유식을 거부하는 이유 • 493
아기 음식에 간은 언제부터 가능할까? • 497
완료기 잡곡밥 짓는 방법 • 500
완료기 이유식 한 끼 차림 예시 • 502
완료기 이유식 식단표(2주간) • 504

2장 | 완료기 이유식

밥

달걀순두부밥 506 | 소고기콩나물밥 507 | 달걀찜밥 508 | 간장버터달걀밥 509 | 소곰탕밥 510 | 소고기가지밥 511 | 소고기시금치덮밥 512 | 소고기채소밥볼 513

죽 · 수프 · 리소토

오트밀달걀죽 514 | 오트밀고구마죽 515 | 김달걀죽 516 | 고구마시금치죽 517 | 샤브채소죽 518 | 소고기새송이채소죽 519 | 황태무죽 520 | 배추들깨죽 521 | 새우채소죽 522 | 밤수프 523 | 닭고기버섯리소토 524 | 게살크림리소토 525 | 매생이크림리소토 526 |

국 찌개

밥새우시금치된장국 527 | 들깨무채국 528 | 팽이두부된장국 529 | 상추된장국 530 | 감자된장국 531 | 맑은버섯국 532 | 콩나물순두부탕 533 | 아기 알탕 534 | 소고기미역국 535 | 아기 동태탕 536 | LA갈비탕 537 | 꽃게된장찌개 538

반찬

쑥갓두부무침 539 | 콩나물김전 540 | 브로콜리부침개 541 | 연근참깨마요 542 | 시금치나물 543 | 애호박나물 544 | 숙주나물 545 | 얼갈이배추나물 546 | 오이나물 548 | 상추나물 549 | 당근채전 550 | 베이비웍달걀찜 551 | 새우바이트머핀 552 | 감자볶음 553 | 소고기느타리버섯볶음 554 | 새우브로콜리볶음 555 | 토마토달걀볶음 556 | 버섯들깨볶음 557 | 치즈포크너겟 558 | 함박스테이크 559 | 찹스테이크 560 | 삼치강정 561 | 소고기무조림 562 | 우유치즈감자조림 563 | 두부프라이 564 | 김두부무침 565 | 무설탕 아기피클 566

특별식

감자뇨끼 567 | 크림소스감자뇨끼 568 | 닭백숙 569 | 간장비빔국수 570 | 달걀만두 571

PART 5 간식&과일

1장 | 간식

전
감자전 575 | 고구마치즈전 576 |

빵
사과빵 577 | 90초 땅콩버터빵 578 | 감자당근빵 579 | 바나나치즈빵 580 | 분유빵 581 | 망고요거트찐빵 582 | 바나나건빵 583

머핀
사과바나나머핀 584 | 사과퓌레머핀 585 | 땅콩소스사과머핀 586

주스
배대추차 587

팬케이크
시금치팬케이크(슈렉팬케이크) 588 | 바나나오트밀팬케이크 589 | 바나나오트밀찜케이크 590 | 바나나땅콩미니팬케이크시리얼 591

빵
프렌치토스트 592 | 프렌치토스트컵 593 | 카스테라 594 | 바나나크레페롤 596 | 치즈와플 597

쿠키
당근오트밀바 598 | 바나나오트밀 쿠키 599 | 고구마쿠키 600 | 고구마사과잼쿠키 602 | 아기제니쿠키 603 | 치즈볼(치즈까까) 604 | 오트밀땅콩볼(오땅볼) 605

퓌레
땅콩버터사과퓌레 606 | 푸룬퓌레 607 | 망고바나나퓌레 608

아이스크림
망고샤베트 609

2장 | 과일

귤(오렌지/한라봉/레드향 등) 611 | 망고 612 | 무화과 613 | 석류 614 | 딸기 615 | 아보카도 616 | 사과 617 | 블루베리 618 | 수박 619 | 참외 620 | 단감(홍시) 621 | 배 622 | 파인애플 623 | 키위 624 | 복숭아 625 | 자두 626 | 멜론 627 | 산딸기 628 | 체리 629 | 용과 630 | 망고스틴 631

찾아보기

토핑(시기별) • 633
토핑 이유식(시기별) • 636
토핑(가나다순) • 637

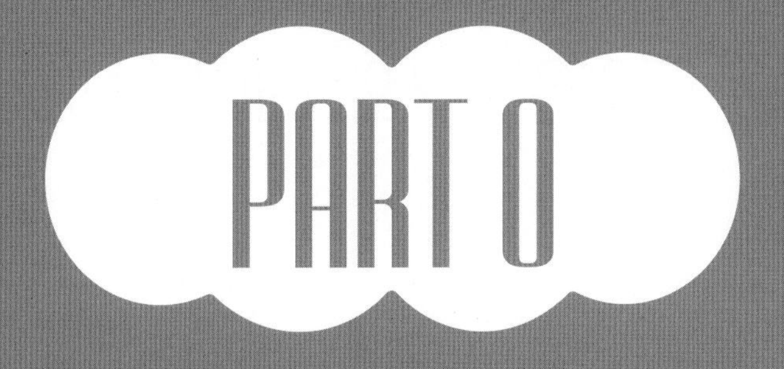

토핑 이유식 시작 전에 알아두면 좋아요

이유식은 무엇일까? 왜 해야 할까?

사전 상 의미를 찾아보면 이유식(離乳食)은 영유아의 영양분이 모유나 분유만으로는 부족해지기 쉬운 시기에 젖떼기를 위해 먹이는 식품을 말합니다.

국민건강정보포털에서는 우리나라에서 이유식이란 용어를 흔히 쓰고 있으나 모유나 분유 외에 추가로 영양을 보충하는 것이지 완전 대체가 아니므로 '이유기의 보충식'이 더 정확한 용어라고 말합니다. 이유기 보충식이란 영아가 어른들이 먹는 음식으로 점차 바꾸어 나가기 위해 모유 또는 분유 외에 주는 음식을 의미합니다. 이유기는 모유 또는 분유의 액상식에서 고형식으로 옮겨가는 시기를 뜻합니다.

이유식의 목적은 영양 필요량을 충족하고, 다양한 맛과 질감을 경험하며, 건강한 식습관을 형성하는 것입니다. 또한 이유식을 진행하면서 새로운 음식을 거부하는 것은 당연하며, 다른 음식과 조합해보거나 맛과 질감을 변경해보는 등의 다양한 방법으로 8~10번 이상 시도해봐야 합니다.

예전의 이유식 방법과 크게 달라진 점은 바로 알레르기 가능성이 높은 음식을 제한하지 않는다는 점인데요. 알레르기를 잘 일으키는 음식으로는 우유, 계란, 생선, 견과류, 해산물 등이 있습니다. 최근 연구에 따르면 이러한 과거의 견해는 더 이상 근거가 없으며, 오히려 늦게 시작하면 알레르기를 더 일으키는 경향이 있다고 보고되고 있습니다. 따라서 알레르기를 우려해 사전에 음식을 제한하는 것은 더 이상 권장되지 않는답니다. 미국소아과학회 등의 외국에서는 이유식 시기를 'Starting Solid Foods(고형식 시작하기)'라고 표현합니다. 젖병 수유, 모유 수유에서 고형식으로 전환하는 시기를 말합니다.

이유식을 통해 우리 아기들은 분유/모유 수유에서 점차 고형식을 접하기 시작하고, 식사 과정에서 많은 것을 배우게 됩니다. 식사 공간에 앉아서 규칙적으로 식사하는 법, 숟가락으로 먹는 법, 스스로 음식을 쥐고 먹는 법, 배가 부르면 멈추는 과정에 익숙해지는 것 등 모든 이유식 과정이 매우 중요합니다. 이러한 경험들이 평생 좋은 식습관을 갖는 데 도움이 됩니다. 이유식 시기에는 영양소가 풍부하고 아이 몸에 좋은 음식을 제공해주세요. 온가족이 다함께 즐거운 식사 시간이 되길 바랍니다.

새로 바뀐 이유식 지침

초기 이유식 시작 시기는 언제가 좋을까?

제가 결정한 뿐이 이유식 시작 날짜는 생후 174일! 변경된 이유식 지침에 따르면 생후 6개월(180일)부터 시작합니다. 저는 180일을 앞둔 6일 전부터 서서히 연습한 후에 본격적으로 시작하고 싶어서 174일부터 시작했는데요. 정확하게 180일부터 시작해도 됩니다. 진행 순서는 다음과 같아요. 쌀 다음에 바로 소고기로 넘어갑니다(쌀과 소고기 사이에 오트밀을 넣기도 합니다).

180일	181일	182일	**183일**	**184일**	**185일**
쌀죽			**소고기죽**		

첫째 튼이는 생후 5개월이 되자마자 150일부터 이유식을 시작했어요. 쌀-채소-소고기 순으로요. 그런데 뿐이는 생후 6개월 무렵에 시작해서 쌀 다음에 바로 소고기로 이어 갔습니다.

기존 이유식 시작 시기	**새로 바뀐 이유식 시작 시기**
완분 아기는 5개월 시작/완모 아기는 6개월 시작	**완분 완모 상관없이 6개월 시작**

그럼 왜 튼이는 5개월에 시작했을까요? 예전에는 완분 아기는 5개월, 완모 아기는 6개월부터 이유식을 시작했어요. 그런데 이제는 모유를 먹든, 분유를 먹든 이유식 시작 시기를 굳이 나눌 필요가 없어졌어요. 2021년 기준으로 미국 소아과학회, 미국 국립보건원, 세계보건기구(WHO)에서는 모두 아기가 생후 6개월부터 고형식으로 된 이유식을 섭취할 것을 권장합니다.

미국에서 6개월을 권장하는 이유는 너무 이른 시기, 즉 4개월 이전에 시작하면 제대로 목을 못 가누거나, 앉아 있지 못해서 이유식 진행 자체가 어렵기 때문이에요. 어느 연구에 따르면, 너무 이른 시기(생후 4개월 이전)에 이유식을 시작하면 유아기나 청소년기에 무리한 체중 증가의 원인이 될 수도 있답니다.

"6개월 권장이면 180일인데, 170일에 하면 절대 안 되는 건가요?"
"아니면 사정상 180일보다 조금 늦게 시작할 것 같은데 잘못된 건가요?"

이런 궁금증도 생기죠? 6개월부터 시작할 것을 권장한다지만 상황에 따라 아이의 상태에 따라 조금 더 일찍, 조금 더 늦게 시작할 수도 있어요. 하지만 너무 일찍(4개월 이전)이나 너무 늦게(돌 무렵) 시작하는 건 도움이 되지 않는다는 걸 말씀드리고 싶어요. 그렇다면 아기가 이유식을 시작할 수 있는 준비 징후에는 어떤 것들이 있을까요? 다음 내용에서 확인해 보세요.

이유식 시작 시기가 되었다는 징후

의자에 앉았을 때 잘 앉아 있나요?

최소한의 지지를 통해 스스로 잘 앉아 있어야 가능해요.

머리를 잘 가누고 있나요?(최소 15분 정도)

이유식을 먹는 동안 목과 허리의 힘은 아주 중요합니다. 머리를 잘 가누고 있어야 이유식을 먹기 수월하겠죠.

음식에 관심을 보이나요?

엄마, 아빠가 먹을 때 흥미롭게 쳐다보거나, 음식을 입에 가져가려고 하거나, 손을 뻗어 만지려고 하는 등 이런 반응을 계속 보이는 날이 올 거예요. 그럼 아, 먹고 싶어 하는구나 생각하고 이유식을 준비하면 됩니다.

침을 흘리며 먹고 싶어 하나요?

이가 나려고 하는 시기에도 침을 많이 흘리지만, 이유식 시작을 알리는 시기에도 침을 많이 흘리는 편이에요.

몸무게가 출생 시보다 2배 이상 증가했나요?

35주 1일 2.32kg에 태어난 뿐이는 분유도 잘 먹어서 3배 이상 증가했어요. 보통 6~7kg 정도 되면 이유식을 시작할 때가 되었다고 합니다.

내밷기 반사(혀를 내미는 것)가 사라지거나 줄어들었나요?

이유식을 먹을 준비가 되었다는 신호 중 하나이지만, 내밷기 반사가 완전히 사라질 때까지 기다릴 필요는 없어요. 이유식을 시작할 때 실제로 도움될 수도 있다는 것이 전문가들의 의견입니다. 때문에 이 부분은 크게 걱정하지 말고 이유식을 시작해도 무방해요.

위에서 말하는 준비 징후들이 나타날 때가 대부분 생후 6개월 무렵입니다. 그래서 이유식을 생후 6개월부터 시작하는 걸 권장해요.

아기가 6개월인데 잘 앉아 있지 못할 때는?

모든 아기는 발달 상태나 속도가 같을 수 없어요. 6개월이 되었어도 스스로 앉아 있는 걸 힘들어하는 아이도 많습니다. 이유식 시작 즈음해서 터미타임과 옆으로 눕는 것을 포함하여 아이가 발달하는 데 도움되는 놀이를 자주 해주는 것도 좋습니다. 또는 딱 180일에 시작하지 말고 조금 더 기다렸다가 190일이나 200일쯤 시작해도 괜찮습니다. 아기가 최소한의 지지로 스스로 앉아서 목을 가눌 수 있을 때, 의자에 바른 자세로 앉아 이유식을 먹을 수 있으니까요.

"6개월에 이유식 시작을 권장하지만, 조금 더 빨리 시작해도 괜찮아요."

아기가 너무 먹고 싶어하거나 평소 먹는 양이 많고 또래보다 클 경우에는 생후 5~6개월부터 시작해도 괜찮아요. 모유와 분유 먹는 양이 너무 적어 몸무게가 제대로 늘지 않으면 소아과 전문의와 상담 후에 이유식을 조금 더 일찍 시작할 수도 있습니다.

주의사항: 이른둥이, 발달지연, 기저질환이 있는 아기라면 담당 의사 선생님과 상의해서 이유식 시작 시기를 결정하는 것을 추천드립니다.

새로 바뀐 이유식 지침에 따라 가능해진 음식

새롭게 바뀐 이유식 지침

새로 바뀐 이유식 지침 중에서 중요한 몇 가지만 정리했어요. 꼭 읽어보세요.

입자 크기, 농도 변화를 처음부터 빠르게 올려요.

기존 이유식은 아주 곱게 갈아서, 아주 묽게 끓인 쌀죽을 체에 걸러 먹였어요. 하지만 이제는 꼭 그렇게 하지 않아도 아이들이 잘 먹는다고 합니다. 외국에서는 6개월 아기도 핑거푸드를 진행할 정도니까요. 아기들도 시간이 흐르면서 점점 진화한다고 해야 할까요.

불린 쌀 기준 10배 죽으로 시작해서 중기 때는 5배 죽을 먹을 수 있어야 한다고 해요. 바꿔서 말하면 《튼이 이유식》을 참고로 했을 때, 쌀가루 기준 20배 미음에서 시작해 중기 시작할 때는 쌀가루 10배 죽을 먹을 수 있어야 한다는 말과 같아요. 어떻게 보면 기존 이유식의 배죽과 비슷해요. 때문에 배죽을 너무 신경 쓰지 않아도 괜찮아요. 아이가 잘 먹는 농도와 입자 크기면 돼요.

	기존 이유식 지침	새로 바뀐 이유식 지침
입자 크기&농도	아주 곱게 갈아서, 아주 묽게 끓인 쌀죽을 체에 걸러 먹였음	체에 거를 필요 없이 초기부터 입자감 있게 진행 가능하며 잘 먹으면 빠르게 입자 크기와 농도 올리기

이유식의 모든 과정은 아이에게 맞춰 진행해요.

이유식 지침이 바뀌었다고 무조건 딱 맞춰서 따라가려고 하면 스트레스 받아요. 참고하되 아이 상태에 따라 진행하면 됩니다. 물론 아이가 처음부터 되직하거나 알갱이가 있어도 잘 먹는다면 조금씩 되직하게 입자감 있게 변화를 주며 이유식을 진행하면 좋아요.

초기 이유식부터 잡곡 사용 가능

보통 초기에는 쌀, 찹쌀 정도만 사용해왔는데요. 이젠 초기부터 잡곡을 사용할 수 있어요. 가장 대표적인 게 오트밀이에요. 현미도 가능합니다. 오트밀은 외국에서 쌀 대신 사용할 정도로 유명한 이유식 재료에요. 철분 함량이 많아 성장기 아이들에게 도움이 되는 식재료입니다. 뿐이도 쌀과 오트밀로 시작했어요. 처음에는 쌀 대비 잡곡 비율을 10~20%로 시작하다가 돌 전에

50%까지 섞어서 먹일 수 있습니다. 잡곡도 몸에 좋은 영양성분이 많으니 이유식 시기부터 조금씩 시도해보세요.

	기존 이유식 지침	새로 바뀐 이유식 지침
잡곡 종류	쌀, 찹쌀이 무난하고 그 외 잡곡은 피하는 게 좋음	쌀, 찹쌀, 현미 외 잡곡(오트밀, 보리, 수수 등) 모두 가능

특정 음식도 사용 가능

특정 음식은 알레르기를 잘 유발하기 때문에 늦게 먹여야 했는데 이젠 그렇지 않습니다. 가장 대표적인 음식이 밀가루, 달걀, 땅콩입니다. 기존에는 달걀은 중기 이유식부터 노른자만 섭취 가능하고, 흰자는 돌 이후 권장이었어요. 땅콩은 알레르기가 쉽게 발생하는 음식이라 돌 전에는 먹이면 안 된다고 했어요. 밀가루는 7~8개월쯤 중기 이유식에서 한 꼬집씩 넣어 알레르기 테스트를 해왔는데, 최근 지침에서는 다음과 같이 바뀌었어요.

땅콩과 알레르기에 관한 연구에 의하면 너무 늦게 땅콩을 도입하는 경우, 오히려 알레르기 위험성이 증가할 수도 있답니다. 돌 전부터 땅콩을 섭취하는 게 알레르기 방지에 도움이 되기도 한답니다. 그래서 돌 전에 땅콩을 먹여봐야 한다는 거죠. 그렇다고 땅콩을 통째로 주면 절대 안 돼요. 아기 목에 걸립니다.

특정 음식	새로 바뀐 초기 이유식 지침에 따른 먹이는 시기와 방법
달걀	6개월부터 노른자 섭취 가능. 노른자 섭취 후 1~2개월 뒤 흰자도 가능합니다. 즉, 돌 전에 달걀 흰자를 먹여도 됩니다.
땅콩	6개월부터 언제든지 시도 가능. 다만 처음에는 100% 땅콩버터 소량에 따뜻한 물을 첨가해 묽게 만들어서 시도해보고 아기 상태를 관찰하면서 먹는 양을 늘려줍니다.
밀가루	6개월부터 섭취 가능. 전문가들은 7개월 이전에 첨가하는 걸 추천합니다.

두뇌 발달을 위해 밥과 반찬을 따로 준다

요즘 이유식 트렌드라고 할 수 있죠. #토핑이유식 #반찬이유식 등으로 불리는 이유식 방법이에요. 이유식은 늘 다양한 방법으로 존재해왔어요. 냄비 이유식, 밥솥 이유식, 마스터기 이유식, 찜기 이유식, 죽 이유식, 자기주도이유식 등. 토핑 이유식이나 반찬 이유식 또한 예전부터 있었는데, 요즘 바뀐 이유식 지침에 따라 많은 분들이 적용하고 있어요. 밥(쌀죽)과 반찬(각종 채소,

고기)을 따로 주면 아이도 음식 고유의 맛을 알 수 있고, 두뇌 발달에 도움이 된답니다.

그렇다면 기존 방식으로 다 섞어서 먹이는 죽 이유식을 먹으면 두뇌 발달에 안 좋은 영향이 있을까요? 그건 아니죠. 죽 이유식을 진행하면서도 핑거푸드를 중간중간 시도해볼 수 있고, 한 번은 죽 이유식을 만들고, 또 한 번은 큐브에 전부 따로 얼렸다가 해동해서 토핑 이유식이나 반찬 이유식을 해봐도 됩니다. 아이의 발달 정도나 컨디션에 맞게 진행해요.

가장 중요한 건 이유식 방식보다 아기를 잘 먹이고 잘 키우겠다는 엄마의 마음입니다. 어떤 방식으로든 내 아기를 위한 마음이 최고 아니겠어요. 직접 만들어 먹이는 게 좋다고 하지만 상황이 그렇지 못한 경우도 있어요. 그럴 경우 부득이하게 시판 이유식을 할 수도 있어요. 그 선택을 누구도 뭐라 할 순 없습니다. 엄마, 아빠의 상황과 아기의 발달 상황에 맞게 하면 되죠. 최종 목표는 돌이 되었을 때 엄마, 아빠와 함께 아침, 점심, 저녁 세 끼를 잘 먹는 거라 생각하고 이유식을 시작해보세요.

알레르기 테스트: 밀가루, 달걀 흰자, 땅콩

밀가루 알레르기 테스트

수많은 음식 중에서도 특히 알레르기 발생 가능성이 높은 음식이 있는데요. 그중 하나가 바로 밀입니다. 외국의 수많은 연구에 따르면, 밀가루 도입을 늦출 필요가 없으며, 생후 6개월 이상이면 먹여도 된다고 합니다. 오히려 일찍 먹이는 게 알레르기 발생 가능성을 낮춰준답니다.

저는 튼이 이유식을 할 때는 밀가루 테스트를 굳이 이유식에 넣어서 하진 않았고, 중기, 후기 이유식을 진행할 때 소면으로 촉감놀이를 해주거나, 돌 이전에 빵을 먹여보는 걸로 대신했어요. 하지만 뿐이는 중기 이유식에서 밀가루 알레르기 테스트를 완료했습니다.

밀가루는 언제부터 얼마나 먹여야 할까?

밀가루를 먹을 수 있는 시기: 생후 6개월부터

처음에는 아주 소량만 먹여보세요. 한 꼬집 정도만 이유식에 첨가해봅니다. 그렇다면 한 번만 테스트해도 될까? 전문가들에 의하면, 밀가루 알레르기 테스트가 끝난 후에는 가능한 자주 먹이는 게 도움이 된답니다. 연구에 따르면, 일주일에 한 번 정도만 노출돼도 유익합니다. 토핑 이유식 베이스죽을 만들거나 죽 이유식을 만들 때 밀가루 한두 꼬집을 추가해서 만들어주세요. 가끔 소면을 삶아서 촉감놀이로도 제공해보세요.

안전하게 밀가루 테스트하는 방법

적은 양으로 관찰하는 게 중요해요. 대부분의 알레르기 반응은 섭취 후 2시간 이내 발생합니다. 간혹 심한 경우 몇 분 이내 바로 나타날 수도 있어요. 가능한 평일 오전에 먹여보는 걸 권장합니다. 그래야 알레르기가 심할 경우 바로 병원에 가서 적절한 치료를 받을 수 있으니까요. 알레르기 테스트 2~3시간 동안에는 아기를 잘 지켜봐주세요. 다행인 점은 밀가루 알레르기가 발생한 아이들의 2/3 정도는 만 12세까지 알레르기를 극복할 수 있답니다. 가족 중에 밀가루 알레르기가 있다면, 아기에게 테스트하기 전에 반드시 소아과 전문의와 상담해보세요.

밀가루 영양성분

통밀가루에는 단백질, 섬유질 및 철, 아연, 비타민B와 같은 영양소가 포함되어 있어요. 밀가루와 통밀가루에는 성장하는 아기들에게 필수인 탄수화물이 들어 있어요. 외국산 밀은 병충해 때문에 농약을 사용하는 경우가 많은데, 우리 밀은 상대적으로 농약 사용이 적답니다. 그러니 국산 유기농 밀가루를 선택하고, 밀봉해서 서늘한 곳에 보관하는 게 좋습니다. 그렇다면 이유식을 할 때 밀가루 테스트는 어떻게 진행해야 할까요?

밀가루 테스트 5가지 방법

1. 베이스죽 또는 죽 이유식을 먹일 때 밀가루를 넣어 데워 먹이기
2. 토핑 이유식 베이스죽을 만들 때 밀가루 넣어 끓이기
3. 죽 이유식을 3일 치 만들 때 밀가루 넣어 끓이기
4. 삶은 소면으로 촉감놀이하기
5. 간식으로 빵 먹여보기

모두 가능한 방법입니다. 다만 1번의 경우 전자레인지로 데우면 밀가루가 제대로 익는지 확실하지 않아서 추천하지 않아요. 2번이나 3번은 만약 1일차에 알레르기 반응이 나타날 경우 최소 3일 치에서 2주 치 죽 이유식, 베이스죽을 먹이지 못하고 다 버려야 하는 상황이 발생할 수 있습니다.

4번은 아기들 소근육 발달에 좋아요. 다만 소면에도 소금이 들어간다는 사실, 알고 계신가요? 원재료 함량을 꼭 확인해보세요. 대부분의 소면에는 정제소금이 들어 있습니다. 때문에 한 번에 많은 양을 제공한다기보다는 적은 양만 주는 걸 추천해요. 그래도 소금, 나트륨 섭취가 걱정된다면 돌 이후에 주는 게 좋아요.

5번 빵은 어떨까요? 괜찮습니다. 하지만 아기들에게 처음 먹일 빵을 찾기가 쉽지 않아요. 직접 집에서 만든 빵이면 제일 좋아요. 일반 빵은 우유나 달걀이 기본으로 들어가기 때문에 첫 시

작을 일반 빵으로 하면, 알레르기 반응이 나타날 경우 밀가루 때문인지 달걀, 우유 때문인지 알 수 없어요.

밀가루 알레르기 테스트 방법

토핑 이유식 기준으로 밀가루 테스트 방법을 알려드립니다. 죽 이유식을 진행하고 있다면, 똑같이 당일 먹일 죽 이유식을 냄비에 넣고 밀가루 한 꼬집과 물을 조금 넣고 끓이면 돼요.

1. 오늘 당장 먹이는 토핑 이유식으로 냉동 상태의 쌀현미 베이스죽+소고기+청경채+당근+단호박 토핑을 전날 이유식 용기에 담아서 냉장고로 옮겨 해동합니다.

2. 냄비에 냉장 해동한 이유식을 넣고 밀가루를 준비해주세요. 양은 많지 않아도 됩니다. 첫 시작은 아주 소량으로도 가능해요. 국산 통밀가루나 유기농 밀가루를 추천합니다.

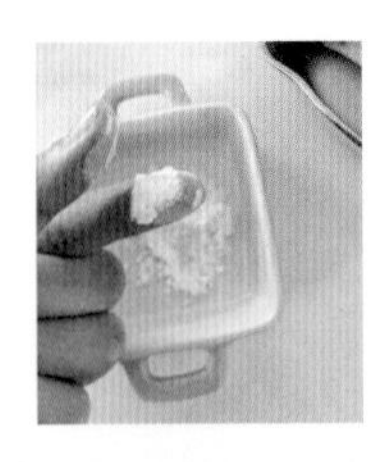

3. 밀가루 한 꼬집! 이 정도만 넣어도 충분해요.

4. 냄비에 밀가루 한 꼬집을 넣고 물이나 육수를 조금 더해주세요. 물이나 육수 없이 끓이면 밀가루가 눌어붙거나 제대로 익지 않을 수 있어요.

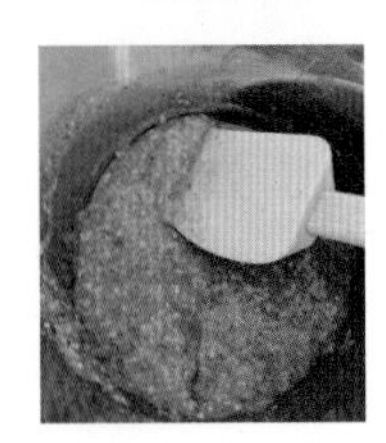

5. 저어가며 끓입니다. 너무 오래 끓이지 않아도 돼요. 밀가루가 익을 정도면 됩니다.

6. 밀가루를 넣은 이유식 완성! 밀가루 테스트 초반에만 이렇게 하고, 알레르기 반응이 없다면 다음부터는 베이스죽을 만들 때 밀가루를 첨가해서 끓여요.

7. 생후 6개월 이후에는 물을 조금씩 먹여도 좋아요. 이유식 먹을 때 조금씩 같이 주세요. 토핑 이유식 형태로 먹이다가 밀가루 테스트하려고 죽 이유식을 먹여봤는데 잘 먹었어요.

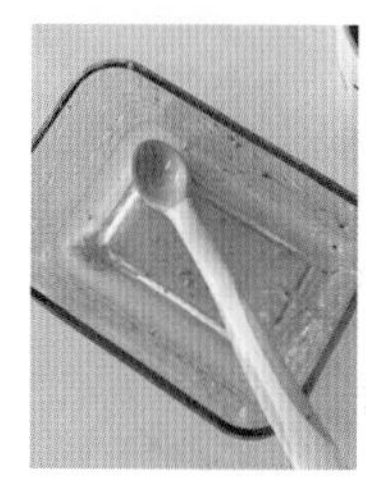

8. 밀가루 테스트 완료! 한 그릇 싹 비웠어요.

첫 번째 밀가루 테스트 1일차가 끝났다면 그다음은 어떻게 해야 할까요?

3일 연속 진행하거나 일주일 후에 다시 먹여봐도 괜찮아요

중기 이유식부터는 새로운 재료를 2~3일에 하나씩 먹여보면 괜찮습니다. 뿐이 이유식 식단표를 보면 이유식 3일차에 밀가루를 넣었어요. 보통 2시간 이내, 빠르면 몇 분 이내로 알레르기 반응이 나타나기 때문에 하루만 테스트해봐도 알 수 있어요.

알레르기 반응이 없다면 수시로 먹여보세요

죽 이유식으로 진행할 경우에는 일주일 후 3일 치 이유식을 만들 때, 밀가루 한두 꼬집을 추가하여 끓여 먹이세요. 토핑 이유식을 진행할 경우에는 베이스죽 1~2주 치 분량을 만들 때 밀가루 한두 꼬집 또는 한두 스푼을 추가하여 끓인 후 소분해서 먹이세요.

모든 알레르기 테스트에서 가장 중요한 점은 새로운 재료를 먹일 때는 반드시 하루에 1개여야 한다는 것입니다. 아무리 생각해도 무섭고 겁이 난다면 소아과 전문의와 먼저 상담한 후에 밀가루를 도입해도 됩니다.

달걀 알레르기 테스트(노른자/흰자)

달걀, 그럼 언제 먹일 수 있을까?

달걀노른자는 생후 6개월 이상이면 먹을 수 있고 초기 이유식부터 사용 가능한 식재료입니다.

달걀 알레르기 테스트는 노른자로 시작합니다. 달걀 흰자는 노른자 테스트 통과 후 1~2개월이 지난 후 시도해봅니다.

달걀노른자 테스트 방법

처음 먹일 땐 소량으로 시작해요. 일부 아기들은 아주 소량에도 심각한 반응을 보일 수 있어요. 저는 초기, 중기 이유식에서 달걀노른자 6g으로 시작해서 10g 정도까지 늘려서 줬어요.

달걀은 반드시 완전히 익혀서 먹여야 합니다

식중독을 일으키는 살모넬라균에 감염될 수 있어요. 예방하기 위해서는 반드시 완전하게 익힌 달걀을 먹여요. 15분 정도 가열해서 완숙으로, 반숙은 권장하지 않아요.

달걀노른자/흰자를 먹고 분수토 하는 경우도 있어요

달걀을 먹고 구토했다, 분수토했다는 후기를 자주 볼 수 있어요. 보통 2가지 이유입니다.

첫 번째, 잘 달라붙는 달걀 특성 때문이에요. 아기의 혀나 입천장에 달라붙어서 구토를 유발할 수 있어요. 꼭 물과 함께 주세요. 특히 달걀노른자는 아기들이 먹기 힘들어해요. 노른자 특성상 기침이나 구토를 유발할 수 있다는 점도 이해하고 테스트해주세요.

두 번째, FPIES라는 식품 단백질 유발 장염 증후군 때문입니다. 치료하지 않고 방치하면 심각한 탈수 현상이 발생할 수 있답니다.

FPIES, 식품 단백질 유발 장염 증후군

FPIES(Food Protein-Induced Enterocolitis Syndrome)는 심각하고 생명을 위협할 수 있는 어린이의 식품 알레르기 유형 중 하나입니다. 대부분의 알레르기 반응은 몇 분 내에 발생하는 것과 달리 FPIES 알레르기 반응은 특정 음식을 섭취한 후 몇 시간 내에 발생해요. FPIES를 일으키는 가장 흔한 음식은 우유, 분유, 콩, 달걀, 쌀, 귀리, 아보카도, 바나나, 완두콩 등 다양해요. 완모 아기들에게는 극히 드물게 발현되고요. 완모에서 완분으로 바꾸거나, 이유식을 먹기 시작한 아이들에게 자주 나타나요. 특정 음식을 먹은 후 1~4시간 사이에 구토를 하고 5~10시간 사이에 설사를 해요. 다른 증상으로는 저혈압, 저체온, 극도의 창백함, 반복적인 구토, 심각한 탈수 등이 있습니다.

다행인 점은 FPIES를 진단 받았어도 두 돌 전후로 완전히 해결된다고 하니 크게 걱정하지 않아도 됩니다. 만약 달걀 섭취 후 구토가 계속된다면 반드시 소아과 전문의와 상담해보세요.

달걀노른자/흰자 알레르기 발생 시 중단해야 할까요?

달걀을 시작했다면 주기적으로 달걀을 먹이는 게 도움이 됩니다. 만약 달걀 알레르기가 생겼다 해도 너무 낙심하지 마세요. 그중 70%의 아이들은 어느 시점이 지나면서 달걀 알레르기를 극복할 수 있답니다. 달걀 알레르기가 심하게 발생하는 아기들도 있어요. 두드러기, 발진뿐만 아니라 가려움증, 얼굴이 붓는다거나 기침, 구토, 설사 등이 나타나는데 이럴 경우에는 빠르게 병원에 가서 진료를 받아야 합니다. 가족 중에 알레르기가 있다는 이유만으로 달걀 섭취를 포기하지는 않아요. 하지만 아기에게 심한 습진이 있거나, 다른 음식 알레르기가 있는 경우 달걀 알레르기 위험이 높아질 수 있으니 주의하는 게 좋아요. 달걀 테스트를 하기 전에 소아과 전문의와 상담해보면 더 안심이 되겠죠.

달걀 흰자 테스트 방법

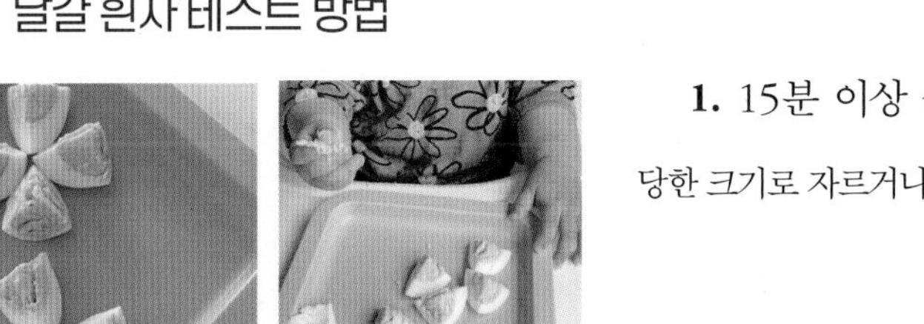

1. 15분 이상 삶은 달걀(완숙)로 테스트합니다(적당한 크기로 자르거나 으깨서 주기).

2. 간식에 달걀을 모두 풀어 넣고 먹여봅니다(바나나찜케이크, 팬케이크, 머핀, 쿠키 등).

3. 달걀 1알을 풀어 오믈렛 핑거푸드 형태로 먹여봅니다.

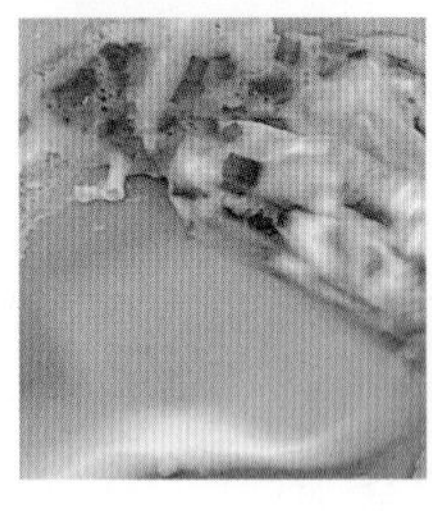

4. 달걀을 풀어 넣은 스크램블드에그로 먹여봅니다(각종 채소나 치즈 등을 넣어 만들 수 있음).

달걀 하나를 풀어(노른자+흰자 모두 사용) 간식에 사용하거나 오믈렛 또는 스크램블드에그 등을 만들어 줘서 흰자 알레르기 테스트를 할 수 있는데요. 1번 방법인 삶은 달걀을 이용한 흰자 테스트 방법을 좀 더 자세히 알려드릴게요. 자기주도이유식 형태로 직접 삶은 달걀을 손으로 집어 먹는 방법이에요. 이 방법 대신 삶은 달걀을 노른자와 흰자를 같이 으깨거나 혹은 흰자만 으깨서 소량 먹여보는 걸로 테스트해도 좋습니다. 노른자보다 흰자에 알레르기 반응을 보이는 경우가 많아요.

1. 15분 이상 완숙으로 완전히 익힌 삶은 달걀을 준비합니다. 껍질을 벗긴 후에 달걀을 반으로 자르고, 또 반을 자르고, 한 번 더 반을 잘라 총 8조각으로 만들어요.

2. 삶은 달걀을 먹일 때 가장 중요한 점! 반드시 물과 함께 주세요. 달걀을 먹으면서 구역질하거나 힘들어하는 경우가 꽤 있습니다.

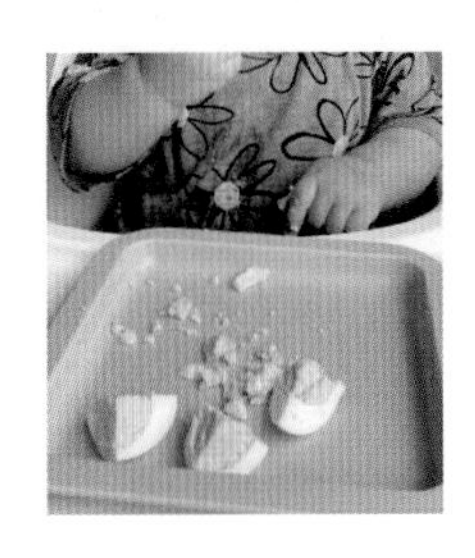

3. 달걀 흰자 테스트 완료! 참고로 달걀노른자, 흰자 알레르기까지 통과한 후 돌이 지나면서 수시로 뿐이에게 달걀을 줬는데요. 노른자보다 흰자를 더 좋아했어요.

땅콩 알레르기 테스트(생후 6개월 이후 언제든 시도 가능)

최근 새롭게 바뀐 이유식 지침에서 가장 놀라운 사실 중 하나가 돌 전에 땅콩 알레르기 테스트를 하는 것입니다. 왜냐하면 땅콩 알레르기 반응은 아주 심각해서요.

가장 흔한 알레르기 유발 식품

달걀	밀(밀가루)	땅콩	우유	지느러미 생선
참깨	조개류&갑각류	대두(콩)	견과류	

그런데 2015년 어느 연구에 따르면, 아기에게 땅콩을 조기에 도입할 경우 땅콩 알레르기 발생 위험을 최대 81%까지 줄일 수 있다는 사실이 입증되었습니다. 즉, 땅콩 도입을 지연하면 실제로 땅콩 알레르기가 발생할 가능성이 높아질 수도 있답니다. 물론 100% 그런 건 아니겠죠? 이 연구를 토대로 땅콩 도입에 대한 권장 사항을 수정하고, 그 결과를 다른 알레르기 유발 식품에도 적용하게 되었답니다. 따라서 이젠 많은 알레르기 전문의와 의료기관에서도 돌 전에 알레르기 유발 식품을 도입할 것을 권장하고 있습니다. 다만 조개류나 갑각류는 돌 이후에 시도해도 괜찮다고 봐요. 나트륨 함량까지 따져봐야 해서 자세한 내용은 뒤에서 다시 알려드릴게요. 이번엔 땅콩 알레르기에 관한 전반적인 내용, 돌 전 아기에게 어떻게 땅콩 알레르기를 테스트해야 하는지 자세히 알려드릴게요.

땅콩 알레르기 테스트, 꼭 해야 할까요?

개인적인 생각으로는 100% 무조건 꼭 해야 한다, 이건 아니라고 봅니다. 땅콩 알레르기 테스트를 돌 전에 하지 않는다고 모든 아기가 땅콩 알레르기가 발생하는 건 아니더라고요. 참고로 첫째 튼이가 이유식을 하던 5~6년 전만 해도 땅콩 알레르기 테스트가 지금처럼 보편화되지 않았어요. 그래서 튼이는 땅콩 알레르기 테스트를 하지 않았답니다. 하지만 이유식 지침과 세계적인 알레르기 전문가들에 의하면, 공통적으로 돌 전, 땅콩을 조기에 도입하는 게 알레르기 예방에 도움이 된다고 합니다.

땅콩 알레르기 발생 위험이 높은 경우

아기에게 습진이 있거나, 달걀 알레르기가 있으면 땅콩 알레르기 발생 위험이 높아집니다. 각국의 소아전문의와 알레르기 전문가들은 2015년 땅콩 알레르기 연구 이후 이러한 경우라면 소아과 의사와 상의 후 땅콩을 생후 4개월부터 먹일 것을 권장하고 있습니다. 일단 이유식을 시작하는 6개월 이후부터 먹이는 것도 조기에 섭취하는 걸로 볼 수 있을 것 같아요. 하정훈 소아과 의사 선생님도 생후 7개월 이전 이유식에 땅콩을 첨가하는 게 좋다고 말씀하세요.

땅콩 알레르기, 심각한 반응이 나타날 수 있어요

땅콩 알레르기가 있는 경우 땅콩에 노출되었을 때 다양한 반응이 나타날 수 있는데 심한 경우 생명을 위협할 수 있는 알레르기 반응(아나필락시스)까지 일으킬 수 있답니다.

알레르기 반응은 예측할 수 없으며, 정말 소량을 섭취해도 심각한 알레르기 반응을 보일 수 있어요. 때문에 첫 시작은 정말 소량이어야 해요. 관찰 후 괜찮으면 서서히 양을 늘려주세요.

간혹 이런 글을 본 적이 있어요. '돌 전에 땅콩을 추천해서 먹였는데 아기한테 알레르기 반응이 너무 심하게 나타나서 정말 후회했다. 먹이지 말 걸 그랬다.' 정말 마음 아픈 일이죠.

하지만 여기서 중요한 건 돌 전에 먹어서 문제가 된 게 아닙니다. 돌 이후에 먹었어도 아기한테는 땅콩 알레르기가 나타났을 거예요. 너무 겁이 난다면 우선 소아과 선생님과 상의 후 시도하는 걸 권장합니다.

땅콩 알레르기, 어떤 건가요?

땅콩 알레르기는 18세 미만 어린이에게 나타나는 가장 흔한 음식 알레르기입니다. 성인에게도 세 번째로 흔히 볼 수 있는 음식 알레르기에요. 땅콩 알레르기는 대부분 평생 지속되는 게 특징이에요. 자라면서 증상이 사라지는 경우는 약 20%에 불과합니다.

땅콩은 나무에서 자라는 견과류(나무 견과류의 종류: 아몬드, 캐슈넛, 피스타치오, 호두, 피칸 등)와는 다릅니다. 땅콩은 땅속에서 자라는 콩과 식물에 속합니다. 다른 콩 종류로는 완두콩, 대두 등이 있는데요. 땅콩 알레르기가 있다고 다른 콩류에도 알레르기 반응이 나타날 확률은 높지 않답니다. 다만 땅콩 알레르기가 있는 아이의 동생도 같은 알레르기 반응을 보일 수 있답니다.

땅콩 알레르기 연구

2015년에 진행된 연구는 4년 이상 600명 이상의 아이들을 추적 관찰했고, 이 연구에 등록된 아이들은 이미 심각한 습진이나 달걀 알레르기 또는 2가지 모두를 갖고 있었다고 합니다. 이러한 경우 땅콩 알레르기가 발생할 위험이 높다고 하네요. 중요한 것은 이미 땅콩 알레르기가 있는 아이는 이 연구에 포함되지 않았다는 것. 이 연구에 참여한 아이들은 4~10개월 정도의 아이들이었고 두 그룹으로 나뉘었어요. 한 그룹은 땅콩을 피했고, 다른 그룹은 일주일에 여러 번 땅콩을 먹였어요. 유아기 때부터 땅콩을 먹기 시작한 아이들은 5세가 되었을 때 땅콩 알레르기 가능성이 훨씬 낮았습니다. 또 이 연구에 참여한 아이를 추적하여 어릴 때부터 땅콩을 먹은 아이가 이후 1년 동안 땅콩을 피하면 어떻게 되는지도 확인했어요.

결론은 유아기부터 5세까지 땅콩을 먹은 다음, 5~6세까지 땅콩을 피한 아이는 유아기부터 6세까지 땅콩을 지속적으로 피한 어린이보다 땅콩 알레르기가 발생할 가능성이 여전히 74% 정도로 낮았어요. 이에 따르면, 땅콩을 조기에 섭취함으로써 생긴 땅콩에 대한 내성은 생각보다 오래 지속될 수 있답니다.

땅콩과 질식

땅콩을 비롯한 모든 견과류는 질식 위험이 높습니다. 질식 위험을 줄이려면 땅콩버터를 물, 모유, 분유 또는 과일퓌레와 함께 희석하거나 땅콩을 잘게 조각 내서 음식에 뿌려 섭취하는 방법이 좋습니다.

땅콩의 영양성분

땅콩 100g은 밥 2공기에 달하는 칼로리를 가진, 대표적인 고지방, 고단백 건강식품입니다. 13종의 비타민, 26종의 무기질 등 영양성분이 풍부하게 들어 있으며 불포화지방산을 많이 함유하여 콜레스테롤을 감소시켜주고 동맥경화 예방에 도움이 돼요. 심장 건강에 도움이 되는 항산화제도 포함되어 있어요. 엽산, 비타민B6, 비타민E, 아연이 있어 두뇌 발달에도 좋고, 구리, 비타민B3, 마그네슘이 있어 우리 몸에 활력을 줘요. 아이소루신, 류신, 라이신 등의 필수 아미노산도 골고루 들어 있으며, 기억력을 증진시키고 호흡기 기능을 강화시키는 효능도 있어요.

땅콩과 궁합이 좋은 식재료

사과, 망고, 바나나, 파인애플, 딸기, 청경채, 양배추, 셀러리, 피망, 소고기, 닭고기, 양고기, 연어, 새우, 퀴노아, 쌀, 고구마, 치즈, 요거트 등에 땅콩가루나 땅콩 소스를 버무리는 등의 방법으로 활용 가능합니다.

자기주도이유식에서 땅콩 활용하기

습진이나 달걀 알레르기가 있는 경우에도 생후 4~6개월 사이에 땅콩을 시도해볼 수 있답니다. 하지만 이 부분은 반드시 소아과 전문의와 상담한 후에 진행해주세요. 대부분의 아기들은 생후 6개월, 이유식 시작 이후부터 땅콩을 시도해볼 수 있어요. 첨가물이 없는 100% 땅콩버터 소량을 뜨거운 물에 섞어 희석합니다. 그리고 티스푼에 담아 조금 맛을 보게끔 입에 가져다주세요.

조금이라도 먹었다면 10분 정도 기다렸다가 알레르기 반응이 나타나는지 자세히 관찰합니다. 이상이 없고, 아기가 관심을 보이면 조금씩 더 줘도 됩니다. 땅콩버터를 많이 먹는 게 목표가 아니라 알레르기 테스트가 목표입니다.

식사가 끝난 후 30분 정도 지켜보세요. 만약 알레르기 반응이 나타날 경우 빠르게 병원에 방문하여 상담 받는 게 좋습니다. 아기가 땅콩에 대한 알레르기가 없다면 일주일에 두 번 정기적으로 제공하는 게 좋습니다. 연구에 따르면, 식단에서 땅콩을 정기적으로 섭취하는 것이 땅콩 알레르기 발생을 예방하는 데 도움이 됩니다.

땅콩버터를 물, 모유, 분유, 과일퓌레, 요거트에 섞어 제공합니다. 또는 무염 땅콩을 잘게 갈아 죽이나 요거트 등 떠먹을 수 있는 음식에 뿌려주세요. 어느 정도 적응한 후에는 토스트나 팬케이크, 빵, 쿠키 등을 만들 때도 땅콩버터를 추가해보세요.

땅콩을 통째로 줘도 될까요?

보통 아이가 24개월 이상이 되었다면 땅콩을 통째로 먹을 수 있어요. 하지만 이 과정에서도 매우 주의가 필요해요. 질식 위험을 줄이려면 땅콩을 반으로 나눠 주는 게 좋습니다. 그래도 걱정되면 잘게 잘라서 먹는 것부터 적응하고, 통째로 주는 건 최대한 나중으로 미뤄보세요. 그리고 엄마, 아빠가 아기 앞에서 땅콩을 어떻게 씹어 먹는지 꼭 보여주세요. 아기들은 엄마, 아빠의 행동을 보고 그대로 따라 합니다. "뿐이야, 땅콩 꼭꼭(씹는 걸 보여주며) 씹어 먹어." 이렇게 말하면 잘 씹어 먹더라고요.

땅콩 알레르기 테스트 방법

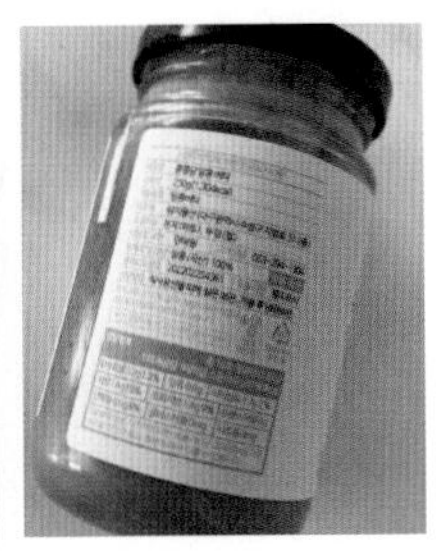

1. 땅콩이 100% 함유된 부드러운 땅콩버터를 구입해요. 소금이나 설탕 이외 첨가물이 들어가지 않은 걸로 골라요. 저는 국산 땅콩 100% 제품을 선택했어요. 소량으로도 구매할 수 있는 곳을 찾아보니 콩콩당이라는 판매처가 있더라고요. 광고, 협찬 아니고 제 돈 주고 산 제품입니다.

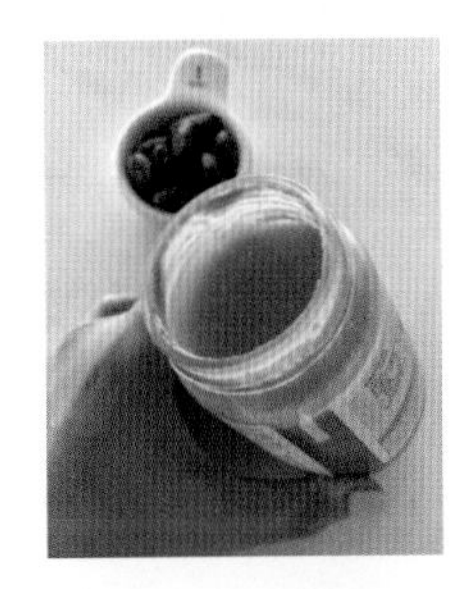

2. 위쪽에 층이 생긴 걸 볼 수 있어요. 분리되어서 그런데 잘 섞어주면 괜찮습니다.

3. 밥숟가락으로 한 스푼 정도 계량해 보니 8g 나오네요. 첫 시도라면 훨씬 적은 양이어도 됩니다.

4. 뜨거운 물을 준비해요. 찬물은 안 섞여요. 뜨거운 물을 1스푼 넣고 빠르게 희석해주세요.

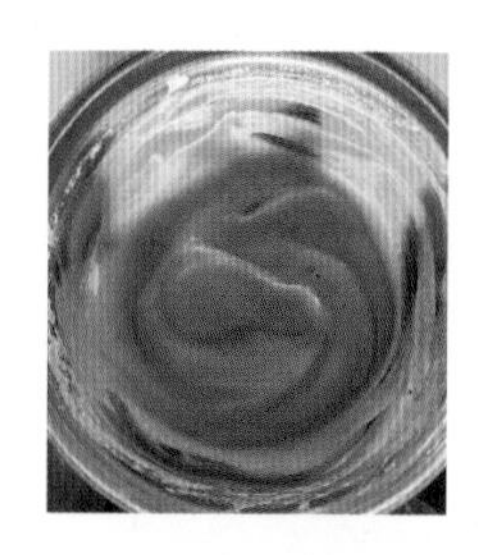

5. 농도는 크게 중요하지 않아요. 아기가 잘 먹을 수 있는 농도면 됩니다. 땅콩버터가 너무 뻑뻑해서 뜨거운 물을 섞어서 먹기 쉽게 희석해주는 거예요.

6. 아주 소량을 먹여보세요. 10분 후 알레르기 반응을 관찰합니다. 아기가 더 먹고 싶어 하면 조금 더 주고 최종 식사 마무리 후 30분 더 관찰해요. 만약 알레르기 반응이 심각하게 나타나면 바로 병원에 가야 합니다.

7. 땅콩버터에 적응하고 난 후엔(알레르기 반응 없이 괜찮다면) 점진적으로 양을 늘려줍니다. 일주일에 2번 정도 먹이는 걸 목표로 진행해요. 일주일에 2번 정도 식단에 포함해서 곁들여 주거나 과일퓌레나 요거트 등 간식에 섞어 먹여요.

이유식 준비물

이유식 준비물도 미리 준비하는 게 좋습니다. 초기 이유식만 직접 만들어 먹일 계획인지, 후기 이유식까지 전부 만들어 먹일 계획인지에 따라 준비물의 종류나 개수가 달라집니다. 물론 계획대로 되지 않을 수도 있습니다. 후기 이유식까지 만들어 먹이려고 했는데 중간에 여러 이유로 시판 이유식을 먹이게 된다거나 초기 이유식만 만들어 먹이려고 했는데 후기 이유식까지 만들게 되는 경우가 생기거든요. 이유식 준비물 리스트와 장단점 등을 참고해서 준비해보세요. 모두 새로 구입할 필요는 없습니다. 이미 갖고 있는 제품들을 깨끗하게 세척해서 사용해도 무방합니다.

1. 이유식 용기

이유식 용기는 후기 이유식까지 사용할 예정이라면 처음부터 넉넉한 용량을 구입하는 걸 추천합니다. 초기만 해도 이유식 양이 얼마 되지 않지만, 갈수록 아기가 먹는 양이 늘어나면서 후기 이유식에서는 베이스로 무른밥 또는 진밥만 150mL 이상 먹는 경우도 있거든요. 이유식 용기는 유리, PPSU, 트라이탄, 에코젠 등 여러 가지 종류의 소재가 있는데요. 사용하기 편한 소재로 선택하면 됩니다. 또한 이유식 용기에 보관 후 데워 먹일 때 중탕 방식으로 하고 싶다면 용기 구입 전에 제조사(브랜드) 측에 용기째로 중탕을 해도 문제가 없는지 꼭 확인해보세요(용기 변형 등의 이유).

이유식 용기, 몇 개가 필요할까?

사용하는 패턴에 따라 다를 수 있어요. 토핑 이유식을 한다는 전제하에 베이스죽을 1~2주일분을 미리 만들어야 할 경우 하루 세 끼를 먹는 후기쯤 가면 정말 많은 용기가 필요합니다. 저는 후기 이유식에서 한 번에 18끼를 만들기도 했어요. 이렇게 잡곡무른밥을 18개 만들어두면 하루 세 끼씩 6일 동안 먹일 양이 되거든요. 물론 이유식 용기가 그보다 적으면 큐브를 활용해도 되지만 큐브에 많은 양의 베이스죽(무른밥)을 보관해보니 불편하더라고요. 이유식 용기에 보관하는 게 훨씬 편합니다. 추천드리는 수량은 최소 9개 이상으로 넉넉하게 구매하는 게 좋아요. 용량은 이왕이면 200mL 이상으로 구매하세요. 이유식 용기의 눈금은 크게 중요하지는 않습니다. 저울에 올려두고 소분하면서 계량하면 되거든요.

하루 세 끼×6일=18개

◇ 후기 기준 3일분 총 9끼 보관용: 이유식 용기 9개

◇ 후기 기준 6일분 총 18끼 보관용: 이유식 용기 18개

글라스락 이유식 용기

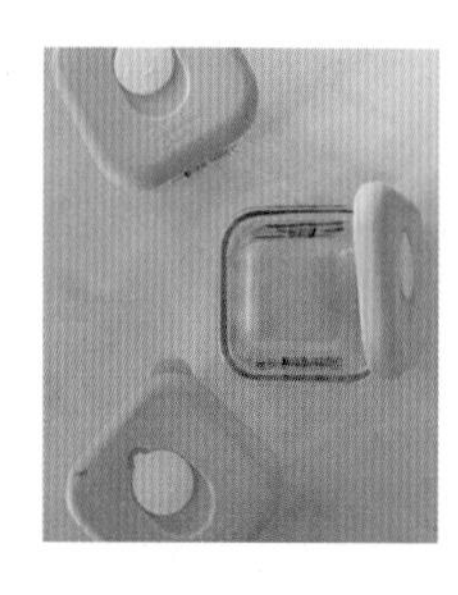

유리 소재, 무게감 있음, 중탕/열탕 소독 가능, 전자레인지 사용 가능해요. 200mL 용량이었는데 조금 더 큰 용량이었으면 좋겠다 생각했어요. 유리 소재 용기를 구입할 때는 무게감을 감안해 구입하면 됩니다. 또한 차가운 용기를 바로 뜨거운 물에 넣고 중탕할 때 간혹 유리가 깨지는 경우가 있으니 주의하세요(유리 소재는 급격한 온도 변화에 주의 필요).

네스틱 이유식 용기

에코젠 소재, 유리보다 가벼움, 중탕 불가, 열탕 소독 짧게(불 끄고) 가능, 전자레인지에 사용할 수 있어요. 200mL 용량과 350mL 용량 2가지를 모두 사용했어요. 350mL 용기는 눈금이 없었지만 크게 불편하지 않았습니다(저울로 계량). 후기 이유식쯤 가니 200mL보다는 350mL 용량이 넉넉해서 더 편했습니다.

2. 이유식 냄비

이유식 조리도구로 알맞은 냄비는 손잡이가 하나 달린 편수 냄비로 사이즈는 14~18cm 정도면 적당합니다. 스테인리스 소재는 연마제 제거 과정이 필요합니다. 키친타월에 식용유를 묻혀 꼼꼼하게 닦아주세요.

냄비에 눈금이 있으면 조리할 때 편리할 수 있지만, 필수는 아닙니다. 이유식 완성 후 저울에 소분하기 때문에 눈금이 없어도 크게 불편하지 않습니다. 릴리팟, 모도리, 네오플램 등을 주로 썼어요.

3. 이유식 밥솥

튼이 이유식(죽 이유식)을 할 때 정말 유용하게 사용했던 게 바로 이유식 밥솥이었어요. 특히 이유식 양이 많아지는 중기 이유식부터 아주 빛을 발한 준비물 중 하나였답니다. 이번 뿐이 이유식(토핑 이유식)에서도 밥솥은 유용한 아이템이었어요. 특히 베이스죽, 무른밥, 진밥을 대용량으로 1~2주 치 만들어야 할 때 정말 잘 사용했습니다.

일반 밥솥으로 이유식을 만들 수 있을까?

가능할 수도 있고, 불가할 수도 있습니다. 하지만 대부분 밥솥은 다 가능합니다. 밥솥마다 다를 수 있으니 우선 어떻게 만들어지는지 알아보기 위한 테스트가 필요해요. 밥솥에 이유식 기능이 없다면 죽/찜 기능을 활용하면 됩니다. 저는 쿠첸 이유식 밥솥 6인용(CJE-CD0601 8만 원대), 쿠쿠 에그 6인용(CR-0675FW 6만 원대)을 사용했어요.

4. 찜기(냄비형 찜기, 스테인리스 삼발이 찜기)

찜기는 트레이가 세트로 구성된 냄비가 편합니다. 중/후기에 여러 재료를 한꺼번에 찔 때 용량이 부족할 수 있으니 크기가 작은 건 피하세요. 대략 지름 28cm 정도면 좋지만 2단 찜기 형태가 더 좋습니다. 저는 집에서 쓰던 제품이 있어서 깨끗하게 세척 후 사용했는데요. 가격대가 크게 비싸지 않다면 새 제품을 하나 구매하는 것도 좋습니다.

스테인리스 삼발이 찜기도 유용합니다. 냄비에 물을 받고 삼발이 찜기를 펼쳐 넣은 후 재료를 찔 수 있어서 좋거든요. 실리콘 재질의 찜기도 있으니 참고하세요. 제가 사용한 건 네오플램, 스테인리스 삼발이 찜기입니다.

5. 이유식 도마

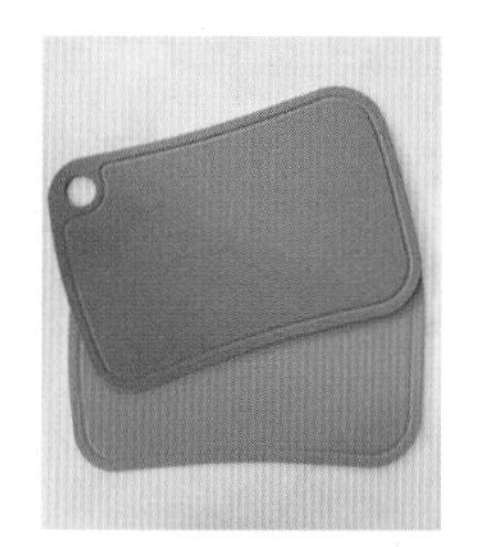

도마는 육류와 생선용, 채소와 과일용으로 나누어서 최소 2가지를 준비해 따로 쓰는 게 좋습니다. 도마는 너무 얇지 않은 제품을 고르는 게 좋습니다. 너무 얇은 도마는 자꾸 밀리는 경향이 있더라고요. 나무 도마는 관리가 중요합니다. 사용, 세척 후 건조를 잘 해야 하고 중간중간 오일 코팅 등으로 관리해줘야 곰팡이가 생기지 않아요. 실리콘 소재 도마는 스크래치가 심하면 교체해주는 게 좋습니다. 열탕 소독을 할 수 있는 도마라면 위생에 더욱 좋겠죠?

제가 사용해본 제품으로는 데일리라이크 TPU 도마입니다. 잘 사용했지만 다소 얇아서 조금 불편했어요. 마이룸퍼니쳐 실리콘 도마는 조금 더 두꺼웠으면 해서 새로 구매한 제품인데 가장 잘 쓴 도마 중 하나입니다.

6. 칼, 필러

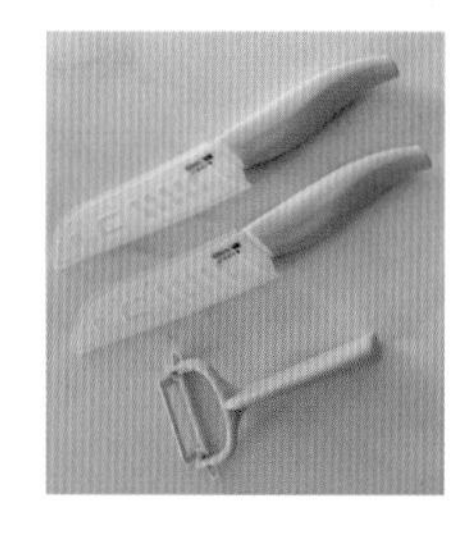

이유식을 만들기 위한 칼도 2개 이상 준비하는 게 좋아요. 필러도 있으면 유용합니다. 칼은 그립감이 좋은 걸 추천하고 절삭력이 중요합니다.

제가 사용해본 제품은 글라스락베이비 이유식 칼 3종 세트, 퓨어코마치 칼입니다.

7. 거름망

거름망은 이유식부터 이유식 이후까지 쭉 사용하는 조리도구입니다. 예전에는 초기 이유식에서 반드시 완성 후 거름망으로 한 번 걸러야 한다고 했으나 요즘은 그럴 필요가 없습니다. 어느 정도 입자감 있게 만들어도 거르지 않고 먹일 수 있어요. 이유식을 만들 때 물기를 빼야 하는 경우가 있을 때 거름망이 유용하게 쓰입니다. 스테인리스 소재의 거름망을 하나 준비해보세요.

제가 사용해본 제품은 투데코 스테인리스 거름망입니다.

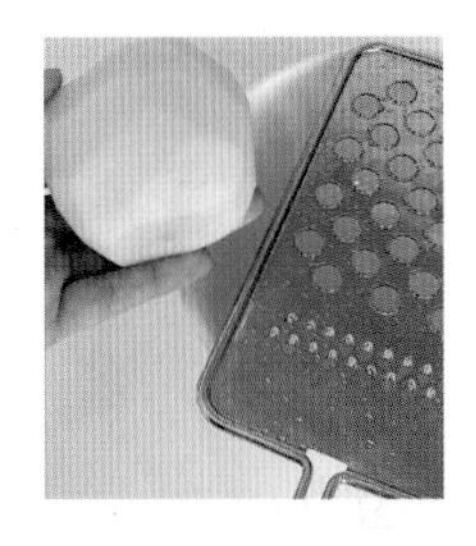

8. 스테인리스 강판

사과, 배, 감자 같은 재료를 갈아야 할 때 유용합니다. 하나 있으면 이유식이 아니더라도 한번씩 쓰일 때가 있습니다.

9. 이유식 저울

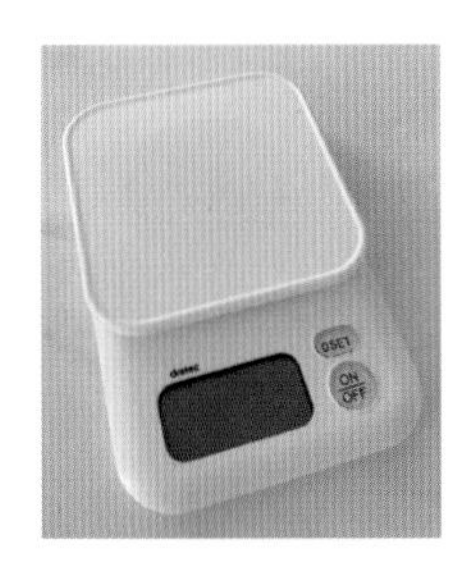

이유식 재료를 계량하거나 완성된 이유식을 소분할 때 유용합니다. 1~1,000g(1kg)까지 계량할 수 있는 제품이면 됩니다. 계량할 때는 그릇을 올려두고 전원 버튼을 누른 후 0이 된 걸 확인한 후 내용물을 넣어 계량하세요. 또는 전원 버튼을 누른 후 그릇을 올려두고 0 SET 버튼을 누르면 자동으로 무게가 0이 됩니다. 이때 내용물을 넣어 계량합니다.

제가 사용해본 제품은 드레텍 KS-605입니다.

10. 스패출러, 스푼형 주걱

사이즈가 큰 스패출러도 활용도가 괜찮지만 이유식용으로 사용할 때는 조금 작은 사이즈가 오히려 더 손이 잘 가더라고요. 스푼형 주걱도 베이스죽을 소분할 때 유용합니다.

제가 사용해본 제품은 데일리라이크 실리콘 조리도구, 원마이스터 이유식 스패출러입니다.

11. 이유식 큐브

실리콘 재질의 이유식 큐브는 여러 브랜드 제품이 있어요. 가격이나 디자인, 구매 후기를 참고해보세요. 저는 첫째 튼이 이유식을 할 때 만족하며 사용했던 블루마마 제품을 선택했어요. 몇 년 사이 업그레이드되어 새롭게 나왔더라고요. 토핑 이유식을 진행하면서 베이스 죽(양이 적은 초기,

중기 초반 추천, 이후에는 양이 많아져서 큐브보다는 이유식 용기에 보관하는 것을 추천)을 소분하여 냉동 보관하거나 각종 고기와 채소 토핑을 소분, 냉동 보관하여 토핑 큐브를 만들 때 유용했어요. 초기 이유식에서는 1회 토핑 분량이 10g 정도로 작은 편이라 쁘띠누베 제품도 추가 구매하여 사용했습니다. 초기 이유식에서 중기 이유식 초중반까지 정말 잘 사용한 제품입니다. 작은 양의 토핑은 20구짜리에 소분하는 게 좋더라고요.

제가 사용해본 제품은 블루마마 뉴컬러 3종 세트(4구, 6구, 12구), 쁘띠누베 20구 큐브(2개)입니다.

12. 이유식 그릇(볼)

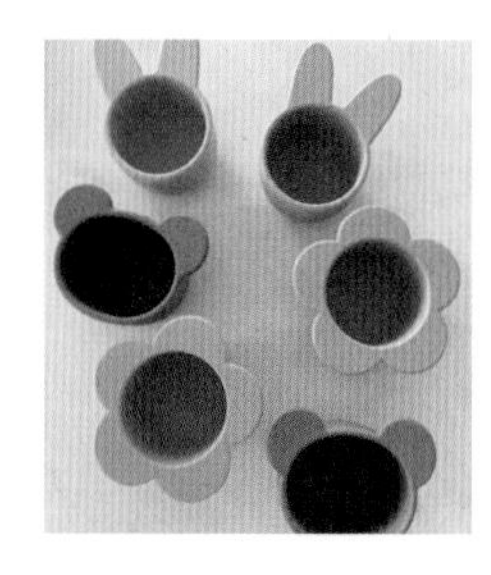

이유식 용기가 아닌 볼 형태의 제품도 구매해보았습니다. 사실 저는 초기 이유식 초반에만 사용하고 크게 사용할 일이 없더라고요. 대신 그릇 색감이나 디자인이 예뻐서 눈길이 가는 건 사실이에요. 실리콘 그릇이 필요한 분들은 참고하세요. 이유식이 아니라면 간식용 그릇으로도 괜찮더라고요.

제가 사용해본 제품은 로코유 초기 이유식 키트입니다.

13. 이유식 식판

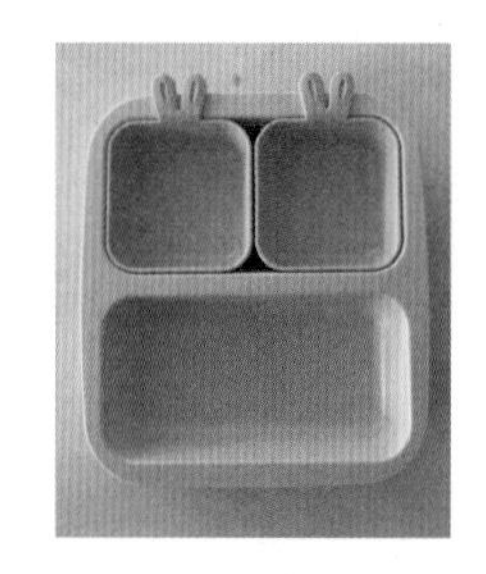

초기 이유식부터 중기, 후기 이유식까지 제가 가장 잘 사용한 건 이유식 용기와 이유식 식판입니다. 토핑 이유식을 식판에 담아주니 자연스럽게 유아식까지 이어지는 느낌이었어요. 식판도 종류가 많으니 소재나 구성, 디자인, 가격 등을 비교해보고 마음에 드는 것으로 선택하세요.

제가 초기 이유식 초반에 사용한 제품은 네스틱 롱플레이트 제품으로 소량의 베이스죽과 토핑류를 먹이기 괜찮았어요. 이후에는 미니플레이트에 소스볼 조합으로 사용했습니다.

1. 흡착 식판이 좋을까?

식판을 구매할 때 고민하는 것 중 하나가 바로 흡착 유무입니다. 자기주도이유식을 하는 경우 흡착 식판이 훨씬 더 편할 수 있어요. 하지만 필수는 아닌 것 같아요. 아이마다 다르지만 시간이 지나면서 서서히 스스로 식판을 떼어내는 법을 터득하더라고요. 그래서 전 흡착이 아닌 제품이어도 잘 사용했답니다. 물론 식판을 엎기도 하고 만지기도 하는데 이것 또한 그러면 안 된다고 일러주니 나중엔 식판을 엎지 않고 잘 먹더라고요.

2. 이유식 식판 사용 시, 베이스죽이나 토핑 큐브는 어떻게 데울까?

저는 이유식 큐브를 활용했습니다. 4구나 6구짜리 실리콘 이유식 큐브에 큐브를 넣고 전자레인지를 이용하여 데웠어요. 물론 큐브를 식판 대용 삼아 그대로 먹이기도 했습니다. 보통은 큐브에 넣고 데운 후 식판에 옮겨 담아줬어요. 이 과정이 너무 번거롭다면 식판에 큐브를 담아 전자레인지용 커버를 올려서 돌려보세요. 커버 없이도 사용할 수 있지만 고기, 무, 달걀 등의 토핑이 튀는 경우가 있습니다.

14. 이유식 스푼

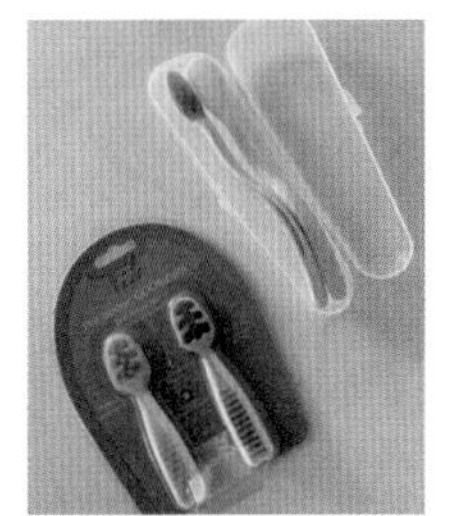

이유식 시기엔 입에 넣는 부분이 크지 않은 게 좋습니다. 스푼 보관 케이스가 있으면 외출 시 스푼을 휴대하기 편해요. 이유식 스푼은 여유 있게 2개 이상 사야 합니다. 첫째 튼이 이유식 때 사용하던 브랜드 제품을 너무 유용하게 썼기에 이번 뿐이 이유식 때도 구매했습니다.

제가 사용해본 제품은 릿첼 소프트 이유식 스푼, 릿첼 실리콘 이유식 스푼입니다. 2가지 사이즈로 작은 사이즈를 더 많이 쓰긴 했습니다. 약간 휘어진 모양이라 아기에게 먹일 때 편했어요. 케이스가 있어 유용해요. numnum 자기주도이유식 스푼은 미국에 사는 뿐이의 친구 엄마가 미국 엄마들 사이에서 유명한 제품이라고 소개해줬는데요. 찍어 먹는 스푼이에요. 아기들에게 퓌레나 스프레드, 이유식 같은 너무 묽지 않은 질감의 식사를 스푼에 찍어서 주면 스푼에 묻은 내용물을 아기가 스스로 먹을 수 있어요. 저는 이유식을 떠먹여 주는 편이었는데 이 numnum 이유식 스푼을 손에 쥐여줬더니 스스로 이유식을 찍어 먹기도 하고, 장난도 치고, 치발기 겸 씹으면서 좋아하더라고요.

15. 과즙망

아기에게 과일을 처음 줄 때 조각을 내 잘라 넣으면 스스로 오물오물 과즙을 빨아 먹을 수 있는 제품입니다. 다만 이 과즙망으로 과일을 먹는 걸 좋아하는 아기가 있는 반면 싫어하는 아기도 있어요. 뿐이가 그랬습니다. 뿐이는 과즙망에 과일을 잘라 넣어줬더니 자기가 원하는 만큼 제

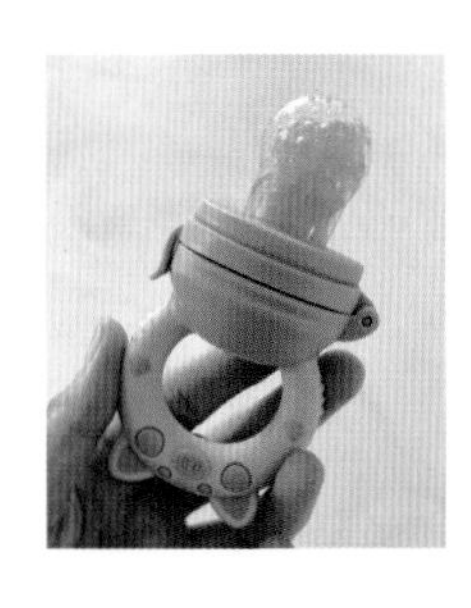

대로 먹지를 못해서인지 짜증을 내더라고요. 오히려 퓌레 형태나 직접 스푼으로 떠먹여 주는 걸 좋아했어요. 과즙망을 잘 쓰는 아기라면 자기주도 간식을 진행할 때 도움이 될 수 있습니다.

제가 사용해본 제품은 베이비팜 아기과즙망입니다. 맘카페 등에서 가끔 1+1 핫딜이 뜰 때가 있어요. 그때 구매하면 저렴합니다.

16. 믹서, 초퍼, 다지기

믹서는 작은 사이즈의 미니 믹서가 사용하기 좋아요. 큰 사이즈 믹서 컵은 재료가 곱게 안 갈려요.

초기 이유식에서 입자감을 더 늘릴 때는 초퍼(다지기)를 추천합니다. 초퍼는 칼날이 위, 아래 위치하고 4개 정도의 칼날이 있는 게 좋습니다. 수동 다지기도 괜찮지만 이유식에 쓸 수 있는 식재료가 늘어나면서부터는 불편할 수 있어요. 손목을 위해서라도 버튼을 누르면 작동되는 전동 다지기가 편합니다.

제가 사용해본 제품으로는 쿠닝 뚝딱이 믹서, 초퍼(다지기), 키친아트 핸드블렌더가 있습니다. 쿠닝 뚝딱이 믹서는 단종된 제품이라서 새 제품으로 사신다면 다지기가 포함된 세트를 선택하세요.

핸드블렌더는 어떨까?

핸드블렌더는 냄비에 이유식 죽을 끓이고 블렌더로 좀 더 곱게 갈 때 사용해요. 수프나 라구 소스 같은 걸 만들지 않는 이상 사용할 일이 없더라고요. 핸드블렌더 구성품에 다지기통이 포함된 경우가 있는데 제가 사용해본 제품은 초퍼만큼 제대로 다져지지 않아서 답답했어요. 집에 있다면 필요할 때 활용할 수 있겠지만 새로 구매하는 걸 고민하고 있다면 없어도 이유식 만드는데 지장 없으니 참고하세요.

17. 머핀 틀

실리콘 재질의 머핀 틀은 아기 간식으로 머핀이나 빵을 만들 때 쓰입니다. 자기주도이유식으로 활용한다면 밥머핀도 만들 수 있어요. 소, 중 사이즈가 있는데 손이 잘 가는 건 중 사이즈였습니다.

제가 사용해본 제품은 실리만 머핀틀 소/중 사이즈입니다.

18. 으깨기 도구, 매셔

이유식 토핑 큐브를 만들 때 감자, 고구마, 단호박, 아보카도 등은 으깨는 도구가 필요합니다. 그럴 때 편하게 사용할 수 있는 게 바로 매셔입니다. 그리 비싸지 않기 때문에 하나 사두면 이유식이 끝난 후에도 쭉 사용할 수 있답니다.

19. 아기 이유식 의자

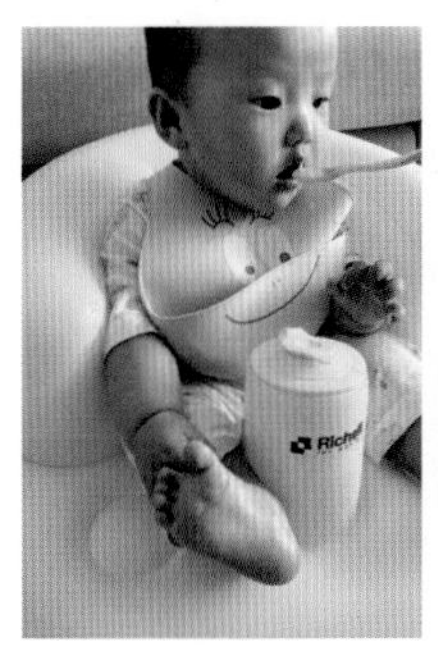

이유식을 시작할 때부터 일정한 장소에서, 일정한 패턴으로 식사하는 연습이 필요합니다. 그러기 위해 아기 전용 식탁 의자가 필요해요. 이유식 초반이라면 아기가 앉기 편한 범보의자를 활용해도 괜찮습니다. 하이체어를 사용할 경우 하네스는 꼭 착용해야 합니다. 아기가 싫어해도 안전을 위해 반드시 해야 한다는 걸 알려주세요. 아기가 스스로 의자에서 빠져나와 바닥으로 떨어지기도 하니 반드시 주의해 주세요.

뿐이는 이유식 초반에 목, 허리 힘이 다소 약한 것 같아서 소프트의자와 범보의자를 활용했답니다. 그러다가 앉아 있는 시간이 길어졌을 때 하이체어에서 이유식을 먹였어요.

제가 사용해본 제품은 마마스앤파파스 스너그 범보의자, 릿첼베이비 소프트의자, 스토케 스텝스 식탁의자입니다.

20. 계량컵

물이나 육수 등을 계량할 때 유용하게 쓰인답니다. 계량컵에 표기된 눈금이 정확한 건 아니지만 액체류를 계량할 때 편하게 조리할 수 있습니다. 제가 사용해본 제품은 이케아 유리 계량컵입니다.

21. 실리콘 레인지용 찜기

찜기는 정말 다양하게 활용할 수 있는 제품이에요. 소량의 채소를 찔 때도 유용했는데 아이

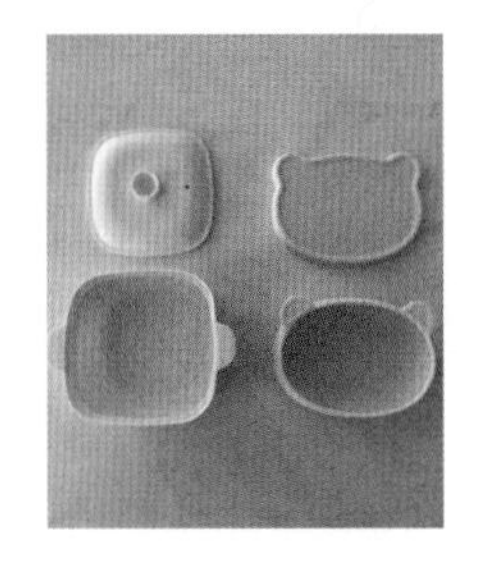

간식을 만들거나 달걀찜, 한 그릇 요리를 만들 때도 유용하게 사용했답니다. 하나쯤 구매하는 걸 추천합니다.

제가 사용해본 제품은 실리만 레인지용찜기, 블루마마 곰플레이트(뚜껑 포함)입니다. 블루마마 제품은 찜기가 아니지만 비슷한 용도로 사용할 수 있어요. 특히 오트밀 포리지 등을 만들 때 유용했답니다. 전자레인지 사용이 가능하여 베이스죽, 토핑 큐브를 같이 넣고 데워 먹이기도 좋았습니다.

22. 계량스푼, 절구

계량스푼은 요리를 할 때 기본이 되는 계량 도구입니다. 계량스푼으로 정확한 측정이 가능해요. 있으면 편하지만 없어도 큰 불편함 없이 이유식을 만들 수 있습니다. 절구는 채소 큐브나 고기 큐브를 만들 때 각종 재료를 으깨야 할 때 사용할 수 있습니다. 하지만 전 이유식 시기에 절구가 없어도 크게 불편함이 없더라고요.

23. 이유식 턱받이

이유식 턱받이는 어떤 재질을 사야 할지, 하나만 있으면 될지, 종류별로 다 사야 할지 고민되죠. 튼이 때는 방수 턱받이 하나로 이유식을 끝냈어요. 뿐이도 일반 턱받이만 있으면 되지 않을까? 하다가 너무 예쁜 실리콘 턱받이를 발견했어요.

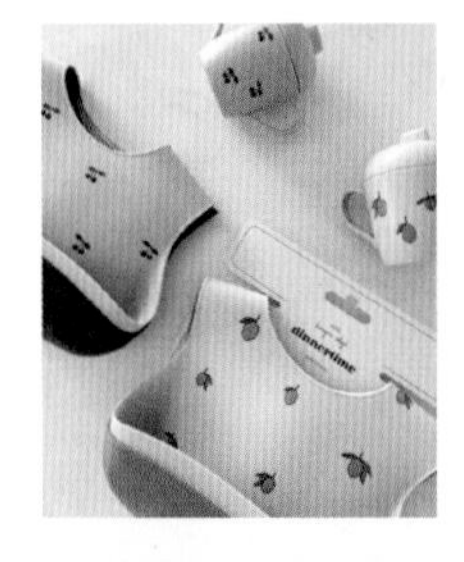

실리콘 턱받이

노키모어 사이트에서 구매한 콩제슬래드 제품이에요. 2개가 1세트입니다. 세척이 간편해요. 음식물 받아주는 부분이 탄탄하게 잡혀 있어서 이유식을 흘려도 잘 모아져요. 하지만 방수 천 턱받이에 비해 무거워서 아이가 거부할 수 있어요.

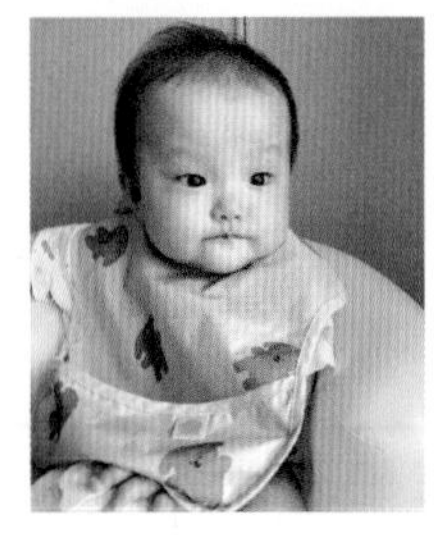

방수 천 턱받이

실리콘 재질보다 가볍고 휴대하기 좋아요. 실리콘 턱받이처럼 음식물을 받아주는 부분이 있지만 흐물거리는 소재라 음식물을 잘 받아내지 못하고 바닥에 흘리는 경우가 종종 있어요.

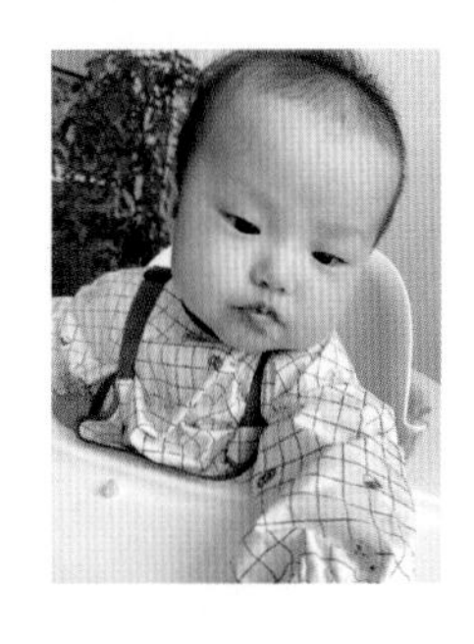

긴팔 턱받이

자기주도이유식과 유아식에서 활용도가 높아요. 옷처럼 입을 수 있어 음식물에 옷이 오염되지 않아요. 다만 날이 더운 경우 아기가 더워하거나 갑갑해할 수 있어요. 흐물거리는 소재라 음식물을 잘 받아내지 못하고 흘러내릴 수 있습니다.

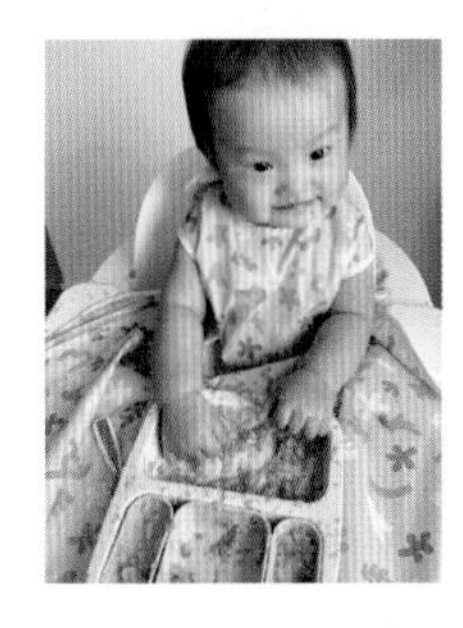

식탁 일체형 턱받이

자기주도이유식과 유아식에서 활용도가 높아요. 긴팔형은 팔까지 커버돼서 좋으나 더워하거나 갑갑해할 수 있어요. 민소매형은 긴팔형보다 편하지만 팔에 음식물이 묻어요. 식탁 일체형의 최대 장점은 식사가 끝난 후 턱받이만 벗기면 식탁을 닦을 필요가 없다는 점이에요.

첫 구매라면 실리콘 턱받이 1개, 방수 천 턱받이 1개를 사고 아기가 더 편해하는 제품이나 엄마, 아빠가 손이 잘 가는 제품을 선택해서 추가 구매하는 게 좋아요. 그리고 중기와 후기 이유식에서는 자기주도이유식, 자기주도 간식을 시도해보는 게 좋기 때문에 그때 식탁 일체형 턱받이를 추천합니다. 이왕이면 2개 사세요. 1개 세척하고 마를 때까지 시간이 좀 걸려서 2개를 번갈아가면서 사용하면 편해요.

제가 사용해본 방수 천 턱받이와 식탁 일체형 턱받이는 세로스토어 아이주 제품입니다.

초기 쌀가루, 중기 쌀가루, 중기 잡곡가루는 얼마나 사야 할까?

이 책의 초기, 중기, 후기 레시피대로 만든다는 가정하에 필요한 양을 알려드립니다.

초기 쌀가루 1단계(고운 입자, 미음)

요즘은 이유식을 처음부터 입자감 있게 시작하기를 권하므로 고운 입자의 초기 쌀가루 1단계는 구입하지 않고, 바로 2단계를 구매해도 됩니다. 하지만 아기가 조금 적응한 후에 입자감을 키우고 싶으면 1봉지만 구입해요. 1봉지도 많이 남아요. 남은 양은 아기 간식 만들 때 활용해요.

400g짜리 초기 1단계 쌀가루 기준 1봉지 구매 추천(초기 2단계 쌀가루만 1봉지 사도 됨)

초기 쌀가루 2단계(설탕 입자, 살짝 입자감 있게)

처음부터 초기 2단계 쌀가루로 시작해도 아기들은 잘 먹어요. 양은 넉넉해서 초기 이유식이 끝나도 좀 남을 거예요. 불린 쌀이나 밥을 갈아서 만든 쌀죽의 입자 크기와 비슷해요. 중기 이유식 들어갈 때 중기 1단계 쌀가루와 섞어서 사용해도 괜찮아요.

400g짜리 초기 2단계 쌀가루 기준 1봉지 구매 추천

중기 쌀가루 1단계(꽃소금 입자, 중기 초~중반 추천)

중기 이유식 1단계 위주로 사용한다면 1봉지만 구입하세요.

400g짜리 중기 1단계 쌀가루 기준 1봉지 구매 추천

중기 쌀가루 2단계(쌀알 조각 크기, 중기 중~후반 추천)

중기 이유식 2단계부터 후기 이유식 용도로 사용한다면 2봉지를 구입하세요.

400g짜리 중기 2단계 쌀가루 기준 2봉지 구매 추천

중기 잡곡가루: 종류별로 1봉지씩

제가 사용한 중기 잡곡가루는 현미, 보리, 퀴노아, 흑미, 수수, 차조까지 6종류였습니다. 다양하게 먹여보고 싶어서 잡곡 6종을 진행했지만, 1봉지씩만 사도 중기가 끝났을 때 꽤 많은 양이 남아요. 많이 남기고 싶지 않으면 3가지 종류의 잡곡만 구매해도 됩니다. 남은 잡곡가루는 후기 이유식에서 섞어서 사용해도 되는데, 가루 특성상 조금 더 묽은 느낌의 무른밥이 만들어집니다. 저도 후기 초반에만 섞어서 쓰고, 이후에는 일반 쌀과 잡곡을 불려서 사용했어요.

오트밀

오트밀가루는 구매해도 되지만 필수는 아닙니다. 퀵롤드 오트와 포리지 오트 2종류를 구입해서 갈아서 사용해도 됩니다. 초기 이유식에서는 퀵롤드 오트로, 중기 이유식 이후부터는 포리지 오트를 추천합니다.

후기 이유식부터는 쌀가루나 잡곡가루 형태보다는 일반 쌀과 잡곡을 불려서 사용하는 게 좋아요.

시기별 토핑 이유식의 양

초기, 중기, 후기 이유식에서 진행하는 토핑 이유식의 예시부터 보여 드릴게요. 토핑 이유식은 칸이 나누어진 식판에 담아도 되고, 한 그릇에 베이스죽(밥), 고기 토핑, 채소 토핑을 모두 담아 데워 먹여도 됩니다. 단, 한 그릇에 데워 먹일 땐 그릇이나 용기가 좀 더 넉넉하고 큰 게 좋아요. 많이 섞일 수 있어요. 이유식 시기별 베이스죽의 양은 어느 정도가 적당할까요? 고기 토핑, 채소 토핑은 어느 정도가 좋을까요?

초기 토핑 이유식의 예시

초기 이유식에서는 기본 베이스죽으로 쌀죽, 오트밀죽을 주었어요. 그 외 현미나 보리, 수수 등의 다른 잡곡을 시도해도 괜찮으나, 초기에는 쌀과 오트밀을 베이스로 하고 다른 재료의 알레르기 테스트에 중점을 두었습니다. 다양한 잡곡은 중기부터 시도해도 좋아요.

뿐이는 초기 이유식에서 쌀오트밀 베이스죽으로 40g씩, 소고기 10g, 달걀노른자 6g을 주었어요. 채소는 10g씩 2가지 종류로 시작했고 점차 양을 늘려 나중엔 3가지 종류로 늘렸어요. 이렇게 먹이니 초기 이유식 초반에는 쌀죽 30g 먹던 아기가 초기 마지막에는 한 끼에 80g씩 먹게 되었어요. 전체 양은 아기가 먹는 양에 맞춰서 베이스죽 양을 늘리거나 채소 토핑을 1가지 더 추가하면 돼요.

중기 토핑 이유식의 예시

중기 이유식은 초기 이유식을 언제 시작했든 생후 210일 전후로 시작합니다. 생후 7~8개월 두 달 동안 진행해요. 한 끼의 양은 더 늘어나요. 중기 이유식부터는 기본 하루 2회 이유식을 진행합니다. 물론 잘 먹는 아이들은 초기 이유식부터 2~3회 진행하기도 해요. 중기 이유식에서는 한 끼당 100~150g까지도 먹어요. 잘 먹는 아이들은 중기 후반에 한 끼당 150g이 넘기도 합니다. 뿐이는 중기 이유식에서 베이스죽 60~70g, 소고기(닭고기, 두부) 토핑 15g, 채소 토핑 15g씩 한 끼당 120g 정도를 먹이다가 점점 늘렸어요.

후기 토핑 이유식의 예시

후기 이유식은 생후 9~11개월에 진행합니다. 그런데 아이들이 10~11개월쯤 되면 이유식 거부, 진밥 거부가 오기도 해요. 그런 경우라면 후기 이유식을 2개월 진행하고 11개월부터 완료기(유아식)로 넘어가기도 합니다. 후기 이유식 기준, 베이스 무른밥과 진밥은 한 끼당 100g, 소고기 토핑 20g, 채소 토핑 20g씩 총 180g 정도로 먹였어요.

초기, 중기, 후기 토핑 이유식의 양

구분	초기 이유식(6개월)	중기 이유식(7~8개월)	후기 이유식(9~11개월)
먹는 횟수	하루 1회	하루 2회	하루 3회
한 끼 기준	30~80g	80~150g	120~180g
베이스	20~50g	50~80g	80~100g
소고기, 닭고기, 두부 토핑	10g	15g	20g
채소 토핑(1종류당)	10g	15g	20g

★ 한 끼 기준 및 베이스 양이 차이가 많이 나는 이유는 아기마다 먹는 양이 다르기 때문이니 참고만 해주세요.

베이스죽, 무른밥, 진밥은 1~2주 치, 3일 치 만들어두기

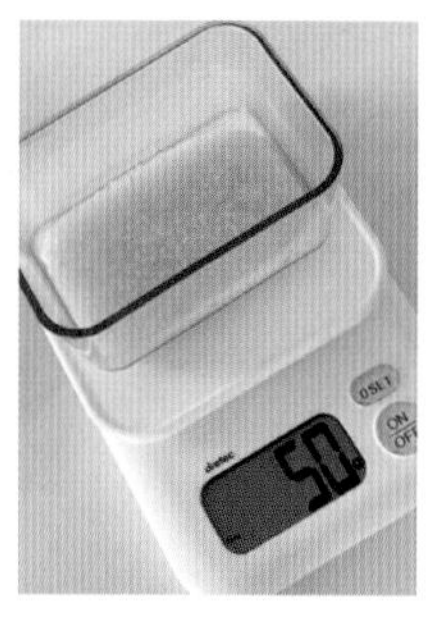
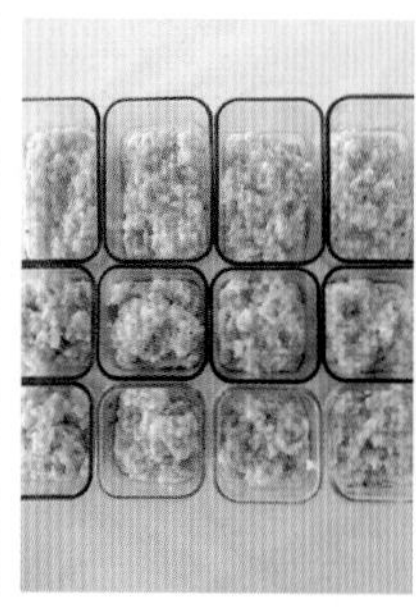

베이스죽, 무른밥, 진밥은 미리 1~2주 치, 3일 치라도 만들어두면 편해요. 초기, 중기 이유식에서는 1~2주 치 베이스죽을 만들어두고 냉동했다 데워 먹였어요. 후기 이유식에서는 하루 세 끼 모두 잡곡밥을 베이스로 했기 때문에 한 번에 18회 분량의 무른밥, 진밥을 만들었어요. 그렇게 하면 하루 세 끼 6일 치가 되거든요. 이렇게 미리 베이스를 여유 있게 만들어두면 토핑 이유식이 훨씬 쉬워져요.

토핑의 양은 어떻게 정할까?

달걀 토핑은 얼마나 줘야 할까?

앞에서도 언급했듯이 새로 바뀐 이유식 지침에 따라 돌 전이라도 달걀 흰자를 먹여볼 수 있어요. 다만 첫 시작은 노른자여야 합니다.

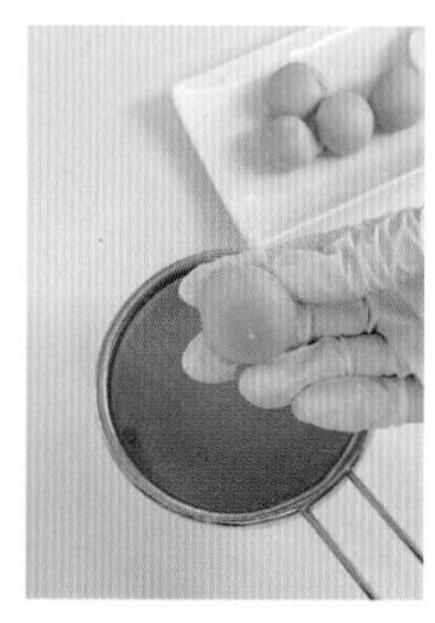

15분 이상 익힌 완숙 달걀의 노른자만 준비해요. 돌 전이면 일주일에 달걀 1~2알이 적당합니다. 보통 노른자가 한 알당 10~13g 정도 되는데요(달걀 크기에 따라 다를 수 있어요). 노른자 1~2알을 3일 동안 나눠 먹인다고 생각하면 돼요.

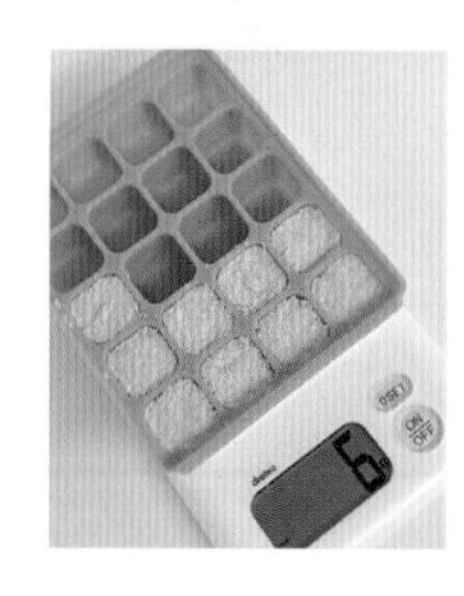

초기 이유식 첫 시작에서 달걀노른자 토핑은 6g을 주었습니다. 중기, 후기 이유식까지 6g씩만 해도 되고 좀 더 양을 늘려도 좋아요. 간혹 노른자에 예민한 반응을 보일 때도 있어요. 무엇이든 처음엔 소량으로 시작하는 게 좋아요. 노른자 테스트를 통과했다면 1~2개월 후에 흰자까지 먹여볼 수 있어요. 뿌이는 후기 이유식을 할 때 흰자 테스트를 했는데요. 처음엔 삶은 달걀 1알을 작게 잘라 간식으로 줬어요. 알레르기 반응이 없는 걸 확인하고 부추스크램블드에그, 케일오믈렛 등을 만들어줬어요.

식판 또는 하나의 용기에 모두 넣고 데워 먹여도 괜찮으니 편한 방법을 선택해보세요.

닭고기 토핑은 얼마나 줘야 할까?

닭고기는 소고기와 같은 양으로 주었어요. 중기 기준 한 끼당 소고기 15g, 두 번째 끼니에 닭고기 15g을 주었습니다. 두부도 소고기, 닭고기와 동일한 양으로 진행했어요(중기 15g/후기 20g).

흰살 생선 토핑은 얼마나 줘야 할까?

생선은 수은 문제로 권장 섭취량이 정해져 있어요.

돌 전 아기라면 일주일 기준 생선 50g 이하를 섭취하는 게 좋아요. 50g 이하의 생선을 일주일에 2~3회 나눠 먹이면 됩니다.

이유식 횟수는 시기별로 평균적인 기본 횟수입니다.

잘 먹는다면 초기부터 하루 3회 먹여도 괜찮아요.

한 끼 기준 양이 너무 차이가 나기도 하죠?

맞아요. 아이들마다 전부 달라요. 후기 이유식만 봐도 적게 먹으면 100~120g 정도만 먹는 아이들이 있는 반면 잘 먹는 아이는 200g도 먹거든요. 때문에 이유식의 총 양은 소고기와 채소 토핑을 계산하면서 결국 아기가 먹는 양에 맞추는 게 정답입니다.

비율 정하기 어려워요, 5:5로 맞춰야 할까요?

밥을 더 줘야 할지, 토핑을 더 줘야 할지 모르겠다면, 단백질, 탄수화물, 지방 비율대로 섭취하는 게 중요해요. 그런데 수치까지 생각해가며 계산하는 것보다 제일 중요한 건 하루에 골고루 여러 가지를 먹는 거라 생각해요. 베이스죽(밥)을 좀 더 먹어도 되고, 고기나 채소를 더 먹어도 괜찮으니 편하게 해보세요. 아기가 하루에 밥, 고기(생선, 달걀, 콩류), 채소, 과일, 분유(모유) 골고루 먹으면 된 거예요.

토핑 이유식, 어렵게 느껴질 수도 있지만 하다 보면 할 만합니다.

잘 먹으면 좋겠지만, 분명 잘 안 먹는 날도 많을 거예요. 아기들도 시기별로 적응이 필요하고, 입자감, 농도, 횟수 변화 등에 적응하도록 충분히 기다려줘야 합니다. 비슷한 개월 수의 아기들을 보면서 우리 아기보다 더 많이 잘 먹는다고 부러워하지 마세요. 우리 아기는 왜 이렇게 못 먹지, 맛없게 만들어줘서 그런가? 이런 생각도 금물이에요.

같은 개월 수 아기라도 먹는 양이 다를 수 있어요.

아기도 노력중이니 응원해주세요. 남들보다 조금 덜 먹어도 자기 속도대로 먹으면서 열심히 크는 중이니까요. 엄마, 아빠도 자책하지 마세요.

토핑 이유식 양의 정답은 결국 아기가 먹는 양입니다.

소고기, 생선, 달걀, 채소 등 시기별 토핑 양을 확인하고 우리 아기가 먹는 총 양에 맞춰주면서 전체 양을 조금씩 늘려주세요.

물 마시는 시기와 섭취량, 빨대 컵 사용 시기

물은 언제 어떻게 줘야 할까요?

물은 언제부터 먹이면 될까?

생후 3~4개월에는 모유(분유)만으로 충분히 수분을 섭취할 수 있어요. 만약 이때 물을 먹이면 모유나 분유의 영양분 섭취를 방해할 수 있습니다. 이른 시기의 물 섭취는 전해질 불균형을 초래할 수도 있으니 주의해야 합니다. 그럼 물은 언제부터 먹이면 될까요. 개정된 이유식 지침에 따라 생후 6개월부터 이유식을 시작하라고 권장합니다. 물도 생후 6개월쯤부터 먹이면 돼요. 며칠 더 빠르거나 늦어도 상관없어요.

물은 하루 중 언제, 어떻게 줘야 할까?

수시로 조금씩 챙겨주는 게 좋아요. 아이의 체구, 활동량에 따라 필요한 수분량도 차이가 있지만 수시로 조금씩 챙겨주는 게 좋습니다. 특히 환절기엔 더 신경 써서 챙겨주세요. 평균적으로는 아침에 일어난 후, 식사 30분 전, 식사 후에 챙겨주면 좋아요.

이유식을 먹다가 켁켁거리면 물을 조금씩 떠먹여주고, 떡뻥 같은 뻑뻑한 쌀과자를 먹을 때는 무조건 옆에서 물을 챙겨줘야 합니다.

돌 전에는 아기 위장이 약해서 쉽게 배탈이 날 수 있으니 반드시 100℃로 가열한 물을 식혀서 먹여야 합니다. 냉장고에 넣어 보관한 찬물은 피하는 게 좋아요.

물 섭취량은 어느 정도가 적당할까?

생후 6~9개월은 모유 또는 분유로 수분을 섭취하므로 물을 거의 안 먹어도 문제없어요. 그러니 120mL에 맞춰서 먹이지 않아도 됩니다. 생후 9~12개월은 220mL 이하가 적당합니다. 언급한 양보다 훨씬 더 적은 양도 괜찮아요. 돌 전에는 하루 200mL 이하로 마셔도 수분 섭취에 이상이 없다고 봐요. 돌 이후에는 필요한 수분량이 늘어나요. 점점 양을 늘려서 수분을 충분히 섭취할 수 있게 도와주세요. 참고로 여기에서 언급한 물의 양은 분유, 우유, 주스 등의 음료를 제외한 양입니다.

개월 수	생후 6~9개월	생후 9~12개월	12개월 이후
1일 기준 먹이는 물의 양	약 120mL 이하	약 220mL 이하	약 220mL 이상

컵은 언제부터 사용해야 할까?

생후 6개월, 빨대 컵으로 시작

모유(분유)를 먹는 6개월 아기에게 빨대 컵을 주면 빨대로 물을 빨아 먹는 방법을 조금 더 쉽게 배울 수 있다고 합니다. 빨아 먹는 방법이 비슷하기 때문이에요. 뿐이는 돌 전까지 빨대 컵을 제대로 쓰지 못했어요. 하지만 어떤 아기들은 6개월부터 바로 적응하기도 해요. 아기마다 빨대 컵 적응 속도가 다르니 당장 빨대 컵을 쓰지 못한다고 조바심내지 마세요. 기다리면 언젠가는 잘 사용할 수 있게 됩니다.

처음에는 스푼으로 물을 떠먹이다가 빨대 컵이나 일반 컵을 주고 연습시키세요. 예전에는 스푼으로 떠먹여 주기, 스파우트 컵이나 시피 컵, 360컵으로 연습한 뒤에 빨대 컵을 적응시키고 마지막으로 손잡이 컵이나 일반 컵 순으로 추천했는데요. 요즘은 6개월 이후에 바로 빨대 컵이나 일반 컵을 사용하는 걸 추천해요. 모유나 분유(젖병 이용)를 먹다가 컵으로 전환하는 건 꽤 많은 시간과 노력이 필요하기 때문이에요. 일찍 컵으로 물 먹는 연습을 시작하면 일반 컵을 사용할 수 있는 시기가 더 빨라지기도 해요. 아이들이 평생 사용하는 건 일반 컵이니까요. 일반 컵은

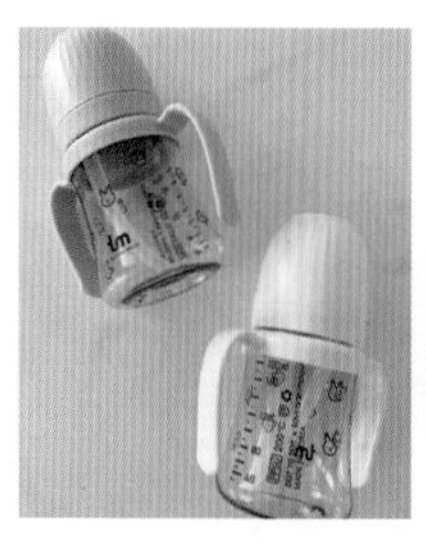
그로미미 빨대 컵

릿첼 첫 빨대 컵

블루마마 빨대 컵

네스틱 일반 컵

빨대 컵처럼 작은 사이즈를 추천해요. 아이가 잡기 쉽고 가벼워야 해요. 손잡이가 달린 컵 또는 손잡이 없는 컵 어느 것이든 상관없어요.

일반 컵 연습 방법

컵으로 물을 먹이는 건 쉬운 일이 아니에요. 한두 번 만에 성공한다면 다행이지만 그러기는 쉽지 않아요. 아기에게 컵을 쥐어주면 자꾸 들이붓고 던지죠. 하지만 포기하지 않고 반복해서 연습시키면 스스로 일반 컵을 잡고 물을 마시게 될 거예요.

뿐이도 생후 6개월부터 돌 이후까지 수시로 일반 컵을 쥐어주고 마시는 연습을 시켰더니 그 이후엔 스스로 조절하며 잘 마시더라고요. 경험상 일반 컵 연습이 빠를수록 스스로 컵을 잡고 먹는 시기도 빨라집니다. 일반 컵을 시도해본다면 이렇게 해보세요.

---

1. 컵에 소량의 분유(모유 또는 물)를 담고 아기 앞에서 어떻게 마시는지 보여준다.
2. 아기 앞에 컵을 두고 손을 뻗어 잡게 도와준다. 이때 아기 입에 엄마가 가져다 대지 말고 기다려준다.
3. 스스로 컵을 향해 손을 뻗어 잡고 입에 넣는 걸 도와준다.

뿐이의 컵 연습 후기

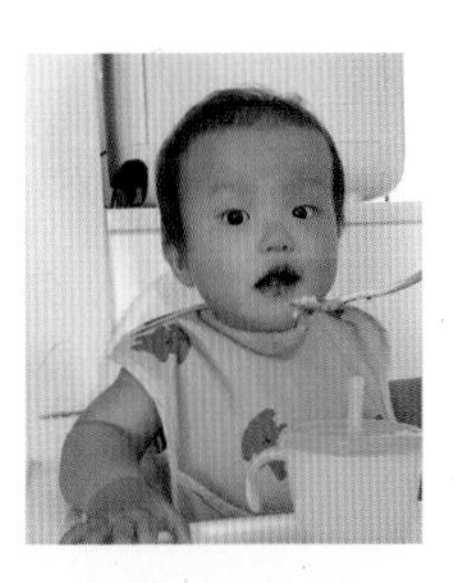

1. 생후 6개월에 뿐이는 빨대 컵을 제대로 사용하지 못했어요. 스푼으로 떠먹이는 경우가 많았고, 종종 일반 컵으로 연습하며 먹여주었습니다.

2. 9~10개월이 되자 빨대 컵을 사용하기 시작했어요. 이 시기에 도움이 되었던 제품은 릿첼 첫걸음 빨대 컵이었습니다. 아기가 입을 댈 때 윗부분을 살짝 눌러주면 물이 올라오는 형태였어요. 이 시기에 양손잡이 컵을 주었는데, 어느 정도 스스로 마실 수 있게 되었어요.

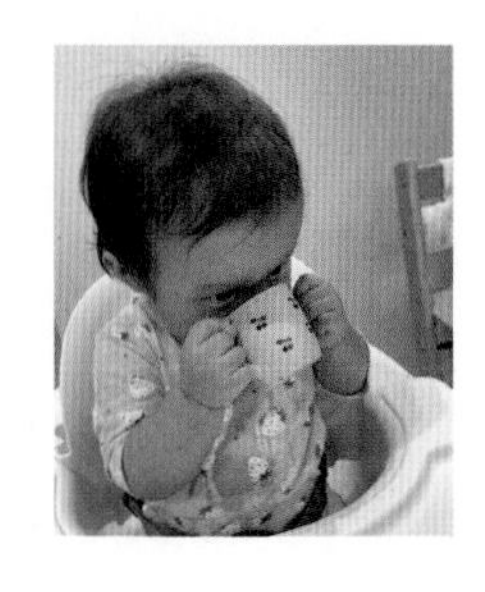

3. 11개월 이후엔 빨대 컵 사용이 익숙해지면서 스스로 잘 먹게 되었어요. 일반 컵도 지속적으로 연습했고, 생후 22개월 무렵 손잡이 없는 일반 컵에 물을 담아주면 스스로 마시는 양을 조절해가며 흘리지 않고 잘 마시게 되었어요.

빨대 컵 교체 시기

물병(본체 통)

젖병과 동일하게 6개월마다 교체를 권장해요. 물만 담아 마시면 1년까지도 가능하지만, 음료나 우유 등을 담아 마시면 오염될 수 있어요.

실리콘(빨대, 입 대는 부분)

3개월마다 교체를 권장해요. 멀쩡해 보여도 아기가 질겅질겅 물면서 손상될 수 있고, 세균 감염 가능성도 있어요.

한 번에 6가지 큐브를 만드는 방법

죽 이유식이든 토핑 이유식이든 이유식의 꽃은 큐브죠. 고기 큐브, 채소 큐브를 미리 만들어 놓으면 죽 이유식도 쉽게 만들 수 있고, 토핑 이유식도 각 토핑을 해동해서 먹이면 편해요.

이유식 큐브 한 번에 여러 개 만들기

큐브를 며칠에 한 번 정해두고 만들기보다는 큐브 재고표를 참고해서 정합니다. 보통 일주일에 두 번 정도 새로운 재료가 들어가요. 새로운 재료는 2가지를 한 번에 만들기도 합니다. 자주 사용하는 채소들, 예를 들면 애호박, 청경채, 양배추, 단호박, 당근, 브로콜리 등은 사용 빈도가 높기 때문에 한 번에 여러 개 만들어두면 편합니다. 권장하는 큐브 소진 기간이 2주 이내이므로 식단표를 확인하고 2주 안에 사용할 분량을 기본으로 잡고 추가로 몇 개를 더 만들면 좋아요.

이유식 큐브 보관 방법과 사용 기간

죽, 고기, 채소는 3일 이내 냉장 보관이 가능합니다. 그 이상은 냉동 보관해요. 냉동 보관 시에도 2주 이내 사용을 권장합니다. 돌 전 아기들은 소화기관이 약하기 때문에 식재료를 빠르게 소진하는 게 좋아요. 냉동실에 보관할 때는 실리콘 큐브에서 하루 동안 얼린 채소, 고기 큐브를 모두 빼내야 합니다. 그렇게 뺀 큐브들은 다음과 같이 보관해요.

---

1. 하나씩 개별 포장(랩으로 싸서)해서 지퍼백이나 밀폐용기에 보관
2. 일회용 비닐백에 종류별로 넣은 후 지퍼백이나 밀폐용기에 보관
3. 바로 지퍼백이나 밀폐용기에 보관

이유식 큐브 통째로 냉동 보관하지 않기

이유식 큐브는 보관 용기가 아닙니다. 완전히 밀폐되는 이유식 큐브가 아니라면 얼린 내용물을 따로 빼서 보관해요. 김밥용기도 좋아요. 가장 많이 쓰는 제품 중 하나는 창신리빙 스카이락 김밥 재료 보관용기 점보 2호 사이즈입니다. 보관법이 중요한 이유는 세균 번식과 냉동고 속 냄새, 습기 등의 이유 때문입니다. 일반 이유식 큐브를 그대로 보관하고 싶으면 실리콘 큐브 뚜껑을 닫고 지퍼백에 넣어 보관합니다. 하지만 이 방법은 필요한 큐브 개수가 적을 때만 가능해요. 중기에서 후기 이유식으로 넘어가면 한 번에 많은 양의 채소, 고기 큐브를 만들기 때문에 실리콘 큐브도 여유 있게 갖고 있어야 편하거든요. 그런데 큐브가 냉동실에 들어 있다면 바로 사용할 수 없겠죠.

필요한 큐브 용량과 개수

	초기	중기	후기
토핑 이유식	15g 20구: 2개	30g 12구: 3개 (많으면 6개)	60g 6구: 2개 90g 4구: 2개
죽 이유식	30g 12구: 2~3개	60g 6구: 2~3개	90g 4구: 2~3개

초기 이유식에서 가장 잘 사용한 15g짜리 20구 큐브 사진입니다. 초기부터 후기까지 몇 개가 필요할까요? 어느 시기까지 이유식을 직접 만들건지, 채소와 고기 큐브를 한 번에 몇 개씩 만들지에 따라 필요한 개수는 다른데요. 참고로 저는 조금이라도 편하게 하자는 주의라 중기~후기처럼 토핑 큐브가 많이 필요한 시기에는 하루 정해놓고 4~6가지 채소 큐브를 만들었어요. 그러다 보니 확실히 큐브가 많이 필요했어요. 토핑 이유식으로 초기만 만들겠다면 1칸당 15g짜리 큐브 2개면 충분합니다. 보통 15g씩 20구 정도 되거든요. 중기 이유식에서 후기 이유식쯤 가면 1칸당 30g짜리 큐브를 가장 많이 사용합니다. 후기까지 고기 토핑이나 채소 토핑의 소분 양이 30g 정도예요. 만약 40g, 50g이라면 30g짜리 큐브에 나눠서 보관하면 20g, 25g짜리 2개씩 사용하면 돼요.

중기 이유식에서 후기 이유식까지 가장 잘 사용한 12구짜리 큐브. 사

진은 후기 이유식에서 6가지 채소 토핑 큐브를 한꺼번에 만들었던 날에 사용한 큐브예요. 12구짜리 6개를 사용했죠. 만약 하루에 2~3가지 정도만 한 번에 만든다면 12구짜리 큐브 2~3개면 충분해요. 저처럼 6~7가지를 한 번에 만든다면 그보다 많은 큐브가 필요하죠.

4구, 6구짜리 큐브도 잘 사용했어요. 각 2개씩 있으면 적당할 것 같고요. 토핑 이유식을 데울 때 사용했는데 좋더라고요. 각 칸마다 다음 날 먹일 토핑들을 전날 미리 소분해서 냉장 보관했다가 당일 전자레인지에 데워 줬어요. 베이스죽이나 무른밥을 만들 때도 이유식 용기가 부족할 때 큐브에 보관했어요.

이유식 큐브 해동 방법

냉동 상태인 큐브들은 먹이기 전날 냉장고로 옮겨 냉장 해동하는 게 좋아요. 천천히 냉장 해동해야 음식의 풍미나 질이 떨어지는 걸 줄일 수 있어요. 냉장 해동 후 먹일 땐 어떻게 데워야 할까요? 보통 3가지 방법이 있습니다.

---

1. 찜기에 넣고 찐다.
2. 끓는 물에 그릇째로 중탕한다.
3. 전자레인지에 데운다.

각각 장단점이 있어요. 저는 3번이 제일 편했어요. 1번은 확실히 시간이 걸리고요. 2번은 중탕 가능한 용기여야 한다는 점(유리나 실리콘 재질). 3번 전자레인지로 데울 경우 전날 냉장 해동을 진행하면 40초~1분 정도면 골고루 따뜻하게 데워집니다. 전날 냉장 해동을 하지 않고 급하게 데워야 한다면 해동 모드로 2분 정도 돌린 후 데우면 좋아요.

참고로 베이스죽(무른밥)을 데우는 시간과 고기 토핑, 채소 토핑을 데우는 시간은 차이가 많이 날 수 있어요. 베이스죽을 데우는 데 시간이 조금 더 소요돼요. 저는 6구짜리 실리콘 큐브에 각각 담아 전자레인지로 데울 때 먼저 데워진 건 따로 빼서 두고, 덜 데워진 건 더 돌렸어요.

한 번에 6가지 채소 큐브 만드는 방법

여기에서 가장 중요하고 필요한 건 바로 찜기에요. 중기, 후기 이유식에서 한 번에 6~7종 채소 큐브를 만들려면 넉넉한 사이즈의 찜기를 추천합니다. 스테인리스 삼발이 찜기나 실리콘 찜기도 괜찮아요. 저는 일반 전골냄비에 찜기가 트레이식으로 구성된 제품을 갖고 있는데요. 정말 잘 사용했습니다.

1. 사진에서 왼쪽에 보면 검은 냄비 안에는 스테인리스 삼발이 찜기를 넣어서 사용했어요. 오른쪽 빨간색 냄비에는 구멍 난 스테인리스 찜기를 올려서 뚜껑 닫고 찌는 거예요. 스테인리스 찜기만 따로 팔아요. 집에 갖고 있는 냄비와 지름이 맞으면 사용할 수 있어요.

2. 후기 이유식 초반에 만든 6가지 이유식(당근, 브로콜리, 양배추, 양파, 애호박, 단호박) 채소 큐브를 보여드릴게요. 초기, 중기, 후기 모두 푹 익혀서 시기별로 적당한 입자 크기로 다지거나 으깨서 큐브에 소분하면 됩니다. 한 번에 6~7가지 채소 큐브를 만들 땐 전부 찜기에 찌면 편합니다.

3. 단호박은 푹 찐 후 껍질을 제거하고 으깨서 보관합니다. 후기 이유식에서는 한 끼당 20g씩 소분했어요. 브로콜리, 애호박, 양파, 양배추, 당근도 푹 익힌 후 다지기로 대충 다진 후 입자 크기를 보면서 칼로 좀 더 다지세요.

4. 이유식 큐브를 만들 땐 2주 치 식단표를 확인하고 필요한 양에서 2~3회분을 더 만들어요. 큐브는 필요한 개수보다 여유 있게 만드는 걸 추천합니다.

5. 후기 이유식 중 채소 큐브를 만들던 날 사진이에요. 이 날은 새송이버섯과 오이, 애호박 큐브를 한 번에 쪄서 만들었어요. 애호박은 후기 이유식까지 껍질을 제거하고 사용했습니다. 씨는 굳이 제거하지 않아도 괜찮아요. 오이는 껍질과 씨를 제거하고 사용했어요. 새송이버섯은 다진 후에 익혀야 입자 조절이 수월합니다.

6. 청경채, 감자, 무, 적채, 당근, 단호박 큐브는 한 번에 만들었어요.

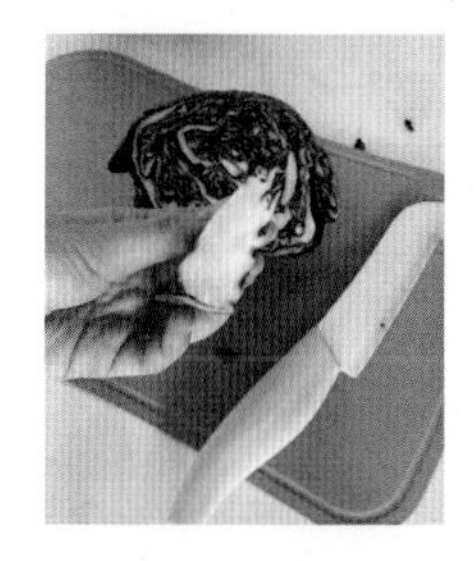

7. 적채는 양배추와 동일하게 손질합니다. 중간에 있는 두꺼운 심지 부분을 잘라내고 깨끗하게 씻어주세요.

8. 청경채와 시금치, 비타민 같은 잎채소는 2봉지 이상은 사야 큐브를 만들 수 있어요. 손질하면 양이 확 줄거든요. 후기 이유식에서 청경채는 뿌리 가까운 쪽만 잘라버리고 줄기 부분도 사용해요.

9. 당근은 양쪽 끝부분을 잘라내고 필러로 껍질을 제거해요. 감자, 무도 필러로 껍질을 제거해요

10. 당근은 찌기 전에 다져주세요. 같은 방법으로 무도 다져주세요.

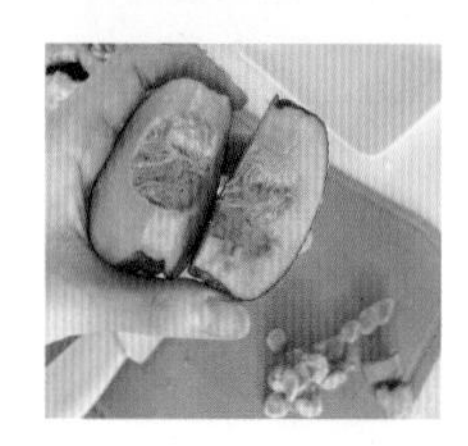

11. 단호박은 전자레인지에 약간 익힌 후에 잘라요. 껍질은 푹 찐 후에 제거하는 게 낫습니다. 숟가락으로 씨를 긁어 제거해주세요.

12. 이제 쪄줄 차례! 비슷한 색감의 재료는 같이 쪄도 됩니다. 예를 들면 당근과 단호박, 감자와 무, 이렇게요.

13. 적채와 청경채는 부피가 꽤 있어서 각각 따로 쪘어요. 재료의 양이나 종류에 따라 다르겠지만 대부분은 물이 끓은 후 15~20분 정도 찌면 부드럽게 다 익어요.

14. 유리그릇에 다진 재료들을 담아 찌는 방법도 있습니다. 후기 이유식에서 5~7mm 등의 입자 크기를 조절할 때 조금 더 편리해요. 다 익힌 후에 다지기로 다져도 되지만 간혹 너무 잘게 갈리거든요. 원하는 입자 크기로 만들 때는 이 방법이 좋습니다.

15. 다 익은 청경채는 빼내서 한 김 식혀둡니다.

16. 청경채를 뺀 찜기에 단호박을 넣고 20분 정도 찝니다. 이때 냄비 안에 물이 없을 수도 있으니 확인하고 물을 더 채워주세요.

17. 적채도 다 익었으면 빼둡니다.

18. 다진 당근을 유리그릇에 담아서 찜기에 넣어요.

19. 단호박을 뺀 찜기에 감자를 넣고 20분 정도 찝니다. 이렇게 재료 하나를 손질하면서 다른 재료를 찌면 됩니다.

20. 한 김 식힌 청경채는 다지기로 먼저 대충 다져주세요. 그 후에는 입자 크기를 보면서 칼로 다진 후에 소분합니다.

21. 후기 이유식 기준으로 한 끼당 20g씩 소분해요.

22. 적채도 다지기로 대충 다진 후에 칼로 입자 조절해서 다시 한 번 다지고 20g씩 소분합니다.

23. 단호박, 감자는 으깨서 소분합니다.

24. 유리그릇에 넣어 익힌 당근도 20g씩 소분해서 담았어요. 마찬가지로 무도 20g씩 소분해서 담아주세요.

25. 몇 시간 투자하면 이렇게 많은 이유식 채소 큐브가 만들어집니다. 가끔 새로운 재료 큐브 손질을 깜빡했거나 필요한 큐브가 모자란 경우에는 여유 있게 만들어둔 큐브 중에서 자유롭게 활용해도 괜찮아요. 또는 식단표에 적힌 토핑들에 자유롭게 1~2가지 추가해서 이유식 양을 늘려도 좋고요.

달걀 고르는 방법

마트에 가면 달걀 종류가 어마어마하게 많죠. 그렇다면 뭘 사야 할까요? 껍질 색은 닭의 품종에 따라 다를 뿐이지 영양가에 차이가 있는 것은 아닙니다.

어떤 달걀을 선택할까?

동물복지, 무항생제, 자유방목, 목초육 등 전부 좋아요.

뿐이에게 처음 먹이려고 구입한 달걀은 자유방목 유정란입니다.

자유방목은 끝 번호가 1번이에요. 자연에서 자란 닭들이 낳은 달걀이라는 뜻이에요.

출처: 식품안전나라 홈페이지

달걀에는 난각번호가 찍혀 있어요. 산란일자와 생산자 고유번호, 마지막에 찍힌 한 자리 숫자가 닭 사육환경 번호입니다. 사육환경은 4가지로 분류됩니다.

1번: 닭을 실외에 방사해 사육하는 경우

2번: 닭을 축사 내 평사에서 방사해 사육하는 경우

3번: 닭을 개선된 케이지에서 사육하는 경우

4번: 기존의 밀집된 케이지에서 사육하는 경우

보통 1번이나 2번은 닭들이 동물복지가 보장되는 환경에서 성장한다고 볼 수 있어요. 이왕이면 1, 2번을 추천드려요. 산란일자가 가까울수록 더 신선합니다.

결론: '무항생제+동물복지' 2가지 마크가 붙은 달걀을 추천드려요.

매일 달걀을 먹어도 될까? 달걀 권장 섭취량

최근 연구에 따르면 달걀로 인한 콜레스테롤은 심혈관 위험에 기여하는 것처럼 보이지 않고 여러 면에서 우리 몸에 더 좋다고 합니다(출처: 미국 보건복지부).

돌 이전: 일주일에 1~2알

돌 이후~두 돌 이전: 일주일에 2~3알

출처: 《삐뽀삐뽀 119 이유식》, 하정훈

외국 전문가들은 하루에 1알 정도 달걀 섭취는 문제없다고 말합니다. 우리나라 의사 선생님은 일주일에 1~2알이 적당하다고 말합니다. 정리하면, 아직 돌이 되지 않은 아기들은 매일 1알씩 먹어도 되지만(외국 전문가 기준), 그보다 1/2~2/3 정도 줄인 양을 주는 게 맞다는 뜻이에요(우리나라 전문가 기준). 즉, 이유식 시기 동안 일주일에 1~2알 정도로 진행하면 적당해요. 1~2알 정도 더 먹는다고 잘못된 건 아니고요. 저도 이유식 식단표를 짤 때 일주일 내내 달걀을 넣지 않고, 일주일에 3일 달걀을 먹였다면 그다음 일주일은 쉬었다가 그 이후 3일은 달걀을 먹이는 식으로 진행했어요.

두부 고르는 방법

두부는 만드는 방법에 따라 연두부, 순두부, 일반 두부로 나뉘어요. 어떤 걸 선택해도 괜찮아요. 다만 토핑 이유식에는 순두부나 연두부 같은 묽은 질감보다는 일반 두부를 사용하는 게 편해요. 그렇다고 한 종류의 두부만 사용하지 말고 연두부, 순두부, 일반 두부 골고루 먹여보세요. 음식의 질감을 직접 맛보고 느낀다는 건 정말 중요하거든요.

아기 두부 고르는 방법 1_유기농? 국산콩?

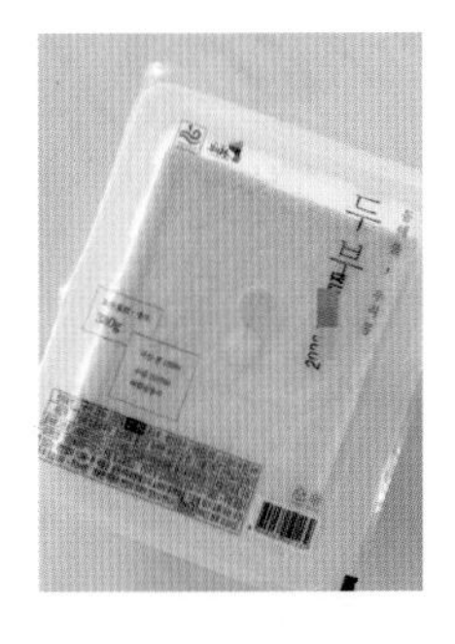

미국에서 재배되는 대두의 90% 이상이 살충제에 견딜 수 있도록 유전자가 변형된 콩이라고 합니다. 동물 실험 연구에 따르면, 유전자 변형 식품과 살충제는 간, 신장 기능 장애를 발생시키고 농경지에 부정적인 영향을 미칩니다. 당연히 사람 몸에도 나쁜 영향을 줄 수밖에 없겠죠. 때문에 요즘은 NON-GMO 식품을 찾아서 먹는 분들이 많아요. 두부를 구입할 때 외국산 콩보다는 국산 콩이 중요한 이유죠.

마트에서 유기농이라는 글자만 보고 사는 분 계실까요? 대부분의 유기농 두부는 알고 보면 중국산이나 외국산 콩으로 만들었습니다. 아무리 유기농이어도 외국에서 장거리, 장시간 걸려 들여올 때 약품 처리 등을 간과할 수 없기에 다소 찜찜해요. 수입콩은 GMO 유전자 변형을 절대 무시할 수 없는 문제인만큼 이왕이면 국산콩으로 만든 두부를 추천드려요.

아기 두부 고르는 방법 2_응고제, 첨가물 유무

국산콩을 골랐다면 두 번째는 바로 첨가물 유무! 응고제는 어떤 걸 썼는지 확인하는 게 중요합니다. 물론 식품첨가물은 거의 식약처 인증을 거쳐 인체에 무해하다지만, 이왕이면 적게 들어간 제품을 선택하는 게 좋겠죠. 요즘은 소포제, 유화제를 아예 넣지 않는 두부도 많이 있습니다.

소포제

두부를 만들 때 콩물을 끓이는데 이 과정에서 많은 거품이 발생합니다. 대량의 거품을 제거하기 위해 소포제를 사용해요. 소포제는 식약처에서 식품첨가물로 인정받았고 인체에 부작용을 일으킬 확률은 극히 낮기 때문에 크게 걱정하지 않아도 됩니다. 하지만 소포제가 포함된 두부를 100g 먹으면 최대 소포제 5mg 정도 섭취하게 됩니다. 이는 소포제 일일 섭취 허용량의 11.1% 수준으로 두부를 하루 최대 1kg 정도는 먹어야 일일 섭취 허용량을 넘는 것이므로 크게 걱정할 필요는 없습니다. 그렇다 해도 불필요한 식품첨가물은 먹지 않는 게 좋지 않을까요.

유화제

유화제는 콩물이 너무 빠르게 응고되는 것을 막아줍니다. 이 유화제도 인체에 크게 유해한 첨가물은 아니라고 합니다. 그래도 소포제와 유화제가 들어가지 않은 두부를 고르는 게 좋아요. 만약 소포제와 유화제가 들어간 두부를 샀다면 끓는 물에 1분 정도 데쳐서 사용하면 괜찮아요.

응고제

예전에는 두부를 만들 때 바닷물을 이용하여 응고시켰습니다. 하지만 바닷물이 오염되면서 법적으로 바닷물을 응고제로 사용하지 못하게 했습니다. 그래서 두부를 만들 때 응고제를 첨가하는데요. 식약처에서는 6개 식품첨가물에 응고제를 허가하고 있답니다.

염화마그네슘, 염화칼슘, 황산마그네슘, 황산칼슘, 조제 해수 염화마그네슘, 글루코노 델타락톤. 이중 조제 해수 염화마그네슘이 바닷물을 끓여서 농축한 천연 응고제입니다. 천연 응고제도 그냥 바닷물 아닌가? 할 수 있는데 오염된 바닷물을 그대로 쓰는 게 아니라 과정을 거쳐 불순물을 제거하고 만들었답니다.

두부 고르는 방법

정리하면, 유기농보다는 국산콩으로, 소포제, 유화제는 들어 있지 않은 제품으로, 응고제가 들어간다면 조제 해수 염화마그네슘이 들어간 것으로 선택하세요.

채소, 과일을 세척하는 방법

과일과 채소는 생각보다 불순물과 이물질이 많고 미세먼지도 붙어 있어요. 그뿐 아니라 잔류 농약도 있습니다. 과일, 채소를 재배할 때 농약을 사용하는 경우가 정말 많아요.

잔류 농약이 위험한 이유가 뭘까요? 우리나라는 국민 1인당 연간 농약 노출량이 OECD 국가 중 최고 수준입니다. 미량이라도 장기간 섭취 시 우리 몸에 나쁜 영향을 미칠 수 있어 주의해야 합니다(시력 저하, 발암 위험 증가, 인지기능 저하 위험 등).

아기들도 잔류 농약에 장기간 노출된다면 분명 성장에도 영향이 있겠죠. 그러니 우리 아이들과 가족의 건강을 위해 과일, 채소 세척은 꼼꼼하게 신경 써서 해주세요.

농산물의 잔류 농약 문제는 여러 번 세척하거나 가열하면 상당량의 농약이 제거되는 효과가 있다고 합니다. 식품의약품안전처에서 다음과 같이 3가지 실험을 했는데요. 물로만 씻는 경우, 식초나 소금물에 씻는 경우, 채소 전용세제로 씻는 경우, 농약의 제거 정도에는 큰 차이가 없었답니다. 그럼 어떻게 세척해야 할까요? 물을 받아 농산물을 5분 이내로 담가두었다가 흐르는 물에 30초 이상 문질러 씻는 것이 가장 좋답니다. 그러면 채소는 약 55%, 과일은 약 40% 정도의 잔류 농약이 제거된답니다. 위 내용을 참고해서 깨끗하게 세척해주세요.

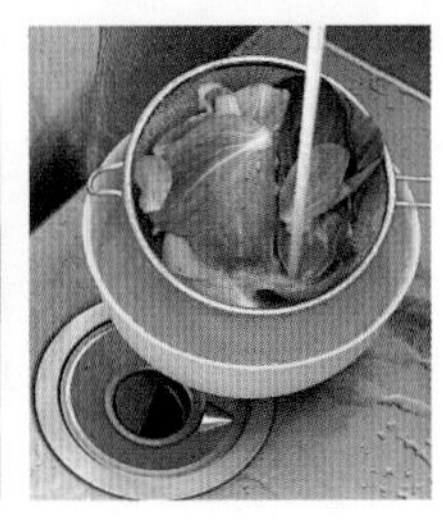

청경채는 초기 이유식부터 사용 가능한 식재료입니다. 초기, 중기, 후기 언제든 먹여볼 수 있어요. 줄기 끝 부분은 잘라내고 부드러운 잎만 사용해요. 중기, 후기 이유식쯤 가면 줄기 부분도 사용해요. 볼에 물을 담고 청경채를 담가두세요(5분 이내 권장). 그리고 30초 이상 흐르는 물에 깨끗하게 씻으면 잔류 농약도 걱정 없어요.

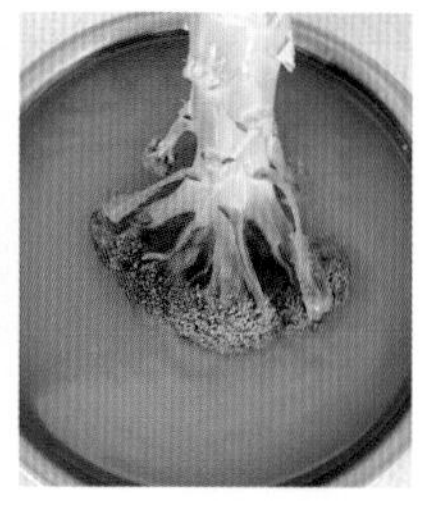

브로콜리도 초기 이유식부터 사용하기 좋은 식재료이지만 꽃송이 부분을 잘 세척해야 합니다. 브로콜리를 그냥 물에 씻는다면 겉 부분이 코팅된 것처럼 물이 튕겨져 나와 제대로 세척하기가 어렵습니다. 사진처럼 물에 거꾸로 담궈 5분 이내로 두세요. 그리고 흐르는 물에 30초 이상 세척해주세요.

시금치는 초기, 중기, 후기 이유식에서 언제든 사용 가능한 재료입니다. 질산염 문제로 생후 6개월 이후 사용하는 걸 권장합니다. 하지만 질산염의 위험성보다 채소를 통해 얻는 이점이 더 크니 너무 걱정하지 마세요. 시금치는 구입 후 빠르게 손질해서 큐브를 만드는 게 좋아요. 부드러운 잎 위주로 사용합니다. 볼에 물을 담고 손질한 시금치를 5분 이내로 담갔다가 흐르는 물에 30초 이상 세척해주세요.

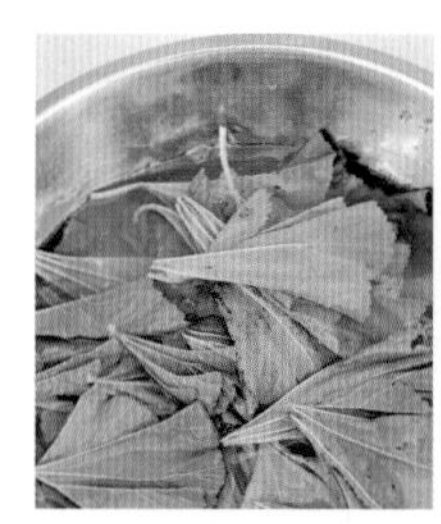
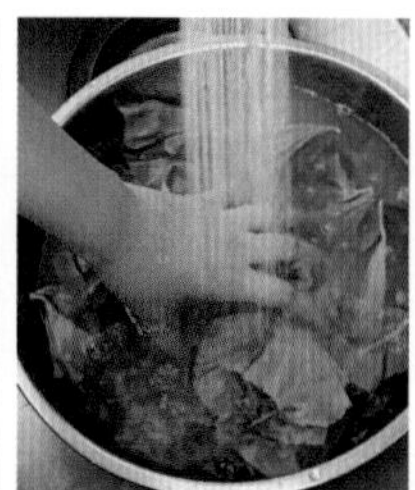

아욱도 우리 몸에 좋은 채소라서 이유식에 많이 사용합니다. 생후 6개월 이상이면 언제든 사용 가능합니다. 다만 아욱은 풋내가 날 수 있어 물에 5분 이내로 담갔다가 흐르는 물에 빨래 빨듯 팍팍 치대면서 씻어주는 게 포인트입니다.

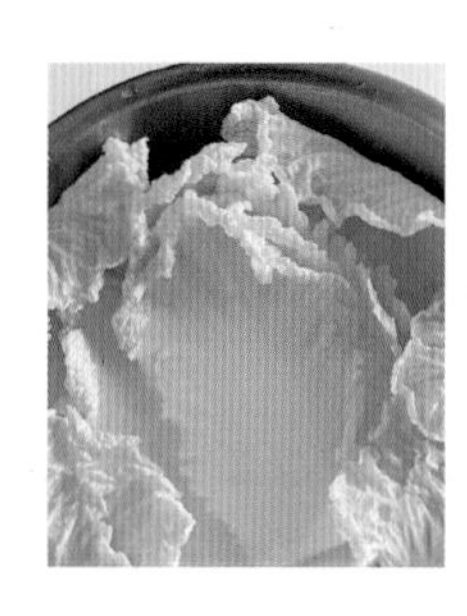

배추도 농약을 많이 사용하는 채소 중 하나입니다. 특히 겉잎은 잔류농약이 많을 수 있어 2~3장 제거 후 사용하세요. 배추도 질산염 문제로 생후 6개월 이후에 권장하는 식재료입니다. 배춧잎을 떼어 물에 5분 이내로 담가두었다가 흐르는 물에 30초 이상 문질러가며 씻어주세요.

적채나 양배추도 겉잎 2~3장을 떼어내고 사용하는 게 좋아요. 두꺼운 심지 부분은 잘라내고 물에 5분 이내로 담가두었다가 흐르는 물에 30초 이상 세척해주세요.

비타민은 초기 이유식부터 사용 가능한 채소입니다. 보통 이유식을 하기 전에는 비타민이 뭘 말하는지 모르는 분들이 많아요. 저도 처음엔 비타민이 뭔지 몰랐어요. 알고 보니 이름처럼 비타민이 가득하고 우리 몸에 좋은 재료였죠. 튼이 때는 초기 이유식에서 사용했고, 뿐이 때는 중기 이유식에서 사용했어요. 비타민도 손질 후 물에 5분 이내로 담가두었다가 흐르는 물에 30초 이상 세척해요.

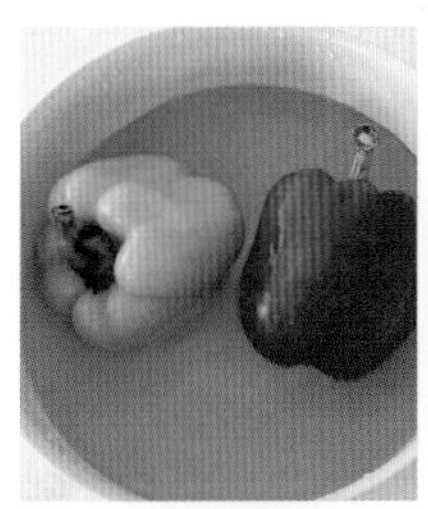

껍질째 먹는 파프리카, 피망도 물에 5분 이내로 담가두었다가 흐르는 물에 문질러가며 세척 후 사용하세요. 케일도 같은 방법으로 세척해요.

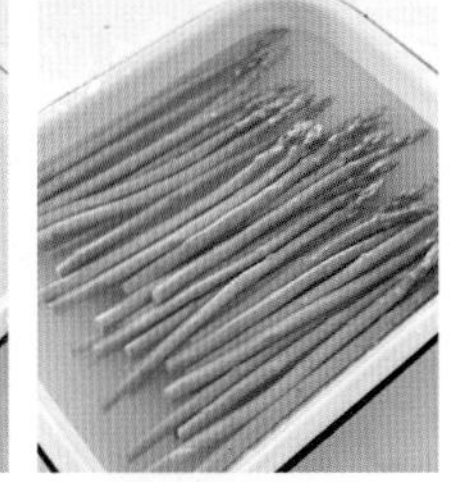

아스파라거스도 마찬가지에요. 5분 이내로 담가두었다가 30초 이상 흐르는 물에서 문질러가며 세척하세요.

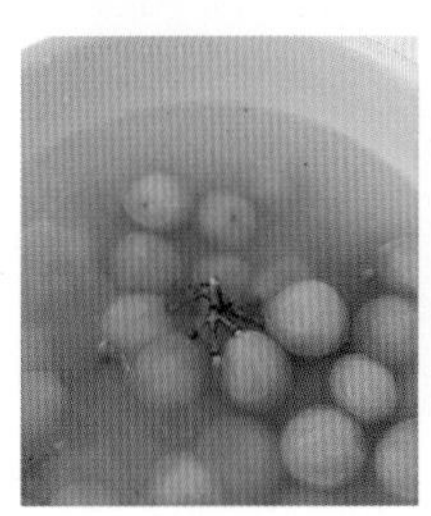

샤인머스켓, 포도는 꼭 알알이 떼어내 세척할 필요는 없습니다. 송이째 물에 5분 이내로 담가두었다가 흐르는 물에 30초 이상 세척해주면 잔류 농약 걱정 없이 먹을 수 있어요.

사과는 껍질을 깎고 먹기 때문에 대충 씻어도 되지 않나 싶지만 껍질을 깎을 때 손에 묻은 잔류 농약이 과육에 묻을 수 있으니 깨끗하게 세척 후 깎는 게 좋아요. 사과, 배, 오렌지, 귤 등 모든 과일은 5분 이내로 물에 담가두었다가 흐르는 물에 30초 이상 세척해주세요.

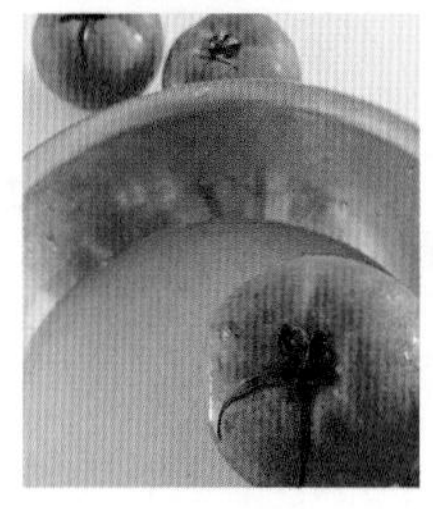

이유식에서 토마토는 껍질과 씨를 제거하고 사용하는데요. 그래도 애초에 껍질 자체를 깨끗하게 세척하는 게 중요합니다.

수입 과일은 잔류 농약이 꽤 많습니다. 껍질 있는 과일도 잘 씻어야 하지만 바로 먹는 과일들은 특히 더 신경 써야 합니다. 예를 들면 체리, 딸기, 산딸기, 방울토마토, 블루베리, 자두 등이요.

아기 과자, 아기 치즈, 아기 요거트를 고르는 방법

돌이 되기 전 이유식을 진행하는 동안 직접 만들어주는 아기 간식이 아닌, 시판 간식은 어떤 기준으로 고르는 게 좋을까요? 그저 아기 과자라고 적힌 걸 선택하는 게 아니더라고요. 제품 뒤에 적힌 원재료와 함유량을 꼼꼼하게 따져보고 고르는 게 좋답니다.

아기 과자

보통 초기 이유식부터 쉽게 접할 수 있는 시판 아기 과자는 떡뻥, 쌀과자 정도입니다. 쌀로만 만들어진 제품이 있고 잡곡, 채소, 과일이 들어간 제품도 있는데요. 예를 들면 퀴노아쌀과자, 단호박떡뻥, 블루베리쌀과자 등이에요.

이러한 제품들은 이유식을 진행하면서 새로운 재료 테스트를 한 이후에 먹이면 됩니다. 후기 이유식 시기(생후 9개월 전후)부터는 아기가 스스로 집어 먹을 수 있는 작은 쌀알 뻥튀기나 볼 형태의 아기 쌀과자를 간식으로 제공하는 것도 좋습니다. 소근육 발달에도 도움이 돼요.

아기 과자를 고를 때는 원재료에 설탕, 소금이 들어가는지 확인해보세요. 들어간다 해도 소량이 들어가지만 돌 이전의 아기라면 설탕, 소금이 들어가지 않은 제품을 고르는 게 좋습니다. 간혹 '유기농'이라는 말에 이끌려 구입한 제품의 원재료를 확인했더니 설탕, 소금이 들어간 경우도 있더라고요. 참고하세요.

뿐이가 먹어본 쌀과자 제품들

◇ 아이보리: 이유식용 쌀가루를 구매하면서 함께 구매했는데요. 기본에 충실한 쌀과자여서 좋았어요.

◇ 질마재농장: 떡뻥 사이즈가 타사 제품들에 비해 큼직해서 좋았어요. 1봉지당 양이 꽤 많습니다.

◇ 이마트 자연주의 매장: 다양한 유기농 아기 쌀

과자 제품을 접할 수 있습니다. 하지만 제품마다 설탕이나 소금이 들어간 경우도 있으니 잘 확인해보세요.

아기 치즈

아기 치즈는 눈여겨봐야 할 부분이 바로 나트륨 함유량입니다. 요즘은 저나트륨 아기 치즈 제품이 많이 출시되어 거의 비슷비슷한 편입니다. 평균적으로 아기 치즈 1매당 나트륨 함유량은 45~47mg 정도더라고요. 아기 치즈 브랜드가 다양한데 보통 개월수별로 단계가 나뉘어져 있으니 아기 개월 수에 맞는 치즈로 구입하면 됩니다.

아기 치즈 언제부터 먹을 수 있나요?

생후 6개월 이상부터 가능합니다. 저는 생후 7개월이 지난 후부터 조금씩 먹여봤어요. 우리나라 보건복지부에서 발표한 나트륨 충분섭취량을 보면 6개월 이상 돌 이전까지의 아기들은 하루 기준 370mg 이하로 표기하고 있어요. 자세한 내용은 〈4부 완료기_아기 음식에 간은 언제부터 가능할까?〉 부분을 참고하세요.

아기 치즈 권장량은?

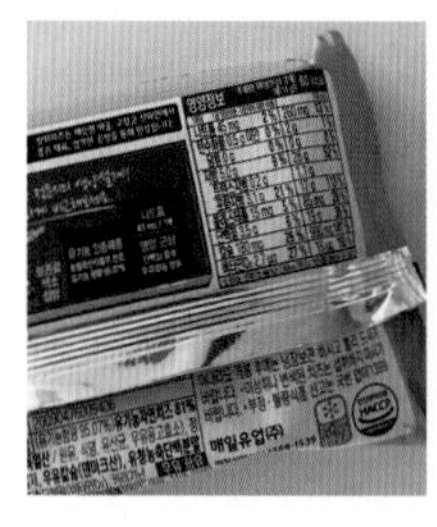

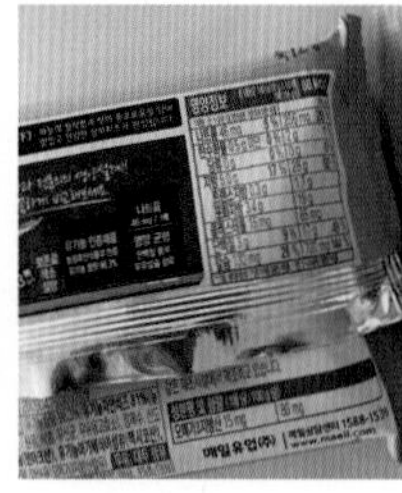

아기 치즈를 구입할 때 확인해보면 따로 권장량을 표기하고 있지 않아요. 위에서 말한 돌 전 나트륨 충분섭취량 하루 370mg 이내에서 조절하면 되겠더라고요. 참고로 이유식 시기에 아기가 먹는 모든 음식에는 나트륨이 소량이라도 함유되어 있습니다. 분유, 모유뿐만 아니라 육류, 채소에도 나트륨은 들어 있어요. 예시로 뿐이가 먹었던 분유 기준 100mL당 나트륨은 28.5mg이 들어 있더라고요. 하루 총 분유량을 600mL로 잡았을 때는 171mg의 나트륨을 섭취하는 거였어요. 그리고 나머지 이유식을 통한 나트륨 섭취는 그리 많지 않고요. 이러한 점을 봤을 때 돌 전인 경우 하루 1/2장~1장이면 크게 걱정할 필요가 없겠더라고요.

아기 요거트

언제부터 먹일 수 있나요?

생후 6개월 이상이면 가능합니다. 단, 설탕이나 첨가물이 추가되지 않은 제품이어야 합니다. 요거트에도 알레르기가 있을 수 있으니 처음에는 소량으로 시작해보면서 아기의 상태를 잘 관찰해주세요.

어떤 요거트를 먹을 수 있나요?

당이 첨가되지 않은 무가당 플레인요거트나 그릭요거트가 좋습니다. 요거트도 성분표를 보면 나트륨이 들어 있으니 확인해보세요. 제가 구입해서 먹였던 매일유업 상하목장 유기농 베이비 요구르트는 1통(85g) 기준 나트륨 45mg이 들어 있더라고요. 만약 하루에 간식으로 요거트와 아기 치즈를 둘 다 준다면 하루 총 나트륨 양을 생각하여 둘 중 하나의 양을 조금 더 적게 먹이는 게 좋겠죠.

유기농, 무농약, 친환경, GAP 인증, 무항생제 이해하기

임신한 여자를 보면 어른들은 "좋은 거 예쁜 거 먹어라. 네가 먹는 게 아니라 아기가 먹는 거다."라고 하지요. 배 속에 있을 때도 좋은 거 먹이려고 노력했는데, 이유식 재료도 좋은 거 쓰는 게 마음이 편하더라고요. 이유식 만드는 것 자체가 쉽지 않지만, 여기에 조금 더 힘을 보태서 식재료까지 깐깐하게 알고 먹이면 좋지 않겠어요. 우리 아이의 몸을 만드는 밑바탕이니 힘을 내보자고요.

인증받은 제품을 꼭 써야 할까?

친환경 농축산물이나 무항생제, GAP 인증을 받은 제품을 구매하는 게 좋지만 무조건이라고 단정지을 순 없어요. 인증을 받지 않은 제품 중에서도 신선도가 좋은 제품을 고르고 꼼꼼하게 세척해서 잔류 농약을 제거해주면 괜찮답니다.

인증 로고 뜻 확인하기

식재료를 보면 유기농, 무농약, 친환경, GAP, 무항생제와 같은 로고를 볼 수 있어요. 7가지 모두 각각 로고를 하나하나 알아가다 보면 이 제품이 어디에서 왔고, 어떻게 만들어졌는지 알 수 있답니다. 로고는 제품을 구매할 때 포장지에 있는 인증 표지를 확인하면 됩니다. 자세한 내용이나 인증 정보 조회는 국립농산물품질관리원 사이트에서 확인 가능해요.

유기농

최근 3년 이상 농약이나 화학비료를 사용하지 않은 농축산물을 뜻합니다.

무농약

최근 1년 이상 합성농약을 사용하지 않고, 화학비료는 권장량의 1/3만 사용한 농산물을 뜻합니다.

친환경

유기농, 무농약을 포괄하는 개념입니다. 생물의 다양성을 증진하고, 토양에서의 생물적 순환과 활동을 촉진하며, 농업 생태계를 건강하게 보전하기 위하여 합성농약, 화학비료, 항생제 및 항균제 등 화학 자재를 사용하지 않거나 최소량으로 사용한 건강한 환경에서 생산한 농축산물을 친환경 제품이라 인증하고 있습니다.

GAP 인증(우수농산물 관리제도)

GAP 마크가 있는 농산물은 재배부터 생산 단계, 최종 판매까지 농산물의 농약, 중금속, 유해 생물 등 식품 안전을 위협하는 각종 유해 요소들을 생산 및 유통 과정에서 관리하고 주어진 조건을 충족한 농산물이라고 합니다.

친환경 농산물 인증 제도는 농산물을 재배하는 과정에서 화학농약이나 화학비료 등의 사용을 제한한 것에 대한 인증일 뿐, 중금속이나 유해 생물 등에 대한 관리와 수확 이후 유통 과정에서의 식품 안전성 관리에 대한 보증을 하지 않는다고 합니다. 이에 비해 우수 농산물 관리 제도는 화학농약이나 화학비료 등을 사용하되 적정 사용량 이하를 사용하도록 하고 농약 잔류량 기준을 준수하도록 하며 이밖에 유통 과정에서 다른 유해 요소들을 관리하는 제도로 차이가 있습니다.

무항생제 인증(축산물에 해당)

농림축산식품부의 주요 친환경 인증 제도 중 하나로써 항생제, 향균제, 호르몬제가 포함되지 않은 무항생제 사료로 사육한 축산물을 인증하는 제도입니다.

이유식 시작 후 변비가 생겼을 때

간혹 분유 먹는 아기 중에 변비를 겪는 아기가 있긴 하지만 대부분은 수유하는 동안 변비 없이 잘 지냅니다. 뿐이는 모유 수유를 하다가 완전 분유 수유로 바꿨고, 생후 174일부터 이유식을 시작했어요. 중기 이유식 첫 달까지는 괜찮았는데 고기 섭취량이 늘어나면서 조금씩 변비 증상이 보였어요. 뿐이처럼 이유식을 시작한 아기 중에는 변 색이 다양해지거나 단단해지는 등 변비 증상이 생길 수 있습니다. 아이가 변비로 힘들어하면(심하게 보채고 울기도 함) 소아과 전문의와 상담하는 게 좋아요. 뿐이는 여러 방법을 시도해보다가 너무 심해져서 소아과 상담 후 약 처방을 받았어요. 보통 이유식에 적응하면 변비 증상도 자연스럽게 괜찮아지니 크게 걱정하지 않아도 돼요. 참고로 아기 변에 음식이 그대로 나오는 건 100% 전부 나오는 게 아니라 일부만 나오는 것이니 걱정하지 않아도 됩니다.

아기 변비를 완화하는 일상의 습관

변비를 예방하는 차원으로 알아두면 좋은 몇 가지 습관을 소개합니다. 하루에 1번씩, 1개 이상 실천해주면 아기에게 신체적으로나 정서적으로 좋은 효과를 줄 거예요.

---

1. 따뜻한 물로 통 목욕을 해주기
2. 오일이나 로션 또는 맨손으로 부드럽게 배 마사지를 해주기
3. 평소 충분히 수분을 보충해주고, 변비라면 평소보다 더 자주 물을 주기
4. 식이섬유소가 풍부한 곡물, 과일, 채소를 많이 먹이되 변비라면 평소보다 조금 더 양을 늘려 주기
5. 장 운동이 활발하게 일어날 수 있게 대근육을 쓰는 놀이 해주기

아기 변비를 완화하는 식재료

변비에 좋다고 알려진 잘 익은 바나나를 주세요. 덜 익은 바나나는 오히려 변비를 유발시킬 수 있으니 주의하세요. 사과는 생으로 갈아서 과육과 즙을 함께 주면 좋아요. 사과즙만 먹이거나, 과즙망에 사과를 주는 건 크게 변비 완화 효과가 없어요.

알레르기 테스트가 끝난 양배추, 푸룬, 브로콜리, 키위, 배, 망고, 퀴노아, 살구, 아보카도, 강낭콩, 피망(파프리카), 체리, 용과, 오렌지, 복숭아, 파인애플, 자두, 수박, 호두, 배추, 시금치, 우엉, 셀러리, 현미, 보리, 율무, 미역, 톳 등을 이유식에 넣어주세요. 익힌 당근은 변비에 좋지 않다고 하니 당분간 식단에서 빼주세요. 아이스크림, 치즈 등의 유제품도 변비를 악화시킬 수 있습니다.

토핑 이유식 각 시기별 특징

구분	초기(만 6개월) 5~6개월 사이에 시작이면 적당	중기(만 7~8개월) 핑거푸드 시작 권장	후기(만 9~11개월)	완료기(만 12~15개월)
이유식 횟수	1일 1회(2, 3회도 가능)	1일 2회(3회도 가능)	1일 3회	1일 3회
이유식 시간	오전 11시 *뿐이 기준으로 평균 앞뒤로 ±1시간 정도 차이 있을 수 있음	오전 11시, 오후 3시 *뿐이 기준으로 평균 앞뒤로 ±1시간 정도 차이 있을 수 있음	오전 8시, 오후 12시, 오후 4시 *뿐이 기준으로 평균 앞뒤로 ±1시간 정도 차이 있을 수 있음	오전 8시, 오후 12시, 오후 6시 *뿐이 기준으로 평균 앞뒤로 ±1시간 정도 차이 있을 수 있음
이유식 양 (한 끼 기준)	30~80g *베이스죽: 20~50g *고기 토핑: 10g *채소 토핑: 1종류당 10g	80~150g(더 먹기도 함) *베이스죽: 50~80g *고기 토핑: 15g *채소 토핑: 1종류당 15g	120~180g(더 먹기도 함) *베이스 무른밥 : 80~100g *고기 토핑: 20g *채소 토핑: 20g	120~180g(더 먹기도 함) *베이스 진밥만 90g 정도 혹은 일반 밥 70~90g *돌 이후부터 고기류 30~40g
하루 수유량	700~900mL (최소 500~600mL 이상)	500~800mL (최소 500~600mL 이상)	500~700mL (최소 500~600mL 이상)	400~500mL
간식 횟수	1일 0~1회(간식 안 줘도 됨)	1일 1~2회	1일 1~3회	1일 1~3회
이유식 농도	*불린 쌀 10배죽 *쌀가루 15~16배죽 *밥 5배죽	*불린 쌀 5배죽 *쌀가루 8~10배죽 *밥 2.5배죽	*불린 쌀 3배 무른밥에서 2배 진밥으로 넘어감 *밥 1.5배 무른밥	*불린 쌀 2배 진밥 (진밥 거부 시 일반 밥으로 넘어가기도 함) *밥 1배 진밥(밥과 물 1:1)
식재료 질감 입자 크기	*체에 거를 필요 없음 곱게 갈거나 으깨기 건더기가 있어도 됨	0.3cm 정도 크기로 잘게 다지기	0.5cm 정도 크기로 잘게 썰거나 다지기	0.7~1cm 크기로 잘게 썰기
조미, 간의 유무	소금, 간장, 된장, 설탕 등 돌 전까지 사용하지 않는 게 원칙			최대한 줄여서 사용 가능 (음식에 간 시작 가능)

★ 주의사항

★ 돌 전 아기의 경우 일주일 기준 생선 50g 이하 섭취, 1~2세: 일주일 기준 100g 이하 섭취를 권장합니다.

★ 돌 전까지 초기 이유식부터 잡곡 첨가 가능(처음에는 10~20% 소량으로 시작하여 최대 50%까지), 잡곡 비율이 조금 더 높다 하더라도 잘 먹으면 문제 없습니다.

★ 새로운 재료는 3~4일에 하나씩 추가하여 알레르기 유무 확인 필요, 중기 이유식 이후부터는 2~3일에 하나씩 추가도 가능합니다.

★ 수유량은 이유식 양에 따라 차이가 있을 수 있음. 이유식 양이 늘어난다면 수유량을 줄여야 합니다.

★ 이가 나지 않아도 이유식은 단계별로 계속 진행하면 됩니다.

★ 꿀, 우유만 제외하고 대부분의 식재료는 돌 전에 시도 가능합니다.

★ 알레르기 가능성이 높은 달걀, 밀가루, 땅콩(버터)도 생후 6개월 이상이면 시도 가능합니다.

★ 단, 달걀은 노른자부터 시작하고 괜찮으면 1~2개월 후 흰자까지 시도 가능합니다.

★ 기름, 버터는 중기 이유식부터 소량 사용 가능합니다.

초기
토핑
이유식

1장

초기 토핑 이유식 시작 전에 알아두면 좋아요

초기 이유식은 왜 쌀로 시작할까?

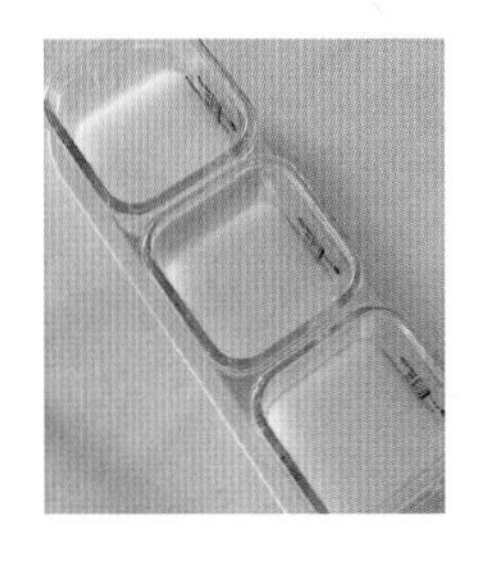

백미의 주된 영양성분은 탄수화물, 소량의 단백질과 지방입니다(익힌 쌀 100g은 약 130칼로리). 쌀은 알레르기 위험성이 높지 않기 때문에 보통 쌀부터 시작해서 고기, 잎채소, 노란 채소, 과일 등의 순서대로 진행합니다. 쌀죽 만드는 법은 크게 3가지입니다.

첫 번째, 쌀가루로 만들기	두 번째, 불린 쌀로 만들기	세 번째, 밥으로 만들기

이중에서 가장 편한 건 쌀가루예요. 고운 가루 입자로 된 쌀가루를 물에 풀어서 끓이기만 하면 되거든요. 쌀가루, 불린 쌀, 밥으로 쌀죽을 만들 때, 물의 양은 어떻게 달라질까요? 그리고 배죽은 불린 쌀/쌀가루/밥의 중량 곱하기 몇 배의 물이 들어가는지를 말합니다. 예를 들면 쌀가루 20배죽은 쌀가루 중량 곱하기 20배의 물을 넣어 만든 죽을 말해요.

쌀가루=20배죽	불린 쌀=10배죽	밥=5배죽

쌀가루 20배죽은 가루 형태라 불린 쌀 10배죽보다 훨씬 더 묽은 느낌입니다. 쌀가루로 시작한다면 15배죽으로 시작해보세요. 위의 배죽에서 물의 양을 가감하는 건 전혀 문제가 되지 않습니다. 아기가 잘 먹는 농도로 만들면 돼요. 위에 적힌 배죽 대로 시작하다가 잘 먹으면 점점 되직하게 만들면 되고요.

불린 쌀 기준으로 한다면 10배죽으로 시작 후 7~8배로 줄이고, 서서히 5~6배죽으로 줄여서 중기쯤 되면 불린 쌀 5~6배죽을 먹을 수 있어야 합니다.

왜 오트밀로 이유식을 만들까?

식이섬유가 풍부한 오트밀은 외국에서 쌀 대신 사용하기도 하고, 다른 곡류에 비해 단백질, 비타민B1이 많고 소화도 잘 되어 아침 대용으로도 많이 이용합니다.

오트밀은 귀리 껍질을 벗기고 충분히 건조시킨 후 적당히 볶아 분쇄기로 거칠게 분쇄하거나 증기압맥기로 가열, 압착해서 만듭니다. 분쇄한 것을 그로츠(groats), 압착한 것을 롤드 오트(rolled oats)라고 합니다. 이 책에서는 오트와 오트밀을 동일한 표현으로 사용했습니다.

오트밀과 궁합이 좋은 식재료는 사과입니다. 오트밀에 부족한 비타민을 사과가 보충해주고 단맛을 올리는 역할도 해요. 오트밀은 나트륨에 대해 길항작용을 갖는 칼륨 함량이 많아 고혈압, 동맥경화, 심장병, 신장에 부담 주는 것을 방지할 수 있답니다. 또한 칼슘, 철분, 마그네슘 등이 풍성하게 들어 있어서 아기들에게 중요한 뼈 건강이나 발육을 촉진시켜주기 때문에 이유식부터 사용하기 좋은 식재료입니다.

오트밀 종류

오트밀은 종류가 정말 많아요. 이유식에서 편하게 사용한다면 퀵롤드 오트밀과 포리지 오트밀 둘 중 하나를 구매하면 됩니다.

포리지 오트를 다시 또 분쇄, 압착한 게 바로 퀵롤드 오트입니다. 가장 부드럽기 때문에 죽, 음료, 시리얼 대용 또는 이유식에 적합해요. 입자 크기는 포리지 오트보다 조금 더 작은 편입니다. 정리하면, 이유식용으로 적

구분	그로츠	점보 오트	스틸컷 오트	포리지 오트
형태	귀리 자체	그로츠를 스팀하고 압착한 오트	그로츠를 굵게 분쇄한 오트	가장 대중적이며 잘게 분쇄하여 압착한 오트
입자 크기	귀리 자체	제일 큼	중간	제일 작음
용도		그래놀라, 쿠키, 죽	밥, 죽, 샐러드 토핑	죽, 이유식, 토핑, 시리얼 대용

합한 오트밀은 포리지 오트, 퀵롤드 오트입니다. 그리고 초기 이유식에서 가루 형태로 사용할 경우 오트밀가루를 구입할 수도 있어요. 하지만 굳이 가루를 사지 않아도 퀵롤드 오트나 포리지 오트를 구매한 후에 믹서로 곱게 갈아서 사용하면 됩니다.

제가 처음 구매했던 제품은 플라하반 오트밀이에요. 역사가 오래된 제품인데 퀵롤드 오트와 포리지 오트를 사용해보았어요. 초기 이유식에서는 퀵롤드 오트가 좋았어요. 퀵롤드 오트는 물에 넣으면 쉽게 풀어져서 불릴 필요가 없어요. 초기 이유식 초반에는 조금 더 갈아줬으나 시간이 좀 지나서 아기가 적응하면 바로 조리해서 먹여도 될 정도로 부드러워요.

중기 이유식부터는 포리지 오트를 사용했어요. 퀵롤드 오트보다는 조금 더 입자감이 느껴지지만 부드러워서 중기 이유식에서는 오트밀죽을, 후기 이유식에서는 아침 식사 대용으로 오트밀 포리지를 만들기에 좋았어요.

수년 전만 해도 이유식에 오트밀을 사용하는 것은 대중적이지 않았습니다. 이제는 국내에서도 오트밀 소비량이 늘어나고, 이유식에서 사용하는 경우도 늘면서 다양한 제품이 많이 출시되었어요. 해외 제품 중에서는 플라하반 외에 거버 제품도 유명합니다. 국내 제품도 많은데요. 제가 중기 쌀가루와 잡곡가루를 구입했던 아이보리 제품도 유기농 국산 귀리를 사용해서 괜찮더라고요. 제품 후기 등을 살펴보고 구입해보세요.

오트밀을 하루에 15g 이상 먹으면 안 된다던데 괜찮을까요?

오트밀은 아기 기준 하루 권장량이 15g이라는 말을 들은 적이 있다고 물어보는 분들이 많으세요. 이 부분은 특정 브랜드의 철분 강화 오트밀 제품에 해당하는 이야기라고 합니다. 철분 강화 오트밀은 정량대로 섭취하는 게 맞습니다. 하지만 우리가 일반적으로 사용하는 오트밀은 아기 기준으로 하루에 15g 이상 먹어도 괜찮다고 합니다.

초기 토핑 이유식 먹는 양과 시간

초기 토핑 이유식 먹는 양

초기 이유식을 처음 시작할 때는 1~2숟가락만 먹어도 괜찮습니다. 잘 먹는 아기들은 처음부터 60g씩 싹싹 먹어요. 중요한 건 다른 아기와 비교하고 속상해하지 않는 거예요. 우리 아기도 지금 열심히 연습하는 중이고, 꾸준히 먹다 보면 서서히 양도 늘어납니다. 이유식에서 먹는 양은 절대적인 수치가 아니므로 참고만 하세요. 아래 수유량도 적게 먹는 아기의 양과 많이 먹는 아기의 양을 고려해서 적어둔 것입니다.

초기 초반~중반: 1회 10~50g　　　초기 중반~후반: 1회 50~100g

초기 이유식에서는 하루 1회, 중기 들어가기 1~2주 전부터 하루 2회로 늘리다가 중기에는 기본 하루 2회, 후기에는 하루 3회 먹도록 조절하면서 진행하면 돼요. 돌 지난 후 세 끼 잘 먹는 게 목표입니다.

이유식 먹는 시간

뿐이의 생후 6개월, 이유식 1주차를 예시로 들어볼게요. 뿐이가 며칠간은 새벽에 한 번씩 일어나곤 했어요. 그러면 쪽쪽이를 물렸는데요. 쪽쪽이로도 도저히 안 될 때는 새벽 수유를 했어요. 이유식을 시작하면 서서히 밤중 수유(새벽 수유)를 끊는 게 좋습니다. 뿐이는 두 번째 수유 시간 30분 전쯤에 이유식을 먹었어요. 대략 10시 반에서 11시 반 정도에요. 이 시간은 아기에게 맞추는 게 좋습니다. 한숨 자고 일어나 컨디션이 좋고 배가 적당히 고파야 잘 먹어요. 잠이 쏟아지거나 배가 너무 고플 때는 잘 안 먹고 짜증을 내요.

이유식 먹는 시간은 일정한 게 좋지만 무조건 같은 시간일 필요는 없습니다. 아침에 먹어도 되고, 점심에 먹어도 괜찮아요. 하루 종일 너무 힘들거나 일정이 맞지 않아서 이유식을 먹이지 못하고 지나갔다 해도 괜찮습니다.

★ 이유식을 피해야 할 시간: 너무 배고플 때, 잠이 쏟아질 때

이유식과 분유 보충

6개월 뿐이의 1회 수유량은 평균 200~230mL 정도였어요. 이유식을 50~60g 정도 먹은 경우에는 분유를 160~180mL 정도 먹었어요. 이유식을 30g 정도 먹을 때는 분유를 200mL 정도 먹고요. 먹는 양이 늘 기계처럼 딱딱 맞아떨어지진 않지만, 대략 분유량에서 이유식 먹은 양을 뺀 만큼 먹었어요.

초기 이유식 하루 1회 스케줄

시간	수유 / 이유식 / 낮잠	비고
오전 7시		기상
오전 8시	수유 1	230mL
오전 9~10시	낮잠 1	30분~1시간 정도 낮잠
오전 11시 30분	이유식 1	수유시간 30분 전, 초반 30g~후반 80g까지 먹음
오후 12시	수유 2	160~200mL(이유식 먹은 양에 따라 다름)
오후 2시	낮잠 2	30분~1시간 정도 낮잠
오후 4시	수유 3	230mL
오후 6시	낮잠 3 또는 목욕	30분~1시간 정도 낮잠(안 잘 때가 많음). 안 잘 때는 목욕하고, 잠들고 나면 일어나서 마지막 수유 전 목욕
오후 7시 30분	수유 4	230mL(밤잠 전 수유는 4시간 텀보다 조금 일찍 먹는 편)
오후 8시	밤잠	새벽 수유 없이 잠(가끔 중간에 깨서 찾을 때는 쪽쪽이 활용. 하지만 그래도 잠들지 못하고 계속 그럴 경우 정말 가끔 한 번씩 새벽 수유 하기도 함)

초기 이유식 하루 2회 스케줄

시간	수유 / 이유식 / 낮잠	비고
오전 7시		기상
오전 8시	수유 1	230mL
오전 9~10시	낮잠 1	30분~1시간 정도 낮잠

오전 11시 30분	이유식 1	수유시간 30분 전, 초반 30g~후반 80g까지 먹음
오후 12시	수유 2	160~200mL(이유식 먹은 양에 따라 다름)
오후 2시	낮잠 2	30분~1시간 정도 낮잠
오후 3시 30분	이유식 2	수유시간 30분 전, 초반 30g~후반 80g까지 먹음
오후 4시	수유 3	160~200mL(이유식 먹은 양에 따라 다름)
오후 6시	낮잠 3 또는 목욕	30분~1시간 정도 낮잠(안 잘 때가 많음), 안 잘 때는 목욕하고, 잠들고 나면 일어나서 마지막 수유 전 목욕
오후 7시 30분	수유 4	230mL(밤잠 전 수유는 4시간 텀보다 조금 일찍 먹는 편)
오후 8시	밤잠	새벽 수유 없이 잠(가끔 중간에 깨서 찾을 때는 쪽쪽이 활용, 하지만 그래도 잠들지 못하고 계속 그럴 경우 정말 가끔 한 번씩 새벽 수유 하기도 함)

초기 이유식 하루 3회 스케줄

시간	수유 / 이유식 / 낮잠	비고
오전 7시		기상
오전 7시 30분	이유식 1	수유시간 30분 전, 초반 30g~후반 80g까지 먹음
오전 8시	수유 1	160~200mL(이유식 먹은 양에 따라 다름)
오전 9~10시	낮잠 1	30분~1시간 정도 낮잠
오전 11시 30분	이유식 2	수유시간 30분 전, 초반 30g~후반 80g까지 먹음
오후 12시	수유 2	160~200mL(이유식 먹은 양에 따라 다름)
오후 2시	낮잠 2	30분~1시간 정도 낮잠
오후 3시 30분	이유식 3	수유시간 30분 전, 초반 30g~후반 80g까지 먹음
오후 4시	수유 3	160~200mL(이유식 먹은 양에 따라 다름)
오후 6시	낮잠 3 또는 목욕	30분~1시간 정도 낮잠(안 잘 때가 많음), 안 잘 때는 목욕하고, 잠들고 나면 일어나서 마지막 수유 전 목욕
오후 7시 30분	수유 4	230mL(밤잠 전 수유는 4시간 텀보다 조금 일찍 먹는 편)
오후 8시	밤잠	새벽 수유 없이 잠(가끔 중간에 깨서 찾을 때는 쪽쪽이 활용, 하지만 그래도 잠들지 못하고 계속 그럴 경우 정말 가끔 한 번씩 새벽 수유 하기도 함)

토핑 이유식 큐브 해동법과
이유식 데워 먹이는 방법

토핑 이유식 큐브 해동 방법

1. 큐브째 냉장고로 옮겨 하루 동안 냉장 해동해요.

냉동된 베이스죽과 토핑 큐브를 전날 미리 냉장고로 옮겨두세요. 이때 4구/6구짜리 실리콘 큐브에 각각 담아도 좋아요. 천천히 냉장 해동해야 풍미와 질이 떨어지지 않고 다음날 데우는 시간도 짧게 걸려요.

2. 실리콘 큐브째로 중탕/찜기/전자레인지에 데워요.

베이스죽/토핑 큐브가 들어 있는 실리콘 큐브는 그대로 중탕/찜기/전자레인지에 데워주세요. 전자레인지가 가장 빨라요(30~40초 정도).

3. 큐브에서 재료들을 각각 빼내 이유식 용기에 담아서 해동해요.

이유식 용기에 담아 한 번에 해동해서 데워 먹여요.

이유식 데워 먹일 때 주의사항

1. 뜨거운 이유식은 부채나 작은 선풍기로 식혀주세요.

죽 이유식은 스푼으로 떠서 손등이나 손목에 떨어뜨려 온도를 확인합니다.

토핑 큐브는 오랜 시간 찜기로 데우지 않는 이상 토핑 별로 데워지는 온도가 다를 수 있어요. 그래서 실리콘 큐브째로 해동해서 데우는 걸 추천합니다. 칸이 나뉘어 있으니 각 칸별로 저어가며 섞이지 않게 온도를 체크할 수 있기 때문이에요. 먼저 데워진 것부터 덜어내고 나머지는 10초 정도 더 데워요. 너무 뜨겁거나 차가울 수 있으니 반드시 아이에게 먹이기 전에 확인해주세요. 식힌다고 입으로 후후 불지 마세요. 엄마 아빠의 입 속 세균이 그대로 이유식에 옮겨갈 수 있어요. 부채나 작은 선풍기로 식혀주세요.

2. 깨끗한 스푼으로 이유식 온도를 체크해주세요.

이유식 온도를 체크할 때는 깨끗한 스푼을 사용해요. 엄마, 아빠가 입에 댄 스푼은 절대 이유식이나 아기 입에 닿지 않도록 해주세요. 어른의 충치균을 아기에게 옮길 수 있으니까요.

3. 이유식 용기에 담아서 전자레인지에 데워요.

이유식을 냉장 해동 후 이유식 용기에 담아서 전자레인지에 데우고 식판에 각각 나눠 담아요.

초기 이유식 때 간식을 줘도 될까?

초기 이유식 간식 횟수: 오후 시간에 1회 또는 생략 가능

간식을 먹여야 할까? 먹이지 말아야 할까? 간혹 이런 이야기도 들어보지 않았나요? "간식은 최대한 늦게 줘라, 간식을 먹고 나면 이유식을 잘 안 먹는다." 적당한 간식은 아기에게도 큰 재미라고 합니다. 물론 이유식에 지장을 줄 정도로 너무 많이, 너무 자주 주는 건 좋지 않겠죠.

간식 시작 시기

이유식을 2~4주 정도 진행한 후 충분히 적응했을 때 주는 게 좋아요.

생후 5개월에 이유식을 시작했다면, 생후 6개월 이후에 간식을 주세요.

생후 6개월에 이유식을 시작했다면, 이유식을 2~3주 정도 진행한 후에 간식을 주세요.

초기 이유식을 오전에 1회 먹이고, 오후에 분유/모유 수유 텀이 있죠? 그 수유 텀 중간 시간에 간식을 1회 주면 돼요. 이때 간식의 양은 아이들마다 다른데요. 아이가 먹는 양에 맞추되 너무 많이 주면 안 됩니다.

간식 양이 많아지면 다음 수유 텀에 지장을 주게 되고, 정작 잘 먹어야 할 분유/모유를 안 먹는 경우가 생겨요. 아이가 만일 지속적으로 간식만 좋아하고 이유식이나 분유/모유를 안 먹으려고 하면 과감하게 며칠 동안 간식을 끊거나 양을 줄이는 게 좋아요.

아이도 어른이랑 똑같아요. 어른도 식사전에 간식을 배부르게 먹거나 밥 먹은 직후 간식을 너무 많이 먹으면 입맛이 떨어지고, 배가 불러서 불편한 경우가 있죠. 그런 부분을 생각하며 아이들에게도 적당한 시간, 적당한 양의 간식을 챙겨주세요.

초기 추천 간식(생후 6개월 이후)

긁어 먹이기, 즙, 퓌레

과육을 긁어서 먹이거나, 강판에 갈아서 먹이거나, 믹서로 간 즙을 조금씩 주거나, 으깨서 퓌레 만들어 주기

예시: 사과즙, 배즙, 사과퓌레, 아보카도퓌레 등

그 외에 바나나, 수박 등의 생과일을 퓌레 형태로 먹이는 것도 가능합니다. 과일을 갈아서 즙을 먹여도 괜찮지만 즙 형태보다는 과육을 함께 먹는 게 더 좋답니다.

예시: 단호박퓌레, 단호박브로콜리퓌레, 고구마퓌레, 고구마비타민퓌레, 감자퓌레, 감자오이퓌레.

단호박, 감자, 고구마 퓌레는 재료 특성상 많이 되직해요. 초기 이유식(6개월 아기) 간식으로 줄 때 되직한 걸 잘 못 먹는 아기들은 퓌레를 먹다가 토하는 경우가 있습니다. 그런 경우 퓌레는 중기부터 챙겨주셔도 되고요. 아니면 물이나 분유/모유를 더 넣어 훨씬 더 부드럽게 만들어주셔야 해요. 뿐이에게는 아넬라 제품을 먹여봤는데요. 떠먹는 것도 있고 짜먹는 것도 있어서 외출할 때 하나씩 챙겨서 간식으로 먹이기 괜찮았어요.

쌀떡뻥, 쌀과자

시중에 파는 쌀떡뻥, 쌀과자를 먹여볼 수 있어요. 처음에는 쌀 100%, 설탕 없는 제품을 사는 게 좋습니다. 쌀떡뻥에 단호박이나 사과 배 등이 함께 들어간 제품들도 많은데요. 알레르기 테스트가 끝났다면 먹이셔도 좋아요. 쌀과자는 입천장에 붙을 수 있으니 물을 같이 챙겨주고 반드시 옆에서 지켜봐 주세요. 뿐이가 190~200일쯤 쌀떡뻥을 먹었는데 덩어리를 삼켰는지 켁켁거리고 다 토한 적이 있거든요. 그러니 옆에서 잘 지켜봐주세요.

초기 토핑 이유식 소고기 활용법

초기 이유식은 쌀죽으로 시작해서 오트밀, 이후에 바로 소고기로 들어가요. 생후 5개월부터 이유식을 시작할 경우에는 쌀-채소-소고기 순으로 진행하면 됩니다. 생후 6개월(혹은 6개월 되기 며칠 전)부터 시작할 경우에는 쌀 다음에 바로 소고기 이유식으로 들어가야 해요. 소고기는 6개월 안에만 시작하면 됩니다. 철분 섭취가 중요한 시기니까요.

소고기는 생으로 보관? 아니면 익혀서 보관?

죽 이유식을 할 때는 생고기로 큐브를 만들고, 해동한 후에 익혀서 사용했어요. 이때 소고기 익힌 물은 육수로 사용했습니다.

그런데 토핑 이유식에서는 소고기를 모두 익혀서 보관했어요. 초기 기준 1회 분량 10g씩 소분해서 냉동 큐브로 만들었답니다. 1~2주 정도 사용할 분량의 소고기 토핑 큐브를 만들어두고 사용하면 편합니다.

소고기는 무조건 한우 안심이 최고다?

꼭 한우 안심이 아니어도 됩니다. 한우 우둔살도 되고, 호주산이나 미국산 소고기도 괜찮아요. 기름기가 적은 부위면 돼요.

냉동육 소고기를 사도 될까?

이왕이면 냉동육보다는 냉장육으로 구매하세요. 냉동육을 구매한다면 소분되어 있는 제품이 좋아요. 아니면 익히고 다져서 다시 소분해야 되기 때문에 조금 더 번거로울 수 있습니다.

어디서 사든, 고기가 신선하고 좋으면 됩니다. 저는 집 근처 고기가 신선하다고 소문난 정육점에서 삽니다. 마트나 백화점, 인터넷 사이트에서 구매해도 괜찮아요.

이유식 시기별 소고기 하루 권장 섭취량과 1회 소고기 토핑 양

초기 이유식(6개월) 10g / 중기 이유식(7~8개월) 10~15g / 후기 이유식(9~11개월) 15~20g

위 권장 섭취량은 생고기 기준입니다. 소고기는 조금 더 넣어도 전혀 문제 없어요. 단, 소고기 양을 급격하게 늘리거나 너무 많으면 아기의 변비 증상이 심해질 수 있으니 주의해주세요.

초기 이유식용으로 소고기 토핑 2주 치를 만들려면 얼마나 사야 할까?

2주 동안 소고기 이유식을 하루 한 번 진행한다는 가정하에 대략 10g×14일=140g 정도 필요하겠죠. 소고기는 익히면 무게가 약간 줄어들어요. 때문에 넉넉잡아 200g 정도 구입하는 걸 추천해요.

소고기 핏물은 꼭 제거해야 할까?

핏물 빼면 안 된다, 좋은 성분 다 빠진다는 의견도 있고, 핏물 안 빼면 잡내, 누린내 난다는 말도 있죠. 둘 다 맞는 말입니다. 핏물 제거 과정이 없으면 진짜 누린내가 나는 경우가 있어요. 누린내나 잡내를 아기들이 느끼면 소고기 이유식을 거부할 수도 있어요. 만약 핏물을 제거했는데도 아기가 소고기를 거부한다면 고기 구매처를 바꿔보는 것도 방법입니다.

결론: 소고기는 핏물 제거 없이 사용해도 괜찮고, 간단하게 제거해도 됩니다

(예시: 키친타월로 눌러 닦아내기, 체망에 밭쳐 흐르는 물에 가볍게 씻어내기).

초기 이유식&토핑 이유식 질문

1. 토핑 이유식, 꼭 해야 하나요?

제일 많이 듣는 질문 중 하나입니다. 이유식 지침이 바뀌었다? 그럼 그전에 하던 방식으로 하면 잘못된 건가? 토핑을 안 하면 우리 아기 두뇌 발달에 안 좋을까?

전혀요! 지침은 지침일 뿐, 권장은 권장일 뿐이에요. 토핑 이유식으로 시작했어도 중기나 후기에는 편하게 밥솥 이유식으로 바꿀 수도 있어요. 죽 이유식으로 시작했어도 나중엔 토핑으로 전환해볼 수도 있고요. 죽 이유식 먹고 잘 자란 튼이도 얼마나 건강한대요. 영유아검진 갈 때마다 칭찬 들어요. 상위 10% 안에 듭니다.

토핑 안 하면 편식 생기는 거 아니냐는 분도 있는데요. 이유식 방식이 편식 예방에 도움이 될 수는 있지만 무조건 그것 때문에 편식이 안 생기거나 그런 건 아니에요. 아이들은 안 먹는 시기, 채소 가리는 시기가 있거든요. 튼이도 그랬어요. 지금은 스스로 브로콜리도 달라 하고 콩나물도 막 씹어 먹습니다. 그러니 토핑 이유식을 꼭 해야 하는가 하는 질문은 이렇게 생각해보세요.

이유식 지침이 바뀌어 토핑 이유식을 꼭 해야 한다.(×)

이유식 방식에서 1가지 새로운 방법이 생겼다.(○)

2가지 모두 해본 입장에서 도움을 드리자면, 토핑 이유식이 예쁘긴 해요. 각각의 재료를 먹일 때 아기 반응이 너무 귀여워요. 특정 재료를 먹을 때 표정을 찌푸리거나 웃거나 음미하는 걸 보는 게 재밌더라고요.

결론: 내가 하고 싶은 이유식을 하면 된다! 어떤 방식으로 해먹여도, 아이는 건강하게 잘 큰다!(직접 만들어 먹인다는 것 자체만으로도 대단한 일입니다.)

---

2. 시판 이유식을 하면 아이에게 나쁠까요?

제가 튼이 이유식을 하던 시절에도 시판 이유식 먹이는 분들 정말 많았습니다. 그 아이들이 부족하게 컸을까요? 전혀요. 시판 이유식도 괜찮습니다. 다만, 엄마, 아빠표 이유식의 최고 장점은 재료를 듬뿍 넣어 만들어줄 수 있다는 점, 아이 먹는 양에 맞춰서 이유식 양을 조절하며 만들 수 있다는 점인 것 같아요. 시판 이유식을 하면서 토핑 이유식 진행하는 분들도 있어요. 소고기 큐브, 채소 큐브를 몇 개 만들어두고 시판 이유식 주문 후 토핑처럼 올려서 먹이기도 하거든요.

3. 우리 아기는 다 뱉어서 먹는 게 거의 없는데 계속 진행하는 게 맞나요?

보통 처음 이유식을 시작하면 잘 안 먹는 게 평균이라고 보면 됩니다. 이유식은 앞으로 돌이 될 때까지 긴 시간을 진행해야 되기 때문에 장기전으로 보고 가야 합니다. 지치면 안 돼요. 우리 아이만 안 먹는구나라고 생각하지 마시고 천천히 연습한다고 생각해주세요.

아기들은 태어나 처음으로 맛보는 식재료, 처음으로 숟가락으로 떠먹는 연습, 분유나 모유가 아닌 음식을 넘기는 연습, 모든 게 낯설어요. 조금만 인내심을 가지고 조금 덜 먹었어도, 거의 안 먹었어도 잘 했다고, 내일은 조금 더 잘 먹을 수 있을 거라고 칭찬해주세요. 시간이 지나면서 분명히 먹는 양도 늘어납니다. 우리 아이의 먹는 양을 존중해 주세요. 초기 이유식의 목표는 배부르게 먹는 게 아닙니다. 새로운 재료를 접하고, 씹고 삼키고 조절하는 법을 스스로 터득하는 것입니다.

이 모든 과정을 통해 아이는 식사를 한다는 걸 배우는 중이랍니다.

4. 우리 아기는 너무 잘 먹는데 횟수를 늘려도 될까요?

가능합니다. 초기 이유식 2단계부터 하루 두 끼, 세 끼까지 먹일 수도 있어요. 정말 잘 먹는 아기들은 초기부터 100g씩 3회를 먹기도 합니다.

뿐이는 처음엔 먹는 양이 많지 않았어요. 그래서 174일부터 시작 후 먹는 양이 70~80g 정도 됐을 때 2회로 늘려봤는데 잘 먹더라고요. 일단 중기 시작 전에 미리 2회를 해보는 건 나쁘지 않아요. 중기 이유식의 기본은 하루 2회 이유식을 먹이는 거거든요. 결론은 처음 시작과 중간은 다를지라도 돌쯤 되었을 때 하루 세 끼를 잘 먹고 있어야 한다는 거예요.

5. 초기 이유식부터 토핑 이유식으로 진행해도 되나요?

됩니다. 만약 5개월부터 이유식을 시작한 경우라면, 쌀죽을 베이스로 하고 애호박, 청경채, 브로콜리 등 채소를 토핑으로 올려주면 돼요. 6개월부터 이유식을 시작한 경우라면, 쌀죽을 베이스로 하고 소고기와 채소를 각각 토핑으로 올려주면 됩니다.

베이스를 반드시 쌀로만 할 필요는 없어요. 소고기를 넣고 끓여 소고기 쌀죽을 베이스로 하고 채소를 토핑으로 올려서 진행해도 된답니다. 자유롭게 할 수 있어요.

6. 《튼이 이유식》 책으로 6개월부터 시작하려고 해요. 어떻게 하면 될까요?

《튼이 이유식》 보는 분들이 많이 물어보셨어요. 6개월 무렵부터 시작할 경우에는 초기 1단계에서 쌀로 하고, 바로 초기 2단계 소고기로 들어가면 됩니다. 소고기 들어가기 전에 오트밀을 진행해도 괜찮아요. 요즘 이유식에서 오트밀이 인기가 많거든요. 철분이 많아 성장기 아이들에게 도움이 된다고 하니 한번 먹여보세요. 이 책에서 소개한 초기 이유식 〈오트밀죽〉 레시피를 참고해주세요. 토핑 이유식도 《튼이 이유식》 식단을 참고해서 진행해도 돼요. 식단에 나온 메뉴 외에 추가로 채소를 하나둘 더해서 진행해도 좋습니다.

7. 여행, 시댁 친정 방문 등 일이 있어 이유식을 며칠 진행하지 못했어요. 괜찮을까요?

괜찮습니다. 이론상으로 의사 선생님들은 이유식 중단 없이 계속 먹여야 된다고 이야기합니다. 맞는 말이에요. 그런데 육아는 이론과 100% 맞진 않잖아요. 한 달씩 이유식 건너뛰고 그러면 문제가 되겠지만 며칠 정도는 괜찮아요. 둘째맘인 저도 하루 두 번 먹여야 하는데, 깜빡하고 하루 한 번 먹이는 날도 많아요.

8. 초기 이유식의 기본은 10배죽, 중기 이유식의 기본은 5배죽이라는데 무슨 말인가요?

배죽은 불린 쌀/쌀가루/밥 곱하기 몇 배의 물이 들어가는지를 말하는 거예요.

시기	불린 쌀	쌀가루	밥
초기 이유식	10배죽	20배죽	5배죽
중기 이유식	5배죽	10배죽	2~3배죽
후기 이유식	3배 무른밥	X(후기엔 일반 쌀 사용)	무른밥~진밥 형태

초기 토핑 이유식 재료

초기 이유식 시작 전에 읽어보시면 도움이 될 이유식 재료, 차림 예시, 이유식 식단표 내용을 정리했어요.

이유식 식단 짤 때 참고사항

1. 생후 5개월 또는 생후 6개월, 언제 할지 결정하기

완분/완모 상관없이 생후 6개월 시작을 권장하지만 생후 5개월 이후라면 시작해도 괜찮아요. 다만 언제 시작하느냐에 따라 재료 들어가는 시기의 차이가 있을 뿐이에요.

2. 새로운 재료는 3일에 한 번씩, 3일차에 새로운 재료로 간식 추가 가능

기본 원칙은 새로운 재료를 3일 동안 먹이면서 알레르기 테스트를 진행합니다. 알레르기 반응은 보통 첫날 바로 나타나는 편이에요. 때문에 새로운 과일이나 재료를 간식으로 먹여보고 싶다면 이유식 3일차에 시도해보세요. 이때 새로운 과일이나 간식은 이유식과 마찬가지로 3일 연속 먹여보거나, 하루만 먹이고 다음에 다시 먹여도 괜찮습니다. 3일간 알레르기 테스트 기간을 지키고 싶다면 과감하게 빼도 돼요.

3. 초기 이유식 횟수: 하루 1~3번

기본은 하루 1번이지만, 50~60g 이상 잘 먹는 경우에는 2번으로 늘려도 됩니다. 그보다 더 잘 먹는다면 하루 3번 진행해도 괜찮아요.

4. 180일 전후로 소고기 먹이기

생후 6개월부터 철분 섭취를 위해 소고기는 반드시 먹여야 합니다. 175일에 시작해도 괜찮고 190일쯤 시작해도 괜찮습니다. 늦어도 6개월 안에 시작하게 식단을 짜보세요.

5. 시금치, 당근, 배추, 케일, 비트는 180일 이후에 먹이기

질소화합물이 많은 재료들은 생후 6개월 전에는 안 먹이는 게 좋습니다.

6. 쌀-소고기-잎채소-노란 채소-과일 순으로 진행하기

초기 이유식의 전반적인 진행 과정에서 위 순서에 맞게끔 하면 됩니다. 재료 순서는 조금씩 바뀌거나 달라져도 괜찮아요. 예를 들어 150일부터 시작한다면 쌀-잎채소-노란 채소-과일-소고기 순이 될 수도 있겠죠.

초기 이유식에서 사용 가능한 재료

돌 전에 꿀과 생우유를 제외한 대부분의 음식을 시도할 수 있습니다. 초기 이유식부터 잡곡이나 다양한 채소를 사용할 수 있어요. 다음 사진은 뿐이가 초기 이유식을 하는 동안 먹어본 재료들입니다.

쌀/오트밀/소고기/애호박/청경채/오이/브로콜리/양배추/당근/단호박/완두콩/달걀노른자

달걀노른자는 7개월 이전에 먹여보라고 합니다. 조금 늦어도 괜찮아요. 예전과 달라진 점은 돌 전에 달걀 흰자까지 시도해볼 수 있다는 거예요.

생후 6개월 이후 사용 가능한 재료

	사용 가능한 재료	비고
곡류	쌀, 찹쌀, 오트밀, 현미, 보리, 밀가루	첫 시작으로는 쌀, 오트밀, 현미 추천, 돌 전까지 쌀과 잡곡의 비율은 50:50 비율로 진행
육류	소고기, 닭고기, 돼지고기	기름기 없는 부위 사용
생선	흰살 생선	대구, 도미, 광어 등 사용
두부, 달걀	두부, 달걀노른자	달걀은 반드시 완숙으로 익혀야 함
채소	애호박, 청경채, 오이, 브로콜리, 양배추, 단호박, 완두콩, 감자, 고구마, 비타민, 콜리플라워, **당근, 시금치, 배추, 비트**	질소화합물이 많은 재료는 6개월 이후에 먹이기
과일	사과, 배, 바나나, 딸기, 토마토, 아보카도, 수박 등	
유제품	요거트, 치즈	요거트는 무가당 제품으로, 치즈는 나트륨 함량 때문에 소량만 제공
절대 먹이면 안 되는 음식	꿀, 생우유	
알레르기 위험이 높은 음식	달걀, 밀가루, 땅콩	평일 오전 시간에 테스트하기 (알레르기 때문에 병원 갈 수 있음)

위 재료들 외에 보통 중기, 후기부터 사용하는 아욱, 버섯, 밤, 콩, 연근, 대추 등을 먹여도 괜찮아요. 제가 작성한 초기 식단표는 평균적으로 초기 이유식에서 무난하게 가장 많이 사용하는 재료들로만 구성했습니다.

토핑 이유식 식사 차림 예시

토핑 이유식이라고 해서 무조건 밥과 반찬을 따로 먹어야 하고, 절대 서로 섞이지 않게 제공해야 하는 건 아니에요. 한 그릇에 베이스죽/무른밥/진밥, 고기와 채소 토핑을 같이 담아 해동하거나 데워주셔도 괜찮습니다. 이유식 식판이나 이유식 큐브 등을 활용하여 각각 따로 담아 제공하고, 먹는 중에 전부 섞어서 먹여도 괜찮습니다. 아이마다 좋아하는 게 다를 수 있어요. 따로 먹는 걸 좋아하는 아이가 있는 반면, 섞어 먹는 걸 좋아하는 아이도 있습니다. 그래서 아이한테 맞춰서 진행하는 게 옳아요.

따로 담아 먹이는 방법

1. 이유식 큐브 칸마다 베이스와 토핑을 나눠 담아서 데워 먹이기. 큐브틀을 식판처럼 활용하는 방법입니다.

2. 이유식 식판에 각각 나눠 담아서 먹입니다.

함께 담아 먹이는 방법

1. 죽 이유식 형태로 만들어 먹입니다.

2. 큰 이유식 용기에 베이스 따로, 토핑은 한데 담아 데워 먹입니다. 조금 섞일 수 있지만, 완전히 섞어 만든 죽 이유식과 차이가 있어요. 외출할 때는 이 방법이 편리합니다.

3. 이유식 그릇(볼)에 베이스, 토핑을 함께 담아 데워 먹입니다.

초기 토핑 이유식 식단표

식단표 다운로드
(비번 211111)

뿌이를 먹여보고 진행한 식단(174일 시작)과 함께

150일 시작 / 160일 시작 / 170일 시작 / 180일 시작

각각 식단표를 알려드려요.

토핑 이유식 기준으로 짠 식단표입니다. 죽 이유식은 위 내용대로 한 번에 넣고 3일 치 끓이면 됩니다.

NEW 칸에는 새롭게 먹는 재료를 적어두었고 옆에 알레르기 반응을 체크하는 부분도 있습니다.

토핑 이유식을 하다 보면 점점 큐브가 늘어납니다. 나중엔 큐브가 몇 개 있는지, 뭐가 부족한지 알기가 힘들어요. 냉장고에 큐브 재고표를 붙여두고 사용하면 훨씬 편합니다. 만든 날짜와 용량을 기입할 수도 있어요. 만든 날로부터 2주 안에 다 쓰는 게 제일 좋아요.

뿌이랑 똑같이 진행하려는 분들은 174일 시작 식단표를 참고하시면 되고, 이 책에 있는 레시피 순서 그대로 따라할 수 있습니다. 상세한 식단표는 바로 이어서 알려드릴게요.

식단표, 재고관리표를 추가로 프린트하실 분들은 위 QR링크에서 파일 다운로드 가능합니다.

파일 다운로드 비밀번호는 211111입니다. 식단표 내에 베이스, 토핑의 양은 따로 기입하지 않았습니다. 그 이유는 아이들마다 먹는 양이 모두 다르기 때문인데요. 초기, 중기, 후기 각 시기별 베이스와 각 토핑의 양은 p. 80 〈토핑이유식 각 시기별 특징〉 표 내용에서 확인 가능합니다. 만약 베이스, 토핑 양 조절이 어렵다면 〈희야라이프〉 블로그나 제 인스타그램으로 연락주세요. 이유식 상담이 가능합니다.

150일 시작 초기 토핑 이유식 식단표(1~24일)

	1	2	3	4	5	6
개월수	D+150	D+151	D+152	D+153	D+154	D+155
베이스	쌀	쌀	쌀	쌀오트밀	쌀오트밀	쌀오트밀
토핑						
간식	X	X	X	X	X	X
NEW	**쌀** (알레르기: O / X)			**오트밀** (알레르기: O / X)		
먹은 양	/	/	/	/	/	/
	7	8	9	10	11	12
개월수	D+156	D+157	D+158	D+159	D+160	D+161
베이스	쌀오트밀	쌀오트밀	쌀오트밀	쌀오트밀	쌀오트밀	쌀오트밀
토핑	애호박	애호박	애호박	애호박청경채	애호박청경채	애호박청경채
간식	X	X	X	X	X	X
NEW	**애호박** (알레르기: O / X)			**청경채** (알레르기: O / X)		
먹은 양	/	/	/	/	/	/
	13	14	15	16	17	18
개월수	D+162	D+163	D+164	D+165	D+166	D+167
베이스	쌀오트밀	쌀오트밀	쌀오트밀	쌀오트밀	쌀오트밀	쌀오트밀
토핑	애호박비타민	애호박비타민	애호박비타민	청경채양배추	청경채양배추	청경채양배추
간식						
NEW	**비타민** (알레르기: O / X)			**양배추** (알레르기: O / X)		
먹은 양	/	/	/	/	/	/
	19	20	21	22	23	24
개월수	D+168	D+169	D+170	D+171	D+172	D+173
베이스	쌀오트밀	쌀오트밀	쌀오트밀	쌀오트밀	쌀오트밀	쌀오트밀
토핑	양배추브로콜리	양배추브로콜리	양배추브로콜리	비타민감자	비타민감자	비타민감자
간식						
NEW	**브로콜리** (알레르기: O / X)			**감자** (알레르기: O / X)		
먹은 양	/	/	/	/	/	/

★ **새롭게 먹어본 재료: 쌀, 오트밀, 애호박, 청경채, 비타민, 양배추, 브로콜리, 감자**

★ 감자 토핑은 164쪽 단호박 토핑을 참고해서 만들면 됩니다. 찜기에 20분간 찐 후에 껍질을 제거하고 으깨주세요. 혹은 껍질 벗긴 감자를 잘게 잘라서 전자레인지용 찜기에 5분 이상 익힌 후에 으깨는 방법도 있습니다.

★ 초기 이유식에서 뿐이는 베이스죽 40g씩, 각 토핑 10g씩 2~4가지로 구성해서 한 끼당 60~80g씩 먹였습니다.

150일 시작 초기 토핑 이유식 식단표(25~48일)

▷생후 180일부터 소고기 시작

	25	26	27	28	29	30
개월수	D+174	D+175	D+176	D+177	D+178	D+179
베이스	쌀오트밀	쌀오트밀	쌀오트밀	쌀오트밀	쌀오트밀	쌀오트밀
토핑	브로콜리고구마	브로콜리고구마	브로콜리고구마	브로콜리단호박	브로콜리단호박	브로콜리단호박
간식						
NEW	**고구마** (알레르기: O / X)			**단호박** (알레르기: O / X)		
먹은 양	/	/	/	/	/	/
	31	32	33	34	35	36
개월수	D+180	D+181	D+182	D+183	D+184	D+185
베이스	쌀오트밀	쌀오트밀	쌀오트밀	쌀오트밀	쌀오트밀	쌀오트밀
토핑	소고기청경채 단호박	소고기청경채 단호박	소고기청경채 단호박	소고기브로콜리 오이	소고기브로콜리 오이	소고기브로콜리 오이
간식						
NEW	**소고기** (알레르기: O / X)			**오이** (알레르기: O / X)		
먹은 양	/	/	/	/	/	/
	37	38	39	40	41	42
개월수	D+186	D+187	D+188	D+189	D+190	D+191
베이스	쌀오트밀	쌀오트밀	쌀오트밀	쌀오트밀	쌀오트밀	쌀오트밀
토핑	소고기오이배	소고기오이배	소고기오이배	소고기청경채 사과	소고기청경채 사과	소고기청경채 사과
간식						
NEW	**배** (알레르기: O / X)			**사과** (알레르기: O / X)		
먹은 양	/	/	/	/	/	/
	43	44	45	46	47	48
개월수	D+192	D+193	D+194	D+195	D+196	D+197
베이스	쌀오트밀	쌀오트밀	쌀오트밀	쌀오트밀	쌀오트밀	쌀오트밀
토핑	소고기양배추 단호박완두콩	소고기양배추 단호박완두콩	소고기양배추 단호박완두콩	소고기브로콜리 청경채당근	소고기브로콜리 청경채당근	소고기브로콜리 청경채당근
간식						
NEW	**완두콩** (알레르기: O / X)			**당근** (알레르기: O / X)		
먹은 양	/	/	/	/	/	/

★ 새롭게 먹어본 재료: 고구마, 단호박, 소고기, 오이, 배, 사과, 완두콩, 당근

150일 시작 초기 토핑 이유식 식단표(49~60일)

▷하루 두 끼 시작(하루 한 끼만 진행한다면 식단표에서 아침 메뉴만 진행)

		49	50	51	52	53	54
개월수		D+198	D+199	D+200	D+201	D+202	D+203
아침	베이스	쌀오트밀	쌀오트밀	쌀오트밀	쌀오트밀	쌀오트밀	쌀오트밀
	토핑	소고기애호박 당근콜리플라워	소고기애호박 당근콜리플라워	소고기애호박 당근콜리플라워	달걀당근 완두콩브로콜리	달걀당근 완두콩브로콜리	달걀당근 완두콩브로콜리
	간식						
	NEW	**콜리플라워** (알레르기: O / X)			**달걀노른자** (알레르기: O / X)		
	먹은 양	/	/	/	/	/	/
점심	베이스	쌀오트밀	쌀오트밀	쌀오트밀	쌀오트밀	쌀오트밀	쌀오트밀
	토핑	당근사과 브로콜리	당근사과 브로콜리	당근사과 브로콜리	소고기단호박 양배추	소고기단호박 양배추	소고기단호박 양배추
	간식						
	먹은 양	/	/	/	/	/	/
		55	56	57	58	59	60
개월수		D+204	D+205	D+206	D+207	D+208	D+209
아침	베이스	쌀현미	쌀현미	쌀현미	쌀현미	쌀현미	쌀현미
	토핑	소고기사과 당근청경채	소고기사과 당근청경채	소고기사과 당근청경채	닭고기애호박 브로콜리당근	닭고기애호박 브로콜리당근	닭고기애호박 브로콜리당근
	간식			바나나			
	NEW	**현미** (알레르기: O / X)		**바나나** (알레르기: O / X)	**닭고기** (알레르기: O / X)		
	먹은 양	/	/	/	/	/	/
점심	베이스	쌀오트밀	쌀오트밀	쌀오트밀	쌀오트밀	쌀오트밀	쌀오트밀
	토핑	달걀애호박 양배추단호박	달걀애호박 양배추단호박	달걀애호박 양배추단호박	소고기단호박 양배추청경채	소고기단호박 양배추청경채	소고기단호박 양배추청경채
	간식						
	먹은 양	/	/	/	/	/	/

★ **새롭게 먹어본 재료: 콜리플라워, 달걀노른자, 현미, 바나나, 닭고기**

★ 간식에 들어간 재료는 참고용입니다. 간식은 보통 제철 생과일 위주로 챙겨주는 게 좋고, 이 책에 있는 간식 레시피를 참고해서 만들어주셔도 좋습니다.

★ 콜리플라워 토핑은 브로콜리 손질법을 참고해서 똑같이 만들면 됩니다.

160일 시작 초기 토핑 이유식 식단표(1~24일)

▷181일부터 소고기 시작

	1	2	3	4	5	6
개월수	D+160	D+161	D+162	D+163	D+164	D+165
베이스	쌀	쌀	쌀	쌀오트밀	쌀오트밀	쌀오트밀
토핑						
간식	X	X	X	X	X	X
NEW	**쌀** (알레르기: O / X)			**오트밀** (알레르기: O / X)		
먹은 양	/	/	/	/	/	/
	7	8	9	10	11	12
개월수	D+166	D+167	D+168	D+169	D+170	D+171
베이스	쌀오트밀	쌀오트밀	쌀오트밀	쌀오트밀	쌀오트밀	쌀오트밀
토핑	애호박	애호박	애호박	애호박청경채	애호박청경채	애호박청경채
간식	X	X	X	X	X	X
NEW	**애호박** (알레르기: O / X)			**청경채** (알레르기: O / X)		
먹은 양	/	/	/	/	/	/
	13	14	15	16	17	18
개월수	D+172	D+173	D+174	D+175	D+176	D+177
베이스	쌀오트밀	쌀오트밀	쌀오트밀	쌀오트밀	쌀오트밀	쌀오트밀
토핑	애호박비타민	애호박비타민	애호박비타민	청경채양배추	청경채양배추	청경채양배추
간식						
NEW	**비타민** (알레르기: O / X)			**양배추** (알레르기: O / X)		
먹은 양	/	/	/	/	/	/
	19	20	21	22	23	24
개월수	D+178	D+179	D+180	D+181	D+182	D+183
베이스	쌀오트밀	쌀오트밀	쌀오트밀	쌀오트밀	쌀오트밀	쌀오트밀
토핑	청경채고구마	청경채고구마	청경채고구마	소고기애호박	소고기애호박	소고기애호박
간식						
NEW	**고구마** (알레르기: O / X)			**소고기** (알레르기: O / X)		
먹은 양	/	/	/	/	/	/

★ **새롭게 먹어본 재료: 쌀, 오트밀, 애호박, 청경채, 비타민, 양배추, 고구마, 소고기**
★ 초기 이유식에서 뿐이는 베이스죽 40g씩, 각 토핑 10g씩 2~4가지로 구성해서 한 끼당 60~80g씩 먹였습니다.

160일 시작 초기 토핑 이유식 식단표(25~42일)

	25	26	27	28	29	30
개월수	D+184	D+185	D+186	D+187	D+188	D+189
베이스	쌀오트밀	쌀오트밀	쌀오트밀	쌀오트밀	쌀오트밀	쌀오트밀
토핑	소고기애호박 브로콜리	소고기애호박브 로콜리	소고기애호박 브로콜리	소고기브로콜리 감자	소고기브로콜리 감자	소고기브로콜리 감자
간식						
NEW	**브로콜리** (알레르기: O / X)			**감자** (알레르기: O / X)		
먹은 양	/	/	/	/	/	/
	31	32	33	34	35	36
개월수	D+190	D+191	D+192	D+193	D+194	D+195
베이스	쌀오트밀	쌀오트밀	쌀오트밀	쌀오트밀	쌀오트밀	쌀오트밀
토핑	소고기양배추 단호박	소고기양배추 단호박	소고기양배추 단호박	소고기감자오이	소고기감자오이	소고기감자오이
간식						
NEW	**단호박** (알레르기: O / X)			**오이** (알레르기: O / X)		
먹은 양	/	/	/	/	/	/
	37	38	39	40	41	42
개월수	D+196	D+197	D+198	D+199	D+200	D+201
베이스	쌀오트밀	쌀오트밀	쌀오트밀	쌀오트밀	쌀오트밀	쌀오트밀
토핑	소고기양배추 단호박완두콩	소고기양배추 단호박완두콩	소고기양배추 단호박완두콩	소고기브로콜리 청경채당근	소고기브로콜리 청경채당근	소고기브로콜리 청경채당근
간식						
NEW	**완두콩** 알레르기: O / X)			**당근** (알레르기: O / X)		**사과** (알레르기: O / X)
먹은 양	/	/	/	/	/	/

★ 새롭게 먹어본 재료: 브로콜리, 감자, 단호박, 오이, 완두콩, 당근, 사과

★ 감자 토핑은 164쪽 단호박 토핑을 참고해서 만들면 됩니다. 찜기에 20분간 찐 후에 껍질을 제거하고 으깨주세요. 혹은 껍질 벗긴 감자를 잘게 잘라서 전자레인지용 찜기에 5분 이상 익힌 후에 으깨는 방법도 있습니다.

160일 시작 초기 토핑 이유식 식단표(43~51일)

▷하루 두 끼 시작(하루 한 끼만 진행한다면 식단표에서 아침 메뉴만 진행)

		43	44	45	46	47	48
개월수		D+202	D+203	D+204	D+205	D+206	D+207
아침	베이스	쌀오트밀	쌀오트밀	쌀오트밀	쌀현미	쌀현미	쌀현미
	토핑	달걀당근 완두콩브로콜리	달걀당근 완두콩브로콜리	달걀당근 완두콩브로콜리	소고기사과 당근청경채	소고기사과 당근청경채	소고기사과 당근청경채
	간식						
	NEW	**달걀노른자** (알레르기: O / X)			**현미** (알레르기: O / X)		
	먹은 양	/	/	/	/	/	/
점심	베이스	쌀오트밀	쌀오트밀	쌀오트밀	쌀오트밀	쌀오트밀	쌀오트밀
	토핑	소고기청경채 오이단호박	소고기청경채 오이단호박	소고기청경채 오이단호박	달걀애호박 양배추단호박	달걀애호박 양배추단호박	달걀애호박 양배추단호박
	간식						
	먹은 양	/	/	/	/	/	/

		49	50	51	
개월수		D+208	D+209	D+210	중기 이유식 시작
아침	베이스	쌀현미	쌀현미	쌀현미	
	토핑	닭고기애호박 브로콜리당근	닭고기애호박 브로콜리당근	닭고기애호박 브로콜리당근	
	간식			바나나	
	NEW	**닭고기** (알레르기: O / X)		**바나나** (알레르기: O / X)	
	먹은 양	/	/	/	
점심	베이스	쌀오트밀	쌀오트밀	쌀오트밀	
	토핑	소고기단호박 양배추청경채	소고기단호박 양배추청경채	소고기단호박 양배추청경채	
	간식				
	먹은 양	/	/	/	

★ **새롭게 먹어본 재료: 달걀노른자, 현미, 닭고기, 바나나**

★ 간식에 들어간 재료는 참고용입니다. 간식은 보통 제철 생과일 위주로 챙겨주는 게 좋고 이 책에 있는 간식 레시피를 참고해서 만들어주셔도 좋습니다.

170일 시작 초기 토핑 이유식 식단표(1~30일)

▷179일부터 소고기 시작

	1	2	3	4	5	6
개월수	D+170	D+171	D+172	D+173	D+174	D+175
베이스	쌀	쌀	쌀	쌀오트밀	쌀오트밀	쌀오트밀
토핑						
간식	X	X	X	X	X	X
NEW	**쌀** (알레르기: O / X)			**오트밀** (알레르기: O / X)		
먹은 양	/	/	/	/	/	/
	7	8	9	10	11	12
개월수	D+176	D+177	D+178	D+179	D+180	D+181
베이스	쌀오트밀	쌀오트밀	쌀오트밀	쌀오트밀	쌀오트밀	쌀오트밀
토핑	애호박	애호박	애호박	소고기애호박	소고기애호박	소고기애호박
간식	X	X	X	X	X	X
NEW	**애호박** (알레르기: O / X)			**소고기** (알레르기: O / X)		
먹은 양	/	/	/	/	/	/
	13	14	15	16	17	18
개월수	D+182	D+183	D+184	D+185	D+186	D+187
베이스	쌀오트밀	쌀오트밀	쌀오트밀	쌀오트밀	쌀오트밀	쌀오트밀
토핑	소고기애호박 청경채	소고기애호박 청경채	소고기애호박 청경채	소고기청경채 오이	소고기청경채 오이	소고기청경채 오이
간식						
NEW	**청경채** (알레르기: O / X)			**오이** (알레르기: O / X)		
먹은 양	/	/	/	/	/	/
	19	20	21	22	23	24
개월수	D+188	D+189	D+190	D+191	D+192	D+193
베이스	쌀오트밀	쌀오트밀	쌀오트밀	쌀오트밀	쌀오트밀	쌀오트밀
토핑	소고기애호박 브로콜리	소고기애호박 브로콜리	소고기애호박 브로콜리	소고기브로콜리 양배추	소고기브로콜리 양배추	소고기브로콜리 양배추
간식						
NEW	**브로콜리** (알레르기: O / X)			**양배추** (알레르기: O / X)		
먹은 양	/	/	/	/	/	/

★ 새롭게 먹어본 재료: 쌀, 오트밀, 애호박, 소고기, 청경채, 오이, 브로콜리, 양배추

	25	26	27	28	29	30
개월수	D+194	D+195	D+196	D+197	D+198	D+199
베이스	쌀오트밀	쌀오트밀	쌀오트밀	쌀오트밀	쌀오트밀	쌀오트밀
토핑	소고기브로콜리 청경채당근	소고기브로콜리 청경채당근	소고기브로콜리 청경채당근	소고기양배추 브로콜리단호박	소고기양배추 브로콜리단호박	소고기양배추 브로콜리단호박
간식			사과			바나나
NEW	**당근** (알레르기: O / X)		**사과** (알레르기: O / X)	**단호박** (알레르기: O / X)		**바나나** (알레르기: O / X)
먹은 양	/	/	/	/	/	/

★ **새롭게 먹어본 재료 : 당근, 사과, 단호박, 바나나**

★ 초기 이유식에서 뿐이는 베이스죽 40g씩, 각 토핑 10g씩 2~4가지로 구성해서 한 끼당 60~80g씩 먹였습니다.

170일 시작 초기 토핑 이유식 식단표(31~36일)

▷하루 두 끼 시작(하루 한 끼만 진행한다면 식단표에서 아침 메뉴만 진행)

		31	32	33	34	35	36
개월수		D+200	D+201	D+202	D+203	D+204	D+205
아침	베이스	쌀오트밀	쌀오트밀	쌀오트밀	쌀오트밀	쌀오트밀	쌀오트밀
	토핑	소고기양배추 단호박완두콩	소고기양배추 단호박완두콩	소고기양배추 단호박완두콩	달걀당근 완두콩브로콜리	달걀당근 완두콩브로콜리	달걀당근 완두콩브로콜리
	간식						
	NEW	**완두콩** (알레르기: O / X)			**달걀노른자** (알레르기: O / X)		
	먹은 양	/	/	/	/	/	/
점심	베이스	쌀오트밀	쌀오트밀	쌀오트밀	쌀오트밀	쌀오트밀	쌀오트밀
	토핑	당근사과 브로콜리청경채	당근사과 브로콜리청경채	당근사과 브로콜리청경채	소고기단호박 양배추청경채	소고기단호박 양배추청경채	소고기단호박 양배추청경채
	간식						
	먹은 양	/	/	/	/	/	/
		37	38	39			
개월수		D+206	D+207	D+208	209일부터 중기 이유식 시작		
아침	베이스	쌀현미	쌀현미	쌀현미			
	토핑	소고기사과 당근청경채	소고기사과 당근청경채	소고기사과 당근청경채			
	간식						
	NEW	**현미** (알레르기: O / X)					
	먹은 양	/	/	/			
점심	베이스	쌀오트밀	쌀오트밀	쌀오트밀			
	토핑	달걀애호박 양배추단호박	달걀애호박 양배추단호박	달걀애호박 양배추단호박			
	간식						
	먹은 양	/	/	/			

★ 새롭게 먹어본 재료: 완두콩, 달걀노른자, 현미

★ 간식에 들어간 재료는 참고용입니다. 간식은 보통 제철 생과일 위주로 챙겨주는 게 좋고, 이 책에 있는 간식 레시피를 참고해서 만들어주셔도 좋습니다.

174일 시작 뿐이 초기 토핑 이유식 식단표(1~30일)

▷180일부터 소고기 시작

	1	2	3	4	5	6
개월수	D+174	D+175	D+176	D+177	D+178	D+179
베이스	쌀	쌀	쌀	쌀오트밀	쌀오트밀	쌀오트밀
토핑						
간식	X	X	X	X	X	X
NEW	**쌀** (알레르기: O / X)			**오트밀** (알레르기: O / X)		
먹은 양	/	/	/	/	/	/
	7	8	9	10	11	12
개월수	D+180	D+181	D+182	D+183	D+184	D+185
베이스	쌀오트밀	쌀오트밀	쌀오트밀	쌀오트밀	쌀오트밀	쌀오트밀
토핑	소고기	소고기	소고기	소고기애호박	소고기애호박	소고기애호박
간식	X	X	X	X	X	X
NEW	**소고기** (알레르기: O / X)			**애호박** (알레르기: O / X)		
먹은 양	/	/	/	/	/	/
	13	14	15	16	17	18
개월수	D+186	D+187	D+188	D+189	D+190	D+191
베이스	쌀오트밀	쌀오트밀	쌀오트밀	쌀오트밀	쌀오트밀	쌀오트밀
토핑	소고기애호박 청경채	소고기애호박 청경채	소고기애호박 청경채	소고기청경채 오이	소고기청경채 오이	소고기청경채 오이
간식						
NEW	**청경채** (알레르기: O / X)			**오이** (알레르기: O / X)		
먹은 양	/	/	/	/	/	/
	19	20	21	22	23	24
개월수	D+192	D+193	D+194	D+195	D+196	D+197
베이스	쌀오트밀	쌀오트밀	쌀오트밀	쌀오트밀	쌀오트밀	쌀오트밀
토핑	소고기애호박 브로콜리	소고기애호박 브로콜리	소고기애호박 브로콜리	소고기브로콜리 양배추	소고기브로콜리 양배추	소고기브로콜리 양배추
간식						
NEW	**브로콜리** (알레르기: O / X)			**양배추** (알레르기: O / X)		
먹은 양	/	/	/	/	/	/

★ **새롭게 먹어본 재료: 쌀, 오트밀, 소고기, 애호박, 청경채, 오이, 브로콜리, 양배추**

★ 초기 이유식에서 뿐이는 베이스죽 40g씩, 각 토핑 10g씩 2~4가지로 구성해서 한 끼당 60~80g씩 먹였습니다.

	25	26	27	28	29	30
개월수	D+198	D+199	D+200	D+201	D+202	D+203
베이스	쌀오트밀	쌀오트밀	쌀오트밀	쌀오트밀	쌀오트밀	쌀오트밀
토핑	소고기브로콜리 청경채당근	소고기브로콜리 청경채당근	소고기브로콜리 청경채당근	소고기양배추 브로콜리단호박	소고기양배추 브로콜리단호박	소고기양배추 브로콜리단호박
간식						사과
NEW	**당근** (알레르기: O / X)			**단호박** (알레르기: O / X)		**사과** (알레르기: O / X)
먹은 양	/	/	/	/	/	/

★새롭게 먹어본 재료: 당근, 단호박, 사과

174일 시작 초기 토핑 이유식 식단표(31~36일)

▷하루 두 끼 시작(하루 한 끼만 진행한다면 식단표에서 아침 메뉴만 진행)

		31	32	33	34	35	36
개월수		D+204	D+205	D+206	D+207	D+208	D+209
아침	베이스	쌀오트밀	쌀오트밀	쌀오트밀	쌀오트밀	쌀오트밀	쌀오트밀
	토핑	소고기양배추 단호박완두콩	소고기양배추 단호박완두콩	소고기양배추 단호박완두콩	달걀당근 완두콩브로콜리	달걀당근 완두콩브로콜리	달걀당근 완두콩브로콜리
	간식						바나나
	NEW	**완두콩** (알레르기: O / X)			**달걀노른자** (알레르기: O / X)		**바나나** (알레르기: O / X)
	먹은 양	/	/	/	/	/	/
점심	베이스	쌀오트밀	쌀오트밀	쌀오트밀	쌀오트밀	쌀오트밀	쌀오트밀
	토핑	당근사과 브로콜리청경채	당근사과 브로콜리청경채	당근사과 브로콜리청경채	소고기단호박 양배추청경채	소고기단호박 양배추청경채	소고기단호박 양배추청경채
	간식						
	먹은 양	/	/	/	/	/	/

★ 새롭게 먹어본 재료: 완두콩, 달걀노른자, 바나나

★ 간식에 들어간 재료는 참고용입니다. 간식은 보통 제철 생과일 위주로 챙겨주는 게 좋고 이 책에 있는 간식 레시피를 참고해서 만들어주셔도 좋습니다.

180일 시작 초기 토핑 이유식 식단표(1~30일)

▷183일부터 소고기 시작

	1	2	3	4	5	6
개월수	D+180	D+181	D+182	D+183	D+184	D+185
베이스	쌀	쌀	쌀	쌀	쌀	쌀
토핑				소고기	소고기	소고기
간식	X	X	X	X	X	X
NEW	**쌀** (알레르기: O / X)			**소고기** (알레르기: O / X)		
먹은 양	/	/	/	/	/	/
	7	8	9	10	11	12
개월수	D+186	D+187	D+188	D+189	D+190	D+191
베이스	쌀오트밀	쌀오트밀	쌀오트밀	쌀오트밀	쌀오트밀	쌀오트밀
토핑	소고기	소고기	소고기	소고기애호박	소고기애호박	소고기애호박
간식	X	X	X	X	X	X
NEW	**오트밀** (알레르기: O / X)			**애호박** (알레르기: O / X)		
먹은 양	/	/	/	/	/	/
	13	14	15	16	17	18
개월수	D+192	D+193	D+194	D+195	D+196	D+197
베이스	쌀오트밀	쌀오트밀	쌀오트밀	쌀오트밀	쌀오트밀	쌀오트밀
토핑	소고기애호박 청경채	소고기애호박 청경채	소고기애호박 청경채	소고기청경채 브로콜리	소고기청경채 브로콜리	소고기청경채 브로콜리
간식						
NEW	**청경채** (알레르기: O / X)			**브로콜리** (알레르기: O / X)		
먹은 양	/	/	/	/	/	/
	19	20	21	22	23	24
개월수	D+198	D+199	D+200	D+201	D+202	D+203
베이스	쌀오트밀	쌀오트밀	쌀오트밀	쌀오트밀	쌀오트밀	쌀오트밀
토핑	소고기브로콜리 양배추	소고기브로콜리 양배추	소고기브로콜리 양배추	소고기청경채 당근	소고기청경채 당근	소고기청경채 당근
간식			단호박			사과
NEW	**양배추** (알레르기: O / X)		**단호박** (알레르기: O / X)	**당근** (알레르기: O / X)		**사과** (알레르기: O / X)
먹은 양	/	/	/	/	/	/

★ **새롭게 먹어본 재료: 쌀, 소고기, 오트밀, 애호박, 청경채, 브로콜리, 양배추, 단호박, 당근, 사과**

★ 초기 이유식에서 뿐이는 베이스죽 40g씩, 각 토핑 10g씩 2~4가지로 구성해서 한 끼당 60~80g씩 먹였습니다.

▷하루 두 끼 시작(하루 한 끼만 진행한다면 식단표에서 아침 메뉴만 진행))

		25	26	27	28	29	30
개월수		D+204	D+205	D+206	D+207	D+208	D+209
아침	베이스	쌀오트밀	쌀오트밀	쌀오트밀	쌀오트밀	쌀오트밀	쌀오트밀
	토핑	소고기양배추 단호박완두콩	소고기양배추 단호박완두콩	소고기양배추 단호박완두콩	달걀당근 완두콩브로콜리	달걀당근 완두콩브로콜리	달걀당근 완두콩브로콜리
	간식						바나나
	NEW	**완두콩** (알레르기: O / X)			**달걀노른자** (알레르기: O / X)		**바나나** (알레르기: O / X)
	먹은 양	/	/	/	/	/	/
점심	베이스	쌀오트밀	쌀오트밀	쌀오트밀	쌀오트밀	쌀오트밀	쌀오트밀
	토핑	당근사과 브로콜리청경채	당근사과 브로콜리청경채	당근사과 브로콜리청경채	소고기단호박 양배추청경채	소고기단호박 양배추청경채	소고기단호박 양배추청경채
	간식						
	먹은 양	/	/	/	/	/	/

★ **새롭게 먹어본 재료: 완두콩, 달걀노른자, 바나나**

★ 간식에 들어간 재료는 참고용입니다. 간식은 보통 제철 생과일 위주로 챙겨주는 게 좋고 이 책에 있는 간식 레시피를 참고해서 만들어주셔도 좋습니다.

2장

초기 토핑 이유식

쌀죽(불린 쌀 10배죽)

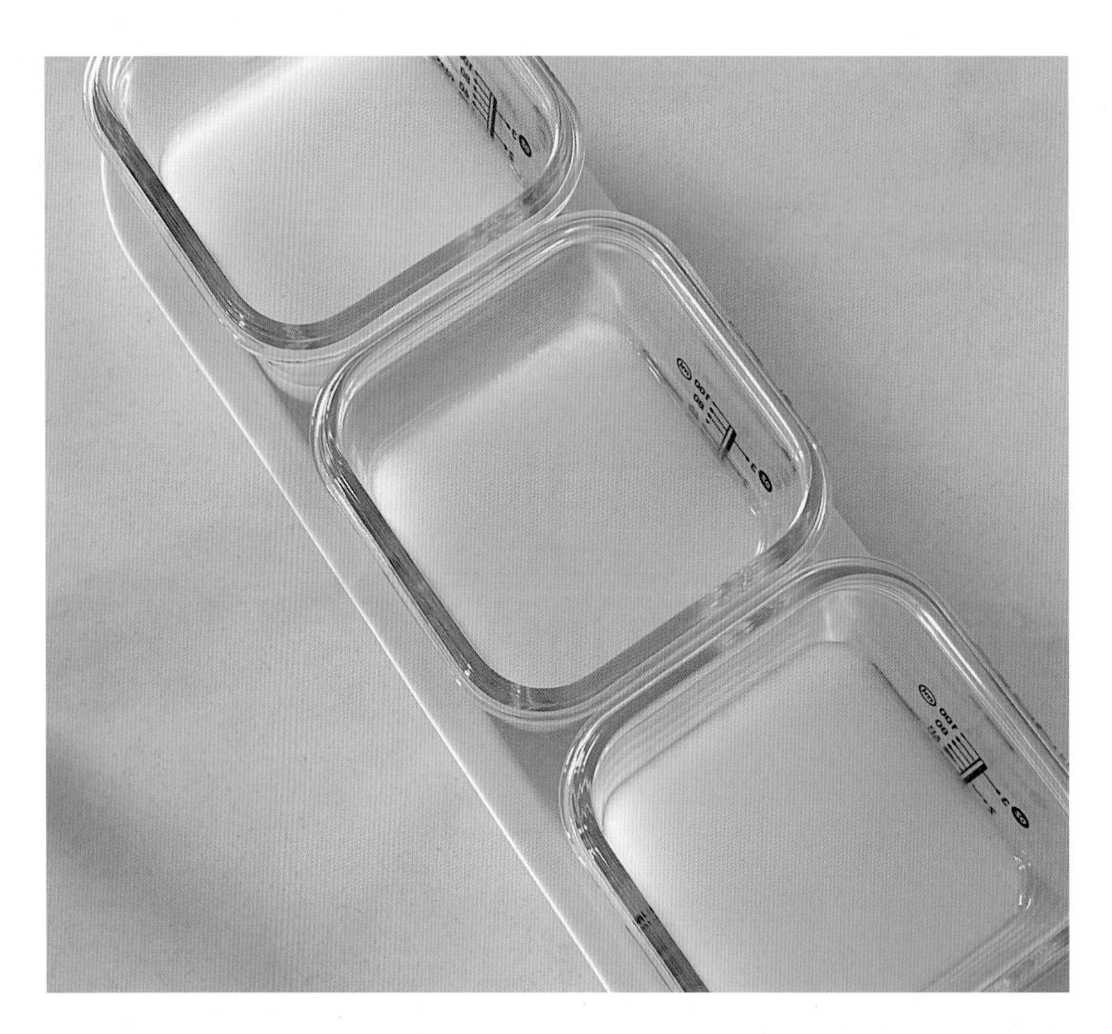

재료

- ☐ 쌀 약 20~25g(불린 쌀 30g)
- ☐ 물 300mL

완성량

60g씩 3회분

제가 사용한 안동농협 백진주쌀은 약간 촉촉해요. 밥을 지으면 찰밥 같아서 밥물도 조금 덜 넣어요. 유기농 쌀을 사용해도 좋아요. 만일 쌀가루 알레르기가 있다면 반드시 쌀을 불려서 만들어주세요. 각자 사용하는 쌀의 품종에 따라 불어나는 양이 다를 수 있습니다. 재료에 있는 쌀의 양을 참고해서 불려보세요. 완성량 또한 끓이는 시간이나 불의 세기 등에 따라 조금 더 적거나 많을 수 있습니다.

1. 쌀 약 20~25g을 찬물에 30분 정도 불렸어요(불린 쌀 30g).

2. 체망에 밭쳐 물기를 빼줍니다.

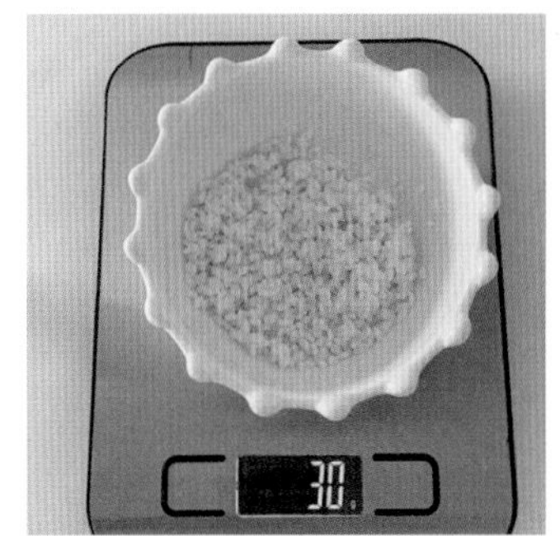

3. 불린 쌀 무게로만 30g입니다. 28g이나 35g 정도도 괜찮습니다. 양이 좀 더 적거나 많이 나오지만 상관없어요.

4. 믹서 컵에 불린 쌀을 넣고 300mL의 물(불린 쌀의 양이 다르면, 그 양의 10배 물 준비)에서 50mL를 먼저 넣어주세요. 쌀이 갈릴 정도의 양이에요.

5. 처음 먹일 때는 곱게 갈아주세요. 그렇게 1~2주 먹이다가 점점 입자 크기를 늘려나가요.

6. 곱게 간 쌀을 냄비에 부어주세요. 남아 있는 물 전부를 넣고 믹서 컵 안쪽을 씻어내는 느낌으로 불린 쌀 조각과 물을 모두 냄비에 넣어주세요.

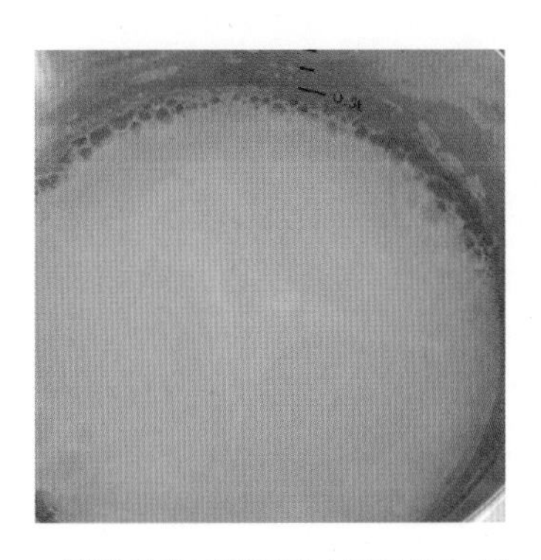

7. 한번 휘휘 저어서 잘 섞어주세요. 센 불에서 2분쯤 끓이면 가장자리부터 보글보글 끓어올라요. 이때 약한 불로 줄이고 4~5분 정도 저어가면서 더 끓이면 완성입니다.

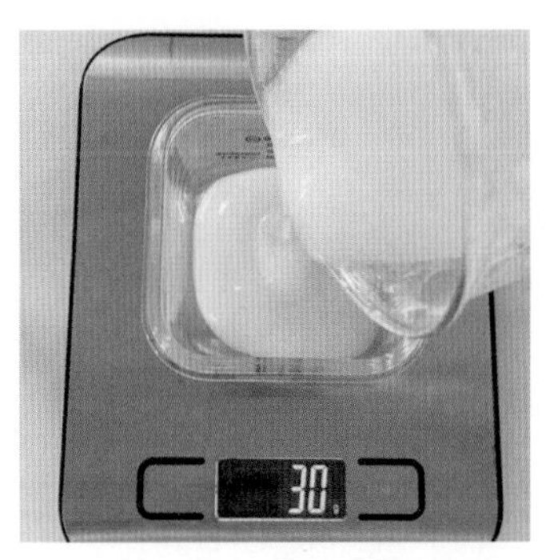

8. 이유식 용기에 60g씩 3회분 소분해서 담아요. 똑같은 레시피로 만들어도 약간 적거나 많을 수 있어요.

초기 | 베이스죽

쌀죽(밥 5배죽)

재료

- □ 밥 60g
- □ 물 300mL

완성량

60g씩 3회분

밥으로 쌀죽 만들기! 미음보다는 죽 느낌이에요. 밥으로 만들어보니 믹서로 곱게 갈아도 어느 정도 입자감이 있었어요. 초기 시작부터 입자감 있게 주고 싶다면 밥으로 만들어보세요.

1. 밥 60g을 준비해요.

2. 물은 밥 양의 5배, 300mL를 준비해요.

3. 믹서 컵에 밥 60g을 넣고, 300mL 중 50mL를 먼저 부어주세요.

4. 곱게 갈아주세요. 물이 너무 많으면 제대로 안 갈릴 수 있어요.

5. 냄비에 부어요. 믹서 컵에 남아 있는 밥도 남은 물로 헹궈서 넣어주세요.

6. 한 번 잘 저어가며 섞어주세요. 센 불에서 2분 정도 끓여요.

7. 가장자리 부분이 끓어오르면, 약한 불로 줄이고 4~5분 정도 더 끓여요.

8. 60g씩 3회분 소분합니다.

초기	베이스죽

쌀죽(쌀가루 16배죽)

재료

- ☐ 쌀가루 20g
- ☐ 물 320mL

완성량

60g씩 3회분

쌀죽 만들기 세 번째, 쌀가루 이용 방법이에요. 불린 쌀, 밥으로 만드는 방법보다 훨씬 간편합니다. 최근 이유식 지침에서는 초기부터 입자감 있게 진행하라고 하죠. 그럼 쌀가루를 사용하면 안 되는 걸까요? 기본 베이스죽은 가루를 사용해서 만들어도 나중에는 고기, 채소 토핑과 더불어 쌀죽을 함께 먹으면서 입자감 연습을 하게 되므로 괜찮습니다.

1. 냄비에 찬물 320mL를 부어주세요.

2. 찬물에 쌀가루 20g을 넣어주세요.

3. 덩어리지지 않게 쌀가루를 스패츌러로 잘 풀어주세요.

4. 센 불에서 1분 30초에서 2분 정도 끓여요. 가장자리 부분이 끓어오르면 약한 불로 줄이고 3분 30초에서 4분 30초 정도 저어가며 더 끓여주세요.

5. 가루 형태가 20배죽은 생각보다 많이 묽어서 16배죽으로 시작해보았습니다. 뿐이도 잘 먹었어요.

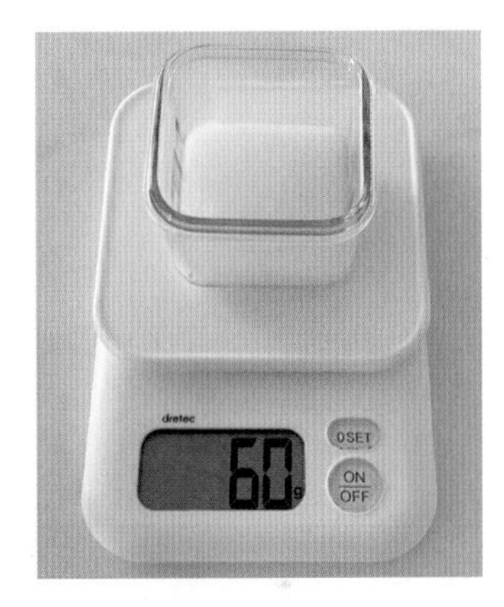

6. 60g씩 3회분 소분 후 밀폐용기에 담아 보관해요.

TIP 1. **쌀가루, 불린 쌀, 밥으로 만든 미음** 불린 쌀, 밥, 쌀가루로 쌀죽을 만들어봤어요. 쌀가루가 제일 편하고, 입자감이 가장 큰 건 밥이었어요. 밥으로 만들 때 처음에는 물의 양을 5배로 하지만 아이가 좀 더 묽은 걸 잘 먹으면 6배 물로 만들어도 좋아요.

TIP 2. **토핑 이유식 활용법** 쌀죽을 30g씩 큐브에 냉동 보관해요. 먹이는 날에 쌀죽 큐브(30g), 소고기 큐브(10g), 채소 큐브(10g) 각각 한 개씩 꺼내서 해동해 먹이면 총 50g의 이유식을 주게 돼요.

초기	베이스죽

오트밀죽(쌀가루+퀵롤드 오트밀)

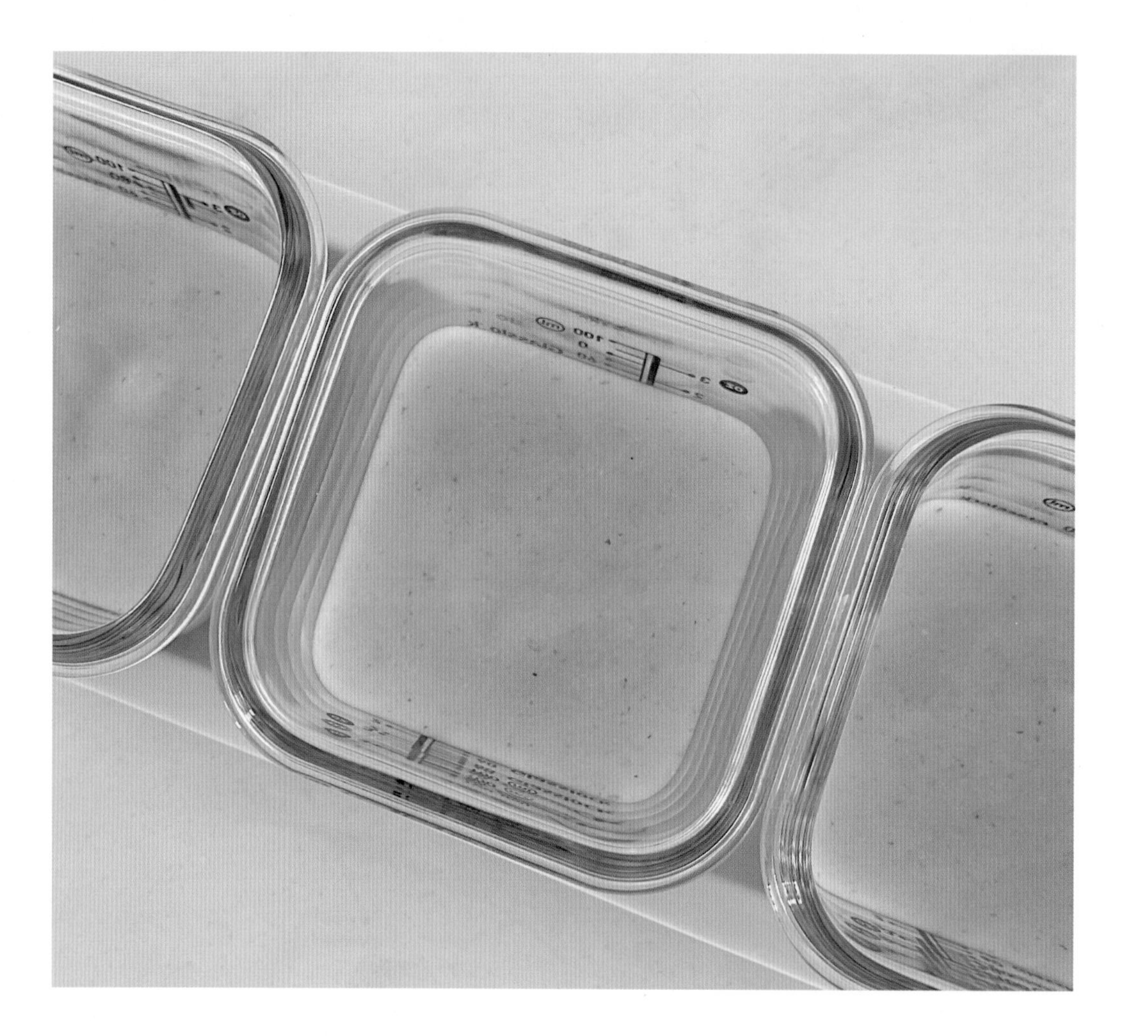

재료

- ☐ 쌀가루 15g
- ☐ 퀵롤드 오트밀 15g
- ☐ 물 360mL

완성량

60g씩 3회분

오트밀은 철분 함량이 많아서 성장기 아이들에게 좋아요. 처음부터 오트밀 100%로 이유식을 해도 괜찮지만 다소 부담스러울까봐 쌀과 50:50 정도로 시작해봅니다.

1. 물 100mL(준비한 물 360mL에서 사용)에 오트밀 15g을 넣어요. 믹서 컵에 바로 넣어도 됩니다.

2. 곱게 갈아주세요. 오트밀가루는 이 과정 없이 쌀가루+오트밀가루 20g, 물 320mL를 넣고 끓이면 돼요.

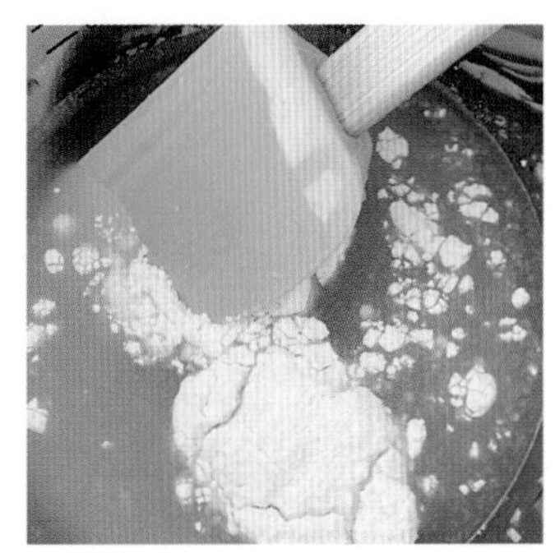

3. 냄비에 나머지 찬물 260mL, 쌀가루 15g을 넣어서 잘 풀어주세요.

4. 찬물에 푼 쌀가루와 곱게 갈아서 준비한 오트밀입니다.

5. 쌀가루를 먼저 센 불에서 끓여주세요. 1분 30초에서 2분 정도 후 끓기 시작할 때 오트밀을 넣어주세요.

6. 약한 불에서 3분 30초에서 4분 30초 정도 농도를 보면서 저어가며 끓여주세요.

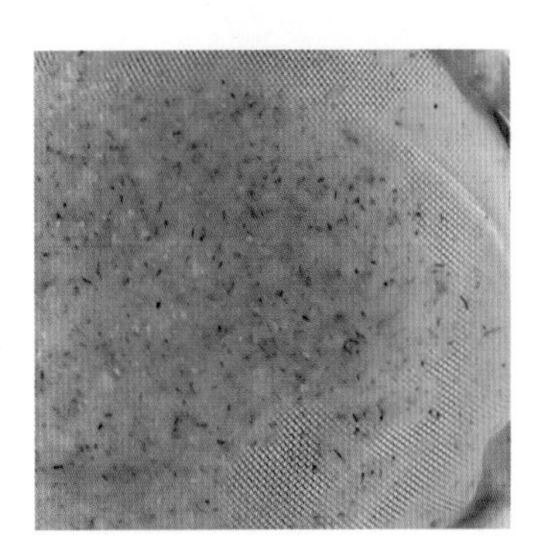

7. 오트밀 조각들이 보이긴 하지만 굳이 체망에 거르지 않아도 뿐이는 잘 먹었어요..

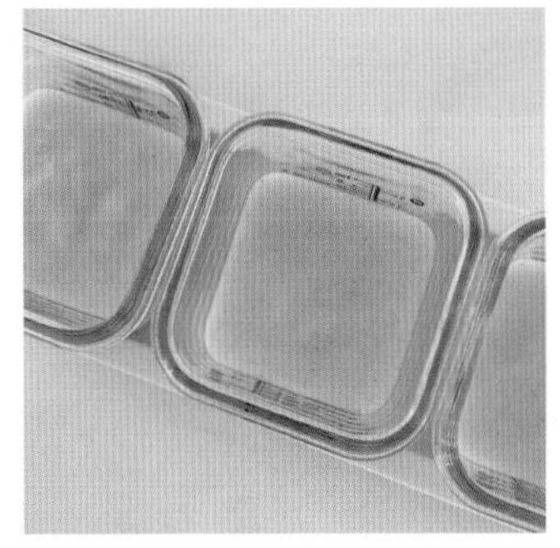

8. 60g씩 3회분 소분 후 밀폐용기에 담아 보관해요.

TIP. **이유식 농도가 되직할 때** 보관했다가 다시 데우면 되직해질 수 있어요. 그럴 땐 분유포트에 있는 물(끓여서 식힌 물)을 조금 추가해서 먹여요.

초기	베이스죽

오트밀죽(불린 쌀+퀵롤드 오트밀 10배죽)

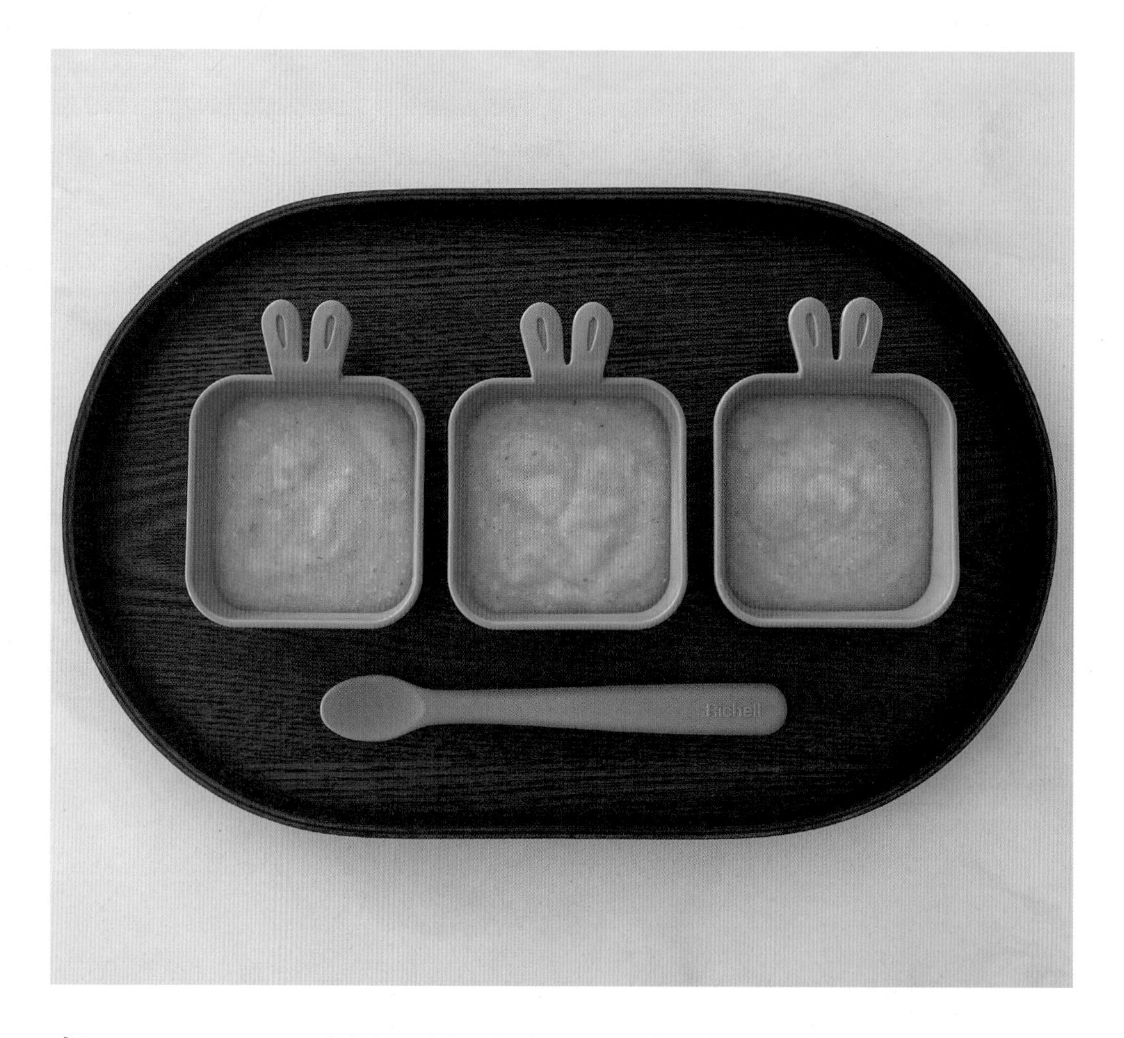

재료

- ☐ 불린 쌀 15g
  (생쌀 약 10g)
- ☐ 퀵롤드 오트밀 15g
- ☐ 물 300mL

완성량

60~70g씩 3회분

앞에서는 쌀가루와 퀵롤드 오트밀로 만든 오트밀죽이었어요. 이번엔 불린 쌀과 퀵롤드 오트밀을 이용한 오트밀죽입니다.

1. 쌀은 30분 이상 물에 담가 불려서 준비합니다.

2. 오트밀은 퀵롤드 오트밀로 준비합니다(포리지오트도 괜찮아요).

3. 믹서기에 불린 쌀, 오트밀, 물 50ml를 넣고 곱게 갈아줍니다.

4. 냄비에 3의 갈아둔걸 넣고 믹서기 안쪽에 묻은 것들도 나머지 물로 헹궈가며 모두 넣어줍니다.

5. 센 불에서 2분 정도 끓이다가 팔팔 끓어오르면 약한 불로 줄여 4~5분 정도 쌀이 퍼지도록 끓여주세요.

6. 60g씩 3회분 소분 후 밀폐용기에 담아 보관해요.

TIP 1. **오트밀을 넣은 죽이 묵, 젤처럼 변하는 이유** 귀리에는 베타글루칸 성분이 풍부해요. 베타글루칸은 착한 탄수화물이라 불리는데 소화, 흡수 속도가 느리고 포만감이 오래 가는 게 특징입니다. 베타글루칸 때문에 오트밀은 조리 후 묵이나 젤과 같은 제형으로 변합니다. 정상적인 현상이므로 걱정할 필요는 없으며 아기가 먹기 힘들어하면 뜨거운 물을 조금씩 섞어주세요.

TIP 2. **밥을 이용한 오트밀죽** 밥 30g+퀵롤드 오트밀 15g+물 250~300ml

불린 쌀 레시피와 동일하게 진행하며, 농도 체크 후 물 양은 가감해주세요.

소고기죽(쌀가루 16배죽)

재료

- ☐ 쌀가루 20g
- ☐ 소고기 삶은 물 +찬물 320mL
- ☐ 소고기 30g

완성량

60g씩 3회분

쌀가루 16배죽은 불린 쌀 8배죽과 비슷하지만 가루 형태이기 때문에 조금 더 묽은 느낌입니다. 16배죽을 잘 먹으면 빠르게 농도와 입자감을 올려주세요(쌀가루 기준 10배죽으로 만들어도 잘 먹는 경우 많아요).

TIP 1. **토핑 이유식에서 소고기죽 활용법** 소고기 토핑을 시작하면서 구역질을 하거나 잘 먹지 않고 싫어하는 아기들이 많습니다. 소고기의 퍽퍽한 질감과 입자감 때문인데요. 이럴 땐 지금 알려드린 소고기죽을 베이스죽으로 만들어 채소 토핑을 더해서 먹여보세요. 소고기만 단독 토핑으로 제공하는 것보다 잘 먹을 거예요.

1. 소고기는 데쳐서 익힌 후 믹서로 갈아주세요(생고기도 사용 가능).

2. 갈아둔 소고기 30g을 계량해요. 불린 쌀로 만든다면 불린 쌀 40g, 물 320mL(8배)를 준비하면 됩니다.

3. 냄비에 찬물 100mL, 쌀가루 20g을 넣고 잘 풀어주세요. 뜨거운 물을 넣으면 쌀가루가 뭉쳐요.

4. 나머지 물 220ml를 모두 붓고 센 불에서 2분 정도 끓이면 가장자리 부분이 보글보글 끓어오릅니다.

5. 이때 손질해둔 소고기를 넣어주세요. 초기라 곱게 갈았어요.

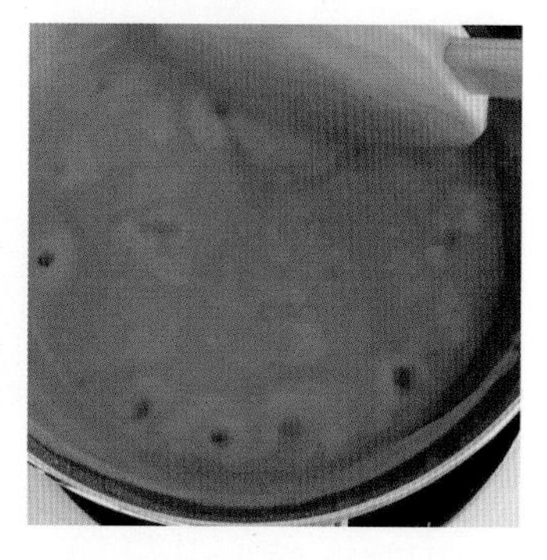

6. 약한 불로 줄이고 3분 30초에서 4분 30초 정도 농도를 보면서 저어가며 끓여주세요.

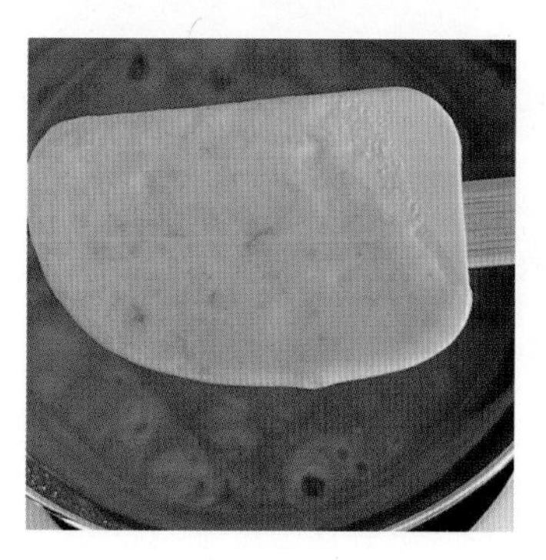

7. 소고기 입자가 조금씩 보이지만 굳이 거름망에 거르지 않아도 괜찮아요.

8. 60g씩 3회분 소분 후 밀폐용기에 담아 보관해요.

9. 자꾸 이유식 용기를 잡으려 해서 스푼을 쥐어줬어요. 소고기죽 첫날, 60g을 거의 다 먹었어요.

TIP 2. **초기 이유식 자기주도용 스푼** 뿐이가 초기 이유식 때 사용한 스푼은 유럽 제품 numnum이에요. 이유식이나 퓌레를 찍어서 아이 스스로 먹게끔 만든 스푼이에요. 이걸로 찍어 주니 오물오물 치발기처럼 씹기도 하고 이유식도 먹어요.

초기	베이스죽

쌀죽

재료

☐ 쌀가루 25g
☐ 물 400mL

완성량

20g씩 2주분

토핑 이유식을 쉽게 하려면 기본이 되는 쌀죽도 1~2주 분량을 미리 넉넉하게 만들어두면 편해요. 쌀죽 큐브 20g+오트밀죽 큐브 20g에 각종 소고기, 채소 토핑을 더하면 한 끼가 완성됩니다.

*불린 쌀 10배죽: 불린 쌀 40g+물 400ml

*밥 5배죽: 밥 80g+물 400ml

1. 1칸당 30g 용량인 12구 큐브를 준비했어요. 초기 이유식에서 베이스죽 보관용으로 유용하게 사용했습니다.

2. 쌀가루 25g을 준비합니다. 2주 치를 만들어 먹여본 다음, 조금 더 입자 크기를 늘리고 싶다면 불린 쌀을 갈아서 사용해요.

3. 냄비에 찬물 400mL를 붓고 쌀가루 25g을 넣어요.

4. 뭉치지 않게 잘 풀어요.

5. 센 불에서 2분 정도 끓이면 가장자리 부분부터 보글보글 끓어올라요.

6. 약한 불로 줄이고 4~5분 정도 더 끓이며 농도를 보고 불을 꺼주세요.

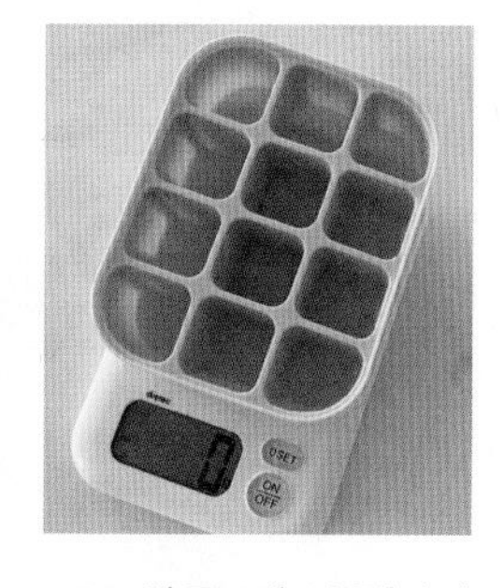

7. 20g씩 큐브에 소분해서 담아요.

8. 20g씩 총 14개가 나왔어요. 정확하게 2주 사용분이에요.

9. 쌀가루로 만들어서 입자가 고와요. 처음부터 입자감 크게 주라고 하지만, 첫 시작부터 2~3주 정도는 적응 기간 겸 기본 쌀가루로 만들어도 괜찮아요.

10. 소형 지퍼백에 큐브를 담고 만든 날짜와 용량을 적어요.

TIP 1. **토핑 이유식 활용법** 대략 2주 치 쌀죽을 만들어 1회 분량으로 소분, 큐브에 냉동해서 만들어둡니다. 새로운 재료가 들어갈 때마다 똑같이 만들어요. 그럼 하루하루 지날 때마다 쌀죽 큐브, 오트밀죽 큐브, 소고기 큐브, 채소 큐브 등으로 늘어나죠. 이걸 하나씩 꺼내서 해동 후 데우면 토핑식(반찬식)으로 활용 가능해요.

오트밀죽(8배죽)

재료

- ☐ 퀵롤드 오트밀 40g
- ☐ 물 320mL

완성량

20g씩 2주분

쌀이랑 오트밀이 기본으로 준비되어야 하고, 소고기, 채소 토핑을 더하면 초기 이유식 한 끼 식사가 완성됩니다. 초기 이유식용으로 추천드리는 건 퀵롤드 오트밀입니다. 물에 불릴 필요 없이 물이 닿으면 쉽게 부드러워져서 아이들에게 먹이기 좋아요.

1. 사진으로 보는 것보다 훨씬 부드러워요.

2. 퀵롤드 오트밀 40g을 계량해요. 8배죽은 되직한 편이에요. 조금 묽게 하려면 오트밀 35g, 물 350g, 10배죽을 만들면 됩니다.

3. 믹서 컵에 퀵롤드 오트밀 40g, 계량해둔 물 320mL에서 조금만 부어주세요.

4. 믹서에 곱게 갈아주세요.

5. 곱게 갈았어도 조금 입자감이 있어요.

6. 곱게 간 오트밀과 남은 물을 전부 냄비에 붓고 센 불에서 2분 정도 끓이다가 끓어오르면 약한 불로 줄이고 농도를 보면서 3~5분 정도 더 끓여주세요.

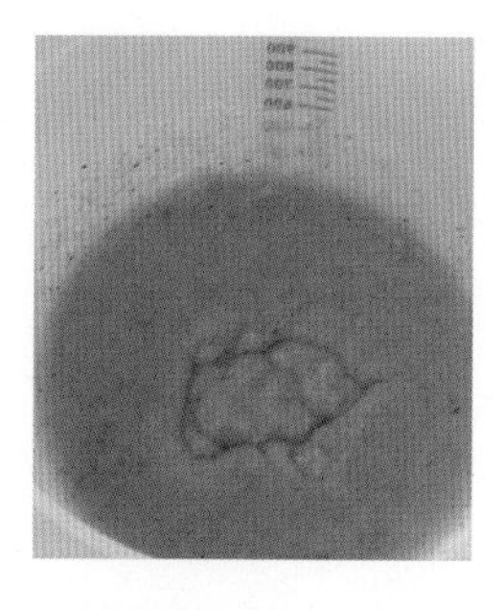

7. 약간 되직하죠. 되직한 거 잘 먹는 아기들은 좋아해요.

8. 이유식 큐브와 저울을 준비해요.

9. 20g씩 13~14개 2주 분량이 완성되었어요. 냉동실에 넣어 하루 정도 얼려요.

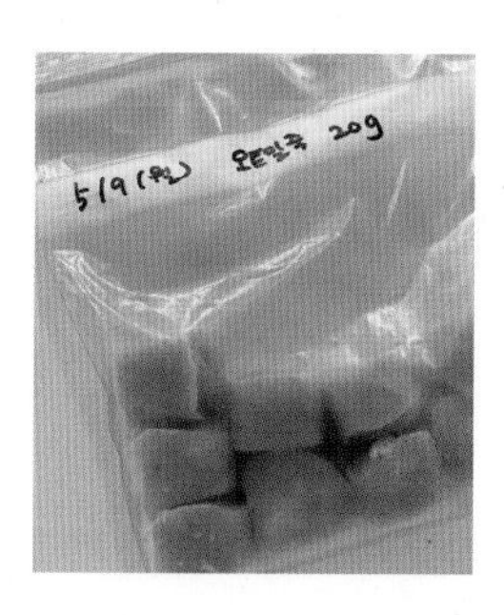

10. 큐브에서 꺼내 밀폐용기나 지퍼백에 보관해요. 만든 날짜와 용량을 적어주세요.

TIP 1. **배죽 농도 맞추기** 농도가 너무 되직하다 싶으면, 끓일 때 물을 좀 더 넣어도 괜찮아요. 몇 배죽 몇 배죽 하지만 너무 신경 쓰지 말고 아기가 잘 먹는 농도면 됩니다.

TIP 2. **토핑 이유식 활용법** 쌀죽과 오트밀죽에 소고기를 추가하면, 쌀+오트밀+소고기 토핑 이유식입니다.

초기	토핑 이유식

소고기 쌀오트밀

재료

- ☐ 소고기 10g
- ☐ 쌀죽 20g
- ☐ 오트밀죽 20g

완성량

1회분

소고기쌀오트밀죽을 먹이는 방법 2가지가 있어요.

1. 이유식 용기에 쌀죽, 오트밀죽을 넣고 그 위에 소고기 토핑을 얹어서 해동 후 데워 먹이기
2. 식판에 밥과 반찬 차리듯이 따로따로 먹이기

1. 냉동했던 토핑 큐브들은 먹이기 하루 전날 큐브에 담아서 냉장고로 옮겨둡니다.

2. 30초 정도 전자레인지에 돌렸더니 덜 데워진 부분이 있어 5~10초 정도 더 데웠어요. 찌거나 중탕하는 방법도 있어요. 각자 편한 방법으로 선택해보세요.

3. 잘 데운 각 토핑 큐브들은 그릇에 옮겨 담았어요. 이유식을 데울 때 미지근한 분유 물 온도면 돼요.

4. 오트밀 큐브는 좀 되직해서 쌀죽이랑 섞어주기도 해요.

5. 소고기는 다소 퍽퍽했어요. 그래도 아기는 잇몸으로 오물오물하면서 잘 먹었어요.

6. 오트밀은 거의 남겼어요. 소고기도 1/3 정도(대략 3~4g 정도) 먹었어요. 총 25~30g 정도 먹었네요.

초기	토핑

소고기

재료

- ☐ 소고기 150~200g
- ☐ 물 400~500mL
- ☐ 소고기 삶은 물 약간

완성량

10g씩 2주분

초기 이유식에서 사용할 소고기 토핑은 1회 분량 10g으로 시작합니다. 초기 10g, 중기 15g, 후기 20g 정도면 됩니다. 하지만 소고기는 조금 더 넣어도 전혀 문제없어요.

TIP. **소고기 구매 방법 및 큐브 사용 기간** 정육점에서 구입했는데, 이유식용(안심)으로 큰 큐브 형태로 잘라주셨어요. 좀 더 작고 얇게 잘라달라고 요청해요. 덩어리가 크면 익히는 시간도 오래 걸리고 손질도 번거로워서요. 보통 육류 큐브는 2주 이내로 소진하는 게 좋아요.

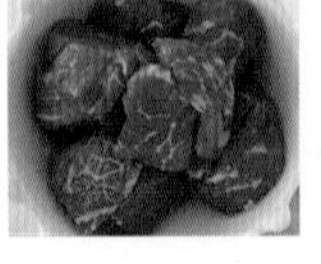

1. 소고기는 찬물에 잠깐 담그거나 흐르는 물에 헹궈 빠르게 핏물을 빼주세요(생략 가능).

2. 소고기는 체망에 밭쳐 물기를 빼주세요.

3. 냄비에 물, 소고기를 넣고 센 불에서 끓여주세요.

4. 끓기 시작하면 불순물이 조금씩 떠오릅니다.

5. 불순물을 모두 걷어주세요. 국물이 맑아지면서 깔끔해져요.

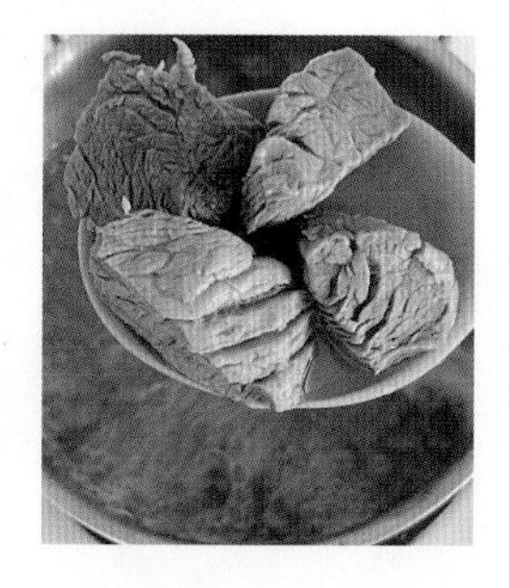

6. 중간 불로 줄이고 고기가 다 익을 때까지 계속 끓여주세요(대략 5분 정도). 잘라서 속까지 잘 익었으면 불을 끕니다.

7. 소고기 끓인 물은 그대로 식혀두세요.

8. 작은 크기로 잘라주세요.

9. 믹서컵에 넣고, 소고기 익힌 물(30~50mL 정도)을 조금 넣어주세요.

10. 초기라 조금 많이 갈아줬어요. 중기부터는 다지기를 사용합니다.

11. 저울에 큐브를 올리고 10g씩 계량해서 담아주세요.

초기	토핑

애호박

재료

- ☐ 애호박 160g
- ☐ 물 500mL
- ☐ 애호박 삶은 물 약간

완성량
10g씩 14개

지난 이유식은 쌀-오트밀-소고기 이유식이었어요. 3일씩 벌써 9일 동안 먹었어요. 이제 10일차 이유식은 채소를 추가해서 준비해봅니다. 소고기+채소1 또는 소고기+채소1+채소1 이런 식으로 늘려도 돼요. 첫 시작은 알레르기가 가장 적은 애호박입니다.

TIP 1. **현명한 큐브 관리** 식단표를 보고 애호박을 2~3주 안에 몇 번 먹는지 확인해요. 토핑 큐브는 필요한 개수보다 3~4개 정도 추가해 만드는 걸 추천합니다. 만약 6번 먹인다면, 10g×6=60g. 이 양에 10~20g 더해서 80g 정도 준비해요.

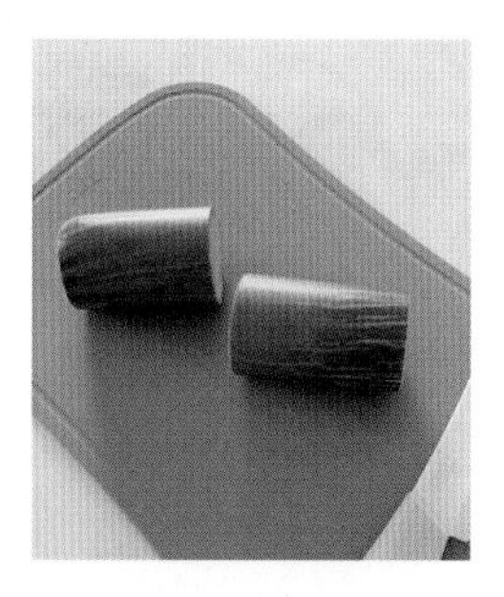

1. 애호박은 깨끗하게 세척한 후 양쪽 끝부분을 자르고 다시 반으로 잘라주세요.

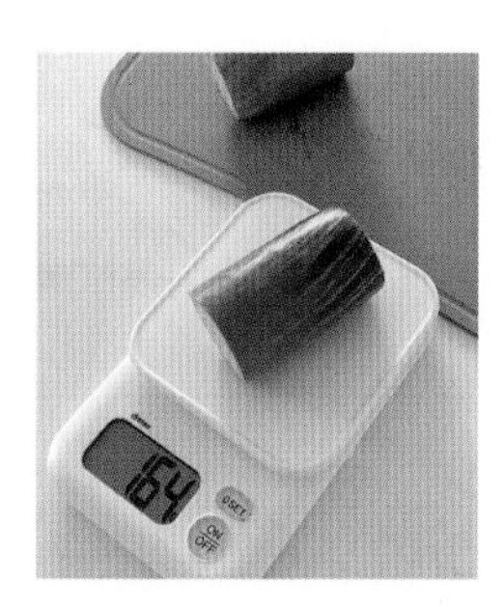

2. 대략 130~160g 정도 나옵니다. 10g씩 10~14개 정도 만들 수 있어요.

3. 애호박은 껍질을 벗겨요 (섬유질이 강해서 그런데 중후기에는 껍질째 익혀도 돼요).

4. 얇게 썰어주세요. 그래야 빨리 익어요.

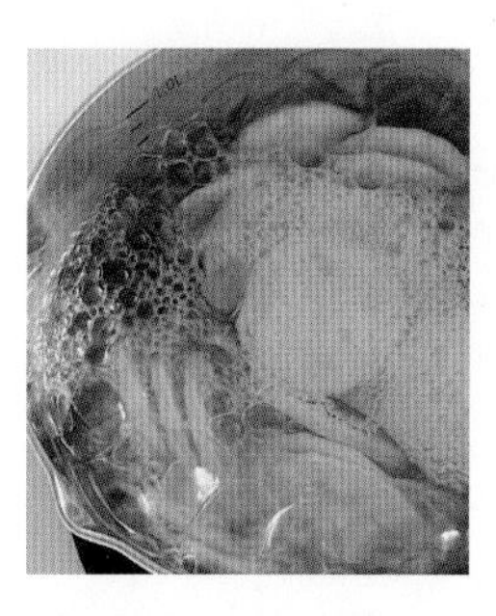

5. 냄비에 400~500mL 물을 붓고 물이 끓으면 애호박을 넣어주세요.

6. 끓는 물에서 5분 정도 익히면 노래지면서 투명해져요. 애호박은 건져내고 삶은 물은 식혀둡니다.

7. 믹서컵에 익힌 애호박, 애호박 삶은 물 50mL를 부어주세요.

8. 곱게 갈아요. 아이가 잘 먹으면 입자감 있게 덜 갈아도 괜찮아요.

9. 큐브에 애호박을 10g씩 담아요. 채소 토핑은 5~10g 정도면 1회 분량으로 충분합니다.

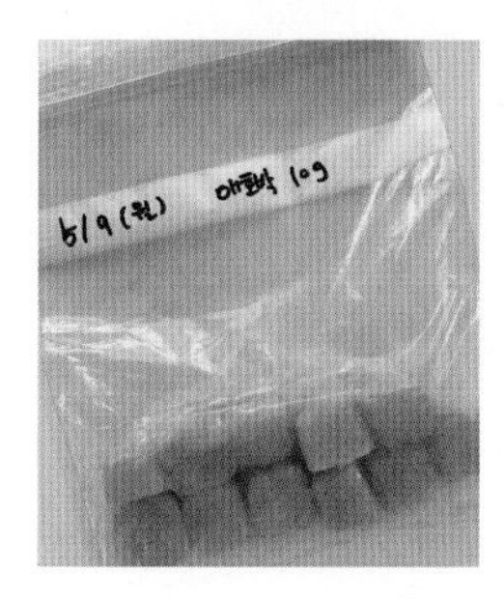

10. 냉동실에서 하루 동안 얼린 후에 큐브에서 빼내 지퍼백이나 밀폐용기에 만든 날짜, 이름, 무게를 적어서 보관해요(최대 2주 정도).

TIP 2. **애호박의 영양성분** 애호박에는 섬유소와 비타민(비타민C), 미네랄, 비타민B6, 엽산, 비타민K, 구리가 함유되어 있어요. 아기 성장 발육에 중요한 성분들이에요. 비타민B6는 뇌 발달, 엽산은 성장에 필수 성분이에요. 또한 식물성 식품에서 철분을 흡수하면 건강한 혈액 세포를 만드는 데 도움이 됩니다.

TIP 3. **애호박 씨 알레르기** 애호박 씨에 알레르기 증상을 보이는 경우가 있습니다. 그러면 가지나 다른 채소도 씨 부분을 먹었을 때 알레르기가 올라올 수 있습니다. 그렇다고 씨를 모두 빼고 조리할 필요는 없어요. 애호박은 알레르기 고위험군 식품이 아니에요. 요즘 이유식 지침에서도 알레르기를 걱정하여 식품 도입을 나중으로 미루는 건 권장하지 않아요. 알레르기를 보였다면 우선 체크해두고 다음 이유식에서 당분간 애호박을 빼고 진행하다가 시간이 어느 정도 지났을 때 다시 시도해보는 걸 추천해요. 그러다 보면 괜찮아져요. 물론 알레르기 반응이 심하게 올라온다면 바로 병원으로 가야 해요.

소고기애호박 쌀오트밀

재료

- ☐ 소고기 10g
- ☐ 애호박 10g
- ☐ 쌀죽 20g
- ☐ 오트밀죽 20g

완성량

1회분

애호박 토핑이 들어간 토핑 이유식! 쌀 오트밀 소고기에 이어 애호박을 함께 맛볼 차례입니다. 쌀죽이랑 오트밀죽도 이미 큐브로 만들어둔 상태에요. 이 재료들과 함께 채소를 하나씩 늘려가요.

1. 이유식 용기에 토핑을 전부 넣고 해동해서 데워 먹여도 되지만, 섞일 수 있어요.

2. 소고기 10g, 애호박 10g, 쌀죽 20g, 오트밀죽 20g. 총 60g의 이유식이 준비됐어요.

3. 초기 초반에서 중반은 고운 입자로 된 쌀가루로 16배죽 큐브, 퀵롤드 오트밀로 8배죽 큐브를 만들었어요.

4. 소고기는 믹서로 곱게 갈아도 좀 퍽퍽해요. 아이가 힘들어하면 쌀죽이나 오트밀죽에 섞어서 같이 먹여요.

5. 첫 수유는 아침 7~8시경, 두 번째 수유는 오전 11~12시경이에요. 두 번째 수유 타임 직전에 이유식을 먹였어요.

청경채

재료

- ☐ 청경채 2개(손질 후 약 50g)
- ☐ 물 400mL
- ☐ 청경채 삶은 물 약간

완성량

5g씩 15개

청경채는 중국 배추의 일종으로 중국 요리에서 빼놓을 수 없는 식재료입니다. 칼슘과 미네랄, 비타민이 풍부해서 이유식 재료로도 많이 활용합니다.

1. 단단한 뿌리 부분은 잘라내고 잎 부분만 사용합니다. 줄기를 조금 넣는 건 문제 없어요.

2. 손질한 청경채는 깨끗하게 세척해요.

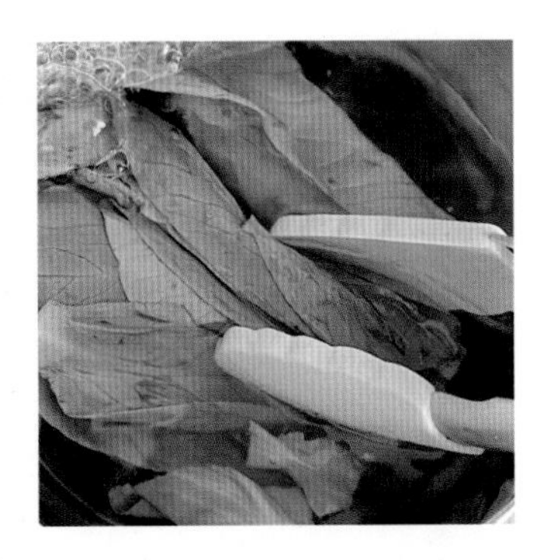

3. 끓는 물에서 3~5분 정도 익혀요.

4. 청경채는 건져내고 식혀요. 10g짜리 큐브, 청경채 삶은 물 50mL를 준비해요.

5. 믹서컵에 모두 넣고 갈아주세요. 잘 안 갈리면 칼로 다지거나 절구에서 빻아요.

6. 5g씩 큐브에 담아요. 10g씩 줘도 괜찮아요.

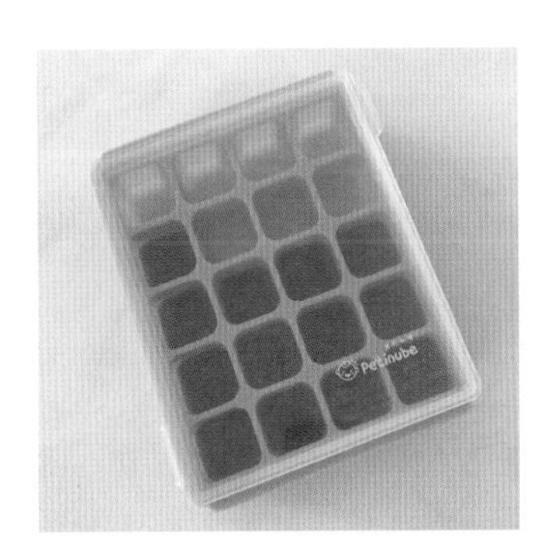

7. 큐브 뚜껑을 덮고 냉동실에 넣어 하루 정도 얼려요.

8. 지퍼백이나 밀폐용기에 만든 날짜, 재료명, 1개 용량을 적어서 보관해요.

초기	토핑 이유식

소고기애호박청경채 쌀오트밀

재료

- ☐ 소고기 10g
- ☐ 애호박 10g
- ☐ 청경채 5g
- ☐ 쌀죽 20g
- ☐ 오트밀죽 20g

완성량
1회분

쌀-오트밀-소고기-애호박에 이어 청경채를 새롭게 먹어볼 차례입니다. 애호박을 제외하고 청경채만 진행해도 괜찮습니다. 채소 토핑을 2개 이상 사용해도 괜찮아요. 토핑 이유식의 최대 장점이죠.

1. 쌀죽, 오트밀죽은 2주 치를 냉동 보관해두었어요. 처음부터 쌀+오트밀을 반반씩 넣고 죽을 끓여도 돼요.

2. 오트밀은 해동 후 데웠을 때 푸딩, 젤리(묵)처럼 변해서 떡진 것처럼 느껴질 수 있어 요. 오트밀의 자연스러운 특 징이며 뜨거운 물을 조금 추가하면 괜찮아져요..

3. 4구짜리 실리콘 큐브에 담아요. 나중에 토핑 개수나 양이 많아지면 6구짜리 큐브를 활용해요.

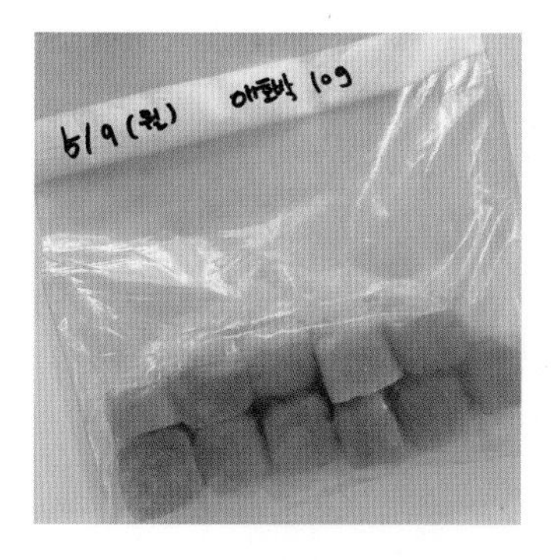

4. 애호박은 씨를 제거하지 않고 만들어서 씨가 조금씩 보여요.

5. 청경채는 5g씩만 얼렸어요. 나중엔 10g으로 늘려줬어요. 이파리 채소라 덩어리가 조금만 있어도 켁켁거려서 아주 곱게 갈았어요.

6. 아이가 5가지 재료를 맛보게 되었어요.

TIP. **죽이냐 토핑이냐 고민된다면** 2가지 다 해보세요. 분명히 좀 더 편한 방법이 있고, 아기가 더 잘 먹는 방법이 있어요.

오이

재료

- ☐ 오이 4~5cm 길이 60g
- ☐ 물 200mL
- ☐ 오이 삶은 물 약간

완성량

10g씩 3개

오이는 초기 이유식부터 사용 가능한 식재료입니다. 오이는 익히지 않고 생으로 먹을 수 있는 채소입니다. 아직 위장이 약한 아이를 위해 익혀 사용하는 게 좋습니다.

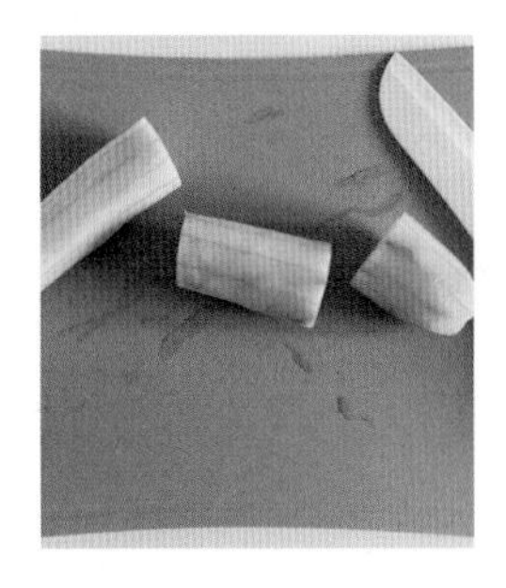

1. 오이는 중간 부분을 사용해요. 꼭지 부분은 쓴맛이 나서 사용하지 않아요.

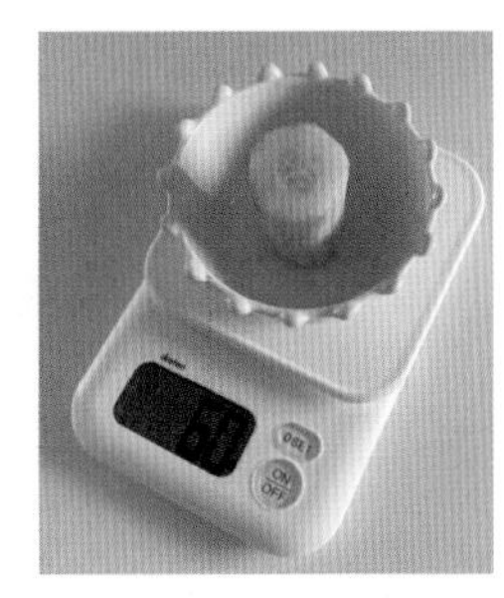

2. 4~5cm 길이로 자르니 60g 나오더라고요.

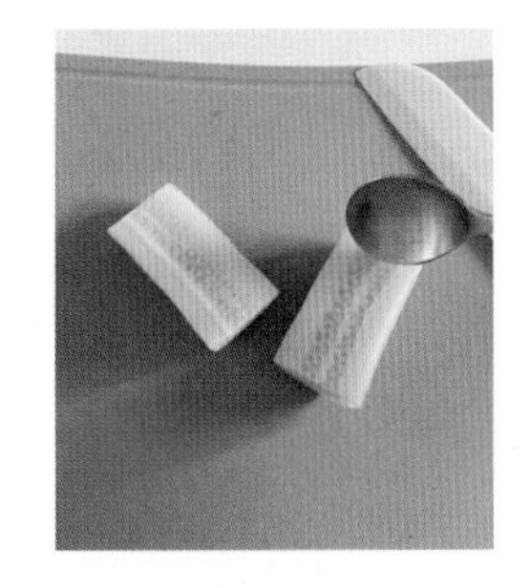

3. 반으로 자른 후 스푼으로 씨를 제거합니다.

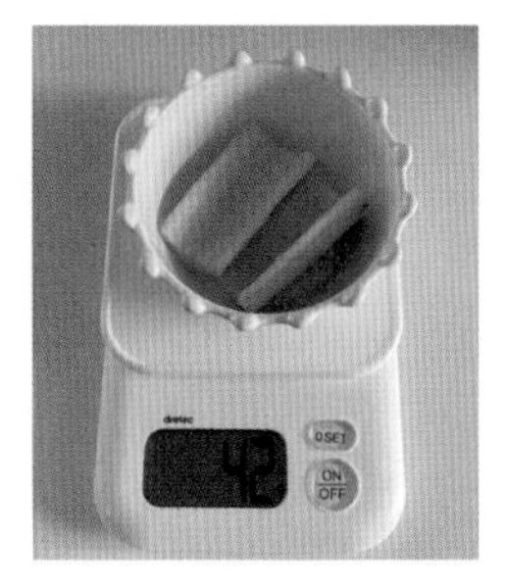

4. 씨 부분을 긁어내니 60g 오이가 42g으로 줄었어요.

5. 빠르게 익도록 잘게 썰어주세요. 중후기 이유식에서는 생으로 사용해도 돼요.

6. 초기 이유식에서는 1회당 5~10g의 채소를 주면 적당합니다.

7. 물 200mL를 끓인 후 오이를 넣어주세요. 부드럽게 씹힐 정도로 익혀요(3~5분 정도).

8. 건져낸 후에 삶은 물을 약간 넣고 갈아줍니다.

9. 아주 곱게 갈았어요. 어느 정도 입자감이 연습된 아기들은 다져서 줘도 괜찮아요.

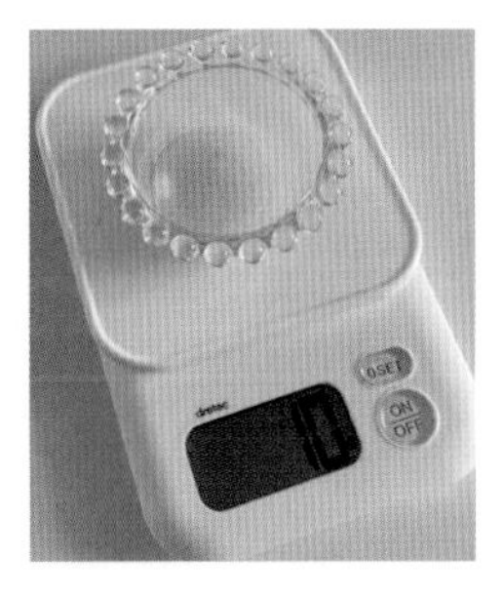

10. 초기 토핑 이유식용으로 10g씩 큐브를 만들어요.

오이

영양성분

오이는 95%가 수분이에요. 오이 300g에는 성인 기준 비타민C 하루 권장량의 14%가 함유되어 있어요. 칼로리는 45kcal밖에 되지 않아요. 한편 다량으로 섭취하면 트림과 복부 불편함을 유발할 수 있는 쿠쿠르비타신이라는 성분이 들어 있어요. 쿠쿠르비타신을 최소화할 수 있는 방법은 꼭지와 끝부분을 제거하고 섭취하는 것이며, 그래도 쓴맛이 난다면 안 먹는 것이 좋습니다.

세척&보관법

오이는 가시가 있기 때문에 고무장갑이나 요리용 장갑을 끼고 과일채소 세정제나 베이킹소다로 깨끗하게 세척 후 감자칼(필러)로 껍질을 제거합니다.

오이를 씻은 후 하나씩 키친타월이나 랩으로 싸서 보관해요. 꼭지 부분을 위로 세워서 냉장고(7~10℃)에서 5~10일 정도 보관 가능해요. 이유식을 만들 때는 구입 당일이나 다음날, 빠르게 손질해서 사용해요.

오이와 궁합이 좋은 식재료: 소고기

소고기와도 궁합이 좋으니 소고기 이유식에 오이를 추가해보세요.

자기주도이유식에서 오이 활용하기

오이 껍질을 90% 정도 제거하고 얇게 슬라이스해요. 아기가 잡기 쉬운 길이면 적당합니다. 손으로 잘 집으면 얇게 원형 슬라이스 형태로 제공해도 좋아요. 이 책에서는 후기 이유식(2단계)에서 오이의 자기주도 활용법을 자세히 소개했습니다.

소고기청경채오이 쌀오트밀

재료

- ☐ 소고기 10g
- ☐ 오이 10g
- ☐ 청경채 5g
- ☐ 쌀죽 20g
- ☐ 오트밀죽 20g

완성량
1회분

쌀-오트밀-소고기-애호박-청경채에 이어 오이를 새롭게 먹어볼 차례입니다.

TIP. **뿐이가 먹은 토핑 이유식 양**

생후 189~191일(3일간)

쌀죽 20g, 오트밀죽 20g, 소고기 10g, 오이 10g, 청경채 5g. 총 65g 준비해서 50g 먹음.

1. 베이스죽은 쌀죽 20g, 오트밀죽 20g, 토핑은 소고기 10g, 오이 10g, 청경채 5g씩 준비했어요.

2. 외출하거나 여행 갈 때 이렇게 담아서 아이스박스에 아이스팩을 충분히 넣고 가져가요.

3. 초기 이유식 기준 뿐이가 먹었던(생후 189~191일) 토핑 이유식 입자감을 확인해 보세요.

4. 준비한 토핑 재료 중에서는 소고기 식감이 조금 더 입자감 있게 느껴지는 편이에요.

브로콜리

재료

- ☐ 브로콜리 1개
- ☐ 끓여서 식힌(분유포트) 물 약간

완성량

10g씩 19개

브로콜리는 초록 채소로 가장 많이 사용하는 재료입니다. 섬유질이 많아 변비에도 도움이 됩니다. 브로콜리 토핑은 양을 넉넉하게 만들었는데요. 완성량을 줄이고 싶다면(필요한 양이 적다면) 기존 재료에서 브로콜리 양을 더 줄여주세요.

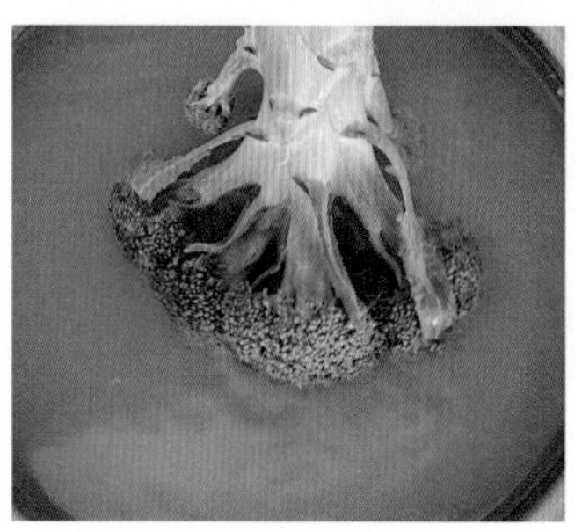

1. 브로콜리는 물에 5분 정도 거꾸로 담갔다가 흐르는 물에 30초 이상 세척해주세요.

2. 초기 이유식에서는 꽃송이 부분만 사용해요.

3. 브로콜리 1개를 손질한 후 꽃송이만 잘랐더니 130g 정도 나오네요.

4. 찜기에 브로콜리를 넣고 물이 끓은 후 15분 정도 쪄주세요.

5. 믹서컵에 브로콜리와 끓여서 식힌 물을 약간 넣고 곱게 갈아주세요.

6. 입자감 있게 주고 싶으면 물을 넣지 않고 브로콜리만 갈아도 됩니다.

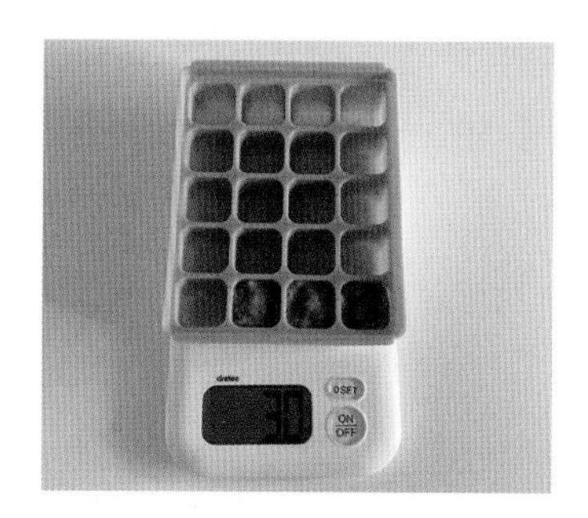

7. 큐브에 10g씩 담아요.

8. 냉동실에서 하루 정도 얼린 후에 큐브에서 빼내 지퍼백이나 밀폐용기에 넣고 만든 날짜, 이름, 1개 용량을 적어서 보관해요.

TIP **찜기에 쪄서 토핑 만드는 방법** 초기 이유식부터 재료를 찜기에 쪄서 만들어도 돼요. 저는 초기 초반 제외하고는 재료 양이 많아지는 시기부터는 거의 모든 재료를 쪄서 만들었어요.

1. 큐브뿐만 아니라 핑거푸드를 시도할 때도 찜기는 필수입니다. 저렴한 찜기나 찜기 냄비 추천해요. 찜기에 20분 정도 찌면 아주 부드럽게 푹 익어요. 사진 중간의 큰 사이즈는 중기 이유식에서 핑거푸드로 제공했던 건데 잘 먹었어요.

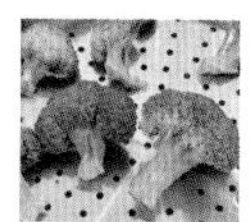

2. 중기 이유식에서 브로콜리를 활용한 사진이에요. 토핑은 입자감이 초기보다 훨씬 더 커졌고, 핑거푸드 형태로 덩어리를 제공해줄 수도 있답니다. 이렇게 뿐이처럼 진행하면 되기 때문에 초기에 갈아줘야 하나 말아야 하나 고민할 필요 없어요.

3. 생후 6개월에 곱게 간 브로콜리를 먹던 뿐이는 조금씩 입자 크기를 천천히 올려서 생후 9개월에는 5~6mm 정도 크기도 잘 씹어 먹었어요(중기: 3mm, 후기: 5~7mm 크기 추천). 아기가 잘 먹으면 입자 크기를 빠르게 늘려도 돼요.

청경채

영양성분

칼슘, 나트륨 등 각종 미네랄과 비타민C가 풍부해요. 피부미용에 효과가 있고 치아와 골격 발육에, 비타민C는 철분 흡수에 도움이 돼요.

보관법

한꺼번에 사용하는 게 좋아요. 남았을 때는 세척하지 말고 위생팩이나 지퍼백, 밀폐용기에 넣어 냉장고 신선실에 보관해요.

청경채와 궁합이 좋은 식재료: 닭고기

동물성 단백질을 많이 함유한 닭고기와 섭취하면 좋아요.

자기주도 이유식에서 청경채 활용하기

청경채 줄기를 푹 익혀 부드럽게 만들어 아기주도이유식으로 사용해요. 청경채 갈비 뜯기 같은 느낌이죠. 다만 줄기 부분이 혀나 입 안 뒤쪽을 찔러 구역질을 할 수도 있습니다. 하지만 이 과정을 통해 아기들이 스스로 먹는 방법을 터득할 수 있습니다.

죽 이유식, 토핑 이유식에서는 익힌 후 잘게 다져서 사용합니다. 부드러운 잎부분만 사용하는데 어느 정도 아이가 재료에 적응하면 줄기까지 다져서 사용해도 좋아요.

브로콜리

영양성분

눈에 좋은 비타민A, 아이 성장과 뇌 발달을 위한 비타민B6, 엽산도 가득하고, 소화를 돕는 섬유질도 있어요. 브로콜리 100g에 감기 예방에 도움이 되는 비타민C가 98mg 함유되어 있어요. 레몬의 2배, 감자의 7배에 해당하는 양입니다. 브로콜리 꽃송이보다 줄기에 영양가가 더 많고, 식이섬유 함량이 높아서 줄기도 먹는 게 좋아요. 이유식에서는 줄기가 질겨서 꽃송이 부분만 사용해요. 중기, 후기 이유식 시기에 아기가 씹는 연습이 충분히 되었을 때는 줄기 부분까지 사용해도 괜찮아요.

알레르기 가능성

브로콜리는 알레르기 가능성이 드물지만, 처음 먹인 후에는 3일 정도 잘 지켜봐 주세요.

브로콜리와 궁합이 좋은 식재료: 오렌지

브로콜리+오렌지: 비타민C가 강화되어 질병에 대한 저항력이 높아집니다.

자기주도이유식에서 브로콜리 활용하기

죽 이유식/토핑 이유식을 진행 중인 분들도 언제든지 시도 가능합니다. 식단표에서 브로콜리가 들어가는 날, 따로 쪄낸 덩어리 형태의 브로콜리를 핑거푸드로 제공해도 좋아요.

아기 손 크기 또는 그보다 더 큰 사이즈로 주세요. 젓가락이 부드럽게 들어갈 정도로 푹 쪄주세요(찜기에서 20분 정도). 날 것 또는 덜 익힌 브로콜리는 아기들이 잘 못 씹고 질식 위험이 있어요. 꽃송이 부분을 크게 잘라서 줍니다. 줄기는 껍질을 벗겨내고 스틱 형태로 잘라서 줍니다. 찐 브로콜리 꽃송이를 스틱으로 제공하고 찍먹할 수 있는 소스(스프레드)를 같이 곁들여도 좋아요(요거트, 땅콩소스, 검은콩 스프레드 등).

초기 | 토핑

양배추

재료

- ☐ 양배추 1/4통
  (손질 후 100g 정도)

완성량

10g씩 12개

양배추는 이유식에 가장 많이 사용하는 재료입니다. 고대 그리스 시대부터 즐겨 먹던 채소로 미국 〈타임〉지가 선정한 3대 장수 식품 중 하나입니다.

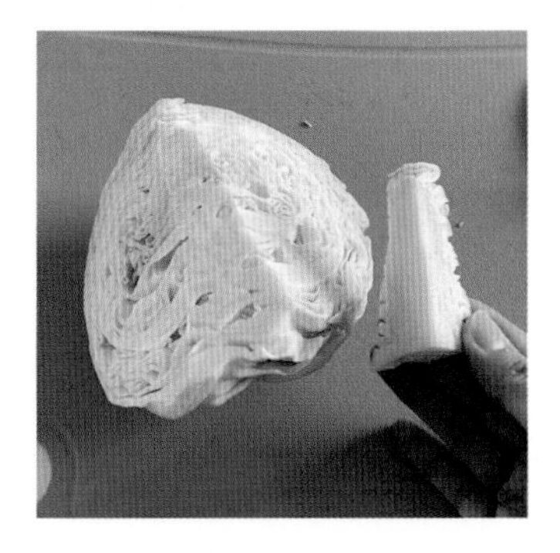

1. 양배추 중간에 있는 두꺼운 심지를 잘라주세요.

2. 양배추 잎은 한 장씩 떼어내고, 두꺼운 줄기 부분을 제거해주세요.

3. 부드러운 잎 부분만 사용합니다.

4. 양배추 1/4통을 손질했더니 100g 정도 나오네요.

5. 물에 5분 정도 담갔다가 흐르는 물에 30초간 세척해주세요.

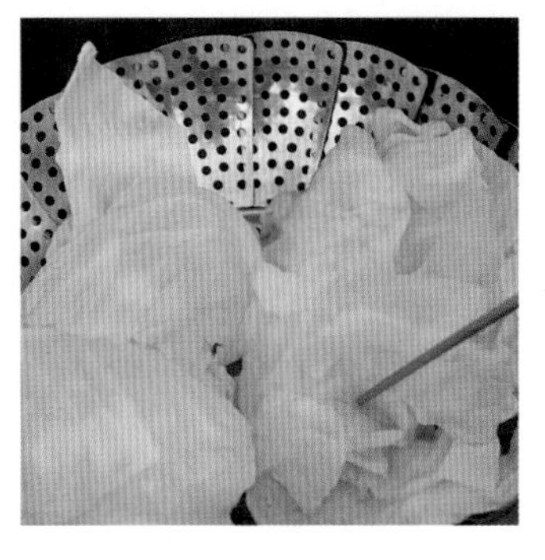

6. 찜기에 올리고 20분 정도(물이 끓은 후엔 10~15분이면 적당) 쪄주세요.

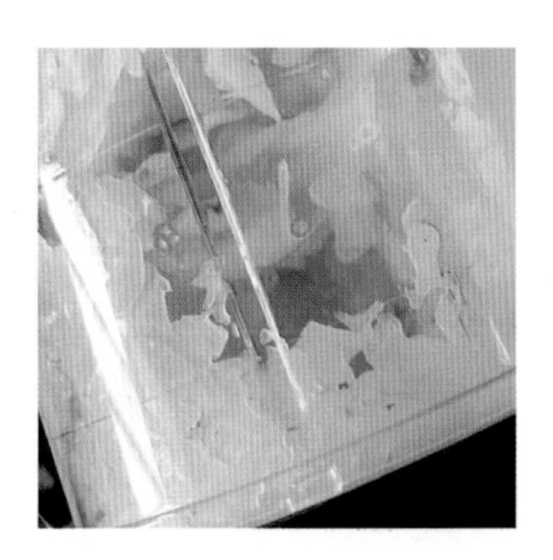

7. 한 김 식힌 후에 듬성듬성 잘라서 믹서 컵에 넣고 갈아주세요. 물(끓여서 식힌 물)을 약간 넣어야 잘 갈려요.

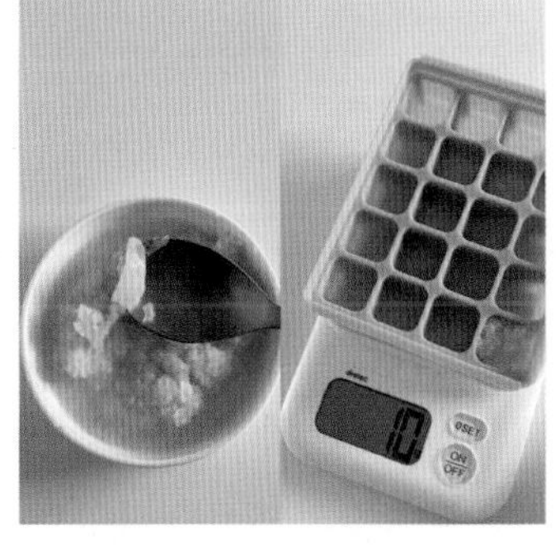

8. 큰 덩어리를 골라내고 10g씩 소분해요.

9. 10g짜리 양배추 큐브 12개 완성!

TIP. **양배추 입자 크기** 입자 크기(초기: 1~2mm, 중기: 3mm, 후기: 5~7mm 추천)는 아기가 먹을 수 있는 기준에 맞춰 주세요. 잘 못 먹으면 조금 더 잘게 다져주세요. 조금 천천히 가도 괜찮아요.

양배추

영양성분

섬유질이 많아 장 운동을 활발하게 도와줘서 위장 건강에 좋고, 변비에도 효과가 있어요. 철분 흡수를 돕는 비타민C, 혈액 및 눈 건강에 도움을 주는 비타민K, 뼈 건강에 좋은 칼슘도 들어있어요. 특히 색감이 예쁜 적채는 안토시아닌이 다량 함유되어 있어 시력 향상, 심장 건강에도 좋아요. 이유식에는 억센 바깥쪽 잎은 떼어내고 사용해요.

세척&보관법

물에 양배추를 5분 정도 담갔다가 흐르는 물에 30초 정도 세척하면 미세먼지, 불순물, 잔류 농약을 제거할 수 있어요. 잎보다 줄기가 먼저 썩거나 가운데 심 부분의 수분이 날아가는 경우가 많기 때문에 줄기를 잘라낸 후 물에 적신 키친타월로 줄기 부분을 채워서 랩으로 싸면 싱싱하게 보관할 수 있어요.

양배추와 궁합이 좋은 식재료: 소고기, 닭고기, 돼지고기, 쌀, 채소 등

양배추는 소, 닭, 돼지, 쌀 그 외 다른 채소들과 대부분 궁합이 좋아요.

자기주도이유식에서 양배추 활용하기

1. 젓가락이 부드럽게 들어갈 정도로 푹 익혀주세요.

2. 딱딱한 줄기 부분은 제외하고 잎 부분을 스틱 형태로 잘라서 줍니다. 양배추 잎을 자기주도식으로 줬을 때 너무 힘들어하거나 구역질을 많이 한다면 아기가 어느 정도 클 때까지는 잘게 다져서 줘도 됩니다.

사과

재료

- ☐ 껍질과 씨를 제거한 사과 70g

사과퓌레는 간식 개념으로 이유식이나 수유 텀에 지장이 없을 정도로 1회 분량 10~15g 정도로 주는 게 좋아요.

TIP.

1. 냉동해둔 사과 토핑 큐브는 먹일 때 레인지에 살짝 데워도 됩니다.
2. 갈변된 사과를 먹여도 괜찮아요.
3. 사과를 익히면 변비 유발 가능성이 있기 때문에 걱정되면 생사과를 갈아서 주세요.

1. 사과는 깨끗하게 세척 후 껍질과 씨를 제거해주세요.

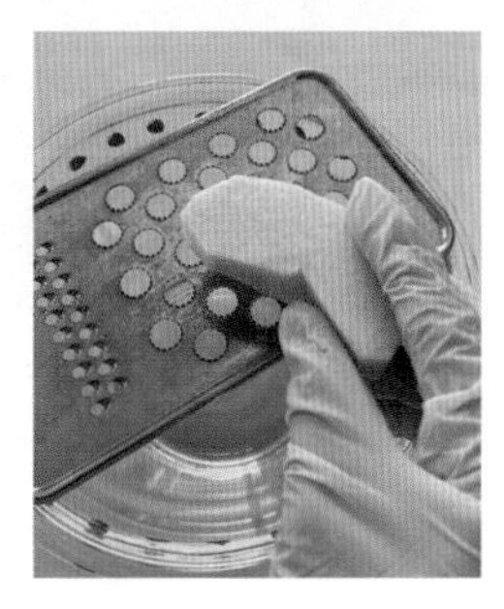

2. 강판에 사과를 갈아주세요. 손을 다칠 수 있으니 주의하세요.

3. 이유식 토핑용은 1회 10g씩 소분하여 이유식 큐브에 담아 냉동 보관해요(2주 이내 소진 권장).

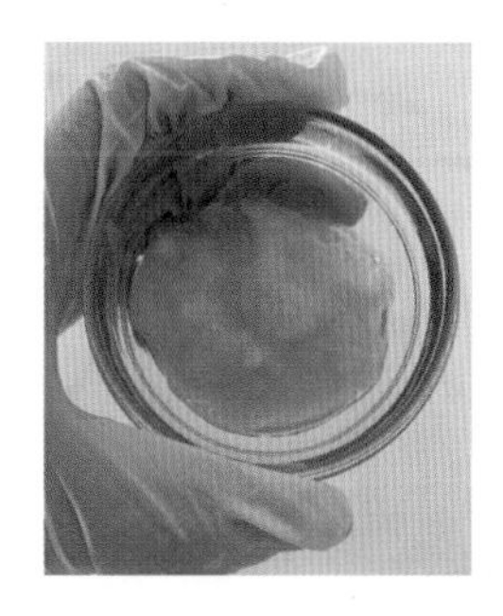

4. 간식용은 10~20g으로 소분하여 이유식 용기에 냉장 보관해요(3일 이내 소진 권장).

초기	토핑

당근

재료

☐ 당근 1개

완성량

10g씩 12개

당근은 이유식에서 가장 많이 사용하는 대표적인 노란 채소입니다. 생후 6개월 이상(초기 이유식)이면 사용 가능한 식재료입니다.

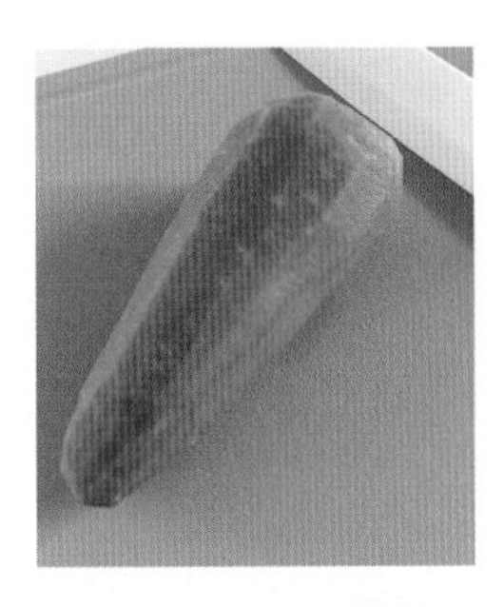

1. 당근은 흐르는 물에서 깨끗하게 세척한 뒤 감자칼로 껍질을 깎아주세요.

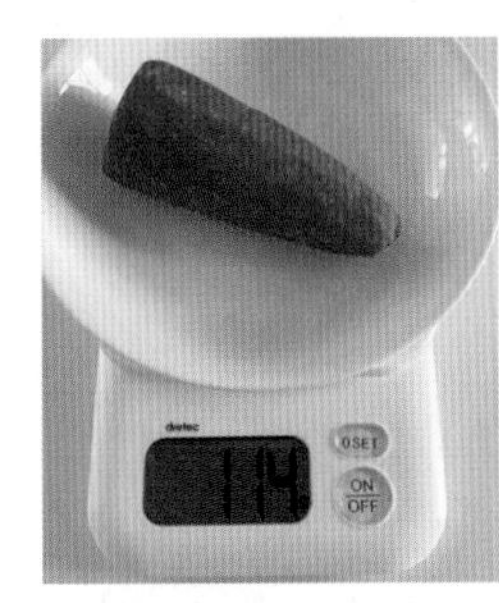

2. 식단표를 확인해보고, 2주 정도 필요한 양에 여유분을 조금 더해 넉넉하게 만들어주세요.

3. 적당한 크기로 잘라요. 작게 잘라야 빨리 익어요.

4. 15~20분 정도 쪄주세요. 젓가락으로 찔렀을 때 부드럽게 들어갈 정도면 돼요.

5. 한 김 식혀주세요. 잘 안 갈릴 상황에 대비해 물(끓여서 식힌 물)도 준비해요.

6. 초기 이유식이라 작게 갈아줬어요. 잘 먹으면 입자를 좀 더 크게 해줘도 괜찮아요.

7. 초기 이유식 기준 1회 10g 분량으로 소분합니다.

8. 냉동실에서 하루 정도 얼린 후에 큐브에서 빼내 지퍼백이나 밀폐용기에 만든 날짜, 이름, 큐브 1개 용량을 적어서 보관해요.

TIP 중기, 후기 이유식에서의 당근 입자 크기 비교

비슷한 색의 단호박과 당근을 같이 쪄도 돼요. 당근 토핑의 입자 크기를 봐주세요. 실제로 뿐이가 중기 이유식(생후 7~8개월) 시기에 먹은 거예요. 중기 기준 적당한입자 크기는 3~5mm 정도인데요. 아기는 잘 못 먹는다면 조금 더 작게 다져도 됩니다.

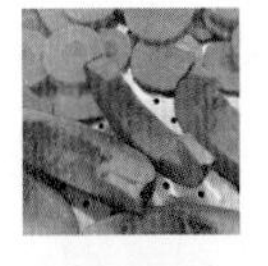

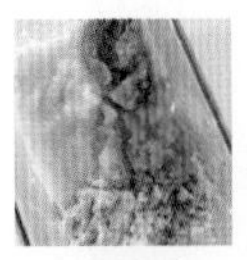

후기 이유식에서 먹은 당근 토핑의 입자 크기입니다. 입자가 점점 커지죠. 후기 이유식에서는 5~7mm 정도면 적당합니다. 생각보다 커서 아이가 구역질을 하거나 힘들어할 수도 있어요. 그러면 억지로 진행하지 마시고, 조금 더 잘게 다져주세요.

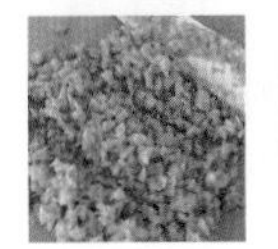

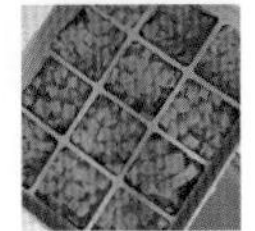

당근

영양성분

당근에는 심장과 눈에 좋은 루테인, 리코펜 성분이 함유되어 있습니다. 비타민C를 산화시키는 아스코르비나아제 성분은 열과 산성에 약하기 때문에 식초를 첨가해서 가열하면 다른 채소의 비타민C를 온전히 흡수할 수 있습니다.

당근의 질산염

당근은 질산염 수치가 높아요. 자연적으로 발생하는 식물 화합물로 과도하게 섭취하면 혈중 산소 수치에 부정적인 영향을 미칠 수 있어요. 미국 소아과학회 및 유럽 식품안전청에서는 일반적으로 채소의 질산염은 아이들에게 큰 문제가 되지 않는 것으로 간주합니다. 채소 섭취의 장점이 채소의 질산염 노출 위험보다 크기 때문입니다. 질산염 섭취를 줄이기 위해서는 오랫동안 보관하지 말고 구매 후 바로 사용하는 걸 권장합니다. 참고로 질산염이 높은 채소로는 비트, 시금치 등이 있어요.

당근과 궁합이 좋은 식재료

사과, 아보카도, 달걀, 치즈, 요거트, 견과류, 비트, 완두콩, 레몬, 양파, 오렌지, 배, 감자 등.

자기주도이유식에서 당근 활용하기

식단표에서 당근이 들어가는 날 따로 쪄낸 덩어리 형태의 당근을 핑거푸드로 주면 좋아요. 큰 사이즈로, 아기 손 크기 또는 그보다 더 크게! 날것이나 덜 익힌 당근은 질식 위험이 있으니, 6~8개월까지는 젓가락이 부드럽게 들어갈 정도로 푹 익혀요(찜기 20분 정도). 길쭉한 형태로 아이가 손에 쥐기 쉽게 만들어요. 후기(9개월 이상)에서는 푹 익혀서 한입 크기로 주거나 채 썰어 익혀줘도 됩니다(참고: 사진의 당근 스틱 모양은 웨이브칼로 만듦).

소고기브로콜리당근청경채 쌀오트밀

재료

- ☐ 쌀죽 20g
- ☐ 오트밀죽 20g
- ☐ 소고기 10g
- ☐ 브로콜리 10g
- ☐ 당근 10g
- ☐ 청경채 5g

완성량

1회분

토핑으로 만든 당근을 이유식으로 먹여볼까요.

1. 이유식 전날 식판에 각 토핑을 담아서 천천히 해동시켜주세요.

2. 식판 대신 이유식 용기에 모두 담아서 해동 후 데워 먹여도 돼요.

단호박

재료

□ 미니 단호박 1개

완성량

10g씩 13개

초기 이유식부터 사용하는 단호박은 대표적인 노란 채소입니다. 밤처럼 달달해서 밤호박으로도 불려요. 이유식에는 소량만 필요하므로 미니 단호박을 구입하세요.

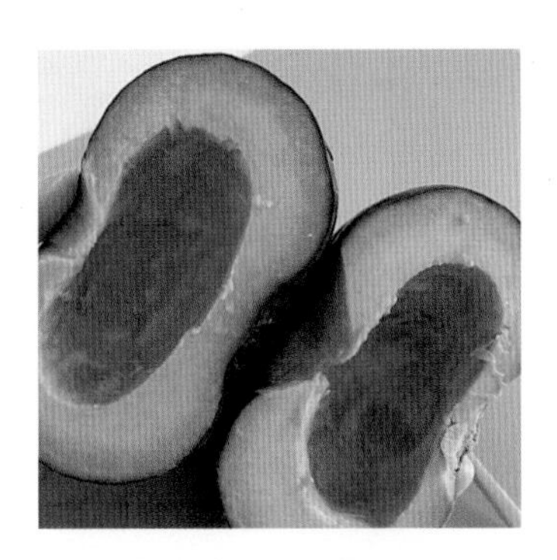

1. 단호박은 꼭지가 아래로 가게 해서 전자레인지에 3~5분 정도 돌려주세요.

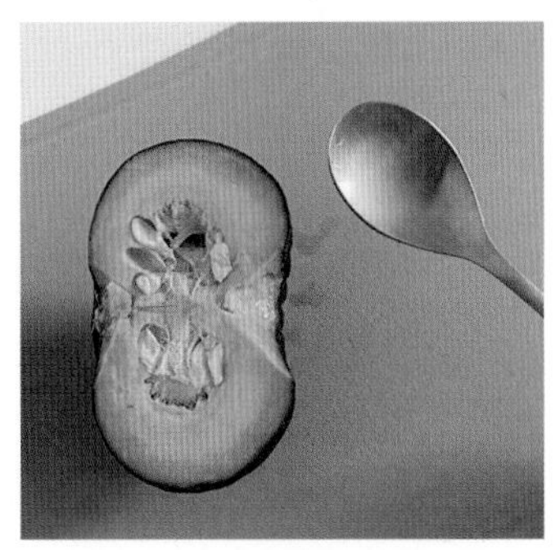

2. 반으로 잘라서 씨를 숟가락 등으로 제거해주세요.

3. 적당한 크기로 작게 잘라주세요.

4. 찜기에 올려 20분 정도 푹 쪄주세요. 다 익으면 불을 끄고 한 김 식혀주세요.

5. 껍질은 칼로 제거해주세요.

6. 단호박은 볼에 넣고 포크나 매셔로 잘 으깨주세요.

7. 퍽퍽하면 물을 조금 추가해주세요.

8. 10g씩 큐브에 담아요.

9. 바로 사용할 단호박은 6구짜리 큐브에 미리 계량해요. 나머지는 냉동 보관 후 꺼내서 지퍼백에 담아 밀봉 보관해두고 2주 이내로 사용합니다.

TIP. **단호박 활용법** 잘 으깬 단호박은 물이나 분유를 추가하여 단호박퓌레를 만들 수 있어요. 단호박퓌레는 아기 간식으로 초기 이유식부터 제공할 수 있습니다.

단호박

영양성분

아기의 시력, 성장, 면역 체계를 강화하는 데 도움되는 비타민A가 가득합니다. 또한 단호박에 들어 있는 베타카로틴은 체내에 흡수되면서 비타민A로 전화되어 기도나 콧속 점막을 튼튼하게 해주며, 감기 예방 효과가 있어요. 필수 아미노산 성분도 들어 있어서 성장기 아이들 영양식으로 좋아요. 단호박의 높은 수분 함량과 풍부한 섬유질은 장 운동을 촉진하여 배변을 원활하게 하고, 변비 예방 효과가 있어요.

선택&보관법

껍질이 진한 녹색을 띠고 무거운 것을 골라요. 꼭지가 잘 마른 게 당도가 높아요. 통풍이 잘 되는 그늘진 곳에서 10~15℃ 정도의 온도를 유지하면 약 15일 정도 보관이 가능합니다.

단호박과 궁합이 좋은 식재료: 오리고기, 치즈, 쌀, 강낭콩

단호박에 기름을 넣어 요리하면 비타민A의 흡수율을 높여줘요. 단호박을 기름에 살짝 구워 먹어도 좋아요.

자기주도이유식에서 단호박 활용하기

죽 이유식/토핑 이유식을 진행 중인 분들도 언제든지 시도 가능합니다. 식단표에서 단호박이 들어가는 날 따로 쪄낸 덩어리 형태의 단호박을 핑거푸드로 제공해주세요.

아기 손 크기나 그보다 큰 사이즈로 주세요. 젓가락이 부드럽게 들어갈 정도로 푹 쪄주세요(찜기 20분 정도). 껍질은 잘 못 씹으므로 제거하고 주세요. 에어프라이어나 오븐에 구워줄 수도 있어요. 생후 9~10개월 무렵부터 사이즈를 좀 더 줄여서 한입 크기의 핑거푸드로 줘도 좋아요.

소고기양배추브로콜리단호박 쌀오트밀

재료

- ☐ 쌀죽 20g
- ☐ 오트밀죽 20g
- ☐ 소고기 10g
- ☐ 양배추 10g
- ☐ 브로콜리 10g
- ☐ 단호박 10g

완성량
1회분

단호박 토핑을 활용한 소고기, 양배추, 브로콜리, 단호박, 쌀, 오트밀 토핑 이유식입니다.

1. 전날 6구 큐브에 각 토핑을 담아 냉장 해동해요.

2. 생후 6개월, 뿐이가 먹었던 이유식 입자 크기 참고해보세요. 단호박이 퍽퍽할 때는 물을 조금 섞어주세요.

3. 이유식 용기에 모두 담아 해동 후 데워 먹여도 좋아요. 데우는 과정에서 조금 섞일 순 있지만 죽 이유식처럼 다 섞이진 않아요.

완두콩

재료

□ 깐 완두콩 100g

완성량

10g씩 5~6개

봄에서 여름 사이에 생 완두콩이 나와요(국산이나 유기농 완두콩 추천). 그 외 계절에는 냉동 완두콩만 있어요. 그 외에 구하기 쉬운 콩 종류(강낭콩, 호랑이콩 등)로 대체 가능합니다.

1. 제철에 구입한 깍지가 있는 생 완두콩이에요. 냉동 완두콩(껍질 제거된)은 전날 냉장고로 옮겨 해동해주세요.

2. 껍질을 벗겨서 100g 정도만 준비해 주세요.

3. 베이킹소다를 푼 물에 5분 정도 담가두었다가 세척해주세요(그냥 물도 괜찮음).

4. 끓는 물에 3~5분 정도 삶아주세요. 오래 삶으면 오히려 콩 껍질이 제대로 벗겨지지 않아요.

5. 껍질만 쏙 벗겨지면, 불을 끄고 식힌 후에 껍질을 벗겨주세요.

6. 덜 익었거나 딱딱하면 조금 더 삶아 주세요.

7. 믹서에 곱게 갈아주세요. 잘 안 갈리면 물을 조금 추가해 주세요.

8. 1회 분량 10g씩 소분해서 냉동 보관합니다.

TIP. **냉동 완두콩 손질법** 제철 완두콩을 구할 수 없으면 냉동 완두콩 제품을 사용해도 괜찮습니다.

1. 전날 냉장고로 옮겨 해동하기
2. 끓는 물에 3~5분 정도 삶아서 껍질 벗겨내기
3. 으깨기

완두콩

영양성분

완두콩은 일반적인 콩류와 비교해서 단백질 함량은 낮고, 탄수화물 함량은 높은 편이에요. 식이섬유는 콩류 중에서 가장 높은 편입니다. 완두콩 품종은 모두 탄수화물 대사를 촉진하고 두뇌 활동에 도움을 주는 비타민B1의 함유율이 높습니다.

보관법

신선한 상태의 완두콩은 깍지를 제거하지 않은 상태에서 냉동고에 보관합니다(최대 1년).

완두콩과 궁합이 좋은 식재료

소고기, 양고기, 돼지고기, 닭고기, 달걀, 조개류. 아보카도, 버터, 치즈, 요거트, 부추, 양파, 아스파라거스

자기주도이유식에서 완두콩 활용하기

완두콩 사이즈가 아기 목에 딱 걸리기 좋은 사이즈이기 때문에 잘 씹어 먹을 수 있을 때까진 절대 통으로 주지 마세요. 푹 익혀서 껍질을 제거하고 부드럽게 갈아서 퓌레 형태로 주는 게 좋아요. 아니면 매셔나 포크로 부드럽게 으깨주세요.

생후 9개월 이전까지는 푹 익힌 완두콩을 스프레드처럼 쌀떡뻥에 찍어서 줄 수도 있어요. 아니면 완두콩퓌레 형태로 그릇에 담아서 숟가락을 쥐여주세요.

생후 9개월 이후에 아기가 손가락으로 잘 집을 수 있으면 완두콩을 평평하게 만든 후 스스로 집어 먹을 수 있게 제공해도 좋아요. 한 번에 뭉쳐서 여러 개를 입에 집어넣을 수 있기 때문에 하나씩 집어먹게 도와주세요. 완두콩퓌레에 바나나를 약간 으깨 넣고 섞어주면 완두콩바나나퓌레가 됩니다. 간식으로 좋아요.

소고기완두콩단호박양배추 쌀오트밀

재료

- ☐ 쌀죽 20g
- ☐ 오트밀죽 20g
- ☐ 소고기 10g
- ☐ 완두콩 10g
- ☐ 단호박 10g
- ☐ 양배추 10g

완성량
1회분

생후 6개월 뿐이가 먹은 완두콩이 들어간 토핑 이유식입니다. 완두콩 컬러가 예뻐요. 손질은 힘들었지만 과연 잘 먹어줄지 두근두근합니다.

1. 먹이기 전날 6구짜리 큐브에 각 토핑을 담아 냉장 해동합니다. 이유식 당일에 전자레인에서 30초~1분 정도 데워 줍니다.

2. 완두콩 토핑은 맛이 달달해서 그런지 뿐이가 싹싹 비웠답니다.

초기 | 토핑

달걀노른자

재료

☐ 달걀 3알

완성량

6g씩 6개

달걀노른자는 생후 6개월 이상이면 먹을 수 있고, 초기 이유식부터 사용 가능합니다. 《튼이 이유식》에서는 중기 이유식부터 시작했고, 죽 이유식에 노른자를 풀어 넣었어요. 토핑 이유식에서는 사용 방법이 다르기 때문에 다음 레시피를 참고하세요.

1. 아기 이유식용으로 2주치 기준 달걀 3알 정도면 적당해요.

2. 동물복지 유정란으로 난각번호 끝 번호가 1번이라 사육환경이 가장 좋은 달걀이에요.

3. 냉장 보관한 달걀은 미리 상온에 꺼내두세요. 첫째 간식으로도 주려고 많이 꺼냈어요.

4. 냄비에 물을 넣고, 달걀을 넣어요. 달걀이 살짝 잠길 정도면 됩니다.

5. 불을 켠 후로 15~16분 정도 삶으면 완숙이에요(물이 끓기 시작한 후로는 12~13분 정도).

6. 다 삶아졌으면 불을 끄고 바로 찬물로 식혀요..

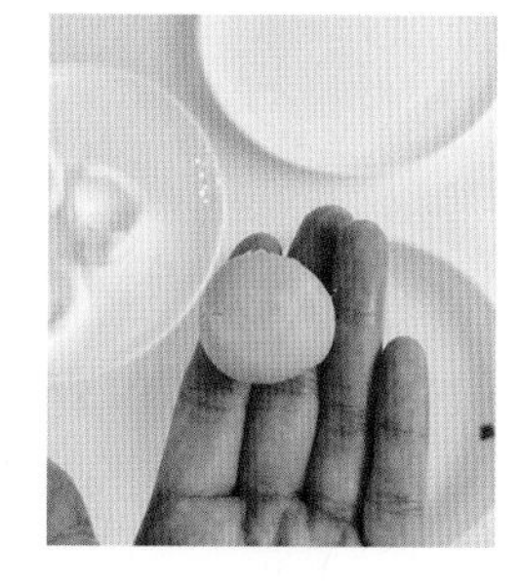

7. 흰자와 노른자를 분리해요. 첫 달걀 테스트는 노른자로만 진행합니다.

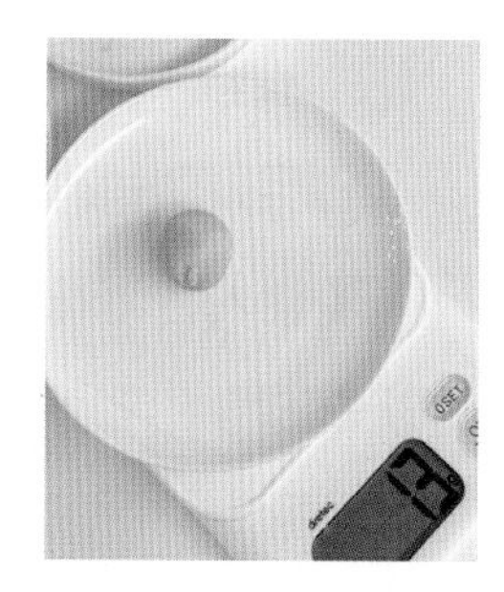

8. 달걀 크기에 따라 다르지만, 대략 노른자 1개의 무게는 12~15g입니다.

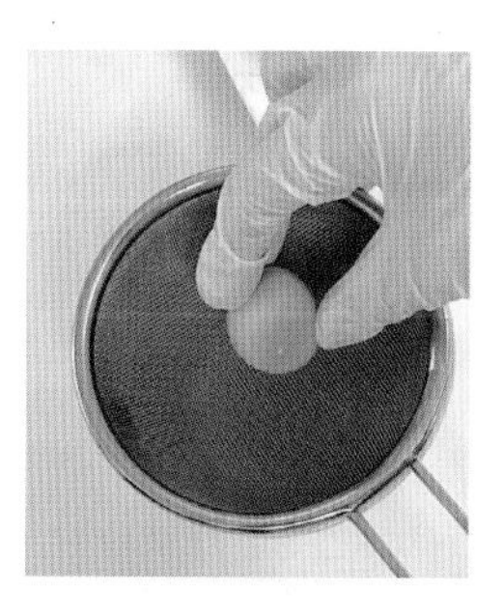

9. 노른자는 체망에 대고 문질러주면 부드러운 달걀노른자 토핑이 완성됩니다.

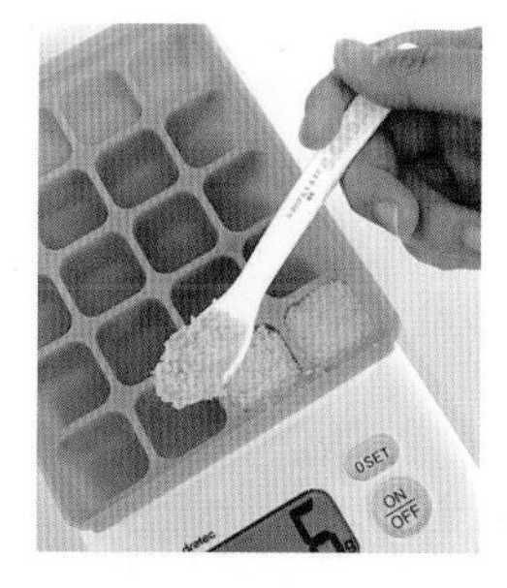

10. 1회 분량으로 6g씩 담았어요. 총 6회분 나와서 3일분은 냉장, 다음 주에 먹일 3일분은 냉동해둡니다.

TIP. **이유식에서 달걀 활용법** 이유식 시기 동안에는 반드시 완숙으로 익혀서 주는 게 좋아요. 참고로 달걀을 삶을 때 한쪽 방향으로 돌려주면 노른자가 딱 중앙에 위치합니다.

달걀노른자

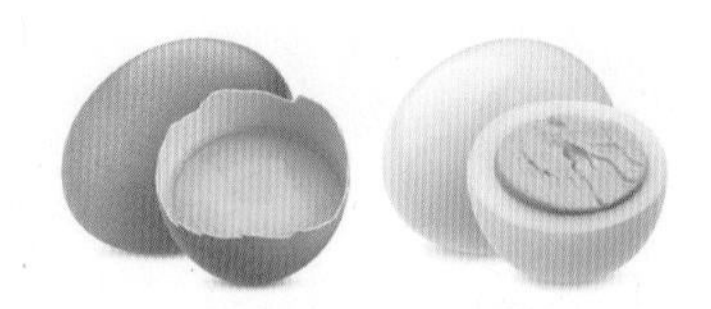

영양성분

달걀노른자는 뼈 형성에 필수인 비타민D가 들어 있습니다. 특히 자유방목 형태로 자란 닭이 낳은 달걀에 비타민D, 비타민E, 오메가-3지방산이 더 많습니다. 달걀은 단백질이 체내 이용된 비율이자 단백질 식품의 품질을 의미하는 '생물가'가 약 93.7%로 매우 높아요. 두뇌와 눈에 좋은 인지질과 루테인, 비타민A, 비타민D, 비타민E, 아연 등도 풍부해서 필수 식품입니다.

알레르기 가능성

달걀 흰자는 알레르기가 가장 흔한 식품입니다. 6개월 이상이면 달걀노른자, 흰자까지 모두 먹일 수 있습니다. 처음에는 노른자만 먹여보고, 1~2개월 후 흰자까지 시도해 보세요. 일부 아이들은 두드러기, 발진뿐만 아니라 가려움증, 얼굴이 붓는다거나 기침, 구토, 설사 등의 달걀 알레르기 증상이 심하게 발생합니다. 식중독을 일으킬 수 있는 살모넬라균이 있기 때문에 반드시 아이에게 먹일 때는 완전히 익혀야 해요. 조리환경도 깨끗하게 관리하고, 달걀을 깨기 전에 한번 세척하고, 달걀을 깬 후에는 손도 꼭 씻어요.

보관법

달걀은 씻지 않고 냉장고에 보관하며 평평한 쪽이 위로 가게 합니다. 다공질이어서 주위의 냄새를 잘 흡수하므로 냄새가 강한 식품과 함께 두지 마세요.

달걀과 궁합이 좋은 식재료: 치즈, 양파, 브로콜리, 시금치, 토마토, 파슬리, 당근, 표고버섯 등

자기주도이유식에서 달걀 활용하기

1. 오믈렛(얇게 부친 후 손으로 잡을 수 있게 긴 직사각형으로 잘라주기)
2. 스크램블드에그
3. 삶은 달걀

초기	토핑 이유식

당근달걀노른자완두콩브로콜리 쌀오트밀

재료

- □ 쌀죽 20g
- □ 오트밀죽 20g
- □ 당근 10g
- □ 달걀노른자 6g
- □ 완두콩 10g
- □ 브로콜리 10g

완성량

1회분

초기 토핑 이유식의 마지막 재료 달걀노른자 토핑이 들어간 이유식 레시피입니다.

1. 먹이기 전날 6구짜리 큐브에 각 토핑을 담아 냉장 해동합니다. 이유식 당일에 전자레인지에서 30초~1분 정도 데워줍니다.

2. 달걀노른자의 포슬포슬한 식감 때문에 간혹 먹기 힘들어하는 경우가 있어서 걱정했어요. 근데 뿐이는 노른자 토핑만 단독으로 줘도 잘 먹더라고요. 만약 힘들어한다면 베이스죽에 섞어서 먹여보세요.

PART 2

중기 토핑 이유식

1장

중기 토핑 이유식 시작 전에 알아두면 좋아요

중기 이유식&토핑 이유식 질문

1. 토핑 이유식에서 육수는 언제 쓸 수 있나요?

《튼이 이유식》 책을 보면 중기 이유식부터는 모든 이유식에 육수를 사용하고 있어요. 소고기 육수, 닭고기 육수, 채소 육수 모두 직접 만들어서 사용했습니다. 육수와 고기 삶은 물의 차이를 물어보는 분들이 계신데요. 일단 소고기나 닭고기 큐브를 만들 때 고기 삶은 물이 나오죠. 이때 이 물은 버리지 않고 이유식을 만들 때 사용합니다.

고기 삶은 물이 있는데 왜 따로 육수를 내냐고요? 고기 삶은 물과 1시간가량 길게 우려낸 육수는 맛이 다를 수밖에 없죠. 하지만 육수 만들 시간도 없고, 너무 번거롭다면 고기 삶은 물로만 해도 충분합니다. 시판용 육수 제품이나 육수티백을 사용해서 쉽게 만들어도 됩니다.

토핑 이유식에서는 육수가 언제 쓰일까요? 베이스죽을 만들 때입니다. 소고기 토핑, 닭고기 토핑을 만들 때 물을 넉넉잡아 1L씩 부어서 고기를 삶고 토핑 큐브를 만들어요. 그 육수를 식혀 두었다가 냉장(3일 이내 사용), 냉동(2주 이내 사용) 보관해두고 베이스죽을 만들 때 넣어요. 또는 채소육수를 미리 만들어두었다가 베이스죽을 끓일 때 사용해보세요.

2. 중기 토핑 이유식 양은 어떻게 정하나요?

정답은 없습니다. 왜냐하면 아이마다 먹는 양이 절대 같을 수가 없거든요. 하지만 대략적으로 중기 이유식에서 아이들이 평균적으로 먹는 양은 있습니다.

한 끼 기준: 80~150g

80g에서 150g이라고 하니 너무 차이가 큰 거 아닌가 싶은데요. 정말 그렇게 차이나는 경우가 대부분입니다. 잘 먹는 아이들은 중기 이유식 후반쯤 되면 180~200g 이상 먹기도 하거든요. 여기서 중요한 건 잘 먹는 아이들이 먹는 양과 비교하면 안 된다는 거예요. 우리 아기는 현재

중기 이유식 한 끼 100g 정도 먹는데 굳이 저 양에 맞추려고 억지로 늘릴 필요는 없어요. 중기 이유식 초반에 80~100g, 중기 이유식 중반에 100~120g, 중기 이유식 후반에 120~150g 정도 먹는다면 아주 잘 먹는 편입니다. 이유식 양보다 우리 아이의 몸무게가 시간이 갈수록 조금씩 늘어나고 있는지 잘 체크해주세요.

3. 중기 토핑 이유식 쌀, 고기, 채소의 양은 어떻게 정하나요?

이것 또한 정답이 없습니다. 다들 먹는 양이 다르기 때문에 최종 양에 맞춰서 정해야 합니다.

베이스죽(쌀, 잡곡 등): 한 끼당 50~80g

고기: 한 끼당 10~15g(더 많아도 괜찮음)

채소: 1가지당 10~15g(더 많아도 괜찮음)

대략 중기 이유식에서 사용 가능한 토핑의 양입니다. 밥이나 채소를 조금 더 늘려도 문제없습니다. 단, 고기 양을 급하게 늘리면 변비가 심해질 수 있어요. 이럴 때는 고기 양을 다시 줄여서 진행하다가 천천히 늘리는 방법으로 조절해주세요.

4. 중기 이유식에서 잡곡은 꼭 먹여야 할까요? 50:50 비율을 넘으면 안 되나요?

예전에는 잡곡이 소화가 안 된다고 돌 이후부터 먹이라고 했어요. 하지만 바뀐 이유식 지침에 따르면, 초기 이유식부터 잡곡을 섞어주는 걸 권장해요. 물론 쌀로만 만들어도 잘못된 건 아닙니다. 하지만 최근 미국소아과학회나 다양한 소아과 전문의들의 견해로는 쌀의 비소 문제 때문에 잡곡 섭취를 늘리라고 합니다. 선택사항이지만 잡곡을 섞어주면 영양적으로도 좋으니 이유식에서부터 시도해보세요. 초기 이유식에서는 오트밀, 찹쌀, 현미 정도가 적당합니다. 중기 이유식부터는 대부분의 잡곡이 가능해요. 단, 쌀과 섞어서 사용해야 하며 처음에는 잡곡 비율을 10~20%로 시작해도 좋습니다. 돌 이전까지는 하루 기준 최대 50:50 비율을 권장합니다. 쌀보다 많은 양의 잡곡을 넣으면 안 된다는 이야기죠. 하지만 어느 정도 잡곡을 조금 더 먹는 건 문제없습니다. 아기가 잘 먹는다면 말이죠.

5. 분리 수유, 꼭 해야 할까요?

분리 수유는 이유식을 먹고 바로 수유하는 것이 아니라 시간 텀을 두고 수유하는 것을 말합니다. 분리 수유를 하는 이유는 아이가 자라면서 분유가 평생 주식일 수는 없기 때문에 수유량의 비중을 줄이고 이유식 비중을 넓히면서 이유식만으로 식사를 끝내는 습관을 기르기 위함입니다. 보통 이유식 한 끼를 100g 정도 먹으면 분리 수유를 해야 한다고 말합니다. 하지만 이것 또한 무조건 정답이라고 할 수 없어요. 아이마다 다릅니다. 적어도 이유식 한 끼로 충분히 배 채울 정도가 되어야 분리 수유가 가능한데, 100g을 먹어도 모자라다고 계속 우는 아이가 있어요. 이런 아이에게 굳이 분리 수유를 해야 할지는 의문입니다. 때문에 아이에게 맞춰서 하는 게 정답이에요. 분리 수유를 원한다면 이유식 양을 늘려가며 아이가 충분히 한 끼로 배부르게 먹을 수 있는 양을 찾아야 합니다. 자세한 내용은 본문 내 분리 수유 스케줄을 참고해주세요.

6. 중기 이유식은 몇 개월부터 몇 개월까지인가요?

중기 이유식은 생후 7개월부터 시작한다고 보면 돼요. 무조건 7개월부터 시작해야 한다는 건 아니고요. 초기 이유식을 조금 더 진행해본 후 7개월 중반이나 8개월부터 중기 이유식으로 들어가도 괜찮습니다. 보통 두 달 정도 진행하는데 아기가 후기 이유식에 들어갈 때 입자 크기나 농도를 힘겨워하면 중기 이유식을 2~4주 정도 더 진행하고 후기 이유식에 들어가도 괜찮아요. 정리하면 평균적인 중기 이유식 시기는 생후 7~8개월입니다.

7. 이가 나지 않았는데 입자가 있는 중기 이유식을 먹어도 되나요?

괜찮습니다. 이가 난 것과는 별개로 이유식은 쭉쭉 진행하면 됩니다. 참고로 생후 9개월 뿐이는 중기 이유식을 먹는 내내 이가 하나도 없었어요. 아기는 잇몸으로 으깨는 힘이 대단합니다. 이가 없어도 오물오물 잘 씹어 먹으니 이유식은 계속 진행해주세요.

8. 이유식 먹은 게 응가로 다 나오는데 괜찮나요?

괜찮습니다. 아기들의 응가는 정말 솔직해요. 먹은 게 그대로 보이는데요. 잘못된 게 아닙니다. 아기들의 위장이 약하고, 소화기관도 아직 완벽하게 발달된 상태가 아니기 때문에 먹은 게 그대로 보일 때가 많아요. 하지만 이 부분은 조금씩 커가면서 나아지므로 걱정하지 않아도 된답니다. 뿐이는 당근이나 청경채 등이 응가에서 한 번씩 보일 때가 있더라고요. 그런데 이것도 시간이 가면서 차츰 줄어들어요. 처음에는 변비도 심했는데 이것 또한 조금씩 좋아졌어요. 참고로 아기 대변에 먹은 음식의 100%가 모두 나오는 게 아니라면, 어느 정도 보이는 건 정상적인 현상이니 걱정하지 않아도 됩니다.

9. 토핑 이유식 진행중인데 식판에 먹이면 먹는 양을 어떻게 체크하나요?

정확하게 체크하지 않아도 괜찮아요. 대충 이 정도 먹었구나! 정도로만 체크해주세요. 식판에 차려주다 보면 얼마나 먹은 건지 계산하기 힘들어요. 저는 이렇게 합니다. 100g 준비했는데 다 먹으면 100g 먹은 거죠. 애매하게 남겼을 때는 각 칸 별로 체크해봅니다. 옮겨 담을 때 칸별로 몇 그램씩 담았는지 알고 있잖아요. 그 양에서 이 정도 남겼으니 대략 이 정도 먹었구나 하고 체크해요. 정확하게 먹은 양을 체크하는 것보다 이유식 양이 시간이 가면서 조금씩 늘어나고, 수유량은 반대로 줄어들고 있으며, 아기 몸무게는 정상적으로 늘고 있는 게 더 중요합니다.

10. 하루 두 끼, 세 끼 진행할 때 꼭 다른 메뉴로 줘야 할까요?

아이들도 똑같은 메뉴를 계속 먹으면 질려할 수 있어요. 물론 잘 먹으면 똑같은 메뉴로 하루 두 끼, 세 끼 주셔도 괜찮습니다. 하지만 토핑 이유식을 진행 중이라면, 토핑 종류를 바꿔가며 먹이면 됩니다. 이게 토핑 이유식의 장점이죠.

중기 이유식까지 온 여러분, 스스로 많이 칭찬해주세요. 이유식을 직접 만들어 먹인다는 자체가 대단합니다. 우리 아기들도 초기 이유식에서 중기 이유식으로 넘어가는 과정이 큰 산을 넘는 것처럼 힘들 거라고 생각합니다. 입자감을 이전보다 더 크게 늘리고, 농도를 이전보다 더 되직하게 바꾸는 과정이 아기들에게도 버거울 수 있어요. 갑자기 이유식을 거부하거나 켁켁거리면서 구역질하고, 뱉어내는 것처럼요. 그럴 땐 아기에게 맞춰서 농도를 조금 더 묽게 해주거나 입자 크기를 더 잘게 갈아주세요.

아기들도 열심히 배우고 적응해나가는 중이랍니다. 곁에서 많이 응원해주시고, 사랑 가득한 눈빛으로 봐주세요. 잘 먹지 않고, 그릇으로 장난만 치는 걸 보면 순간 화도 나겠지만 마음을 다스려야 합니다. 아기에게 식사시간이 즐거운 시간이라는 걸 알려주는 과정이라고 생각해주세요. 조금 덜 먹어도 괜찮습니다. 자, 그럼 중기 이유식도 저랑 같이 힘내서 파이팅해볼까요.

중기 토핑 이유식 식단표 재료 미리보기

중기 이유식 식단은 기본 하루 2회 스케줄로 짜두었어요. 하루 3회로 먹이는 분들도 계실 것 같아서 하루 3회 스케줄 식단도 함께 소개합니다.

중기에는 꿀이나 생우유를 제외한 대부분의 모든 채소, 육류(소, 닭, 돼지고기), 생선(흰살 생선), 두부, 달걀 등 다양한 음식을 먹을 수 있습니다.

150, 160, 170, 174, 180일 등
각각 다른 날짜에 시작했더라도
210일 무렵이 되면 중기로 넘어갑니다.

편의상 초기 중기 후기 1, 2단계 등으로 나눠놓은 거예요. 결국 시간이 가면서 조금 더 입자를 크게, 조금 더 되직하게, 조금 더 양을 늘려서 먹이면 됩니다. 그렇게 하다 보면 돌쯤 되어서 아이는 엄마, 아빠와 같이 삼시세끼 밥을 먹게 되죠. 그러니 날짜, 단계에 연연해 하지 말고 아이 속도에 맞추면서 조금씩 진행해보세요.

그럼 중기에서 뿐이가 먹었던 새로운 재료들을 순서대로 알려드립니다. 만약 초기 이유식을 뿐이보다(170일, 160일, 150일 시작) 일찍 시작한 분들은 다음 재료들을 이미 먹어본 적이 있을 거예요. 그럼 안 먹어본 다른 재료로 변경해서 진행하면 됩니다. 새로운 재료 없이 그대로 먹여도 괜찮고요.

토핑 이유식 재료 손질 및 주의사항

큐브로 냉동 보관 후 데워서 바로 아이가 먹어야 하기 때문에 반드시 푹 익혀서 조리해주세요. 《튼이 이유식》에도 육류, 채소 손질법을 모두 소개했는데요. 죽 이유식에서는 생으로 큐브에 보관하는 재료들이 있는 반면, 토핑 이유식에서는 재료를 푹 익혀서 토핑 큐브로 만들면 됩니다.

잡곡 50% 죽: 현미(질마재농장 현미가루 중기용 사용), 중기 쌀가루와 반반 사용.

밀가루: 일반 밀가루 사용, 유기농 밀가루 추천.

닭고기: 무항생제 닭안심 또는 닭가슴살 1팩 사용.

양파: 익혀서 다져서 사용.

두부: 끓는 물에 데쳐서 으깨서 사용, 3일 치만 추천, 냉동도 가능하나 식감이 푸석함, 일반 두부, 연두부, 순두부 모두 사용 가능, 원재료명 확인 후 국산콩+식품첨가물 없는 두부 추천.

간식용 치즈: 아기 치즈(매일상하 1단계 치즈 사용) 그대로 잘라주거나 9등분해서 전자레인지에 1분 20초 돌려서 치즈볼로 줌.

잡곡 50% 죽: 보리(아이보리 중기용 보리가루 사용), 중기 쌀가루와 반반 사용.

시금치: 뿌리 제거 후 끓는 물에 넣고 푹 익혀서 사용.

간식용 감자 &고구마

초기 이유식부터 사용 가능한 재료이나 174일부터 초기를 약 한 달 진행한 뿐이는 중기에 간식으로 먹여봤어요. 초기 이유식이나 중기 이유식에 메뉴로 사용 가능하니 편하게 쓰세요. 감자와 고구마는 푹 찐 다음 껍질을 벗기고 푸드매셔나 포크 등으로 으깬 후 먹이면 됩니다. 이때 되직한 걸 잘 못 먹으면 물이나 분유로 농도를 맞춰 주세요.

무: 껍질 제거 후 얇게 썰어 찌거나 삶아 푹 익혀서 사용.

아욱: 잎 부분만 손질 후 깨끗한 물에 담가 빨래 빨듯 치대서 세척 후 끓는 물에 넣고 푹 익혀서 사용.

잡곡 50% 죽: 퀴노아(아이보리 중기용 퀴노아가루 사용), 중기 쌀가루와 반반 사용.

적채: 양배추과라 따로 테스트 없이 사용해도 되지만, 헷갈릴 분들을 위해 양배추와 별개로 테스트 진행.

비트: 껍질 제거 후 얇게 썰어 찌거나 삶아 푹 익혀서 사용.

토마토: 열십자를 낸 후 끓는 물에 1분 데쳐 껍질을 제거하고 잘라서 속에 있는 씨 제거 후 다져서 사용.

간식용 배: 배퓌레(갈아서 즙, 퓌레로 먹이거나), 과육 긁어서 주거나 과즙망 사용.

잡곡 50% 죽: 흑미(아이보리 중기용 흑미가루 사용), 중기 쌀가루와 반반 사용.

새송이버섯: 뿌리 근처 조금만 잘라내고 얇게 썰어 찌거나 데쳐 푹 익혀서 사용.

배추: 부드러운 잎 부분만 V자로 잘라낸 후 끓는 물에 익혀서 사용.

흰살 생선: 대구, 광어, 도미, 동태, 아귀, 가자미살 중에서 선택 가능. 냉동 제품은 쌀뜨물에 담갔다가 비린내 제거 후 찜기에 찌거나 소량의 물에 익혀서 사용.

잡곡 50% 죽: 수수(아이보리 중기용 수수가루 사용), 중기쌀가루와 반반 사용.

연근: 얇게 썰어 식초물에 담갔다가 세척 후 푹 익혀서 사용.

비타민: 청경채와 같은 방법으로 손질 후 끓는 물에 데쳐 사용.

양송이버섯: 먼지를 살살 털어내거나 흐르는 물에 살짝 씻어서 준비, 갓 부분만 사용. 갓 부분을 한 겹 벗겨내고 끓는 물에 부드럽게 익혀서 사용. 갓 부분 한 겹 벗기는 거 생략 가능.

앞에서 알려드린 재료 순서대로 뿐이는 진행했어요. 참고해서 중기 식단을 짜거나 진행하면 됩니다. 감자, 고구마는 초기 이유식에 넣어도 되는 재료인데, 뿐이는 174일부터 이유식을 시작하다 보니 다른 재료들부터 테스트하느라 초기에서 빠졌어요. 감자, 고구마 왜 없냐고 물어보는 분들 많은데 초기 이유식부터 이유식 재료로 사용하거나 간식으로 줘도 됩니다.

중기 이유식에서 핑거푸드 시작 가능

핑거푸드는 생후 6개월부터 시작해도 됩니다. 다만 아직 너무 이르다고 판단되면 중기 이유식부터 시작해도 좋아요. 처음에는 푹 익힌 채소들과 버섯류, 고기를 덩어리째로 줍니다. 그렇게 시작해서 나중에는 지단을 구워줄 수도 있고, 밥전을 만들어줄 수도 있고 오트밀이나 바나나를 활용해 팬케이크, 찜케이크를 해줄 수도 있어요.

중기 이유식에서 먹일 수 있는 간식(치즈, 요거트, 과일 등)

아기치즈 1단계로 사면 됩니다. 저는 매일유업 상하 아기치즈 1단계를 구매했어요. 치즈는 작게 조각내서 주면 되는데 처음에는 입에 달라붙어서 잘 못 먹을 거예요. 그러다가 적응하면 그때는 1장 다 먹어요. 치즈 1장을 9등분 하여 종이호일 위에 듬성듬성 올리고 전자레인지에 1분 30초에서 1분 40초 정도 돌리면 치즈볼 간식 완성이에요. 아기치즈 외에 리코타치즈나 집에서 직접 만든 치즈를 줘도 됩니다. 리코타치즈는 성분 확인 후 첨가물이나 소금, 설탕 등이 없는 걸로 주세요.

요거트도 먹을 수 있어요. 집에서 직접 만드는 요거트도 괜찮아요. 시중에 파는 요거트는 아기 전용 제품으로 주거나 성분 확인 후 첨가물, 설탕이 들어가지 않은 제품으로 구매하세요.

과일도 전부 먹어도 됩니다. 예전에는 망고, 복숭아, 딸기, 키위 등은 알레르기 가능성 때문에 돌 이후에 먹여야 한다고 했어요. 하지만 이제는 생후 6개월 이상이면 가능합니다. 다만 위 과일들은 꼭 조금씩 먹여보고 잘 관찰해주세요. 참고로 뿐이는 생후 7개월 후반쯤 애플망고를 먹여봤는데 잘 먹었고, 알레르기가 없더라고요(저와 남편 튼이 셋 모두 알레르기 있는 특정 음식이 없음).

이유식에서 사용 가능한 흰살 생선

흰살 생선 종류 및 단백질 함유량

이유식을 진행할 때 먹일 수 있는 생선 종류가 몇 가지 있는데요. 제일 무난하게 시작할 수 있는 게 흰살 생선입니다. 말 그대로 생선 살이 흰색인 생선들을 말해요. 다음 종류 중 어떤 걸 선택해도 괜찮습니다.

대구: 100g당 단백질 18.50g

입과 머리가 커서 대구(大口)라 이름 지어진 생선입니다. 흰살 생선은 지방 함량이 5%를 웃도는 수준인데 대구는 1%도 안 됩니다. 비타민B12와 뇌 발달 및 면역 체계 지원에 필수적인 아이오딘이 풍부하지만, 거의 모든 생선에 존재하는 독성 금속인 수은도 적당한 수준으로 함유하고 있어요. 일반적으로 아기에게 결핍되는 뼈 형성 영양소인 비타민D가 포함되어 있으며, 세포 성장과 보호를 위한 필수 구성 요소인 오메가-3 지방산과 단백질의 훌륭한 공급원이랍니다.

가자미: 100g당 단백질 22.10g

가자미류는 가자미목에 속하는 넙치류, 가자미류, 서대류 등을 모두 포함합니다. 넙치, 도다리, 서대 등 이름을 아는 몇 종을 제외하고는 모두 가자미로 총칭합니다. 살코기가 쫄깃쫄깃하고 단단해서 씹는 감촉이 좋은 가자미는 비타민B1, B2가 풍부해요. 비타민B1은 뇌와 신경에 필요한 에너지를 공급해서 뇌를 활성화시키는 역할을 해서 스트레스를 많이 받는 사람에게 좋아요. 단백질이 풍부하고 오메가-3 지방산, 많은 양의 비타민B12, 콜린, 셀레늄, 비타민D도 들어 있어요. 이러한 영양소는 아기의 심혈관, 면역, 뼈 및 신경 건강뿐만 아니라 세포 성장에도 도움이 됩니다. 가자미는 다른 생선에 비해 상대적으로 수은이 적은 편입니다.

동태: 100g당 단백질 15.90g

명태를 잡아서 얼린 것을 동태라고 해요. 단백질, 비타민B2, 인 등이 함유되어 있어 감기 몸살에 효과가 있으며, 간을 보호하는 메티오닌, 나이아신 등과 같은 필수아미노산이 풍부합니다. 지방이 적고 열량이 낮아요.

광어: 100g당 단백질 20.40g

광어는 넙치라고도 하며 우리나라 모든 연안에 많고, 가자밋과에 속합니다. 광어는 고단백, 저지방, 저칼로리로 열량이 낮아요. 양질의 단백질이 들어 있고 지방 함량이 적어서 어린이나 노약자에게 좋아요.

도미: 100g당 단백질 19.60g

봄철에 가장 맛있는 생선으로 지방이 적고 살이 단단해요. 단백질이 풍부하고 지방질이 적어서 수술 후 회복기 환자에게도 아주 좋아요.

아귀: 100g당 단백질 12.90g

성장 발육과 피부 건강에 좋은 아귀는 찜 요리로 유명하며, 한겨울인 12~2월이 제철이에요.

갈치: 100g당 단백질 18.00g

가을이 제철인 생선으로 어린이 성장 발육에 좋으며 양질의 단백질이 들어 있습니다. 살이 희고 부드러우며 지방이 많지만 담백한 생선이에요. 리진, 페닐알라닌, 메티오닌 등 필수아미노산이 고루 함유된 단백질 공급 식품으로 특히 라이신 함량이 높아 성장기 어린이에게 좋습니다.

종류별로 흰살 생선 테스트를 해야 할까?

기본은 그게 맞습니다. 같은 흰살 생선이어도 어떤 특정 생선에 알레르기를 보이는 경우가 간혹 있으니까요. 광어를 테스트해봤다면 다음엔 가자미, 대구 순으로 천천히 진행하는 걸 추천해요. 물론 가자미를 테스트했을 때 괜찮다면 다음엔 따로 테스트를 하지 않아도 됩니다. 다만 정확한 테스트를 위해서는 각각 알레르기 테스트하는 걸 권장합니다.

생선만 종류별로 테스트하면 다른 재료를 못 하는 경우가 생길 수도 있겠죠. 그래서 흰살 생선은 1~2가지로 진행해보는 걸 추천합니다. 가자미나 광어, 대구살이나 동태 이런 식으로요. 나중에 완료기/유아식을 할 때 생선구이 등으로 테스트해볼 수도 있습니다.

등푸른 생선도 먹일 수 있을까?

가능합니다. 예전엔 고등어나 삼치 같은 등푸른 생선은 기름기가 많아서 돌 이후에 권장했어요. 하지만 이제는 생우유와 꿀을 제외하곤 생후 6개월 이후에 거의 모든 식품을 시도해볼 수 있어요. 보통 이유식에서 첫 시작은 흰살 생선으로 하지만 중기, 후기쯤부터는 등푸른 생선을 줘도 된다는 뜻입니다. 생선 섭취 권장량은 다음 내용에서 확인해보세요.

아기의 생선 섭취 권장량

유아 및 10세 이하 어린이는 생선의 메틸수은 함량을 따져보고 먹어야 하므로 섭취에 있어서 각별한 주의가 필요합니다.

일주일 동안 일반 어류 및 참치 통조림을 먹는다고 가정했을 때 1~2세는 100g, 3~6세는 150g, 7~10세는 250g 이하를 제공하는 게 바람직합니다. 다랑어, 새치류 및 상어류를 섭취할 시 일주일에 1~2세는 25g, 3~6세는 40g, 7~10세는 65g 이하가 적당하며, 특히 1~2세 유아의 이유식 재료로 어류를 선택한다면 더 많은 주의가 필요합니다.

생선은 메틸수은 함량을 기준으로 다음과 같이 분류됩니다. 어류의 분류표를 참고하여 다양한 어류와 섭취 방법의 선택이 가능합니다.

메틸수은 함량 기준 어류 분류표

분류	어류
일반어류	갈치, 고등어, 꽁치, 광어/넙치, 대구, 멸치, 민어, 병어, 우럭, 삼치, 숭어, 전어, 조기 등
참치통조림	가다랑어
다랑어, 새치류	참다랑어, 날개다랑어, 눈다랑어, 황다랑어, 백다랑어, 점다랑어, 황새치, 돛새치, 청새치, 녹새치, 백새치, 몽치다래, 물치다래
상어류 등	칠성상어, 얼룩상어, 악상어, 청상아리, 곱상어, 귀상어, 은상어, 청새리상어, 흑기흉상어, 금눈돔, 다금바리, 붉평치, 먹장어, 은민대구 등

어류의 섭취 권고량

일반 어류 및 참치 통조림	임신, 수유부	1~2세	3~6세	7~10세
권고량(g/주)	400g	100g	150g	250g
1회 제공량(g/회)	60g	15g	30g	45g
횟수(회/주)	6회	6회	5회	5회

다랑어, 새치류 및 상어류	임신, 수유부	1~2세	3~6세	7~10세
권고량(g/주)	100g	25g	40g	65g
1회 제공량(g/회)	60g	15g	30g	45g
횟수(회/주)	1회	–*	1회	1회

* 섭취 제한

출처: 생선 안전 섭취 가이드, 식품의약품안전처

섭취 권고량이 일반 어류 및 참치 통조림보다 다랑어, 새치류 및 상어류가 1/4 수준으로 더 적은 걸 알 수 있어요. 그 정도로 메틸수은 함량이 더 많습니다. 때문에 아이들 이유식이나 유아식에서는 웬만해선 다랑어, 새치류, 상어류는 안 먹이는 게 맞습니다. 사실 이 종류의 생선을 이유식, 유아식 시기에 먹일 일은 없습니다. 위 표에서는 일반 어류 및 참치 통조림의 섭취 권고량 중심으로 참고해서 보세요(만 나이 기준). 1세 이전에 아기들은 1~2세 섭취 권고량의 절반으로 진행합니다.

나이	0~12개월	1~2세	3~6세	7~10세
7일 동안 생선 섭취량	50g	100g	150g	250

생선 섭취 요령

생선 종류, 연령에 따른 섭취 권고량과 1회 제공량을 고려하여 결정합니다. 우리나라 임신·수유부 1인당 1회 제공되는 생선은 60g입니다(2015 한국인 영양소 섭취기준, 보건복지부). 손바닥 크기와 제공량을 비교해보세요. 예를 들어, 고등어와 갈치는 한토막, 참치회 6조각 또는 연어초밥 10개를 섭취하는 분량입니다. 유아 등 10세 이하 어린이의 1회 제공량으로 성인보다 적은 1~2세는 15g, 3~6세는 30g, 7~10세는 45g을 권고합니다.

앞에서 언급한 생선 섭취 권고량과 1회 제공량을 참고해서 일주일 식단에 생선 섭취 횟수를 구성할 수 있습니다. 유아 및 10세 이하 어린이는 각 연령별 1회 제공량을 참고하여 일반 어류와 참치 통조림은 일주일에 1~2세는 6회, 3~6세는 5회, 7~10세는 5회 섭취가 가능하며, 다랑어, 새치류 및 상어류는 일주일에 10세 이하 어린이는 1회, 1~2세는 가급적 섭취하지 않는 것이 좋습니다.

돌 이전에 일반 어류를 섭취할 경우

이유식에서 사용할 경우 주 3회 총 50g이 넘지 않으면 적당합니다. 만약 이번 주에 권장 섭취량을 초과하였다면, 다음 주에는 권장 섭취량보다 더 적게 섭취하거나 먹지 않는 방법으로 메틸수은 노출을 줄일 필요가 있습니다.

수은 섭취 때문에 걱정되는데 생선을 안 먹이는 게 좋을까요?

생선은 양질의 단백질 공급원이며, 오메가-3 지방산뿐만 아니라 비타민D 및 아이오딘 같은 비타민과 무기질이 풍부합니다. 어린이의 두뇌 발달과 성장에 필수 요소로 영양학적으로 매우 중요한 영양분입니다. 따라서 생선 종류 및 섭취량을 고려해서 섭취하는 것이 더 유익합니다.

체중에 따라 생선 섭취량에 차이가 있나요?

식품의약품안전처의 생선 안전 섭취 가이드는 우리나라 국민의 평균 체중을 고려하여 작성되었어요. 평균 체중 이상이라면 권장 섭취량보다 조금 더 섭취해도 문제가 없답니다.

*평균 체중: 1~2세 12.5kg, 3~6세 19.5kg, 7~10세 32.6kg, 성인 63.5kg

체내 수은 배출에 도움이 되는 음식이 있을까요?

대표적인 식품으로 마늘, 양파, 파, 미역 등이 있습니다. 이들 식품은 황을 함유하고 있어서 메틸수은과 선택적으로 결합하여 배설될 수 있도록 도움을 준다고 하니 참고하세요.

출처: 생선 안전 섭취 가이드, 식품의약품안전처

중기 이유식 필수템 채소 육수

육수는 중기 이후부터 쓰는 걸 권장합니다. 이유식을 만들 때 물보다 육수를 사용하면 훨씬 더 맛있게 만들 수 있고 아기도 잘 먹는답니다. 간혹 육수를 만드는 게 너무 힘들어서 이유식을 포기하는 분도 있어요. 그렇다면 시판 육수로 해결해보세요. 요즘에는 코인 육수, 육수 티백 등 다양한 시판 육수 제품도 많이 있으니 적극적으로 활용하면 좋습니다. 단, 알레르기 테스트가 끝난 재료만 들어간 게 좋으며, 다른 첨가물이 들어가는지 확인해야 합니다.

육수 재료 정하기

토핑 이유식에서 육수는 다양하게 쓰이는데 기본적으로 베이스죽, 무른밥, 진밥을 만들 때 물 대신 육수를 사용하시면 좋아요. 시간이 많다면 소고기 육수, 닭고기 육수, 채소 육수와 같이 종류별로 만들어서 그때그때 다르게 쓰면 좋습니다. 하지만 굳이 고기 육수 채소 육수 따로 나누지 않고 하나로 통일해서 쓰셔도 무방합니다.

채소 육수 만드는 방법

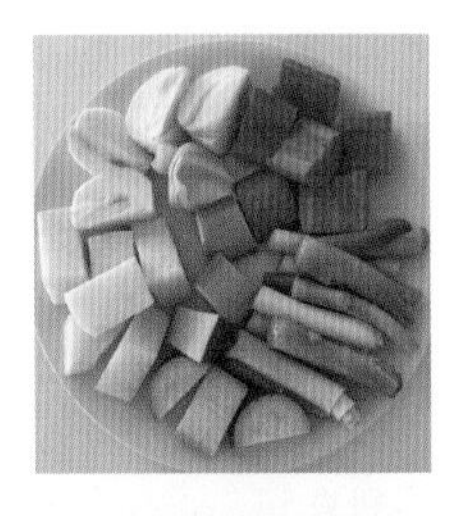

1. 물 3L, 당근 150g, 무 150g, 애호박 150g(2/3개), 양파 150g(작은 것 2개 정도), 대파 2대를 깨끗하게 세척한 후 대강 썰어서 준비해주세요. 대파 뿌리를 넣어도 좋아요. 아직 알레르기 테스트를 하지 않은 재료가 있다면 과감하게 생략해도 괜찮고 준비물에 적힌 재료 외 브로콜리, 표고버섯, 새송이버섯, 청경채 등을 대체하거나 더 넣어도 좋아요.

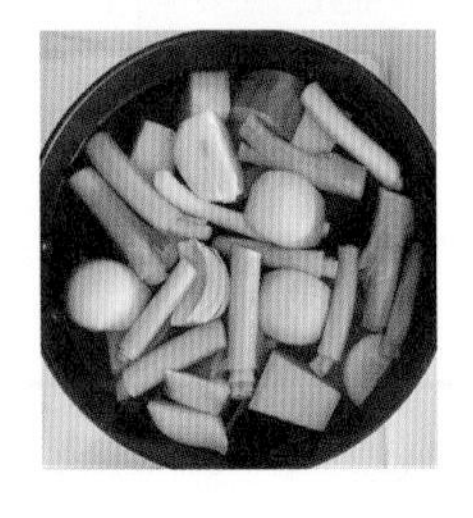

2. 모든 채소를 큰 냄비에 옮겨 담고 물 3L를 부어주세요.

3. 준비해둔 채소를 모두 넣고 센 불에서 끓이기 시작합니다.

4. 물이 팔팔 끓을 때까지 기다렸다가 끓기 시작하면 5분 정도 더 끓여주세요.

5. 중약불로 줄여 1시간 정도 푹 끓인 뒤 불을 꺼주세요. 육수가 어느 정도 식으면 무른 채소를 모두 건져내세요.

6. 깔끔한 국물을 얻고 싶다면 국물을 면포에 한 번 걸러주세요.

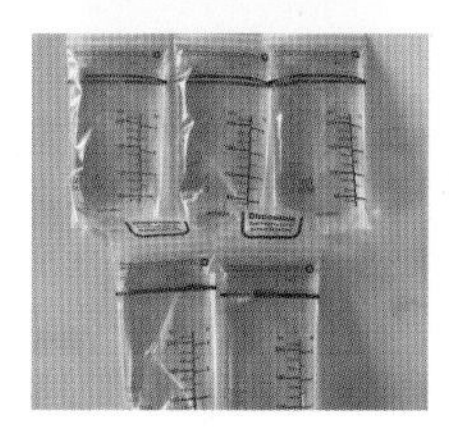

7. 완성된 채소 육수는 약 2L 정도 될 거예요. 한 번 더 식힌 뒤 200mL 또는 사용할 만큼 소분하여 냉장(3일 이내 소진), 냉동(2주 이내 소진)보관하시면 됩니다. 사용하던 모유 저장팩이 있다면 육수 저장팩으로 사용해도 됩니다.

중기 토핑 이유식 체크사항 및 스케줄

중기 이유식 식단에서 중요하게 신경 써야 할 부분을 정리했어요. 이 내용을 참고해서 진행해보세요. 토핑 이유식 중기 식단표대로 죽 이유식을 진행해도 돼요. 《튼이 이유식》 식단표에 메뉴를 추가하거나 변경해서 진행해도 됩니다. 만약 토핑 이유식 식단이 너무 힘들면 《튼이 이유식》처럼 죽 이유식을 진행해도 됩니다. 토핑이든 죽이든 시판이든 뭘 먹어도 우리 아기는 건강하게 잘 자랍니다.

중기 이유식 필수 체크사항

1. 재료 추가, 변경에 너무 신경 쓰지 마세요.

새로운 재료를 추가하거나 변경하는 일이 생깁니다. 어떤 재료는 뺄 수도 있습니다. 식단표에 들어간 재료로 무조건 해야 하는 건 아니에요. 상황에 맞게 편안하게 진행해보세요.

2. 새로운 재료는 3일에 한 번씩, 간식도 추가할 수 있어요.

기본 원칙은 새로운 재료를 3일 동안 먹여보고 알레르기 테스트를 진행합니다. 알레르기 반응은 첫날 먹자마자 바로 나타나요. 따라서 간식으로 새로운 과일이나 재료를 사용한다면 이유식 3일차에 시도해보세요. 식단표에 보면 이유식 3일차에 간식이 새롭게 하나씩 들어 있어요. 간식은 하루만 적어두었지만 2~3일 연속으로 먹여도 괜찮아요.

3. 중기 이유식 횟수는 하루에 2~3회

기본은 하루 2번이지만, 100g 이상 먹으면 3번으로 늘려도 됩니다. 하루 세 끼를 빠르게 적응하는 게 좋아요. 다만 하루 세 끼 일정한 양의 이유식을 먹으면 분유량이 확 줄어요. 자연스러운 현상이지만 아직 개월 수가 적은데 급격하게 분유량이 줄어든다 싶으면(돌 전까지 분유를 먹어야 좋다고 합니다.) 후기 이유식부터 3회로 늘려도 됩니다. 뿐이도 중기 이유식은 하루 2회 진행하고, 후기 이유식부터 하루 3회로 늘렸어요.

4. 중기 이유식 양은 한 끼 기준 80~150g

먹는 양은 참고만 하세요. 아기들마다 몸무게가 다르고, 먹는 양도 다릅니다. 중기 이유식 초반 기준 80~120g, 중기 이유식 중후반 기준 120~150g 정도가 평균이에요. 한 끼 기준입니다. 평균치보다 적게 먹는 아이도 있고, 많이 먹는 아이도 있어요. 절대 잘못된 게 아닙니다. 아기의 먹는 양에 맞춰 주세요.

5. 중기 이유식 분유량은 500~800mL

중기 이유식에서 적정한 분유량은 500~800mL 정도면 괜찮다고 합니다. 이유식 양과 분유량을 함께 예를 들면 다음과 같아요. 이유식을 많이 먹는 아이들은 자연스럽게 분유량이 줄어요.

하루 한 끼를 150g씩 2회 먹는 경우, 이유식 300g+분유 600~700mL 정도 먹어요.

하루 한 끼를 150g씩 3회 먹는 경우, 이유식 450g+분유 500~550mL 정도 먹어요.

6. 하루 한 끼는 무조건 소고기 넣기

초기 이유식에 이어 중기 이유식에서도 철분 섭취는 중요합니다. 철분이 부족하면 빈혈이 생길 수도 있어요. 철분 섭취를 도우려면 고기 섭취도 중요하지만 채소도 함께 섭취해야 합니다. 비타민C가 들어간 채소들은 철분 흡수를 도와주거든요. 만약 소고기를 먹지 못하거나, 소고기에 알레르기가 있을 경우에는 닭고기나 돼지고기 등으로 대체 가능해요. 다만 기름기가 적은 부위를 사용하면 됩니다(안심, 우둔살 종류).

7. 단백질이 풍부한 식재료 넣기

닭고기/돼지고기/두부/달걀/흰살 생선

하루 두세 끼 모두 소고기를 주려면 부담스러울 수 있어요. 다른 끼니는 두부나 달걀처럼 단백질이 풍부한 식품을 줘도 좋아요. 흰살 생선은 일주일에 2~3회만 주면 되는데 대략 50g 이하 정도면 적당합니다(생선은 수은 섭취 문제로 적은 양만 추천).

8. 핑거푸드 시도 가능

중기 이유식부터는 본격적으로 자기주도이유식을 시작할 수 있습니다. 외국에서는 생후 6개월부터 바로 덩어리 채소나 과일을 주기도 합니다. 하지만 아이가 처음에는 구역질을 하거나 목에 걸리는 등의 질식 위험이 있어요. 그런 경험을 통해 아이가 먹는 법을 익히고, 씹고 삼키는 법을 익히기도 하지만 너무 걱정된다면 중기 이유식(생후 7~8개월) 무렵부터 시작해보세요. 간식을 손으로 집어 먹게 하는 것도 자기주도이유식에 해당됩니다.

9. 중기용 쌀가루&잡곡가루 구매 수량 및 구매처

1. 중기 현미가루: 질마재농장에서 1봉지 구매

뿐이 간식으로 줄 쌀떡뻥을 찾다가 많은 분이 추천해주신 질마재농장 제품을 구입하려고 사이트에 갔더니 유기농 쌀가루, 현미가루도 판매하더라고요. 그래서 쌀떡뻥과 함께 구매해본 제품입니다. 중기용 현미가루로 꽃소금 같은 입자 크기입니다. 물론 잡곡가루를 구매한 아이보리 사이트에서도 유기농 현미가루를 판매하고 있으니 참고하세요.

2. 그 외 중기 잡곡가루: 아이보리에서 1봉지씩 구매

뿐이 중기 이유식에서는 보리, 퀴노아, 흑미, 수수를, 후기 이유식 초반에는 차조까지 사용해보았어요. 꽃소금 같은 입자 크기라 중기 이유식부터 사용하기 좋습니다. 세척할 필요 없이 바로 사용 가능해요.

3. 중기용 쌀가루 1단계&2단계

중기용 쌀가루는 1단계, 2단계로 나뉜 아이보리 제품을 구매했습니다.

*잡곡가루는 30분 정도 물에 불렸다 사용하면 조금 더 부드러워요.

다음은 뿐이가 중기 이유식을 하는 동안 먹어본 재료들입니다.

현미 / 밀가루 / 닭고기 / 양파 / 두부 / 치즈 / 보리 / 시금치 / 고구마 / 무 / 아욱
퀴노아 / 적채 / 토마토 / 비트 / 수수 / 연근 / 비타민 / 양송이버섯

흑미 / 새송이버섯 / 배추 / 흰살 생선(광어살)

중기 이유식에서는 초기 이유식에서 사용했던 재료들에서 조금 더 다양한 재료를 시도해볼 수 있어요. 특이사항은 달걀노른자를 먹은 후 한 달 정도 이후에는 흰자까지 시도해볼 수 있다는 점(돌 전에)입니다. 다만 달걀 흰자는 알레르기 반응이 꽤 자주 있습니다. 때문에 노른자 테스트는 괜찮아서 흰자까지 먹였는데도 갑자기 알레르기 반응을 보일 수 있으니 꼭 평일 오전에 테스트하고 심한 경우에는 바로 병원에 가야 합니다.

중기 이유식에서 사용 가능한 재료

종류	사용 가능한 재료
곡류	쌀, 찹쌀, 오트밀, 현미, 보리, 밀가루, 검은콩, 흑미, 녹미, 차조, 수수, 퀴노아 등 다양한 곡류 사용 가능
육류	소고기, 닭고기, 돼지고기(기름기가 적은 부위 추천)
생선	흰살 생선(대구, 도미, 광어 등), 등푸른 생선도 가능하나 보통 흰살 생선을 많이 사용함
두부, 달걀	두부, 달걀노른자(테스트 통과 1~2개월 후 흰자도 가능)
채소	애호박, 청경채, 오이, 브로콜리, 양배추, 단호박, 완두콩, 감자, 고구마, 비타민, 콜리플라워, 무, 당근, 시금치, 배추, 비트, 아욱, 근대, 밤, 구기자, 연근, 대추, 표고버섯, 양송이버섯, 새송이버섯, 팽이버섯
과일	대부분의 과일 모두 시도 가능
유제품	요거트, 치즈
절대 먹이면 안 되는 음식	꿀, 생우유

생후 6개월 이후부터는 크게 제한하는 재료가 없어요. 과일도 다양하게 맛볼 수 있고요. 다만 이유식이 가장 우선이라는 사실입니다. 아이가 이유식은 잘 안 먹고 간식(과일 포함)만 좋아한다면 과감하게 간식을 끊어야 해요.

중기 이유식 하루 2회 스케줄(분리 수유 X)

기본은 이유식 한 끼 100g 이상 먹으면 분리 수유가 원칙입니다. 하지만 이것도 아기마다 다를 수 있으니 아기에게 맞춰서 진행해주세요.

시간	수유 / 이유식 / 낮잠	비고
오전 7시		기상
오전 8시	수유 1	230mL
오전 9~10시	낮잠 1	30분~1시간 정도 낮잠
오전 11시 30분	이유식 1	수유시간 30분 전, 중기 기준 한 끼 80~150g 정도가 평균
오후 12시	수유 2	100~120mL(이유식 먹은 양에 따라 다름)
오후 2시	낮잠 2	30분~1시간 정도 낮잠(이젠 안 잘 때도 많음)

오후 3시 30분	이유식 2	수유시간 30분 전, 중기 기준 한 끼 80~150g 정도가 평균
오후 4시	수유 3	100~120mL(이유식 먹은 양에 따라 다름)
오후 6시	낮잠 3 또는 목욕	30분~1시간 정도 낮잠(안 잘 때가 많음), 안 잘 때는 목욕하고, 잠들고 나면 일어나서 마지막 수유 전 목욕
오후 7시 30분	수유 4	230mL(밤잠 전 수유는 4시간 텀보다 조금 일찍 먹는 편)
오후 8시	밤잠	새벽 수유 없이 잠(가끔 중간에 깨서 찾을 때는 쪽쪽이 활용, 중기 이유식 두 달 동안 밤 중 수유 한 적 없음)

두 번째 수유텀에 이유식1, 세 번째 수유텀에 이유식2

이렇게 먹였더니 괜찮더라고요.

중기 이유식 하루 2회 스케줄(분리 수유 O)

한 끼 이유식을 충분히 배부르게 먹는 경우입니다. 후반부쯤 1회 분량 170g 정도까지 먹으니 바로 수유 안 해도 울지 않더라고요. 그래서 1~2시간 후 분리 수유 했더니 잘 먹었어요. 가끔은 170g을 먹었어도 바로 수유할 때도 있었어요. 이 상황과 마찬가지로 딱 얼마 이상 먹으면 무조건 분리 수유 해야 한다보다는 아기 상황에 맞춰서 진행하는 걸 추천해요.

시간	수유 / 이유식 / 낮잠	비고
오전 7시		기상
오전 8시	수유 1	230mL
오전 9~10시	낮잠 1	30분~1시간 정도 낮잠
오전 11시 30분	이유식 1	중기 기준 한 끼 80~150g 정도가 평균
오후 1시 30분	수유 2	100~120mL(이유식 먹은 양에 따라 다름)
오후 2시	낮잠 2	30분~1시간 정도 낮잠(이젠 안 잘 때도 많음)
오후 3시 30분	이유식 2	중기 기준 한 끼 80~150g 정도가 평균
오후 5시 30분	수유 3	100~120mL(이유식 먹은 양에 따라 다름)
오후 6시	낮잠 3 또는 목욕	30분~1시간 정도 낮잠(안 잘 때가 많음), 안 잘 때는 목욕하고, 잠들고 나면 일어나서 마지막 수유 전 목욕
오후 7시 30분	수유 4	230mL(밤잠 전 수유는 4시간 텀보다 조금 일찍 먹는 편)
오후 8시	밤잠	새벽 수유 없이 잠(가끔 중간에 깨서 찾을 때는 쪽쪽이 활용, 중기 이유식 두 달 동안 밤 중 수유 한 적 없음)

중기 이유식 하루 3회 스케줄(분리 수유 X)

한 끼 100g 이상 먹는다면 이유식과 수유를 띄워서 분리 수유해도 좋습니다.

시간	수유 / 이유식 / 낮잠	비고
오전 7시		기상
오전 7시 30분	이유식 1	중기 기준 한 끼 80~150g 정도가 평균
오전 8시	수유 1	100~120mL(이유식 먹은 양에 따라 다름)
오전 9~10시	낮잠 1	30분~1시간 정도 낮잠
오전 11시 30분	이유식 2	중기 기준 한 끼 80~150g 정도가 평균
오후 12시	수유 2	100~120mL(이유식 먹은 양에 따라 다름)
오후 2시	낮잠 2	30분~1시간 정도 낮잠(이젠 안 잘 때도 많음)
오후 3시 30분	이유식 3	중기 기준 한 끼 80~150g 정도가 평균
오후 4시	수유 3	100~120mL(이유식 먹은 양에 따라 다름)
오후 6시	낮잠 3 또는 목욕	30분~1시간 정도 낮잠(안 잘 때가 많음), 안 잘 때는 목욕하고, 잠들고 나면 일어나서 마지막 수유 전 목욕
오후 7시 30분	수유 4	230mL(밤잠 전 수유는 4시간 텀보다 조금 일찍 먹는 편)
오후 8시	밤잠	새벽 수유 없이 잠(가끔 중간에 깨서 찾을 때는 쪽쪽이 활용, 중기 이유식 두 달 동안 밤 중 수유 한 적 없음)

3회 먹인다는 가정하에 만들어본 스케줄이에요. 다만 아침에 일어난 후 첫 수유텀에 이유식을 줬는데 잘 안 먹으면 마지막 수유텀에 세 번째 이유식을 줘도 됩니다.

중기 이유식 하루 3회 스케줄(분리 수유 O)

한 끼 이유식을 충분히 배부르게 먹는 경우입니다. 한 끼 100g 이상 먹는다면 이유식과 수유를 띄워서 분리 수유해도 좋습니다.

시간	수유 / 이유식 / 낮잠	비고
오전 7시		기상
오전 7시 30분	이유식 1	중기 기준 한 끼 80~150g 정도가 평균
오전 9시 30분	수유 1	100~120mL(이유식 먹은 양에 따라 다름)

오전 10시	낮잠 1	30분~1시간 정도 낮잠
오전 11시 30분	이유식 2	중기 기준 한 끼 80~150g 정도가 평균
오후 1시 30분	수유 2	100~120mL(이유식 먹은 양에 따라 다름)
오후 2시	낮잠 2	30분~1시간 정도 낮잠(이젠 안 잘 때도 많음)
오후 3시 30분	이유식 3	중기 기준 한 끼 80~150g 정도가 평균
오후 5시 30분	수유 3	100~120mL(이유식 먹은 양에 따라 다름)
오후 6시	낮잠 3 또는 목욕	30분~1시간 정도 낮잠(안 잘 때가 많음), 안 잘 때는 목욕하고, 잠들고 나면 일어나서 마지막 수유 전 목욕
오후 7시 30분	수유 4	230mL(밤잠 전 수유는 4시간 텀보다 조금 일찍 먹는 편)
오후 8시	밤잠	새벽 수유 없이 잠(가끔 중간에 깨서 찾을 때는 쪽쪽이 활용, 중기 이유식 두 달 동안 밤 중 수유 한 적 없음)

★ 중기 이유식에서 하루 3회 이유식을 하다 보면 위 스케줄처럼 분유를 자주 많이 안 먹을 수도 있어요. 이유식 양이 늘어나면서 전체 분유량이나 횟수가 확 줄어들 수 있으니 참고해주세요.

중기 이유식 1단계, 2단계 차이점

사실 큰 차이가 없어요. 초기 중기 후기도 편의상 나눠놓은 거예요. 5개월에 시작한다면 초기 이유식을 두 달 하고 7개월에 중기 이유식을 들어가요. 6개월에 시작할 경우에는 초기 이유식을 한 달 하고 7개월에 중기 이유식을 들어가면 돼요. 결국 초기 이유식을 언제 시작했든 중기 이유식 시작 시기는 대략 생후 7개월이면 됩니다. 다만 아이마다 적응 속도에 차이가 분명 있기 때문에 일단 시도해보고 중기 입자나 농도가 아이에게 무리면 초기를 좀 더 진행해도 됩니다.

후기 이유식도 마찬가지입니다. 중기 이유식을 며칠, 몇 주, 한 달 정도 더 진행해도 괜찮아요. 뿐이 이유식을 해보니 적응 속도가 빠르고 입자 크기나 농도를 올려도 금방 잘 먹더라고요. 한 달, 두 달, 1단계, 2단계 나누는 게 중요한 게 아니라 시간이 갈수록 점점 농도가 되직한 걸로, 재료의 입자 크기가 점점 커지는 걸로 적응해나가는 게 중요해요. 그래야 중기, 후기 이유식을 거쳐 완료기/유아식을 할 때 엄마 아빠들처럼 하루 세 끼 음식을 먹을 수 있어요. 그 시기를 위해서 연습하고 있는 중이랍니다. 이러한 과정 하나하나가 쌓이다 보면, 아이들도 점점 먹는 양과 재료가 늘고, 재료의 입자 크기도 커져요.

★ 이유식의 최종 목표: 돌 이후 엄마 아빠와 함께 하루 세 끼 밥 잘 챙겨 먹기

중기 이유식 추천 간식

오전/오후 중 1~2회 가능

분리 수유를 진행하면 중간중간 간식을 챙길 일이 별로 없을 수도 있어요. 배가 고플 겨를이 없어서요. 그래도 간식을 주면 잘 먹는 시간대가 분명 있을 겁니다. 그때 하루 1회 정도 주면 괜찮아요. 만일 간식을 주니까 이유식, 모유/분유를 잘 안 먹는다면 과감하게 끊으세요. 간식이 중요한 게 아닙니다. 이유식과 모유/분유를 잘 먹어야 하는 시기니까요.

긁어 먹이기, 즙, 퓌레

과육을 긁어서 먹이거나 강판에 갈아서 먹이거나 믹서로 갈아서 즙을 조금씩 주거나 으깨서 퓌레를 만들어줍니다(예시: 사과즙, 배즙, 사과퓌레, 배퓌레). 그 외에 아보카도, 바나나 등으로 간식을 먹일 수도 있어요.

예시: 단호박퓌레, 단호박브로콜리퓌레, 고구마퓌레, 고구마비타민퓌레, 감자퓌레, 감자오이퓌레

고구마, 단호박, 감자를 으깨서 만드는 매시

퓌레보다 조금 더 빽빽한 느낌이에요. 고구마, 단호박, 감자 등을 찌거나 삶은 후 으깨면 돼요. 바로 간식으로 줘도 되는데요. 아이가 잘 못 먹거나 구역질하거나 토할 때는 물이나 분유(모유) 등을 섞어서 농도를 조절해주세요.

쌀떡뻥, 쌀과자, 아기 치즈, 요거트

시판 제품은 함유량에 불필요한 첨가물이나 설탕, 소금이 없는지 확인하고 구입하세요.

엄마표 간식, 핑거푸드 자기주도 간식 추천

이 책의 〈간식〉 파트에서 엄마표 간식 레시피를 확인할 수 있습니다. 핑거푸드 형태의 스스로 집어 먹을 수 있는 간식을 시도해볼 수 있어요. 이 레시피를 참고해서 중기 이유식부터는 자기주도 간식을 연습해보세요. 소근육 발달에도 도움이 된답니다.

중기 토핑 이유식의 재료 비율과 양

보통 중기 이유식에서 추천하는 양을 알려드릴게요. 이건 참고만 하시고요. 이 양보다 적거나 많아도 큰 문제없으니 편하게 진행해보세요. '우리 아기가 먹는 양'이 제일 중요해요.

★ 베이스죽(쌀, 잡곡 등): 한 끼당 50~80g

★ 고기: 한 끼당 10~15g

★ 채소: 1가지당 10~15g

이걸 토대로 아이가 약 120g 정도를 먹는다고 가정해볼게요.

베이스죽 60g **소고기 15g** **브로콜리 15g**

애호박 15g **당근 15g**

이런 식으로 줄 수 있겠죠? 여기서 베이스죽을 70g 정도로 늘리고, 채소 중 2가지 정도는 10g씩 준비할 경우도 120g 정도 먹게 돼요. 베이스죽 양을 좀 더 늘리고 채소를 줄여도 된다는 의미에요. 아니면 베이스죽의 양을 줄이고 채소나 고기 양을 늘려도 괜찮아요.

150g 정도 먹이고 싶다면

베이스죽 70g **소고기 20g**

채소1 20g **채소2 20g** **채소3 20g**

이런 식으로 늘리면 돼요. 물론 채소 가짓수를 늘려도 됩니다. 채소를 4가지 정도 진행하면서 15g으로 해도 똑같이 150g 총 양을 맞출 수 있으니까요. 너무 많은 채소를 추가할 필요는 없어요. 한 끼에 쌀+고기(또는 두부 또는 달걀 또는 해산물)+잎채소+뿌리채소(노란채소 등)를 적절하게 주면 돼요. 과일도 넣을 수 있지만 굳이 이유식에 넣는 것보다는 간식으로 주는 걸 추천해요.

중기 토핑 이유식 식단표 1단계(1~12일)

식단표 다운로드
(비번 211111)

▷하루 두 끼 기준 식단표입니다.

		1	2	3	4	5	6
개월수		D+210	D+211	D+212	D+213	D+214	D+215
아침	베이스	쌀현미	쌀현미	쌀현미	쌀현미	쌀현미	쌀현미
	토핑	소고기사과 당근청경채	소고기사과 당근청경채	소고기사과 당근청경채	닭고기완두콩 브로콜리당근	닭고기완두콩 브로콜리당근	닭고기완두콩 브로콜리당근
	간식						
	NEW	**현미** (알레르기: O / X)		**밀가루** (알레르기: O / X)	**닭고기** (알레르기: O / X)		
	먹은 양	/	/	/	/	/	/
점심	베이스	쌀오트밀	쌀오트밀	쌀오트밀	쌀오트밀	쌀오트밀	쌀오트밀
	토핑	달걀애호박 양배추단호박	달걀애호박 양배추단호박	달걀애호박 양배추단호박	소고기단호박 사과청경채	소고기단호박 사과청경채	소고기단호박 사과청경채
	간식						
	먹은 양	/	/	/	/	/	/
		7	8	9	10	11	12
개월수		D+216	D+217	D+218	D+219	D+220	D+221
아침	베이스	쌀현미	쌀현미	쌀현미	쌀현미	쌀현미	쌀현미
	토핑	닭고기달걀 양파청경채	닭고기달걀 양파청경채	닭고기달걀 양파청경채	두부양배추 브로콜리단호박	두부양배추 브로콜리단호박	두부양배추 브로콜리단호박
	간식			땅콩			
	NEW	**양파** (알레르기: O / X)		**땅콩** (알레르기: O / X)	**두부** (알레르기: O / X)		
	먹은 양	/	/	/	/	/	/
점심	베이스	쌀오트밀	쌀오트밀	쌀오트밀	쌀오트밀	쌀오트밀	쌀오트밀
	토핑	소고기애호박 브로콜리당근	소고기애호박 브로콜리당근	소고기애호박 브로콜리당근	소고기양파 애호박당근	소고기양파 애호박당근	소고기양파 애호박당근
	간식						
	먹은 양	/	/	/	/	/	/

★ **새롭게 먹는 재료: 현미, 밀가루, 닭고기, 양파, 두부, 땅콩**
★ 밀가루&땅콩은 7개월 이전에 먹여야 좋다고 합니다. 초기 이유식에서 먹여보지 않았다면 7개월 중기 이유식에서 시도해보세요.
★ 중기 이유식 식단표는 174일 초기 식단표에 이어서 시작하는 기준으로 작성했습니다. 150일, 160일, 180일처럼 이유식 시작 날짜에 따라서 새롭게 먹는 재료가 겹치거나 다를 수 있습니다. 참고해서 봐주세요.
★ 밀가루, 땅콩은 알레르기 테스트 후 이상이 없다면 이후로도 수시로 먹여주는게 좋답니다(주 2회 정도).
★ 중기 이유식 1단계 1~30일 차까지 뿐이는 베이스죽 60g씩, 토핑은 15g씩 4가지로 구성해서 한 끼당 120g씩 먹였습니다.
★ 밀가루 알레르기 테스트 방법은 p. 22, 땅콩 알레르기 테스트 방법은 p. 33을 참고해주세요.

중기 토핑 이유식 식단표 1단계(13~24일)

▷하루 두 끼 기준 식단표입니다.

		13	14	15	16	17	18
개월수		D+222	D+223	D+224	D+225	D+226	D+227
아침	베이스	쌀보리	쌀보리	쌀보리	쌀보리	쌀보리	쌀보리
	토핑	소고기브로콜리 당근단호박	소고기브로콜리 당근단호박	소고기브로콜리 당근단호박	닭고기시금치 양파단호박	닭고기시금치 양파단호박	닭고기시금치 양파단호박
	간식						고구마퓌레
	NEW	**보리** (알레르기: O / X)			**시금치** (알레르기: O / X)		**고구마** (알레르기: O / X)
	먹은 양	/	/	/	/	/	/
점심	베이스	쌀오트밀	쌀오트밀	쌀오트밀	쌀오트밀	쌀오트밀	쌀오트밀
	토핑	닭고기양배추 양파애호박	닭고기양배추 양파애호박	닭고기양배추 양파애호박	소고기애호박 브로콜리양배추	소고기애호박 브로콜리양배추	소고기애호박 브로콜리양배추
	간식						
	먹은 양	/	/	/	/	/	/

		19	20	21	22	23	24
개월수		D+228	D+229	D+230	D+231	D+232	D+233
아침	베이스	쌀보리	쌀보리	쌀보리	쌀보리	쌀보리	쌀보리
	토핑	소고기브로콜리 무단호박	소고기브로콜리 무단호박	소고기브로콜리 무단호박	소고기아욱 무단호박	소고기아욱 무단호박	소고기아욱 무단호박
	간식						
	NEW	**무** (알레르기: O / X)			**아욱** (알레르기: O / X)		
	먹은 양	/	/	/	/	/	/
점심	베이스	쌀오트밀	쌀오트밀	쌀오트밀	쌀오트밀	쌀오트밀	쌀오트밀
	토핑	닭고기청경채 양파당근	닭고기청경채 양파당근	닭고기청경채 양파당근	닭고기애호박 양배추시금치	닭고기애호박 양배추시금치	닭고기애호박 양배추시금치
	간식						
	먹은 양	/	/	/	/	/	/

★ **새롭게 먹는 재료: 보리, 시금치, 고구마, 무, 아욱**

★ 고구마는 간식에 넣어두었는데 하루만 먹여도 되고, 2~3일 연속 먹여도 됩니다. 이상이 없다면 추후 간식으로도 종종 만들어 제공해보세요

중기 토핑 이유식 식단표 1단계 후반~2단계(25~36일)

▷하루 두 끼 기준 식단표입니다.

		25	26	27	28	29	30
개월수		D+234	D+235	D+236	D+237	D+238	D+239
아침	베이스	쌀퀴노아	쌀퀴노아	쌀퀴노아	쌀퀴노아	쌀퀴노아	쌀퀴노아
	토핑	소고기브로콜리 양배추무	소고기브로콜리 양배추무	소고기브로콜리 양배추무	닭고기적채 사과고구마	닭고기적채 사과고구마	닭고기적채 사과고구마
	간식						
	NEW	**퀴노아** (알레르기: O / X)			**적채** (알레르기: O / X)		
	먹은 양	/	/	/	/	/	/
점심	베이스	쌀오트밀	쌀오트밀	쌀오트밀	쌀오트밀	쌀오트밀	쌀오트밀
	토핑	달걀애호박 시금치당근	달걀애호박 시금치당근	달걀애호박 시금치당근	소고기무 아욱양파	소고기무 아욱양파	소고기무 아욱양파
	간식						
	먹은 양	/	/	/	/	/	/
		31	32	33	34	35	36
개월수		D+240	D+241	D+242	D+243	D+244	D+245
아침	베이스	쌀퀴노아	쌀퀴노아	쌀퀴노아	쌀퀴노아	쌀퀴노아	쌀퀴노아
	토핑	소고기비트 애호박아욱	소고기비트 애호박아욱	소고기비트 애호박아욱	소고기당근 브로콜리토마토	소고기당근 브로콜리토마토	소고기당근 브로콜리토마토
	간식						
	NEW	**비트** (알레르기: O / X)			**토마토** (알레르기: O / X)		
	먹은 양	/	/	/	/	/	/
점심	베이스	쌀오트밀	쌀오트밀	쌀오트밀	쌀오트밀	쌀오트밀	쌀오트밀
	토핑	달걀청경채 브로콜리적채	달걀청경채 브로콜리적채	달걀청경채 브로콜리적채	닭고기비트 고구마적채	닭고기비트 고구마적채	닭고기비트 고구마적채
	간식						
	먹은 양	/	/	/	/	/	/

★ 새롭게 먹는 재료: 퀴노아, 적채, 비트, 토마토

★ 중기 이유식 2단계 31~60일 차까지는 초반엔 이전과 같은 양으로 먹이다가 중기 후반쯤부터는 뿐이 기준으로 베이스죽 90g씩, 토핑은 15~20g씩 4가지 구성으로 한 끼당 150~170g씩 먹였습니다.

중기 토핑 이유식 식단표 2단계(37~48일)

▷하루 두 끼 기준 식단표입니다.

		37	38	39	40	41	42
개월수		D+246	D+247	D+248	D+249	D+250	D+251
아침	베이스	쌀흑미	쌀흑미	쌀흑미	쌀흑미	쌀흑미	쌀흑미
	토핑	소고기비트 브로콜리애호박	소고기비트 브로콜리애호박	소고기비트 브로콜리애호박	달걀토마토범벅 새송이브로콜리	달걀토마토범벅 새송이브로콜리	달걀토마토범벅 새송이브로콜리
	간식						
	NEW	**흑미** (알레르기: O / X)			**새송이버섯** (알레르기: O / X)		
	먹은 양	/	/	/	/	/	/
점심	베이스	쌀오트밀	쌀오트밀	쌀오트밀	쌀오트밀	쌀오트밀	쌀오트밀
	토핑	달걀청경채 양파당근	달걀청경채 양파당근	달걀청경채 양파당근	소고기아욱 애호박당근	소고기아욱 애호박당근	소고기아욱 애호박당근
	간식						
	먹은 양	/	/	/	/	/	/
		43	44	45	46	47	48
개월수		D+252	D+253	D+254	D+255	D+256	D+257
아침	베이스	쌀흑미	쌀흑미	쌀흑미	쌀흑미	쌀흑미	쌀흑미
	토핑	소고기비트 애호박배추	소고기비트 애호박배추	소고기비트 애호박배추	생선양파 브로콜리배추	생선양파 브로콜리배추	생선양파 브로콜리배추
	간식						
	NEW	**배추** (알레르기: O / X)			**흰살 생선** (알레르기: O / X)		
	먹은 양	/	/	/	/	/	/
점심	베이스	쌀오트밀	쌀오트밀	쌀오트밀	쌀오트밀	쌀오트밀	쌀오트밀
	토핑	닭고기브로콜리 양파당근	닭고기브로콜리 양파당근	닭고기브로콜리 양파당근	소고기시금치 적채애호박	소고기시금치 적채애호박	소고기시금치 적채애호박
	간식						
	먹은 양	/	/	/	/	/	/

★ 새롭게 먹는 재료: 흑미, 새송이버섯, 배추, 흰살 생선

★ 달걀토마토범벅 레시피는 p.275를 참고하세요.

중기 토핑 이유식 식단표 2단계(49~60일)

▷하루 두 끼 기준 식단표입니다.

		49	50	51	52	53	54
개월수		D+258	D+259	D+260	D+261	D+262	D+263
아침	베이스	쌀수수	쌀수수	쌀수수	쌀수수	쌀수수	쌀수수
	토핑	소고기토마토 소스 시금치적채	소고기토마토 소스 시금치적채	소고기토마토 소스 시금치적채	소고기비트 양파연근	소고기비트 양파연근	소고기비트 양파연근
	간식						감자퓌레 or 감자전
	NEW	**수수** (알레르기: O / X)			**연근** (알레르기: O / X)		**감자** (알레르기: O / X)
	먹은 양	/	/	/	/	/	/
점심	베이스	쌀오트밀	쌀오트밀	쌀오트밀	쌀오트밀	쌀오트밀	쌀오트밀
	토핑	달걀새송이 당근배추	달걀새송이 당근배추	달걀새송이 당근배추	닭고기토마토 시금치새송이	닭고기토마토 시금치새송이	닭고기토마토 시금치새송이
	간식						
	먹은 양	/	/	/	/	/	/
		55	56	57	58	59	60
개월수		D+264	D+265	D+266	D+267	D+268	D+269
아침	베이스	쌀수수	쌀수수	쌀수수	쌀수수	쌀수수	쌀수수
	토핑	달걀순두부조림 비타민비트	달걀순두부조림 비타민비트	달걀순두부조림 비타민비트	소고기양송이 버섯볶음 적채배추	소고기양송이 버섯볶음 적채배추	소고기양송이 버섯볶음 적채배추
	간식						
	NEW	**비타민** (알레르기: O / X)			**양송이버섯** (알레르기: O / X)		
	먹은 양	/	/	/	/	/	/
점심	베이스	쌀오트밀	쌀오트밀	쌀오트밀	쌀오트밀	쌀오트밀	쌀오트밀
	토핑	소고기연근 아욱새송이	소고기연근 아욱새송이	소고기연근 아욱새송이	생선비타민 브로콜리단호박	생선비타민 브로콜리단호박	생선비타민 브로콜리단호박
	간식						
	먹은 양	/	/	/	/	/	/

★ 새롭게 먹어본 재료: 수수, 연근, 감자, 비타민, 양송이버섯

★ 감자는 54일 차 간식에 넣어두었는데요. 생후 6개월 이상이면 으깨서 만드는 감자퓌레나 갈아서 만드는 감자전 모두 시도해볼 수 있어요. 감자전 레시피는 이 책의 〈간식〉 파트에서 참고해주세요.

중기 토핑 이유식 식단표 1단계(1~12일)

▷하루 세 끼 기준 식단표입니다

		1	2	3	4	5	6
개월수		D+210	D+211	D+212	D+213	D+214	D+215
아침	베이스	쌀현미	쌀현미	쌀현미	쌀현미	쌀현미	쌀현미
	토핑	소고기사과 당근청경채	소고기사과 당근청경채	소고기사과 당근청경채	닭고기완두콩 브로콜리당근	닭고기완두콩 브로콜리당근	닭고기완두콩 브로콜리당근
	간식						
	NEW	**현미** (알레르기: O / X)		**밀가루** (알레르기: O / X)	**닭고기** (알레르기: O / X)		
	먹은 양	/	/	/	/	/	/
점심	베이스	쌀오트밀	쌀오트밀	쌀오트밀	쌀오트밀	쌀오트밀	쌀오트밀
	토핑	달걀애호박 양배추단호박	달걀애호박 양배추단호박	달걀애호박 양배추단호박	소고기단호박 사과당근	소고기단호박 사과당근	소고기단호박 사과당근
	간식						
	먹은 양	/	/	/	/	/	/
저녁	베이스	쌀죽	쌀죽	쌀죽	쌀죽	쌀죽	쌀죽
	토핑	브로콜리오이 완두콩당근	브로콜리오이 완두콩당근	브로콜리오이 완두콩당근	애호박청경채 양배추단호박	애호박청경채 양배추단호박	애호박청경채 양배추단호박
	간식						
	먹은 양	/	/	/	/	/	/

		7	8	9	10	11	12
개월수		D+216	D+217	D+218	D+219	D+220	D+221
아침	베이스	쌀현미	쌀현미	쌀현미	쌀현미	쌀현미	쌀현미
	토핑	닭고기달걀양파 청경채	닭고기달걀양파 청경채	닭고기달걀양파 청경채	두부양배추 브로콜리단호박	두부양배추 브로콜리단호박	두부양배추 브로콜리단호박
	간식			땅콩			
	NEW	**양파** (알레르기: O / X)		**땅콩** (알레르기: O / X)	**두부** (알레르기: O / X)		
	먹은 양	/	/	/	/	/	/
점심	베이스	쌀오트밀	쌀오트밀	쌀오트밀	쌀오트밀	쌀오트밀	쌀오트밀
	토핑	소고기애호박 브로콜리당근	소고기애호박 브로콜리당근	소고기애호박 브로콜리당근	소고기양파 애호박당근	소고기양파 애호박당근	소고기양파 애호박당근
	간식						
	먹은 양	/	/	/	/	/	/
저녁	베이스	쌀죽	쌀죽	쌀죽	쌀죽	쌀죽	쌀죽
	토핑	양배추오이 애호박청경채	양배추오이 애호박청경채	양배추오이 애호박청경채	닭고기청경채 오이사과	닭고기청경채 오이사과	닭고기청경채 오이사과
	간식						
	먹은 양	/	/	/	/	/	/

★ **새롭게 먹어본 재료: 현미, 밀가루, 닭고기, 양파, 두부, 땅콩**

★ 밀가루 알레르기 테스트 방법은 p. 22, 땅콩 알레르기 테스트 방법은 p. 33을 참고해주세요.

중기 토핑 이유식 식단표 1단계(13~24일)

▷하루 세 끼 기준 식단표입니다

		13	14	15	16	17	18
개월수		D+222	D+223	D+224	D+225	D+226	D+227
아침	베이스	쌀보리	쌀보리	쌀보리	쌀보리	쌀보리	쌀보리
	토핑	소고기브로콜리 당근단호박	소고기브로콜리 당근단호박	소고기브로콜리 당근단호박	닭고기시금치 양파단호박	닭고기시금치 양파단호박	닭고기시금치 양파단호박
	간식						
	NEW	**보리** (알레르기: O / X)			**시금치** (알레르기: O / X)		**고구마** (알레르기: O / X)
	먹은 양	/	/	/	/	/	/
점심	베이스	쌀오트밀	쌀오트밀	쌀오트밀	쌀오트밀	쌀오트밀	쌀오트밀
	토핑	닭고기양배추 양파애호박	닭고기양배추 양파애호박	닭고기양배추 양파애호박	소고기애호박 브로콜리양배추	소고기애호박 브로콜리양배추	소고기애호박 브로콜리양배추
	간식						
	먹은 양	/	/	/	/	/	/
저녁	베이스	쌀현미	쌀현미	쌀현미	쌀현미	쌀현미	쌀현미
	토핑	달걀사과 청경채양파	달걀사과 청경채양파	달걀사과 청경채양파	두부애호박 청경채오이	두부애호박 청경채오이	두부애호박 청경채오이
	간식						
	먹은 양	/	/	/	/	/	/

		19	20	21	22	23	24
개월수		D+228	D+229	D+230	D+231	D+232	D+233
아침	베이스	쌀보리	쌀보리	쌀보리	쌀보리	쌀보리	쌀보리
	토핑	소고기브로콜리 무단호박	소고기브로콜리 무단호박	소고기브로콜리 무단호박	소고기아욱 무단호박	소고기아욱 무단호박	소고기아욱 무단호박
	간식						
	NEW	**무** (알레르기: O / X)			**아욱** (알레르기: O / X)		
	먹은 양	/	/	/	/	/	/
점심	베이스	쌀오트밀	쌀오트밀	쌀오트밀	쌀오트밀	쌀오트밀	쌀오트밀
	토핑	닭고기청경채 양파당근	닭고기청경채 양파당근	닭고기청경채 양파당근	닭고기애호박 양배추시금치	닭고기애호박 양배추시금치	닭고기애호박 양배추시금치
	간식						
	먹은 양	/	/	/	/	/	/
저녁	베이스	쌀현미	쌀현미	쌀현미	쌀현미	쌀현미	쌀현미
	토핑	달걀시금치 고구마사과	달걀시금치 고구마사과	달걀시금치 고구마사과	고구마청경채 양파양배추	고구마청경채 양파양배추	고구마청경채 양파양배추
	간식						
	먹은 양	/	/	/	/	/	/

★ 새롭게 먹어본 재료: 보리, 시금치, 고구마, 무, 아욱

중기 토핑 이유식 식단표 1단계 후반~2단계(25~36일)

▷하루 세 끼 기준 식단표입니다

		25	26	27	28	29	30
개월수		D+234	D+235	D+236	D+237	D+238	D+239
아침	베이스	쌀퀴노아	쌀퀴노아	쌀퀴노아	쌀퀴노아	쌀퀴노아	쌀퀴노아
	토핑	소고기브로콜리 양배추무	소고기브로콜리 양배추무	소고기브로콜리 양배추무	닭고기적채 사과고구마	닭고기적채 사과고구마	닭고기적채 사과고구마
	간식						
	NEW	**퀴노아** (알레르기: O / X)			**적채** (알레르기: O / X)		
	먹은 양	/	/	/	/	/	/
점심	베이스	쌀오트밀	쌀오트밀	쌀오트밀	쌀오트밀	쌀오트밀	쌀오트밀
	토핑	달걀애호박 시금치당근	달걀애호박 시금치당근	달걀애호박 시금치당근	소고기무 아욱양파	소고기무 아욱양파	소고기무 아욱양파
	간식						
	먹은 양	/	/	/	/	/	/
저녁	베이스	쌀보리	쌀보리	쌀보리	쌀보리	쌀보리	쌀보리
	토핑	닭고기아욱 무양배추	닭고기아욱 무양배추	닭고기아욱 무양배추	시금치당근 청경채애호박	시금치당근 청경채애호박	시금치당근 청경채애호박
	간식						
	먹은 양	/	/	/	/	/	/

		31	32	33	34	35	36
개월수		D+240	D+241	D+242	D+243	D+244	D+245
아침	베이스	쌀퀴노아	쌀퀴노아	쌀퀴노아	쌀퀴노아	쌀퀴노아	쌀퀴노아
	토핑	소고기비트 애호박아욱	소고기비트 애호박아욱	소고기비트 애호박아욱	소고기당근 브로콜리토마토	소고기당근 브로콜리토마토	소고기당근 브로콜리토마토
	간식						
	NEW	**비트** (알레르기: O / X)			**토마토** (알레르기: O / X)		
	먹은 양	/	/	/	/	/	/
점심	베이스	쌀오트밀	쌀오트밀	쌀오트밀	쌀오트밀	쌀오트밀	쌀오트밀
	토핑	달걀청경채 브로콜리적채	달걀청경채 브로콜리적채	달걀청경채 브로콜리적채	닭고기비트 고구마적채	닭고기비트 고구마적채	닭고기비트 고구마적채
	간식						
	먹은 양	/	/	/	/	/	/
저녁	베이스	쌀보리	쌀보리	쌀보리	쌀보리	쌀보리	쌀보리
	토핑	닭고기양배추 양파단호박	닭고기양배추 양파단호박	닭고기양배추 양파단호박	청경채단호박 아욱무	청경채단호박 아욱무	청경채단호박 아욱무
	간식						
	먹은 양	/	/	/	/	/	/

★ 새롭게 먹어본 재료 : 퀴노아, 적채, 비트, 토마토

중기 토핑 이유식 식단표 2단계(37~48일)

▷하루 세 끼 기준 식단표입니다

		37	38	39	40	41	42
개월수		D+246	D+247	D+248	D+249	D+250	D+251
아침	베이스	쌀흑미	쌀흑미	쌀흑미	쌀흑미	쌀흑미	쌀흑미
	토핑	소고기비트 브로콜리애호박	소고기비트 브로콜리애호박	소고기비트 브로콜리애호박	달걀토마토범벅 새송이브로콜리	달걀토마토범벅 새송이브로콜리	달걀토마토범벅 새송이브로콜리
	간식						
	NEW	**흑미** (알레르기: O / X)			**새송이버섯** (알레르기: O / X)		
	먹은 양	/	/	/	/	/	/
점심	베이스	쌀오트밀	쌀오트밀	쌀오트밀	쌀오트밀	쌀오트밀	쌀오트밀
	토핑	달걀청경채 양파당근	달걀청경채 양파당근	달걀청경채 양파당근	소고기아욱 애호박당근	소고기아욱 애호박당근	소고기아욱 애호박당근
	간식						
	먹은 양	/	/	/	/	/	/
저녁	베이스	쌀퀴노아	쌀퀴노아	쌀퀴노아	쌀퀴노아	쌀퀴노아	쌀퀴노아
	토핑	적채오이 단호박브로콜리	적채오이 단호박브로콜리	적채오이 단호박브로콜리	사과적채 비트시금치	사과적채 비트시금치	사과적채 비트시금치
	간식						
	먹은 양	/	/	/	/	/	/

		43	44	45	46	47	48
개월수		D+252	D+253	D+254	D+255	D+256	D+257
아침	베이스	쌀흑미	쌀흑미	쌀흑미	쌀흑미	쌀흑미	쌀흑미
	토핑	소고기비트 애호박배추	소고기비트 애호박배추	소고기비트 애호박배추	생선양파 브로콜리배추	생선양파 브로콜리배추	생선양파 브로콜리배추
	간식						
	NEW	**배추** (알레르기: O / X)			**흰살 생선** (알레르기: O / X)		
	먹은 양	/	/	/	/	/	/
점심	베이스	쌀오트밀	쌀오트밀	쌀오트밀	쌀오트밀	쌀오트밀	쌀오트밀
	토핑	닭고기브로콜리 양파당근	닭고기브로콜리 양파당근	닭고기브로콜리 양파당근	소고기시금치 적채애호박	소고기시금치 적채애호박	소고기시금치 적채애호박
	간식						
	먹은 양	/	/	/	/	/	/
저녁	베이스	쌀퀴노아	쌀퀴노아	쌀퀴노아	쌀퀴노아	쌀퀴노아	쌀퀴노아
	토핑	청경채새송이 단호박토마토	청경채새송이 단호박토마토	청경채새송이 단호박토마토	닭고기새송이 양배추비트	닭고기새송이 양배추비트	닭고기새송이 양배추비트
	간식						
	먹은 양	/	/	/	/	/	/

★ **새롭게 먹어본 재료: 흑미, 새송이버섯, 배추, 흰살 생선**

★ 달걀토마토범벅 레시피는 p.275를 참고하세요.

중기 토핑 이유식 식단표 2단계(49~60일)

▷하루 세 끼 기준 식단표입니다

		49	50	51	52	53	54
개월수		D+258	D+259	D+260	D+261	D+262	D+263
아침	베이스	쌀수수	쌀수수	쌀수수	쌀수수	쌀수수	쌀수수
	토핑	소고기토마토 소스시금치적채	소고기토마토 소스시금치적채	소고기토마토 소스시금치적채	소고기비트양파 연근	소고기비트양파 연근	소고기비트양파 연근
	간식						감자퓌레 or 감자전
	NEW	**수수** (알레르기: O / X)			**연근** (알레르기: O / X)		**감자** (알레르기: O / X)
	먹은 양	/	/	/	/	/	/
점심	베이스	쌀오트밀	쌀오트밀	쌀오트밀	쌀오트밀	쌀오트밀	쌀오트밀
	토핑	달걀새송이 당근배추	달걀새송이 당근배추	달걀새송이 당근배추	닭고기토마토 시금치새송이	닭고기토마토 시금치새송이	닭고기토마토 시금치새송이
	간식						
	먹은 양	/	/	/	/	/	/
저녁	베이스	쌀흑미	쌀흑미	쌀흑미	쌀흑미	쌀흑미	쌀흑미
	토핑	배추애호박 청경채무	배추애호박 청경채무	배추애호박 청경채무	청경채양배추 애호박양파	청경채양배추 애호박양파	청경채양배추 애호박양파
	간식						
	먹은 양	/	/	/	/	/	/

		55	56	57	58	59	60
개월수		D+264	D+265	D+266	D+267	D+268	D+269
아침	베이스	쌀수수	쌀수수	쌀수수	쌀수수	쌀수수	쌀수수
	토핑	달걀순두부조림 비타민당근	달걀순두부조림 비타민당근	달걀순두부조림 비타민당근	소고기양송이버섯 볶음적채배추	소고기양송이버섯 볶음적채배추	소고기양송이버섯 볶음적채배추
	간식						
	NEW	**비타민** (알레르기: O / X)			**양송이버섯** (알레르기: O / X)		
	먹은 양	/	/	/	/	/	/
점심	베이스	쌀오트밀	쌀오트밀	쌀오트밀	쌀오트밀	쌀오트밀	쌀오트밀
	토핑	닭고기연근 시금치당근	닭고기연근 시금치당근	닭고기연근 시금치당근	생선비타민 브로콜리단호박	생선비타민 브로콜리단호박	생선비타민 브로콜리단호박
	간식						
	먹은 양	/	/	/	/	/	/
저녁	베이스	쌀흑미	쌀흑미	쌀흑미	쌀흑미	쌀흑미	쌀흑미
	토핑	소고기연근아욱 새송이	소고기연근아욱 새송이	소고기연근아욱 새송이	청경채애호박 연근비트	청경채애호박 연근비트	청경채애호박 연근비트
	간식						
	먹은 양	/	/	/	/	/	/

★ 새롭게 먹어본 재료: 수수, 연근, 감자, 비타민, 양송이버섯

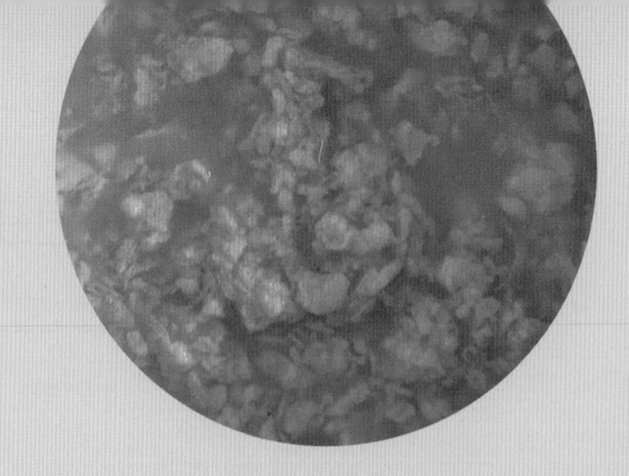

2장

중기 토핑 이유식 1단계

중기 토핑 이유식 1단계 베이스죽

중기 이유식 식단표에는 현미부터 1~2주 간격으로 잡곡류인 보리, 흑미, 수수, 퀴노아 등이 추가됩니다. 순서대로 잡곡을 넣고 베이스죽 만드는 방법을 소개할게요. 초기 이유식에서 오트밀을 시도해 보았고, 중기 이유식에서(초기에서도 가능) 현미부터 시도해볼게요.

《튼이 이유식》 중기 레시피에는 쌀가루, 후기 레시피에는 불린 쌀 무게가 적혀 있어요. 그 양에서 반을 빼고 잡곡을 반 더해 똑같이 죽 이유식을 만들면 잡곡을 넣은 죽 이유식이 돼요.

중기 이유식 1단계 첫 시작할 때 베이스죽/토핑의 양

중기 이유식 시작은 베이스죽 50g, 소고기 15g, 채소 15g, 채소 15g, 채소 15g, 1회 먹는 양을 110g으로 했어요. 조금 더 양을 늘려서 주려면 베이스죽을 60~70g으로 소분해보세요. 참고로 중기 이유식 기준 적당량을 알려드릴게요.

★ 베이스죽(쌀, 잡곡 등): 한 끼당 50~80g

★ 고기: 한 끼당 10~15g

★ 채소: 한 가지당 10~15g

중기 토핑 이유식 쉽게 하는 방법: 쌀가루/잡곡가루 활용하기

쌀과 잡곡은 충분히 불려서 사용해요. 5배죽이면 적당합니다(불린 쌀+불린 잡곡 양×5배 육수&물 넣기). 조금 더 편하려면 쌀가루를 사용해요. 중기용 쌀가루, 잡곡가루는 30분 정도만 불려도 돼요. 곱게 갈린 가루 형태가 아니라 쌀이나 잡곡을 조각낸 거라 보면 됩니다.

중기 1단계	베이스죽

현미쌀죽(10배죽)

재료

☐ 중기 1단계 쌀가루 40g
☐ 중기 현미가루 40g
☐ 육수 800mL

완성량

2주분(50g×14회분)

TIP. **만들기 전에 꼭 읽어보세요**

1. 1주 분량은 레시피 양에서 1/2로 줄이면 돼요.
2. 소고기육수, 닭고기육수, 채소육수 모두 가능합니다.
3. 육수가 없다면 물만 넣고 만들어도 돼요. 단, 육수를 넣으면 훨씬 맛있습니다.
4. 밥솥 대신 냄비에 끓여도 됩니다. 냄비 이용 시 2~3분 센 불로 끓이다가 팔팔 끓어오르면 약한 불로 줄이고 10~12분 정도 저어가며 푹 익을 때까지 끓여요.
5. 사용한 밥솥: 쿠첸 크리미 6인용(밥솥에 따라 결과가 다르며, 이유식이 넘칠 수 있으니 주의하세요.)
6. 쌀과 잡곡은 최대 5:5 비율까지만! 잡곡이 쌀보다 많으면 안 돼요(돌 전까지).
7. 레시피에 적힌 잡곡 외에 다른 잡곡으로 변경해도 괜찮아요.
8. 잡곡도 테스트할 때마다 하나씩 시도해보세요.

1. 중기 쌀가루, 중기 현미가루, 육수, 밥솥, 스패출러를 준비해요. 밥솥 이유식을 토핑 이유식에 접목시킬 수 있어요.

2. 내솥에 육수, 쌀가루, 현미가루를 모두 넣고 휘휘 저어주세요. 밥솥에 넣고 이유식 1단계로 맞춰요(60분 소요, 쿠첸 크리미 6인용 기준). 쌀가루, 현미가루는 30분 불려서 쓰세요.

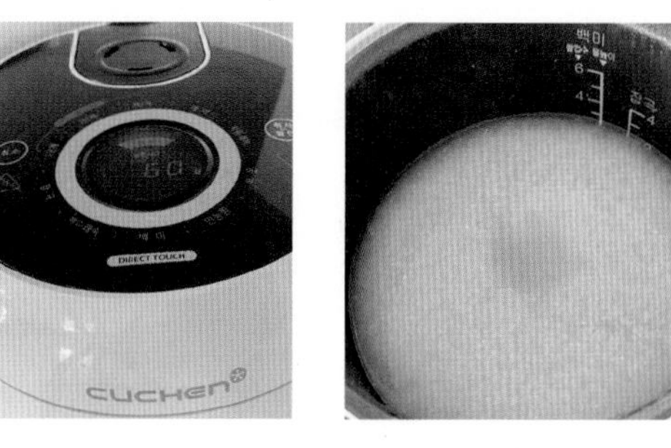

3. 현미쌀죽 완성입니다.

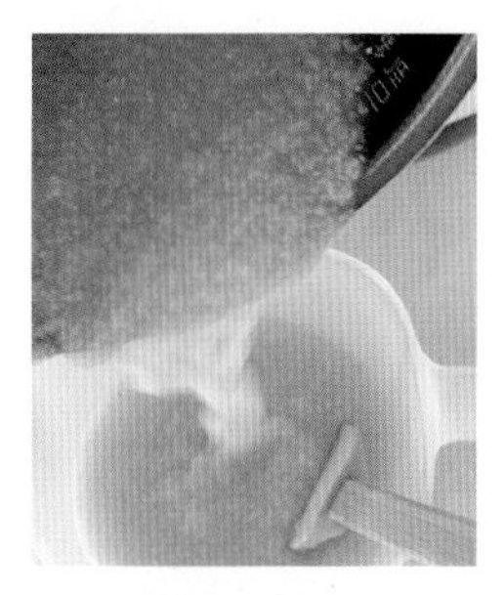

4. 소분하기 편한 컵에 이유식을 옮겨 담아요.

5. 30g짜리 큐브에 25g씩 나눠 담아요.

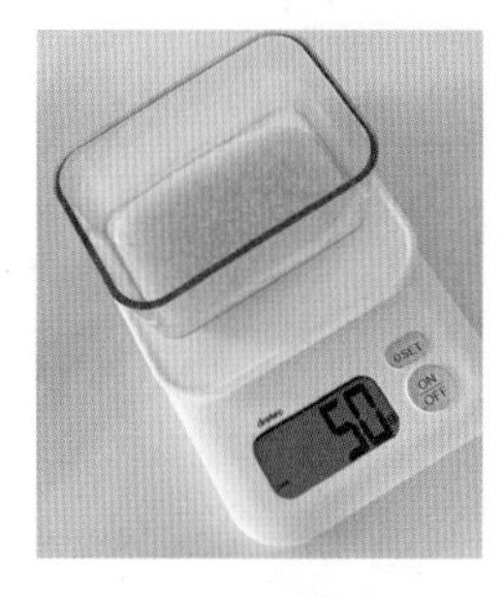

6. 이유식 용기에는 1회 분량으로 50g씩 담았어요.

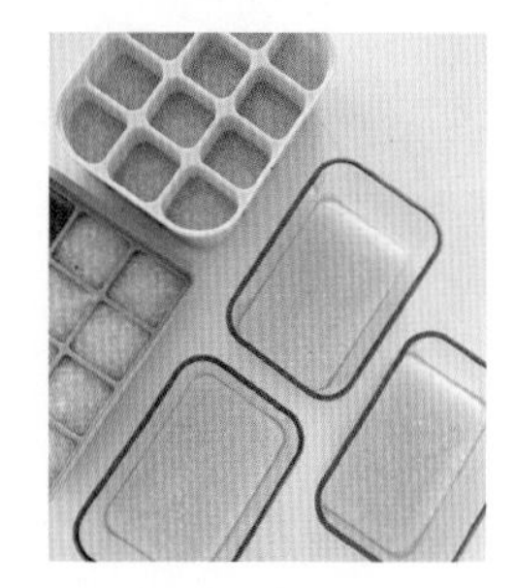

7. 50g씩 14회 분량. 1회 양을 좀 더 늘리고 싶으면 60g, 70g씩 소분해요.

8. 이유식 용기에 토핑을 모두 넣고 해동 후 데워 먹여요. 약간 섞이지만 편해요.

닭고기

재료

- ☐ 닭안심살 1팩 (400g)
- ☐ 닭고기 삶을 물 1.5L

완성량

15g씩 10개

닭고기는 초기 이유식부터 사용할 수 있어요. 이 레시피는 초기, 중기, 후기 토핑 이유식에서 모두 활용할 수 있어요. 입자 크기만 다르게 해요. 초기엔 작은 입자로 갈아서 쓰고, 중기엔 3mm, 후기에는 5~7mm 정도로. 소고기처럼 닭고기도 입자 적응하는 데 오래 걸려요. 구역질하고 토할 수 있는데 그러면 좀 더 갈아주세요.

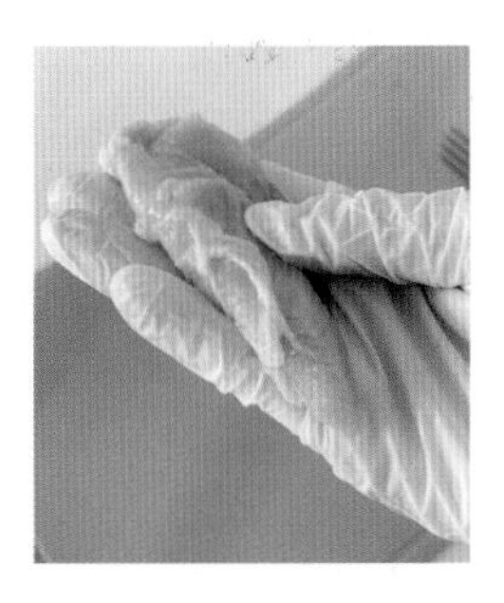

1. 닭안심살은 힘줄과 막을 손질해요. 손으로 잡아떼거나 칼로 살살 긁어서 제거해주세요.

2. 포크로 힘줄을 제거하면 조금 더 쉬워요. 힘줄 부분을 잡고 칼로 긁어내면서 분리하는 방법도 있어요.

3. 닭안심살을 손질했더니 227g 정도 나오네요. 분유가루를 탄 찬물에 재웠다가 흐르는 물에 세척해 주세요.

4. 냄비에 1.5L의 물을 붓고 닭고기를 넣은 후 불을 켭니다. 닭고기를 모두 삶은 후 닭고기 육수로 활용 가능합니다.

5. 센 불에서 15분 정도 삶아요. 떠오르는 하얀색 거품은 전부 걷어내요.

6. 다 익은 닭고기는 꺼내 한 김 식혔다가 다지기에 넣고 갈아요. 잘 안 갈리면 닭고기 삶은 물을 조금 추가해주세요.

7. 중기 기준 3mm 정도 크기면 적당해요. 아이가 닭고기를 처음 접한다면 조금 더 잘게 다져주세요.

8. 30g짜리 12구 큐브를 준비합니다. 닭고기는 최대한 잘게 다졌어요.

9. 닭고기 삶은 물(육수)도 조금 섞어서 담아주세요. 그럼 촉촉해지고 해동 후 먹일 때도 너무 퍽퍽하지 않아요.

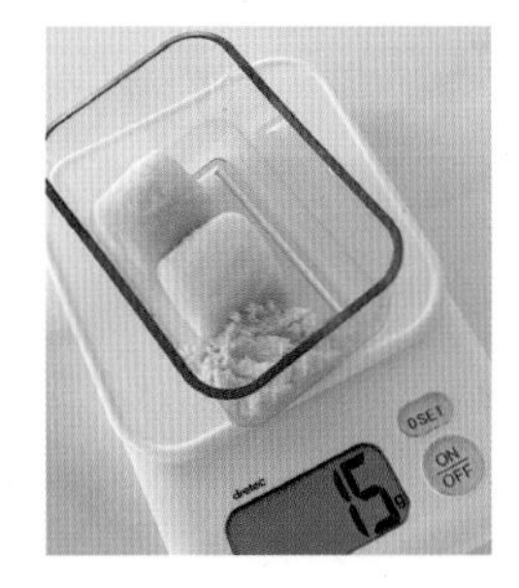

10. 바로 먹이거나 다음날 먹일 이유식용으로 15g 소분해서 담아두었어요(옆에는 현미쌀죽 60g).

11. 15g씩 총 10개 완성했어요. 2개는 따로 담아두어 큐브에는 8개 담겨 있어요.

닭고기

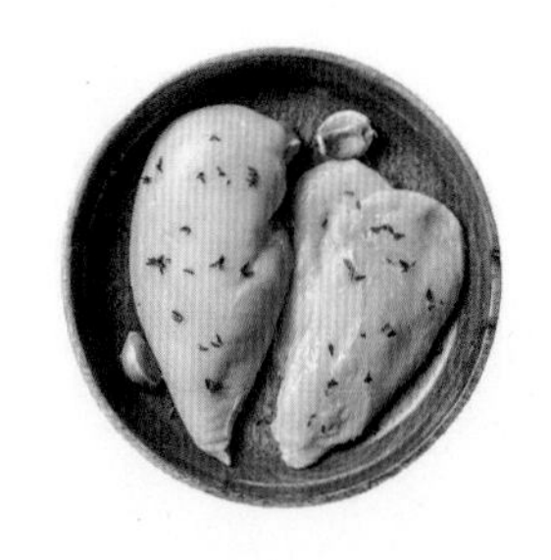

영양성분

닭고기에는 비타민B6 및 B12, 철, 아연, 콜린, 셀레늄 등의 영양소가 들어 있어 아기의 성장 발육과 항산화작용, 세포 발달, 건강한 혈액 생성 등에 도움이 됩니다. 또한 아기의 뇌, 근육, 신경계, 심장, 피부 및 모발을 발달시키는 데 필요한 단백질 공급원이에요. 소고기보다 단백질이 많아요. 닭 육수를 우려내 만든 치킨 수프는 감기에도 효과가 있어요.

보관법

닭고기는 빨리 상하기 때문에 바로 조리해서 먹어야 해요. 특히 살모넬라균을 조심해야 합니다. 반드시 냉장, 냉동 보관하고, 상온에 오래 방치하면 안 돼요. 냉동한 닭고기를 해동할 때도 상온 해동은 절대 금지이며(급속도로 변질되고, 세균 수가 폭증하기 때문), 냉장고에서 천천히 해동해요. 또한 생 닭고기를 만진 손으로 칼이나 도마를 만지면 오염되므로 곧바로 손을 씻어주세요.

닭고기와 궁합이 좋은 식재료

지방이 많은 음식, 잎채소, 견과류 등과 어울려요. 아보카도, 땅콩버터, 고구마, 감자, 호박, 당근, 콜리플라워, 청경채, 케일, 시금치 등 채소류나 사과, 배, 석류, 파인애플 같은 과일과도 잘 어울립니다.

자기주도이유식에서 닭고기 활용하기

생후 6개월부터 자기주도이유식이 가능합니다. 처음에는 큰 사이즈가 좋아요. 닭 껍질과 부서진 뼈, 연골을 제거하고 익힌 닭다리를 줘도 괜찮습니다. 뼛조각 등이 걱정되면 닭가슴살, 닭 안심을 익힌 후 길게 잘라서 손에 쥘 수 있게 줘보세요.

생후 9개월 이후, 아기가 손가락으로 잘 집을 수 있으면 닭가슴살이나 안심살을 익히고 다진 후 스스로 집어 먹을 수 있게 주세요. 닭고기를 갈아서 만든 완자 형태로도 제공 가능합니다.

어떤 닭고기를 사야 할까?

무항생제라고 적혀 있는 제품들이 있어요. 무항생제는 항생제를 아예 사용하지 않는 걸 뜻할까요? 항생제가 들어간 사료가 금지된 건 2012년입니다. 정부 기준에 따르면 무항생제와 일반 축산물의 차이는 동물을 도축하기 전 며칠 동안 항생제 사용을 금지하는 이른바 '휴약 기간'을 늘린 것뿐이랍니다. 예를 들어 일반 돼지고기가 출하 전 5일 동안 어떤 항생제 사용이 금지돼 있다면, 무항생제는 열흘 동안 이 약품을 쓰지 못할 뿐, 항생제로 키우는 건 똑같습니다. 실제 도축장 항생제 검사에서 무항생제와 일반 축산물 모두 양성 판정을 받아 유통이 금지된 적도 있어요.

그렇다면 어떤 고기가 좋은 고기일까요? 드넓은 환경에서(케이지에 갇혀 있지 않은) 목초를 먹으며 돌아다닌 소, 닭이 좋은 건 맞습니다. 동물복지 표기가 되어 있는 것도 좋고요. 개인적으로는 무항생제 정도만 해도 괜찮다고 생각해요.

닭고기 잡내 없애는 방법

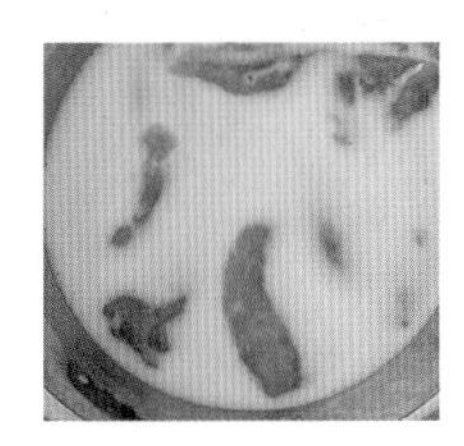

바로 우유에 재우기입니다. 돌 이전 이유식을 먹는 아기들은 우유를 사용할 수가 없으니, 돌 전 아기들이 먹을 닭고기는 모유나 분유에 재우면 됩니다. 우리 아기는 완모라서 분유가 없다면, 끓는 물에 잠깐 데쳐서 사용해요. 이때 데친 물은 버리고 새로 물을 끓여서 삶으면 됩니다.

1. 분유가루를 탄 찬물에 재우기
2. 끓는 물에 데친 후 사용하기

닭고기를 삶을 때 양파, 대파 등 채소를 넣고 익혀도 좋아요. 삶고 남은 물은 닭고기 육수로 사용합니다(냉장 3일 이내, 냉동 2주 이내 사용).

닭고기를 분유에 재우는 방법은 다음과 같습니다. 큰 볼에 닭고기가 잠길 정도로 찬물을 붓고, 분유가루 2~3스푼을 넣고 풀어줍니다. 닭고기를 넣고 30분 정도 재워두세요. 날이 덥거나 집 안 기온이 높으면 상온에 두지 말고 랩을 씌우거나 뚜껑을 덮어 냉장고에 넣어두는 게 좋아요.

중기 1단계	토핑 이유식

닭고기완두콩당근브로콜리 현미쌀죽

재료

- ☐ 닭고기 15g
- ☐ 완두콩 10g
- ☐ 당근 10g
- ☐ 브로콜리 10g
- ☐ 현미쌀죽 60g

완성량
1회분

이유식 큐브용으로 적합한 닭고기 부위는 닭가슴살, 닭안심살 2가지입니다. 닭가슴살보다는 닭안심살이 조금 더 부드러워요. 다만 닭가슴살이 손질하기 편해요.

1. 먹이기 전날 6구짜리 실리콘 큐브에 토핑을 담고 냉장 해동해요. 먹일 때 전자레인지에 30초~1분 정도 데우고 식판에 옮겨 담아요.

2. 끓여서 식힌 물을 조금씩 먹여요. 저는 배도라지차를 끓여놨다가 냉장해서 뜨거운 물을 섞어 먹였어요. 이유식 보자마자 빨리 달라고 우네요.

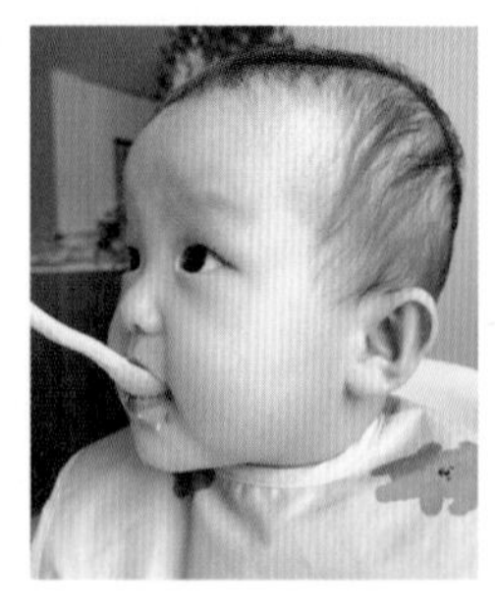

3. 닭고기는 아기들이 좋아하는 편이에요. 만일 한입만 먹고 뱉더라도 계속 보여주고, 맛보게 하면서 도전할 수 있게 해주세요.

4. 오늘도 완밥했어요.

중기 1단계	토핑

양파

재료

- □ 양파 1개

완성량

15g씩 11개

양파가 매워서 토핑도 맵지 않을까 싶은데요. 찌거나 볶거나 익히면 매운 맛은 사라지고 단맛이 올라와요. 특히 육수를 만들 때 넣으면 감칠맛이 더해져요.

1. 양파는 중간 사이즈로 1개 준비해요. 큰 사이즈는 1/2만 사용해요. 양쪽 끝을 조금씩 자르고 가장 바깥쪽 껍질을 제거해요. 흐르는 물에 세척하고 반으로 잘라요.

2. 겹겹이 떼어내 찜기에 넣어주세요. 양파를 익히는 방법은 3가지, 찜기에 찌기, 끓는 물에 익히기, 팬에 볶기입니다. 찌는 방법을 추천해요.

3. 15분 정도 쪄요. 직접 먹어봤을 때 매운맛이 날아가고 흐물흐물한 식감이면 잘 익은 거예요.

4. 한 김 식힌 후 믹서에 다져주세요.

5. 중기 이유식 기준 3mm 정도 입자 크기면 적당합니다.

6. 1회 분량 15g씩 소분해요.

7. 총 11개의 양파 토핑 완성입니다.

양파

영양성분

양파는 수분이 전체의 90%를 차지합니다. 비타민B6와 엽산, 비오틴, 콜린이 포함되어 있는데, 아기 성장에 중요한 영양소입니다. 철분 흡수에 도움되는 비타민C도 포함되어 있어요. 섬유질이 많은 편이라 소화 기능이나 배변활동에 도움이 돼요. 다만 너무 많은 양을 섭취하면 복부 팽만감이나 가스가 찰 수 있으므로 소량으로 시작하여 점차 양을 늘려주세요. 양파는 껍질 가까운 바깥쪽에 영양소가 더 많이 들어 있으므로 가장 바깥쪽 껍질만 벗겨내고 사용해요.

보관법

좋은 양파는 무르지 않고 단단하며, 껍질이 선명하고 잘 말라 있어요. 양파는 밀봉하면 수분 때문에 쉽게 무를 수 있어, 통풍이 잘 되는 곳에서 보관해요. 양파 망에 담은 채로 서늘한 곳에 두세요. 금방 소진할 양파는 겉껍질을 벗기고 세척하여 랩이나 지퍼백, 진공 밀폐용기 등에 넣어 냉장 보관 후 사용해요. 양파의 매운맛을 줄이려면 찬물에 잠시 담가두세요.

양파와 궁합이 좋은 식재료

소고기, 닭고기, 달걀, 양고기, 멸치, 연어, 양배추, 당근, 오이, 피망, 파프리카, 완두콩, 감자 등

자기주도이유식에서 양파 활용하기

생후 6개월부터 자기주도이유식이 가능합니다. 처음에는 충분히 익혀서 얇게 잘라주는 게 (돌 이전까지) 좋아요. 이 시기에는 양파를 단독으로 주거나 다른 음식에 섞어서 요리한 후 제공해도 좋아요. 예를 들어 양파를 다져 넣은 달걀오믈렛이나 소고기완자, 닭고기완자, 새우완자 등의 요리로 활용해도 괜찮습니다.

생후 9개월 이후, 아기가 손가락으로 잘 집을 수 있으면, 양파를 익히고 다진 후 스스로 집어 먹을 수 있게 주세요. 돌 이후까지 익힌 양파를 다져서 주거나, 요리에 활용해도 좋아요.

닭고기양파청경채달걀노른자 현미쌀죽

재료

- ☐ 닭고기 15g
- ☐ 양파 15g
- ☐ 청경채 15g
- ☐ 달걀노른자 5~6g
- ☐ 현미쌀죽 60g

완성량
1회분

양파는 세계적으로 생산량이 많은 3대 채소 중 하나입니다. 고대 이집트에서는 노동자들의 원기를 북돋아 주는 음식으로 사용했답니다. 다양한 영양소가 들어 있어서 이유식 시기에 먹이기 좋은 재료입니다.

1. 아이가 달갈노른자 토핑을 먹다가 구역질을 하거나 힘들어하면 베이스죽에 섞어서 조금씩 먹여보세요. 닭고기 토핑도 단독으로 줬을 때 먹기 힘들어하면 베이스죽을 섞어 주면 잘 먹는답니다.

중기 1단계	토핑

두부

재료

- ☐ 두부 50~55g
- ☐ 물 500mL

완성량

15g씩 3회분

토핑 이유식은 순두부나 연두부같은 묽은 질감보다는 일반 두부를 사용하면 편해요. 그렇다고 한 종류의 두부만 사용하지 말고 연두부, 순두부, 일반 두부를 골고루 먹여보세요. 음식의 질감을 직접 맛보고 느끼는 건 정말 중요하니까요.

1. 국내산 콩 100%, 응고제는 해양심층수로 만든 두부를 구매했어요. 남은 두부는 밀폐용기에 담아 찬물을 붓고 소금을 약간 넣어 냉장 보관합니다.

2. 두부는 냉동 보관하면 단백질이 응집되어 영양분이 올라가지만 식감이 변해서 냉동하지 않고 3일분만 만들었어요.

3. 냄비에 물 500mL를 넣어요. 정수기 물, 생수 모두 가능해요.

4. 물이 끓으면 두부를 넣고 1~2분 정도 데친 후에 체망으로 건져내요.

5. 키친타월로 물기를 제거해요. 꾹꾹 눌러 짜지 말고 간단하게 물기를 제거해 주세요.

6. 포크나 매셔로 으깨주세요.

7. 한 끼당 15g씩 소분해요. 좀 더 적거나 많아도 문제없어요.

8. 한 끼 분량씩 이유식 큐브나 이유식 용기에 담아 냉장 보관합니다(3일간 사용 가능).

두부

영양성분

단백질이 풍부하고 식물성 지방과 성장하는 데 필요한 영양소가 함께 들어 있습니다. 생두부보다 얼렸을 때 단백질 함량이 높아지지만, 이유식에서는 얼리면 식감과 색이 변질돼서 추천하지 않아요.

알레르기 가능성

아이들의 경우 1% 미만이 콩 알레르기가 있지만 그 어린이의 약 70% 정도는 10살까지 알레르기를 극복할 수 있습니다.

보관법

밀폐용기에 물을 붓고 소금을 조금 뿌려 두부를 담가두면 신선한 맛을 오래 유지할 수 있어요.

두부와 궁합이 좋은 식재료

파프리카, 피망, 오렌지, 완두콩, 양배추, 토마토, 마늘, 양파 등의 채소와 참기름, 들기름을 두부와 함께 요리해도 좋아요.

자기주도이유식에서 두부 활용하기

생후 6개월부터 자기주도이유식이 가능합니다. 두부를 뜨거운 물에 데치거나 팬에 구운 후 손에 잡기 쉬운 형태로 잘라주세요. 생후 9개월 이후 아기가 손가락으로 잘 집을 수 있을 수 있으면 한입 크기로 잘라줘도 괜찮아요.

돌 이후엔 순두부나 연두부를 스푼과 함께 제공해보세요. 처음엔 당연히 스푼을 잘 사용하지 못합니다. 손으로 스푼을 집고, 음식을 떠서 입으로 가져가는 걸 도와주세요. 연습하다 보면 점점 더 잘하게 됩니다. 기다림이 필요합니다.

중기 1단계 | 토핑 이유식

두부양배추브로콜리단호박 쌀현미죽

재료

- ☐ 두부 15g
- ☐ 양배추 15g
- ☐ 브로콜리 15g
- ☐ 단호박 15g
- ☐ 쌀현미죽 60g

완성량
총 120g 1회분

두부를 냉동하면 식감이 확 달라져서 아기들이 잘 씹지 못하거나 싫어할 수 있어요. 색감도 어둡게 바뀝니다. 그래서 3일분만 만들어 냉장했다가 데워 먹이는 걸 추천해요.

1. 두부 이유식 2일차엔 이유식 용기에 모든 베이스죽과 토핑을 담아 냉장 해동 후 데워 먹였어요.

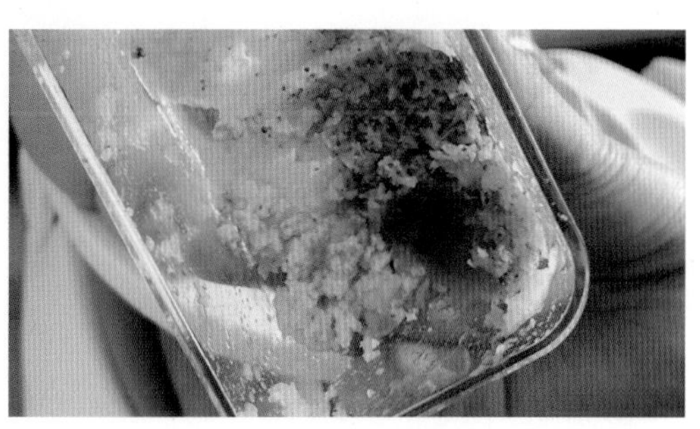

2. 먹이다 보면 조금씩 섞이는데요. 처음엔 각각 먹여보고 그다음엔 섞어서 먹여도 전혀 문제없어요.

중기 1단계 | 베이스죽

쌀보리죽(10배죽)

재료

- ☐ 중기 1단계 쌀가루 45g
- ☐ 중기용 보리가루 45g
- ☐ 육수 또는 물 900mL

완성량

60g씩 14개

중기 이유식에서는 2주에 한 번씩 새로운 잡곡을 시도해보았어요. 2주 동안 먹을 14회분 쌀보리죽을 만들어봅니다. 밥솥으로 하는 게 제일 편해요. 해당 재료를 냄비에 넣고 끓여도 됩니다. 다만 손에 죽이 튈 경우 화상을 입을 수 있으니 주의하세요. 냄비로는 10~15분 정도 끓이고, 직접 먹어보면서 푹 익었다는 느낌이면 됩니다.

1. 쿠첸 크리미 6인용입니다. 중기 이유식에서는 이유식 1단계 모드(60분)를 사용해요.

2. 중기용 보리가루입니다. 완전히 고운 가루 형태가 아닌, 조각난 형태입니다. 밥솥으로 만들면 굳이 불리지 않아도 푹 익어요.

3. 중기 1단계 쌀가루입니다. 중기 1단계에 적당한 입자 크기입니다.

4. 내솥에 육수 또는 물 900mL를 부어요. 육수가 없으면 물만 넣어도 돼요. 육수를 사용하면 감칠맛이 나요.

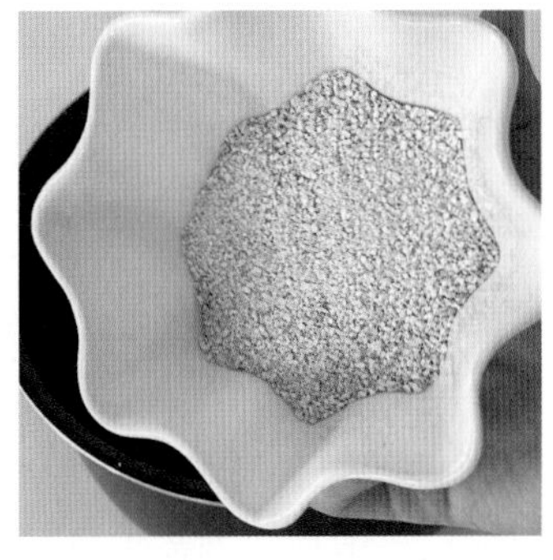

5. 쌀가루와 보리가루를 넣어줍니다. 한번 저어준 후 밥솥에 내솥을 넣어요. 중기 쌀가루와 잡곡가루를 육수에 넣은 채 30분 정도 불렸다가 만들면 식감이 더 부드러워요.

6. 이유식 모드 1단계(60분)로 진행되는 동안 아기랑 놀거나 다른 일을 할 수 있어요. 완료 후 깜빡해서 시간이 좀 지나도 괜찮아요. 완성 후 뜸을 들이면 조금 더 부드러워지거든요.

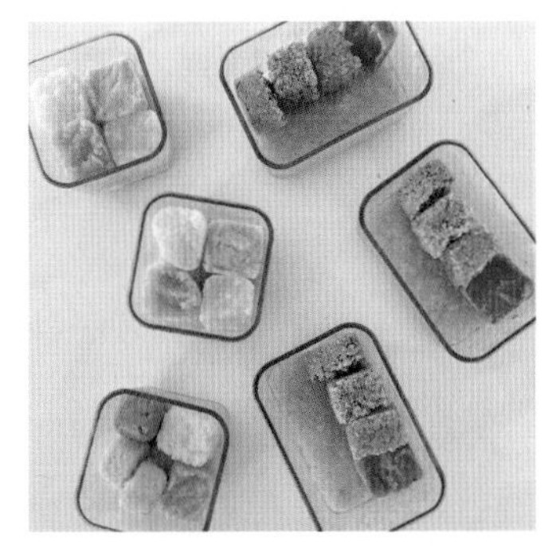

7. 완성된 베이스죽은 이유식 용기에 소분하여 냉동 보관해요. 소분한 베이스죽 위에 고기, 채소 토핑을 올려서 데워 먹이면 편해요.

보리

영양성분

보리에는 세포 성장에 필요한 탄수화물 75%, 단백질 10%, 지방 0.5% 정도 들어 있어요. 그 외 섬유질, 비타민, 무기질 등도 포함되어 있는데, 특히 보리는 다른 곡물에 비해 섬유질을 많이 함유하고 있어 건강한 소화와 원활한 배변활동에 도움이 돼요. 통보리 100g의 식이섬유 함량은 하루 충분 섭취량 30g(30~49세 성인 남성 기준)의 약 40% 이상입니다.

알레르기 가능성

밀가루 알레르기가 있는 경우 보리에도 알레르기 반응을 보일 수 있어요.

보리 선택 및 보관법

보리는 재배할 때 살충제를 많이 사용합니다. 보리를 물로 잘 헹군 후 사용하면 잔류 농약을 제거하는 데 도움이 돼요. 유기농 보리, 국산 보리 제품을 추천해요. 보관 시에는 벌레가 생기기 쉬우므로 밀봉한 채 서늘한 곳에 보관해요. 냉장 보관을 해도 괜찮습니다. 밥을 지을 때 비율은 쌀이랑 보리 비율이 7:3 정도가 적당합니다.

보리와 궁합이 좋은 식재료: 채소, 과일, 치즈, 요거트 등 유제품

자기주도이유식에서 보리 활용하기

생후 6개월부터 이유식 첫 시작 시기에는 죽 형태로 제공하는 게 좋습니다. 스푼을 쥐여주고 연습을 해도 좋은 시기죠. 다만 아직은 숟가락 사용이 어려운 시기입니다. 생후 9개월부터 손가락으로 집을 수 있도록 보리를 첨가한 간식이나 반찬을 만들어주세요. 보리를 넣은 팬케이크, 빵도 괜찮습니다. 돌 이후에는 숟가락 사용을 더 많이 연습시켜보세요. 스스로 떠먹는 연습을 일찍, 자주, 많이 할수록 스스로 먹게 되는 날이 빨라집니다.

소고기브로콜리당근단호박 쌀보리죽

재료

- ☐ 소고기 15g
- ☐ 브로콜리 15g
- ☐ 당근 15g
- ☐ 단호박 15g
- ☐ 쌀보리죽 60g

완성량

총 120g 1회분

보리는 세계 4대 작물 중 하나입니다. 쌀에 여러 곡물을 섞은 잡곡밥 중심의 식사가 성인병 예방의 대안이 될 수도 있어요.

1. 물도 같이 주면서 이유식을 먹어요.

2. 소고기를 단독으로 먹기 힘들어하면 쌀보리죽에 섞어서 먹여요.

중기 1단계	토핑

시금치

재료

☐ 시금치 180g

완성량

15g씩 10개

시금치는 질산염이 있어서 6개월 이전에는 추천하지 않아요. 뼈 건강과 세포 발달에 도움이 되는 비타민K와 폴리페놀이 많이 들어 있습니다.

1. 뿌리 제거 후 줄기 부분도 잘라요. 줄기 부분을 먹어도 괜찮지만 아직은 부드러운 잎만 주는 게 좋아요.

2. 다듬고 나니 잎 부분만 180g 정도 나오네요.

3. 볼에 물을 받아 시금치를 5분 정도 담가두었다가 흐르는 물에 30초 이상 세척해주세요.

4. 넉넉한 사이즈의 냄비에 물을 붓고 끓으면 시금치를 넣어요. 2분 30초~3분 정도면 부드럽게 익어요.

5. 데친 시금치는 체망에 밭쳐 물기를 빼요.

6. 다지기나 믹서로 어느 정도 갈아준 후 칼로 3mm 정도 크기로 다져요.

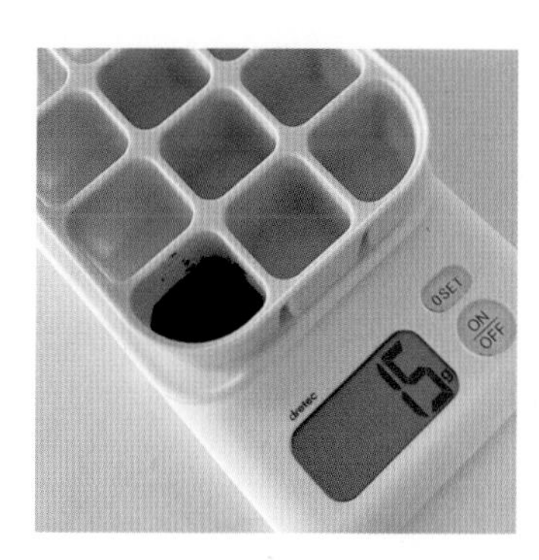

7. 15g씩 소분해요. 큐브 뚜껑을 닫고 하루 정도 냉동 후에는 큐브에서 꺼내 지퍼백이나 밀폐용기에 보관해요.

시금치

영양성분

시금치는 비타민, 철분, 식이섬유 등 각종 영양성분이 다량 함유된 녹황색 채소입니다. 철분과 엽산이 풍부하여 빈혈과 치매 예방에 효과가 있어요. 시금치의 붉은색 뿌리에는 인체에 해로운 요산을 분해하여 배출시키는 구리와 망간이 다량 함유되어 있어 잎과 함께 섭취하면 좋아요. 이유식을 진행할 때는 뿌리를 제거하고 사용합니다.

시금치의 질산염

시금치는 질산염 수치가 높아요. 질산염은 자연적으로 발생하는 식물 화합물로 과도하게 섭취하면 혈중 산소 수치에 부정적인 영향을 미쳐서 빈혈을 발생시킬 수 있습니다. 그러나 미국 소아과학회 및 유럽식품안전청에서는 채소의 질산염은 아이들에게는 문제 되지 않는 것으로 간주합니다. 채소 섭취의 장점이 채소의 질산염 노출 위험보다 크기 때문이에요. 다양한 채소를 골고루 섭취하는 게 더 중요하다는 뜻입니다.

시금치와 궁합이 좋은 식재료

닭고기, 양고기, 돼지고기, 소고기, 아보카도, 달걀, 치즈, 감자, 치즈, 견과류(아몬드, 호두 등), 당근, 양파, 버섯, 토마토, 병아리콩, 피망, 바나나, 사과, 참깨, 들기름, 참기름

***두부, 근대와는 궁합이 좋지 않아요**(시금치의 수산, 옥살산 성분 때문에 결석을 유발할 수 있어요. 하지만 데치거나 익히면 그런 성분이 현저히 줄어들어요. 이유식에서는 익혀서 사용하므로 걱정하지 않아도 돼요).

자기주도이유식에서 시금치 활용하기

시금치 잎이 아기 입천장이나 혀에 달라붙어 기침이나 구역질을 유발할 수 있어요. 이러한 과정을 통해 스스로 먹는 걸 조절하는 연습이 되기도 해요. 다진 시금치를 달걀과 함께 요리해서 프리타타, 스크램블드에그, 오믈렛 형태로 제공해주세요.

중기 1단계 | 토핑 이유식

닭고기시금치양파단호박 쌀보리죽

재료

- ☐ 닭고기 15g
- ☐ 시금치 15g
- ☐ 양파 15g
- ☐ 단호박 15g
- ☐ 쌀보리죽 60g

완성량

총 120g 1회분

중기 이유식에서는 중기 쌀가루+중기용 보리가루를 반반 섞어 10배의 육수를 넣고 끓인 10배죽을 먹였어요. 되직한 걸 잘 먹으면 8, 7배 농도로 빠르게 넘어가도 됩니다.

1. 이유식을 먹기 전에 물을 조금 먹이고, 먹다가 구역질을 할 경우에도 물을 줍니다. 이유식을 다 먹은 후에도 물을 주고요.

2. 중요한 건 점차 이유식 양은 늘고, 수유 횟수와 양은 줄어드는 거예요. 몸무게도 완만하게 늘어나면 잘 먹고 있다는 뜻입니다.

중기 1단계	토핑

고구마와 고구마퓌레

재료

- □ 중간 크기 고구마 2~3개
- □ 물 또는 분유 또는 모유 약간(농도 조절용)

완성량

15g씩 10개(고구마 토핑)
90g(고구마퓌레)

고구마는 생후 6개월 이후 시도 가능한 재료에요. 에어프라이어에 굽거나 껍질 벗기고 자른 고구마를 밥솥에 넣어서 익혀도 돼요.

1. 오븐/에어프라이어는 200도로 10분 예열해두세요. 고구마는 세척 후 오븐/에어프라이어 팬에 담아요.

2. 40분 정도 구워요. 젓가락으로 찔러서 푹 들어가면 익은 거예요.

3. 껍질을 벗겨서 그릇 1개에는 90g, 또 다른 그릇에는 150g을 준비해요. 하나는 간식 고구마퓌레용, 다른 하나는 이유식 토핑용이에요.

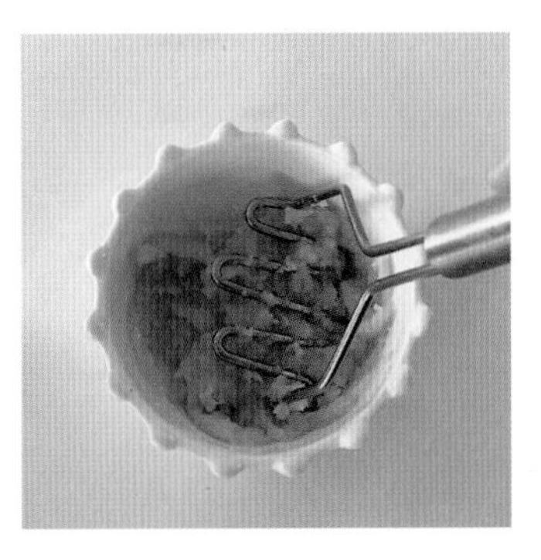

4. 포크나 매셔로 으깨주세요.

5. 고구마퓌레 완성입니다. 물이나 분유, 모유 등을 조금 넣어 부드럽게 해서 간식으로 주세요.

6. 고구마퓌레는 30g씩 소분해두고 냉장 보관했다가 3일 이내 먹여요.

7. 150g 소분해둔 고구마는 으깨서 이유식 토핑용으로 큐브에 보관해요.

8. 15g씩 10개 완성되었어요. 냉동 보관했다가 하루 후에 꺼내서 지퍼백 또는 밀폐용기에 보관해요.

고구마

영양성분

감자에 비해 당질, 비타민C가 많으며 수분이 적기 때문에 칼로리가 높습니다. 우리나라에서는 고구마를 이용한 당면을 요리에 많이 활용하죠. 고구마는 탄수화물이 들어 있어 이유식을 진행할 때 쌀 대신 먹여도 괜찮은 재료입니다. 고구마에는 아기의 시력 발달, 피부 및 면역 건강에 필요한 영양소인 베타카로틴이 풍부하고 두뇌 발달을 위한 비타민B6도 들어 있어요. 섬유질이 많기 때문에 변비 예방 효과도 있어요.

손질&보관법

생고구마는 서늘하고 건조한 곳에 보관해요. 냉장 보관은 추천하지 않아요. 흙을 털어내고 깨끗하게 세척한 후 찌거나 삶거나 구워서 사용해요.

고구마와 궁합이 좋은 식재료: 닭고기, 우유, 버터 등

소고기와는 궁합이 좋지 않아요. 고구마와 소고기를 함께 섭취하면 각각의 영양분이 소화 · 흡수되는 것을 방해합니다. 그래서 속이 더부룩하거나 소화가 안 될 수 있어요. 사실 이렇게 안 좋은 궁합은 많은 양을 장기적으로 먹지 않는 이상 문제없으니 참고만 하세요..

자기주도이유식에서 고구마 활용하기

생후 6개월부터 자기주도이유식이 가능합니다. 충분히 익혀서 주세요. 삶거나 굽거나 찐 고구마를 손가락 크기 정도로 길게 잘라서 핑거푸드 형태로 주세요. 또는 익힌 고구마를 으깨서 퓌레 형태로 줄 수도 있어요. 너무 퍽퍽하면 물이나 분유, 모유 등으로 농도를 맞춰요. 생후 9개월 이후 손가락으로 집을 수 있으면 작게 잘라서 스스로 집어 먹을 수 있게 해주세요.

무

재료

□ 무 250g

완성량

15g씩 13개

무는 추운 겨울에 맛있어요. 여름 무는 푸석하고 맛이 없죠. 겨울에 무가 들어간 이유식을 만들어보세요. 추울수록 무의 단맛이 올라갑니다.

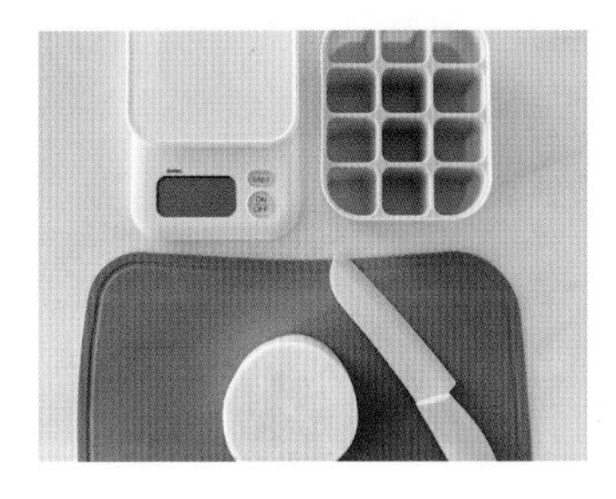

1. 무 250g을 준비해요.

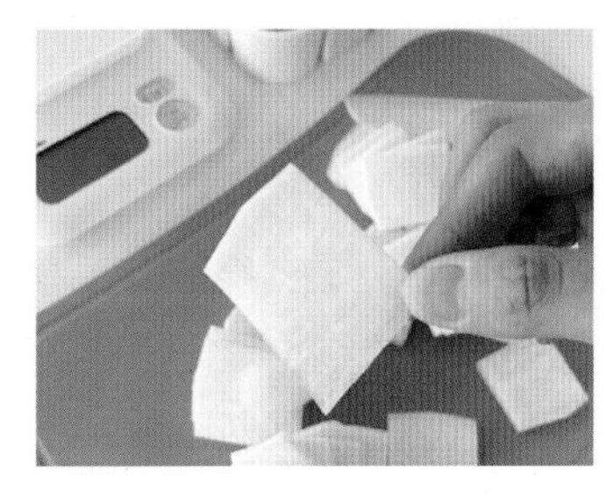

2. 빨리 익도록 작은 크기로 잘라요.

3. 끓는 물에 무를 넣고, 젓가락으로 찔러서 쑥 들어갈 정도로 푹 익혀요(10~13분 정도).

4. 익힌 무는 건져내 한 김 식혀요.

5. 식힌 무를 입자감이 느껴지게 끊어가며 다져주세요(3mm 정도).

6. 15g씩 13개 완성했어요. 냉동 보관했다가 하루 뒤에 지퍼백 또는 밀폐용기에 보관해요.

무

영양성분

무는 100g 기준으로 비타민이 약 9mg 함유되어 있어서 예로부터 겨울철 비타민 공급원으로 중요한 역할을 해왔습니다. 이밖에 수분 94g, 단백질 0.7g, 지방 0.1g, 탄수화물 4.3g, 섬유질 1.1g이 들어 있어요. 무에 함유된 메틸 메르캅탄 성분은 감기 균 억제 기능이 있어 감기 예방에 효과적입니다. 무 잎은 단백질, 섬유질, 비타민C, 칼슘을 포함한 영양소가 들어 있어 함께 섭취해도 좋아요.

손질&보관법

무는 매끈하고 상처가 없는 것으로 골라요. 무청이 달린 무가 더 싱싱합니다. 깨끗이 씻은 후 용도에 맞게 잘라서 비닐팩이나 밀폐 용기에 보관해요. 무를 오랫동안 저장하기 위해서는 4~5℃의 냉장 온도가 적당합니다. 잎이 뿌리의 수분을 빼앗아 뿌리에 바람이 들 수 있으므로 잎을 잘라내고 흙이 묻은 상태로 랩이나 종이에 싼 후 바람이 잘 통하고 그늘진 곳에 저장하면 오래 보관할 수 있어요.

무와 궁합이 좋은 식재료: 닭고기, 우유, 버터 등

자기주도이유식에서 무 활용하기

손가락 길이 정도로 자르고 찜기에 15~20분 정도 쪄서 주세요. 익힌 무를 으깬 후 그릇에 담아서 먹여요. 손으로 만져가며 먹어도 돼요. 9개월쯤 되면 손으로 직접 잡을 수 있기 때문에 푹 익힌 무를 슬라이스하거나 작은 크기로 잘라 핑거푸드 형태로 제공해보세요.

중기 1단계	토핑 이유식

소고기무단호박브로콜리 보리쌀죽

재료

- ☐ 소고기 15g
- ☐ 무 15g
- ☐ 단호박 15g
- ☐ 브로콜리 15g
- ☐ 보리쌀죽 60g

완성량

총 120g 1회분

무는 섬유질을 많이 포함하고 있어 변비 예방 효과가 있어요. 무 즙에는 디아스타아제라는 효소가 있어 소화를 촉진시킵니다.

1. 무를 많이 갈았더니 단호박과 입자가 비슷해보이죠? 입자감이 느껴지게 하려면 너무 많이 갈지 마세요. 무는 푹 익히면 부드러워서 입자 크기가 좀 커도 아기가 잘 먹어요. 중기 이유식 기준 3mm 정도면 적당합니다. 다만 입자 크기 때문에 아기가 힘들어 한다면 조금 더 잘게 다지거나 갈아주세요. 입자 크기나 질감을 빠르게 올리는 추세지만 아기마다 적응속도가 똑같을 순 없어요. 아기에게 맞춰서 진행해주세요.

아욱

재료

☐ 아욱 1봉지(250g)

완성량

15g씩 9개

아욱은 단백질, 칼슘, 지방 등이 많아 어린이의 성장 발육에 도움이 됩니다.

1. 친환경 유기농 아욱을 구매했어요.

2. 줄기를 제거하고 부드러운 잎 부분만 사용해요.

3. 볼에 아욱 잎이 잠길 정도로 물을 담고 5분 정도 담가주세요.

4. 흐르는 물에 치대가면서 푸른 물이 나올 때까지 씻어주세요. 그래야 풋내가 안 납니다.

5. 끓는 물에서 5분 정도 부드럽게 익혀주세요.

6. 다지기로 몇 번 다진 후에 칼로 입자 크기를 보면서 더 다져주세요.

7. 15g씩 총 9개가 만들어졌어요. 하루 정도 얼린 후 큐브만 꺼내서 지퍼백 또는 밀폐용기에 보관해요.

아욱

영양성분

아욱은 시금치보다 칼슘은 4배나 더 많이 들어 있어요. 성장기 아이들의 뼈 건강과 신장 기능 향상에 효과적입니다. 비타민A 함유량도 높은데 아욱 100g을 섭취하면 하루 권장 섭취량의 약 72%를 충족할 수 있습니다. 식이섬유가 풍부하여 변비 해소에도 효과가 있어요.

손질&보관법

아욱을 고를 때는 잎이 넓고 부드러우며 줄기가 통통하고 연한 것을 고르세요. 억센 줄기는 잘라내고 남은 줄기는 얇은 껍질을 벗겨서 사용해요. 이유식에서는 부드러운 잎 부분 위주로 사용합니다. 잎에서 줄기로 이어지는 부위에 묻어 있는 흙은 꼼꼼하게 씻어주세요.

아욱은 특유의 풋내가 강하므로 물에 담가 푸른 물이 나오도록 치댄 후 찬물에 두세 번 헹구어 풋내와 쓴맛을 제거하고 사용합니다. 아욱을 냉장 보관할 때는 줄기의 껍질을 벗긴 상태에서 신문지에 싼 후 냉장고 신선실에 보관해요.

아욱과 궁합이 좋은 식재료

아욱에는 비타민A, C가 풍부하고 새우에는 단백질, 비타민B가 풍부합니다. 함께 섭취하면 서로 부족한 영양을 채울 수 있어요. 새우를 넣은 아욱된장국은 궁합이 딱 맞는 메뉴입니다.

자기주도이유식에서 아욱 활용하기

생후 6개월부터 자기주도이유식이 가능합니다. 처음에는 충분히 익혀서 다져주세요. 아욱 잎이 아기 입천장이나 혀에 달라붙어 기침이나 구역질을 유발할 수 있습니다. 다진 아욱을 전이나 오믈렛 등으로 제공해요.

소고기아욱무단호박 보리쌀죽

재료

- ☐ 소고기 15g
- ☐ 아욱 15g
- ☐ 무 15g
- ☐ 단호박 15g
- ☐ 보리쌀죽 60g

완성량

총 120g 1회분

아욱이란 이름은 잎이 부드럽고 장운동을 활발하게 하여 '부드럽다'는 뜻의 프랑스 단어에서 유래되었습니다. 한의학에서 볼 때 아욱은 찬 성질을 가진 음식으로 몸에 열이 많고 갈증을 많이 느끼는 사람에게 좋아요.

1. 가끔은 이유식 용기에 베이스죽, 토핑을 전부 넣고 냉장해동 후 데워 먹여요. 특히 외출하거나 여행갈 때 유용해요.

중기 1단계	베이스죽

퀴노아쌀죽(8배죽)

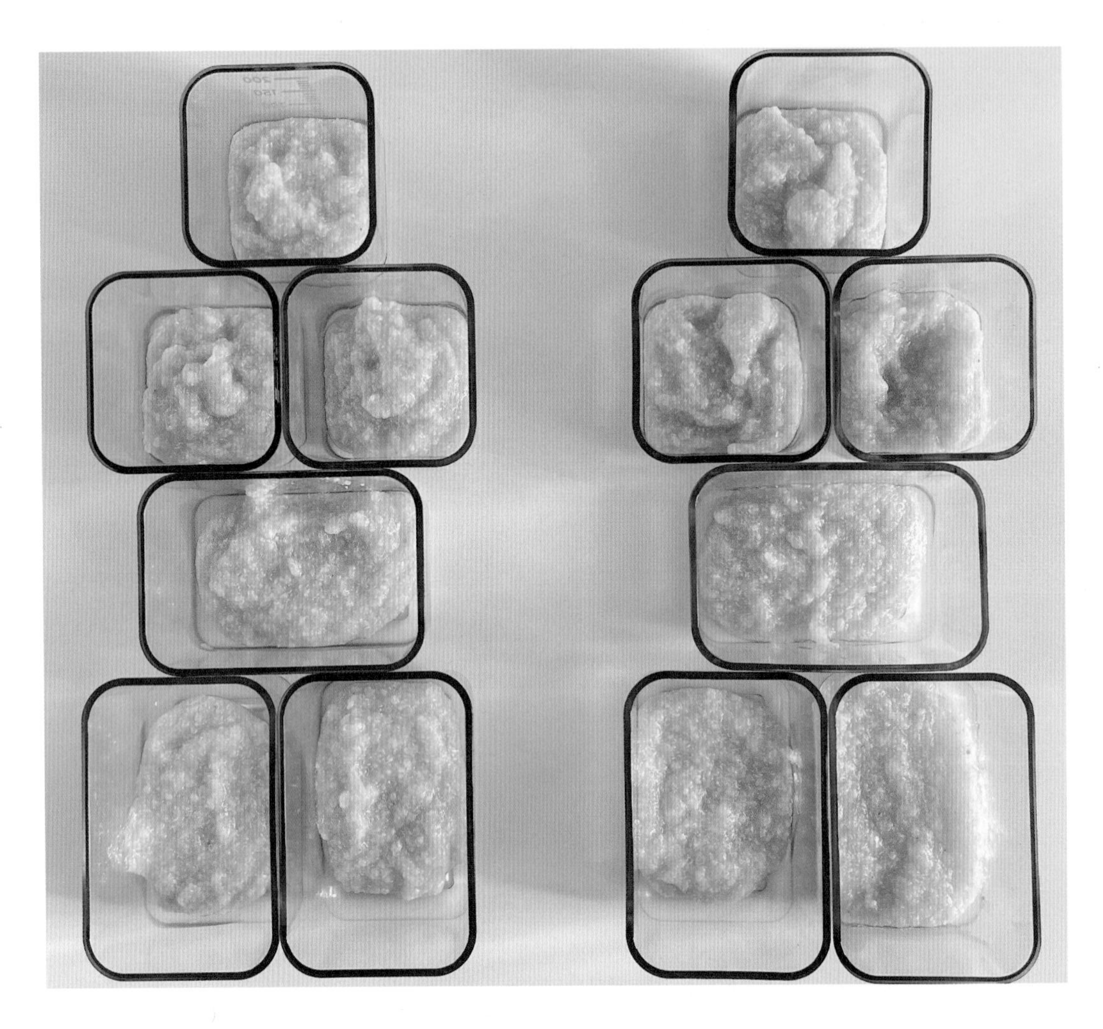

재료

- ☐ 중기 쌀가루 60g
- ☐ 중기 퀴노아가루 60g
- ☐ 육수 960mL

완성량

60g 13개

적절한 비율로 섞어주는 잡곡은 아이들도 충분히 소화 가능하고 백미에 잡곡을 섞어서 먹는 게 영양적으로도 더 좋아요.

1. 중기 퀴노아가루 60g을 계량하고, 중기 쌀가루도 60g 계량합니다.

2. 닭고기육수, 소고기육수, 채소육수 모두 사용 가능합니다. 닭고기 삶은 물, 소고기 삶은 물을 넣어도 돼요.

3. 냄비 또는 밥솥(쿠첸 크리미)에 재료를 모두 넣고 이유식 1단계 모드로 돌려요. 밥솥이 편해요.

4. 냄비로 만든다면 중기 가루(쌀과 퀴노아)를 30분 정도 불렸다가 사용해요.

5. 센 불에서 2~3분 정도 끓이다가 끓어오르면 약한 불로 줄이고 12~15분 정도 더 끓여주세요.

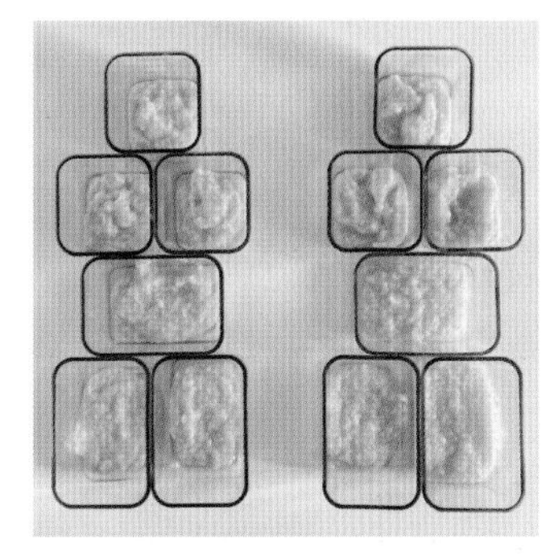

6. 퀴노아쌀죽 60g씩 총 13개 완성했습니다.

TIP. **《튼이 이유식》 레시피에서 퀴노아 활용 방법** 중기용 퀴노아가루를 사용한 12배죽 기준 레시피는 중기 쌀가루 40g+물(육수) 480mL를 사용합니다. 이때 **중기 쌀가루 20g+중기 퀴노아가루 20g+물(육수) 480mL**를 넣고 똑같이 만들면 돼요.

퀴노아

퀴노아는 흰색, 붉은색, 갈색, 검은색 등 다양한 색상이 있는데, 특히 레드 퀴노아(붉은색)는 다른 종류에 비해 단백질, 칼슘 함량이 더 높습니다. 퀴노아 열매 껍질에는 쓴맛을 내는 사포닌이 다량 함유돼 면역력 강화와 항암 작용에도 뛰어나요. 껍질의 쓴맛으로 인해 병충해의 접근도 적은 작물입니다.

영양성분

퀴노아에는 꽤 많은 양의 철분과 단백질이 들어 있어요. 여기에 심장 건강을 위한 오메가-3 및 오메가-6 지방산이 있으며, 칼슘, 비타민B, 마그네슘, 아연 등이 포함되어 있어 뼈 건강이나 세포 기능에도 도움이 돼요. 쌀(백미)에 비해 단백질은 2배, 칼륨은 6배, 칼슘은 7배, 철분은 20배 이상이 함유되어 있으며, 비타민B1은 백미의 5배, 비타민E는 백미의 30배나 들어 있어서 두뇌 활동을 활성화시키는 효능이 있어요. 또한 쌀, 보리, 밀 등의 다른 곡류와 비교했을 때 글루텐이 없어서 알레르기도 적어요. 퀴노아 성분은 평균 16~20% 정도가 단백질로 구성되어 있을 만큼 고단백 식품이에요. 특히 동물성 단백질 식품인 우유를 대체할 수 있는 완전한 식물성 단백질 식품으로 손꼽힙니다.

퀴노아와 궁합이 좋은 식재료

퀴노아는 신맛, 단맛 둘 다 잘 어울려요. 퀴노아 자체는 고소한 맛이 나는데 과일이나 채소와 함께 먹어도 괜찮아요. 견과류, 치즈 등도 잘 어울려요.

자기주도이유식에서 퀴노아 활용하기

생후 6개월부터 퀴노아로 죽을 끓여 먹일 수 있어요. 쌀과 섞은 퀴노아쌀죽을 주고 스푼 연습도 해봅니다. 퀴노아가루로 빵, 팬케이크, 과자 등을 만들어 자기주도 간식으로도 활용할 수 있어요.

소고기브로콜리무양배추 퀴노아쌀죽

재료

- ☐ 소고기 15g
- ☐ 브로콜리 15g
- ☐ 무 15g
- ☐ 양배추 15g
- ☐ 퀴노아쌀죽 60g

완성량

총 120g 1회분

고대 잉카 시대부터 먹어왔다는 슈퍼푸드 작물 퀴노아. 백미와 반반 섞어 만든 퀴노아쌀죽입니다. 만들어둔 토핑과 함께 먹어볼까요.

1. 아기가 먹기 힘들어하면 베이스죽에 물을 추가해서 조금 더 묽게 해주세요.

2. 오전에는 쌀+퀴노아로 만든 베이스죽에 고기, 채소 토핑을 줬어요. 오후에는 쌀+오트밀 베이스죽에 달걀노른자, 채소 토핑을 줬답니다.

적채

재료

☐ 적채 1/2개

완성량

15g×3개, 20g×10개

적채는 양배추과라 양배추 테스트 후 이상 반응이 없었다면 바로 먹여도 괜찮아요. 초기 이유식부터 적채를 사용한다면 찜기에 쪄도 돼요. 양이 적으면 끓는 물에 익혀서 사용해요.

1. 중간에 있는 딱딱한 심지 부분을 제거해주세요.

2. 볼에 적채 잎이 잠길 정도로 물을 담고 5분 정도 담가두었다가 흐르는 물에 30초 이상 세척해요.

3. 찜기에 올리고 15~20분 정도 푹 쪄주세요. 젓가락으로 찔러서 푹 들어가면 다 익은 거예요.

4. 한 김 식힌 후 다지기로 다지거나, 입자를 조절하면서 칼로 다져주세요 (3mm 정도).

5. 큐브에 보관한 적채는 냉동실에 넣어주세요. 하루 정도 얼린 후 모두 꺼내 랩을 싸거나 지퍼백, 밀폐용기에 옮겨 보관해요. 2주 이내로 소진해요.

적채(양배추)

영양성분

섬유질이 많아 장 운동을 활발하게 도와주며 위장 건강에 좋고, 변비에도 도움이 됩니다. 철분 흡수를 돕는 비타민C와 혈액과 눈에 좋은 비타민K, 뼈 건강에 좋은 칼슘도 들어 있어요. 특히 색감이 예쁜 적채는 안토시아닌이 다량 함유되어 있어 항암 효과가 있으며, 시력 향상, 심장 건강에도 좋아요. 이유식에 쓸 적채(양배추)는 바깥쪽 잎을 떼어내고 사용해요.

알레르기 가능성

브로콜리 알레르기가 있는 경우 적채(양배추) 알레르기도 가능성이 있어요. 모든 식재료와 마찬가지로 처음 먹인 후 3일 정도는 잘 지켜봐 주세요.

세척&보관법

적채(양배추)는 잎보다 줄기가 먼저 썩거나 가운데 심 부분의 수분이 날아가는 경우가 많기 때문에 줄기를 잘라낸 후 물에 적신 키친타월로 줄기 부분을 채워서 랩으로 싸면 싱싱하게 보관할 수 있어요.

적채와 궁합이 좋은 식재료: 소, 닭, 돼지, 쌀, 채소들

자기주도이유식에서 적채 활용하기

젓가락이 부드럽게 들어갈 정도로 푹 익혀서 주세요. 딱딱한 줄기 부분은 제외하고 잎 부분을 스틱 형태로 잘라서 줍니다. 적채(양배추) 잎 자체는 입이나 목구멍에 잘 달라붙을 수 있어 구역질하기 쉬워요. 너무 염려되면 아이가 어느 정도 클 때까지는 다져서 주세요.

닭고기적채사과고구마 퀴노아쌀죽

재료

- ☐ 닭고기 15g
- ☐ 적채 15g
- ☐ 사과 15g
- ☐ 고구마 15g
- ☐ 퀴노아쌀죽 60g

완성량

총 120g 1회분

적채는 미국의 〈타임〉지가 선정한 서양 3대 장수식품 중 하나입니다.

1. 만약 아기가 잘 먹으면 베이스죽을 70~80g 정도로 늘려 주거나, 채소 토핑을 1가지 더 또는 고기 양을 좀 더 늘려도 됩니다.

2. 적채가 들어간 다른 메뉴의 사진이에요. 쌀오트밀 베이스죽을 기본으로 달걀노른자, 브로콜리, 청경채, 적채 토핑을 먹여봤어요.

비트

재료

□ 비트 250g

완성량

20g씩 11개

강렬한 붉은색이 매력적인 비트는 다양한 영양소를 포함하고 있어 이유식 재료로 아주 좋아요.

1. 비트는 흐르는 물로 깨끗하게 세척 후 껍질을 제거해주세요. 비트 물이 들 수 있으니 비닐장갑을 끼고 손질해요.

2. 적당한 크기로 잘라주세요. 조각이 크면 익히는 데 오래 걸려요.

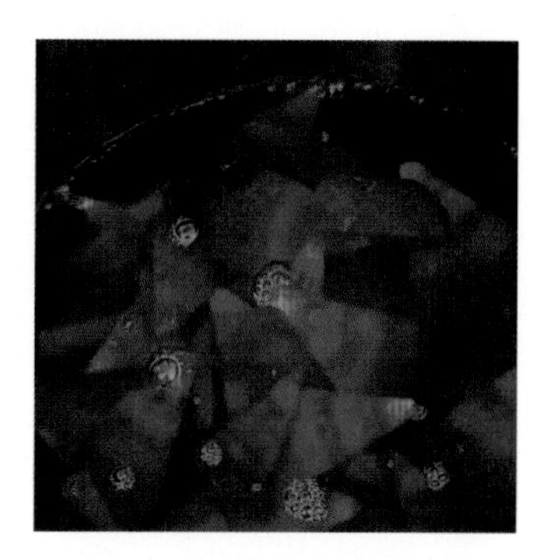

3. 비트가 잠길 정도로 물을 붓고 센 불에서 3분 정도 끓이다가 중약 불로 10~15분 정도 더 익혀요.

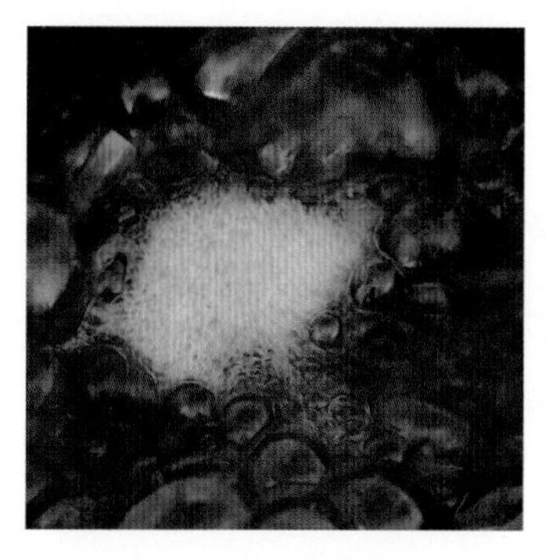

4. 비트 특성상 꽤 오랜 시간 익혀도 아삭거림이 남아 있어요. 찜기에서 20분 정도 찌면 부드럽게 잘 익어요.

5. 다 익은 비트는 건져내요.

6. 한 김 식힌 후 다지기나 칼로 다져주세요. 다지기로 다진 후 마지막 입자 조절(3mm 정도)은 칼로 직접 하는 걸 추천합니다.

7. 중기 2단계부터는 채소도 20g씩 늘릴 예정이라 1회 분량을 20g으로 소분했어요.

8. 바로 먹일 비트 20g은 빼두고 나머지는 모두 소분했어요. 냉동 보관 후 하루가 지나면 꺼내서 랩을 씌우거나 지퍼백 또는 밀폐용기에 보관해요.

비트

영양성분

비트는 섬유질이 풍부하고 엽산 등 다양한 영양소가 들어 있는데 철분과 비타민이 다량 함유되어 있어 적혈구 생성을 돕고, 혈액을 깨끗이 씻어줍니다. 비트의 8%는 염소로 구성되어 있는데, 간 정화작용을 하고, 골격 형성 및 유아 발육에 효과가 있습니다.

비트의 질산염

비트는 질산염 수치가 높은 채소입니다. 전문가들은 질산염을 걱정하는 것보다 다양한 채소를 골고루 섭취하는 게 더 중요하다고 말합니다. 질산염 섭취를 줄이기 위해서는 오랫동안 보관하지 말고 구매 후 바로 손질해서 사용합니다. 그리고 비트를 세척하거나 물에 데쳐서 사용해도 질산염을 줄일 수 있습니다.

손질&보관법

비트는 흐르는 물에 흙을 깨끗이 씻은 후 껍질을 벗기고 적당한 크기로 잘라 사용해요. 껍질은 필러나 칼로 벗겨요. 비트를 보관할 때는 수분이 날아가지 않도록 키친타월로 감싼 후 비닐팩이나 밀폐용기에 넣어 냉장 보관해요.

비트와 궁합이 좋은 식재료

달걀, 아보카도, 치즈, 요거트, 견과류, 사과, 아스파라거스, 당근, 양배추, 완두콩, 양파, 배, 감자. 오렌지, 자몽, 레몬 등의 시트러스계(감귤류) 과일과 잘 어울려요. 비트에는 철분이 많이 들어 있어 소고기와도 궁합이 좋아요.

중기 1단계	토핑 이유식

소고기비트애호박아욱 퀴노아쌀죽

재료

- ☐ 소고기 20g
- ☐ 비트 20g
- ☐ 애호박 20g
- ☐ 아욱 20g
- ☐ 퀴노아쌀죽 60g

완성량

총 140g 1회분

자기주도이유식에서 비트 활용하기

자기주도이유식에서 비트를 사용할 때 옷이나 턱받이 등에 비트의 붉은색 얼룩이 남을 수 있으니 주의하세요. 비트는 반드시 젓가락으로 찔렀을 때 푹 들어갈 정도로 익혀야 합니다. 중기 이유식까지는 잘 익힌 비트를 으깨거나 갈아서 사용해요. 중기 이유식 후반이나 생후 9개월 무렵부터는 직접 손으로 잡고 먹을 수 있도록 핑거푸드 형태를 시도해볼 수 있어요. 푹 익힌 비트를 한입 크기로 잘라서 주거나, 손으로 잡기 쉽도록 스틱 형태로 줘보세요. 돌이 다 되어 간다면 포크로 비트를 직접 찍어 먹는 연습을 해도 좋아요.

중기 1단계	토핑

토마토

재료

□ 중간 크기 토마토 3개

완성량

20g씩 7개

토마토와 같은 산성 식품은 먹었을 때 피부 발진이나 기저귀 발진을 유발할 수 있으니 참고해서 진행해보세요. 시간이 지나면 좋아진다고 합니다.

1. 중간 크기의 토마토 3개를 사용했어요. 413g 정도 나오네요.

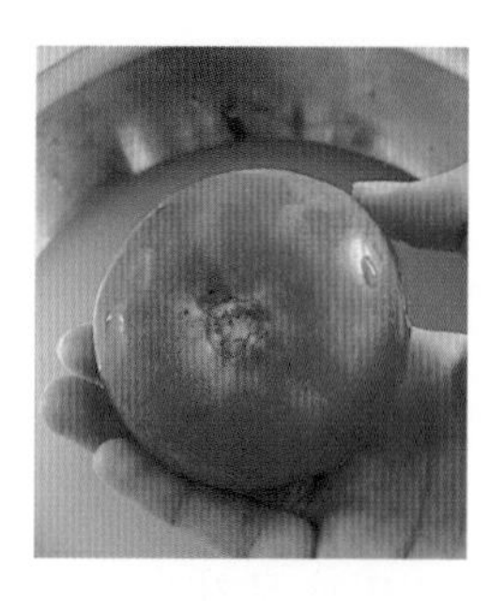

2. 처음에는 껍질을 벗기고, 씨를 제거 후 사용해서 결과물이 적어요. 아기 반응이 괜찮으면 껍질만 제거하고 씨 부분은 그대로 사용해도 돼요.

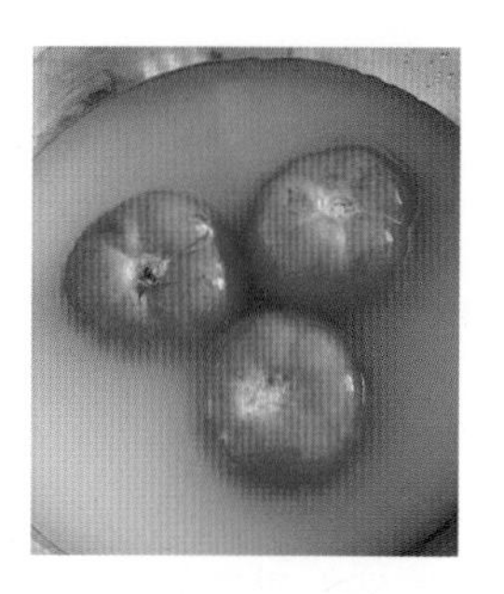

3. 토마토 꼭지는 제거하고 물에 5분 정도 담가두었다가 흐르는 물에 30초 이상 깨끗하게 세척해요.

4. 토마토 아랫부분에 십자 모양으로 칼집을 내주세요.

5. 토마토가 2/3 정도 잠길 만큼 물을 붓고 센 불에서 끓여요. 물이 끓으면 토마토를 넣고 1분 동안 데쳐요.

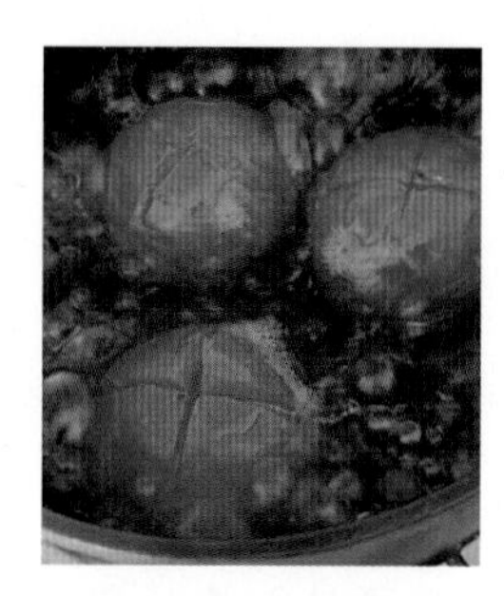

6. 칼집 낸 부분이 점점 벌어지면서 벗겨지려고 할 때 꺼내요.

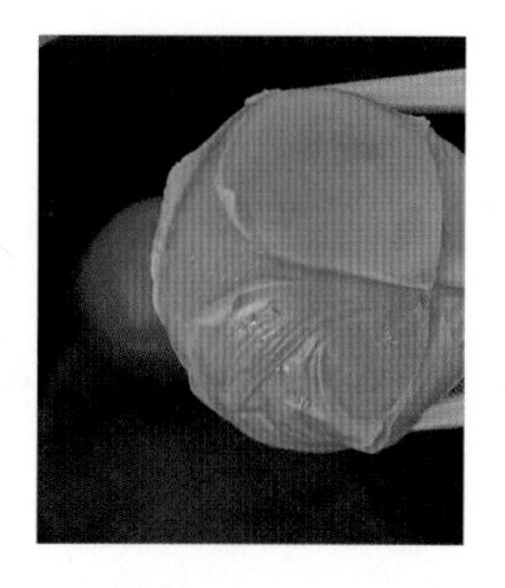

7. 피부 발진이나 기저귀 발진이 걱정되면 1분보다 조금 더 길게 익혀주세요.

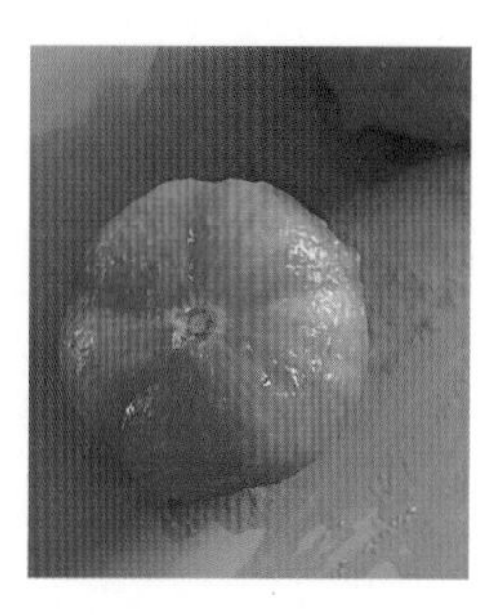

8. 한 김 식히면 껍질이 잘 벗겨져요. 찬물에 담갔다 해도 잘 벗겨져요.

9. 잘라서 씨 부분을 제거하고 과육만 사용해요. 400g 정도의 토마토를 손질했더니 180g이 되었어요.

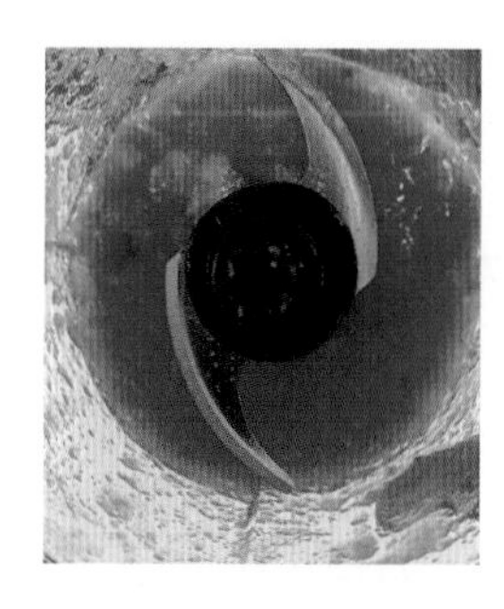

10. 다지기로 끊어가며 갈아주세요. 세게 쭉 이어서 갈면 죽처럼 돼요. 중기 이유식부터는 어느 정도 입자감 있는 게 좋아요.

11. 대충 다진 토마토는 도마에 부어 입자감을 확인하면서 칼로 조금 더 다져주세요(3mm 크기).

12. 1회 분량 20g씩 총 7개 완성입니다.

토마토

영양성분

과일과 채소의 2가지 특성을 갖추고 있으며, 비타민과 무기질 공급으로 아주 좋은 식품입니다. 특히 비타민C의 경우 토마토 약 150g 1개에 하루 충분 섭취량의 절반가량이 들어 있으며 식물성 식품의 철분 흡수를 도와주는 역할을 합니다. 또한 라이코펜, 베타카로틴 등 항산화 물질이 많이 들어 있는데요. 라이코펜은 그냥 먹으면 체내 흡수율이 떨어지므로 열을 가해 조리해서 먹는 것이 좋아요. 열을 가하면 라이코펜이 토마토 세포벽 밖으로 빠져나와 우리 몸에 잘 흡수돼요. 토마토소스의 라이코펜 흡수율은 생토마토의 5배에 달한다고 하니 익힌 토마토가 훨씬 좋겠죠.

알레르기 가능성

토마토는 흔한 알레르기 식품은 아니에요. 하지만 드물게 알레르기가 있으니 소량을 먹여보면서 아이의 상태를 관찰해주세요. 토마토에 민감한 반응을 보이는 경우에는 입안이 가렵거나 불편함을 느낄 수 있는데요. 익힌 토마토를 먹으면 그 증상을 줄일 수 있답니다.

보관법

토마토는 햇볕이 들지 않고 통풍이 잘 되는 상온에서 보관해야 합니다. 덜 익은 토마토는 익혀서 먹는 게 좋아요.

토마토와 궁합이 좋은 식재료: 치즈, 달걀, 오이, 퀴노아 등

자기주도이유식에서 토마토 활용하기

생후 6개월부터 토마토 껍질을 제거하고 통째로 시도하거나 4등분해서 웨지 형태로 제공해도 괜찮아요. 다만 피부 발진이나 기저귀 발진이 발생할 수 있으므로 많은 양은 주지 않는 게 좋습니다. 토마토에 아이가 민감한 반응을 보인다면 익혀서 주거나 소스 형태로 음식에 곁들여주세요. 특히 방울토마토는 충분히 씹고 삼키는 연습이 될 때까지 주지 말고 기다려주세요.

소고기토마토당근브로콜리 퀴노아쌀죽

재료

- ☐ 소고기 20g
- ☐ 토마토 20g
- ☐ 당근 20g
- ☐ 브로콜리 20g
- ☐ 퀴노아쌀죽 60g

완성량

총 140g 1회분

토마토는 살충제를 뿌려서 키우는 경우가 많답니다. 가능하면 유기농으로 구매하는 걸 추천해요. 유기농이 아니어도 괜찮지만 반드시 잘 세척해서 사용하세요.

1. 토마토는 산성 식품이라 피부 발진이나 기저귀 발진이 있을 수도 있으니 주의하세요.

2. 중기 이유식에서 소고기 토핑의 입자 크기를 참고해주세요.

3장

중기 토핑 이유식 2단계

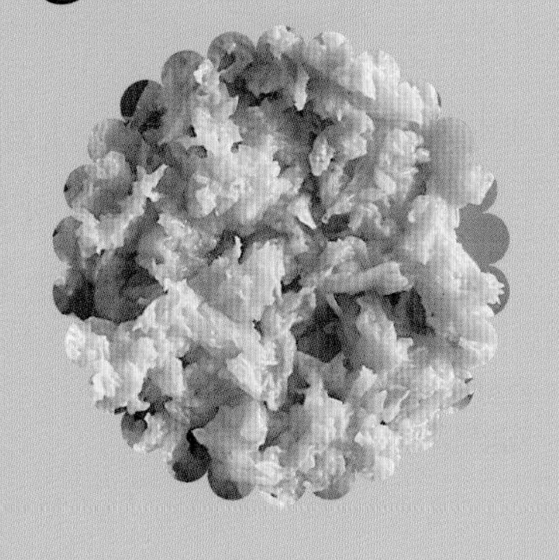

중기 2단계 | 베이스죽

흑미쌀죽(8배죽)

재료

- ☐ 중기 1단계 쌀가루 65g
- ☐ 중기 흑미가루 65g
- ☐ 채소육수 1,040mL

완성량

70g씩 12개

식단표를 보면 대략 2주마다 한 번씩 새로운 잡곡을 테스트해보는데요. 그렇게 하면 후기 이유식에서 테스트 완료한 잡곡 3~4가지를 섞어서 잡곡 무른밥, 잡곡진밥을 먹일 수 있어요.

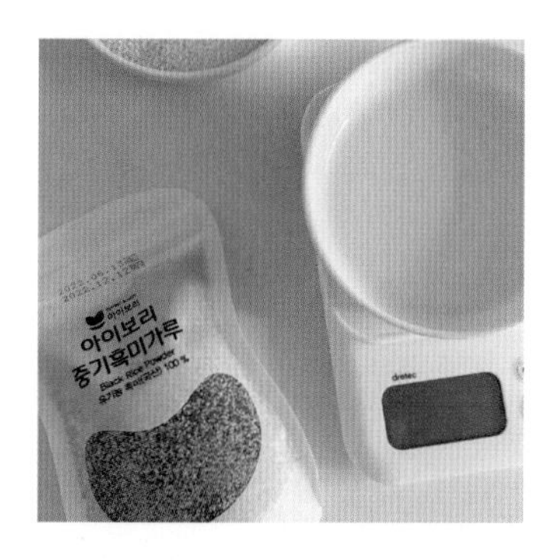

1. 밥솥으로 만들면 불리지 않아도 잘 익어요. 냄비로 만든다면 시간이 좀 더 걸릴 수 있으므로 30분 정도 물에 불려서 사용해요.

2. 만약 통곡물을 불려서 갈아 사용한다면, 다음과 같은 양으로 만들면 됩니다(불린 백미 130g, 불린 흑미 130g, 육수 1,040mL).

3. 냄비에 육수, 쌀가루, 흑미가루를 넣고 한 번 저어준 후에 끓여요.

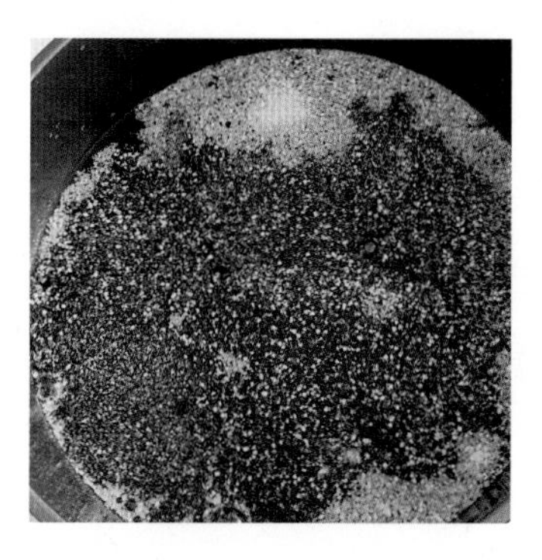

4. 냄비 레시피인데, 밥솥이 훨씬 편해요. 냄비로 만들 때는 죽을 끓이면서 잘 튀기 때문에 화상 입기 쉬우니 주의하세요.

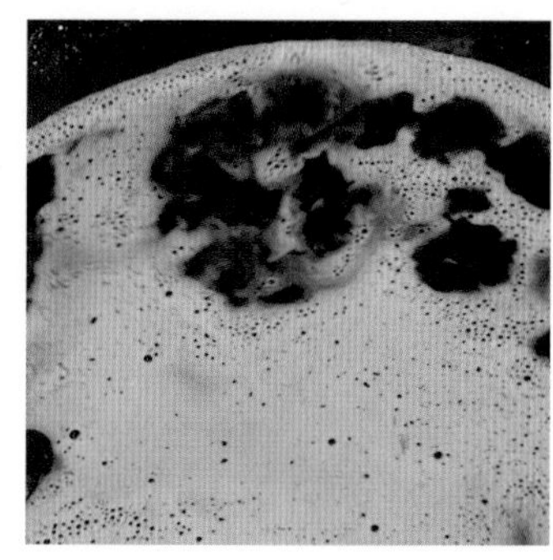

5. 센 불에서 끓어오르면 약한 불로 줄이고 푹 퍼질 때까지 10~15분 정도 더 끓여주세요.

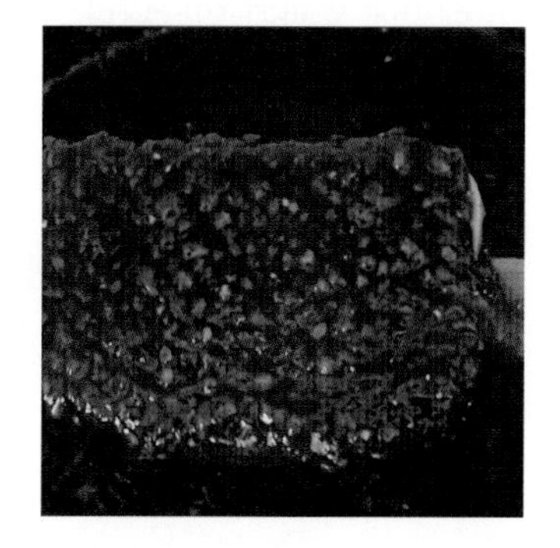

6. 흑미를 50% 넣었더니 너무 시커멓죠. 흑미의 양을 10~30% 정도로 줄여도 괜찮습니다.

7. 70g씩 12회 분량이 나왔어요.

8. 한 김 식힌 후에 뚜껑을 닫아 냉동 보관합니다. 당일이나 다음날에 먹인다면 1~2개는 냉장 보관해도 돼요.

TIP. **《튼이 이유식》 레시피에서 흑미 활용법** 중기용 흑미 가루 사용 예시(중기 10배죽 기준)

중기 쌀가루 50g+물(육수) 500mL로 나와 있습니다. 이때 중기 쌀가루 25g+중기 흑미가루 25g+물(육수) 500mL를 넣고 레시피대로 똑같이 만들면 돼요.

흑미

영양성분

흑미가 검은색을 띠는 이유는 안토시아닌이라는 수용성 색소 때문입니다. 항암 효과가 있는 안토시아닌은 검은콩보다 4배 이상 들어 있으며, 비타민B군을 비롯해서 철 · 아연 · 셀레늄 등의 무기염류를 다량 함유하고 있습니다. 흑미는 현미로 도정해 식용되므로 씨눈이 그대로 포함되어 있어서 영양적인 측면에서 백미보다 훨씬 우수합니다. 빈혈, 다뇨증, 심혈관 등의 질병 및 변비 예방에 효과가 있답니다.

알레르기 가능성

흑미는 흔한 알레르기 식품은 아니에요. 하지만 드물게 알레르기가 발생할 수 있으니, 소량을 먹여보면서 아이 상태를 관찰해주세요. 만약 다른 잡곡에서 알레르기 반응을 보였다면 흑미를 먹이기 전에 반드시 소아과 전문의에게 상담해보세요.

보관법

밀폐용기에 담아 서늘한 곳이나 냉장 보관해요.

흑미와 궁합이 좋은 식재료: 콩

흑미에 부족한 필수아미노산을 콩의 단백질이 보완하여 영양적으로 궁합을 맞춰줍니다. 밥을 지을 때 흑미를 10% 정도 섞고, 콩도 추가해서 지어보세요.

자기주도이유식에서 흑미 활용하기

생후 6개월부터 흑미로 죽을 끓여 먹일 수 있어요. 쌀과 섞은 흑미쌀죽을 제공하면서 스푼 연습도 해보세요. 흑미가루를 넣고 만든 빵, 팬케이크, 과자 등 자기주도 간식으로도 활용 가능해요.

소고기브로콜리애호박비트 흑미쌀죽

재료

- ☐ 소고기 15g
- ☐ 브로콜리 15g
- ☐ 애호박 15g
- ☐ 비트 15g
- ☐ 흑미쌀죽 70g

완성량

총 130g 1회분

흑미쌀죽을 베이스로 한 토핑 이유식입니다. 아기가 잘 먹어서 양을 늘리고 싶다면 토핑을 한 종류 더 늘려 145g 정도 먹이거나 베이스죽을 80~90g 정도로 늘려주세요. 고기를 15g 이상 줘도 괜찮아요. 다만 고기 양을 급격하게 늘리면 변비가 심해질 수 있으니 주의하세요.

1. 생후 8개월 중기 토핑 이유식 입자 크기입니다. 아기가 잘 먹을 수 있는 크기면 돼요. 좀 더 갈아주거나 크게 줘도 괜찮습니다.

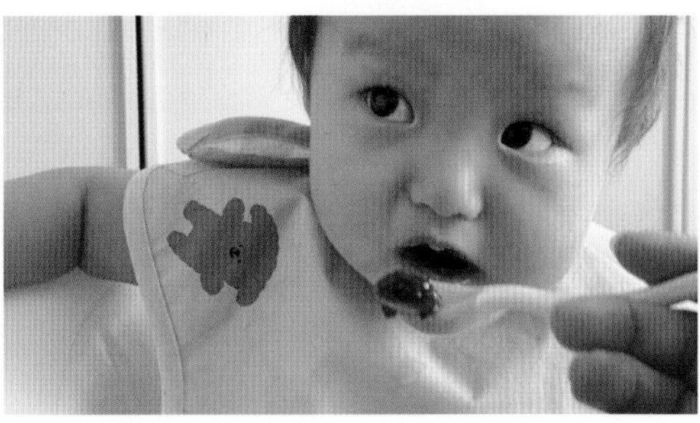

2. 흑미쌀죽도 잘 먹었어요. 흑미는 소화가 잘 안 돼서 응가로 그대로 나오는 경우가 많아요. 정상적인 현상이므로 걱정하지 않아도 됩니다.

중기 2단계	토핑

새송이버섯

재료

☐ 새송이버섯 2개

완성량

20g씩 7개

자연산 송이버섯의 대용품으로 재배되어 나온 것이 새송이버섯이에요. 송이버섯만큼 진한 맛과 향을 내지는 못하지만 질감은 비슷해요. 비타민C가 풍부한 웰빙 식품으로 인기가 많고, 수분 함량이 적어서 다른 버섯에 비해 유통기한이 길어요.

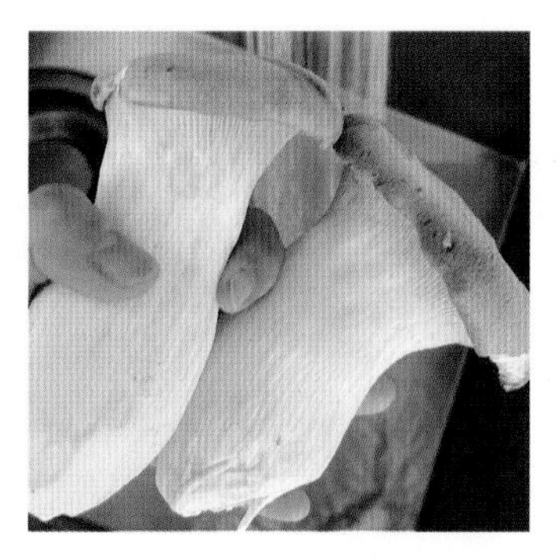

1. 버섯은 물로 씻는 게 아니에요. 하지만 먼지와 불순물을 털어내기 위해 흐르는 물에 가볍게 씻어요.

2. 밑동 부분이 지저분하면 약간만 잘라요. 2개를 손질했더니 183g이 되었네요.

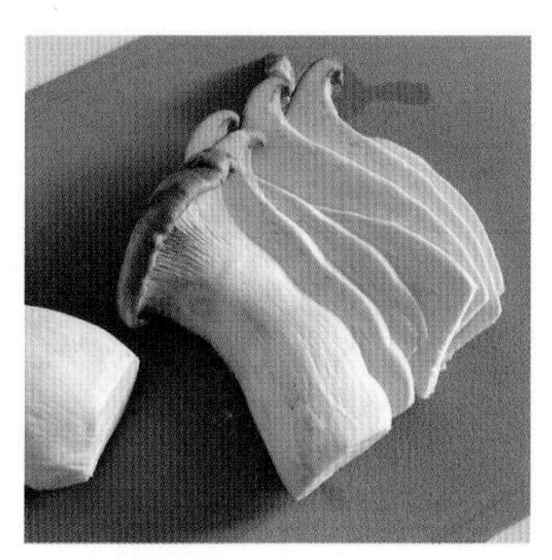

3. 빠르게 익히기 위해 세로로 슬라이스해주었어요.

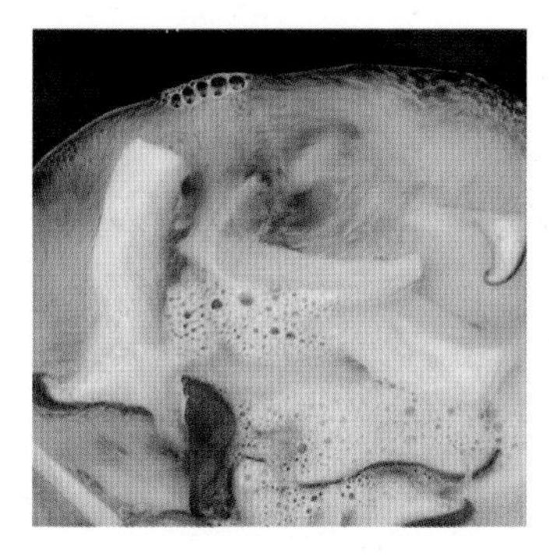

4. 물이 팔팔 끓어오르면 버섯을 넣고 5~7분 정도 익혀요(찜기에서는 10~20분 정도).

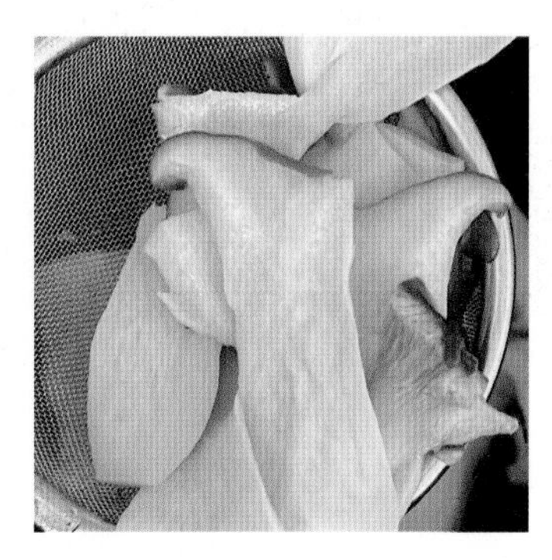

5. 익힌 새송이버섯은 꺼내 한 김 식혀 둡니다.

6. 다지기로 잘게 다져주세요.

7. 다지기에서 꺼내 눈으로 확인 후 칼로 좀 더 다져서 입자 크기를 조절해 주세요(3~5mm 정도).

8. 1회 분량 20g씩 소분해요. 큐브 뚜껑을 닫아 냉동 보관하고 다음날 꺼내서 큐브만 랩에 싸거나 지퍼백 등에 보관해요.

TIP. **남은 버섯 보관 방법** 남은 버섯은 키친타월이나 신문지에 싸서 냉장 보관해요. 봉지째 넣어두면 금방 상해요. 습기를 제거하는 키친타월이나 신문지를 활용하면 좀 더 오래 보관할 수 있어요.

새송이버섯

영양성분

새송이버섯은 다른 버섯에는 거의 없는 비타민B6가 많이 함유되어 있고, 악성빈혈 치유인자로 알려진 비타민B12도 미량 함유되어 있습니다. 대부분의 버섯은 항산화력을 지닌 비타민C가 없거나 매우 적은 데 비해 새송이버섯은 비타민C가 느타리버섯의 7배, 팽이버섯의 10배나 들어 있어요. 그 외에도 필수아미노산 10종 가운데 9종을 함유하고 있고, 칼슘과 철 등 신진대사를 원활하게 도와주는 무기질도 들어 있어요.

보관법

신문지에 싸서 습기를 제거해 냉장 보관해요. 키친타월에 싸서 진공 밀폐용기에 보관하면 더 오래가요.

새송이버섯과 궁합이 좋은 식재료: 소고기

버섯에 있는 식이섬유는 소고기를 먹을 때 높아지는 콜레스테롤 수치를 떨어뜨려서 소고기와 궁합이 좋은 식품입니다. 그 외에 버터, 부추, 달걀, 돼지고기, 연어 등과도 잘 어울려요.

자기주도이유식에서 새송이버섯 활용하기

생후 6개월부터 새송이버섯을 시도해볼 수 있는데요. 다만 질식의 위험을 증가시키는 3가지 특성(탄력성, 단단함, 미끄러운 질감)이 있어요. 동전처럼 둥근 모양으로 잘라주면 질식 위험이 더 높아지기 때문에 충분히 익혀서 세로로 길게 자르거나 잘게 다져서 죽에 넣거나 오믈렛 형태로 제공해도 좋아요. 실제로 이런 새송이버섯의 특성 때문에 핑거푸드로 제공했을 때 구역질을 하고 힘들어하는 경우가 많아요. 아이가 너무 힘들어하면 무리하지 마시고 시간을 두면서 천천히 시도해보세요.

중기 2단계	토핑 이유식

새송이버섯브로콜리달걀토마토범벅 흑미쌀죽

재료

- ☐ 새송이버섯 20g
- ☐ 브로콜리 20g
- ☐ 달걀토마토범벅 30g
  (달걀노른자 큐브 1개+토마토 큐브 1개)
- ☐ 흑미쌀죽 70g

완성량

총 140g 1회분

새송이버섯은 아기의 신경 발달, 신진대사, 미각 및 후각, 면역 기능, 뼈 건강에 도움이 됩니다. 또한 유익한 장내 박테리아가 번성하도록 돕는 특수 탄수화물 프리바이오틱스를 제공해서 아기의 배변활동에도 도움을 줍니다.

1. 각 큐브를 해동해서 식판에 담아주세요.

2. 달걀토마토범벅은 노른자 큐브 1개, 토마토 큐브 1개를 해동해서 섞어주면 돼요.

중기 2단계	토핑

배추

재료

- [ ] 배추 225g(손질 후 120g)

완성량

20g씩 4개

배추는 수분을 비롯해 칼슘, 칼륨, 비타민, 무기질 등의 영양소가 풍부합니다. 수분 함량도 높아서 이뇨작용에 효과적이며 열량이 낮고 식이섬유 함유량이 많아 변비 예방에 좋습니다.

1. 배추는 겉잎 2~3장을 떼어내 버리고 속에 있는 잎만 사용했습니다.

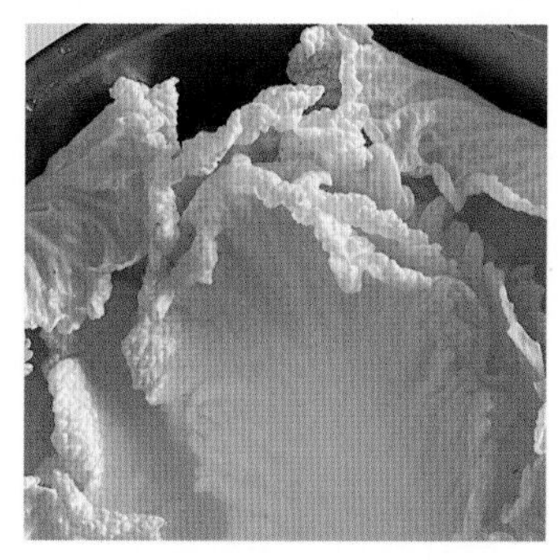

2. 배추가 잠길 정도의 물에 5분 정도 담가두었다가 흐르는 물에 30초 이상 세척해요.

3. 두꺼운 줄기 부분을 제거하고 부드러운 잎 부분만 사용해요.

4. 끓는 물에 4~5분 정도 충분히 익혀요. 찜기에 푹 쪄도 좋아요.

5. 익힌 배추는 한 김 식힌 후에 다지기에 넣고 대충 다져주세요.

6. 칼로 바로 다지는 것보다 다지기로 먼저 대충 다진 후 칼로 마무리하는 게 훨씬 편해요.

7. 20g씩 총 4개 정도 나왔어요. 하루 정도 냉동 보관하고 꺼내서 랩으로 싸서 지퍼백 등에 보관해요.

TIP. **배추에 검은 점이 있어요! 먹어도 될까요?** 배추에 검은깨 모양의 검은 점은 '깨씨 무늬 증상'이라 불리는 생리 장해 현상입니다. 배춧잎이 여러 겹으로 겹쳐서 둥글게 속이 드는 시기인 결구기 전기와 후기에 질소 비료가 부족하거나 과다 공급되어 생기는 현상입니다. 배추는 서늘한 기후에서 잘 자라는 채소인데, 뜨거운 여름에 자라는 배추는 높은 온도에 스트레스를 많이 받아서 비료가 조금만 많거나 모자라도 이러한 증상이 쉽게 나타날 수 있어요.

농촌진흥청에 의하면 '깨씨 무늬 증상'은 해충이나 바이러스에 의한 것이 아니라 생리 장해 증상이므로 농약으로 해결할 수 없고 외관상 상품가치가 떨어지지만 심한 경우가 아니라면 먹어도 건강에는 지장이 없으니 안심하고 드셔도 된답니다. 하지만 검은 점이 잎 전체에 광범위하게 퍼져 있을 정도로 심하다면 안 먹는 걸 추천하는 의견도 있습니다. 이미 질소로 인한 생리 장해 현상이 일어난 것이므로 배추의 노화가 빨라지고 저장성이 떨어져 쉽게 무르는 경우가 많기 때문입니다.

배추

영양성분

배추는 수분 함량이 약 95%로 매우 높아 이뇨작용을 원활하게 합니다. 다만 찬 성질이 있기 때문에 만성 대장질환이 있는 경우에는 익혀서 섭취하는 게 좋아요. 배추의 비타민C는 열 및 나트륨에 의한 손실률이 낮아서 국을 끓이거나 김치를 담가도 비타민C를 그대로 섭취할 수 있어요. 특히 배추의 푸른 잎에는 비타민A의 전구체인 베타카로틴이 많이 함유되어 있어서 면역력 강화에 도움을 줍니다.

손질&보관법

배추는 밑동을 잘라낸 후 겉잎을 2~3장 떼어낸 후에 사용해요. 신문지에 싼 후 통풍이 잘 되는 서늘한 곳이나 냉장고에 보관해요. 손질한 배추는 물기를 제거한 후 비닐 팩에 담아 냉장고 신선실에서 보관해요.

배추와 궁합이 좋은 식재료: 무

자기주도이유식에서 배추 활용하기

배춧잎은 입이나 목구멍에 잘 달라붙을 수 있어서 아이가 구역질할 수 있어요. 아이가 어느 정도 클 때까지는 다져서 주세요. 배추를 충분히 익히고 다져서 오믈렛에 넣거나, 죽에 넣어 주세요. 생후 9개월 이후 손으로 집는 게 익숙해지면 익혀서 잘게 다진 배춧잎을 직접 집어 먹을 수 있게 해줘도 좋아요.

TIP. **좀 더 쉽게 자기주도이유식하는 방법** 자기주도이유식을 도전하려면 자기주도용 턱받이 구매를 추천드려요. 치우기 훨씬 편해요. 저도 자기주도이유식을 하고 싶었지만 치우는 게 겁부터 났어요. 그래도 중기 이유식부터는 조금씩 시도해보았어요. 이왕이면 치우기 쉬운 핑거푸드나 밥 전, 밥볼 등의 형태로 도전해보세요. 밥이 너무 부담되면 간식으로 자기주도를 도전해봐도 좋아요.

소고기배추비트애호박 흑미쌀죽

재료

- ☐ 소고기 20g
- ☐ 배추 20g
- ☐ 비트 20g
- ☐ 애호박 20g
- ☐ 흑미쌀죽 70g

완성량

총 150g 1회분

배추가 들어간 토핑 이유식입니다. 배추는 칼슘, 칼륨, 인 등의 무기질과 비타민C가 풍부해서 감기 예방과 치료에도 효과적인 식재료예요.

1. 각 큐브를 해동해서 식판에 담아주세요. 생후 8개월 후반부에 뿐이가 먹었던 입자 크기 참고하세요.

2. 뿐이가 손으로 바로 집어 먹으려고 하네요. 맛있어 보였나봐요.

중기 2단계 | 토핑

흰살 생선

재료

☐ 흰살 생선 40~50g
(생선살 50g 1팩)

완성량

13~16g씩 3개

이유식을 할 때부터 아이들은 생선을 먹을 수 있어요. 다만 생선은 수은 섭취 문제 등을 고려해서 너무 과한 양을 주면 안 돼요. 자세한 내용은 중기 이유식 시작 부분에 정리해두었으니 꼭 읽어보세요.

TIP 1. **흰살 생선 이유식 활용법** 흰살 생선은 따로 큐브를 만들어 냉동 보관해두고 사용하지 않았어요. 이유는 생선 자체를 자주 먹이는 게 좋지 않을뿐더러 일주일에 3일 정도만 먹이는 거라 그때그때 손질해서 3일 치만 만들어 냉장 보관하는 게 편했어요. 생선도 큐브를 만들 수 있지만, 2주 이내 소진을 권장하므로 6회분만 만들어 냉동하는 걸 추천합니다. 일주일에 3회, 다음 일주일에 3회 이렇게 먹이는 게 좋아요. 쭉 이어서 3일씩 먹이지 말고 이번 주에 월화수 먹였다면, 일주일 후에는 목금토 이런 식으로 제공해주세요.

1. 찬물에 분유 1스푼을 섞어주세요.

2. 비린내 제거를 위해 15분 정도 담가주세요. 날이 더울 때는 랩을 씌우거나 밀폐용기에 담아서 냉장고에 두세요.

3. 흐르는 물에 한 번 씻어서 준비해요.

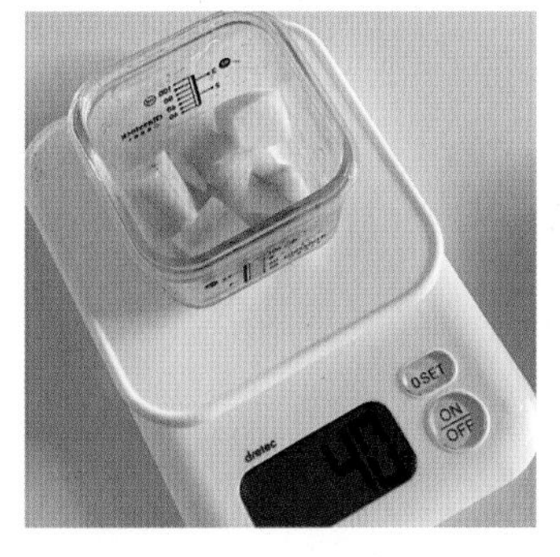

4. 40g만 준비했어요. 50g을 손질해서 일주일 동안 2~3회 나눠 먹여도 돼요.

5. 끓는 물에 생선 살을 넣고 충분히 익혀주세요(3~5분 정도).

6. 입자 크기를 보면서 칼로 다져요.

7. 3회분으로 한 끼당 13~16g 정도로 소분해요.

8. 베이스죽을 얼려둔 용기에 생선 살을 소분해서 냉장고로 옮겨두었어요. 다음날 채소 큐브들과 함께 데워서 먹였어요.

TIP 2. **생선 비린내 제거 방법** 돌 전 아기는 우유를 사용하는 2번 방법만 제외하고 쌀뜨물, 분유물(모유)로 하는 2가지 방법 모두 가능합니다.

1. 쌀뜨물에 15분 정도 담가두기
2. 우유에 15분 정도 담가두기
3. 분유물(모유)에 15분 정도 담가두기

흰살 생선

영양성분

이유식에서 사용할 수 있는 흰살 생선 종류 및 각 생선의 영양성분은 중기 이유식 시작하기 전에 알아둬야 할 정보로 앞부분에 정리해두었습니다. 참고해주세요.

알레르기 가능성

지느러미가 있는 생선은 알레르기 가능성이 있습니다. 가족 중에 해산물 알레르기가 있다면, 아기에게도 생선 알레르기 가능성이 있기 때문에 전문의와 상담 후에 도입해주세요. 어떤 식재료든지 첫 시작은 소량을 제공하고 알레르기 반응을 잘 관찰하는 게 좋습니다.

생선 이유식 주의할 점

순살 생선일지라도 100% 가시 제거가 되지 않은 경우가 꽤 많습니다. 생선 이유식을 할 때는 가시를 확실하게 제거해야 합니다.

자기주도이유식에서 흰살 생선 활용하기

모든 가시를 제거하고 충분히 익히는 게 좋습니다. 생선 살을 익힌 후에 적당한 크기로 잘라서(어른 새끼손가락 2개 정도의 크기) 스스로 집어 먹게 해주세요. 손가락으로 잘 집을 수 있으면 더 작은 크기로 잘라 주는 것도 소근육 발달에 좋답니다. 이외 방법으로는 익힌 생선 살을 다져서 죽에 넣어 끓여주는 것입니다.

흰살생선양파브로콜리배추 흑미쌀죽

재료

- ☐ 흰살 생선 13g
- ☐ 양파 20g
- ☐ 브로콜리 20g
- ☐ 배추 20g
- ☐ 흑미쌀죽 70g

완성량

총 143g 1회분

뿐이의 첫 흰살 생선은 광어였어요. 흰살 생선 토핑과 함께 먹은 토핑 이유식 레시피입니다.

1. 중기 이유식 8개월 뿐이가 먹은 토핑 이유식 입자 크기를 확인해보세요.

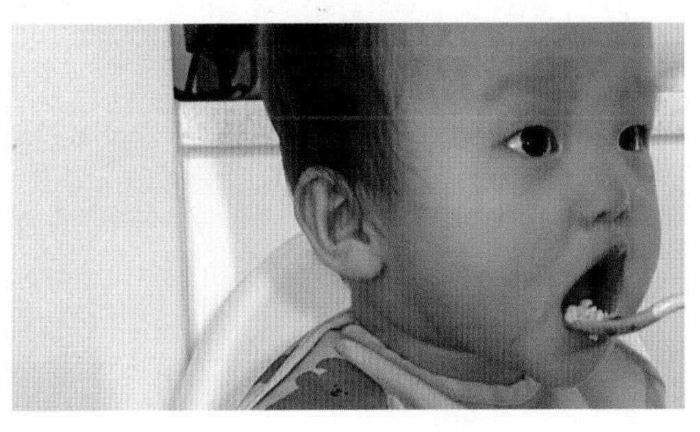

2. 흰살 생선 토핑 이유식도 맛있게 잘 먹었어요.

수수쌀죽(8배죽)

재료

- ☐ 중기 쌀가루 82g
- ☐ 중기 수수가루 82g
- ☐ 육수 1,310mL

완성량

90g씩 13개

어린아이 생일이나 돌에 수수팥떡을 만들어 먹어야 붉은색을 싫어하는 나쁜 귀신의 접근을 막고 아이가 건강하게 자란다고 하죠. 저도 튼이, 뿐이 생일에 수수팥떡을 만들어 먹였어요. 중기 이유식에서 먹을 수 있는 베이스죽 수수쌀죽(8배죽) 2주 치 레시피입니다. 레시피 4번에서 육수 배죽 계산 시에 5 이하 끝자리는 생략하고 계산했습니다. 참고해주세요. 총량 1,312mL → 1,310ml

1. 중기용 쌀가루 82g, 중기용 수수가루 82g을 준비해요. 물에 30분 정도 불렸다가 만들면 식감이 훨씬 더 부드러워요.

2. 국내산 유기농 수수가루 입자 크기는 작은 편이에요. 꽃소금 정도 됩니다.

3. 중기 2단계 쌀가루부터 사용해도 좋아요. 쌀알이 조각나 있어서 끓이면 조각조각 나누어집니다.

4. 육수 1,310mL. 8배죽으로 만들어요. 통곡물을 불려서 갈아 사용한다면 4배죽으로 만들어요(불린 백미 164g, 불린 수수 164g, 육수 1,310mL).

5. 냄비에 육수, 쌀가루, 수수가루 모두 넣고 한번 저어준 후 끓여주세요. 냄비보다 밥솥이 훨씬 편해요.

6. 냄비로 만들 때는 죽이 잘 튀기 때문에 화상을 입기 쉬우니 주의하세요. 곡물을 미리 불려두면 시간이 절약됩니다.

7. 수수는 찰진 느낌이 강해서 끈적거리고, 떡지는 느낌이 있어요. 살짝 씹히는 맛도 있고요.

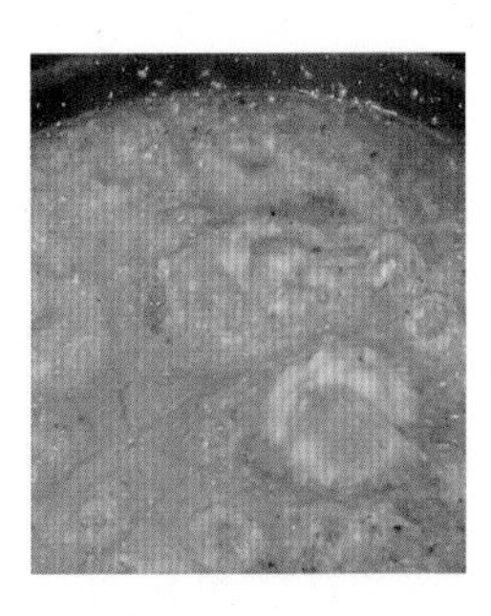

8. 센 불에서 끓이다가 팔팔 끓어오르면 약한 불로 줄이고 푹 퍼질 때까지 10~15분 정도 저으면서 더 끓여주세요.

9. 90g씩 13회 분량이 나왔어요. 후기 이유식 들어가기 전에 먹는 양을 늘리려고 베이스죽의 양을 좀 더 늘렸어요.

10. 바로 먹이거나 다음날 먹일 거는 냉장 보관하고 나머지는 냉동 보관해요.

TIP. **《튼이 이유식》 레시피로 만들 때 수수 활용법**

중기용 수수가루 사용 예시
(중기 10배죽 기준)

중기 쌀가루 50g+물(육수) 500mL로 나와 있습니다. 이때 중기 쌀가루 25g+중기 수수가루 25g+물(육수) 500mL를 넣고 레시피대로 똑같이 만들어요.

수수

영양성분

수수 안에 들어 있는 프로안토시아니딘 성분이 방광의 면역 기능을 강화시키고, 세포의 산화스트레스를 줄여서 염증을 완화시키는 역할을 해요. 찰수수 100g에는 단백질 약 11g, 섬유질 약 11.8g이 들어 있습니다. 또 30~49세 여자의 하루 권장량 기준으로 단백질의 약 25%, 섬유질의 약 60%에 해당합니다. 지질 함량 3.2g 중에는 2.48g이 건강에 좋은 불포화지방산입니다. 그 외에 엽산, 판토텐산 등 비타민B군에 속한 비타민과 각종 미네랄도 풍부합니다. 특히 마그네슘과 셀레늄이 들어 있는데 항산화제로 작용해요. 게다가 수수는 글루텐이 없어서 밀가루 음식을 먹고 속이 더부룩한 사람에게도 좋아요.

알레르기 가능성

수수는 흔한 알레르기 식품은 아니에요. 하지만 드물게 알레르기가 일어나므로 소량을 먹여보면서 관찰해주세요. 만약 다른 잡곡에서 알레르기 반응을 보였다면 수수를 먹이기 전에 소아과 전문의와 상담해보세요.

보관법

밀폐용기에 담아 서늘한 곳이나 냉장 보관해요.

자기주도이유식에서 수수 활용하기

생후 6개월부터 수수로 죽을 끓여 먹일 수 있어요. 쌀과 섞은 수수쌀죽을 제공하고 스푼 연습도 가능합니다. 수수가루를 넣어 만든 빵, 팬케이크, 과자 등 자기주도 간식으로도 활용 가능해요.

중기 2단계 | 토핑 이유식

소고기토마토소스적채시금치 수수쌀죽

재료

- ☐ 소고기토마토소스 약 55g
- ☐ 적채 20g
- ☐ 시금치 20g
- ☐ 수수쌀죽 90g

완성량

약 185g 1회분

먹는 양을 늘리고 싶다면 토핑을 한 종류 더 늘리거나 베이스죽을 늘려주세요. 고기 양도 20g 이상 많이 줘도 괜찮아요. 다만 고기 양을 급격하게 늘리면 변비가 심해질 수 있으니 주의하세요.

TIP. **중기 수수가루 구입처** 직접 구입한 아이보리 제품입니다. 중기용 2단계 쌀가루, 중기용 수수가루를 사용했어요. 만약 가루가 아닌 일반 수수를 사용한다면 물에 충분히 불린 후에 갈아서 사용해요.

중기용 2단계 쌀가루는 끓이면 작은 입자로 쪼개져요.

수수가루는 단계가 나누어져 있진 않아요. 저는 편하게 중기용 가루를 선택했어요.

소고기토마토소스

재료

- □ 다진 소고기 20g
- □ 다진 토마토 20g
- □ 다진 양파 20g
- □ 육수 50mL

완성량

1회

*3일분 재료
다진 소고기 60g, 다진 토마토 60g, 다진 양파 60g, 육수 50~100mL

라구소스라고도 볼 수 있는데요. 원래 라구소스는 간 소고기, 토마토, 양파, 당근, 각종 허브 등 다양한 재료를 넣고 푹 오래 끓여낸 소스를 말해요. 이 소스도 비슷한 느낌이에요. 깊고 진한 맛은 라구소스에 비해 덜할 수 있지만 충분히 맛있게 먹을 수 있어요. 이미 만들어둔 소고기/토마토/양파 토핑이 있다면 더 쉽게 만들 수 있어요.

1. 소고기, 토마토, 양파는 바로 손질해도 되고, 냉동 보관했던 토핑 큐브를 전날 냉장 해동해서 사용해도 괜찮아요. 닭고기, 소고기, 채소 육수 모두 가능합니다. 물을 넣어도 되지만 육수가 훨씬 맛있어요.

2. 소고기, 토마토, 양파, 육수를 냄비에 넣어주세요.

3. 센 불에서 저어가며 끓이다가 팔팔 끓어오르면 약한 불로 줄여요.

4. 약한 불로 줄인 후 2~3분 정도 볶는다는 느낌으로 저어가며 끓여요. 국물이 약간 자작한 느낌으로.

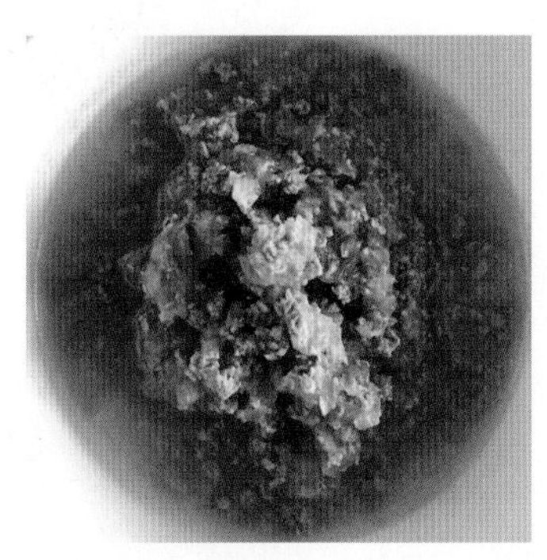

5. 맛있는 냄새가 솔솔. 입자 크기는 아이가 먹을 수 있는 정도면 됩니다.

6. 토핑 이유식 반찬으로 소고기토마토소스와 함께 시금치, 적채, 쌀수수죽을 준비했어요.

7. 중기 쌀가루와 수수가루로 만든 수수쌀죽! 찰수수라 약간 찐득한 느낌이에요.

8. 중기 이유식의 입자 크기는 3~5mm 정도로 아기가 먹을 수 있는 입자 크기면 됩니다.

중기 2단계	토핑

연근

재료

- ☐ 연근 200g
- ☐ 식초 약간

완성량

20g씩 9개

연근은 연꽃의 뿌리를 뜻하며 식이섬유소가 풍부해요. 피로해소, 불면, 기침에 효과가 있으며, 성질이 따뜻한 겨울 제철 음식으로 이유식에 활용하기 좋아요.

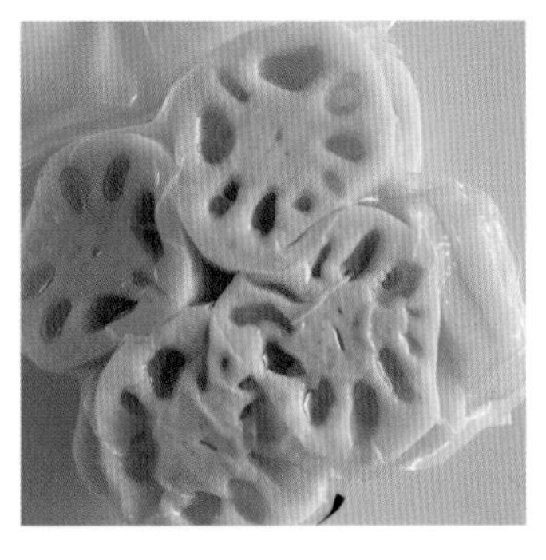

1. 유기농 연근을 추천해요. 저는 진공 포장된 슬라이스 제품을 구입했어요.

2. 연근은 200g을 준비해요.

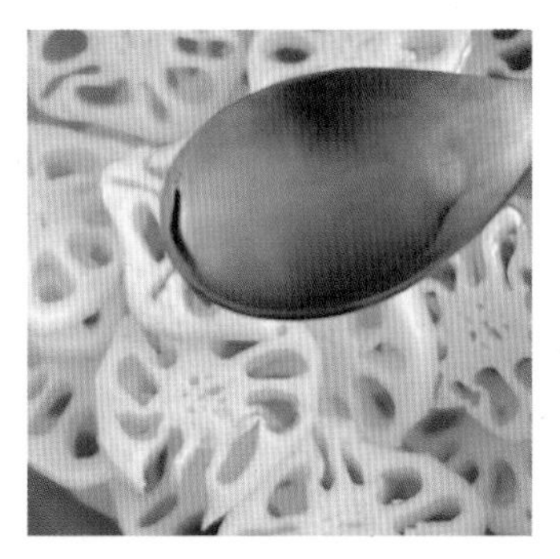

3. 찬물에 연근, 식초 1스푼을 넣고 섞어주세요. 10분 정도 담가두면 아린 맛도 제거되고 갈변도 예방돼요.

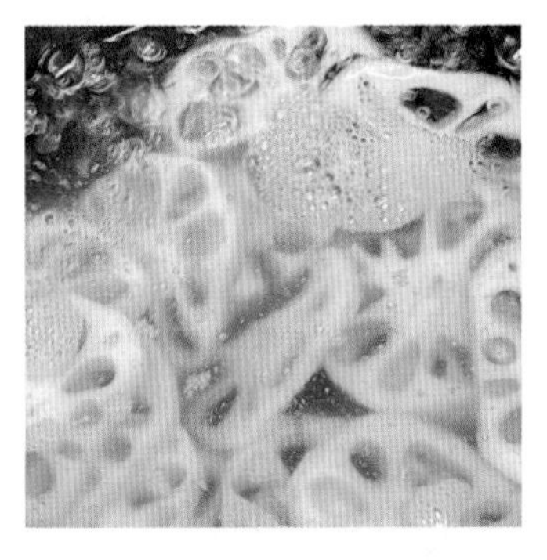

4. 세척한 연근을 끓는 물에 넣고 센 불에서 5분 정도 뚜껑을 닫고 삶아요. 중약 불로 줄여 10분 이상 푹 익혀주세요.

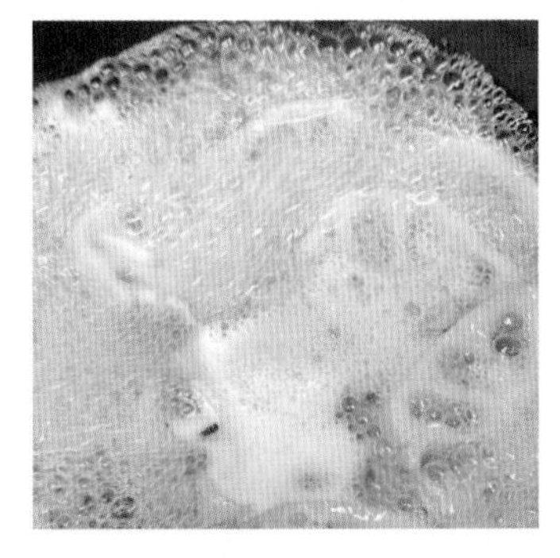

5. 연근은 오래 끓여도 완전히 부드러워지지 않아요. 푹 익혀도 아삭아삭한 식감이 남아 있어요.

6. 익힌 연근은 한 김 식힌 후에 다지기에 넣고 입자 크기를 보면서 갈아주세요(3mm 정도).

7. 다음날 이유식에 사용할 연근 1회분 20g은 6구짜리 큐브에 담아 냉장고에 보관해둡니다.

8. 1회 분량 20g씩 소분해요. 냉동 보관하고 하루가 지난 후엔 따로 꺼내 랩을 싸거나 지퍼백에 보관해요.

연근

영양성분

연근은 칼륨이 풍부하여 고혈압 예방, 심장 건강에 도움이 돼요. 또한 뇌 건강, 호르몬 및 신경계 기능에 필수적인 B6가 풍부하고 식물성 식품에서 철분 흡수를 돕는 비타민C의 훌륭한 공급원입니다. 연근을 자르면 가는 실과 같은 것이 엉겨서 끈끈한 것을 볼 수 있는데요. 뮤신(mucin)이라는 물질이에요. 뮤신은 당질과 결합된 복합단백질로, 세포의 주성분인 단백질의 소화를 촉진시켜요. 또한 탄닌, 철분이 많기 때문에 뛰어난 지혈 효과가 있어요. 그래서 코피가 자주 나는 아이들은 연근을 먹으면 좋아요. 진정 효과도 있어서 신경의 피로도를 없애고 잠을 잘 자게 도와줘요. 생연근은 식중독을 유발할 수 있으므로 반드시 익혀서 주세요.

세척&보관법

연근은 갈변하기 쉬운 재료로 자른 후 식초물에 담가두면 떫고 아린 맛을 제거할 수 있어요. 간편하게 슬라이스 연근을 구매해요. 흙이 묻어 있는 생 연근 덩어리는 깨끗하게 씻은 후 감자칼로 껍질을 벗겨낸 후에 사용해요. 연근 구멍 안에 있는 불순물은 젓가락으로 빼주세요.

연근과 궁합이 좋은 식재료: 완두콩, 돼지고기, 두부

자기주도이유식에서 연근 활용하기

연근은 단단하고 씹기 힘들어서 질식 위험이 있어요. 위험을 최소화하려면 얇게 썰어 부드러워질 때까지 요리해요. 다만 연근은 오랜 시간 조리해도 완전히 부드러워지지 않아요.

6~9개월 이전: 얇게 슬라이스한 연근을 푹 익혀서 주세요. 슬라이스한 연근을 아기가 잡기 힘들어하면 엄마, 아빠가 집어서 아기에게 내밀어 주세요. 손으로 잡는 걸 도와주세요.

9개월 이상: 이때는 손으로 집는 게 익숙해지는데 푹 익힌 연근을 작은 조각으로 잘라서 주세요. 소근육 발달에 도움이 됩니다.

소고기연근양파비트 수수쌀죽

재료

- ☐ 소고기 20g
- ☐ 연근 20g
- ☐ 양파 20g
- ☐ 비트 20g
- ☐ 수수쌀죽 90g

완성량

총 170g 1회분

연근은 충분한 양의 섬유질, 특히 수용성 섬유질과 페놀을 함유하고 있어서 장 건강과 아기 변비에 도움이 돼요.

1. 전날 냉장 해동해둔 소고기, 연근, 양파, 비트 큐브와 수수쌀죽을 데워요.

2. 이유식 식단표에는 닭고기 구성으로 짰는데 소고기를 담았네요. 어떤 종류든 괜찮아요.

중기 2단계 | 토핑

비타민

재료

☐ 비타민 200g

완성량

20g씩 4개

채소 자체에 비타민이 많이 들어 있어서 비타민이라 불려요. 다채라고도 합니다.

1. 잎채소는 두꺼운 줄기 부분을 빼면 양이 적어져요. 최소 2봉지 구입해요.

2. 뿌리 부분과 두꺼운 줄기 부분까지 잘라주세요.

3. 물에 5분 정도 담가두었다가 흐르는 물에 30초 이상 세척해요.

4. 비타민을 처음 먹이는 거라 단단한 줄기 부분을 한 번 더 잘라주었어요.

5. 끓는 물에 3~5분 정도 데쳐주세요.

6. 익힌 비타민은 잠시 식혔다가 다지기에 넣고 대충 끊어준다는 느낌으로 갈아주세요.

7. 다지기에서 꺼낸 비타민은 직접 보면서 적당한 크기로 다져주세요.

8. 중기 이유식 막바지라 약간 입자감 있게 다져주었어요(3~5mm 정도). 잎채소는 입 속에서 달라붙어 기침이나 구역질을 유발할 수 있으니 주의하세요.

9. 1회 20g씩 4회분 총 80g의 토핑 큐브 완성입니다. 뚜껑을 닫고 하루 정도 냉동해요. 냉동 후에는 큐브에서 꺼내 지퍼백이나 밀폐용기에 보관해요.

비타민(다채)

영양성분

이름 그대로 비타민이 풍부한 채소입니다. 체내에서 비타민A를 만드는 카로틴이 무려 시금치의 10배 이상이고, 철분, 칼슘 함량이 높아서 어린이와 청소년의 골격 및 성장 발달에도 좋아요. 수분 94.5g, 탄수화물 2g, 단백질 2.1g 함유되어 있어요.

세척&보관법

비타민은 세척하지 않은 상태로 종이타월이나 신문지로 감싼 뒤 비닐 팩에 넣어 0~5도 냉장 보관하면 3~5일까지 사용할 수 있어요. 다만 쉽게 무를 수 있어서 구입 후 빠르게 먹는 게 제일 좋아요. 사용할 때는 흐르는 물에 깨끗하게 세척해요.

비타민과 궁합이 좋은 식재료: 어패류, 고기

비타민 고르는 방법

숟가락처럼 잎 가장자리가 살짝 바깥쪽으로 말려 있는 게 좋아요. 시들어 보이거나 갈색으로 변한 부분이 있는 것보다는 잎에 광택이 있고 짙은 녹색을 띠는 걸 구입해요. 너무 크거나 작은 것은 고르지 않아요.

자기주도이유식에서 비타민 활용하기

생후 6개월부터 자기주도이유식을 할 수 있어요. 처음에는 충분히 익혀서 다져주세요. 비타민 잎이 아기 입천장이나 혀에 붙어 기침이나 구역질을 유발할 수 있습니다. 다진 비타민을 달걀과 함께 요리하여 프리타타, 스크램블드에그, 오믈렛 형태로 제공해도 좋아요. 돌쯤 되면 편식이 생길 수 있기 때문에 초록 채소는 되도록 자주 접하게 해주세요.

중기 2단계	토핑 이유식

비타민비트달걀순두부조림 수수쌀죽

재료

- ☐ 비타민 20g
- ☐ 비트 20g
- ☐ 달걀순두부조림 35g
- ☐ 수수쌀죽 90g

완성량

총 165g 1회분

비타민이 없을 때는 청경채, 시금치, 아욱 등 다른 잎채소를 사용해도 돼요. 비타민(다채)은 양배추와 순무를 교배시켜서 만든 채소입니다.

1. 전날 냉장 해동해둔 비타민, 비트 큐브와 수수쌀죽을 데워요.

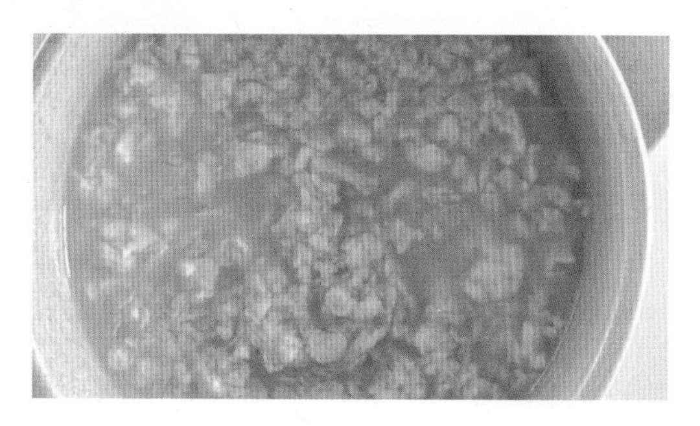

2. 몽글몽글 순두부달걀탕 같은 달걀순두부조림도 함께 담았어요.

중기 2단계	토핑

달걀순두부조림

재료

- ☐ 순두부 60g
- ☐ 달걀노른자 1알 (약 15~18g)
- ☐ 육수 100mL

완성량

3회분

두부, 달걀노른자 2가지를 먹어본 아기라면 언제든지 시도해볼 수 있어요. 달걀 흰자 알레르기 테스트까지 끝냈으면 흰자까지 넣어도 돼요. 달걀순두부조림? 볶음? 여기에 국물만 좀 더 있으면 달걀순두부국이죠. 두부, 달걀을 각각 따로 먹어도 괜찮지만, 이렇게 섞어 만들어도 맛있어요.

1. 달걀노른자 1알을 준비합니다.

2. 순두부는 60g을 준비해요. 체망에 받쳐 끓는 물에 한 번 데쳐서 사용하는 게 좋아요.

3. 냄비에 육수 100mL, 순두부 60g을 넣어요.

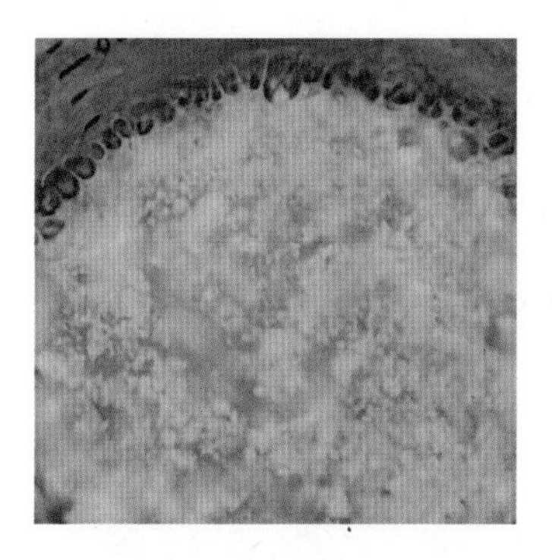

4. 센 불에서 넣고 1분 정도 지나면 보글보글 끓어올라요. 이때 중약 불로 줄이고 저어가며 끓여요.

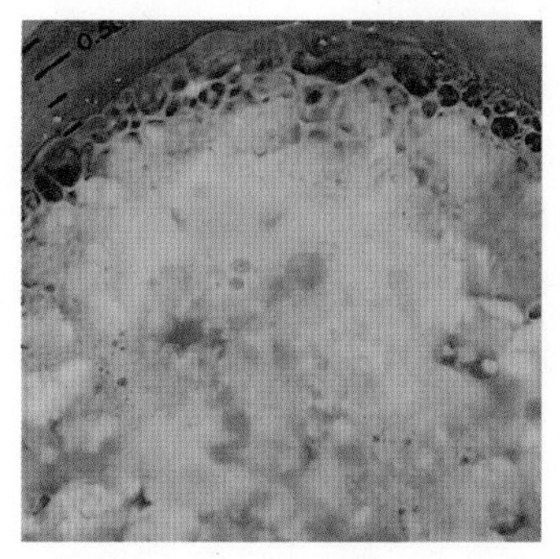

5. 달걀노른자 1알을 넣고 2~3회 저어준 후 20초 그대로 둡니다.

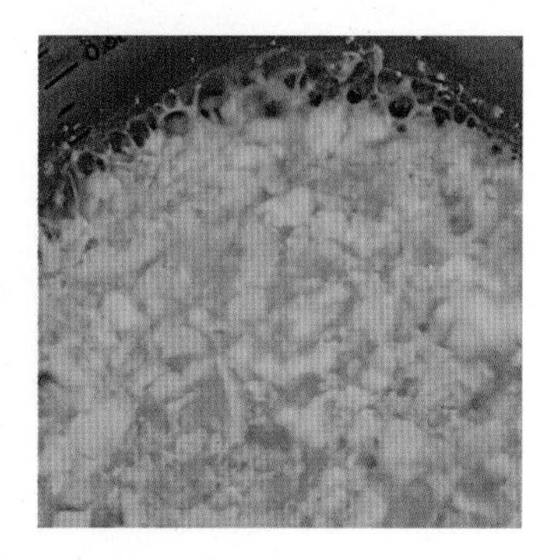

6. 계속 휘저으면 국물이 탁해져요. 달걀이 몽글몽글 살아 있으려면 30초 정도 그대로 두었다가 끓이는 게 좋아요. 달걀노른자를 넣은 후 중약 불에서 2~3분 정도 더 끓이면 완성입니다.

7. 총 109g 정도 나왔어요. 3회분으로 나누면 대략 한 끼에 30~36g씩 줄 수 있어요.

8. 몽글몽글 순두부달걀탕 같은 느낌이에요.

9. 수수쌀죽에 달걀순두부조림과 함께 비트, 비타민을 내주었어요. 생후 8개월 막바지쯤 줬는데 잘 먹었어요.

중기 2단계	토핑

양송이버섯

재료

□ 양송이버섯 150g
(손질 후 114g)

완성량

20g씩 5개

양송이버섯은 채소와 과일류의 무기질, 육류의 단백질을 고루 갖추고 있어요. 아기의 세포 성장에 도움이 되는 엽산과 구리, 셀레늄, 아연 같은 미네랄(필수 영양소) 등 대부분의 비타민B군을 함유하고 있어요.

1. 무농약 친환경 제품이에요. 흰색 또는 갈색 종류가 있는데요. 둘 중 어느 것도 괜찮아요.

2. 미세먼지나 불순물을 제거하기 위해 흐르는 물에 짧고 빠르게 세척해요.

3. 버섯 기둥은 떼어내고 부드러운 갓만 사용해요.

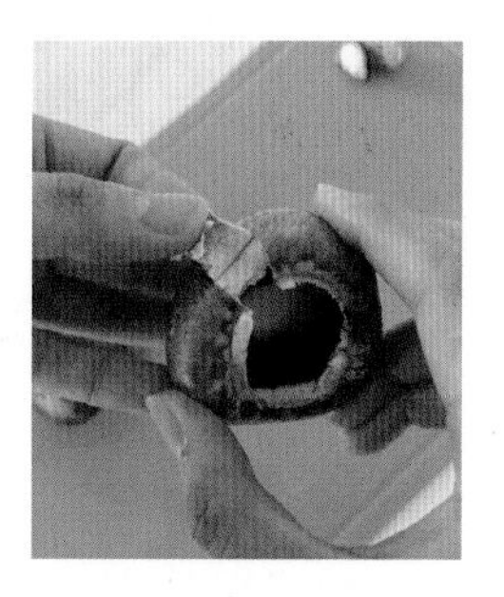

4. 부드러운 식감을 위해 껍질을 벗겨주세요. 이 과정은 생략해도 돼요.

5. 껍질을 벗겨내니 하얀색 양송이버섯 갓이 나옵니다.

6. 2~3등분한 후에 다지기에 넣고 1차로 대충 다져주세요.

7. 다지기에서 꺼낸 후에 아기가 먹을 수 있는 크기로 잘게 다져주세요.

8. 팬을 중불로 달궈줍니다. 기름은 넣지 않고 마른 팬에 버섯을 볶아주세요.

9. 중불에서 볶다 보면 물기가 나와요. 이 물기가 사라질 때까지 약한 불에서 2~3분 정도 더 볶아주세요.

10. 볶은 양송이버섯은 20g씩 5회분 정도 나옵니다.

TIP 1. **버섯류 토핑 조리 방법** 버섯류 토핑 큐브를 만들 때는 찜기에 찌기, 끓는 물에 익히기, 팬에 볶기 모두 가능합니다.

TIP 2. **양송이버섯 껍질을 꼭 벗겨내야 할까?** 저는 조금 더 부드럽게 주고 싶어서 껍질을 제거했어요. 양송이버섯 껍질을 제거하지 않고 이유식을 만들어도 전혀 문제없으니 걱정하지 마세요. 돌 이후부터는 아이도 씹는 능력이 발달하기 때문에 껍질을 제거하지 않아도 돼요.

양송이버섯

영양성분

양송이버섯에는 트립신, 아밀라아제, 프로테아제 등의 소화효소가 들어 있어 음식물의 소화를 돕고 소화 기능 장애를 예방하는 효능이 있어요. 또한 폴리페놀과 베타글루칸 성분은 풍부한 항산화 성분으로 면역력을 향상시킵니다.

세척&보관법

키친타월이나 신문지에 싸서 습기를 제거하고 냉장 보관해요. 버섯은 원래 물에 씻어 먹지 않아요. 하지만 미세먼지나 불순물이 묻어 있어서 간단하게 흐르는 물에 세척하면 좋아요.

양송이버섯과 궁합이 좋은 식재료

고기와 함께 먹으면 좋아요. 치즈, 달걀, 연어 같은 지방이 많은 음식도 괜찮아요. 밀, 퀴노아, 쌀, 감자, 고구마, 마늘, 양파 등과도 잘 어울려요.

자기주도이유식에서 양송이버섯 활용하기

버섯은 쫄깃쫄깃한 식감에 미끄러운 형태라 질식 위험을 줄이려면 잘게 자르거나 다져서 제공해야 합니다. 양송이버섯을 다져서 다른 채소와 함께 달걀물에 섞어 오믈렛 같은 핑거푸드를 만들어주세요. 양송이버섯을 다져 넣고 만든 크림 파스타, 리소토도 좋아요.

중기 2단계 | 토핑 이유식

소고기양송이볶음배추적채 수수쌀죽

재료

- ☐ 소고기양송이볶음 45g
- ☐ 배추 20g
- ☐ 적채 20g
- ☐ 수수쌀죽 90g

완성량

약 175g 1회분

1. 생후 8개월 중기 이유식 2단계에서 뿐이가 먹었던 입자 크기 확인해주세요.

2. 양송이버섯은 특유의 향이 있어서 싫어하는 아기들이 종종 있으니 참고하세요.

중기 2단계	토핑

소고기양송이볶음

재료

- ☐ 다진 소고기 60g
- ☐ 볶은 양송이버섯 60g
- ☐ 육수 100mL

완성량

45g씩 3회분

7~8개월 언제든 활용 가능한 아기 반찬이에요. 양송이버섯 큐브도 만들고 3일 치 소고기양송이볶음도 만들고 일석이조입니다.

1. 익혀서 다진 소고기 60g, 볶은 양송이버섯 60g, 육수 100mL를 준비해요.

2. 달군 팬에 양송이버섯을 넣고 소고기도 같이 넣어주세요. 이미 익힌 재료라 1분 정도만 볶아요.

3. 육수 100mL를 붓고 2~3분 정도 물기가 거의 없어질 때까지 볶아주세요.

4. 물기가 거의 안 보이면 완성! 물기가 바싹 마른 후에도 계속 볶으면 탈 수 있어요.

5. 양송이버섯 향이 가득 느껴지는 소고기양송이볶음이 약 135g 정도 완성됐어요. 바로 먹일 45g은 계량해두고 나머지 2회분은 냉장 보관해두고 3일 이내 먹여요.

6. 수수쌀죽에 배추, 적채와 함께 제공했어요. 총 이유식 양은 175g 정도. 중기 토핑 이유식 후반에는 170~180g 정도씩 먹였어요.

TIP 1. **양송이버섯 활용법** 양송이버섯은 갓 부분만 사용하며, 껍질을 한 겹 벗기고 사용했어요. 굳이 껍질을 벗기지 않고 사용해도 괜찮습니다. 버섯 토핑 큐브를 만들 때는 3가지 방법을 사용할 수 있어요.

1. 끓는 물에 데쳐 익힌 후 다지기 2. 버섯을 다진 후 유리그릇에 넣고 찜기에 찌기 3. 버섯을 다진 후 마른 팬에 볶기

TIP 2. **소고기양송이볶음 활용법** 이 메뉴는 중기 토핑 이유식 8개월 아기 반찬으로 만들었지만, 유아식 중인 아기들도 먹을 수 있어요. 여기에 분유랑 아기치즈를 넣고 끓이면 소고기양송이크림소스가 되고, 밥을 같이 넣고 볶으면 소고기양송이크림리소토가 돼요. 파스타를 넣을 수도 있고요. 다양하게 활용해보세요.

PART 3

후기
토핑
이유식

1장

후기 토핑 이유식 시작 전에 알아두면 좋아요

후기 토핑 이유식 재료

새롭게 들어가는 후기 이유식 재료를 소개합니다. 보통 후기 이유식은 생후 9개월부터 시작해서 생후 11개월까지 3개월가량 진행하는데요. 대부분은 생후 9~10개월에 후기 이유식을 진행하고 생후 11개월부터 완료기/유아식으로 넘어가는 추세입니다. 이유식을 진행해보면 생후 10개월쯤부터 이유식을 거부하는 경우가 가장 많아요. 그래서 유아식으로 빨리 넘어가곤 해요.

후기 이유식 1단계(생후 9개월) 재료

1. 차조 〈쌀차조무른밥 100g+소고기 20g+새송이 20g+연근 20g+배추 20g 3일 진행〉

후기 이유식 초반에는 아이보리 차조가루 중기용과 중기 2단계 쌀가루를 반반 사용했어요.

중기 차조가루는 후기 초반에만 사용했고, 이후부터는 일반 쌀에 이전에 테스트가 끝난 잡곡 중 2~3가지를 섞어서 무른밥을 만들었어요.

달걀 흰자 테스트 삶은 달걀/스크램블드에그/오믈렛 등

달걀 흰자 테스트는 후기 이유식에서 진행했어요. 초기, 중기 이유식에서 달걀노른자 테스트를 완료한 후 알레르기 반응이 없었다면 1~2개월 후 달걀 흰자까지 테스트할 수 있어요. 보통 달걀 흰자 알레르기 반응이 가장 흔히 나타나요. 먹인 후에 3일 정도는 잘 체크해주세요.

2. 미역 〈소고기미역죽 160g+양파 20g+당근 20g, 3일 진행〉

유기인증 자른미역을 사용했어요. 소고기미역죽을 3일 치 만들어 양파+당근 토핑과 함께 제공했어요. 소고기미역죽 양이 많이 나와서 160g씩 줬는데 남기긴 했지만 잘 먹었어요.

3. 검은콩

약콩을 사용했어요. 검은콩은 전날 미리 불려서 2가지 방법으로 해봤어요. 껍질을 제거해도, 제거하지 않아도 모두 가능합니다. 제거하지 않고 갈아서 사용하는 게 더 편하긴 해요.

첫 번째, 전날 불려서 껍질 벗기고 속살만 익혀서 다져 사용

두 번째, 전날 불려서 껍질 제거하지 않고 그대로 곱게 갈아서 사용

(두 번째 방법은 검은콩퓌레로도 사용 가능하며 간식으로 제공해도 좋아요)

4. 구기자 〈쌀구기자닭죽 150g+양파 20g+단호박 20g, 3일 진행〉

구기자 3스푼을 물에 20분 정도 담가두었다가 물 1.5L를 넣고 냄비에 끓여요. 센 불로 끓이다가 팔팔 끓으면 약한 불로 줄여 15~20분 더 끓이면 완성입니다. 중기 쌀가루 150g+구기자물 900mL+닭고기 토핑 60g을 사용하여 150g씩 7회분 나왔습니다. 구기자물을 사용하면 이유식이 훨씬 구수하고 맛있어요.

5. 밤

튼이 때는 껍질 있는 생밤을 익혀서 속살만 발라내서 큐브를 만들었어요. 이번에는 더 쉽게 만들려고 깐 밤을 사왔어요. 깐 밤 150g을 찜기에 넣고 센 불에서 5분, 중약 불로 줄이고 20~25분 충분히 익을 때까지 쪘습니다. 으깨서 20g씩 7개 토핑 큐브를 완성했어요. 깐 밤으로 만드는 게 훨씬 편하네요. 닭고기와 가장 잘 어울려요.

6. 팽이버섯

팽이버섯은 1봉지를 구입해서 5mm 정도 길이로 자른 후 유리그릇에 넣고 찜기에서 15분 정도 쪄주었어요. 20g씩 6개 토핑 큐브가 나왔습니다.

7. 근대

근대는 보통의 잎채소들과 손질법이 비슷합니다. 질긴 줄기 부분을 제거하고 잎 부분만 사용해요. 100g짜리 2봉을 손질하고 물이 끓으면 찜기에 넣고 5~7분 정도 부드러워질 때까지 쪄줍니다. 20g씩 6개 근대 토핑 큐브가 완성되었습니다. 근대 향이 강해서 토핑으로 먹일 때 아이에게 호불호가 있어요. 참고로 뿐이는 처음 먹을 때 구역질을 했어요.

8. 파프리카

파프리카는 색이 다른 2개(빨강, 노랑)를 손질해서 만들어봤어요. 처음에는 질긴 껍질을 벗겨서 스틱형으로 잘라 주었어요. 뿐이는 다소 힘들어했습니다. 토핑으로 다질 때도 부드럽게 먹이려면 껍질을 벗겨내고 사용해요. 파프리카 껍질을 벗기는 2가지 방법은 굽기와 익히기입니다. 첫 번째 굽기는 에어프라이어 200도에 15~20분 정도 구운 후 찬물에 담가 열기를 빼면 껍질이 잘 벗겨져요. 문제는 약간 탄내가 나요. 두 번째 익히기는 전자레인지에 5분 돌린 후 그대로 10분 방치해두었다가 수증기로 인해 촉촉해진 파프리카 껍질을 제거하는 거예요. 굽는 방법보다 좀 더 힘들어요. 처음에만 이렇게 진행했고 다음부터는 껍질째 토핑을 만들었어요.

9. 김

소금, 기름이 들어가지 않은 김이면 가능해요. 흔히 우리가 아는 김밥 김도 가능합니다. 돌 전까지는 김 함유량 100% 제품만 구입하세요. 뿐이가 정말 좋아했던 토핑입니다.

10. 가지

가지 2개를 다져서 볶기, 찌기 2가지 방법으로 해봤어요. 마른 팬에 다진 가지 100g을 넣고 볶다가 2분 정도 되면 숨이 죽어요. 여기서 3분 정도 더 볶으면 완성입니다. 다진 가지를 찜기에 넣어 12분 정도 쪘는데 먹어보면서 적당히 부드럽다 싶을 때 꺼냈어요. 2가지 방법 모두 너무 오랜 시간 볶거나 찌는 건 추천하지 않아요. 가지를 오래 볶거나 찐다면 거의 죽처럼 입자감이 없어져서요. 후기 이유식에서는 어느 정도 입자감 있게(5~7mm) 먹이는 게 좋아요.

후기 이유식 2단계(생후 10개월) 재료

11. 아스파라거스

일반 아스파라거스가 있고, 크기가 작은 미니 아스파라거스도 있어요. 미니 아스파라거스가 조금 더 부드러워서 이유식 재료로 추천해요. 찜기에 쪄서 채소스틱 형태, 자기주도식으로 활용하면 좋아요. 뿐이는 생후 302일째 아스파라거스를 아주 잘 먹었어요.

12. 숙주나물/콩나물

튼이 때는 콩나물을 사용했는데 이번엔 숙주나물을 사용해보았어요. 콩나물 머리 손질이 번거로운 분들은 숙주나물을 추천합니다. 뿌리 부분 제거 후에 다져서 사용했는데 만약 깨끗한 뿌리라면 굳이 제거하지 않고 사용해도 됩니다. 찜기에 5~10분 정도 쪄주는데 직접 먹어보면서 체크하는 게 좋아요. 약간 아삭해도 괜찮아요. 토핑 큐브 20g씩 5개 완성했습니다.

13. 느타리버섯

느타리버섯 200g을 다져서 유리그릇에 넣고 15분 정도 쪘어요(큐브 20g씩 8개 완성).

14. 케일

쌈케일 100g 1봉지를 사용했어요. 배추 손질법처럼 V자로 질긴 줄기 부분을 제거하고 잎 부분만 사용합니다. 찜기에 넣고 5~10분 정도 쪄주는데 중간중간 젓가락으로 찔러서 푹 들어갈 만큼 부드럽게 익으면 돼요. 다지기로 대충 다진 후에 칼로 입자 크기를 조절하면서 마무리합니다. 케일오믈렛에 넣을 10g만 따로 빼두고 토핑 큐브 20g씩 5개 완성했습니다.

15. 건포도

건포도는 유기농으로 유가원 제품을 구입했어요. 씨 없는 건포도를 추천합니다. 끓는 물 200mL에 건포도를 넣고 3분 정도 데치면 부드러워져요. 꺼내서 입자 크기를 보면서 칼로 다져주세요. 건포도만 주기에는 너무 달고 신맛이 강할 것 같아 단호박 토핑 큐브와 함께 섞어주었어요(단호박건포도매시). 단호박 토핑 큐브 3개(60g), 건포도 30g을 섞어서 3일 치를 냉장해두고, 토핑으로 주었어요. 되직해서 구역질을 많이 하길래 물을 조금씩 섞어주니 잘 먹었어요.

16. 새우

새우 살은 생선파는언니 제품을 사용했어요. 1개당 100g인 제품인데 50g씩 2팩으로 소포장되어 있는 냉동 제품이라 이유식에서 소량으로 사용할 때 정말 편했어요. 하루 전날 냉장고로 옮겨 냉장 해동 후 비린내를 제거하기 위해 분유물에 10분 정도 담갔다가 사용합니다. 새우 등을 반으로 갈라서 내장을 제거하고 깨끗한 물로 세척한 후 적당한 크기로 다져요. 유리그릇에 담아 육수를 자작하게 넣고(비린내 제거+더 맛있음+촉촉) 찜기에서 물이 끓은 후부터 7~8분 정도 쪄주었어요. 50g짜리 1봉지로 만들었는데 10g짜리 2개 나왔습니다. 100g으로 만들어도 괜찮아요. 새우호박조림을 만들어 주기도 했는데 잘 먹었어요.

17. 부추

부추 100g을 사용했어요. 5mm 정도 길이로 다진 후 10g은 부추달걀스크램블드에그를 만들려고 빼두고, 나머지 90g은 찜기로 10분 정도 쪘어요. 토핑 큐브 20g씩 3개 완성했습니다.

18. 연어

생선파는언니 제품을 사용했어요. 연어는 다른 흰살 생선과 마찬가지로 냉장 해동 후 분유물에 10분 정도 담가 비린내를 제거해요. 끓는 물에 익히거나 찜기로 쪄요. 익힌 연어를 으깬 후에 채소를 넣고 자기주도식으로 먹을 수 있게 완자 형태를 만들어도 좋아요.

19. 우엉

마켓컬리에서 무농약 친환경 우엉으로 구매했어요(통 우엉과 채로 된 것). 편한 건 우엉채죠. 통우엉은 껍질을 벗겨내고 사용해요. 손질한 우엉은 식초 물에 15분 정도 담가두었다가 끓는 물이나 찜기에서 익혀요. 우엉은 익어도 특유의 아삭함이 남아 있어요. 후기 이유식 후반쯤 되면 아이들도 잘 씹어 먹어요. 그래도 걱정되면 입자 크기를 작게 만들어주세요.

20. 게살

게살은 생선파는언니 제품을 사용했어요. 1개당 100g인 제품인데 50g씩 2팩으로 소포장되어 있는 냉동 제품이라 이유식에서 소량으로 사용할 때 정말 편했어요. 냉동 게살은 해동 후 끓는 물에 데쳐서 익히거나 찜기에 쪄서 사용해요.

후기 이유식 3단계(생후 11개월) 재료

21. 돼지고기

기름기 적은 부위로 부드럽게 익혀서 수육을 만들었어요.

22. 톳

건조 톳을 물에 불려서 사용해요. 생톳을 손질해서 톳밥을 지으면 맛있어요.

23. 셀러리

강한 향 때문에 싫어하는 아기들도 많지만 의외로 좋아하는 아기도 많으니 꼭 도전해보세요.

24. 오징어

오징어살을 다져서 오징어볼을 만들어요. 완자 형태로 부쳐도 좋아요.

25. 쑥갓

특유의 향 때문에 호불호가 있어요. 데친 쑥갓과 두부를 섞어 무침 반찬으로 만들어보세요.

26. 매생이

소포장된 건조 매생이 블록을 물에 풀어 쓰거나 요리할 때 바로 넣으면 돼요.

27. 콜라비

무와 손질법이 비슷해요. 무보다는 단맛이 나서 아기들도 거부감 없이 잘 먹어요.

28. 강낭콩

강낭콩을 불려 강낭콩밥을 지었어요. 말린 강낭콩은 물에 충분히 불려서 사용해요.

29. 밥새우

소포장된 제품을 구입해요. 물에 잠시 담가서 짠기를 빼고 사용해요.

30. 그린빈

줄기콩이라고도 불려요. 자기주도이유식 채소스틱으로 활용하기에 아주 좋아요.

후기 토핑 이유식 재료 구매처

미역/톳/매생이/밥새우

튼이 이유식을 할 때 마켓컬리 바다모음 제품을 잘 사용했는데, 요즘도 판매하고 있어요. 양이 많지 않아서 이유식이나 유아식 초반까지 사용하기에 딱 좋아요. 다른 제품들도 유아식에 활용하면 좋을 것 같아요.

흰살 생선/연어/대게살/새우살 등 해산물

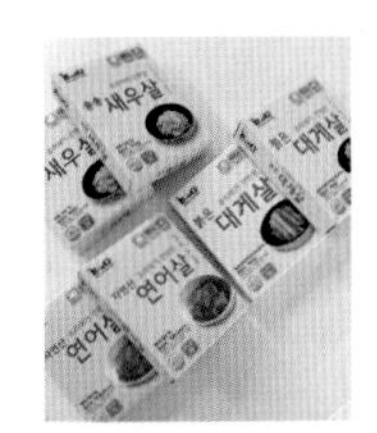

후기 이유식부터 해산물 이유식 재료는 생선파는언니 제품을 사용했어요. 첫째 튼이 때부터 잘 써오던 제품이라(내돈내산) 뿐이 토핑 이유식에서도 선택했는데요. 다짐 큐브 형태는 아니지만 조리해서 직접 입자 크기를 조절해서 사용할 수 있도록 작게 소포장되어 있어요. 해산물을 직접 구매해서 손질 후 사용해도 되지만 너무 힘들거나 과정 자체가 번거롭게 느껴진다면 저처럼 손질된 제품을 사용하는 걸 추천합니다. 해산물 이유식을 조금 더 편하게 만들 수 있어서요.

이유식용 구기자/검은콩

구기자는 많이 쓰지 않아 100g짜리 소포장 제품으로, 검은콩은 마켓컬리에서 유기농 쥐눈이콩으로 구매했어요.

이유식용 쌀/잡곡

후기 이유식부터는 쌀이나 잡곡을 불려서 갈지 않고 그대로 사용해요. 안동농협 백진주쌀이나 골든퀸, 백세미, 밀키퀸 등 맛있다는 품종으로 구매해서 사용해봤는데요. 유기농 쌀은 일반 쌀보다 가격대가 비싼 편이에요. 잡곡은 유기농 잡곡으로 검색해서 마켓컬리에서 주문했는데요. 현미, 압맥(보리를 압착한 형태), 수수, 차조 등은 무른밥/진밥을 지었을 때 식감이 괜찮았어요.

후기 토핑 이유식 체크사항

1. 후기 이유식 횟수: 하루 3번

후기 이유식부터는 하루 3번 먹여요. 이때쯤 멘붕이 오기 시작합니다. 과연 하루 세 끼를 챙겨 먹일 수 있을까? 그냥 시판을 살까? 그런데 할 수 있습니다. 하다 보면 익숙해져요. 어차피 유아식은 세 끼가 기본이니까요.

2. 후기 이유식 양: 한 끼 기준 120~180g

먹는 양은 참고만 하세요. 절대 똑같이 먹지 않아요. 아기들마다 몸무게가 다르고, 먹는 양이 다르니까요. 후기 이유식 초반 기준 120~150g 정도, 중후반 기준 150~180g 정도 먹으면 잘 먹는 거랍니다. 한 끼 기준입니다. 당연히 이 양보다 적게 먹는 아이도 있고, 많이 먹는 아이도 있어요. 그렇다고 잘못된 건 아닙니다. 아기의 먹는 양에 맞춰 주세요.

3. 후기 이유식 분유량: 500~700mL

후기 이유식에서 적정한 분유량은 보통 500~700mL 정도입니다. 초기-중기-후기로 오면서 점점 이유식 양이 늘어나고 분유가 줄어드는 게 정상이에요. 하지만 아기들마다 달라요. 이유식은 잘 먹는데 분유를 싫어하는 경우 300~400mL만 먹기도 합니다. 만약 이유식을 하루 세 끼 충분한 양만큼 먹고 있다면 하루 총 분유량이 500mL 되지 않아도 문제없으니 너무 걱정하지 마세요.

4. 핑거푸드를 적극 활용해요

보통 중기 이유식부터 자기주도이유식이나 핑거푸드를 시도합니다. 손가락 소근육이 발달하면서 스스로 집을 수 있거든요. 후기 이유식에서는 조금 더 적극적으로 활용해보세요. 어렵게 생각하지 않아도 괜찮아요. 애호박, 브로콜리, 비트, 파프리카 등 채소를 찌고 익혀서 손에 쥘 수 있게 해주면 됩니다.

한 끼 전체 메뉴를 핑거푸드로 해야 하는 건 아닙니다. 예를 들어 오늘 먹을 토핑 이유식이 쌀잡곡밥/브로콜리/애호박/소고기/새송이버섯이라면 브로콜리, 애호박은 핑거푸드로 주고 나머지는 떠먹여주거나 토핑으로 제공하면 됩니다. 손으로 집어 먹는 걸 정말 싫어하는 아이도 있어요. 그럴 때는 굳이 억지로 하지 않아도 됩니다. 시간이 지난 후에 다시 시도해보세요.

후기 이유식 시기

후기 이유식은 생후 9개월부터 시작할 수 있어요. 생후 10개월, 11개월까지도 가능합니다. 하지만 생후 10개월 무렵이면 이유식 먹기 싫다고 난리가 납니다. 90% 이상 아기들의 이유식 거부 시기가 보통 이때 오거든요. 그렇다면 완료기/유아식으로 빠르게 넘어갈 준비를 해야 됩니다. 이가 없는데 유아식 가나요? 네, 갑니다. 찐득찐득 죽도 밥도 아닌 진밥 싫다고 난리인데 억지로 진행할 수가 없어요. 그래서 보통은 생후 10~11개월부터 완료기/유아식으로 넘어가는 경우가 많습니다.

후기 이유식에서 사용 가능한 재료

후기 이유식부터 웬만한 재료들은 모두 사용할 수 있어요.

뿐이가 후기 이유식에서 먹어본 재료들

차조 / 귤 / 미역 / 검은콩 / 구기자

밤 / 팽이버섯 / 근대 / 요거트 / 파프리카

김 / 가지 / 아스파라거스 / 샤인머스캣 / 숙주나물

느타리버섯 / 케일 / 건포도 / 새우

부추 / 연어 / 우엉 / 게살

사실 생후 6개월 이후부터는 크게 제한하는 재료가 없다고 보면 돼요. 과일도 다양하게 맛볼 수 있어요. 다만 과일이나 간식보다는 이유식이 우선입니다. 이유식을 잘 안 먹고 간식만 좋아한다면 과감하게 간식을 끊어야 해요.

후기 이유식에서 사용 가능한 재료

종류	사용 가능한 재료
곡류	쌀, 찹쌀, 오트밀, 현미, 보리, 밀가루, 검은콩, 흑미, 녹미, 차조, 수수, 퀴노아 등 대부분 곡류 가능
육류	소고기, 닭고기, 돼지고기
생선&해산물	흰살 생선(대구, 도미, 광어 등), 연어, 새우, 게살, 미역, 김
두부, 달걀	두부, 달걀(흰자까지 가능)
채소	애호박, 청경채, 오이, 브로콜리, 양배추, 단호박, 완두콩, 감자, 고구마, 비타민, 콜리플라워, 무, 당근, 시금치, 배추, 비트, 아욱, 근대, 밤, 구기자, 연근, 대추, 표고버섯, 양송이버섯, 새송이버섯, 팽이버섯, 파프리카, 아스파라거스, 숙주나물, 느타리버섯, 케일, 부추, 우엉 등

과일	사과, 배, 바나나, 딸기, 토마토, 아보카도, 수박, 귤, 자두, 복숭아, 멜론, 블루베리, 키위, 샤인머스켓(포도 종류), 건포도, 체리, 파인애플, 망고 등
유제품	요거트, 치즈
절대 먹이면 안 되는 음식	꿀, 생우유
알레르기 위험이 높은 음식	달걀, 밀가루, 땅콩

후기 이유식 1단계, 2단계, 3단계 차이점

후기 1, 2, 3단계는 큰 차이가 없어요. 이유식을 언제 시작했든 후기 이유식은 대략 생후 9개월부터 시작해요. 초기, 중기, 후기도 편의상 나눠놓은 거예요. 1, 2, 3단계를 칼같이 나눠가며 할 필요는 없다는 뜻이에요. 아이마다 적응 속도에 차이가 있기 때문에 일단 시도해보고 후기 이유식 입자나 농도에 무리가 있으면 중기를 좀 더 진행해도 됩니다. 조금 느려도 괜찮으니 아기의 속도에 맞춰서 진행해주세요. 요즘 이유식 추세는 빠르게 질감 올리고, 입자감 키우기입니다. 하지만 모든 아기들에게 100% 맞지 않아요. 아기가 조금 늦더라도 기다려주세요. 아기도 스스로 많이 노력하고 있답니다. 이 시기를 거쳐 유아식으로 넘어갔을 때 엄마 아빠처럼 하루 세 끼 잘 먹게 되는 날이 곧 올 거예요. 그 시기를 위해 연습하는 과정이랍니다.

후기 이유식에서 뿐이가 먹은 양

토핑 이유식에서 비율, 양은 정답이 없어요. 아기 먹는 양에 맞춰서 진행하는 게 맞습니다. 뿐이는 후기 이유식 1, 2, 3단계 진행할 때 한 끼 양을 180g씩 똑같이 줬어요. 다음 표 내용을 기준으로 베이스 무른밥/진밥을 80g 정도로 줄이고, 채소 20g을 1종 더해 4종으로 늘려도 좋습니다.

베이스 무른밥/진밥 100g, 소고기/닭고기 20~25g, 채소 각 20g씩 3종

후기 토핑 이유식 스케줄과 이유식&분유량

생후 9~10개월 후기 이유식 시기 동안 이유식 양, 분유량, 분리 수유에 대해 알려드릴게요. 이 부분은 참고만 하세요. 절대 아이마다 똑같을 수 없어요. 생후 9~10개월 기준 뿐이의 하루 스케줄부터 소개합니다.

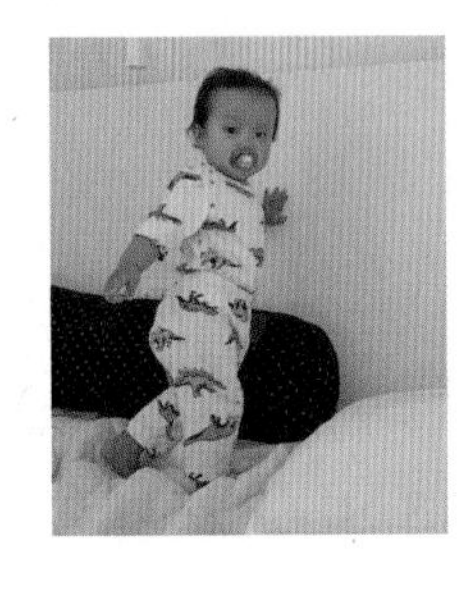

아침 7시: 기상 후 1시간 정도 뒹굴뒹굴

첫째 튼이는 늦게 자고, 늦게 일어나는 아기였거든요. 그런데 둘째 뿐이는 일찍 자고, 일찍 일어나는 아침형 아기에요. 초기, 중기 이유식 때도 마찬가지였어요. 대략 10~11시에 자고 아침 7시 무렵에 일어납니다. 일어나서 30분에서 1시간 정도 뒹굴뒹굴해요. 그 후에 아침 첫 끼를 차립니다.

아침 8시: 이유식1(토핑 이유식, 180g)

베이스 무른밥/진밥과 토핑은 미리 전날 냉장 해동 후 전자레인지에 1분에서 1분 30초 정도 데워서 먹입니다. 물도 꼭 챙겨주었어요. 저는 뿐이가 7개월이 되었을 때 미리 끓여서 식혀둔 배도라지차에 분유물을 섞어서 미지근하게 먹였어요. 베이스죽(후기 이유식에서는 죽보다는 무른밥, 진밥 형태)은 하루 세 끼, 6일 치(18회분) 정도를 미리 만들어서 냉동해두었죠. 다 먹고 잠시 놀다가 튼이 오빠 등원 시간! 아침 8시 45분 버스를 태워 보냅니다.

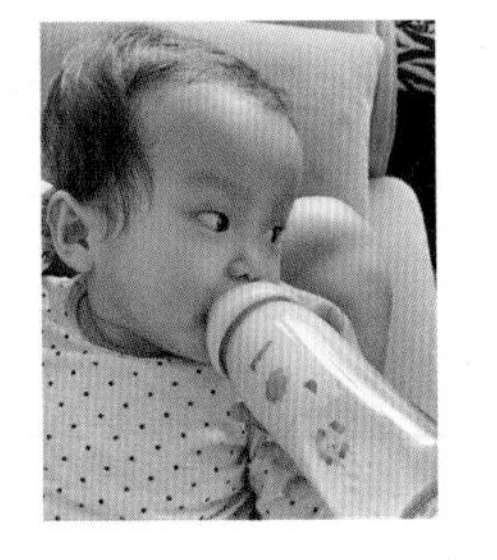

오전 9시 30분: 수유1(90~120mL, 평균 100mL 정도)

첫 번째 이유식을 먹고 1시간 30분에서 2시간이 지났을 때 잠이 온다고 칭얼거리기 시작해요. 이때 분유1을 120mL 정도 줍니다. 다 먹을 때도 있고 남길 때도 많아요. 평균 100mL 정도 먹어요. 후기 이유식에서 아침이나 자기 직전이 아닌 중간에 준다면 간식 느낌으로 주는 게 맞습니다. 점점 이유식 비중이 늘어나고 분유는 간식처럼 되어가다가 돌쯤 분유를 끊는 게 평균이에요(물론 돌 조금 지나서까지 분유를 먹기도 합니다).

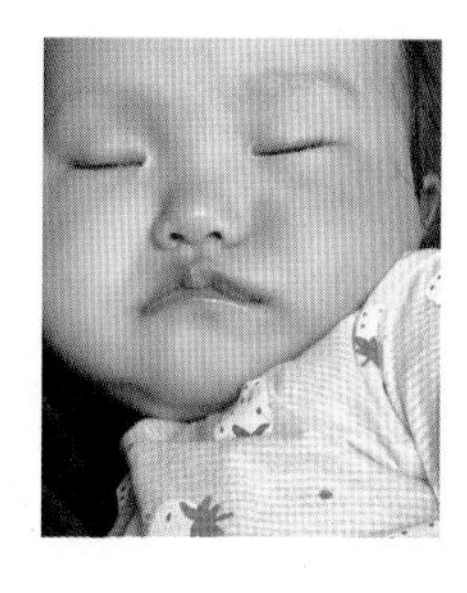

오전 10시: 낮잠1(평균 1시간 정도)

아침 기상 후 3시간 정도 지난 10시~10시 30분 사이에 낮잠1을 자요. 낮잠 시간은 짧으면 30분, 평균 1시간, 길게 자면 2시간 정도예요. 자고 일어나면 꼭 대성통곡을 해요. 이앓이인지, 나쁜 꿈을 꾼 건지….

오후 12시: 이유식2(토핑 이유식, 180g)

오전 낮잠을 자고 일어나 잠시 놀다가 오후 12시쯤 이유식2를 먹입니다. 사진에 보는 것처럼 토핑 반찬 중 한두 가지는 핑거푸드 형태로 제공해도 괜찮아요. 후기 이유식을 진행할 때는 자기주도이유식이나 핑거푸드를 시도해보세요. 소근육 발달에도 좋아요. 전체 이유식 메뉴가 아니라 한두 가지만 핑거푸드 형태로 제공하면 할 만해요. 손에 쥐고 먹는 걸 좋아하는 성향의 아이들은 더 좋아해요. 물론 그 반대의 성향일 경우 억지로 권할 필요는 없어요.

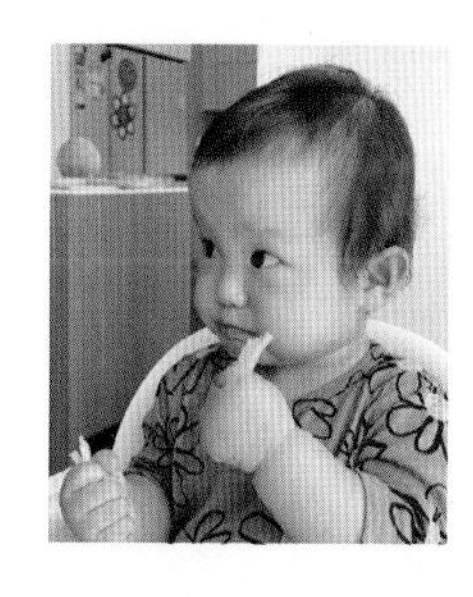

오후 1시: 간식

1시, 3시, 5시 랜덤으로 오후 시간 중 출출해 보일 때 간식을 줘요.

간식은 시간을 정해두지 않고 먹였어요. 매일 먹여도 되지만, 안 먹여도 큰 문제없답니다. 특히 이유식을 잘 안 먹으면 간식은 과감하게 패스하는 게 좋아요. 간식 양도 적당히 주세요. 후기 이유식을 진행하면서 뿐이가 먹었던 간식은 주로 생과일, 쌀과자, 치즈였어요. 요거트도 도전했는데 바로 실패. 시큼한 맛이 별로였는지 싫어하더라고요. 뿐이가 제일 좋아하는 과일은 사과, 바나나, 귤이고, 치즈를 아주 좋아했어요(1장씩 작게 뜯어주거나 돌돌 말아서 주면 스스로 잡고 먹어요). 쌀과자는 질마재농장 제품을 구입하는데 뿐이도 잘 먹어요.

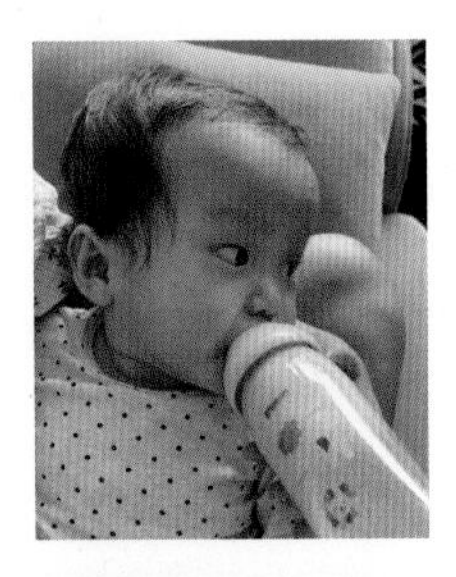

오후 1시 30분: 수유2(90~120mL, 평균 100mL 정도)

간식을 먹고 나면 거의 안 먹기도 하는 수유 타임이에요. 간식을 먹었어도 100mL씩 다 먹는 날도 있고요. 그때그때 달라요.

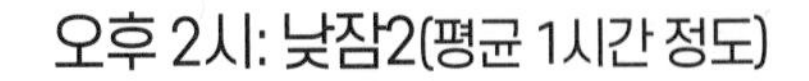

오후 2시: 낮잠2(평균 1시간 정도)

오후 2시나 3시쯤 두 번째 낮잠을 잡니다. 후기 이유식에 들어온 이후부터는 하루 2회 낮잠으로 굳혀졌어요. 후기 이유식 막바지쯤에는 두 번째 낮잠을 안 자고 잠을 이기려고 하는 경우가 많아졌어요. 낮잠 한 번이라도 패스하는 날이면 오후 시간에 난리가 납니다. 짜증에 짜증을! 결론은 낮잠은 제때 재우는 게 좋아요.

오후 4시: 이유식3(토핑 이유식, 180g)

세 번째 이유식은 오후 4~5시쯤 먹였어요. 사실 후기 이유식까지는 먹이는 시간이 크게 중요하지 않아요. 돌쯤 되면서 서서히 엄마 아빠 세 끼 먹는 시간에 맞춰가는 게 맞지만, 억지로 빨리 맞출 필요는 없어요. 서서히 진행하다 보면 점점 시간대가 바뀌기도 하고, 11개월 이후로 접어들면서 또 어른들 먹는 시간에 맞춰져요. 저는 후기 이유식까지는 세 번째 이유식을 오후 4시에 마무리했어요.

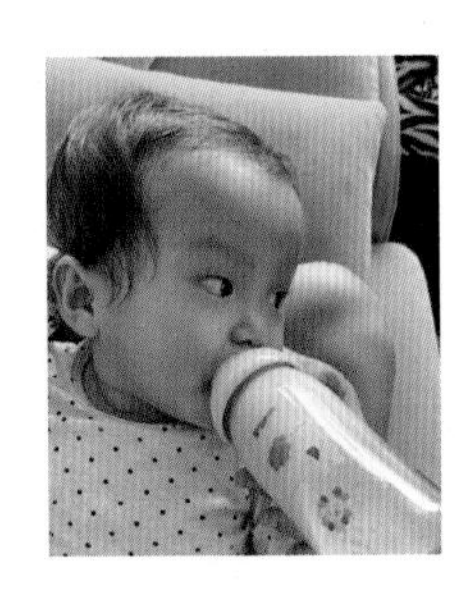

오후 6시: 수유3(90~120mL, 평균 100mL 정도, 생략한 적도 많음)

후기 이유식 중반까지는 세 번째 이유식 뒤에 분유 100mL 정도를 더 먹였어요(이유식 먹은 2시간 뒤). 그런데 이것도 점점 시간이 지나면서 생략하는 날이 많아졌습니다. 그래서 10개월 후반부터 세 번째 수유 타임을 줄여나갔어요. 목표는 수유 1, 2, 3을 차례로 조금씩 줄이다가 돌쯤 하루 한 번만 먹이는 거였어요.

오후 7시: 자기 전까지 1~2시간 놀기

먹을 만큼 먹은 뿐이는 배불러서 기분이 좋습니다. 잠이 오기 전까지 잘 놀아요. 튼이 오빠가 5시쯤 집에 오는데 그때부터 같이 놀기도 하고, 오빠 노는 걸 방해하기도 하고…. 잠이 올 때쯤 마지막 수유를 합니다.

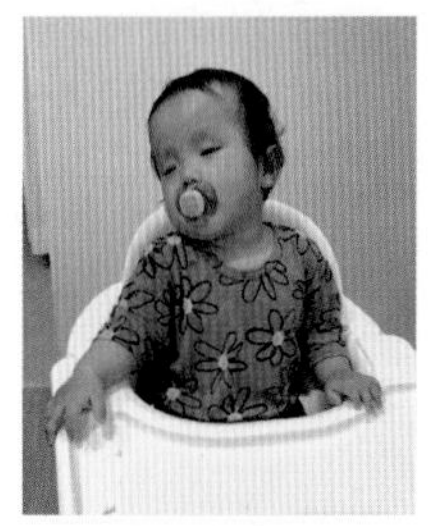

보통 밤 8~9시쯤 잠드는데요. 낮잠 1번을 건너뛴 어느 날 왼쪽 사진처럼 쌀과자를 먹다가 졸기 시작하는데, 10개월 뿐이도 많이 피곤한 하루였나 봅니다.

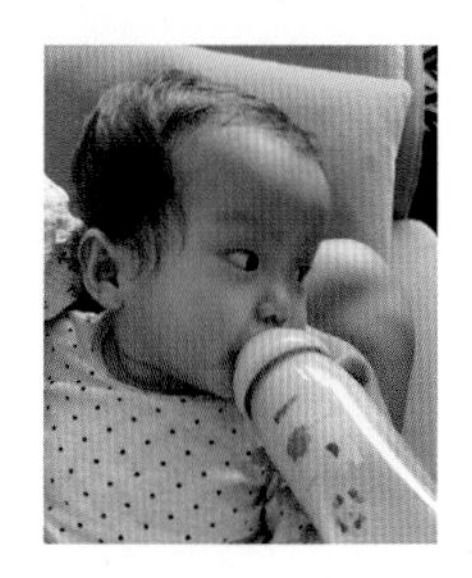

밤 8시 30분: 수유4(100~230mL, 그때그때 다름)

자기 전엔 배부르게 먹는 게 정석! 뿐이 스케줄에서 수유3 타임을 생략했다면 막수(수유4) 때 많이 먹어요. 분유3 타임에 먹었다면, 막수 때 확실히 먹는 양이 적어요. 남길지언정, 넉넉하게 먹이는 게 낫습니다. 어중간하게 배고프면 새벽에 대참사가 생길 수 있으니 주의하세요.

밤 9시: 꿀잠(다음날 아침 7~8시까지 푹 자는 편)

밤 9시쯤 잠들어요. 더 일찍 자는 날도 있는데 아무래도 튼이 오빠가 같이 있다 보니 더 놀고 싶어 해요. 평균적으로 밤 9시쯤 밤잠에 들고, 다음 날 아침 7시 정도까지 통잠을 잡니다. 간혹 이앓이가 심할 때는 새벽에 깨서 칭얼거리기도 하는데, 쪽쪽이 물려주면 금방 잠들어요. 그래도 안 되면 분유 수유를 조금 하지만 거의 잘 자요. 이 시기엔 새벽 수유를 하지 않는 게 좋습니다.

후기 이유식에서 체크할 3가지

9~11개월 후기 이유식에서 체크할 사항은 다음 3가지입니다.

1. 이유식은 하루 3번(시간대는 잘 먹는 시간으로)

2. 수유 횟수는 중요하지 않으나 하루 총 500mL 정도가 적당

(이유식을 하루 세 번 꽤 많은 양으로 먹으면 하루 총 분유량이 500mL가 안 될 수 있는데요.

이유식을 잘 먹는다면 큰 문제없습니다)

3. 이유식 거부가 너무 심하면 유아식으로 넘어갈 준비하기

뿐이의 하루 일과 정리

시간	수유 / 이유식 / 낮잠	비고
오전 7시		기상 후 30분~1시간 정도 뒹굴뒹굴 놀기
오전 8시	이유식 1	180g, 토핑 이유식
오전 8시 45분		튼이 오빠 등원
오전 9시 30분	수유 1	100~120mL(이유식 먹은 양에 따라 다름)
오전 10시	낮잠 1	1시간 정도 낮잠
오전 12시	이유식 2	180g, 토핑 이유식
오후 1시	간식	생과일, 치즈, 쌀과자 등 / 오후 3시, 오후 5시 랜덤으로 주기도 함, 생략도 가능
오후 1시 30분	수유 2	100~120mL(이유식 먹은 양에 따라 다름)
오후 2시	낮잠 2	1시간 정도 낮잠(안 잘 때도 많음)
오후 4시	이유식 3	180g, 토핑 이유식
오후 6시	수유 3	100~120mL(이유식 먹은 양에 따라 다름)
오후 7시	목욕	목욕하고 자기 전까지 1~2시간 정도 놀기
오후 8시 30분	수유 4	수유 4(100~230mL) / 수유 3 먹고나면 수유 4 먹는 양이 줄어듦
오후 9시	밤잠	새벽 수유 없이 잠(가끔 중간에 깨서 분유를 찾을 땐 쪽쪽이 활용, 후기 이유식 두 달 동안 밤중 수유 1번 있었음, 다음날 7시까지 통잠)

★ 이유식 평균 하루 총 양: 180g×3회=540g
★ 분유 평균 하루 총 양: 120mL×3회+100~200mL 1회=약 500mL 정도
★ 간식: 하루 1~2회, 안 줄 때도 있음(매일 안 줘도 괜찮아요). 시간 정하지 않고 주로 오후 시간 중 약간 출출해 보일 때 주는 편
★ 응가: 하루 평균 1~3회, 중기 이유식 초반 변비가 심했는데 그 이후로 적응해서인지 변비 걸린 적 없음. 대신 유산균은 하루 1회씩 꼭 일정한 시간에 챙겨주려고 함.

서서히 수유 횟수는 1회로 줄여나가요

수유3을 생략하는 날이 있긴 한데 거의 먹는 편이고, 막수(수유4)는 230mL씩 타줘도 반 정도만 먹어서 수유2나 수유3을 완전히 생략하고 하루 3회로 줄이다 서서히 1회로 줄여 나가요.

이유식 양은 유지해요

중기 이유식 막바지 170g까지 먹었고 후기 이유식은 180g으로 정착했어요. 식사 시간 집중도가 떨어지는 시기라 200g까지는 다소 버거울 것 같아서 180g 유지 중인데 잘 먹어요. 실제로 후기 이유식에서 200g까지 줘봤는데 다 못 먹고 남기는 경우가 많았어요. 뿐이의 경우에는 180g이 최대 양이었어요.

초기, 중기, 후기 이유식에서 스케줄은 참고만 해요

스케줄, 분리 수유 관련해서 많이 물어보시는데 정말 아이들마다 달라요. 다른 아기들 스케줄은 참고만 하세요. 아기마다 가족생활 패턴에 따라 조금씩 달라요. 제일 중요한 건 시간이 갈수록 이유식 양은 늘어나고, 분유 양은 줄어들어야 한다는 사실입니다.

아기가 이유식을 잘 안 먹을 때

어떤 아이든 평소에 이유식을 잘 먹다가도 갑자기 잘 안 먹을 때가 있어요. 그럴 때는 다음과 같이 생각해볼 수 있어요.

---

1. 너무 배고픈 시간에 주었나? 또는 배가 별로 고프지 않은 시간에 주었나?
2. 잠이 오는 시간인가?
3. 컨디션이 안 좋은가?(열이나 감기 기운)

이때 몇 가지 방법을 시도해볼 수 있어요.

1. 꼭 정확히 같은 시간이 아니어도 된다.

예를 들어 하루 1번의 이유식을 먹을 때 오전이 아닌 오후에 먹여도 괜찮아요. 아기가 잘 먹는 시간을 찾는 게 중요합니다. 매일 일정한 시간이면 좋겠지만 괜찮아요. 평일에는 오전에 먹이고, 주말에는 오후에 먹여도 된다는 뜻이에요. 아기가 잘 안 먹을 때는 시간을 변경해보세요.

2. 수유 직전이면 오히려 잘 안 먹는다.

뿐이도 너무 배고플 때는 오히려 잘 안 먹었어요. 배고플 때는 분유/모유는 원하는 대로 바로바로 쭉쭉 빨아 먹을 수 있잖아요. 그런데 이유식은 그러지 못해요. 숟가락으로 입에 들어와서 좀 먹다보면 텀이 생기고 배고파 죽겠는데 빨리 못 먹으니까 성질나는 거죠. 수유시간 30분~1시간 전에 먹여보세요.

3. 분유 먼저 먹이고 이유식을 먹인다.

이 방법은 권장하지 않아요. 이유식 먼저 먹고 분유를 먹는 게 적당하거든요. 분유를 먼저 배부르게 먹고 또 이유식을 먹으려면 배불러서 잘 안 먹어요. 다만 이 방법을 좋아하는 아기들이 있어요. 그런 경우에는 이렇게 진행하다가 바꿔보세요. 오래 하지는 마세요. 어느 정도 이유식을 잘 먹으면 다시 이유식 먼저 먹이고 분유를 줘보세요.

뿐이의 토핑 이유식 적응기

뿐이의 토핑 이유식 적응기를 참고해서 이유식을 시작해보세요.

[소고기애호박+쌀오트밀 토핑 이유식 1일차]

토핑 이유식으로 진행한 첫날. 반 정도 먹었어요. 자꾸 뭐가 맘에 안 드는지 짜증내고 울고불고. 반 정도도 잘 먹었다고 칭찬해줬어요. 이때 토핑으로 주는 게 싫은가 싶어서 2, 3일 차에는 모두 섞어서 죽 이유식으로 줘봤어요.

[소고기애호박+쌀오트밀 토핑 이유식 2일차]

모두 섞어서 끓여봤는데도 반 이상 남겼어요. 뭐가 문제일까요.

[소고기애호박+쌀오트밀 토핑 이유식 3일차]

3일 차에도 모두 섞어서 줬는데 자꾸 뱉고 안 먹고….

이유식 의자도 바꿔서 먹여봤는데요. 겨우 반 정도 먹었어요. 3일 동안 평균 30mL 정도씩 먹은 거면, 초기 반응으로는 괜찮은 거예요. 그런데 뭔가 자꾸 짜증을 내니까 생각을 해봅니다. 뿐이는 토핑이나 죽 같은 이유식 방식 때문은 아닌 것 같아요. 이유식 먹는 시간을 조절해보기로 합니다.

- 183일(1일차): 쌀 20g, 오트밀 20g, 소고기 10g 준비/30g 먹음(토핑 이유식)
- 184일(2일차): 60mL 준비/25mL 먹음(쌀가루 16배죽 죽 이유식)
- 185일(3일차): 60mL 준비/30mL 먹음(쌀가루 16배죽 죽 이유식)

이유식을 조금씩 진행하면서 아이가 이제 이유식이라는 걸 먹기 시작했고, 숟가락으로 맛보고 씹고 삼키는 걸 배우고, 지금이 식사 시간이라는 걸 배우는 게 중요해요. 때문에 잘 먹는 아이들과 비교하면서 속상해할 필요 전혀 없어요. 안 먹으면 안 먹는 대로 아기의 의사를 존중해주세요. 이유식을 먹을 때 사랑스러운 눈빛과 말투를 더해주세요. 잘 먹는다면 폭풍 칭찬해주세요.

뿐이도 토핑 이유식을 시작해서 초기, 중기, 후기 이유식까지 오는 동안 매일 빠짐없이 잘 먹었던 건 아니에요. 안 먹겠다고 울고불고, 먹다가 뱉은 날도 많아요. 그럴 때마다 다양한 방법을 시도해보면서 극복해나갔습니다. 이유식 먹는 시간도 변경해보고, 입자 크기에 변화를 주기 위해 좀 더 잘게 다지거나 갈아서도 줘보고, 농도도 좀 더 묽게 혹은 좀 더 되직하게도 바꿔보고, 핑거푸드를 적극 활용해 자기주도식으로 변화를 주기도 하고, 모두 섞어서 죽 이유식으로도 제공해봤어요. 이렇게 다양한 방법을 시도해보면서 조금씩 아기에게 맞춰가보세요. 조금 덜 먹어도 괜찮으니 이유식 시간이 즐거운 식사 시간이라는 걸 배울 수 있게 도와주세요.

오트밀 포리지 만드는 방법

보통 후기 이유식을 시작하면 하루 세 끼를 어떻게 지어야 하나 걱정이 됩니다. 그래서 많은 분이 아침을 오트밀 포리지로 대신하더라고요. 아기가 잘 먹는다면 아주 좋은 식사이지요. 이 레시피는 후기 이유식뿐만 아니라 완료기 이유식, 유아식에도 활용할 수 있는 메뉴입니다.

돌 전 아기에게 아침을 오트밀 포리지로 주었다면 점심이나 저녁 중 한 끼는 100% 쌀로 지은 죽이나 무른밥 또는 진밥을 주면 됩니다. 나머지 한 끼는 쌀과 잡곡이 각각 50:50 비율로 섞인 무른밥이나 진밥을 주면 됩니다.

잡곡을 좀 더 먹는 게 문제가 될까요?

괜찮습니다. 돌 전에는 잡곡 비율이 최대 50:50 비율이라고 하지만, 잡곡을 조금 더 먹는다 해도 아기가 잘 먹으면 괜찮답니다.

오트밀 섭취량 정하기

가끔 하루에 오트밀을 15g 이상 먹이면 안 되냐고 묻는 분도 있어요.

철분 강화 오트밀이라면 섭취 제한이 있지만, 일반적인 오트밀은 섭취 제한량이 없어요. 보통 돌 전이라면 오트밀 포리지를 만들 때 15~20g(한 끼 분량) 정도 사용하면 적당하답니다.

오트밀 포리지 만드는 방법

1. 퀵롤드 오트밀 또는 포리지 오트밀 15g, 우유(돌전이면 분유) 80mL를 준비해주세요. 돌 전이라면 우유 대신 분유로 대체하세요. 보통 오트밀 양 곱하기 5배 정도의 분유, 우유, 물을 넣고 돌리면 적당합니다.

2. 전자레인지용 용기에 오트밀, 우유를 넣어주세요. 용기는 넉넉한 것으로 준비해주세요. 오트밀을 가열하면 부풀어 오르는 성질이 있어요. 걱정된다면 30초 먼저 돌려본 후 추가로 30초~1분 정도 더 돌려보세요.

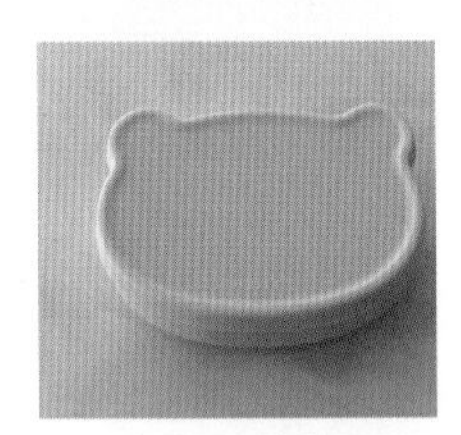

3. 전자레인지 전용 뚜껑을 덮고 1분~1분 30초 돌리세요. 만약 오트밀 포리지에 고기와 채소 등을 추가하고 싶다면 냉동 보관했던 토핑을 전날 냉장 해동한 뒤 오트밀 포리지에 섞어 전자레인지에 같이 돌려주세요.

4. 오트밀이 뭉치지 않게 숟가락으로 잘 섞어주세요. 처음엔 묽어 보이지만 오트밀의 베타글루칸 성분 때문에 갈수록 꾸덕꾸덕한 질감으로 변한답니다.

5. 바나나, 아보카도 등 다양한 식재료로 토핑해주세요.

오트밀 포리지 토핑 추천

오트밀에 바나나, 아보카도, 블루베리 등 제철 과일을 토핑으로 쓰는 게 가장 무난합니다. 시판 과일퓌레가 있다면 소량 추가하여 활용할 수도 있지만, 그것보단 과일 자체를 갈아 과육도 함께 먹을 수 있게 생과일 위주로 챙겨주는 걸 추천해요. 아기들은 달콤한 과일을 좋아하지만 채소 위주로 토핑을 넣는 게 좋아요. 고기와 채소를 같이 쓰는 것도 좋습니다.

1. 오트밀+닭고기+감자+치즈
2. 오트밀+고구마(또는 단호박)+요거트
3. 오트밀+단호박+당근+치즈
4. 오트밀+소고기+바나나
5. 오트밀+사과+고구마
6. 오트밀+우유+땅콩버터+바나나
7. 오트밀+닭고기+채소큐브+채소육수
8. 오트밀+사과+케일

2장

후기 토핑 이유식 1단계

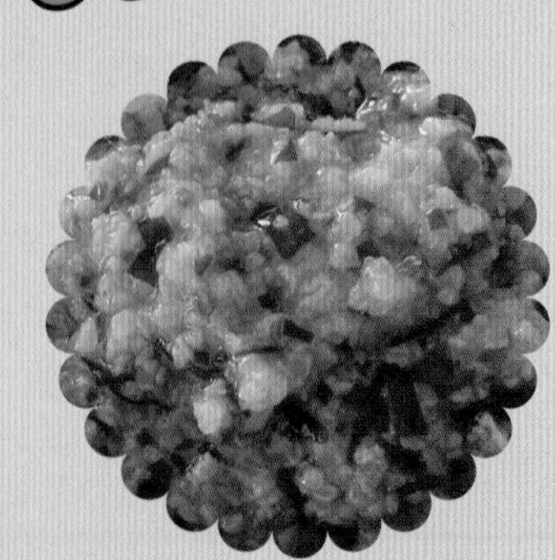

후기 토핑 이유식 식단표 1단계(1~6일)

식단표 다운로드
(비번 211111)

▷하루 세 끼, 불린 쌀 잡곡 대비 3배 무른밥으로 진행

		1	2	3	4	5	6
개월수		D+270	D+271	D+272	D+273	D+274	D+275
아침	베이스	쌀차조무른밥 (중기쌀가루 이용)	쌀차조무른밥 (중기쌀가루 이용)	쌀차조무른밥 (중기쌀가루 이용)	소고기미역죽	소고기미역죽	소고기미역죽
	토핑	소고기새송이 연근배추	소고기새송이 연근배추	소고기새송이 연근배추	양파당근	양파당근	양파당근
	간식						
	NEW	**차조** (알레르기: O / X)			**미역** (알레르기: O / X)		
	먹은 양	/	/	/	/	/	/
점심	베이스	쌀오트밀	쌀오트밀	쌀오트밀	잡곡무른밥	잡곡무른밥	잡곡무른밥
	토핑	당근브로콜리 양파비트	당근브로콜리 양파비트	당근브로콜리 양파비트	닭고기비타민 양파토마토	닭고기비타민 양파토마토	닭고기비타민 양파토마토
	간식						
	먹은 양	/	/	/	/	/	/
저녁	베이스	잡곡무른밥 (3배)	잡곡무른밥 (3배)	잡곡무른밥 (3배)	잡곡무른밥 (3배)	잡곡무른밥 (3배)	잡곡무른밥 (3배)
	토핑	달걀애호박 양배추단호박	달걀애호박 양배추단호박	달걀애호박 양배추단호박	흰살생선애호박 무브로콜리	흰살생선애호박 무브로콜리	흰살생선애호박 무브로콜리
	간식						
	먹은 양	/	/	/	/	/	/

★ **새롭게 먹어본 재료: 차조, 미역**

★ 달걀 적정량: 일주일에 1~2개, 노른자 2개 대략 30~33g 정도 나오는데, 일주일 중 3일 정도 나눠서 먹이면 됩니다.

★ 후기 이유식 첫 번째 재료인 차조는 중기용 차조가루를 사용했습니다. 후기 이유식부터 바로 무른밥 형태로 가려면 중기잡곡가루 말고 일반 차조를 구입해서 쌀이랑 최대 50:50 비율까지 섞은 다음 불려서 사용해요.

★ 후기 이유식 1단계 기준 4배~3배 무른밥이면 적당합니다. 첫째 튼이 때는 4배 무른밥을 해먹였고, 둘째 뿐이 때는 3배 무른밥을 해먹였는데 둘 다 괜찮았습니다. 되직한 걸 잘 먹는다면 3배로 바로 진행하고, 힘들어한다면 4배로 진행하면 됩니다.

★ 후기 이유식 초반의 경우 초기/중기와 마찬가지로 쌀+오트밀을 진행하였으나, 냉동 보관 후 먹이다 보니 농도가 되직할수록 너무 떡지는 느낌이 있어 3일 정도 먹여본 후로는 진행하지 않았습니다. 오트밀을 먹이고 싶은 분들이라면 후기 이유식에서 세 끼 중 한 끼는 오트밀 포리지 형태로 주셔도 좋을 것 같아요. 다만 오트밀 100% 형태로 한 끼 먹일 경우 나머지 두 끼 중 한 끼는 쌀 100% 무른밥으로 주는 게 좋다고 합니다(하루에 먹는 쌀과 잡곡 비율이 최대 50:50 권장, 돌 전까지).

★ 뿐이는 베이스 무른밥 100g, 토핑 각 20g씩 한 끼 총 180g씩 제공했습니다. 참고하세요.

후기 토핑 이유식 식단표 1단계(7~12일)

		7	8	9	10	11	12
개월수		D+276	D+277	D+278	D+279	D+280	D+281
아침	베이스	쌀차조무른밥 (중기쌀가루 이용)	쌀차조무른밥 (중기쌀가루 이용)	쌀차조무른밥 (중기쌀가루 이용)	쌀구기자닭죽	쌀구기자닭죽	쌀구기자닭죽
	토핑	소고기검은콩 청경채애호박	소고기검은콩 청경채애호박	소고기검은콩 청경채애호박	양파단호박	양파단호박	양파단호박
	간식						
	NEW	**검은콩** (알레르기: O / X)			**구기자** (알레르기: O / X)		
	먹은 양	/	/	/	/	/	/
점심	베이스	잡곡무른밥	잡곡무른밥	잡곡무른밥	잡곡무른밥	잡곡무른밥	잡곡무른밥
	토핑	닭고기시금치 양송이단호박	닭고기시금치 양송이단호박	닭고기시금치 양송이단호박	토마토양파 배추비타민	토마토양파 배추비타민	토마토양파 배추비타민
	간식						
	먹은 양	/	/	/	/	/	/
저녁	베이스	잡곡무른밥	잡곡무른밥	잡곡무른밥	잡곡무른밥	잡곡무른밥	잡곡무른밥
	토핑	두부브로콜리 당근양파	두부브로콜리 당근양파	두부브로콜리 당근양파	소고기검은콩 브로콜리당근	소고기검은콩 브로콜리당근	소고기검은콩 브로콜리당근
	간식						
	먹은 양	/	/	/	/	/	/

★ **새롭게 먹어본 재료: 검은콩, 구기자**

★ 뿐이는 베이스 무른밥 100g, 토핑 각 20g씩 한 끼 총 180g씩 제공했습니다. 참고하세요.

후기 토핑 이유식 식단표 1단계(13~18일)

		13	14	15	16	17	18
개월수		D+282	D+283	D+284	D+285	D+286	D+287
아침	베이스	쌀구기자 닭죽	쌀구기자 닭죽	쌀구기자 닭죽	잡곡무른밥	잡곡무른밥	잡곡무른밥
	토핑	밤청경채	밤청경채	밤청경채	소고기팽이버섯 비트브로콜리	소고기팽이버섯 비트브로콜리	소고기팽이버섯 비트브로콜리
	간식						
	NEW	**밤** (알레르기: O / X)			**팽이버섯** (알레르기: O / X)		
	먹은 양	/	/	/	/	/	/
점심	베이스	잡곡무른밥	잡곡무른밥	잡곡무른밥	잡곡무른밥	잡곡무른밥	잡곡무른밥
	토핑	소고기연근 비타민단호박	소고기연근 비타민단호박	소고기연근 비타민단호박	닭고기연근 애호박배추	닭고기연근 애호박배추	닭고기연근 애호박배추
	간식						
	먹은 양	/	/	/	/	/	/
저녁	베이스	잡곡무른밥	잡곡무른밥	잡곡무른밥	잡곡무른밥	잡곡무른밥	잡곡무른밥
	토핑	배추애호박 당근브로콜리	배추애호박 당근브로콜리	배추애호박 당근브로콜리	두부당근 비타민감자	두부당근 비타민감자	두부당근 비타민감자
	간식						
	먹은 양	/	/	/	/	/	/

★ **새롭게 먹어본 재료: 밤, 팽이버섯**

★ 뿐이는 베이스 무른밥 100g, 토핑 각 20g씩 한 끼 총 180g씩 제공했습니다. 참고하세요.

후기 토핑 이유식 식단표 1단계(19~24일)

		19	20	21	22	23	24
개월수		D+288	D+289	D+290	D+291	D+292	D+293
아침	베이스	잡곡무른밥	잡곡무른밥	잡곡무른밥	잡곡무른밥	잡곡무른밥	잡곡무른밥
	토핑	소고기근대 양파당근	소고기근대 양파당근	소고기근대 양파당근	소고기파프리카 비타민양배추	소고기파프리카 비타민양배추	소고기파프리카 비타민양배추
	간식				파프리카는 핑거푸드로 제공		
	NEW	**근대** (알레르기: O / X)			**파프리카** (알레르기: O / X)		
	먹은 양	/	/	/	/	/	/
점심	베이스	잡곡무른밥	잡곡무른밥	잡곡무른밥	잡곡무른밥	잡곡무른밥	잡곡무른밥
	토핑	닭고기밤 비타민단호박	닭고기밤 비타민단호박	닭고기밤 비타민단호박	닭고기밤 양파브로콜리	닭고기밤 양파브로콜리	닭고기밤 양파브로콜리
	간식						
	먹은 양	/	/	/	/	/	/
저녁	베이스	잡곡무른밥	잡곡무른밥	잡곡무른밥	잡곡무른밥	잡곡무른밥	잡곡무른밥
	토핑	달걀팽이 시금치애호박	달걀팽이 시금치애호박	달걀팽이 시금치애호박	생선토마토 적채단호박	생선토마토 적채단호박	생선토마토 적채단호박
	간식						
	먹은 양	/	/	/	/	/	/

★ **새롭게 먹어본 재료: 근대, 파프리카**

★ 22~24일차 파프리카는 다져서 토핑 큐브로 만들어도 되지만, 자기주도이유식 핑거푸드 채소스틱으로 제공해주셔도 좋아요.

★ 뿐이는 베이스 무른밥 100g, 토핑 각 20g씩 한 끼 총 180g씩 제공했습니다. 참고하세요.

후기 토핑 이유식 식단표 1단계(25~30일)

		25	26	27	28	29	30
개월수		D+294	D+295	D+296	D+297	D+298	D+299
아침	베이스	잡곡무른밥	잡곡무른밥	잡곡무른밥	잡곡무른밥	잡곡무른밥	잡곡무른밥
	토핑	소고기김 당근애호박	소고기김 당근애호박	소고기김 당근애호박	소고기가지 청경채당근	소고기가지 청경채당근	소고기가지 청경채당근
	간식						
	NEW	**김** (알레르기: O / X)			**가지** (알레르기: O / X)		
	먹은 양	/	/	/	/	/	/
점심	베이스	잡곡무른밥	잡곡무른밥	잡곡무른밥	잡곡무른밥	잡곡무른밥	잡곡무른밥
	토핑	닭고기팽이버섯 양파단호박	닭고기팽이버섯 양파단호박	닭고기팽이버섯 양파단호박	닭고기파프리카 브로콜리치즈	닭고기파프리카 브로콜리치즈	닭고기파프리카 브로콜리치즈
	간식						
	먹은 양	/	/	/	/	/	/
저녁	베이스	잡곡무른밥	잡곡무른밥	잡곡무른밥	잡곡무른밥	잡곡무른밥	잡곡무른밥
	토핑	두부연근 비타민브로콜리	두부연근 비타민브로콜리	두부연근 비타민브로콜리	달걀시금치 토마토당근	달걀시금치 토마토당근	달걀시금치 토마토당근
	간식						
	먹은 양	/	/	/	/	/	/

★ **새롭게 먹어본 재료: 김, 가지**

★ 뿐이는 베이스 무른밥 100g, 토핑 각 20g씩 한 끼 총 180g씩 제공했습니다. 참고하세요.

후기 1단계	베이스죽

차조무른밥(7배죽)

재료

- ☐ 중기 2단계 쌀가루 95g
- ☐ 중기 차조가루 95g
- ☐ 육수 1,330mL

완성량

100g씩 13개

후기 이유식에서 먹을 수 있는 차조무른밥 7배죽 레시피입니다. 적절한 비율로 섞어주는 잡곡은 아이들도 충분히 소화 가능하고 백미에 잡곡을 섞어서 먹는 게 영양적으로도 더 좋아요.

불린 쌀+불린 차조로 만들 경우에는 불린 쌀 210g, 불린 차조 210g, 육수 1,260mL로 동일하게 만들어보세요.

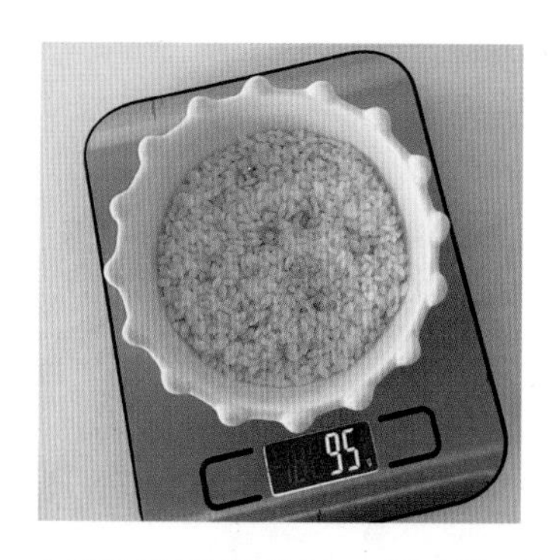

1. 중기 2단계 쌀가루 95g, 중기 차조가루 95g를 준비합니다. 조금 더 부드럽게 만들려면 쌀가루와 차조가루를 물에 30분 정도 불려주세요.

2. 육수는 잡곡 양의 7배 1,330mL를 준비합니다. 냄비보다 밥솥을 추천해요.

3. 가루 형태로 조각 나 있는 차조는 밀가루처럼 곱게 갈린 건 아니어서 중후기 이유식에서 사용하기 괜찮아요.

4. 밥솥 내솥에 쌀가루, 차조 가루, 육수 모두 넣고 잘 섞이도록 저어주세요.

5. 쿠첸 크리미 6인용 밥솥 기준 이유식 2단계로 맞춰요.

6. 후기 이유식부터는 베이스(무른밥) 용량을 늘려서 100g씩 소분해요.

7. 90g짜리 4구 큐브에도 담았어요. 100g씩 총 13개 나왔습니다. 한 김 식힌 후 냉동 보관했다가 2주 이내 모두 소진해요.

TIP 1. **잡곡을 종류별로 하나씩 테스트해야 할까?** 저는 하나씩 해보는 걸 추천합니다. 잡곡도 종류에 따라 어떤 특정 잡곡에만 알레르기 반응을 보이는 경우가 간혹 있다고 합니다. 빠르게 많은 걸 먹여보고 싶은 마음은 알지만 천천히 가도 전혀 문제없으니, 하나씩 테스트하면서 넘어가 보세요.

TIP 2. **냄비로 만드는 방법** 위 재료를 모두 냄비에 넣고, 센 불에서 끓이다 팔팔 끓어오르면 약한 불로 줄이고 10~15분 정도 푹 퍼질 때까지 끓여주세요.

차조

영양성분

차조에는 뼈를 튼튼하게 하는 칼슘 성분이 들어 있어 성장기 어린이의 성장 발육에 도움을 줍니다. 식이섬유도 백미의 약 5배 넘는 양이 들어 있어요. 그래서 장운동을 활발하게 하여 변비 예방 효과도 있어요. 단백질과 식이섬유, 비타민 및 미네랄 등이 많아서 조선시대에는 조식 전 미음으로 왕에게 진상했답니다. 밥을 지을 때 차조를 넣으면 찰기가 생겨요. 아밀로펙틴이라는 성분 때문인데요. 이 성분은 소화를 촉진시키고 위의 부담을 줄여 위 건강을 향상시키는 데도 도움을 줍니다.

알레르기 가능성

차조는 흔한 알레르기 식품은 아니에요. 하지만 드물게 알레르기가 발생하므로 소량을 먹여 보면서 아이의 상태를 관찰해주세요. 만약 다른 잡곡에서 알레르기 반응을 보였다면, 차조를 먹이기 전에 소아과 전문의와 상담해보세요.

보관법

밀폐용기에 담아 서늘한 곳이나 냉장 보관해요.

자기주도이유식에서 차조 활용하기

생후 6개월부터 차조로 죽을 끓여 먹일 수 있어요. 쌀과 섞은 차조쌀죽을 제공하고 스푼 연습을 시켜보세요. 차조가루로 만든 빵, 팬케이크, 과자 등 자기주도 간식으로도 활용 가능해요.

소고기배추연근새송이버섯 차조무른밥

재료

- ☐ 소고기 20g
- ☐ 배추 20g
- ☐ 연근 20g
- ☐ 새송이버섯 20g
- ☐ 차조무른밥 100g

완성량
총 180g 1회분

차조는 무기질이 풍부하고 쌀의 영양을 보충해줍니다. 조는 차조와 메조로 분류되는데, 차조는 메조보다 알갱이가 작고 누런색을 띠는 게 특징이에요. 메조는 보통 사료로 사용하고, 차조를 먹어요. 정월 대보름 오곡밥을 지을 때 들어가는 잡곡이랍니다.

1. 생후 9개월 초반 뿐이가 먹은 이유식 입자 크기(5~7mm 정도면 적당) 확인해 주세요.

2. 차조무른밥은 농도가 묽은 편인데도 잘 먹었어요.

3. 소고기는 좀 더 갈아 주었어요. 아무래도 고기 입자가 클수록 먹기 힘들어해서요. 뿐이처럼 고기 입자감을 힘들어하는 아기라면 후기 이유식이어도 꼭 5~7mm를 고집하지 말고 조금 더 갈아주셔도 돼요.

TIP. **중기 차조가루 구입처** 아이보리 제품입니다. 중기 2단계 쌀가루, 중기 차조가루를 사용했어요. 일반 차조는 물에 30분 이상 불려서 사용하면 됩니다.

후기 1단계	베이스죽

6배 잡곡무른밥(중기용 가루)

재료

- ☐ 중기 2단계 쌀가루 120g
- ☐ 중기 현미가루 40g
- ☐ 중기 퀴노아가루 40g
- ☐ 중기 수수가루 40g
- ☐ 육수 1,440mL

완성량

100g씩 15개

후기 토핑 이유식을 들어갈 때 보통 일반 쌀, 일반 잡곡을 충분히 불려서 사용합니다. 그런데 조금 더 중기 입자감으로 진행하고 싶다면, 중기용 쌀가루가 많이 남아서 후기 초반까지는 활용하고 싶다면, 다음 레시피로 만들어보세요.

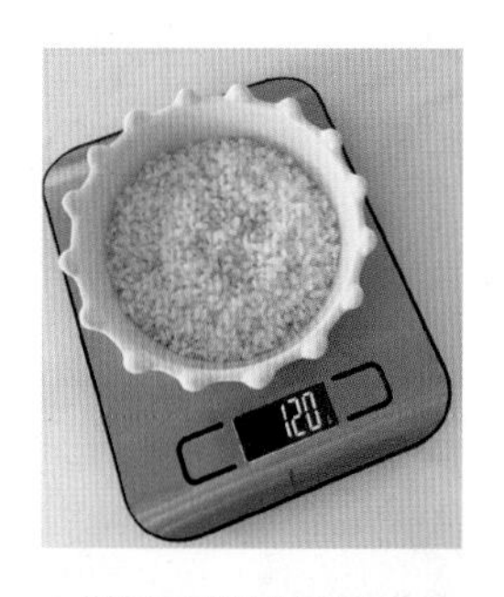

1. 중기 2단계 쌀가루 120g을 준비해요. 물에 30분 정도 불리면 조금 더 부드러워요.

2. 중기 현미, 퀴노아, 수수를 각 40g씩 준비합니다. 물에 30분 정도 불리면 조금 더 부드러워요.

3. 육수는 쌀가루와 잡곡가루의 6배인 1,440mL를 준비해요. 되직한 걸 좋아하는 아기라면 물의 양을 더 줄여도 됩니다.

4. 내솥에 모든 재료를 넣고 잘 섞어주세요.

5. 쿠첸 크리미 밥솥 기준 이유식 2단계로 설정해요(55분 정도 소요).

6. 55분 후 열어보면 육수가 겉도는 느낌인데 잘 저어주면 농도가 맞춰져요.

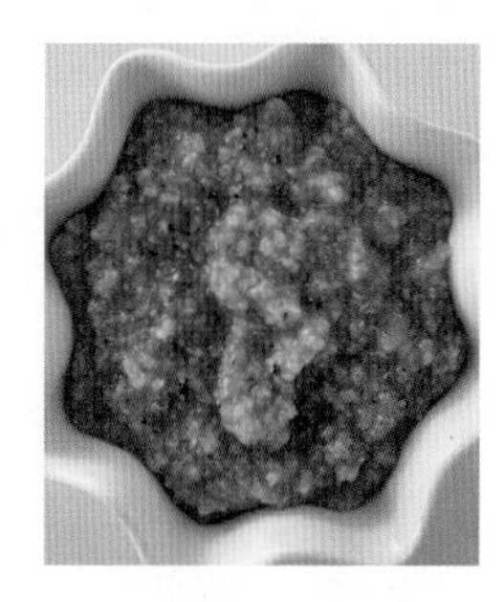

7. 쌀알 조각이 보여요. 잡곡은 가루 형태라 잘 보이진 않지만 씹는 맛이 느껴집니다.

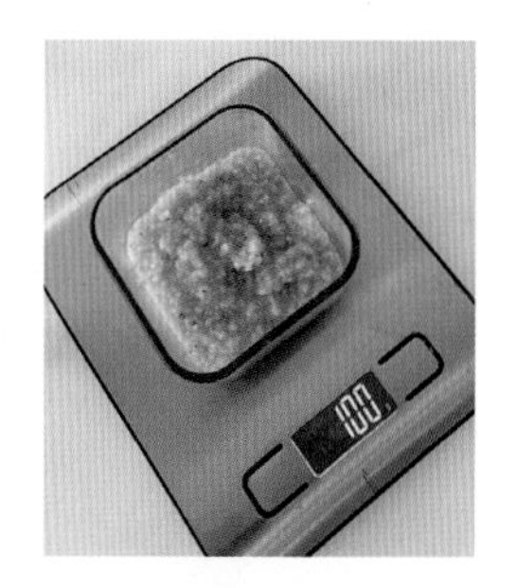

8. 한 끼당 100g씩 소분합니다.

9. 총 15회분이 나왔어요.

10. 후기 이유식쯤 가면 무른밥/진밥 양이 많이 늘어나요. 이유식 용기에 보관해두면 편해요.

11. 달걀노른자 10g, 애호박 20g, 단호박 20g, 양배추 20g, 6배 잡곡무른밥 100g 토핑 이유식입니다.

TIP. **뜨거운 이유식 냉동 보관법** 뜨거운 이유식을 소분한 후에는 한 김 식혀서 냉동실에 보관해주세요. 이유식 용기 위에 뚜껑을 비스듬하게 올려두면 뜨거운 김이 빠져나옵니다. 완전히 차가울 정도로 식힐 필요는 없지만 너무 뜨거울 때는 바로 냉동하지 마세요. 뜨거운 음식이 냉동실에 들어가면 바로 옆에 있는 다른 냉동 음식을 상하게 할 수 있으니까요(온도 변화).

후기 1단계	베이스죽

3배 잡곡무른밥(불린 쌀+잡곡)

재료

- ☐ 불린 쌀 270g
- ☐ 불린 잡곡 220g
- ☐ 육수 1,470mL

완성량

100g씩 18개

후기 이유식에서 쌀, 잡곡을 불려서 사용하는 레시피입니다. 보통 후기 이유식쯤 가면 세 끼 챙기기가 힘들어서 아침 첫 끼니는 간단하게 오트밀 포리지로 주는 분들도 많아요. 그런 경우에는 나머지 두 끼는 잡곡무른밥(진밥)을 주면 됩니다.

1. 불린 쌀 270g, 불린 잡곡 220g, 육수 1,470mL. 육수는 닭고기 육수와 채소 육수를 섞어 사용했어요. 어떤 종류의 육수든 모두 가능합니다.

2. 내솥에 불린 쌀, 잡곡, 육수를 모두 넣고 잘 저어주세요. 7쿠첸 크리미 밥솥 기준 이유식 2단계로 설정해요(55분 소요).

3. 완성된 밥을 잘 섞어요. 무른밥은 진밥보다 좀 더 물기가 많은 느낌이에요.

4. 1회 100g씩 소분해요.

5. 총 18개 나왔습니다. 한 김 식힌 후 냉동 보관해요.

6. 식판에 각 토핑을 담아서 먹여요. 후기 이유식에서는 토핑을 20~25g 정도씩 줘요.

7. 한 그릇에 잡곡무른밥과 각 토핑을 모두 올려서 먹여도 돼요. 만약 아이가 죽 이유식을 더 좋아하면 밥과 토핑을 모두 섞어서 주세요.

TIP. **후기 토핑 이유식에서 잡곡 활용 방법** 뿐이는 오트밀 포리지를 별로 안 좋아해서 후기 이유식에서 세 끼 모두 잡곡밥을 줬어요. 대신 한 번씩 새로 만들 때마다 잡곡 종류를 조금씩 변경해주었어요. 예를 들어 5일은 백미에 현미, 보리, 수수를 섞어주다가 그다음 5일은 백미에 현미, 수수, 흑미 이런 식으로 바꿔가며 만들었어요.

생쌀과 잡곡 불려서 만드는 방법

불리지 않은 생쌀, 잡곡을 준비해요. 그런데 이 쌀과 잡곡은 종류에 따라, 제품에 따라 물을 머금는 양이 제각각이랍니다. 정확히 쌀은 불리면 이 정도 늘어난다! 이런 게 아니고 집에서 사용하는 쌀에 따라 불린 후 무게가 달라져요. 때문에 저처럼 미리 불려서 체크해도 되고 제가 진행한 내용을 참고하여 생쌀, 잡곡 무게를 재서 만들어보세요.

먼저 쌀부터!
백미 90g, 120g, 150g
3가지 불려보기

그릇에 각각 백미를 90g, 120g, 150g 계량 후 쌀이 잠길 정도로 찬물을 붓고, 최소 30분에서 2시간 정도 불렸어요.

다음으로 잡곡 불리기! 잡곡은 3가지 종류로 똑같이 90g, 120g, 150g 불려보기로 했어요.

이전에 알레르기 테스트가 끝난 잡곡이면 어떤 종류든 상관없어요. 저는 현미, 압맥(보리), 차조를 사용했어요. 쌀과 마찬가지로 최소 30분 이상에서 2시간 정도 충분히 불려요. 물은 버리고, 불린 쌀과 잡곡의 무게만 체크하면 됩니다.

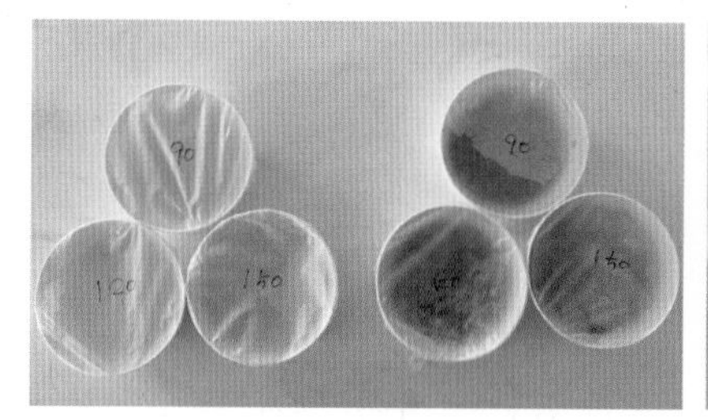

쌀

백미 90g → 불린 쌀 약 120g

백미 120g → 불린 쌀 약 160g

백미 150g → 불린 쌀 약 190g

백미 210g → 불린 쌀 267g

잡곡

잡곡 90g → 불린 잡곡 약 140g

잡곡 120g → 불린 잡곡 약 180g

잡곡 150g → 불린 잡곡 225g

정리하면, 불린 쌀 267g+불린 잡곡 225g을 더해 총 490g으로 계산하고 3배 곱한 양의 육수를 부어 3배 무른밥을 지었어요.

생쌀과 잡곡을 각각 3가지 무게로 나눠서 불려봤는데요. 참고해서 각자 집에서 사용할 쌀과 잡곡의 분량을 정해서 직접 불려보세요. 그래야 '아, 이 정도 불어나는구나' 하고 체감할 수 있을 거예요.

후기 1단계 | 베이스죽

소고기미역죽(무른밥)

재료

- ☐ 소고기 60g
- ☐ 건조 미역 2g
- ☐ 중기 2단계 쌀가루 70g
- ☐ 육수 420mL

완성량

140g씩 3회분

미역은 아이오딘 때문에 너무 자주 주는 건 안 좋아요. 기호식 느낌으로 가끔씩 소량만 사용해주세요.

TIP 1. **불린 쌀로 만들 때** 불린 쌀 140g, 육수 420mL로 이 레시피와 동일하게 만들어요.

TIP 2. **아기가 갑상선 관련 질환을 갖고 있다면?** 미역, 김, 다시마 등 아이오딘이 많이 들어 있는 해조류는 피하는 게 좋아요. 아이오딘 과다 섭취는 갑상선 기능에 나쁜 영향을 줄 수 있답니다.

1. 건조 미역 2g을 계량해요. 밥숟가락으로 수북하지 않게 1숟가락입니다.

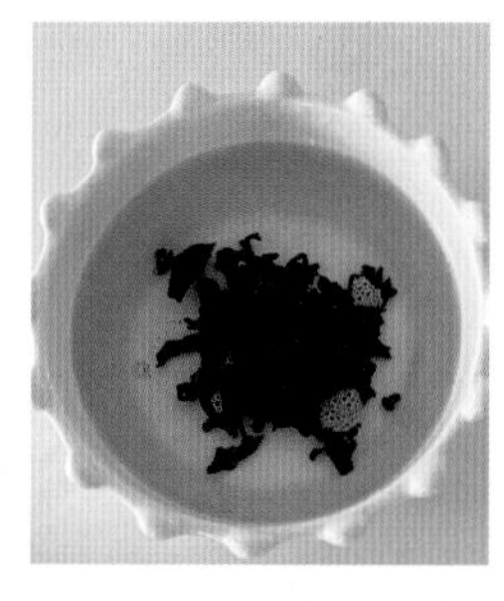

2. 물에 잠기도록 건조 미역을 넣고 30분 정도 불려주세요.

3. 불린 미역은 흐르는 물에 깨끗하게 여러 번 씻어요.

4. 씻은 미역은 물기를 빼주세요.

5. 입자 크기를 보면서 칼로 잘게 다져주세요.

6. 중기 2단계 쌀가루 70g, 육수 420mL, 소고기 60g, 미역 20g(불린 후 무게)을 준비합니다.

7. 중기 2단계용 쌀가루는 최소 30분 이상 불려서 사용해요. 특히 냄비 이유식을 할 때요.

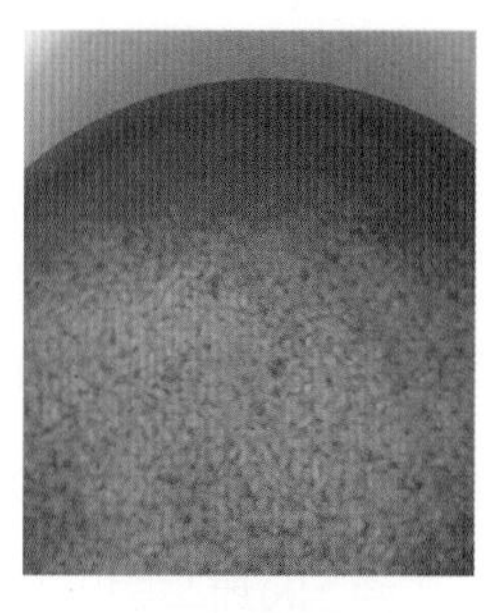

8. 미리 불리지 못했다면 냄비에 쌀가루와 육수를 넣고 30분 정도 두었다 끓여요.

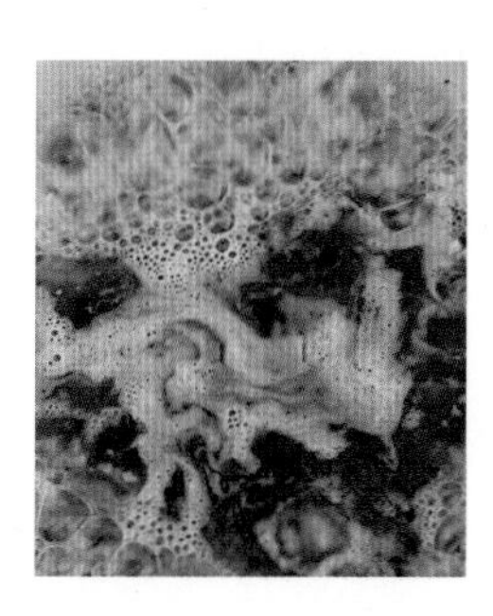

9. 냄비에 육수와 쌀가루를 넣고 센 불에서 끓여요. 2~3분 후 끓어오르면 소고기 60g과 불린 미역 20g을 넣고 끓여요.

10. 다시 팔팔 끓어오르면 약한 불로 줄이고 10분 이상 저어가며 쌀이 푹 퍼질 때까지 끓여요.

11. 소고기 미역죽(무른밥) 완성입니다. 아기가 잘 못 먹으면 물(육수)을 추가해 더 묽게 해주세요.

12. 한 끼 140g씩 소분해요. 3회분이라 냉장 보관해두고 먹어요.

미역

영양성분

미역은 칼슘이 풍부해요. 식이섬유소도 풍부해서 장운동을 원활하게 하며 변비 예방에도 좋습니다. 혈압 강하 작용을 하는 라미닌(laminine) 아미노산이 함유되어 있으며, 핏속의 콜레스테롤 양을 감소시키는 효과도 있어요. 중금속과 미세먼지 배출에도 도움이 된답니다.

알레르기 가능성

흔한 알레르기 식품은 아니에요. 하지만 드물게 알레르기가 발생하므로 소량을 먹여보면서 아이의 상태를 관찰해주세요.

손질&세척법

건미역은 물에 30분 정도 충분히 불린 후 흐르는 물에 세척하여 사용해요.

미역과 궁합이 좋은 식재료: 소고기, 두부, 쌀, 참깨(참기름) 등

자기주도이유식에서 미역 활용하기

생후 6개월부터 자기주도이유식이 가능합니다. 하지만 아이오딘 함량 문제로 최소 7개월 이후부터 사용하는 게 좋아요. 미역은 미끈거리고, 입 안에서 달라붙을 수 있어 단독으로 제공 시 주의가 필요해요. 보통은 죽에 토핑처럼 넣어 자기주도식을 합니다.

마켓컬리에서 구매한 미역이에요. 2번 씻은 유기 인증 자른 미역입니다. 30g 소량이어서 이유식에서 사용하고 남으면 어른 국으로 끓여먹어도 금방 소진할 수 있어요.

당근양파 소고기미역죽

재료

- ☐ 당근 20g
- ☐ 양파 20g
- ☐ 소고기미역죽(무른밥) 140g

완성량

총 180g 1회분

적당한 해조류 섭취는 아기의 영양에도 도움이 됩니다.

1. 미역은 단백질이 풍부한 육류나 두부와 함께 먹는 게 좋아서 소고기를 넣고 만들었어요. 소고기와 미역은 최고의 궁합입니다.

2. 생후 9개월 뿐이가 먹었던 이유식의 입자 크기 확인해보세요. 당근이 좀 큰가 싶었는데 잘 씹어 먹었어요.

후기 1단계	토핑

검은콩, 검은콩퓌레

재료

☐ 1. 껍질 벗겨서 만들기
껍질 벗겨서 손질한
검은콩 60g

☐ 2. 껍질을 벗기지 않고
만들기(퓌레)
불린 검은콩 60g

완성량

20g씩 4개(껍질 벗겨서 간 것)
20g씩 8개(껍질째 간 것)

검은콩은 아기에게 2가지 필수 영양소인 철분과 아연을 함유하고 있어요. 아이들은 생후 6개월부터 더 많은 양의 철분이 필요한데요. 검은콩이 철분 공급에 도움이 됩니다. 저는 약콩(쥐눈이콩)을 사용했는데요. 흑태나 서리태도 레시피는 동일해요.

TIP 1. **토핑 이유식에서 검은콩 활용법**

1. 검은콩을 손질하여(껍질을 제거하거나 껍질 그대로) 다지거나 갈아서 토핑으로 제공
2. 베이스죽에 검은콩가루를 추가하여 검은콩죽을 만들고, 고기나 채소를 토핑으로 제공

1. 약콩(쥐눈이콩)이라 불리는 검은콩을 사용했어요. 콩알이 클수록 손질하기 편해요.

2. 검은콩 60g을 그릇에 담고 잠길 정도로 물을 붓고 하루 정도 충분히 불려주세요(냉장 보관).

3. 밥에도 넣으려고 조금 넉넉하게 불렸는데, 토핑 큐브만 만들려면 불린 검은콩 60g을 준비해요.

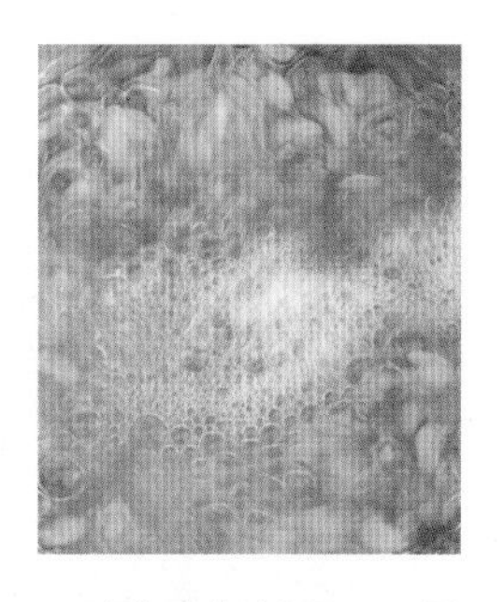

4. 껍질 벗긴 검은콩 60g, 물 500mL를 붓고 3분 정도 끓여요. 끓어오르면 약한 불로 줄이고 30분 정도 푹 익혀요.

5. 체망에 밭쳐 물기를 빼고 다지기로 다져요.

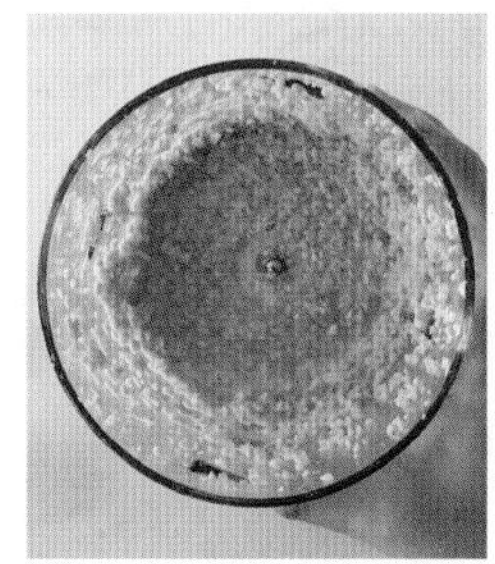

6. 후기 이유식이라 입자감 있게 다졌어요.

7. 바로 먹일 큐브 1개는 함께 먹일 토핑들과 같은 용기에 넣어서 냉장 보관해요.

8. 남은 토핑은 20g씩 3개가 나왔어요. 냉동 보관했다가 2주 이내 소진해요.

9. 껍질을 벗기지 않은 검은콩 레시피입니다. 냄비에 물 500mL 정도 넉넉하게 넣고 30분 정도 삶아요.

10. 믹서에 넣고 곱게 갈아요. 물을 약간 추가해요. 농도를 보면서 물을 더 추가해요.

11. 곱게 간 후에 보니 진한 콩 국물 느낌이에요. 토핑으로 주거나 퓌레 형태로 줘도 좋아요.

12. 검은콩 120g을 껍질째 갈았더니 20g씩 8개 완성입니다. 60g으로 만들면 4개 정도 나와요.

TIP 2. **검은콩 토핑 큐브 만들기** 어떤 방법도 괜찮아요. 다만 껍질 벗기는 1번 방법은 손이 많이 가요.

1. 검은콩 껍질을 벗겨내고 다져서 토핑 만들기
2. 검은콩 껍질째 믹서에 갈아서 토핑 만들기

검은콩

검은콩의 종류

검은콩은 특정 한 종류의 콩을 말하는 게 아니라 검은빛을 띠는 콩을 통칭합니다. 흑태, 서리태, 서목태(여두) 등이 검은콩에 속해요.

- 흑태: 검은콩 중 가장 크고, 콩밥이나 콩자반을 만들 때 사용해요.
- 서리태: 겉은 검은 빛을 띠지만 속은 파랗다고 속청이라 불러요.
- 서목태: 크기가 작고 쥐눈처럼 보인다고 쥐눈이콩, 한방 약재로 쓰여서 약콩이라 불러요.

영양성분

검은콩은 일반 콩에 비해 노화 방지 성분이 4배나 많고, 성인병 예방에 효과가 있어요. 모발 성장에 필수 성분인 시스테인이 함유되어 있어 탈모를 방지하고 신장과 방광의 기능을 원활하게 도와줘요. 섬유질, 탄수화물, 단백질뿐만 아니라 식물성 오메가3 지방산도 들어 있어요.

검은콩 껍질에 함유된 안토시아닌 색소는 몸에 유해한 활성산소를 없애주는 항산화 작용을 하고, 시력 회복과 항암 작용을 해요. 껍질은 검정색이지만 물에 불리면 붉은색으로 우러나요. 이는 붉은색 색소인 안토시아닌이 집적돼서 검정색으로 보이는 것이랍니다.

알레르기 가능성

흔한 알레르기 식품은 아니에요. 하지만 드물게 알레르기가 발생하므로 소량을 먹여보면서 아이의 상태를 관찰해주세요. 땅콩과 대두를 포함한 다른 콩류에 알레르기가 있다면 더 주의해 주세요.

검은콩과 궁합이 좋은 식재료

검은콩의 철분을 흡수하는 데 비타민C가 도움이 되니 완두콩, 아스파라거스, 피망, 파프리카, 브로콜리, 콜리플라워, 퀴노아, 호박, 토마토 등 채소를 함께 먹으면 좋아요.

후기 1단계	토핑 이유식

소고기검은콩청경채애호박 잡곡무른밥

재료

- [ ] 소고기 20g
- [ ] 검은콩 20g
- [ ] 청경채 20g
- [ ] 애호박 20g
- [ ] 잡곡무른밥 100g

완성량
총 180g 1회분

검은콩은 섬유질이 많아서 소화하는 데 불편할 수 있으니 처음에는 소량으로 시작해보세요.

1. 생후 9개월 뿐이가 먹었던 이유식 입자감 참고하세요.

2. 검은콩이 고소해서 남김없이 다 먹었어요.

TIP. **자기주도이유식에서 검은콩 활용하기** 검은콩은 크기가 작고 둥근 모양 때문에 질식 위험이 높아요. 초기부터 중기까지는 검은콩을 불리고 푹 익힌 후에 으깨서 매시나 페이스트 형태로 줍니다. 다른 채소와 함께 죽에 섞어서 스스로 퍼먹을 수 있게 해요. 후기 때 아이가 손가락으로 집어 먹을 수 있다면 부드럽게 익힌 콩을 납작하게 눌러서 줘도 괜찮아요. 돌 이후부터는 부드럽게 익힌 콩을 통째로 집어 먹을 수 있도록 도와줘요.

후기 1단계	베이스죽

구기자닭죽(무른밥)

재료

- ☐ 닭고기 120g
- ☐ 구기자 24g(3스푼)
- ☐ 구기자 끓일 물 1.3L
- ☐ 중기 2단계 쌀가루 140g
- ☐ 구기자 물 840mL

완성량

140g씩 6회분

7월부터 11월까지 제철인 구기자는 진시황이 불로장생을 위해 먹은 음식입니다. 그 정도로 몸에 좋아요. 구기자는 특히 닭고기와 궁합이 좋고, 맛이 잘 어울리기 때문에 꼭 한번 만들어보세요. 아기들도 잘 먹는 이유식 중 하나랍니다.

TIP 1. **냉동했던 무른밥 먹이는 방법** 냉동 보관했던 죽(무른밥)은 먹이기 전날 냉장고로 옮겨 천천히 해동해요. 먹일 때는 전자레인지, 찜기, 중탕 등의 방법으로 따뜻하게 데워서 먹여요.

1. 100g씩 포장된 제품으로 구매했어요.

2. 구기자 3스푼(24g)을 준비해요. 대략 20~30g 정도면 돼요. 구기자물을 1L 정도 만들려고 해요.

3. 흐르는 물에 구기자를 씻은 후 물기를 빼요. 냄비에 물 1.3L를 붓고 구기자를 넣어요.

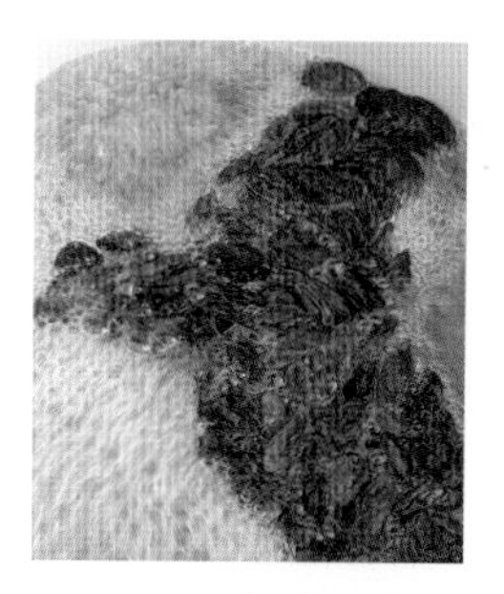

4. 팔팔 끓으면 약한 불로 줄이고 15~20분 정도 더 끓여요.

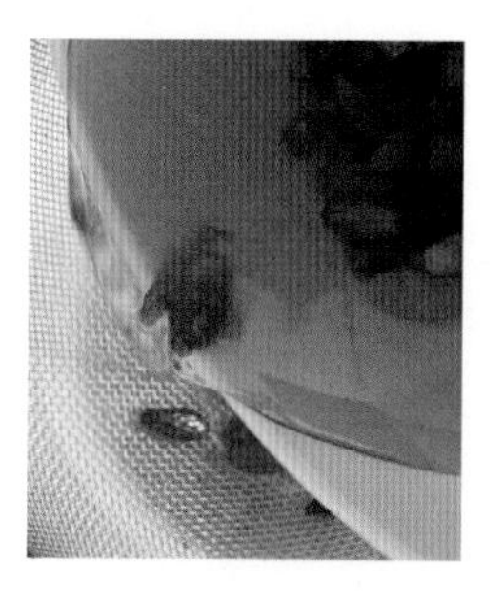

5. 체망에 밭쳐 건더기는 버리고 구기자 우린 물만 사용합니다. 840mL만 사용할 거예요.

6. 남은 구기자 물은 밥 지을 때 넣어도 되고 그대로 마셔도 됩니다.

7. 중기 2단계 쌀가루 140g(불린 쌀은 280g), 닭고기 큐브 20g짜리 6개를 준비해요. 닭고기 큐브는 사용 전날 냉장실로 옮겨두세요.

8. 내솥에 중기 2단계 쌀가루(140g), 닭고기 큐브(120g), 구기자 우린 물(840mL)을 모두 넣고 잘 섞어주세요.

9. 쿠첸 크리미 6인용 밥솥 기준 이유식 2단계로 설정해요(55분 정도 소요).

10. 완성되면 잘 섞어주세요. 구기자닭죽이지만 무른 밥 정도의 느낌이에요.

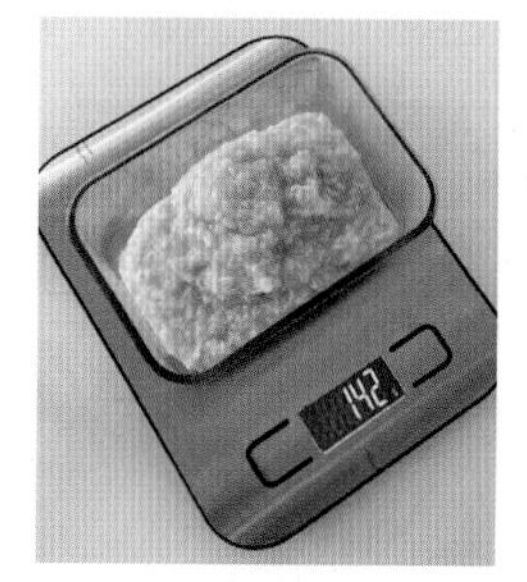

11. 한 끼 140g씩 소분하면 대략 6개 정도 나와요. 냉동 보관 후 2주 이내 소진해요.

TIP 2. **불린 쌀로 만들 때** 불린 쌀 280g, 구기자 물 840mL를 넣고 위 레시피와 똑같이 만들어요.

구기자

영양성분

구기자는 인삼, 하수오와 함께 항산화 물질이 많다고 알려진 세계 3대 식물로 꼽힙니다. 붉고 다이아몬드만큼 가치가 있다고 해서 '붉은 다이아몬드'라고 불려요. 베타카로틴 성분이 함유되어 있으며, 혈류 속으로 당분이 들어가는 것을 조절해서 혈당과 콜레스테롤 수치를 안정화시키고, 특히 LDL이라는 나쁜 지방이 몸에 쌓이는 것을 막아줍니다.

알레르기 가능성

흔한 알레르기 식품은 아니에요. 하지만 드물게 알레르기가 발생하므로 소량을 먹여보면서 아이의 상태를 관찰해주세요.

구기자와 궁합이 좋은 식재료: 대추, 닭고기, 흑임자 등

자기주도이유식에서 구기자 활용하기

생후 6개월부터 자기주도이유식이 가능합니다. 건 구기자 자체를 먹는 것보다는 건 구기자로 우려낸 물을 활용하여 죽을 끓이면 좋아요.

양파단호박 구기자닭죽

재료

- ☐ 양파 20g
- ☐ 단호박 20g
- ☐ 구기자닭죽(무른밥) 140g

완성량
총 180g 1회분

구기자는 외국에서 흔히 볼 수 없는 식재료지만, 우리나라에선 몸에 좋다고 해서 예로부터 오랜 기간 사용하던 식재료입니다. 붉은 다이아몬드로 불릴 만큼 좋은 식재료이므로 아기 이유식에 활용하면 좋아요.

1. 생후 9개월 뿐이가 먹었던 이유식 입자감 참고하세요.

2. 구기자를 넣어서 더 고소하고 맛있는 닭죽입니다.

3. 단호박 토핑 큐브는 해동 후 데운 다음 손으로 동그랗게 빚어 만들어 주었어요.

밤

재료

□ 깐 밤 150g

완성량

20g씩 7개

밤은 아이들의 발육과 성장에 좋다고 알려져 있는데요. 탄수화물이 주성분이며, 단백질, 기타 지방, 칼슘, 비타민 등이 풍부해요. 영양이 골고루 들어있는 식품이라 병을 앓고 난 사람이나 유아에게 적합해요.

1. 깐 밤 150g을 준비합니다.

2. 찜기에 밤을 넣고 센 불에서 5분 정도, 그 후 중약 불로 줄여 20~25분 정도 푹 익을 때까지 쪄주세요.

3. 익힌 밤은 다지기에 넣고 입자감을 확인하며 다져주세요(5~7mm 정도).

4. 한 끼 분량으로 20g씩 소분해요. 하루 정도 냉동 보관했다가 다음날 큐브에서 꺼내 지퍼백이나 밀폐용기에 보관해요.

밤

영양성분

밤에는 성장 발육을 촉진하는 비타민D와 비타민C가 풍부해서 감기 예방에 효능이 있어요. 한의학에서는 위장과 신장이 허약한 사람, 걷지 못하거나 식욕부진인 아이에게 회복식으로 처방했답니다.

알레르기 가능성

밤은 견과류의 일종으로 땅콩처럼 알레르기 발생 가능성이 있어요. 소량을 먹여보면서 아이의 상태를 관찰해주세요.

손질&보관법

껍질이 있는 생밤을 사왔다면 지퍼백에 넣어 냉장 보관해요. 깐 밤을 사왔다면 최대한 빠르게 소진하는 게 좋아요. 이유식을 만들고 남았으면 밤밥을 만들어보세요.

오래 보관하려면 속껍질까지 벗긴 후 하룻밤 물에 담갔다가 말린 후에 냉동 보관해요. 속껍질을 쉽게 벗기려면 밤을 삶아서 곧바로 찬물에 담가두세요.

밤과 궁합이 좋은 식재료: 닭고기

닭고기와 잘 어울려요. 반면 소고기와는 궁합이 맞지 않아요. 그렇다고 소고기와 밤, 같이 먹으면 안 되는 건 아니에요. 궁합이 안 좋다는 건 소고기의 성질과 밤의 성질이 만났을 때 간혹 속이 더부룩해지는 경우가 있어서 그래요. 만약 아기가 가스가 잘 차는 성향이라면 굳이 같이 먹일 필요는 없죠. 그런데 어쩌다가 한 번 소고기+밤 조합으로 이유식을 먹였다 해도 괜찮아요.

청경채밤 구기자닭죽

재료

- □ 청경채 20g
- □ 밤 20g
- □ 구기자닭죽 140g

완성량

총 180g 1회분

옛말에 '밤 세 톨만 먹으면 보약이 따로 없다'는 말이 있어요. 밤은 모든 영양소를 골고루 함유한 천연 영양제라고 할 수 있어요.

1. 구기자닭죽과 밤을 함께 제공해보았어요. 채소도 하나 추가해서 총 180g의 이유식이 완성되었습니다.

2. 밤은 달달해서 아이들이 좋아해요. 감기에 걸렸을 때는 밤죽을 끓여줘도 좋아요.

TIP. **자기주도이유식에서 밤 활용하기** 생후 6개월부터 자기주도이유식이 가능합니다. 처음에는 충분히 익혀서 다져주는 게 좋아요. 손으로 집을 수 있고, 잘 씹을 수 있다면 익힌 부드러운 밤의 입자를 조금 더 크게 자르거나 다져서 제공해보세요.

후기 1단계	토핑

팽이버섯

재료

□ 팽이버섯 1봉지(150g)

완성량

20g씩 6개

팽이버섯은 필수 아미노산과 비타민이 풍부하여 성장기 어린이의 발육을 돕는 데 효과적입니다.

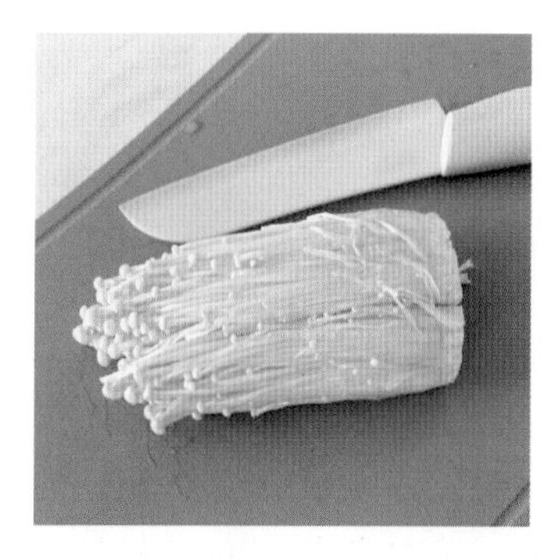

1. 팽이버섯의 밑동은 잘라내고 흐르는 물에 간단히 씻어주세요.

2. 대략 5~7mm 길이로 다져주세요.

3. 유리그릇에 담아주세요.

4. 찜기에 올리고 센 불에서 5분, 약한 불에서 10분 정도 부드럽게 익혀요.

5. 팽이버섯 특성상 완전히 익혀도 특유의 식감이 남아 있어요.

6. 한 끼 제공량 20g씩 소분하면 총 6개 나와요. 냉동 보관하고 2주 이내 소진해요.

팽이버섯

영양성분

팽이버섯은 아르기닌과 라신의 함유량이 높아 기억력을 강화시키고 대뇌 발달을 도와요. 또한 항산화, 항염증에도 좋아요. 섬유질도 많아서 아기 변비에 도움이 될 수 있습니다. 간혹 예민한 아기들은 약간 가스가 찰 수 있는데 심하지 않다면 굳이 식단에서 빼지 않아도 돼요. 식중독(살모넬라균 또는 리스테리아균) 위험이 높기 때문에 반드시 익혀 먹어요.

알레르기 가능성

흔한 알레르기 식품은 아니에요. 하지만 드물게 알레르기가 발생하므로 소량을 먹여보면서 아이의 상태를 관찰해주세요.

보관법

습기가 차면 곰팡이가 쉽게 생겨요. 신문지에 싸서 냉장 보관하는 게 좋아요(일주일 정도). 갓이 위로 가게 세워서 보관하는 것이 좋습니다.

팽이버섯과 궁합이 좋은 식재료: 소고기, 참깨, 두부, 마늘 등

팽이버섯의 식이섬유소는 육류 섭취로 인한 콜레스테롤 수치를 떨어뜨려주기 때문에 육류와 함께 섭취하면 좋아요.

소고기팽이버섯비트브로콜리 잡곡밥

재료

- [ ] 소고기 20g
- [ ] 팽이버섯 20g
- [ ] 비트 20g
- [ ] 브로콜리 20g
- [ ] 잡곡밥 100g

완성량
총 180g 1회분

팽이버섯은 엽산, 비타민B, 항산화제, 섬유질, 철, 아연 등의 좋은 공급원이며, 아기의 신경 발달이나 면역 체계에도 도움이 돼요. 섬유질도 많아서 아기 변비에도 효과가 있어요.

TIP. **자기주도이유식에서 팽이버섯 활용하기** 팽이버섯은 질식할 위험성이 높은 편이에요. 그래서 잘게 자르고 완전히 익혀서 부드럽게 만들어주세요. 생후 6개월부터는 잘게 다지고 익힌 팽이버섯을 죽에 섞거나 달걀물에 부쳐서 주거나 국수와 함께 제공해도 좋아요. 중기, 후기 때는 손으로 집을 수 있도록 다져서 제공해도 괜찮아요. 다만 여전히 질식 위험이 있기에 잘게 자르고 부드럽게 익혀줘야 합니다. 버섯류 토핑 큐브를 만들 때는 찜기에 찌기, 끓는 물에 익히기, 팬에 볶기 모두 가능합니다. 편한 방법으로 만들어요. 참고로 물에 익혔을 때 조금 더 질긴 경향이 있어요.

근대

재료

☐ 근대(적근대) 200g

완성량

20g씩 6개

근대는 시금치와 비슷하지만 줄기가 더 억세고, 약간 쓴맛이 나요. 근대와 같은 초록 채소는 꾸준히 먹이면 편식을 줄일 수 있다고 하니 식단에 자주 포함시켜주세요. 외국에서는 근대를 샐러드에 넣거나 수프, 볶음 요리로 먹어요. 우리나라에서는 쌈으로 먹거나 나물, 된장국을 끓여먹기도 하죠.

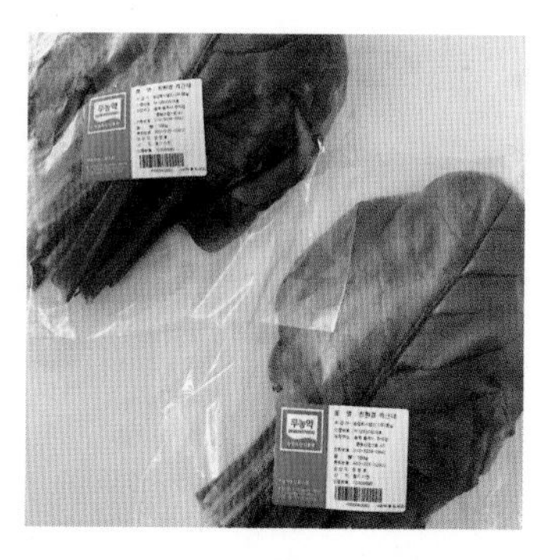

1. 잎채소는 손질 후 익히면 확 줄어들므로 넉넉하게 구매하세요. 적근대 200g을 구입했습니다.

2. 근대는 큰 볼에 담아 물에 5분 담갔다가 흐르는 물에 30초 정도 깨끗하게 세척해요.

3. 근대 줄기는 꽤 억센 편이라 모두 제거하고 잎 부분만 사용합니다.

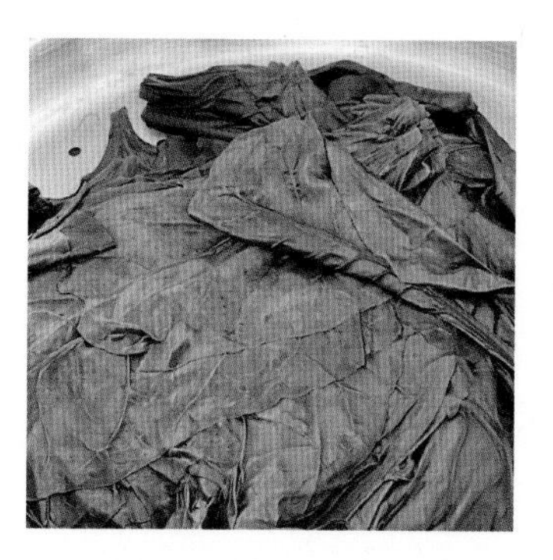

4. 물이 끓으면 찜기에 근대 잎을 넣고 5~7분 정도 푹 익혀주세요. 끓는 물에 데쳐도 돼요.

5. 다지기나 믹서로 끊어가며 입자 크기를 확인하면서 다져주세요.

6. 꺼내서 칼로 다져요. 5~7mm 정도 크기면 적당해요.

7. 20g씩 소분해요. 냉동 보관하고 2주 이내 소진해요.

근대

영양성분

근대는 식이섬유 함유량이 많고 무기질이 풍부해 소화 기능과 혈액순환을 원활하게 해줍니다. 근대는 차가운 성질을 지닌 채소라서 몸이 차가운 사람들이 과다 섭취할 경우 설사나 배탈이 날 수 있으니 적당히 먹는 게 좋아요.

근대에도 질산염이 함유되어 있어요. 미국 소아과학회 및 유럽 식품안전청에서는 일반적으로 채소의 질산염은 아이들에게 큰 문제가 되지 않는 것으로 간주합니다. 질산염 섭취를 줄이려면 구매 후 바로 손질한 후에 데쳐서 익혀 먹으면 됩니다.

손질&보관법

잎채소는 기본적으로 흐르는 물에 깨끗하게 세척 후 사용하는 게 중요합니다. 신선도 유지 기간이 짧기 때문에 구입 후 빠른 시일 내 사용하는 게 좋아요. 남은 재료는 신문지에 싸서 냉장고 신선실에 보관합니다. 줄기는 억세기 때문에 제거하고, 잎 부분만 사용해요.

근대와 궁합이 좋은 식재료: 닭고기, 양고기, 돼지고기와 같은 고기 종류

아보카도, 치즈, 달걀, 감자, 아몬드, 호두, 양파, 버섯, 토마토, 병아리콩, 레몬, 라임, 오렌지 등도 잘 어울려요.

자기주도이유식에서 근대 활용하기

생후 6개월부터 자기주도이유식이 가능합니다. 근대 잎이 아기 입천장이나 혀에 붙어 기침이나 구역질을 유발할 수 있습니다. 다진 근대를 달걀과 함께 요리해서 프리타타, 스크램블드에그, 오믈렛 형태로 제공해도 괜찮고요. 이유식 초반에는 익히고 다진 근대를 달걀이나 죽 등에 넣어서 줘요. 후기쯤 스스로 집어 먹게 되면, 부드럽게 익혀 적당한 크기로 잘라서 줘요. 소근육 발달에도 도움이 된답니다.

소고기근대양파당근 3배 잡곡무른밥

재료

- ☐ 소고기 20g
- ☐ 근대 20g
- ☐ 양파 20g
- ☐ 당근 20g
- ☐ 3배 잡곡무른밥 100g

완성량
총 180g 1회분

근대에는 성장기 영유아의 혈액 건강, 뼈 발달에 도움되는 필수 영양소인 비타민K가 들어 있고, 녹색 잎에는 시력 발달을 위한 비타민A와 면역체계에 도움되는 비타민E가 들어 있어요. 그 외 많은 양의 철분, 섬유질, 비타민B, 칼슘, 마그네슘, 칼륨 등의 영양소가 있답니다.

1. 다음날 먹일 토핑 큐브들을 미리 꺼내서 해동해요. 여기에 근대를 더합니다. 이대로 당일에 데워서 먹이면 돼요.

2. 식판에 데운 토핑을 각각 담아 먹일 때도 있고요.

3. 한 그릇에 담아 먹일 때도 있어요.

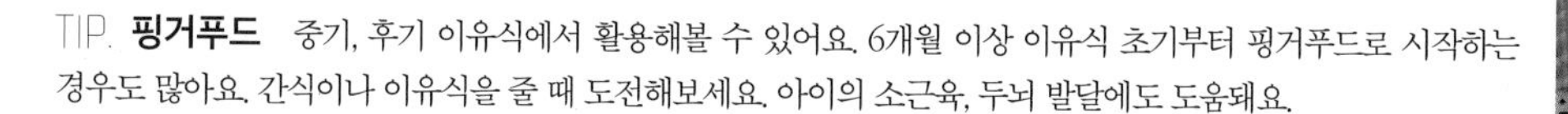

TIP. **핑거푸드** 중기, 후기 이유식에서 활용해볼 수 있어요. 6개월 이상 이유식 초기부터 핑거푸드로 시작하는 경우도 많아요. 간식이나 이유식을 줄 때 도전해보세요. 아이의 소근육, 두뇌 발달에도 도움돼요.

후기 1단계	토핑

파프리카

재료

□ 파프리카 1개

완성량

20g씩 6~7개

파프리카는 생후 6개월 이후에 사용 가능합니다. 파프리카는 피망을 개량한 품종이에요.

1. 전자레인지 전용 용기에 손질한 파프리카를 넣고 5분 돌린 후 그대로 10분 정도 두세요.

2. 뜨거운 상태의 파프리카를 찬물에 잠시 담가두었다가 껍질을 제거해요 (껍질 제거 생략 가능).

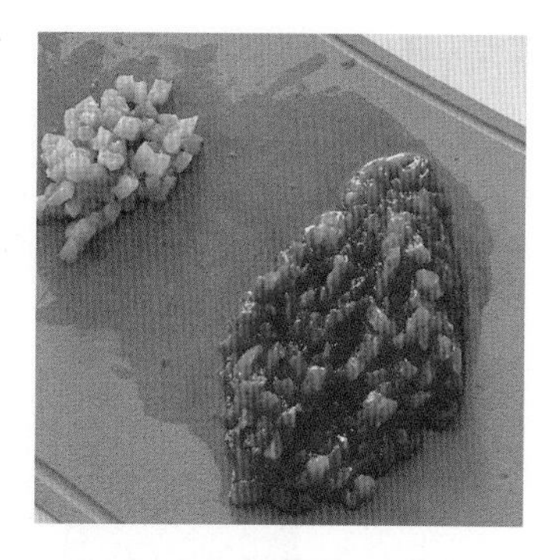

3. 칼이나 믹서, 다지기 등으로 입자 크기를 보면서 다져주세요.

4. 1회 20g씩 소분해요. 냉동 보관했다가 먹이기 전날 냉장으로 옮겨 해동 후 데워주세요.

5. 파프리카 토핑이 들어간 총 180g 이유식입니다. 부드럽게 익힌 파프리카로 완밥했어요.

TIP. **파프리카 껍질을 제거하는 방법 3가지(조금 더 부드러운 식감을 위해)**

1. 오븐/에어프라이어 200도에서 15~20분 정도 굽기
2. 전자레인지 전용 용기에 넣고 5분 돌린 후 그대로 10분 정도 두기
3. 찜기에 10~15분 정도 푹 쪄주기

1번 방법은 조금 탈 수 있어요. 2, 3번 방법이 좀 더 쉬워요. 푹 익은 파프리카는 찬물에 담가두면 쉽게 껍질을 제거할 수 있어요. 후기 이유식에서 사용한다면 굳이 껍질을 제거하지 않아도 돼요. 좀 더 부드럽게 먹이고 싶을 때 껍질을 제거해요.

파프리카

피망과 파프리카

피망을 개량한 품종이 파프리카입니다. 피망은 껍질이 얇고 끝이 뾰족한 모양으로 초록색과 빨간색 두 종류가 있어요. 약간 매운맛이 있으며 식감이 질긴 편입니다. 파프리카는 껍질이 두껍고, 부드러운 곡선 모양으로 색상이 다양해요. 피망에 비하면 단맛이 느껴지고 식감이 아삭한 편입니다. 이유식을 진행할 때 피망과 파프리카 둘 다 사용 가능하지만, 저는 피망보다는 파프리카로 시작했습니다.

영양성분

파프리카는 초록색이었다가 재배 기간에 따라 색이 달라지며, 완전하게 성숙하면 빨간색이 됩니다. 국내에서는 초록색, 노란색, 주황색, 빨간색이 대부분이지만 유럽에서는 초록, 노랑, 자주, 검정, 주황, 빨강, 흰색 등 8~12가지의 다양한 품종이 생산 및 유통되고 있습니다.

색상에 따라 맛도 조금씩 다른데요. 녹색, 보라색 피망은 약간 쓴맛이 느껴지고 빨간색, 주황색, 노란색 피망은 과일처럼 단맛이 느껴집니다.

파프리카의 색깔별 효능과 영양성분

색깔	효능과 영양성분
빨강색	칼슘과 인, 베타카로틴이 많이 들어 있어 암과 혈관질환을 예방하는 데 효과적이며, 면역력 강화에 좋아요. 붉은색은 리코펜이라는 색소에서 나오는데, 활성산소 생성을 막아주는 역할을 한답니다. 초록색 파프리카보다 비타민C의 함량이 높아요.
주황색	비타민C 함량이 다른 색 파프리카보다 2~3배 정도 많이 들어 있기 때문에 피부 미백 효과가 탁월하고 멜라닌 색소 생성도 억제합니다. 아토피성 피부염에도 좋다고 하네요.
노란색	혈액 응고를 막는 '피라진' 성분이 있어서 혈관 질환을 예방해요.
초록색	완전히 익기 전에 수확한 것으로, 철분이 많아 빈혈 예방에 효과적인데다가 열량이 15kcal로 파프리카 중 제일 낮아서 다이어트에 좋아요. 또한 섬유질이 많아서 소화를 촉진시켜요.

파프리카 100g당 비타민C 함량은 375mg으로 같은 분량의 피망보다 2배, 딸기보다 4배,

시금치보다 5배 더 많아요. 비타민C는 면역 건강이나 철분 흡수 등에 필수적인 영양소입니다. 성장기 아이들에게 파프리카는 면역력을 키우고 피부, 혈관, 소화기 건강을 유지하는 데 아주 좋은 식품이죠.

파프리카가 변비에 도움이 될까?

피망과 파프리카는 섬유질이 많은 식품이에요. 그래서 장내 가스가 발생하고 소화불량이 생길 수 있어요. 때문에 처음엔 소량으로 시작해 점점 양을 늘리는 게 좋아요. 한편 섬유질이 많아서 장에 수분을 공급하고 변비 예방에 도움이 될 수 있어요. 간혹 아기 대변에 파프리카 씨앗이나 껍질이 나올 수 있는데요. 이는 자연스런 현상입니다.

손질&보관법

파프리카는 꼭지가 선명한 색을 띠며, 꼭지 부분이 마르지 않고 흠집이 없는 걸 고르세요.

파프리카를 손질할 때는 물로 씻어 불순물과 먼지를 제거하고, 속에 있는 씨를 제거해주세요. 꼭지 부분을 잘라내면 속에 있는 씨를 쉽게 제거할 수 있어요.

채썰기를 할 때는 반으로 가른 뒤 씨와 심지를 제거하고 넓게 펼쳐서 썰면 됩니다. 파프리카를 통으로 보관할 때는 꼭지 부분을 제거하지 말고 낱개를 랩에 싸서 보관해요. 김치냉장고에 보관하면 수분 손실이 적고 더 오래가요. 손질한 파프리카는 물기를 제거한 후, 키친타월로 감싸서 밀폐용기에 담아 냉장 보관해요.

파프리카와 궁합이 좋은 식재료: 소고기, 닭고기, 달걀, 토마토, 견과류

파프리카의 베타카로틴은 지용성 성분이므로 기름과 함께 섭취하면 흡수율이 높아져요.

자기주도이유식에서 파프리카 활용하기

생후 6개월부터 자기주도이유식이 가능합니다. 생파프리카는 단단하고 미끄러운 질감이기 때문에 질식 위험을 초래할 수 있어요. 부드러워질 때까지 푹 익힌 후 아기가 먹을 수 있는 크기로 잘게 잘라서 주세요. 껍질은 제거하는 게 좋아요(껍질이 입 안에 달라붙어 힘들어할 수 있어서요). 9개월 이상 후기 이유식에서는 굳이 껍질을 제거하지 않아도 괜찮으며 푹 익힌 파프리카, 생파프리카 둘 다 시도 가능합니다(슬라이스한 형태로).

후기 1단계 | 자기주도이유식

소고기파프리카비타민양배추 3배 잡곡무른밥

재료

- ☐ 소고기 20g
- ☐ 파프리카(빨강+노랑) 20g
- ☐ 비타민 20g
- ☐ 양배추 20g
- ☐ 3배 잡곡무른밥 100g

완성량

총 180g 1회분

9개월 이후 자기주도이유식으로 빨간색 파프리카와 노란색 파프리카를 준비했어요. 파프리카 색깔별로 효능이나 영양성분이 다르니 골고루 먹여보면 좋아요.

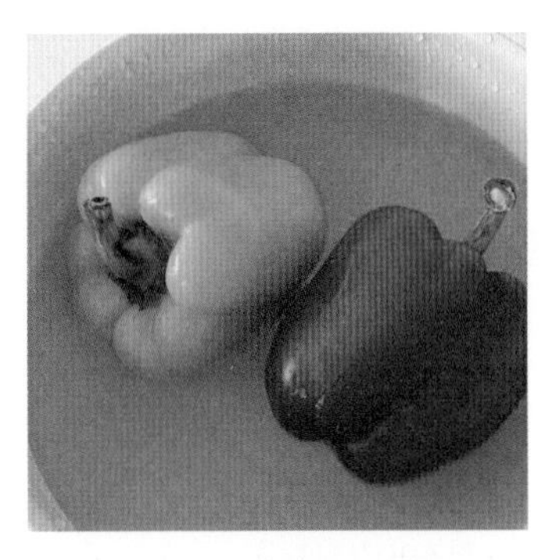

1. 파프리카는 큰 볼에 넣고 물에 5분 담갔다가 흐르는 물에 30초 정도 깨끗하게 세척해요.

2. 꼭지 윗부분을 1cm 정도 잘라요.

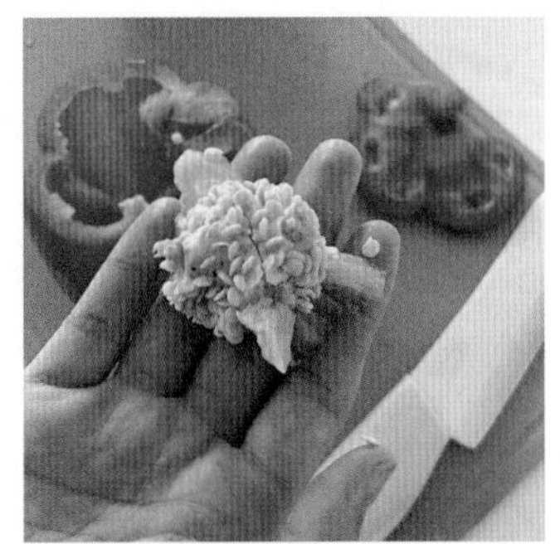

3. 속 안의 씨와 심지를 제거해요.

4. 굴곡이 있는 결대로 4등분 해요.

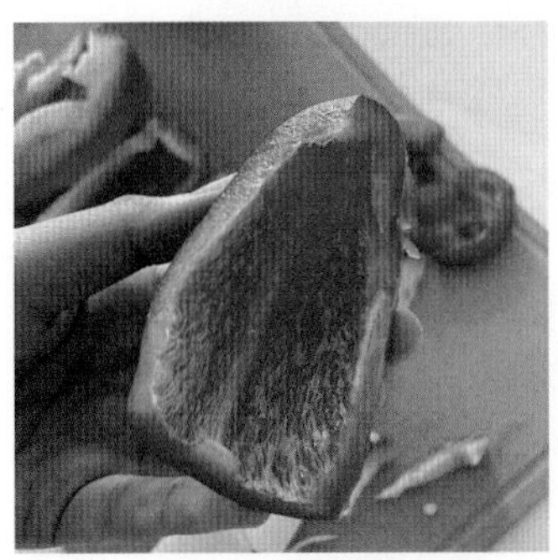

5. 하얀 심지 부분은 잘라내요.

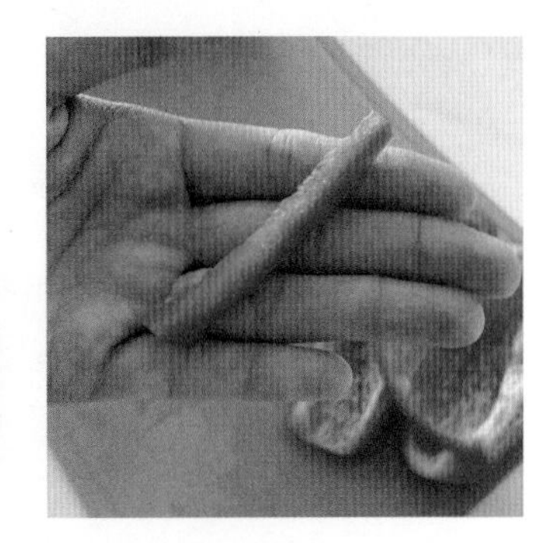

6. 얇게 슬라이스해요.

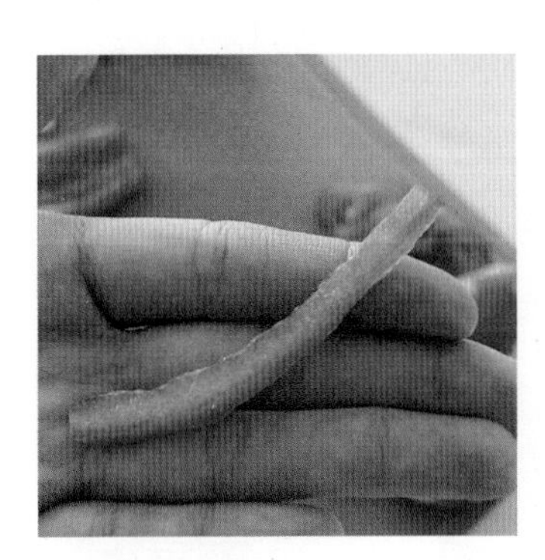

7. 껍질을 제거해요.

8. 빨강, 노랑 파프리카 각 10g씩 생파프리카 스틱 완성입니다.

소고기김애호박당근 3배 잡곡무른밥

재료

- ☐ 소고기 20g
- ☐ 무조미 김 약간
  (김밥 김 크기의 1/4 정도) 약 1g
- ☐ 애호박 20g
- ☐ 당근 20g
- ☐ 3배잡곡무른밥 100g

완성량
약 161g 1회분

후기 토핑 이유식에서 김을 토핑으로 제공하는 방법입니다. 김은 미국 《월스트리지》 저널에서 한국의 슈퍼 푸드로 소개할 정도로 일반 해조류에 비해 단백질 함량이 높은 고단백 식품이에요.

1. 무조미 김을 준비해요. 김밥 김 크기의 1/4 정도 양이면 돼요.

2. 아이가 먹기 편하게 잘게 잘라서 준비해요.

3. 생후 10개월 직전이라 애호박과 당근은 입자 크기를 좀 더 키웠어요.

4. 김이 입에 붙어 힘들어할까봐 물을 함께 준비해요.

김

김 먹이는 시기

생후 6개월 이후부터 가능합니다. 초기에는 소금, 기름이 없는 100% 무조미김을 먹여요. 자연에서 오는 나트륨 함유량을 고려하면 생후 9개월 후기 이유식 무렵부터 권장합니다. 참고로 모든 음식에는(분유, 모유, 육류 등) 소량의 나트륨이 들어 있어요.

죽 이유식 vs 토핑 이유식, 김을 어떻게 먹여야 할까?

죽 이유식에서는 김을 부숴 넣고 조리할 수 있어요.

토핑 이유식에서는 김을 잘게 잘라 토핑으로 먹여볼 수 있습니다.

무조미김인데 표기법은 조미김

시중에서 판매하는 구운 김은 기름이나 소금을 사용하지 않았어도 식품 유형 표기법상 조미김으로 분류돼요. 참고하세요.

아기 김 얼마나 먹어야 할까?

권장량은 따로 없습니다. 과하게 먹지 않으면 됩니다. 기름, 소금이 들어가거나 과하게 짠 김이 아니면 매일 먹어도 문제없어요.

아기 나트륨 권장량

나트륨은 필수 영양소지만 너무 과하면 아기는 짠 음식에 익숙해지고, 결국 비만이나 고혈압의 위험이 높아져서 다양한 질병으로 이어질 수 있답니다. 보통 돌 이후부터 조금씩 간을 시작해요. 미국 국립과학아카데미 의학연구소 식품영양위원회에서 발표한 하루 기준 적정 나트륨 섭취량은 다음과 같아요.

6개월 이하: 110mg / 7~12개월: 370mg / 1~3세: 800mg

우리나라 보건복지부에서 발표한 나트륨 충분 섭취량

나이	나트륨 충분 섭취량	만성질환위험 감소 섭취량
0~5개월	110mg	
6~11개월	370mg	
1~2세	810mg	1,200mg
3~5세	1,000mg	1,600mg

★ 충분 섭취량: 영양소의 필요량을 추정하기 위한 과학적 근거가 부족할 경우, 대상 인구집단의 건강을 유지하는 데 충분한 양을 설정한 수치다.
★ 만성질환위험 감소 섭취량: 건강한 인구집단에서 만성질환의 위험을 감소시킬 수 있는 영양소의 최저 수준의 섭취량이다.

위 수치에 따르면 돌 전에 이유식하는 아기의 하루 나트륨 섭취량은 370mg 이하면 적당해요. 분유 100mL당 나트륨 28.5mg(하루 600mL 수유라면 나트륨 171mg 섭취) 그 외 이유식에서 쓰이는 모든 재료들은 소량의 나트륨을 함유하고 있어요. 여기에 추가로 김을 먹는다면? 무조미김 기준 1.7g(김밥김 1장)당 12mg의 나트륨이 들어 있어요. 돌 이후에 간을 조금씩 시작하면서 먹인 조미김(도시락김) 기준으로 4g, 1봉지를 먹었을 때 나트륨 함량은 38mg이었어요. 계산해보면, 하루 기준 370mg을 넘기지 않아요.

식품별 나트륨 함량(100g 기준)

식품	나트륨 함량	식품	나트륨 함량
닭고기	57mg(20g당 11.4mg)	애호박	2mg
닭가슴살	65mg	완두콩	2mg
소고기안심	45mg(20g당 9mg)	단호박	3mg
오트밀	3mg	사과	3mg
토마토	5mg	도미	110mg
고구마	15mg	브로콜리	10mg

출처: 식품의약품안전처

영양성분

비타민, 당질, 섬유질, 칼슘, 철분, 인 성분 및 무기질이 풍부한 알칼리성 식품입니다. 비타민 A, B는 눈의 각막 재생, 야맹증 및 소혈전, 심근경색 예방, 칼슘은 골다공증 및 빈혈 예방, 어린이 성장 발육, 아이오딘은 갑상선 부종 방지, 머리카락 보호 등의 효능이 있어요.

알레르기 가능성

흔한 알레르기 식품은 아니에요. 하지만 드물게 알레르기가 발생하므로 소량을 먹여보면서 아이의 상태를 관찰해주세요.

손질&보관법

김은 밀봉해서 직사광선과 습기가 없고 서늘한 곳에 보관해요. 비닐팩에 넣어 냉동실에 보관해도 좋아요. 눅눅해진 김은 전자레인지에 1분 정도 돌리면 고소하고 바삭한 맛을 되찾을 수 있어요. 진공밀폐용기에 보관해요.

김과 궁합이 좋은 식재료

검은콩, 쌀, 아보카도, 참깨

김을 활용한 요리

김밥, 김국, 청포묵 김무침, 김장아찌, 김부각, 김달걀말이, 김말이, 김전 등

자기주도이유식에서 김 활용하기

김 특성상 입천장이나 혀에 달라붙어 기침이나 구역질을 유발할 수 있어요. 생후 6개월 이후에 시도 가능합니다. 자기주도를 한다면 죽이나 오트밀 포리지 등에 잘게 자른 김을 토핑처럼 올리거나 섞어 먹일 수 있어요. 생후 9개월 이후에는 스스로 집어 먹게 잘라줘도 괜찮습니다.

가지

재료

□ 가지 2개

완성량

20g씩 11개(볶음, 찜)

가지는 수분과 칼륨이 다량 함유되어 있어 이뇨 작용을 촉진하고 노폐물 배출에 도움이 돼요. 특히 아기에게 필수 영양소인 비타민B6 및 섬유질이 많아서 장 건강에 좋고 변비에 효과가 있어요.

TIP. **가지 토핑을 만드는 3가지 방법 다져서 끓는 물에 익히기, 다져서 마른 팬에 볶기, 다져서 찜기에 찌기입니다.** 가지는 익히고 나면 쉽게 물러지는 편이라 시간 조절을 잘못하면 완전히 죽처럼 으깨져버리니 주의하세요. 후기 이유식에서 사용한다면 어느 정도 입자감 있게 만드는 게 좋은데 다지기를 사용해도 되지만 원하는 입자 크기로 균일하게 만들고 싶으면 칼로 다지는 걸 추천합니다.

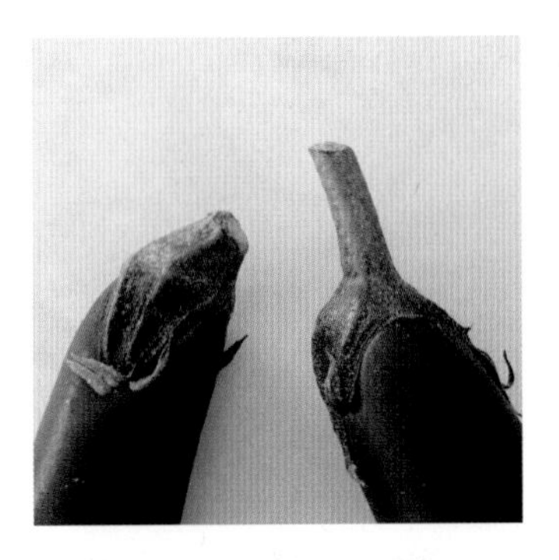

1. 꼭지 부분에 가시가 있으니 만질 때 주의하면서 꼭지 부분을 잘라주세요.

2. 가지는 큰 볼에 넣고 물에 5분 담갔다가 흐르는 물에 30초 정도 깨끗하게 세척해요.

3. 약 5mm 정도로 슬라이스해주세요.

4. 작은 크기로 균일하게 다져 주세요.

5. 달군 팬에 기름 없이 볶아주세요. 센 불에서 2분 정도 볶으면 숨이 죽어요.

6. 중약 불로 줄이고 3분 정도 더 볶아요. 다 볶은 가지는 키친타월에 올려 한 김 식혀요.

7. 중간중간 상태를 확인하면서 어느 정도 식감이 살아있게 볶아주세요. 큐브는 20g씩 3개 나왔어요.

8. 팬에 볶지 않고 찜기에 쪄도 됩니다. 물이 끓기 시작한 후 12분 정도 쪄요.

9. 완성된 가지 토핑은 이유식 큐브에 소분해서 냉동 보관하고 2주 이내 소진 권장해요.

가지

영양성분

가지는 심장 건강, 면역 기능 및 신진대사와 관련된 항산화 효과가 풍부한 영양소인 페놀이 많이 들어 있어요.

알레르기 가능성

흔한 알레르기 식품은 아니에요. 하지만 드물게 알레르기가 발생하므로 소량을 먹여보면서 아이의 상태를 관찰해주세요. 간혹 토마토 알레르기가 있는 경우 가지에도 동일하게 알레르기 반응을 보일 수 있어요. 입 안의 가려움증이나 따끔거림이 있을 수 있는데, 일시적이고 대개 저절로 좋아지니 크게 걱정할 필요는 없어요.

손질&보관법

색이 선명하고 윤기 나며, 구부러지지 않고 모양이 바른 걸로 고르세요. 밀봉하여 냉장하면 5일 정도 보관 가능해요. 농약 성분이 모여 있는 가지 끝부분은 잘라내요. 가지 특유의 떫은맛을 없애려면 물에 담가두었다가 요리해요.

가지와 궁합이 좋은 식재료: 토마토, 레몬, 마늘, 참깨, 소고기 등

가지를 활용한 요리

가지 밥, 가지 파스타, 냉채 요리나 나물 요리, 가지볶음, 가지전, 가지 튀김, 가지 조림, 피클이나 김치 등도 가능해요.

소고기가지볶음청경채당근 잡곡무른밥

재료

- ☐ 소고기 20g
- ☐ 가지볶음 20g
- ☐ 청경채 20g
- ☐ 당근 20g
- ☐ 잡곡무른밥 100g

완성량

총 180g 1회분

아이 장 건강에 좋은 가지볶음 토핑이 들어간 토핑 이유식을 소개합니다.

1. 가지볶음, 소고기, 청경채, 당근을 해동한 후 데워서 식판에 담았어요. 입자 크기 참고하세요.

2. 사진을 보면 당근 토핑 입자 크기와 소고기 토핑 입자 크기가 차이나는 게 보이시나요? 뿐이는 소고기 입자 크기를 늘렸더니 먹기 힘들어했어요. 그래서 후기 이유식이어도 좀 더 잘게 다져주었습니다. 이렇게 고기 토핑을 잘 못 먹는 아기들은 후기 이유식이어도 꼭 5~7mm 입자감을 지킬 필요는 없어요.

TIP. **자기주도이유식에서 가지 활용하기** 일반적인 질식 위험 요소는 아니지만 아이들이 가지 껍질을 불편해할 수도 있어요. 질식 위험을 줄이려면 가지가 부드러워질 때까지 푹 익힌 후에 아이가 먹을 수 있는 크기로 잘게 잘라주세요. 아이가 식감에 예민한 편이라면 가지 껍질을 벗겨내주세요. 생후 9개월 이후 아이가 스스로 집어 먹을 수 있게 되면 가지를 적당한 크기로 자르거나 다진 후에 익혀주세요. 혹은 파스타, 죽, 오트밀 포리지, 오믈렛 등에 넣어서 제공할 수도 있습니다.

3장

후기 토핑 이유식 2단계

후기 토핑 이유식 식단표 2단계(31~36일)

식단표 다운로드 (비번 211111)

▷기본 하루 세 끼, 불린 쌀 잡곡 대비 2배 진밥

		31	32	33	34	35	36
개월수		D+300	D+301	D+302	D+303	D+304	D+305
아침	베이스	잡곡진밥	잡곡진밥	잡곡진밥	잡곡진밥	잡곡진밥	잡곡진밥
	토핑	닭고기 아스파라거스 치즈감자	닭고기 아스파라거스 치즈감자	닭고기 아스파라거스 치즈감자	흰살 생선숙주 청경채당근	흰살 생선숙주 청경채당근	흰살 생선숙주 청경채당근
	간식						
	NEW	**아스파라거스** (알레르기: O / X)			**숙주나물 or 콩나물** (알레르기: O / X)		
	먹은 양	/	/	/	/	/	/
점심	베이스	잡곡진밥	잡곡진밥	잡곡진밥	잡곡진밥	잡곡진밥	잡곡진밥
	토핑	김당근양파 브로콜리	김당근양파 브로콜리	김당근양파 브로콜리	소고기 아스파라거스 양송이비타민	소고기 아스파라거스 양송이비타민	소고기 아스파라거스 양송이비타민
	간식						
	먹은 양	/	/	/	/	/	/
저녁	베이스	잡곡진밥	잡곡진밥	잡곡진밥	잡곡진밥	잡곡진밥	잡곡진밥
	토핑	소고기가지볶음 비타민단호박	소고기가지볶음 비타민단호박	소고기가지볶음 비타민단호박	두부가지 비트애호박	두부가지 비트애호박	두부가지 비트애호박
	간식						
	먹은 양	/	/	/	/	/	/

★ **새롭게 먹어본 재료: 아스파라거스, 숙주나물 또는 콩나물**

★ 후기 이유식 2단계(생후 10개월)부터는 조금 더 되직한, 진밥으로 진행합니다. 이 과정에서 진밥 때문에 이유식을 거부하는 경우가 정말 많아요. 해보고 안 되겠다 싶으면 물을 조금 더 줄여서 맨밥에 가까운 밥을 주셔야 합니다. 돌 전에 빠르게 유아식으로 옮겨갈 준비도 해야 합니다.

★ 뿐이는 베이스 진밥 100g, 각 토핑 20g씩 한 끼 총 180g씩 제공했습니다. 참고하세요.

후기 토핑 이유식 식단표 2단계(37~42일)

▷기본 하루 세 끼, 불린 쌀 잡곡 대비 2배 진밥

		37	38	39	40	41	42
개월수		D+306	D+307	D+308	D+309	D+310	D+311
아침	베이스	잡곡진밥	잡곡진밥	잡곡진밥	잡곡진밥	잡곡진밥	잡곡진밥
	토핑	소고기느타리 애호박파프리카	소고기느타리 애호박파프리카	소고기느타리 애호박파프리카	케일달걀오믈렛 감자당근	달걀케일 감자당근	달걀케일 감자당근
	간식						
	NEW	**느타리버섯** (알레르기: O / X)			**케일** (알레르기: O / X)		
	먹은 양	/	/	/	/	/	/
점심	베이스	잡곡진밥	잡곡진밥	잡곡진밥	잡곡진밥	잡곡진밥	잡곡진밥
	토핑	닭고기가지 청경채당근	닭고기가지 청경채당근	닭고기가지 청경채당근	두부느타리버섯 숙주비타민	두부느타리버섯 숙주비타민	두부느타리버섯 숙주비타민
	간식						
	먹은 양	/	/	/	/	/	/
저녁	베이스	잡곡진밥	잡곡진밥	잡곡진밥	잡곡진밥	잡곡진밥	잡곡진밥
	토핑	적채브로콜리 새송이감자	적채브로콜리 새송이감자	적채브로콜리 새송이감자	소고기 아스파라거스 브로콜리토마토	소고기 아스파라거스 브로콜리토마토	소고기 아스파라거스 브로콜리토마토
	간식						
	먹은 양	/	/	/	/	/	/

★ **새롭게 먹어본 재료: 느타리버섯, 케일**

★ 케일달걀오믈렛 레시피는 p.409를 참고하세요.

★ 뿐이는 베이스 진밥 100g, 각 토핑 20g씩 한 끼 총 180g씩 제공했습니다. 참고하세요.

후기 토핑 이유식 식단표 2단계(43~48일)

▷기본 하루 세 끼, 불린 쌀 잡곡 대비 2배 진밥

		43	44	45	46	47	48
개월수		D+312	D+313	D+314	D+315	D+316	D+317
아침	베이스	잡곡진밥	잡곡진밥	잡곡진밥	잡곡진밥	잡곡진밥	잡곡진밥
	토핑	단호박 건포도범벅 소고기브로콜리	단호박 건포도범벅 소고기브로콜리	단호박 건포도범벅 소고기브로콜리	새우애호박조림 새송이버섯적채	새우애호박조림 새송이버섯적채	새우애호박조림 새송이버섯적채
	간식						
	NEW	**건포도** (알레르기: O / X)			**새우** (알레르기: O / X)		
	먹은 양	/	/	/	/	/	/
점심	베이스	잡곡진밥	잡곡진밥	잡곡진밥	잡곡진밥	잡곡진밥	잡곡진밥
	토핑	닭고기숙주 양파애호박	닭고기숙주 양파애호박	닭고기숙주 양파애호박	소고기단호박 케일비트	소고기단호박 케일비트	소고기단호박 케일비트
	간식						
	먹은 양	/	/	/	/	/	/
저녁	베이스	잡곡진밥	잡곡진밥	잡곡진밥	잡곡진밥	잡곡진밥	잡곡진밥
	토핑	생선무비타민 파프리카	생선무비타민 파프리카	생선무비타민 파프리카	달걀 아스파라거스 파프리카청경채	달걀 아스파라거스 파프리카청경채	달걀 아스파라거스 파프리카청경채
	간식						
	먹은 양	/	/	/	/	/	/

★ **새롭게 먹어본 재료: 건포도, 새우**

★ 건포도는 건자두(푸룬), 건크랜베리 등으로 대체해도 괜찮아요. 이유식에 단맛 넣는 걸 싫어하면 넘어가도 괜찮습니다. 참고로 건포도와 같은 말린 과일은 당질 함량이 높기 때문에 소량만 제공해주는 게 좋고, 돌 이후에 주고 싶으면 생후 18개월 이후에 권장합니다. 단호박건포도범벅은 p.410을 참고하세요

★ 건포도만 단독으로 먹으면 새콤한 맛이 강해서 찐 단호박을 으깨서 함께 섞어줬습니다(단호박건포도범벅).

★ 새우애호박조림 레시피는 p.418을 참고하세요.

★ 뿐이는 베이스 진밥 100g, 각 토핑 20g씩 한 끼 총 180g씩 제공했습니다. 참고하세요.

후기 토핑 이유식 식단표 2단계(49~54일)

▷기본 하루 세 끼, 불린 쌀 잡곡 대비 2배 진밥

		49	50	51	52	53	54
개월수		D+318	D+319	D+320	D+321	D+322	D+323
아침	베이스	잡곡진밥	잡곡진밥	잡곡진밥	잡곡진밥	잡곡진밥	잡곡진밥
	토핑	부추달걀스크램블애호박당근	달걀부추애호박당근	달걀부추애호박당근	연어양파감자볼애호박비트	연어양파감자볼애호박비트	연어양파감자볼애호박비트
	간식						
	NEW	**부추** (알레르기: O / X)			**연어** (알레르기: O / X)		
	먹은 양	/	/	/	/	/	/
점심	베이스	잡곡진밥	잡곡진밥	잡곡진밥	잡곡진밥	잡곡진밥	잡곡진밥
	토핑	소고기케일무감자	소고기케일무감자	소고기케일무감자	단호박느타리버섯소고기비타민	단호박느타리버섯소고기비타민	단호박느타리버섯소고기비타민
	간식						
	먹은 양	/	/	/	/	/	/
저녁	베이스	잡곡진밥	잡곡진밥	잡곡진밥	잡곡진밥	잡곡진밥	잡곡진밥
	토핑	두부적채토마토배추	두부적채토마토배추	두부적채토마토배추	닭안심소시지브로콜리양송이버섯	닭안심소시지브로콜리양송이버섯	닭안심소시지브로콜리양송이버섯
	간식						
	먹은 양	/	/	/	/	/	/

★ 새롭게 먹어본 재료: 부추, 연어
★ 연어양파감자볼 대신 연어, 양파, 감자, 애호박, 비트를 각각 토핑으로 제공해도 됩니다.
★ 연어양파감자볼 레시피는 p.426을 참고하세요.
★ 닭안심소시지 대신 닭고기, 파프리카, 부추, 당근을 각각 토핑으로 제공해도 됩니다.
★ 닭안심소시지 레시피는 p.430을 참고하세요.
★ 뿐이는 베이스 진밥 100g, 각 토핑 20g씩 한 끼 총 180g씩 제공했습니다. 참고하세요.

후기 토핑 이유식 식단표 2단계(55~60일)

▷ 기본 하루 세 끼, 불린 쌀 잡곡 대비 2배 진밥

		55	56	57	58	59	60
개월수		D+324	D+325	D+326	D+327	D+328	D+329
아침	베이스	잡곡진밥	잡곡진밥	잡곡진밥	잡곡진밥	잡곡진밥	잡곡진밥
	토핑	소고기라구소스 브로콜리우엉	소고기라구소스 브로콜리우엉	소고기라구소스 브로콜리우엉	게살브로콜리 당근양파	게살브로콜리 당근양파	게살브로콜리 당근양파
	간식						
	NEW	**우엉** (알레르기: O / X)			**게살** (알레르기: O / X)		
	먹은 양	/	/	/	/	/	/
점심	베이스	잡곡진밥	잡곡진밥	잡곡진밥	잡곡진밥	잡곡진밥	잡곡진밥
	토핑	단호박청경채 파프리카비트	단호박청경채 파프리카비트	단호박청경채 파프리카비트	소고기우엉 청경채양배추	소고기우엉 청경채양배추	소고기우엉 청경채양배추
	간식						
	먹은 양	/	/	/	/	/	/
저녁	베이스	잡곡진밥	잡곡진밥	잡곡진밥	잡곡진밥	잡곡진밥	잡곡진밥
	토핑	달걀양배추 브로콜리토마토	달걀양배추 브로콜리토마토	달걀양배추 브로콜리토마토	두부양송이 양파비트	두부양송이 양파비트	두부양송이 양파비트
	간식						
	먹은 양	/	/	/	/	/	/

★ 새롭게 먹어본 재료: 우엉, 게살

★ 소고기라구소스 레시피는 p.432를 참고하세요.

★ 뿐이는 베이스 진밥 100g, 각 토핑 20g씩 한 끼 총 180g씩 제공했습니다. 참고하세요.

후기 2단계	베이스죽

2배 잡곡진밥

재료

- ☐ 불린 쌀 280g
- ☐ 불린 잡곡 (현미, 보리, 수수) 280g
- ☐ 육수 1,100mL

완성량

100g씩 15회분

생후 10개월에 후기 이유식 2단계를 시작합니다. 1단계와 2단계의 차이점은 3배 무른밥에서 2배 진밥으로 바뀐다는 점이에요. 점점 더 일반 밥에 가까워지는 느낌이에요.

생쌀 240g, 잡곡 200g을 불리면 대략 재료의 불린 쌀, 잡곡 양이 맞춰질 거예요.

1. 불린 쌀과 불린 잡곡을 50:50 비율로 준비했어요.

2. 불린 쌀+불린 잡곡 총 양 560g에 2배 되는 육수(채소육수)를 준비합니다.

3. 이유식 밥솥(쿠첸 크리미)에 넣고 이유식 2단계 모드로 50분 돌렸어요.

4. 현미, 수수, 보리는 먹어보면 살짝 씹히는 느낌이 나는데 정상입니다.

5. 한 끼당 100g씩 소분해요.

6. 총 15개 5일분(하루 세 끼 기준) 완성입니다.

7. 이유식 용기가 많이 필요해요. 냉동 보관하고 2주 이내 소진해요.

TIP. **후기 이유식 진밥 진행 순서**

1. 후기 이유식 1단계: 생후 9개월, 3배 무른밥
2. 후기 이유식 2단계: 생후 10개월, 2배 진밥
3. 후기 이유식 3단계: 생후 11개월, 1.5배 진밥

이렇게 하다가 완료기/유아식으로 넘어가도 괜찮아요. 뿐이는 이유식 거부로 빠르게 넘어가긴 했어요.

아스파라거스

재료

☐ 아스파라거스 200g

완성량

20g씩 6개+핑거푸드용 10개

아스파라거스는 핑거푸드로 진행하기 좋은 식재료입니다. 특히 동그란 모양 그대로 잘게 썬 아스파라거스는 질식 위험이 더 높기 때문에 부드러워질 때까지 푹 익히고 세로로 잘라서 다져주세요.

TIP. **아스파라거스를 먹은 아기의 반응** 종종 아스파라거스를 먹인 후 소변 냄새가 심하게 나는 경우가 있어요. 아스파라거스에 들어 있는 성분이 체내에서 황을 함유한 물질로 바뀌어 소변으로 배출되기 때문입니다. 정상 반응이니 걱정하지 마세요.

레시피를 보면 찜기에 찌는 방법 외에 끓는 물에 삶는 방법을 넣었어요. 이때는 삶은 후에 다지는 게 좋아요.

1. 아스파라거스를 준비해요.

2. 줄기 아랫부분 3~5cm는 잘라내요. 중간 부분은 감자칼로 껍질을 벗겨요.

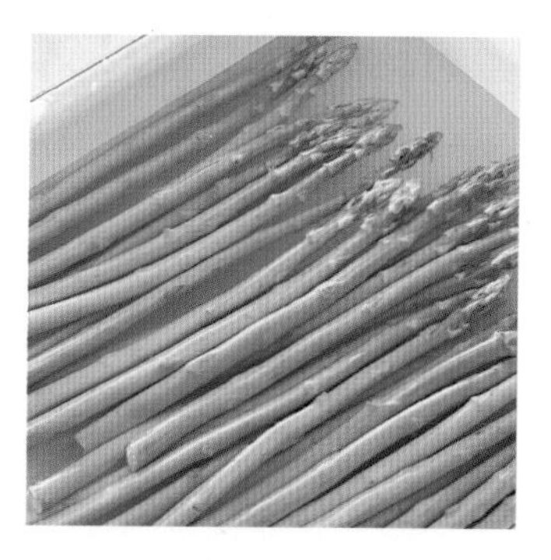

3. 물에 5분 정도 담가두었다가 흐르는 물에 30초 정도 씻어요.

4. 10개는 핑거푸드용으로 길게 잘라 준비하고, 나머지는 토핑용 큐브로 만들 거예요.

5. 핑거푸드용 아스파라거스는 반으로 잘라요.

6. 토핑용 아스파라거스는 세로로 길게 잘라요.

7. 쫑쫑쫑 썰어요. 5~7mm 입자 크기면 적당해요.

8. 물이 끓으면 핑거푸드용과 토핑용 아스파라거스를 찜기에 넣고 10~12분 정도 익혀요.

아스파라거스

영양성분

아스파라긴산이라는 아미노산을 다량 함유하고 있어서 신진대사를 촉진해 단백질 합성을 도와줘요. 아스파라긴산 함유량이 콩나물보다 1,000배 이상 많답니다. 세포 건강에 도움이 되는 엽산도 셀러리의 함유량보다 6.5배나 높아요. 그 외 비타민A, 식물성 철분도 들어 있고 섬유질이 풍부하여 아기가 변비일 때 도움이 됩니다.

손질&보관법

봉우리는 단단하고 끝이 모여 있는 형태, 줄기는 초록색이 선명한 게 좋아요. 보통 줄기 부분에 흰색이 많을수록 질긴 편이니 주의하세요.

끓는 물에 데치는 경우 뿌리 부분을 먼저 데치고 전체를 담가야 고르게 익어요. 데친 아스파라거스는 찬물에 담그면 영양성분이 손실되므로 그냥 식혀서 사용하는 게 좋아요.

젖은 신문지에 싼 후 비닐 팩이나 랩에 담아두거나 밑동 끝을 조금 자른 후 물이 담긴 그릇에 담가 보관하면 수분 증발을 최소화시킬 수 있어요.

아스파라거스와 궁합이 좋은 식재료

토마토, 완두콩, 브로콜리, 표고버섯, 느타리버섯, 양송이버섯, 달걀, 땅콩, 고구마, 감자, 퀴노아 등

자기주도이유식에서 아스파라거스 활용하기

생후 6~7개월의 어린 아기들은 만져보고, 입에 가져가 보고 맛을 보는 것만으로도 충분해요. 잘 못 먹어도 응원해주세요. 부드러워질 때까지 충분히 익혀서 주세요. 좀 더 많은 양을 먹이고 싶다면 익히고 잘게 다져서 달걀물에 넣고 오믈렛을 만들어주거나 죽에 넣어주세요.

닭고기아스파라거스치즈감자전 잡곡진밥

재료

- ☐ 아스파라거스 20g
- ☐ 치즈 1/2~1장
- ☐ 닭고기 20g
- ☐ 감자전 20g
- ☐ 잡곡진밥 100g

완성량

총 180g 1회분

밥, 반찬 느낌이 나는 후기 토핑 이유식입니다.

1. 자기주도이유식으로 도전해보고자 아스파라거스는 핑거푸드로, 감자는 감자전으로 준비했어요. 아기치즈는 하루 기준 돌 전에 1/2~1장 정도면 적당합니다.

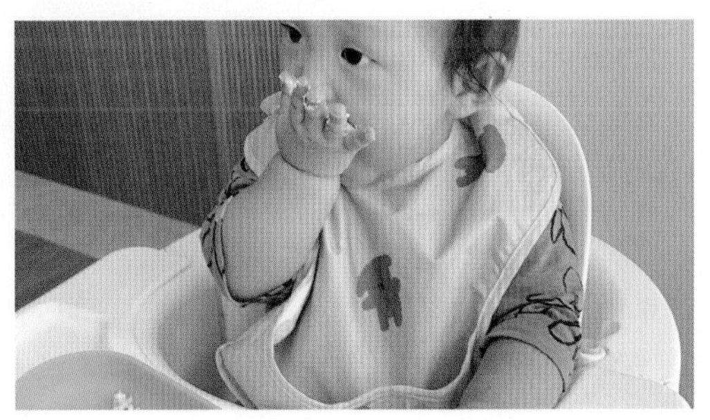

2. 뿐이도 스스로 관심을 보이고, 직접 손으로 집어가며 모든 메뉴를 골고루 맛있게 잘 먹었어요.

후기 2단계 | 토핑

숙주나물

재료

□ 손질한 숙주 70g

완성량

20g씩 3개

콩나물은 머리를 떼어내야 해서 번거로울 수 있어요. 아니면 푹 익혀서 잘게 다져요. 힘들면 숙주나물을 추천해요.

1. 숙주나물은 구입하자마자 바로 사용해요. 구입 직후가 제일 신선해요.

2. 뿌리 부분이 무르거나 지저분하면 떼어내요. 깨끗하면 굳이 떼어내지 않아도 됩니다.

3. 3일분만 만들려고 소량 사용했어요.

4. 후기 이유식에서 5mm 정도의 입자감을 만들려면 칼로 다져요.

5. 유리그릇에 담아요.

6. 찜기에 올리고 물이 끓은 후 10~15분 정도 쪄주세요. 오래 익혀도 아삭함이 남아 있어요.

7. 3일분은 냉장 보관해요. 양이 많으면 큐브에 소분해서 냉동 후 2주 이내 소진해요.

TIP. **콩나물, 숙주나물 구매 팁** 국산콩으로 사세요. 뒷면 원재료를 확인해 보면 거의 다 외국산 녹두, 외국산 대두입니다. 유전자 변형 가능성이 있기 때문에 국산콩, 국산 녹두인지 꼭 확인해요.

콩나물 토핑도 위 레시피와 방법은 동일해요. 콩나물 머리만 떼어내고 사용해요.

숙주나물, 콩나물

영양성분

숙주는 녹두를 발아시켜 싹을 틔운 거고 콩나물은 대두를 발아시켜 싹을 틔운 거랍니다. 콩나물 머리에는 단백질, 지방, 비타민C가 많고, 줄기에는 당분, 식이섬유소, 비타민C가, 뿌리에는 아스파라긴산, 식이섬유소, 비타민C가 많이 함유되어 있어요. 콩나물 섬유소 덕분에 변비 예방 효과가 좋아요. 이유식 도중 아기 변비가 심하면 콩나물, 숙주나물 토핑을 활용해보세요. 콩나물 100g에 들어 있는 비타민C의 양은 13mg으로 사과에 비해 3배 정도 높아요.

알레르기 가능성

흔한 알레르기 식품은 아니에요. 하지만 드물게 알레르기가 발생하므로 소량을 먹여보면서 관찰해주세요. 간혹 콩에 알레르기가 있으면 숙주나물이나 콩나물에도 알레르기 반응을 보이는 경우가 있답니다.

손질&보관법

줄기가 굵고 싱싱하며 흰 광택이 있고 뿌리가 투명한 것이 좋아요. 줄기 부분이 너무 통통하거나 잔뿌리가 전혀 없이 깨끗한 콩나물은 성장촉진제를 많이 사용했을 가능성이 있으므로 주의하세요. 콩나물을 삶을 때는 뚜껑을 열어놓은 채로 삶아야 비린내가 나지 않아요. 콩나물과 숙주나물은 밀폐 용기에 담고 잠길 정도로 물을 넣어두면 싱싱하게 보관할 수 있어요(1~2일마다 물을 갈아주세요).

콩나물&숙주나물과 궁합이 좋은 식재료

소고기, 돼지고기. 육류의 단백질과 콩나물, 숙주나물의 비타민, 무기질이 만나 영양을 보완해주므로 육류와 함께 사용해보세요.

숙주나물흰살생선당근청경채 잡곡진밥

재료

- □ 흰살 생선 14g
- □ 숙주나물 20g
- □ 당근 20g
- □ 청경채 20g
- □ 잡곡진밥 100g
  (쌀+보리+차조+흑미 사용)

완성량
총 174g 1회분

숙주나물은 우리 몸에 필요한 무기질과 비타민을 많이 함유하고 있어요. 콩나물에 비해 열량은 떨어지는 편이지만, 비타민A는 콩나물보다 훨씬 많답니다.

1. 후기 이유식 2단계라 입자감을 좀 더 키워서 당근 크기가 꽤 커요. 생후 10개월 뿐이가 먹은 입자 크기므로 참고해주세요.

TIP. **자기주도이유식에서 콩나물, 숙주나물 활용하기** 생후 6개월부터 자기주도이유식이 가능합니다. 부드럽게 익혀서 잘게 다져 죽에 넣어서 주세요. 콩나물 머리는 제거 후 사용하는 걸 추천합니다. 생후 9개월 이후 스스로 집어 먹을 수 있게 되면 콩나물, 숙주나물을 적당한 크기로 자르거나 다져서 익혀주세요.

후기 2단계	토핑

느타리버섯

재료

□ 느타리버섯 200g

완성량

20g씩 8개

느타리버섯은 섬유질이 풍부하여 아기 장 건강에 도움을 주고, 변비 예방에도 효과가 있어요.

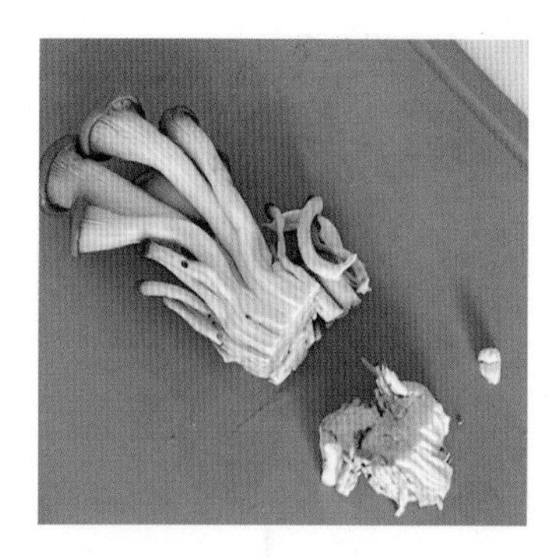

1. 밑동 부분을 잘라내요.

2. 흐르는 물에 가볍게 씻어요.

3. 익히기 전에 먼저 다져주세요.

4. 유리그릇에 넣고 찜기에서 쪄요(물이 끓은 후 10~15분 정도).

5. 중간중간 먹어보고 부드럽게 씹히면 완성입니다.

6. 1회 분량 20g씩 소분해요.

7. 총 8회분 나왔어요. 냉동 보관 후 2주 이내 소진해요.

느타리버섯

영양성분

느타리버섯은 섬유질이 풍부하여 아기 장 건강에 도움을 주고, 변비 예방에도 효과가 있어요. 아기가 변비라면 느타리버섯 토핑을 제공해보세요. 버섯과 같은 고 섬유질 식품은 가스가 차거나 방귀가 잦은 현상이 있어요. 소화가 잘 되고 있다는 신호이기 때문에 느타리버섯을 안 먹일 이유는 없어요. 처음에는 소량으로 시작해보면서 서서히 양을 늘려주세요.

손질&보관법

갓의 표면이 약간 회색빛이 도는 것, 갓 뒷면의 빗살무늬가 뭉그러지지 않고 선명하며 흰빛을 띨수록 신선해요. 살이 연해 쉽게 상하기 때문에 오랫동안 보관하지 않는 것이 좋아요. 세척하지 말고 랩이나 비닐봉지에 싸서 냉장 보관해요. 저는 진공 밀폐용기에 키친타월을 한 장 깔고 그 위에 느타리버섯을 넣어 보관하는데, 일주일이 지나도 끄떡없더라고요.

느타리버섯과 궁합이 좋은 식재료: 버터, 달걀, 돼지고기, 퀴노아, 연어, 양파 등

자기주도이유식에서 느타리버섯 활용하기

느타리버섯은 질식 위험이 높아요. 잘게 자르고 완전히 익혀서 부드럽게 만들어주세요. 생후 6개월부터는 잘게 다지고 익힌 느타리버섯을 죽에 섞거나 달걀 물에 넣어 부쳐주거나 국수와 함께 제공해도 좋아요. 중기, 후기 이유식에서는 손으로 집을 수 있도록 잘게 다져서 줘도 괜찮아요.

소고기느타리버섯파프리카애호박 잡곡진밥

재료

- ☐ 느타리버섯 20g
- ☐ 소고기 20g
- ☐ 파프리카 20g
- ☐ 애호박 20g
- ☐ 2배 잡곡진밥 100g

완성량
총 180g 1회분

느타리버섯은 아기의 신경 발달, 세포 건강, 면역기능, 소화 기능에 도움되는 콜린, 엽산, 아연, 비타민B6, 섬유질이 풍부해요.

1. 애호박은 핑거푸드로 주었어요. 직접 손으로 만져보면서 먹고, 나머지 진밥과 토핑들은 떠먹여주었어요.

2. 애호박 스틱 만드는 방법
애호박은 아기가 손으로 잡기 쉬울 정도의 길이로 잘라 찜기에 15분 정도 쪄주세요(냉장 3일 이내, 냉동 2주 이내 소진 권장).

TIP. **후기 이유식 때 분리 수유 방법** 후기 이유식에서는 분리 수유를 진행했어요. 이유식은 하루 세 끼 180g씩 먹었고, 이유식 먹은 후 1시간 30분에서 2시간 이후에 추가로 분유를 조금씩 챙겨줬어요.

케일

재료

□ 케일 100g

완성량

20g씩 5개

케일은 종류가 여러 가지인데요. 그중에서 주로 먹는 케일은 쌈케일로 쌈 싸기 좋게 넓적하다는 뜻이에요. '콜라드그린'이라고도 불러요.

1. 유기농 쌈케일 100g을 구입했어요.

2. 케일은 물에 5분 정도 담가두었다가 흐르는 물에 30초 정도 씻어요.

3. 억세고 두꺼운 줄기 부분은 V자로 잘라도 되지만 그냥 일자로 잘라내요.

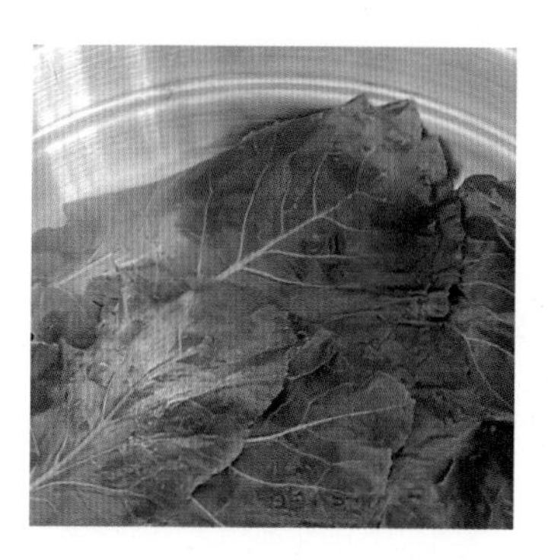

4. 끓는 물에 데치거나 찜기에 쪄요(5분 이내).

5. 잎채소류 토핑 큐브를 만들 때는 칼로 다지기 전에 다지기로 대충 다져요.

6. 다지기에서 대충 다진 케일은 칼로 한 번 더 다져주세요(5~7mm 정도).

7. 우리 아기가 먹을 수 있는 입자 크기가 정답입니다.

8. 1회 20g씩 소분해요.

TIP 1. **토핑의 양을 늘리고 싶을 때** 더 주고 싶을 때는 토핑 개수를 늘려도 괜찮고(3종류 → 4종류 또는 4종류 → 5종류), 토핑의 양을 늘려도 좋아요(20g → 25g~30g).

TIP 2. **자기주도이유식에서 케일 활용하기** 케일 잎이 아기 입천장이나 혀에 붙어 기침이나 구역질을 유발할 수 있어요. 다진 케일을 달걀과 함께 요리하여 프리타타, 스크램블드에그, 오믈렛 형태로 제공해요.

케일

영양성분

케일은 녹황색 채소 중 베타카로틴 함량이 가장 높아요. 베타카로틴은 항암효과와 면역력 향상, 각종 암 예방에 도움을 줍니다. 루테인도 풍부해서 눈 건강에도 좋아요. 혈액 응고와 뼈 건강에 도움을 주는 비타민K, 수분(89.7%), 탄수화물(4.1%), 단백질(3.5%), 지질 등을 비롯해 다량의 무기질과 비타민을 함유하고 있어요. 비타민C는 식물성 철분의 흡수를 돕고 엽산과 칼슘, 탄수화물과 장 건강에 도움이 돼요. 아기가 변비일 때 케일 토핑을 주면 좋아요.

케일의 질산염

케일에도 질산염이 들어 있습니다. 미국 소아과학회 및 유럽 식품안전청에서는 채소의 질산염은 아이들에게 큰 문제가 되지 않는 것으로 간주합니다. 질산염 섭취를 줄이려면 오랫동안 보관하지 말고 구매 후 바로 손질하고 데쳐서 익혀 먹어요.

알레르기 가능성

양배추, 브로콜리 등에 알레르기 반응이 있으면 케일에도 동일한 반응이 나타날 수 있어요.

손질&보관법

잎이 진한 녹색을 띠는 것이 신선하고, 묵직하고, 표면에 반점이 없는 것이 좋아요. 뿌리나 잎에 묻은 이물질을 떼어내고 흐르는 물에 깨끗이 씻어 체에 밭쳐 물기를 제거해 사용합니다. 잎이 쉽게 시들기 때문에 신문지나 비닐 팩으로 싸서 냉장 보관해요.

케일과 궁합이 좋은 식재료

사과, 레몬, 파인애플, 당근, 옥수수, 고구마, 피망, 파프리카, 셀러리, 마늘, 라임, 버섯, 양파, 퀴노아, 감자, 소고기 등

케일달걀오믈렛

재료

- ☐ 다진 케일 10g
- ☐ 달걀 1알
- ☐ 물 1스푼
- ☐ 기름 1/2스푼

완성량
1회분

케일은 병충해가 심한 채소여서 재배할 때 농약을 많이 사용해요. 때문에 유기농 무농약 케일을 추천합니다.

1. 풀어준 달걀에 물 1스푼을 더하면 좀 더 촉촉하게 만들 수 있어요.

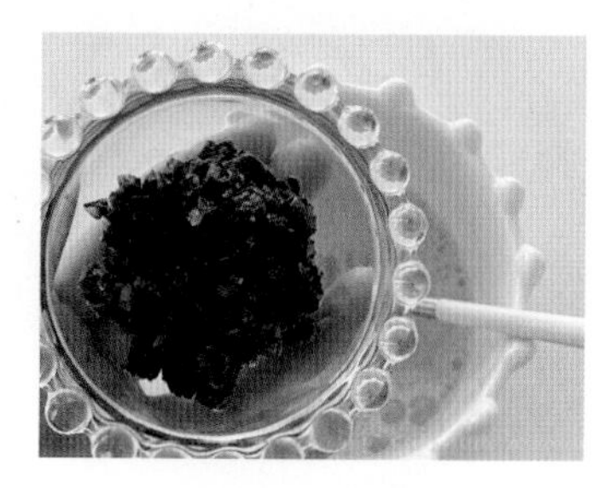

2. 다진 케일 10g을 준비해요. 20g도 괜찮아요.

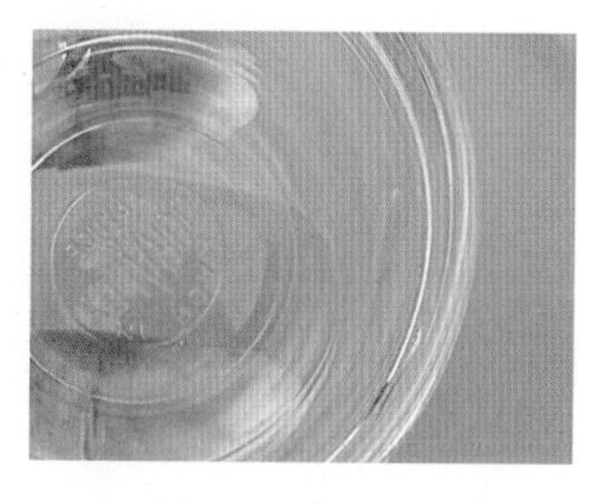

3. 포도씨유 또는 아보카도유 1/2스푼을 팬에 두르고 키친타월로 한번 닦아내요.

4. 2번 달걀물을 팬에 붓고 약불에서 타지 않게 구워요.

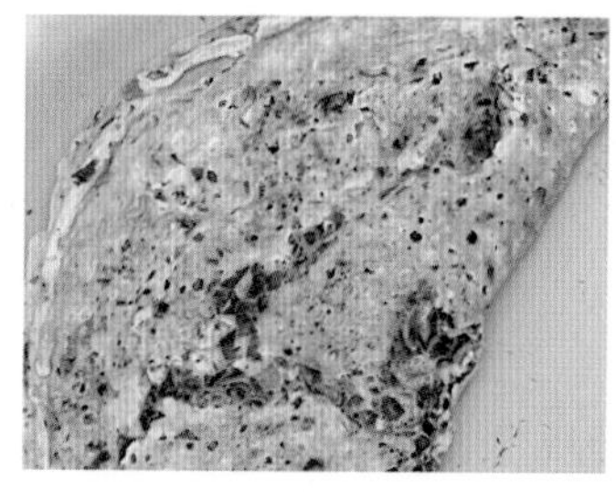

5. 아랫부분이 어느 정도 익었을 때 반으로 접고, 약한 불에서 조금 더 구우면 완성입니다.

6. 1.5cm 너비로 잘라요. 밀폐용기에 담아 냉장 보관했다가 데워서 주세요.

건포도(단호박건포도범벅)

재료

☐ 건포도 5g
(더 적은 양도 가능)

☐ 익힌 단호박 60g
(토핑 큐브 활용 가능)

완성량

3회분(총 75g)

달달해서 맛있는 건포도 레시피입니다. 건포도만 단독으로 먹이면 너무 달거나 신맛이 강하게 느껴져요. 그래서 단호박 큐브와 섞어서 범벅 형태로 만들어줬습니다.

1. 미리 만들어둔 단호박 토핑 60g과 건포도 5g을 준비해요.

2. 건포도는 흐르는 물에 세척해요.

3. 데치기 전에 1시간 정도 불린 후 사용해도 좋아요.

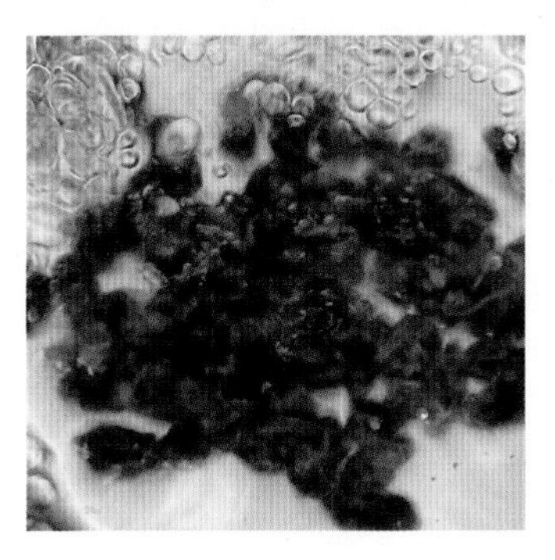

4. 끓는 물에 넣고 부드러워질 때까지 3분 이상 데쳐요.

5. 데친 건포도는 잘게 다져요.

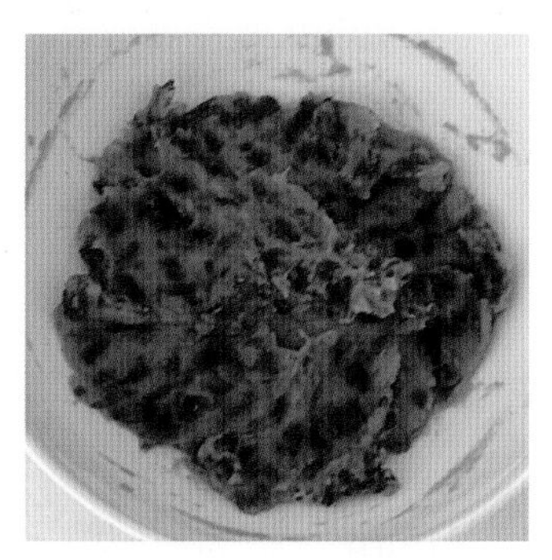

6. 볼에 단호박과 다진 건포도를 넣고 잘 섞으면 완성입니다.

TIP. **밥태기 특별식으로 추천해요** 튼이와 뿐이 이유식에서 이유식을 잘 먹지 않는(이유식 밥태기) 생후 9~10개월 무렵에 특별식으로 먹여보았어요. 당분 함유량이 많기 때문에 특별식 개념으로 소량만 주세요.

건포도

영양성분

건포도는 다양한 미네랄과 비타민을 함유하고 있는데 특히 철분이 풍부해요. 적당량만 섭취하면 아이들에게는 훌륭한 간식이에요. 포도를 말리는 과정에서 수분이 90% 이상 줄어드는데 그만큼 영양소나 비타민, 당도가 농축돼요. 식이섬유도 많이 들어 있어서 장운동을 촉진시켜요. 아기가 변비일 때 주면 좋아요. 단, 당분 함유량이 높기 때문에 자주 주는 건 권장하지 않아요.

알레르기 가능성

흔한 알레르기 식품은 아니에요. 하지만 드물게 알레르기가 발생하므로 소량을 먹여보면서 아이의 상태를 관찰해주세요.

보관법

건포도는 흡습성이 강하므로 잘 밀봉하여 건조한 곳에 보관해요.

건포도와 궁합이 좋은 식재료

비타민이 많은 과일과 함께 먹으면 영양을 골고루 섭취할 수 있어요. 사과, 바나나, 오렌지, 배, 피칸, 잣, 호두와 같은 견과류, 소고기, 닭고기, 오리고기, 양고기, 치즈 등

자기주도이유식에서 건포도 활용하기

건포도를 포함한 말린 과일은 질식 위험이 높은 편이에요. 때문에 자기주도식으로 제공하려면 최소 생후 18개월 이후가 좋아요. 건포도는 질기고 딱딱하기 때문에 뜨거운 물에 담그거나 끓는 물에 데쳐서 부드럽게 만들어주는 게 좋아요. 시리얼, 오트밀 포리지, 요거트 등에 설탕을 대체할 천연 감미료로 활용할 수 있어요.

소고기단호박건포도범벅브로콜리 잡곡진밥

재료

- ☐ 소고기 25g
- ☐ 단호박건포도범벅 25g
- ☐ 브로콜리 20g
- ☐ 잡곡진밥 100g

완성량

총 170g 1회분

1. 생후 10개월 중반쯤 소고기와 브로콜리 입자를 키워봤어요. 구역질을 하면 물도 같이 챙겨줘요. 부드럽게 익혀서 잘 씹어 먹었어요.

2. 생후 10개월이 되자 컵 손잡이를 잡고 스스로 물을 마실 수 있게 되었어요.

새우

재료

- ☐ 새우 살 50g
- ☐ 육수 적당량

완성량
10g씩 3개

새우 자체가 갖고 있는 나트륨 함량이 꽤 높아서 저는 후기 이유식에서 진행했고, 새우 살을 사용했어요.

1. 냉동새우는 사용하기 전날 냉장으로 옮겨 천천히 냉장 해동해요. 급하면 찬물에 담갔다가 사용해요.

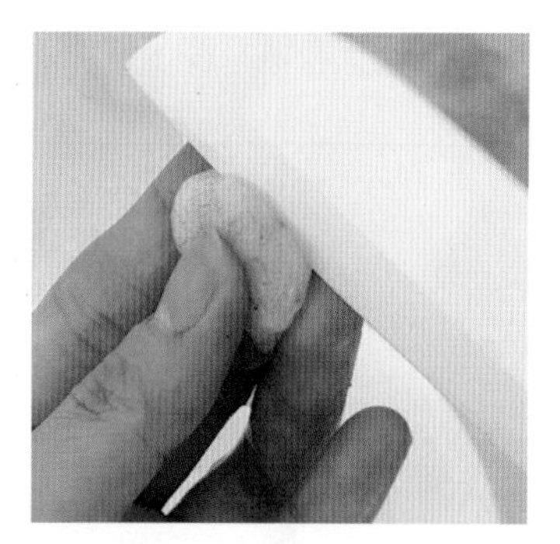

2. 새우 등 쪽에 칼집을 내서 내장을 빼고 세척해요.

3. 새우를 유리그릇에 담고 육수를 부어주세요. 조금 더 맛있어져요.

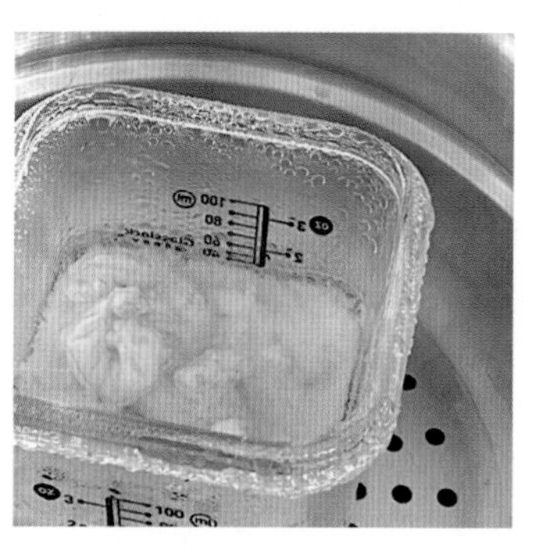

4. 찜기에 넣고 물이 끓으면 새우가 빨갛게 다 익을 때까지 5분 이상 쪄 주세요.

5. 원통 모양의 부분이 남아 있으면 질식 위험이 커요. 세로로 반 잘라요.

6. 먹기 좋게 잘게 다져주세요.

TIP 1. **새우 내장 손질법** 새우는 등 쪽 두 번째 마디를 이쑤시개로 찔러 위로 빼면 검은색 내장이 따라 올라옵니다. 아니면 칼로 등 쪽을 반으로 갈라서 내장을 빼는 방법도 있어요.

TIP 2. **아기한테 새우튀김을 줘도 될까?** 중기 이유식부터 기름을 소량 사용할 수 있는데요. 그래도 기름에 온전히 튀겨내는 새우튀김은 돌이 지난 후에 주는 게 좋아요. 튀긴 음식은 나트륨이나 트랜스지방이 많기 때문에 과하지 않게, 적당히 주는 게 좋습니다.

새우

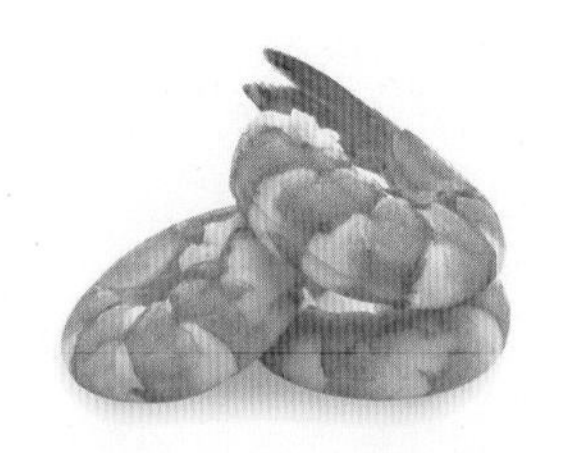

영양성분

새우에는 칼슘과 타우린이 풍부하게 들어 있어 성장 발육에 효과적입니다. 다른 해산물에 비해 수은 함량이 낮은 편이어서 흰살 생선처럼 섭취 빈도나 양은 신경 쓰지 않아도 됩니다. 다만 나트륨을 함유하고 있으니 적당히 섭취해요.

갑각류 알레르기 가능성

새우 알레르기가 있으면 조개류에도 알레르기가 있을 가능성이 높아요. 가족 중에 해산물 알레르기가 있다면 새우를 먹이기 전에 소아과 전문의와 상담해보고 시작하세요.

새우와 궁합이 좋은 식재료: 버터, 파인애플, 토마토, 아욱

특히 아욱은 새우에 부족한 비타민A와 비타민C가 풍부하기 때문에 아욱국을 끓일 때 새우를 넣으면 궁합이 잘 맞아요. 이유식에서도 새우와 아욱을 함께 제공하면 좋아요.

자기주도이유식에서 새우 활용하기

새우는 살 자체가 탄력성이 강하고, 둥근 모양이기 때문에 질식 위험이 큰 음식이에요. 생후 6개월부터 돌 전까지는 익힌 새우를 잘게 다져서 제공하거나 다진 새우를 죽, 오트밀 포리지 등에 섞어 주세요. 새우를 다져 패티나 볼 형태로 만들어 자기주도식으로 활용 가능합니다. 아기가 잘 씹어 먹을 수 있을 때 새우를 통째로 주는 게 안전해요. 돌 이후, 세 돌까지도 조심해야 합니다.

새우를 활용한 요리

새우갈릭버터구이(새우+마늘+버터 볶음), 브로콜리새우볶음, 건새우볶음, 새우죽, 감바스 알아히요, 크림새우, 새우청경채볶음, 새우미역죽, 새우미역국, 새우국, 새우볶음밥(파인애플을 더해도 맛있음), 채소 넣고 만드는 새우전, 새우튀김, 깐쇼새우, 칠리새우

후기 2단계 | 토핑 이유식

새우애호박적채새송이버섯 잡곡진밥

재료

- □ 새우 10g
- □ 애호박 20g
- □ 적채 20g
- □ 새송이버섯 20g
- □ 잡곡진밥 100g

완성량

총 170g 1회분

새우에는 단백질, 오메가-3 지방산, 비타민과 미네랄이 풍부하고 메티오닌, 라이신 등을 비롯한 필수 아미노산 8종이 골고루 들어 있어요. 아기의 성장 발육, 건강에도 좋은 식재료입니다.

1. 첫 시도라 새우 양을 10g으로 시작했는데요. 아이가 잘 먹으면 20g으로 늘리고 채소 토핑도 20g짜리 1개를 더 주세요. 그럼 한 끼 200g의 이유식이 완성됩니다.

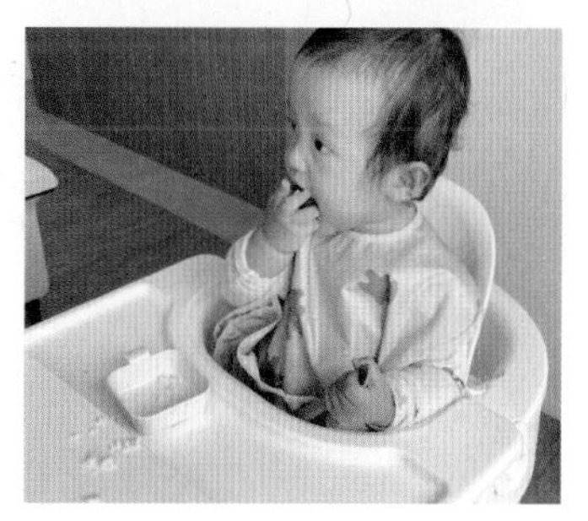

2. 새우 토핑이 담긴 그릇을 건네줬더니 스스로 집어 먹었어요. 자기주도이유식으로 활용해도 좋아요.

TIP. **새우 비린내 제거 방법** 새우나 생선 같은 해산물의 비린내를 제거할 때는 쌀뜨물이나 분유를 탄 물에 5분 정도 담가두세요.

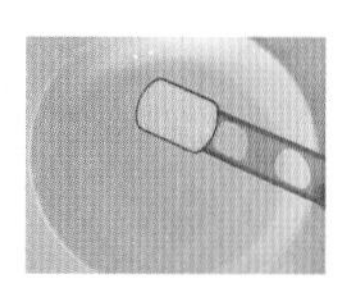

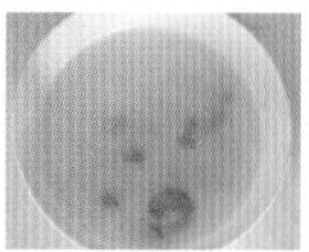

새우애호박조림

재료

- ☐ 새우 살 50g
- ☐ 다진 애호박 60g
- ☐ 육수 120mL

완성량

3회분

새우를 이용한 토핑 이유식 반찬 레시피입니다. 이렇게 반찬식으로 먹이다 보면 자연스럽게 완료기와 유아식으로 이어질 수 있어요.

1. 해동해둔 새우 살은 내장을 제거해주세요.

2. 새우 살 50g, 다진 애호박 60g, 육수 120mL를 준비해요.

3. 아기가 먹기 좋은 5~7mm 정도 입자 크기로 다져주세요.

4. 달군 팬에 기름 없이 다진 새우 살을 넣고 분홍빛이 올라올 때까지 볶아주세요.

5. 다진 애호박을 넣고 같이 볶아주세요.

6. 육수 120mL를 부어주세요. 부족하면 더 추가해도 돼요.

7. 바글바글 끓으면 중약 불로 줄여주세요.

8. 육수가 거의 다 없어질 때까지 조리면 완성입니다.

9. 새우애호박조림과 느타리버섯, 적채 토핑으로 차린 토핑 이유식입니다.

후기 2단계	토핑

부추

재료

□ 부추 90g

완성량

20g씩 3개

《본초비요(本草備要)》에는 '부추는 간장(肝臟)의 채소이다. 심장에 좋고 위와 신장을 보하며 폐의 기운을 돕고 담(痰)을 제거하며 모든 혈증을 다스린다.'고 되어 있어요. 예로부터 우리 몸에 좋은 채소로 알려진 부추, 이유식에도 활용해볼까요.

1. 친환경 유기농 부추로 구매했어요.

2. 부추 90g만 손질해요.

3. 부추를 한 손에 쥐고 물에 흔들면서 씻어요. 너무 치대서 상처가 나면 씁쓸한 맛이 강해지므로 주의하세요.

4. 부추 끝부분을 1cm 정도 잘라요.

5. 5mm 정도 길이로 쫑쫑 썰어요.

6. 다진 부추는 유리그릇에 담아 쪄주세요(물이 끓은 후 5분 정도).

7. 20g씩 소분해요.

후기 2단계	토핑

부추달걀스크램블드에그

재료

- ☐ 부추 10g
- ☐ 달걀 1알
- ☐ 물 1스푼

완성량

1회분

부추를 활용한 10개월 아기 반찬입니다. 달걀 1알을 모두 사용하기 때문에 달걀 흰자 알레르기 테스트 겸해서 만들어도 좋습니다.

1. 손질한 부추 10g을 잘게 다져요.

2. 달걀 1알, 다진 부추 10g, 물 1스푼을 준비해요.

3. 볼에 달걀을 풀고 다진 부추 10g, 물 1스푼을 잘 섞어주세요.

4. 촉촉하게 만들려고 3번에서 물을 넣은 거예요.

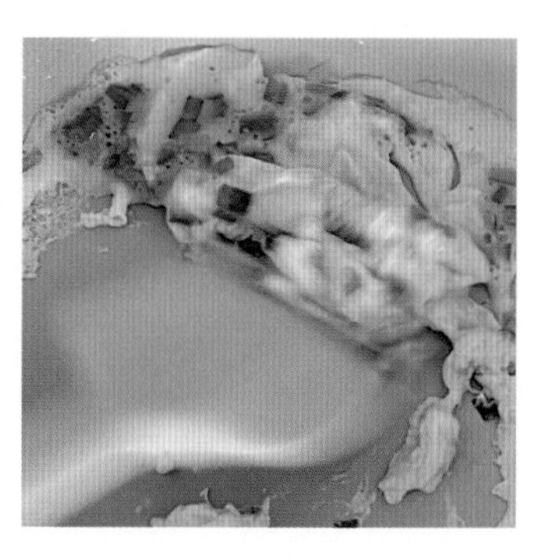

5. 달군 팬에 기름을 소량 두른 후 키친타월로 닦아내요. 달걀물을 붓고 빠르게 저어주세요.

6. 달걀이 다 익으면 완성이에요.

부추

영양성분

부추는 비타민A와 비타민C, 당질이 풍부하여 활성산소 해독 작용이 있고 혈액순환을 원활하게 해주며 칼륨 성분은 체내의 나트륨을 몸 밖으로 내보내요. 또한 부추를 먹으면 몸이 따뜻해지고 감기 예방 및 설사, 복통 해소에 효과가 있어요. 특히 비타민B군 함유량이 많은데요. 부추의 정유 성분인 알리신과 결합하여 비타민B군의 흡수율을 높여 피로 해소에도 좋답니다.

세척&보관법

잎이 중간에 잘리지 않고 생기가 있으며 선명한 녹색을 띠는 것, 줄기가 연하고 냄새를 맡았을 때 싱그러운 향이 나고 줄기가 너무 크거나 두껍지 않은 것을 골라요. 특히 봄에 처음 나오는 부추가 부드럽고 맛있어요. 상처가 나지 않도록 주의하면서 흐르는 물에 흔들어서 씻어요. 부추는 수분이 닿으면 보관 기간이 짧아지므로 가능한 구매 후 빨리 먹는 게 좋아요. 손질 전에는 흙이 묻은 상태로 종이타월에 싸서 냉장고 신선실에 두면 5~7일 정도 보관할 수 있어요.

궁합이 좋은 식재료

달걀, 닭고기, 생선, 돼지고기, 병아리콩, 아스파라거스, 두부, 버섯 등

자기주도이유식에서 부추 활용하기

부추 잎이 아기 입천장이나 혀에 붙어 기침이나 구역질을 유발할 수 있으니 충분히 익혀서 잘게 다져서 주세요. 다진 부추를 달걀과 함께 요리해서 프리타타, 스크램블드에그, 오믈렛 형태로 제공해도 좋아요.

부추를 활용한 요리

닭살 부추죽, 부추 칼국수, 부추 만두, 부추 된장찌개, 부추잡채, 부추달걀볶음, 부추삼겹살볶음, 오리부추구이, 부추해물전, 부추호박전

부추달걀스크램블드에그당근애호박 잡곡진밥

재료

- ☐ 부추달걀스크램블드에그 30g
- ☐ 당근 20g
- ☐ 애호박 20g
- ☐ 잡곡진밥 100g

완성량

총 170g 1회분

부추달걀스크램블드에그를 포함한 토핑 이유식입니다. 부추의 쌉싸름한 맛 때문에 아이들마다 호불호가 있어요. 그래도 몸을 따뜻하게 해주고 건강에 좋은 재료이니 도전해보세요.

1. 진밥만 떠먹여주고 나머지 반찬은 자기주도이유식으로 진행했어요.

2. 당근과 애호박은 스틱 형태로 잘라 찜기에 15~20분 정도 쪄서 준비해요 (당근 스틱 모양 내는 도구: 웨이브칼).

후기 2단계	토핑

연어양파감자볼

재료

- ☐ 연어 50g
- ☐ 양파 40g
- ☐ 감자 20g
- ☐ 현미가루 2스푼

완성량

3회분

연어는 〈뉴욕타임스〉에서 선정한 '세계 10대 슈퍼푸드'입니다. 그만큼 건강에 좋은 연어를 활용한 이유식 토핑 레시피입니다.

1. 냉동 연어는 전날 냉장실로 옮겨 해동해요.

2. 분유가루 1스푼을 푼 물에 연어를 5분 정도 담가두세요.

3. 유리그릇에 연어를 담고 육수를 약간 부어주세요.

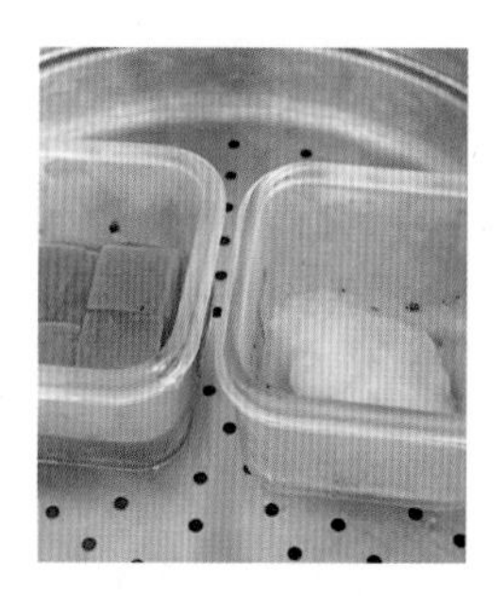

4. 양파를 다져서 같이 쪄주세요(물이 끓은 후 10분 정도).

5. 익힌 연어, 다진 양파, 으깬 감자, 현미가루를 준비해요.

6. 연어는 잘게 다져 볼에 넣어주세요.

7. 6번에 양파를 넣고 잘 섞어주세요.

8. 현미가루를 넣고 농도를 맞춰요.

9. 손으로 동글동글 빚어서 에어프라이어 170도에서 3분간 돌려주세요.

10. 3회분으로 나눠 밀폐용기에 담아 냉장 보관해요.

TIP. **생선 토핑 활용법** 생선 토핑은 냉동 보관해두고 사용하지 않아요. 생선 자체를 자주 먹이는 게 좋지 않을뿐더러 소량이기 때문에 일주일에 3일 정도만 먹여요. 그때그때 손질해서 3일분만 냉장 보관해요. 생선도 큐브를 만들 수 있지만, 2주 이내 소진하는 기준으로 6회분만 만들어 냉동하는 걸 추천합니다. 그리고 일주일에 3회, 다음 일주일에 3회 이렇게 먹이는 게 좋아요. 쭉 이어서 3일씩 먹이지 말고 이번 주에 월화수 먹였다면 일주일 후에는 목금토 이런 식으로 주세요.

연어

영양성분

연어에는 비타민A, B6, B12, D, 엽산까지 아기 성장발달에 필요한 영양소를 많이 포함하고 있어요. 또한 시각 및 인지 발달에 중요한 오메가3 지방산 EPA, DHA가 풍부해요. 그래서 콜레스테롤 수치를 낮추고 고혈압이나 동맥경화 등의 혈관 질환 예방에도 탁월해요. 특히 자연산 연어가 양식 연어에 비해 오메가3 지방산이 훨씬 많이 들어 있어요. 다만 자연산 연어는 오염된 환경에 노출된 경우를 배제할 수 없어서 양식 연어가 오히려 나을 수 있어요. 그래도 수은 함량이 낮은 편이랍니다. 연어는 소화 흡수가 잘 되기 때문에 어린이나 노약자, 환자들에게도 좋아요.

알레르기 가능성

지느러미가 있는 생선은 알레르기 가능성이 있어요. 가족 중에 해산물 알레르기가 있으면 아기에게도 발생할 수 있기 때문에 전문의와 상담 후에 시도해주세요. 어떤 식재료든지 첫 시작은 소량을 제공하고, 알레르기 반응을 관찰하는 게 좋습니다.

지느러미 물고기는 식품 단백질 유발 장염 증후군(FPIES)의 요인이 될 수 있어요. FPIES는 식품 단백질에 대한 지연성 알레르기로, 섭취 후 몇 시간 후에 반복적인 구토와 설사가 시작돼요. 치료하지 않고 방치하면 탈수가 발생할 수 있습니다.

생선 이유식에서 주의할 점

순살 생선도 가시 제거가 100% 되지 않은 경우가 꽤 많습니다. 때문에 생선 이유식을 만들 때는 가시를 확실하게 제거해야 합니다.

연어와 궁합이 좋은 식재료: 아스파라거스, 아보카도, 브로콜리, 버섯류, 레몬

지질 함량이 많아 항산화 성분이 많은 녹황색 채소와 같이 먹으면 산화 방지에 도움이 돼요.

연어양파감자볼애호박스틱비트스틱 잡곡진밥

재료

- □ 연어양파감자볼 30g
- □ 애호박 20g
- □ 비트 20g
- □ 잡곡진밥 100g

완성량

총 170g 1회분

1. 애호박과 비트는 핑거푸드 형태로 잘라 15~20분 정도 쪄서 냉동해둔 거라 데워주기만 했어요.

2. 연어볼은 으깨서 패티 형태로 만들어줘도 좋아요.

3. 애호박, 비트는 다져서 토핑 형태로 제공해도 좋아요.

TIP 1. **밥태기 극복 방법** 후기 이유식쯤부터 이유식 거부가 많아지는데요. 이유 중 하나가 아이 스스로 집어 먹고 싶어서인 경우가 있어요. 그럴 땐 이렇게 핑거푸드를 제공해주면 도움이 된답니다.

TIP 2. **자기주도이유식에서 연어 활용하기** 생선은 가시를 제거하고 충분히 익힌 후 적당한 크기로 잘라(어른 새끼손가락 2마디 정도의 크기)주고 스스로 집어 먹게 해보세요. 익힌 생선 살을 다져 죽에 넣어줘도 좋아요. 연어살만 익혀서 단독 토핑 형태로 먹이려면 찐 후 다져서 제공해요. 저는 단독 토핑 형태로는 주지 않고 볼 형태로 집어 먹을 수 있게 자기주도식 반찬으로 만들었어요.

후기 2단계	토핑

삼색 닭안심소시지

재료

- ☐ 닭안심살 180g(손질 후)
- ☐ 파프리카 60g
- ☐ 당근 60g
- ☐ 부추 60g
- ☐ 양파 45g
- ☐ 쌀가루 3~4스푼

완성량

3회분

레시피대로 만들어 자기주도이유식으로 활용해도 좋고, 각각 닭고기, 파프리카, 부추, 당근 토핑으로 진행해도 좋아요. 이렇게 소시지 형태의 반찬은 넉넉하게 만들어 냉동 보관해두었다가 후기 이유식뿐만 아니라 완료기 이유식과 유아식에서도 데워주면 편해요.

1. 3가지 채소를 사용했는데요. 닭안심살과 채소 양의 비율을 1:1 정도로 하면 예쁘게 나와요.

2. 만들어둔 채소 토핑 큐브가 있으면 해동 후 사용하고, 없으면 익히고 다져서 준비해요.

3. 닭안심살은 손질하고 세척해서 믹서 또는 다지기로 갈아주세요.

4. 그릇에 파프리카, 당근, 부추를 60g씩 각각 담고, 닭안심은 60g, 양파는 15g씩 나누어 담습니다.

5. 부추 반죽이 약간 묽어서 쌀가루 1/2스푼을 넣고 농도를 조절했어요.

6. 찐 파프리카는 물기를 짰는데도 반죽이 묽어서 쌀가루를 1스푼 반 정도 넣고 반죽했어요.

7. 당근에도 쌀가루 1스푼을 추가해서 반죽했어요.

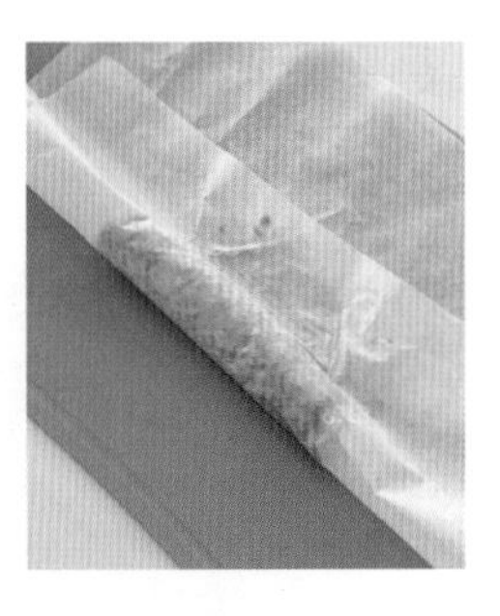

8. 종이호일을 가로로 길게 펼치고 적당량의 소시지 반죽을 올린 후 모양을 잡아 줍니다.

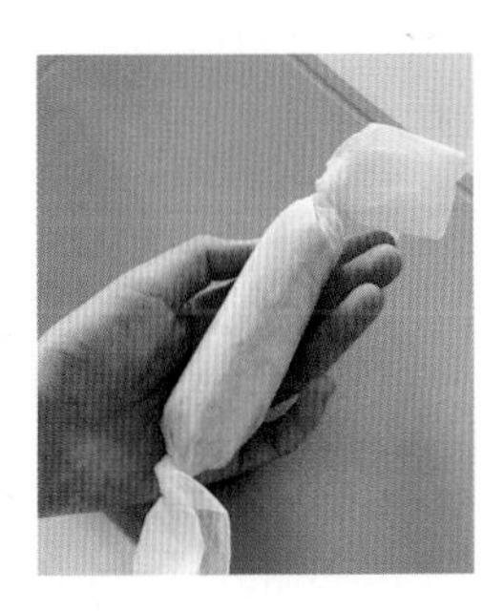

9. 양 끝을 잡고 사탕 모양으로 꼬아주세요.

10. 3종류 총 6개가 완성되었어요.

11. 찜기에 넣고, 물이 끓은 후 20분 정도 쪄요. 불을 끄고 10분 정도 뜸을 들여요.

12. 식힌 후에 잘라주세요. 밀폐용기에 담아 냉동 보관하고 2주 이내 소진해요.

후기 2단계	토핑

소고기라구소스

재료

- ☐ 토마토 3개
- ☐ 소고기 다짐육 100g
- ☐ 육수 75mL
- ☐ 양파 80g ☐ 당근 60g
- ☐ 사과 50g ☐ 기름 약간

완성량
약 3일분

중기 토핑 이유식에서 알려드린 소고기토마토소스와 비슷하지만, 더 깊은 맛이 나고, 진짜 라구소스에 가까운 레시피입니다.

TIP 1. **다짐육과 다진 고기의 다른 점**

1. 다짐육: 정육점이나 마트, 쇼핑몰에서 부위가 불분명한 고기를 미리 갈아놓고 판매한다. 지방이 많으며 일반 고기보다 가격이 저렴하다.

2. 다진 고기: 안심살, 등심살 같은 특정 고기 부위를 직접 다지거나 정육점에서 잘게 썰어달라고 할 때 쓰는 말이다. 돼지고기와 소고기를 다져서 섞어 놓아도 다진 고기로 구분한다.

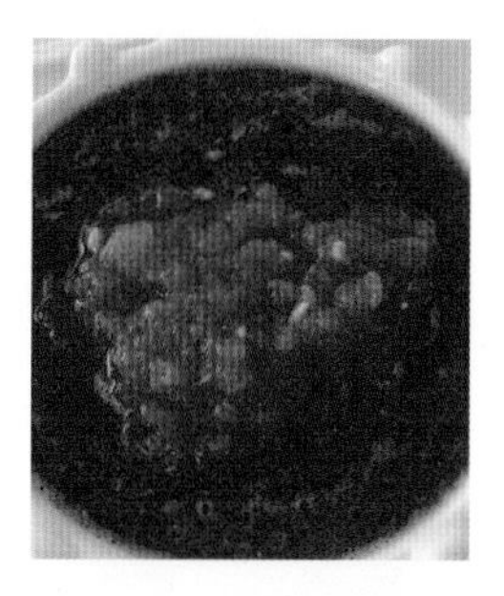

1. 토마토는 껍질을 벗기고 곱게 갈아주세요.

2. 육수 75mL를 준비해요.

3. 사과, 양파, 당근을 준비해요. 사과가 없으면 배를 사용해요.

4. 소고기는 다짐육으로 준비해요.

5. 사과는 강판이나 믹서로 곱게 갈아주세요.

6. 양파와 당근은 다지기에 넣고 작은 입자로 다져주세요.

7. 재료가 모두 준비되었어요.

8. 달군 팬에 기름을 약간 두른 후 다진 양파, 당근을 넣고 볶아주세요.

9. 양파 향이 올라오면서 익으면 다짐육을 넣고 볶아주세요.

10. 다진 고기가 반 이상 익으면 토마토와 사과를 넣어주세요.

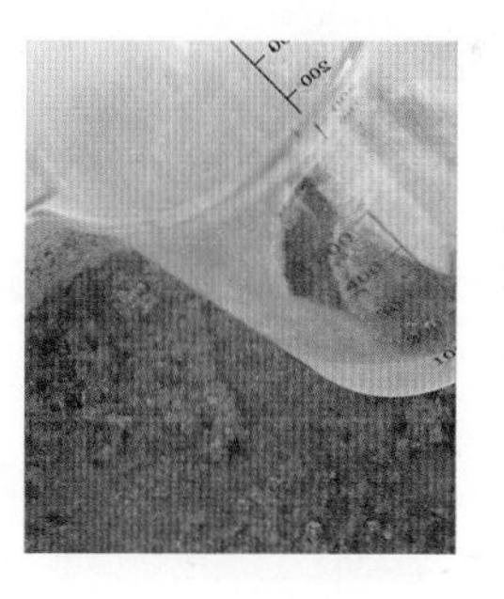

11. 모든 재료를 넣고 볶다가 육수를 붓고 센 불로 끓이다가 끓어오르면 약한 불로 줄이고 30분 정도 졸여주세요.

12. 스패츌러로 슥 밀었을 때 물기가 거의 남아 있지 않은 상태가 될 때까지 졸이면 완성입니다.

TIP 2. **소고기라구소스 활용법** 라구소스는 밥에 비벼줘도 되고, 소면이나 파스타를 넣어주면 라구소스 국수, 라구파스타가 됩니다. 남은 건 3일 이내 먹을 거라면 냉장, 그 이후에 먹을 거라면 밀폐용기나 이유식 큐브에 소분하여 냉동해요. 냉동한 라구소스는 2주 이내에 사용합니다.

우엉

재료

☐ 우엉 200g
☐ 육수 120mL

완성량

20g씩 7개

우엉의 섬유질은 꽤 강하고 질기기 때문에 후기 이유식 후반에 먹여보는 걸 추천드립니다.

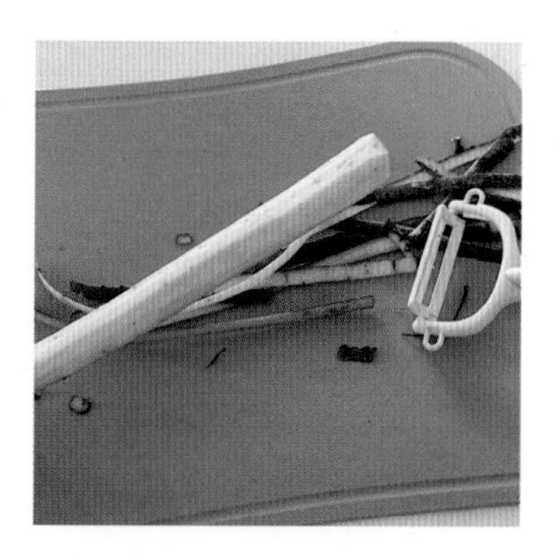

1. 최대한 부드럽게 만들기 위해 우엉 껍질을 필러로 제거합니다.

2. 적당한 크기로 잘라요. 연필 깎듯이 어슷썰기를 하면 강한 섬유질을 끊어내는 데 도움이 돼요.

3. 볼에 우엉이 잠길 정도로 물을 붓고 식초를 한두 스푼 넣고 10분 정도 담가두면 갈변을 막고 쓴맛도 줄여줍니다.

4. 냄비에 우엉과 물을 넣고 10~15분 정도 끓여주세요. 섬유질이 강한 우엉의 특성상 오래 익혀도 서걱거릴 수 있어요.

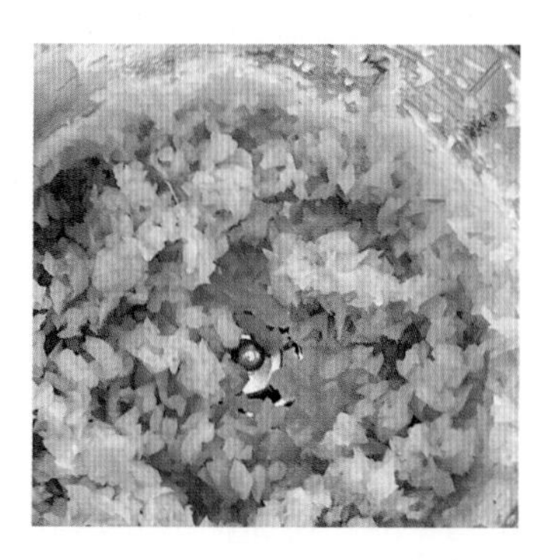

5. 익힌 우엉은 딱딱하고 질긴 편이므로 좀 더 잘게 다져주세요(5~7mm 정도 크기).

6. 20g씩 7개 완성입니다.

TIP. **우엉 껍질** 우엉 껍질에는 콜레스테롤을 낮추고 심장병과 암을 예방하는 사포닌이 들어 있으므로 껍질을 버리지 말고 활용하면 좋답니다. 이를 섭취하려면 우엉의 껍질을 칼등이나 솔로 문질러 씻어내는 정도로만 손질합니다. 하지만 이유식에서는 부드럽게 먹여야 하므로 필러로 껍질을 완전히 벗겨낸 후에 사용해 주세요.

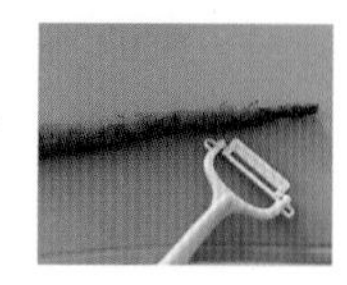

우엉

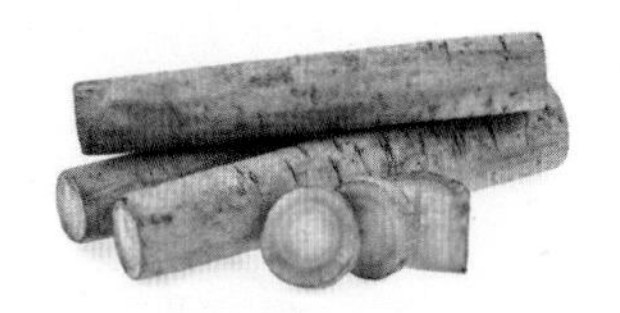

영양성분

우엉에는 무려 43가지 영양성분이 있답니다. 단백질, 식이섬유, 비타민C, 칼슘, 철분, 엽산 등. 그중 이눌린 성분은 이뇨 작용에 효과가 있어 신장 기능을 좋게 하고, 체내 콜레스테롤 배출을 도와줘요. 이눌린은 천연 인슐린이라 불릴 정도로 혈당 조절력이 뛰어나서 당뇨병에도 효과가 좋답니다. 또 우엉에는 수용성, 불용성 식이섬유가 골고루 섞여 있는데 우엉을 잘랐을 때 나오는 끈적거리는 성분이 리그닌이며 항암작용을 하는 식이섬유로 장을 청소하는 정장작용을 하고, 배변을 촉진해 변비를 예방하는 효과가 있어서 아기가 변비일 때 주면 좋아요.

세척&보관법

우엉은 식초를 푼 물에 담가두면 갈변 방지도 되고 쓴맛도 줄어들어요. 뿌리를 만졌을 때 촉촉한 수분감이 있는 게 바람이 들지 않고 좋은 우엉이에요. 긴 우엉은 적당한 길이로 잘라서 흙을 제거하지 않고 신문지나 랩으로 밀봉하여 냉장고 신선실이나 김치냉장고에 보관해요.

우엉과 궁합이 좋은 식재료

돼지고기, 닭고기, 콩을 우엉과 함께 요리 시 산성식품인 돼지고기를 중화시키며, 특유의 누린내도 우엉의 향으로 제거할 수 있어요.

우엉에 들어 있는 이눌린 성분은 장에서 칼슘 흡수를 돕는 역할을 하기 때문에 멸치와 함께 먹으면 칼슘의 흡수율을 높여줍니다.

우엉은 찬 성질이어서 당근이나 연근 같은 따뜻한 성질의 채소와 잘 어울립니다.

자기주도이유식에서 우엉 활용하기

우엉은 단단하고 씹기 힘들며 질식 위험을 증가시키는 특성이 있어요. 위험을 최소화하려면 얇게 썰어 부드러워질 때까지 익히는 게 중요해요. 우엉 자체가 섬유질이 강하고 거친 편이어서 후기 이유식부터 사용하는 걸 추천해요.

우엉브로콜리소고기라구소스 잡곡진밥

재료

- ☐ 우엉 20g
- ☐ 브로콜리 20g
- ☐ 소고기라구소스 30g
- ☐ 잡곡진밥 100g

완성량
총 170g 1회분

우엉은 특유의 강한 향이 있기 때문에 아기들에게도 호불호가 나뉠 수 있습니다.

1. 우엉은 작게 다져서 주었고, 브로콜리는 푹 익히면 부드러워서 조금 크게 만들어줬어요.

후기 2단계 | 반찬

게살수프

재료

- ☐ 게살 50g
- ☐ 달걀 1알(흰자만)
- ☐ 육수 200mL
- ☐ 브로콜리 50g
- ☐ 당근 30g
- ☐ 양파 30g
- ☐ 전분가루 2스푼
- ☐ 물 2스푼
- ☐ 참기름 약간

완성량
3회분

게살은 갑각류 알레르기 가능성과 나트륨 함량 때문에 돌 이후에 시도하는 걸 권장해요. 참고로 대게나 꽃게 기준의 나트륨 함량은 100g당 400~500mg이며, 돌 전 하루 기준 나트륨 섭취 권장량은 370mg입니다.

1. 냉동 게살은 전날 냉장실로 옮겨두었다가 만들 때 찬물에 담가 해동해요.

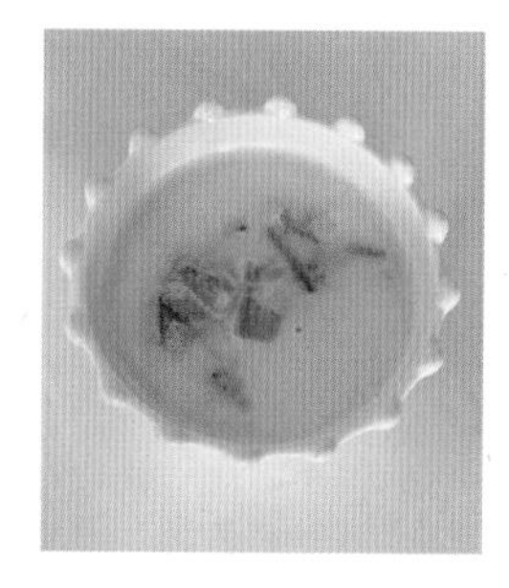

2. 게살 비린내를 제거하기 위해 분유가루 1스푼 탄 물에 담가두어요.

3. 모든 재료를 준비해요. 육수를 사용하면 훨씬 맛있어요.

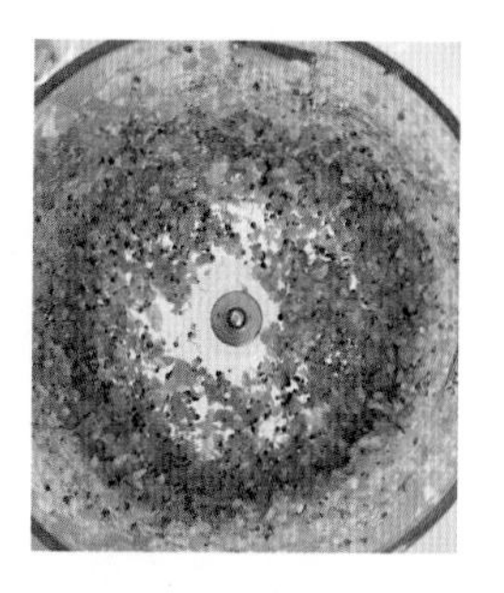

4. 다지기로 양파, 당근, 브로콜리를 넣고 한 번에 다져요.

5. 해동한 게살은 물에 한번 세척한 후에 잘게 다져요.

6. 전분 물(전분가루 2스푼+물 2스푼)을 만들어요.

7. 달군 팬에 참기름을 살짝 두르고 다진 채소를 먼저 볶아주세요.

8. 채소 향이 솔솔 올라오면 게살을 넣고 볶아주세요.

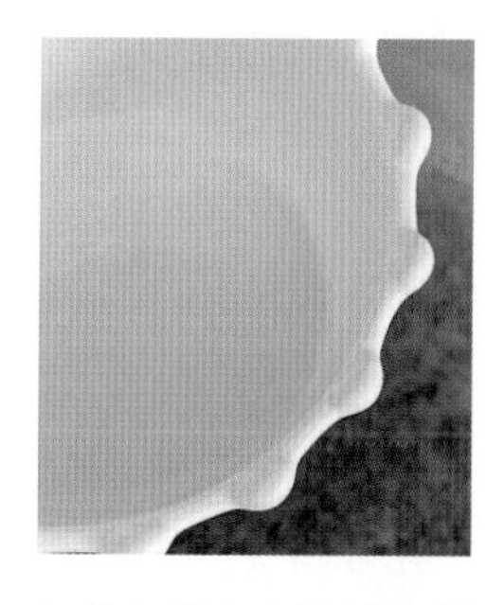

9. 육수 200mL를 붓고 끓으면 달걀 흰자를 넣어요. 탁해지지 않게 휘젓지 말고 30초 정도 그대로 두었다가 저어주세요.

10. 수프의 농도를 확인하면서 잘 섞은 전분 물을 조금씩 나눠서 부어주세요.

11. 스패출러로 바닥을 긁어보면서 농도를 체크해요.

12. 감칠맛 좋은 게살수프 완성입니다. 그릇에 예쁘게 담아보았어요.

게살

영양성분

게살은 지방 함량이 적어 담백하고, 소화가 잘 되어 환자나 허약체질인 사람에게 좋은 음식입니다. 아기의 혈액 세포, 신경계 및 면역 체계 발달에 도움을 주는 비타민B12, 셀레늄, 구리, 아연과 같은 필수 영양소도 많이 함유하고 있어요. 저지방 고단백 음식입니다. 또한 뇌 발달에 필수적인 오메가-3 지방산의 좋은 공급원이에요. 게는 수은 함량이 높은 어류에 포함되진 않지만 그래도 적당히 가끔씩 주는 게 좋습니다.

알레르기 가능성

게와 같은 갑각류는 일반적으로 알레르기를 일으킬 수 있는 대표적인 식품 중 하나입니다. 갑각류 알레르기가 있는 경우 조개류에도 알레르기가 있을 가능성이 높답니다. 가족 중에 해산물 알레르기가 있다면 반드시 소아과 전문의와 상담 후에 시작하는 걸 권장합니다. 어떤 음식이든 처음엔 소량을 먹여보면서 아이 상태를 관찰해주세요.

게살과 궁합이 좋은 식재료: 브로콜리, 버터, 콜리플라워, 마늘, 양파, 감자, 배추

자기주도이유식에서 게살 활용하기

부드러운 게살 부분만 주세요. 익힌 게살을 잘게 썰거나 잘게 찢어주세요. 또는 잘게 썬 게살을 패티 형태로 만들어 줘도 돼요. 생후 6개월부터 돌 전까지는 익힌 게살을 잘게 다져서 제공하거나 죽, 오트밀 포리지 등에 섞어주세요. 다만 나트륨 함량이 높아서 돌 전까지는 가끔 소량만 제공해주세요. 돌 이후에도 껍질째 게살을 주는 건 피해주세요.

자기주도이유식 주의사항

보통 자기주도이유식이나 간식은 생후 7개월 중기 이유식부터 조금씩 시도해보라고 합니다. 그 이유는 직접 만져보고 먹어보면서 소근육 및 두뇌 발달에도 좋은 영향을 주기 때문이에요. 다만 몇 가지 주의사항이 있습니다.

1. 구역질과 질식은 달라요.

음식을 씹고 삼키다가 우웩! 켁켁거리는 구역질은 크게 위험하지 않아요. 반대로 조용히 진행되는 질식은 아주 위험합니다. 소리도 제대로 내지 못하는 것은 아기가 숨을 쉬지 못한다는 뜻입니다. 이럴 때를 대비하여 하임리히법은 반드시 숙지해두는 게 좋아요.

2. 어느 정도 구역질은 잠시 지켜봐 주세요.

구역질을 한다고 바로 등을 두드리고 치거나 아기 입 속에 손을 집어넣어 음식물을 꺼내려고 하지 않아도 돼요. 아기가 구역질을 하면 너무 무섭고 잘못될까봐 두려울 수 있지만 잠시 지켜보는 게 좋아요. 아기 스스로 그 과정을 통해 먹고 삼키고 조절하는 법을 배우는 중이거든요. 이 시기의 아기는 혀를 사용해 음식을 앞으로 밀어낼 수 있는 반사 신경을 가지고 있고, 이때 음식 조각을 뱉어내는 걸 배우는 건 정말 중요한 일이랍니다. 특히 아기 입에 손을 집어넣고 억지로 음식을 빼려고 하는 행동은 절대 삼가해주세요. 오히려 음식이 더 뒤로 넘어가 질식 위험이 가중될 수 있어서요.

3. 손이나 입에 묻었다고 해서 바로 닦아주지 마세요.

바로 닦아주다 보면 나중엔 손이나 입에 음식이 묻었을 때 아예 먹지 않으려는 경우가 생길 수 있어요. 아이 스스로 먹고 있는데 자꾸 닦아주는 행위 자체가 식사를 방해하게 돼요. 다 먹을 때까지는 그냥 두는 게 좋아요.

후기 2단계	자기주도

바나나

재료

□ 바나나 1개

완성량

1회분

생후 6개월부터 바나나를 시도해도 좋아요. 처음엔 소량으로 시작하고, 2~3일 정도 알레르기 반응을 관찰해보세요.

1. 바나나는 잘 익은 걸로 골라요.

2. 양끝은 잘라버리고 껍질도 벗겨냅니다.

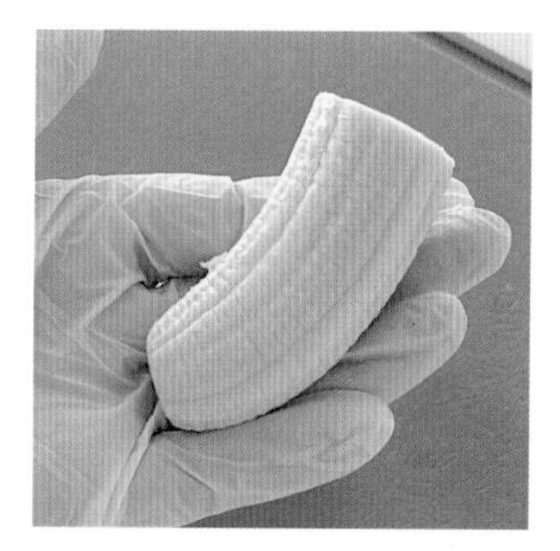

3. 첫 번째 방법은 바나나 전체를 반으로 잘라주는 거예요. 처음에는 먹기 힘들어할 수 있어요.

4. 두 번째 방법은 반으로 자른 바나나를 한 번 더 세로로 3등분 하는 겁니다. 좀 더 쥐고 먹기 쉬워요.

5. 생후 9~10개월 후기 이유식쯤에는 한입 크기로 잘라서 제공해요. 세 번째 방법으로 3등분한 조각을 다시 작게 자르면 됩니다.

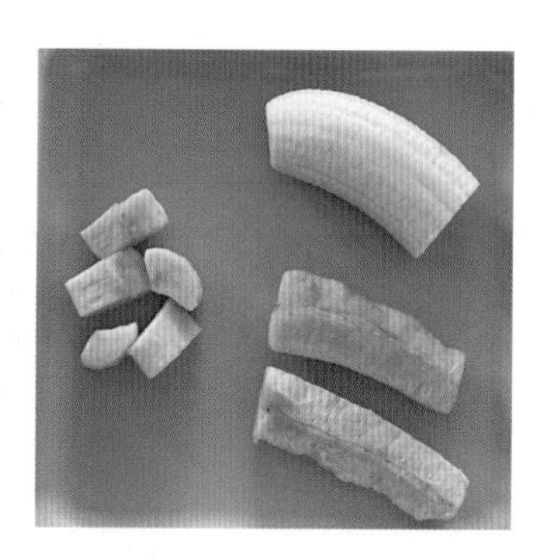

6. 이렇게 3가지 방법으로 먹여볼 수 있어요. 가장 쉬운 방법은 잘 익은 바나나를 으깨서 바나나퓌레를 떠먹여 보는 겁니다.

TIP. **간식 횟수와 방법** 돌 전에는 간식보다 이유식이 훨씬 더 중요하기 때문에 너무 많은 양의 간식을 주진 마세요. 보통 이유식-수유, 수유-수유 사이 중간 타임에 간식을 줘요. 특히 첫 이유식 시작 후 1~3주 정도는 이유식에 적응하는 시간이 필요해서 간식은 그 뒤로 미뤄주세요.

초기 이유식 간식: 하루 1회 또는 안 줘도 됨

중기 이유식 간식: 하루 1회

후기 이유식 이후 간식: 하루 2회

만일 아이가 간식만 먹으려 하고 이유식을 잘 안 먹는다면 과감하게 간식을 줄이거나 끊어주세요. 하루에 곡류, 육류, 채소류, 지방류, 과일류 등 다양한 종류를 골고루 먹는 것도 중요해요.

바나나

영양성분

바나나는 칼륨과 식이섬유소가 풍부해요. 잘 익은 바나나 과육은 약 70%가 수분이고 나머지 주성분은 탄수화물 27.1%, 단백질이 1.2% 정도 되며 칼로리는 과육 100g당 87kcal입니다. 칼륨은 우리 몸속의 나트륨 배출을 도와줘요. 엽산, 비타민B6, 비타민C, 칼륨과 같이 아기 성장에 필요한 필수 영양소도 가득해요. 이러한 영양소는 신경계, 피부 건강, 철분 흡수에도 도움이 된답니다.

아기 변비에 도움이 될까?

잘 익은 바나나는 아기 변비에 도움이 됩니다. 반면 덜 익은 바나나는 오히려 변비를 유발할 수 있어요.

세척&보관법

바나나는 살충제를 많이 사용하는 과일입니다. 껍질의 잔류 농약을 제거하기 위해 물에 잠시 담가두었다가 세척 후 먹는 게 좋아요. 껍질에 갈색 반점이 나타날 때가 잘 익은 상태여서 맛도 좋아요. 잘 익었을 때 껍질을 벗기고 밀폐용기에 담아 냉동하면 2개월 정도 보관할 수 있어요.

바나나와 궁합이 좋은 식재료

망고, 파파야 같은 열대 과일, 블루베리, 딸기, 키위, 아몬드, 캐슈넛, 땅콩, 호두, 치즈, 요거트, 고구마 등

아기 바나나칩 줘도 될까?

다소 딱딱함이 느껴지는 튀기거나 말린 바나나칩의 경우 아기 목에 걸리거나 질식 위험의 가능성이 있습니다. 두 돌 전까지는 신중하게 고려해주세요. 물론 아이 스스로 잘 씹어 먹는다면 가능합니다. 대신 옆에서 잘 지켜봐주세요.

오이

재료

- [ ] 오이 1/2개

완성량
1회분

오이는 95%가 수분으로 이루어진 채소라 더운 날 간식으로 제공하기 좋아요. 대신 오이에는 트림과 복부 불편함을 유발할 수 있는 쿠쿠르비타신 성분이 들어 있는데요. 이를 최소화하려면 꼭지와 끝부분을 제거해주세요.

1. 오이 껍질을 90% 정도 제거하고 얇게 슬라이스해요. 아기가 잡기 쉬운 길이면 적당합니다. 손으로 잘 집으면 얇게 원형 슬라이스 형태로 제공해도 좋아요.

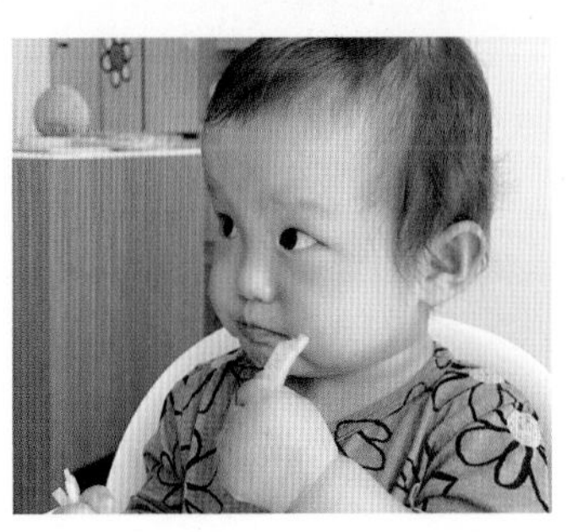

2. 생오이는 특성상 딱딱한 식감 때문에 위험하지 않을까 걱정했는데요. 뿐이는 맛있게 잘 먹었어요. 잘 안 먹더라도 스스로 음식을 탐색해보고, 손으로 잡아보는 것만으로도 도움이 된답니다.

후기 2단계	자기주도

샤인머스켓

재료

- □ 샤인머스켓 4알

완성량

1회분

포도, 샤인머스켓은 생후 6개월 이후 아기 간식으로 언제든 활용 가능합니다. 핑거푸드 형태로 제공하려면 생후 9개월 후기 이유식 시기부터 권장합니다. 아기 건강에도 좋은 간식이에요.

1. 10개월 뿐이의 첫 포도는 샤인머스켓으로 준비했습니다. 캠벨포도, 거봉 등도 동일한 방법으로 손질해요.

2. 좀 더 깨끗하게 세척하기 위해서 적당한 크기로 송이를 잘라주세요.

3. 볼에 물을 담고 샤인머스켓 송이를 5분 정도 담가두세요.

4. 자세히 보면 샤인머스켓에 있던 이물질들이 둥둥 떠다닙니다.

5. 흐르는 물에 30초 이상 잘 흔들어가며 세척해 주세요.

6. 한 알씩 떼어내고 세로 방향으로 4등분 해주세요.

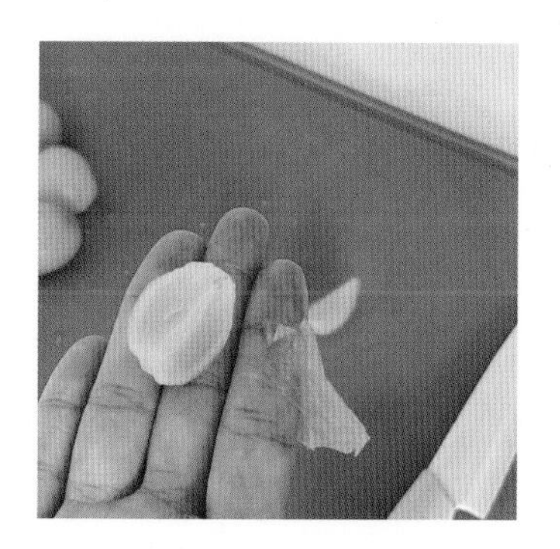

7. 아기가 편하게 먹도록 씨와 껍질을 제거해요.

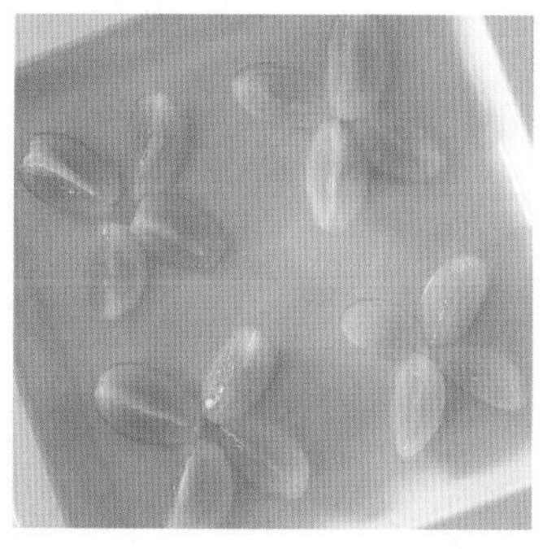

8. 샤인머스켓 4알을 각각 4등분해서 그릇에 담았어요.

TIP. **포도, 샤인머스켓 먹이는 시기** 생후 9개월 후기 이유식부터 권장합니다. 그 이전에 맛보게 하려면 과즙망에 넣어 주세요. 포도는 당도가 꽤 높아요. 그래서 나중에 주고 싶다면 돌 이후로 미뤄도 괜찮아요.

포도

영양성분

포도에는 장 건강을 위한 섬유질, 칼륨, 철분, 비타민 및 미량의 무기질, 타닌과 플라보노이드가 풍부하고 특히 성장기에 좋은 비타민이 다수 포함되어 있어요. 샤인머스캣은 비타민C, 비타민K, 비타민B6가 풍부하게 함유되어 있어 면역력 개선, 피부 미용, 감기 예방, 혈액 응고, 뼈 강화 등에 도움을 주며, 그밖에 마그네슘, 철분, 칼륨 등이 함유되어 있습니다. 특히 철분이 풍부하여 빈혈에도 도움이 되고, 폴리페놀 성분은 심혈관 질환을 예방하는 데 도움을 준답니다.

보관법

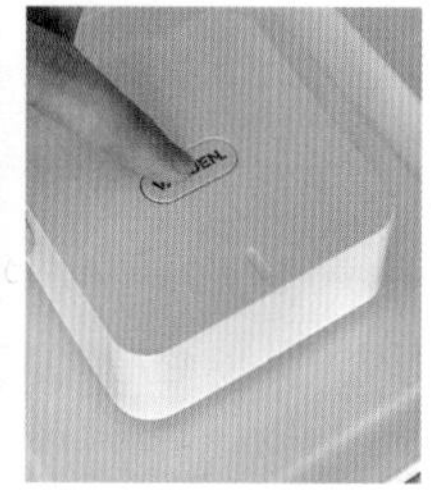

포도는 알이 꽉 차고 당분이 새어 나온 하얀 것이 많을수록 달아요. 실온 또는 냉장 보관하며 포도 봉지에 쌓인 상태로 보관하거나 신문지에 싸서 보관해요. 포도송이를 적당하게 자른 후 진공 밀폐용기에 보관해요. 바로 먹을 거라면 손질 후 세척해서 키친타월을 깔고 진공 보관해요.

자기주도이유식에서 포도 활용하기

포도는 둥근 모양이라 통째로 주면 질식 위험성이 높아져요. 아기가 스스로 잘 먹을 때까지 (생후 48개월 전후) 통째로 주는 건 피해주세요. 처음엔 스스로 집는 걸 제대로 못 할 수도 있어요. 그럴 땐 좀 더 기다려주거나 입에 넣도록 도와주는 것도 방법입니다. 돌 이후에도 세로로 4등분해서 주세요. 껍질은 굳이 제거하지 않아도 괜찮고 씨는 제거해주세요.

아기가 두 돌 전후로 잘 씹어 먹으면 포도를 반만 잘라 줘도 돼요. 다만 세로로 반을 잘라주는 게 좋고, 아기에게 어떻게 먹는지 직접 깨물어 먹는 모습을 보여주면서 알려주는 게 중요합니다. 혼자 먹게 두지 마시고 반드시 옆에서 지켜봐주세요.

4장

후기 토핑 이유식 3단계

후기 이유식 3단계 참고사항

《튼이 이유식》(밥솥 이유식, 죽 이유식) 책을 보면 후기 이유식도 두 달 치만 들어갑니다. 11개월부터는 완료기/유아식으로 넘어가요. 뿐이도 튼이처럼 후기 이유식 막바지부터 슬슬 이유식 거부가 시작됐어요. 그래서 완료기/유아식으로 바로 넘어갔어요. 물론 튼이나 뿐이 같은 아이들도 있겠지만 기존 후기 이유식 형태로도 쭉 잘 먹는 아이들도 분명 있어요. 그래서 뿐이 이유식에서는 후기 이유식 3단계 식단표도 공유합니다. 후기 이유식이지만 완료기처럼 활용해도 좋아요. 하루에 한두 번은 전체 토핑이 아닌 반찬 종류를 넣었거든요. 완료기 이유식에서도 충분히 활용 가능한 메뉴이니 참고해보세요. 그리고 토핑 이유식 식단표지만 재료를 토대로 밥솥 이유식, 밥솥칸막이 이유식, 죽 이유식 진행도 가능합니다. 서로 어울릴 법한 재료들로 식단을 짜두었어요.

추가로 애호박, 무, 비트, 당근, 브로콜리 등의 채소들은 다져서 만드는 토핑 형태가 아닌 핑거푸드 스틱 형태로 활용하면 자기주도이유식도 가능합니다.

후기 이유식 필수 체크사항

후기 이유식 1단계, 2단계, 3단계는 거의 비슷합니다. 후기 이유식 1단계보다는 후기 이유식 3단계에서 입자 크기를 좀 더 크게 진행하는 게 좋고요. 편의상 1, 2, 3단계로 나누었을 뿐 생후 9개월, 10개월, 11개월에 진행하면 됩니다. 아기 상황에 따라 죽 형태나 진밥을 쭉 갈지, 맨밥 형태로 먼저 넘어갈지 고민하는 시기이기도 해요.

지금이 딱 과도기! 왜 이유식을 거부할까?

이유식과 유아식의 중간 과정, 과도기입니다. 이유식 거부가 가장 많은 시기이기도 해요. 이유식 거부 왜 있을까요? 여러 가지 이유가 있는데, 복합적인 이유일 수 있습니다.

1. 점점 커지는 입자감, 되직해지는 농도에 대한 거부감

돌이 되어가면 점점 더 큰 입자 크기를 제공해야 하고 농도도 일반적으로 먹는 밥, 반찬과 비슷해지죠. 그 과정에서 거부감이 생길 수 있습니다. 만약 이러한 이유 때문이라면 조금 더 부드럽게, 작은 조각으로 만들어주세요. 아이마다 적응 속도는 천차만별이기 때문에 아이한테 맞춰서 진행해야 합니다.

2. 이앓이 시작

이가 일찍 나는 아기들도 있지만, 보통 돌 전후에 이가 연달아 나오기 시작합니다. 뿐이는 첫니가 10개월쯤 늦게 난 편이에요. 그때부터 잇몸에 자극이 가니 당연히 씹기를 싫어했어요. 조금만 질기거나 해도 바로 뱉곤 했죠.

3. 맛이나 음식에 대한 취향이 생김

아기들도 점점 자기가 좋아하는 맛이나 취향이 생기고 당연히 쓴맛이나 너무 신맛은 거부하고, 달달한 걸 좋아하게 됩니다.

4. 이유식 방법에 대한 거부

죽 이유식이나 토핑 이유식을 진행하면서 별문제 없었는데 갑자기 스스로 집어 먹고 싶어 하는 욕구가 커지는 경우도 있습니다. 이런 경우라면 자기주도식을 진지하게 생각해 보세요.

5. 컨디션 문제

예방접종을 했다거나 감기나 장염 등으로 컨디션이 저하되었을 경우에 이유식을 거부할 수 있어요. 혹은 낮잠이 부족할 때도 이유식을 먹기 싫어합니다.

6. 새로운 음식에 대한 거부

점점 새로운 음식을 맛보게 되는데 초기, 중기 때까지는 그냥 먹었죠. 하지만 서서히 본인의 취향이 생깁니다. 그래서 처음 보는 음식은 무조건 먹어보지도 않고 거부할 수 있어요. 여기서 중요한 건 거부한다고 "그럼 이건 빼자!" 하고 그 음식을 아예 배제시키면 안 된다는 점입니다. 그럼 나중에도 절대 안 먹어요. 안 먹는 음식도 10~15회 이상 꾸준히 먹이다 보면 어느 순간 먹는 날이 옵니다. 때문에 육아든 이유식, 유아식 모두 장기전으로 보고 마음을 다스리면서 천천히 진행해야 합니다.

7. 발달 단계와 집중력 저하

아기의 활동량이 많아지고, 걷기 시작하면서 먹고 싶은 욕구보다 주변을 탐색하고 노는 것에 더 관심을 보이는 게 정상이에요. 때문에 이유식을 거부하고, 조금 먹다가 금방 산만해지거나 식탁의자에서 일어나곤 합니다. 아이가 커가면서 나타나는 자연스러운 현상입니다.

식사시간은 아무리 늦어도 30분 이내 끝내는 걸 목표로 합니다. 식탁 의자에서 내려가겠다고 떼를 쓴다면 아기에게 정확하게 이야기합니다. "여기서 내려가면 식사 끝이야." 이유식이든 유아식이든 거부할 때 제일 중요한 건 아기에게 끌려다니면 안 된다는 거예요. "제발 한입만 먹자!", "제발 이것만 먹어봐!" 하면서 따라다니면서 먹이지 마세요. 저 역시 이유식 거부가 왔을 때 정말 힘들었습니다. 그러니 힘내세요. 잘 안 먹다가도 어느 순간 좋아지는 날이 오더라고요.

하루 세 끼 너무 힘들어요

후기 이유식까지 토핑 이유식을 진행하는 분들은 식단표를 보고 헉! 할 수 있습니다. 이렇게 많은 토핑을 만들고 다 맞춰서 먹이려니 하루 세 끼 너무 힘들다, 그냥 시판 가야겠다 하는 분들 많죠? 이해합니다. 제가 추천드리는 방법은 다음 2가지입니다.

1. 시판 이유식으로 전환 또는 시판 이유식과 병행한다

하루 세 끼 쉽진 않아요. 때문에 시판을 고민 중이라면 우선 병행해보는 것도 방법이에요. 식단표를 활용하여 하루에 한두 끼는 직접 만들어주고, 나머지는 시판 이유식을 먹여도 됩니다. 엄마 아빠의 상황에 따라 진행하면 돼요. 중요한 건 진짜 하기 싫다, 너무 스트레스다! 하면서까지 굳이 힘들게 만들어 먹일 필요는 없다는 겁니다. 편하게 진행해보세요.

2. 밥솥 이유식, 죽 이유식으로 전환한다

이 방법은 아기마다 다를 수 있습니다. 토핑 이유식을 잘 먹던 아기인데 죽 이유식으로 변경하면 거부할 수도 있어요. 하지만 거부가 없다면 후기 이유식은 밥솥칸막이로 죽 이유식을 만드는 게 훨씬 편합니다. 토핑 이유식 식단표를 밥솥 이유식으로 적용해도 돼요.

후기 3단계: 이유식 양, 분유량, 수유 횟수

후기 이유식(9~11개월): 하루 3회, 한 끼 기준 120~180g

- 베이스 죽: 80~100g
- 소고기 토핑: 20~30g
- 채소 토핑: 20~30g

평균적으로 후기 이유식 양은 한 끼 120~180g 정도 주면 돼요. 소고기 토핑은 후기 이유식 1, 2단계에서는 20g씩 제공하는데요. 후기 이유식 3단계(혹은 완료기)에서는 30g까지 늘려도 됩니다. 하루 섭취량이 돌 이후 40~50g까지 늘어나거든요. 채소 토핑의 경우 1가지당 20~30g 정도로 맞추면 돼요. 위에서 알려드린 양은 모두 참고용입니다. 고기나 채소는 조금 더 적거나 많아도 전혀 문제없으니 편하게 진행해보세요.

분유량은 돌 전까지 하루 최소 500mL 정도는 먹는 게 좋답니다. 하지만 이것도 아이마다 달라요. 이유식을 하루 세 끼 180~200g 이상 잘 먹는 아이들은 분유량이 확 줄어드는 경우가 많습니다. 이유식 세 끼를 잘 먹으면 하루 총 분유량이 500mL가 되지 않아도 괜찮답니다.

돌쯤부터 서서히 수유 횟수를 줄이고 분유량도 줄여나가는 게 좋아요. 돌이 지나면서 분유를 끊는 경우가 많거든요. 물론 뿐이처럼 분유를 좋아하는 아기들은 돌이 지나도 좀 더 먹여도 됩니다. 추가로 수유 횟수는 돌이 되어가면서 줄여나가는데요. 뿐이는 돌 전에도 하루 3번 수유를 하다가 서서히 줄여서 2번, 1번으로 바뀠습니다. 돌 지나고부터는 하루 한두 번 거의 간식처럼 먹였어요.

11개월 아기 이유식, 수유 스케줄 공유

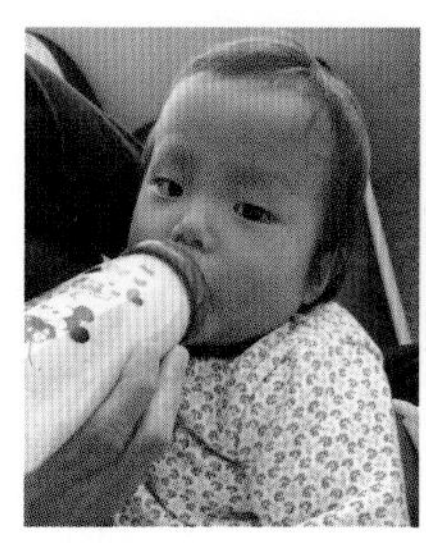

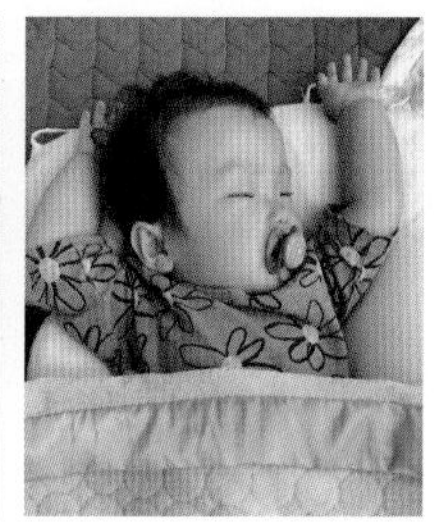

뿐이 스케줄이니 참고만 해주세요. 아기마다 다를 수 있습니다. 이유식은 아기가 잘 먹는 시간에 맞춰 하루 세 번 진행하면 돼요. 분유를 빨리 끊는 아기들은 11개월 무렵 하루 한두 번만 수유합니다.

시간	수유/이유식/낮잠	비고
오전 7시		기상
오전 8시	이유식 1	수유 시간 30분~1시간 전, 후기 이유식 기준 120~180g 정도가 평균
오전 9시 30분	수유 1	100~120mL(이유식 먹은 양에 따라 다름)
오전 10시	낮잠 1	30분~1시간 정도 낮잠
오전 12시	이유식 2	수유 시간 30분~1시간 전, 후기 이유식 기준 120~180g 정도가 평균
오후 1시 30분	수유 2	100~120mL(이유식 먹은 양에 따라 다름)
오후 2시	낮잠 2	30분~1시간 정도 낮잠(이젠 안 잘 때도 많음)
오후 4시	이유식 3	180g, 토핑 이유식. 후기 이유식 기준 120~180g 정도가 평균
오후 5시 30분	간식	
오후 6시	낮잠 3 또는 목욕	30분~1시간 정도 낮잠(안 잘 때가 많음), 안 잘 때는 목욕하고, 잠들고 나면 일어나서 마지막 수유 전 목욕
오후 7시 30분	수유 3	200mL(밤잠 전 수유는 4시간 텀보다 조금 일찍 먹는 편)
오후 9시	밤잠	새벽 수유 없이 잠(가끔 중간에 깨서 분유를 찾을 땐 쪽쪽이 활용, 밤중 수유한다면 꼭 끊어야 함)

★ 간식은 하루 1~3회 가능하며 중간 중간 이유식, 수유텀 사이에 말 그대로 간식으로 챙겨주면 됩니다.

후기 이유식 3단계: 11개월 이유식 재료

후기 이유식 3단계 식단표에서 확인 가능한 이유식 재료입니다. 그동안 먹여보지 않았던 재료들 위주로 짰는데 상황에 따라 변경하거나 뛰어넘고 진행해도 괜찮아요.

재료	활용법
돼지고기	돼지고기는 생후 6개월 이상 가능하나 이왕이면 기름기 적은 다리살이나 안심 부위를 추천해요.
대추	이유식 토핑으로 제공해도 괜찮고, 이 책에 나오는 것처럼 간식으로 활용해도 좋습니다.
톳	건조된 톳을 사용해 톳밥을 지어먹여요.
셀러리	향이 강해 호불호가 있을 수 있지만, 건강에 좋아요.
단감	가을 제철 과일이죠. 딱딱해도 잘 깨물어먹어요.
오징어	직접 생물 오징어 구매 후 손질해도 되는데 시판용 다짐큐브가 편해요.
쑥갓	데치고 다져서 두부와 함께 반찬을 만들어요.
석류	석류도 돌 전에 먹여볼 수 있습니다. 가을에서 초겨울 석류가 맛있어요.

매생이	건조 매생이로 죽이나 국을 끓일 수 있어요.
콜라비	무와 비슷하나 매운맛이 덜하고 단맛이 더 나요.
강낭콩	강낭콩을 밥에 넣고 강낭콩밥을 지어먹어요.

대추, 밥새우, 오징어, 매생이, 톳 등은 위 사진처럼 시중에 판매중인 제품들을 활용하면 조금 더 쉽게 이유식을 만들 수 있습니다. 위 사이트는 마켓컬리입니다. 초록마을이나 한살림 등 유기농 매장에서도 비슷한 제품을 찾을 수 있어요.

후기 토핑 이유식 식단표 3단계(61~66일)

식단표 다운로드
(비번 211111)

▷기본 하루 세끼, 1.5배 잡곡진밥

		61	62	63	64	65	66
개월수		D+330	D+331	D+332	D+333	D+334	D+335
아침	베이스	잡곡진밥	잡곡진밥	잡곡진밥	당근톳밥	당근톳밥	당근톳밥
	토핑	돼지고기수육 아스파라거스 양배추단호박	돼지고기수육 아스파라거스 양배추단호박	돼지고기수육 아스파라거스 양배추단호박	소고기 양배추 파프리카	소고기 양배추 파프리카	소고기 양배추 파프리카
	간식						
	NEW	**돼지고기** (알레르기: O / X)			**톳** (알레르기: O / X)		
	먹은 양	/	/	/	/	/	/
점심	베이스	잡곡진밥	잡곡진밥	잡곡진밥	잡곡진밥	잡곡진밥	잡곡진밥
	토핑	두부애호박 배추가지	두부애호박 배추가지	두부애호박 배추가지	달걀 아스파라거스 브로콜리애호박	달걀 아스파라거스 브로콜리애호박	달걀 아스파라거스 브로콜리애호박
	간식						
	먹은 양	/	/	/	/	/	/
저녁	베이스	잡곡진밥	잡곡진밥	잡곡진밥	잡곡진밥	잡곡진밥	잡곡진밥
	토핑	소고기우엉 비타민당근	소고기우엉 비타민당근	소고기우엉 비타민당근	팽이버섯 비타민양파 단호박	팽이버섯 비타민양파 단호박	팽이버섯 비타민양파 단호박
	간식						
	먹은 양	/	/	/	/	/	/

★ 새롭게 먹어본 재료: 돼지고기, 톳

★ 진밥 100g, 토핑은 각 20~25g씩 총 한 끼 180g 정도 주면 됩니다. 물론 이 시기엔 이유식을 거부하는 경우가 많아서 먹는 양이 많이 줄어들기도 하니 참고해주세요.

후기 토핑 이유식 식단표 3단계(67~72일)

▷ 기본 하루 세끼, 1.5배 잡곡진밥

		67	68	69	70	71	72
개월수		D+336	D+337	D+338	D+339	D+340	D+341
아침	베이스	잡곡진밥	잡곡진밥	잡곡진밥	잡곡진밥	잡곡진밥	잡곡진밥
	토핑	소고기셀러리 가지당근	소고기셀러리 가지당근	소고기셀러리 가지당근	오징어볼시금치 단호박양파	오징어볼시금치 단호박양파	오징어볼시금치단호박양파
	간식						
	NEW	**셀러리** (알레르기: O / X)			**오징어** (알레르기: O / X)		
	먹은 양	/	/	/	/	/	/
점심	베이스	잡곡진밥	잡곡진밥	잡곡진밥	잡곡진밥	잡곡진밥	잡곡진밥
	토핑	비트두부 양파토마토	비트두부 양파토마토	비트두부 양파토마토	소고기브로콜리 가지당근	소고기브로콜리 가지당근	소고기브로콜리가지당근
	간식						
	먹은 양	/	/	/	/	/	/
저녁	베이스	잡곡진밥	잡곡진밥	잡곡진밥	잡곡진밥	잡곡진밥	잡곡진밥
	토핑	돼지고기시금치 브로콜리 파프리카	돼지고기시금치 브로콜리 파프리카	돼지고기시금치 브로콜리 파프리카	닭고기팽이버섯 파프리카양배추	닭고기팽이버섯 파프리카양배추	닭고기팽이버섯 파프리카양배추
	간식						
	먹은 양	/	/	/	/	/	/

★ 새롭게 먹어본 재료: 셀러리, 오징어

★ 오징어볼 레시피는 p.476을 참고하세요.

★ 진밥 100g, 토핑은 각 20~25g씩 총 한 끼 180g 정도 주면 됩니다. 물론 이 시기엔 이유식을 거부하는 경우가 많아서 먹는 양이 많이 줄어들기도 하니 참고해주세요.

후기 토핑 이유식 식단표 3단계(73~78일)

▷ 기본 하루 세끼, 1.5배 잡곡진밥

		73	74	75	76	77	78
개월수		D+342	D+343	D+344	D+345	D+346	D+347
아침	베이스	잡곡진밥	잡곡진밥	잡곡진밥	잡곡진밥	잡곡진밥	잡곡진밥
	토핑	쑥갓두부무침 흰살 생선무	쑥갓두부무침 흰살 생선무	쑥갓두부무침 흰살 생선무	매생이달걀찜 토마토애호박	매생이달걀찜 토마토애호박	매생이달걀찜 토마토애호박
	간식						
	NEW	**쑥갓** (알레르기: O / X)			**매생이** (알레르기: O / X)		
	먹은 양	/	/	/	/	/	/
점심	베이스	잡곡진밥	잡곡진밥	잡곡진밥	잡곡진밥	잡곡진밥	잡곡진밥
	토핑	소고기팽이버섯 애호박토마토	소고기팽이버섯 애호박토마토	소고기팽이버섯 애호박토마토	소고기시금치 비트양송이	소고기시금치 비트양송이	소고기시금치 비트양송이
	간식						
	먹은 양	/	/	/	/	/	/
저녁	베이스	잡곡진밥	잡곡진밥	잡곡진밥	잡곡진밥	잡곡진밥	잡곡진밥
	토핑	달걀셀러리 양파비트	달걀셀러리 양파비트	달걀셀러리 양파비트	두부청경채 무브로콜리	두부청경채 무브로콜리	두부청경채 무브로콜리
	간식						
	먹은 양	/	/	/	/	/	/

★ 새롭게 먹어본 재료: 쑥갓, 매생이

★ 진밥 100g, 토핑은 각 20~25g씩 총 한 끼 180g 정도 주면 됩니다. 물론 이 시기엔 이유식을 거부하는 경우가 많아서 먹는 양이 많이 줄어들기도 하니 참고해주세요.

후기 토핑 이유식 식단표 3단계(79~84일)

▷ 기본 하루 세끼, 1.5배 잡곡진밥

		79	80	81	82	83	84
개월수		D+348	D+349	D+350	D+351	D+352	D+353
아침	베이스	잡곡진밥	잡곡진밥	잡곡진밥	강낭콩밥	강낭콩밥	강낭콩밥
	토핑	소고기콜라비 청경채파프리카	소고기콜라비 청경채파프리카	소고기콜라비 청경채파프리카	소고기오이 양송이연근	소고기오이 양송이연근	소고기오이 양송이연근
	간식						
	NEW	**콜라비** (알레르기: O / X)			**강낭콩** (알레르기: O / X)		
	먹은 양	/	/	/	/	/	/
점심	베이스	잡곡진밥	잡곡진밥	잡곡진밥	잡곡진밥	잡곡진밥	잡곡진밥
	토핑	두부양송이 양파애호박	두부양송이 양파애호박	두부양송이 양파애호박	달걀콜라비 애호박당근	달걀콜라비 애호박당근	달걀콜라비 애호박당근
	간식						
	먹은 양	/	/	/	/	/	/
저녁	베이스	잡곡진밥	잡곡진밥	잡곡진밥	잡곡진밥	잡곡진밥	잡곡진밥
	토핑	게살쑥갓 양배추단호박	게살쑥갓 양배추단호박	게살쑥갓 양배추단호박	흰살생선콩나물 무청경채	흰살생선콩나물 무청경채	흰살생선콩나물 무청경채
	간식						
	먹은 양	/	/	/	/	/	/

★ 새롭게 먹어본 재료: 콜라비, 강낭콩

★ 진밥 100g, 토핑은 각 20~25g씩 총 한 끼 180g 정도 주면 됩니다. 물론 이 시기엔 이유식을 거부하는 경우가 많아서 먹는 양이 많이 줄어들기도 하니 참고해주세요.

후기 토핑 이유식 식단표 3단계(85~90일)

▷기본 하루 세끼, 1.5배 잡곡진밥

		85	86	87	88	89	90
개월수		D+354	D+355	D+356	D+357	D+358	D+359
아침	베이스	잡곡진밥	잡곡진밥	잡곡진밥	강낭콩밥	강낭콩밥	강낭콩밥
	토핑	밥새우주먹밥 연근시금치	밥새우주먹밥 연근시금치	밥새우주먹밥 연근시금치	달걀그린빈 스크램블에그 오이파프리카	달걀그린빈 스크램블에그 오이파프리카	달걀그린빈 스크램블에그 오이파프리카
	간식						
	NEW	**밥새우** (알레르기: O / X)			**그린빈** (알레르기: O / X)		
	먹은 양	/	/	/	/	/	/
점심	베이스	잡곡진밥	잡곡진밥	잡곡진밥	잡곡진밥	잡곡진밥	잡곡진밥
	토핑	소고기케일 콩나물당근	소고기케일 콩나물당근	소고기케일 콩나물당근	소고기느타리 당근애호박	소고기느타리 당근애호박	소고기느타리 당근애호박
	간식						
	먹은 양	/	/	/	/	/	/
저녁	베이스	잡곡진밥	잡곡진밥	잡곡진밥	잡곡진밥	잡곡진밥	잡곡진밥
	토핑	닭고기콜라비 느타리단호박	닭고기콜라비 느타리단호박	닭고기콜라비 느타리단호박	새우케일 양파단호박	새우케일 양파단호박	새우케일 양파단호박
	간식						
	먹은 양	/	/	/	/	/	/

★ 새롭게 먹어본 재료: 밥새우, 그린빈

★ 진밥 100g, 토핑은 각 20~25g씩 총 한 끼 180g 정도 주면 됩니다. 물론 이 시기엔 이유식을 거부하는 경우가 많아서 먹는 양이 많이 줄어들기도 하니 참고해주세요.

후기 3단계	베이스죽

1.5배 잡곡진밥

재료

- ☐ 생쌀 350g(불린 쌀 490g)
- ☐ 잡곡 250g
  (불린 잡곡 390g: 현미, 보리, 수수)
- ☐ 육수 1,150mL

완성량

100g씩 19회분

잡곡 종류는 동일하게 현미 120g, 보리 80g, 수수 50g, 총 250g을 불렸어요.

1. 쌀과 잡곡은 하루 전에 불려요. 넉넉한 밀폐용기에 쌀과 잡곡이 담길 정도로 물을 부어 전날 밤 냉장고에 넣어두세요.

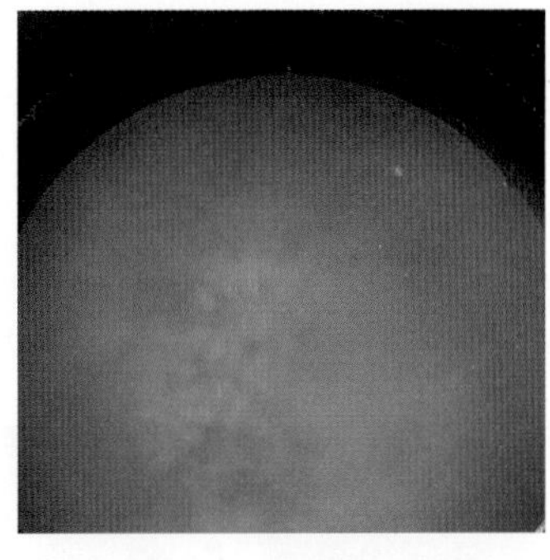

2. 불린 잡곡 총 880g, 육수 1,150mL(약 1.25배, 6인용 밥솥이 넘쳐서 양을 조절했어요. 원래 1.5배=1,320mL)를 부어요.

3. 1.5배 진밥은 좀 더 완료기 느낌이라 이유식 3단계 모드(50분)로 돌렸어요.

4. 2배 진밥보다는 일반 맨밥에 가까지만 더 찐득거리고 무른 느낌이에요.

5. 한 끼당 100g씩 소분했더니 총 19개가 나왔어요.

6. 이유식 용기가 모자라서 90짜리 큐브도 활용했어요. 큐브보다는 이유식 용기가 더 편해요.

돼지고기

재료

- [ ] 돼지고기 앞다리살 600g
- [ ] 양파 1개
- [ ] 사과 1개
- [ ] 대파 1대
- [ ] 월계수잎 2~3개(생략 가능)
- [ ] 저염된장 1스푼(생략 가능)
- [ ] 맛술 또는 청주 또는 소주 2스푼(생략 가능)

*돌 전에는 된장이나 술을 빼 주세요.

완성량

엄마, 아빠, 아이가 함께 한 끼 먹을 수 있는 양이에요.

생후 6개월 이후 언제든지 돼지고기를 먹여볼 수 있습니다. 철분은 소고기에 더 많지만, 돼지고기에는 소고기보다 비타민B1이 더 풍부해요.

1. 앞다리살로 준비했어요. 돌 전이면 안심, 다리 살, 사태를, 돌 지난 후에는 삼겹살을 추천해요. 삼겹살이 부드럽고 맛있어요.

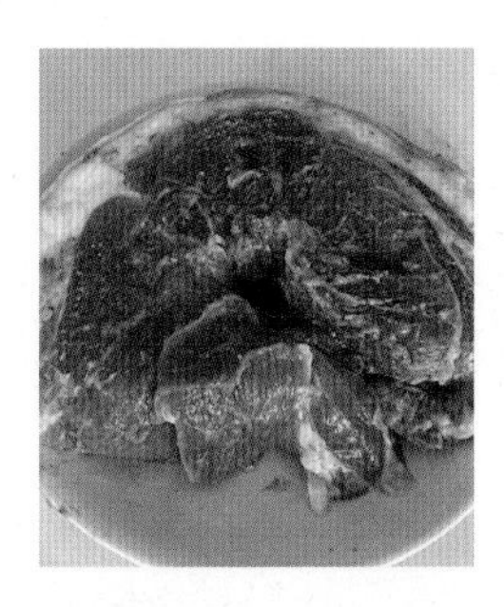

2. 돼지고기는 흐르는 물에 잘 씻은 후 앞뒤로 저염된 장을 골고루 발라요. 돌 전 아기이거나 무염식 중이라면 이 과정은 생략해요.

3. 양파와 사과는 슬라이스해요. 대파는 대충 썰어요. 통마늘은 깨끗하게 씻어요. 사과는 씨만 제거해서 껍질째로 슬라이스해요.

4. 밥솥 내솥에 슬라이스한 양파와 사과를 깔아요. 고기 위에도 올려야 하니 일부 남겨주세요.

5. 고기를 넣고 그 위에 남겨둔 양파와 사과, 대파, 마늘, 월계수 2~3장을 넣어주세요.

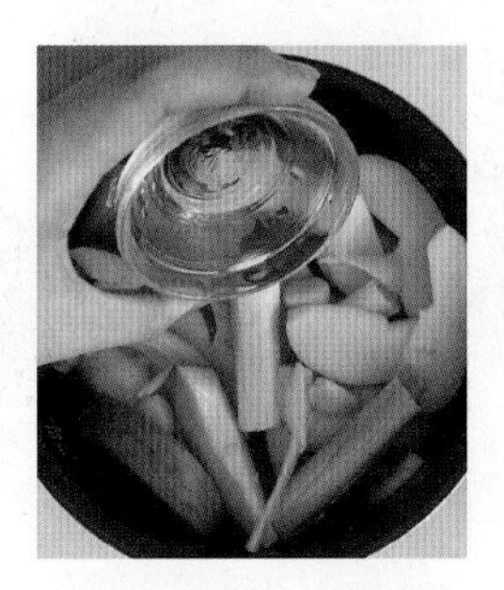

6. 맛술(또는 청주 또는 소주 2스푼)을 골고루 뿌려주세요.

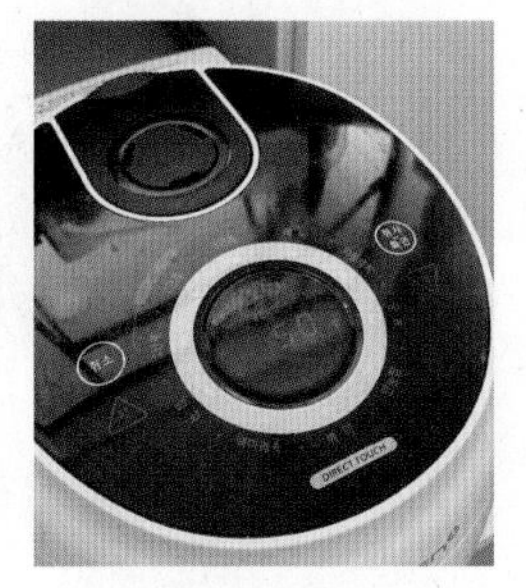

7. 만능찜 모드로 맞춰요(50분 소요).

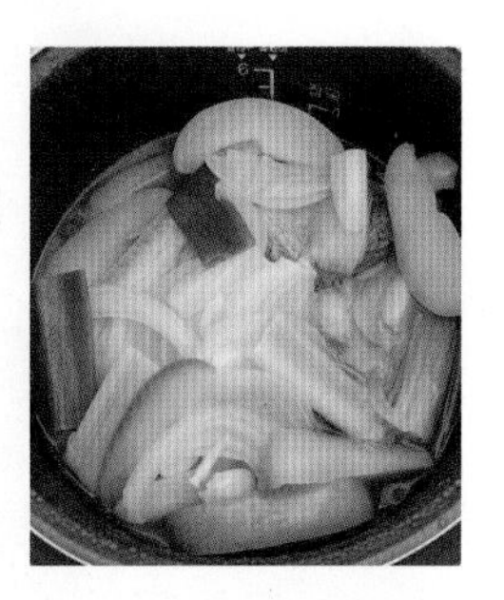

8. 물 한 방울 안 넣었는데 채소, 과일에서 나온 육수가 엄청나요. 고기만 꺼내고 나머지는 모두 버려요.

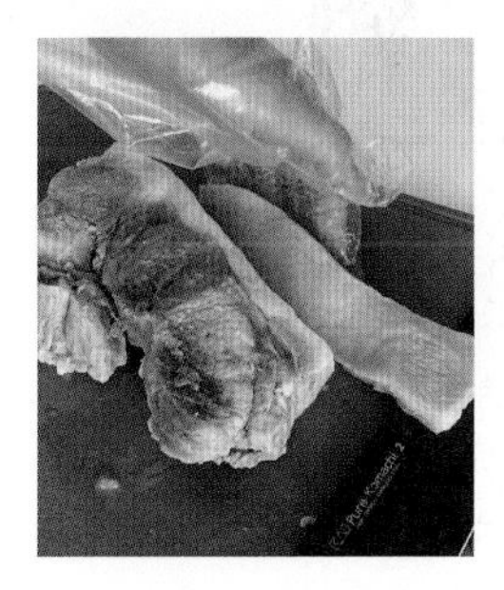

9. 아기용은 껍질과 지방 부위를 잘라내고, 어른은 그대로 잘라 드세요.

10. 결대로 찢어 주세요. 칼로 자르는 것보다 결대로 찢는 게 부드러워요. 돌 전 아기라면 잘게 다져주세요.

TIP. **돼지고기와 궁합이 좋은 식재료**

마늘, 양파, 부추: 알싸한 향 성분인 황아아릴을 함유하고 있어 돼지고기의 비타민B1의 흡수를 돕고 당질의 에너지 변환을 촉진합니다. 마늘의 알리신은 돼지고기의 티아민 소화 흡수를 용이하게 하고 돼지고기의 잡내를 없애는 데 효과적입니다.

표고버섯: 풍부한 섬유질과 항암효과가 있는 렌티난은 콜레스테롤이 체내에 흡수되는 것을 억제하고, 에리타데닌 성분은 혈압을 떨어뜨리는 효능이 있습니다.

생강, 계피, 월계수, 녹차, 후추, 커피: 돼지고기의 누린내 및 잡내를 제거할 때 좋아요.

매실, 사과, 파인애플, 키위: 육질을 부드럽고 연하게 하는 데 효과적입니다.

후기 3단계	베이스

톳밥(전자레인지)

재료

- ☐ 밥 70g
- ☐ 육수 30mL
- ☐ 건조 톳 2g(1/2스푼)
- ☐ 다진 당근 30g
- ☐ 참기름 1/2스푼

완성량

1회분(약 105g)

톳은 6개월 이상이면 먹을 수 있지만 나트륨 함량을 따져보면 생후 9개월 후기 이유식부터 권장합니다. 이번 레시피에서는 건조 톳을 사용했는데 생 톳보다 훨씬 간편해요. 전자레인지와 밥솥 2가지 레시피가 있어요. 한 끼 분량만 만들 때는 전자레인지 레시피가 훨씬 편해요.

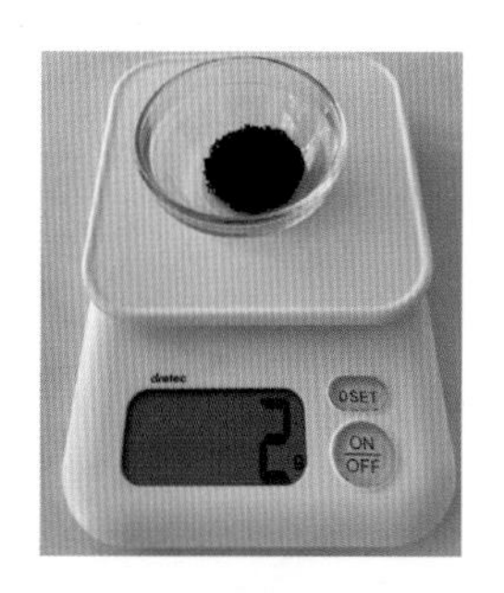

1. 한 끼 분량으로 건조 톳 2g 정도가 적당합니다. 밥숟가락 기준 1/3~1/2 스푼이면 돼요.

2. 건조된 톳을 물에 넣고 10분 정도 불려요.

3. 당근을 조금 작게 다졌어요. 아이가 잘 먹으면 크게 다져도 돼요.

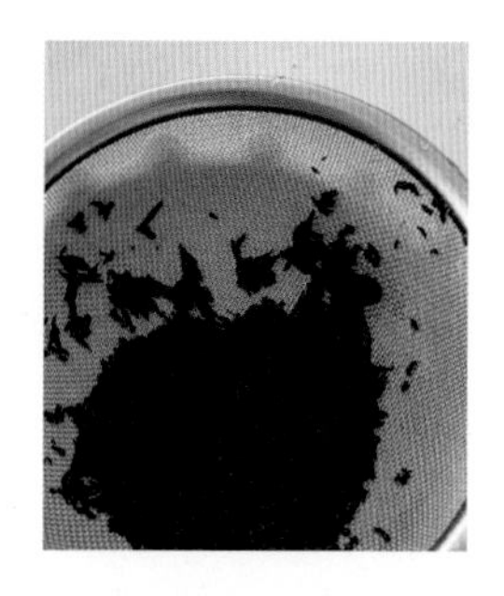

4. 톳이 통통하게 불면 체망에 밭쳐 물기를 빼주세요.

5. 톳밥 재료가 모두 준비되었어요.

6. 전자레인지 전용 용기에 밥, 당근을 넣고 육수를 부은 후에 톳도 넣어주세요.

7. 한 번 잘 섞어준 후에 뚜껑을 닫고 전자레인지에서 3분이면 됩니다.

8. 완성되면 참기름 1/2스푼을 넣고 섞어주세요.

9. 105g 정도 나왔어요. 기본 베이스 밥으로 제공하고, 반찬으로 소고기, 채소 토핑을 더해주세요.

TIP. **톳 구매처** 톳은 3~5월, 봄이 제철입니다. 제철에는 생톳으로 이유식/유아식에 사용해요. 생톳을 구할 수 없거나 좀 더 편하게 사용하고 싶다면 건조된 톳을 구매해요. 제가 사용한 제품은 마켓컬리에서 판매 중이며 아기들이 먹기 좋게 손질되어 있고, 소량씩 포장되어 있어서 간편해요.

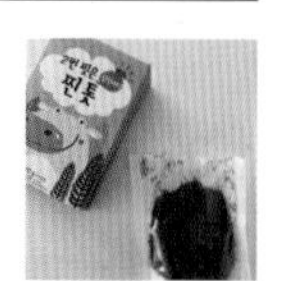

후기 3단계	베이스

톳밥(밥솥)

재료

- ☐ 쌀 110g
- ☐ 육수 170mL
- ☐ 건조 톳 1스푼(약 5g)
- ☐ 다진 당근 60g

완성량

100g씩 3회분

영양가도 높고 맛도 좋은 아기 톳밥. 3~6일분을 만들어두려면 밥솥 레시피를 활용해보세요. 어른들은 간장양념장에 비벼 드세요.

1. 쌀은 불리지 않았어요. 일반 밥 짓는 것과 방법은 똑같고, 육수가 좀 더 들어가요.

2. 깨끗하게 씻은 쌀을 넣고, 육수를 부어주세요.

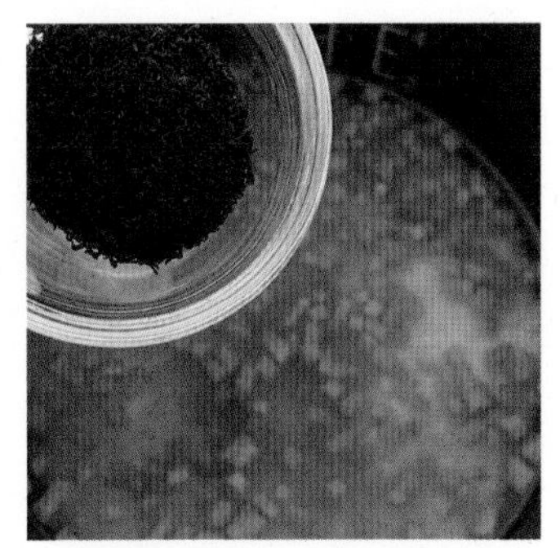

3. 당근과 건조 톳을 넣어주세요. 밥솥으로 만들 때는 톳을 불릴 필요 없이 건조 톳 그대로 넣어요.

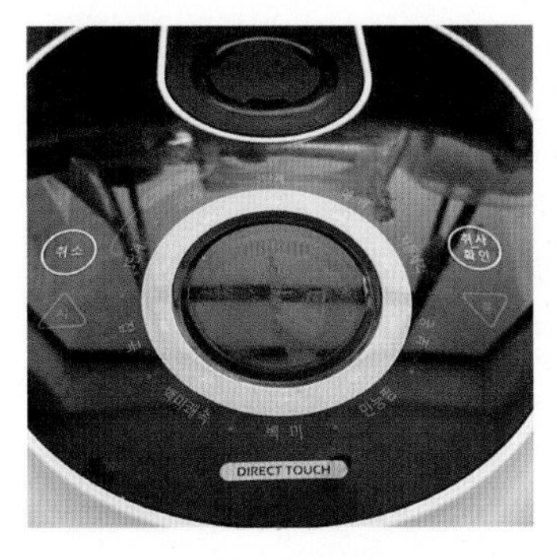

4. 백미취사 모드를 눌러주세요. 50분 정도 걸려요.

5. 맨밥보다 더 촉촉한 느낌이어서 죽 이유식이나 진밥을 싫어하는 아기들도 잘 먹어요.

TIP. **100g씩 6회분을 만들고 싶다면** 위 재료에서 쌀, 육수, 당근 모두 2배씩 넣고, 톳은 1스푼 반만 넣어보세요. 2스푼을 넣으면 톳의 양이 너무 많아져요. 레시피에서 쌀 양의 반을 빼고 잡곡을 반만큼 더해도 좋습니다(예시: 쌀 55g+잡곡 55g).

톳

영양성분

바다에서 나는 톳은 칼슘, 아이오딘, 철 등의 무기염류가 많이 포함되어 있답니다. 특히 철분이 많이 함유되어 있어 빈혈 예방에 효과적이에요. 칼슘이나 칼륨이 풍부하기 때문에 혈압이 높거나 스트레스를 받는 사람에게도 도움이 된답니다. 섬유질이 많아서 변비에도 좋고, 점액질의 물질이 위장에서의 소화 운동을 도와줍니다. 톳 100g당 나트륨 함량은 228mg입니다. 이유식과 유아식에서 사용할 때는 나트륨이나 아이오딘 등의 문제로 너무 자주, 많이 섭취하는 걸 권장하지 않습니다. 소량씩 가끔 사용하는 게 좋아요.

손질&보관법

톳 비린내를 제거하려면 톳을 불릴 때 식초 또는 레몬즙을 약간 넣어주세요. 생톳은 찬물에 20분 정도 담가 짠 기를 빼고 불린 뒤 깨끗하게 헹구고 데쳐서 사용해야 짠맛과 비린내, 불순물이 제거됩니다. 잘 손질한 톳은 밀봉하여 냉장 보관 후 3일 이내 소진하는 게 좋습니다. 장기 보관하려면 반드시 냉동해주세요.

톳과 궁합이 좋은 식재료: 오이, 두부, 콩

철, 칼슘이 풍부한 톳과 비타민이 풍부한 오이가 만나면 영양만점 식단이 돼요.

톳에 부족한 성분인 '리신'이라는 아미노산이 두부에 풍부하게 들어 있습니다. 리신은 필수 아미노산 중 하나로 지방을 에너지로 변환하고 콜레스테롤 수치를 낮추는 데 도움이 된답니다.

콩의 사포닌이 체내 아이오딘을 배출시켜줍니다.

자기주도이유식에서 톳 활용하기

나트륨 함량 문제로 9개월 후기 이유식부터 권장합니다. 톳은 입 안에서 달라붙을 수 있어 단독으로 주지 말고 죽이나 밥에 토핑처럼 넣어 주세요.

돼지고기

영양성분

돼지고기는 단백질, 비타민B12, 콜린, 아연을 포함한 필수 영양소를 갖고 있어요. 이 영양소들은 아기의 세포 성장과 내분비계, 면역체계에 도움이 된답니다. 참고로 돼지고기는 기생충이나 박테리아 감염 등의 문제로 잘 익혀서 먹어야 합니다.

손질&해동법

돼지고기는 빠르게 상할 수 있기 때문에 구입 후 최대한 빠른 시일 내 사용하는 걸 권장합니다. 사용 전에는 흐르는 물에 깨끗하게 씻어서 사용해요. 얼렸던 돼지고기는 요리하기 전에 냉장실로 옮겨 밀봉된 상태에서 천천히 해동합니다. 그래야 육질이 퍽퍽하지 않고 냄새도 적게 나요.

자기주도이유식에서 돼지고기 활용하기

성인 손가락 2개 크기의 큰 돼지고기 조각을 줘도 좋고(잘 익혀야 함) 고기를 갈아서 미트볼을 만들어줄 수도 있습니다. 생후 9개월 이상 후기 이유식 진행부터는 아기가 스스로 작은 조각을 집어 먹을 수 있기 때문에 한입 크기의 돼지고기 조각 또는 잘게 찢은 돼지고기를 제공할 수 있어요. 단, 큐브 모양이나 질식 위험이 큰 모양은 피해야 합니다. 돼지고기도 삶아서 토핑 큐브를 만들어도 되는데요. 잡내 제거 방법 3가지를 추천해요.

1. 돼지고기를 채소 육수에 삶아요.
2. 돼지고기가 잠기게 물을 붓고, 대파, 양파, 마늘, 사과 등을 넣어 삶아요.
3. 앞선 레시피대로 수육을 만들어요.

후기 3단계	토핑

셀러리

재료

☐ 셀러리 150g

완성량

20g씩 7개

미국, 유럽 등에서는 생후 6개월 아기에게 셀러리를 스틱 형태로 자기주도식으로 쥐여주는 경우가 많아요. 강한 향 때문에 실제로 먹여보면 아기마다 반응이 달라요. 표정을 찌푸리며 뱉는 아기가 있는 반면 너무 잘 먹는 아기도 있어요. 우리 아기는 과연 잘 먹을까요? 한번 도전해보세요.

1. 세척한 셀러리 줄기 부분을 얇게 썰어요. 후기 이유식 3단계, 11개월 아기 기준입니다.

2. 토핑 큐브로 만들 셀러리 준비 완료입니다.

3. 왼쪽은 핑거푸드용, 오른쪽은 토핑으로 활용 가능한 셀러리 조각입니다.

4. 셀러리는 유리그릇에 담아 찜기에 넣고 물이 끓은 후 20분간 쪄주세요.

5. 20g씩 7개의 셀러리 토핑 큐브를 만들었어요.

6. 셀러리를 손가락 길이로 자른 후 세로로 반 잘라주세요.

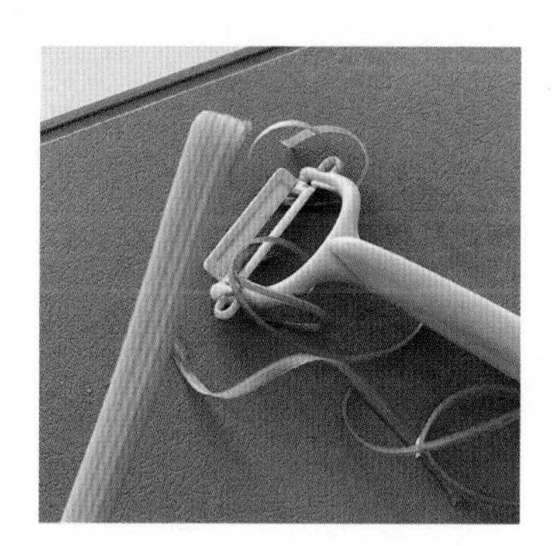

7. 줄기를 긁어 연한 속살이 나오게 해주세요.

8. 초기, 중기 이유식에서 사용할 때는 껍질을 벗기고 익혀야 부드러워요. 후기 이유식 이후부터는 껍질을 벗겨내지 않아도 돼요.

오징어

영양성분

타우린은 오징어를 건조했을 때 껍질에 생기는 하얀 가루로, 마른 오징어는 무려 1,259mg을 함유하고 있답니다. 또한 두뇌 발달에 좋은 오메가3 지방산과 면역 체계에 도움을 주는 셀레늄이 풍부합니다. 오징어는 수명이 짧기 때문에 참치처럼 수명이 긴 물고기들에 비해 바닷속 수은이나 독소에 노출이 적답니다. 미국에서는 오징어를 저수은 해산물로 분류해요. 수은 문제로 해산물 섭취를 기피했다면 오징어는 큰 걱정 없이 먹여도 된답니다.

알레르기 가능성

오징어는 조개류의 일종이며, 가장 흔한 알레르기 유발 음식 중 하나입니다. 가족 중에 해산물 알레르기가 있으면 반드시 소아과 전문의와 상담 후에 먹여보세요.

손질&보관법

통 오징어는 몸통에 손을 집어넣어 뼈가 만져지면 손가락으로 살살 눌러서 1차로 분리하고, 다리와 몸통을 양손으로 잡고 쑥 잡아당기면 내장들이 떨어져 나가면서 분리됩니다. 남아 있는 내장을 깨끗이 제거한 다음 통으로 사용해도 되고, 껍질을 벗겨 한입 크기로 자르려면 몸통을 세로로 갈라줍니다. 몸통 끝부분에 살짝 칼집을 넣고 굵은 소금이나 밀가루를 뿌린 후 칼집의 시작선을 쭉 당기면 껍질을 쉽게 벗길 수 있어요. 오징어는 내장이 가장 먼저 상하고 색이 변하므로 손질해서 보관해야 합니다. 기본 손질 후 먹기 좋은 크기로 잘라 부위별로 지퍼백에 펼쳐 담아 냉동 보관하고 3개월 이내에 먹는 게 좋습니다.

오징어와 궁합이 좋은 식재료

파프리카, 아스파라거스, 파인애플, 토마토, 아보카도, 고구마, 마늘, 레몬, 라임, 오렌지

오징어

재료

☐ 냉동 오징어 100g

완성량

1회분

자기주도이유식이나 토핑 이유식에서 오징어만 단독으로 제공하는 방법입니다. 통 오징어를 손질해서 분유물이나 쌀뜨물에 10분 정도 담가두었다가 세척 후 사용하면 비린내를 제거할 수 있어요.

1. 냉동 오징어는 하루 전날 냉장실로 옮겨 해동 후 깨끗이 씻고 물기를 빼 주세요.

2. 팔팔 끓는 물에 넣고 2분 정도 데쳐 주세요. 오징어가 불투명하고 하얀색으로 변하면 다 익은 거예요.

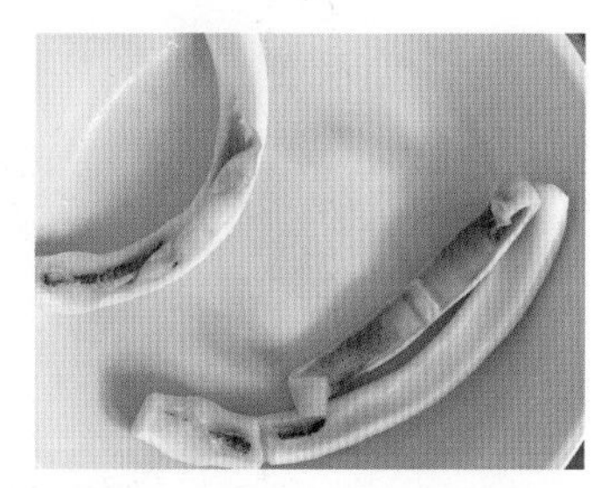

3. 익힌 오징어는 건져내고 껍질 부분은 최대한 제거해 주세요.

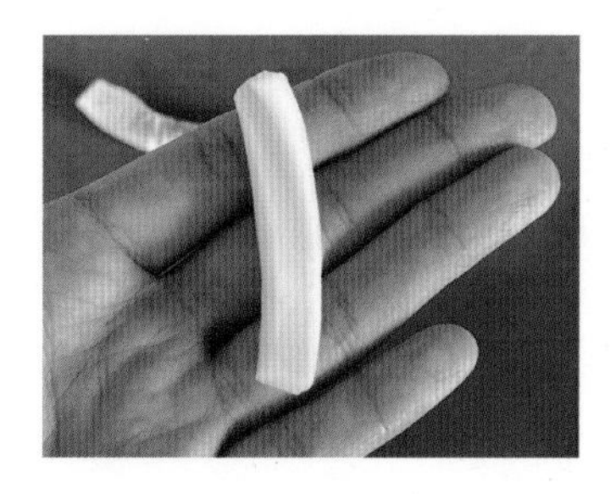

4. 후기 이유식부터는 위와 같이 스틱 형태로 오징어를 제공해줄 수 있어요. 다만 옆에서 잘 지켜봐주세요.

5. 한입 크기로 제공해도 좋아요.

6. 다진 오징어를 죽 이유식에 섞어도 되고 토핑 이유식으로 활용할 수도 있습니다. 생후 23개월 뿐이가 데친 오징어를 먹는 모습이에요.

후기 3단계	반찬

오징어볼

재료

- ☐ 오징어 130g
- ☐ 애호박 30g ☐ 당근 30g
- ☐ 전분가루 2스푼
- ☐ 기름 약간
  (에어프라이어 사용 시)

완성량

1회분

오징어는 타우린 함량이 다른 어패류에 비해 2~3배나 많고 단백질 함유량이 수산물 중 가장 많답니다(오징어 100g당 단백질 함유량 18.1%, 소고기에 비해 3배 더 많음). 단백질은 아기의 성장발달에 필수이기 때문에 이유식, 유아식 재료로 아주 좋은 식품이에요.

1. 냉동 오징어는 전날 냉장 해동해둡니다. 오징어 다짐큐브가 있어서 같이 넣고 만들었어요.

2. 믹서 또는 다지기에 오징어, 애호박, 당근을 넣고 갈아주세요.

3. 반죽의 농도를 확인해보고 전분가루 1~2스푼을 잘 섞어주세요.

4. 반죽은 손으로 뭉칠 필요 없이 티스푼으로 떠서 넣으면 됩니다.

5. 에어프라이어로 오징어볼을 구울 땐 오일스프레이를 뿌려주면 맛있게 구워져요. 180도에서 10분 굽고, 한 번 뒤집어 4분 정도 더 구워요. 찜기 이용 시에는 10분 정도 쪄주세요.

6. 오징어볼 완성입니다. 2가지 방법으로 해봤는데 색감부터 다르죠. 왼쪽이 찜기, 오른쪽이 에어프라이어로 구운 겁니다.

7. 에어프라이어로 구운 오징어볼이 좀 더 쫀득해요.

8. 찜기로 찐 오징어볼은 좀 더 부드럽고 촉촉해요. 돌 전 아기라면 찜기에, 돌 이후 아기라면 에어프라이어로 굽는 걸 추천해요.

쑥갓

영양성분

천연 항히스타민제로 불리는 쑥갓은 각종 비타민과 무기질을 풍부하게 함유하고 있어서 면역력 강화와 알레르기 완화에 매우 효과적인 식재료입니다. 비타민과 무기질이 매우 풍부하여 염증 유발 물질인 히스타민이 과다 분비되는 것을 막아서 알레르기 반응을 억제시킵니다. 특히 비타민A 함량이 매우 높아서 항산화 작용을 하며, 눈 건강에도 도움을 줍니다. 그 외에도 비타민 B와 철분이 풍부해서 빈혈을 예방하고 항산화 물질 피토케미컬을 활성화시켜 혈중 콜레스테롤 수치를 낮춰주는 효능이 있어요. 쑥갓은 찬 성질이 있어서 설사를 한다면 삼가는 게 좋아요.

세척&보관법

잎이 푸르고 싱싱하며 광택이 있는 것을 고르세요. 꽃대가 올라오지 않은 것이 좋아요. 싱싱하지 않은 잎은 떼어내고 사용해요. 분무기로 물을 뿌린 후에 신문지에 싸서 냉장고에 보관해요.

쑥갓을 장시간 물에 씻거나 삶으면 수용성 비타민C의 손실이 크기 때문에 단시간 흐르는 물에 씻어 사용하는 게 좋아요. 데칠 때는 인체에 해로운 옥살산을 증발시키기 위해 소금을 넣고 뚜껑을 연 채 데쳐요. 데친 후에는 곧바로 찬물에 헹구는 게 좋아요.

쑥갓과 궁합이 좋은 식재료: 표고버섯, 동태, 조개

자기주도이유식에서 쑥갓 활용하기

처음에는 충분히 익혀서 다져 주는 게 좋아요. 쑥갓 잎이 아기 입천장이나 혀에 붙어 기침이나 구역질을 유발할 수 있습니다. 다진 쑥갓을 달걀과 함께 요리하여 프리타타, 스크램블드에그, 오믈렛 형태로 제공해도 괜찮고요. 죽 이유식에 넣어도 좋아요.

쑥갓

재료

□ 쑥갓 한 줌(약 15g)

완성량

15g 2개

쑥갓은 특유의 향이 강하기 때문에 호불호가 있습니다. 향에 예민한 아이라면 토핑 큐브로 단독 제공 시 거부할 수 있어요. 그러면 죽 이유식에 소량 넣어서 먹여보세요.

1. 쑥갓은 부드러운 잎 부분 위주로 손질해서 흐르는 물에 깨끗하게 세척해 주세요.

2. 끓는 물에 쑥갓을 넣고 15초 정도만 데쳐요. 너무 오래 데치면 숨이 다 죽고, 영양소 손실도 많아지니 주의하세요.

3. 데친 쑥갓은 바로 찬물에 넣고 빠르게 헹궈주세요.

4. 물기를 짜고 아기가 먹기 좋은 입자 크기로 다져주세요.

5. 1회 15g씩 소분해요. 냉동 보관 후 2주 이내 소진합니다.

후기 3단계	반찬

매생이달걀찜

재료

- ☐ 달걀 1알
- ☐ 육수 50mL
- ☐ 건조 매생이 1/2개(약 0.7g)
- ☐ 참기름 1/3스푼

완성량
1회분

건조 매생이를 사용하면 매생이죽이나 국, 달걀말이, 달걀찜 등 다양한 요리에 활용할 수 있어요.

TIP 1. **어른용 매생이 달걀찜** 베이비웍에 참기름 1스푼을 넣고 안쪽을 골고루 발라주세요. 달걀 4알, 육수 200mL, 풀어 둔 매생이 반 조각, 새우젓 1/2스푼, 맛술이나 소주(청주) 1스푼을 모두 넣고 잘 섞은 후에 센 불에서 저어가며 끓입니다. 몽글몽글 순두부처럼 되면 약한 불로 줄이고, 뚜껑을 닫고 6분 더 끓이면 완성입니다.

1. 건조 매생이 1조각이 1.5g이에요. 양이 꽤 많아서 1/2조각만 사용해요.

2. 그릇에 넣고 매생이가 잠길 정도로 따뜻한 물을 부어주세요. 금방 풀어져요.

3. 달걀물을 만들어요. 알끈을 제거하고 섞어주세요.

4. 달걀물을 체망에 밭쳐서 레인지용 용기에 부어주면 좀 더 부드러운 달걀찜을 만들 수 있어요.

5. 잘 풀어진 매생이는 체망에 밭쳐 물기를 빼주세요.

6. 달걀물에 육수, 매생이, 참기름을 넣고 섞어주세요.

7. 뚜껑을 닫고 전자레인지에 넣어 3분 30초 돌려주세요.

8. 매생이달걀찜 완성입니다.

TIP 2. **매생이 구매처** 매생이는 11~5월이 제철입니다. 생매생이를 이유식/유아식에 사용해도 좋아요. 생매생이를 못 구하거나 좀 더 편하게 사용하고 싶다면 건조 매생이를 구매해요. 사진 속 제품은 마켓컬리에서 판매 중이에요. 아기들이 먹기 좋게 손질되어 있어서(1.5g씩 4개로 소분) 간편해요.

매생이

영양성분

매생이는 '생생한 이끼를 바로 뜯는다'는 순수한 우리말로 겨울철 별미에요. 전남 강진 및 완도 등 깨끗한 청정해역에서만 자라는 남도 지방 특산물입니다. 매생이의 철분 함량은 100g당 18.3mg이며, 칼슘 함량은 100g당 91mg입니다. 식이섬유가 풍부해 소화 및 흡수가 빨라서 아기 변비에 효과가 있어요. 철분 외에도 칼륨, 아이오딘 등 각종 무기염류와 비타민A, C 등을 다량 함유하고 있어 아이 성장 발육 촉진에도 좋아요. 매생이 100g당 나트륨 함량은 104mg입니다. 이유식/유아식에서 사용할 때는 나트륨이나 아이오딘 등의 문제가 있으므로 소량씩 가끔 사용하세요.

세척&보관법

생매생이를 보관할 때는 먹을 만큼 나눠서 용기에 담아 냉동 보관했다가 먹을 때마다 실온 해동하면 오래 두고 먹을 수 있어요. 넉넉한 물에 담가서 풀어지면 조금씩 집어서 흔들어가며 씻어서 건져내요. 꼼꼼하게 씻어주는 게 좋습니다. 이 과정이 번거로우면 건조 매생이 제품을 사용해요. 물에 불려서 사용하므로 편해요.

알레르기 가능성

흔한 알레르기 식품은 아니에요. 하지만 드물게 알레르기가 발생하므로 소량을 먹여보면서 아이의 상태를 관찰해주세요.

자기주도이유식에서 매생이 활용하기

생후 6개월부터 자기주도이유식이 가능합니다. 하지만 나트륨 함량 문제로 9개월 후기 이유식 시기부터 사용하는 걸 권장합니다. 매생이는 입 안에 달라붙을 수 있어서 단독으로 제공 시에는 주의가 필요해요. 보통 죽이나 밥, 달걀에 토핑처럼 넣어서 줍니다.

셀러리

영양성분

셀러리는 수분과 비타민, 식이섬유, 나트륨을 몸 밖으로 배출시키는 칼륨, 플라보노이드 '아피제닌' 성분이 풍부한데요. 이는 뇌 신경세포 생성을 자극해 세포 성장 및 기억력 향상에 도움을 줍니다. 또 탄수화물 대사 증진, 염증을 억제하는 등 성장기 청소년과 관절염을 앓는 경우에도 도움이 됩니다. 수분과 섬유질도 많아서 아기의 장에 수분을 공급해 변비에도 효과 있어요.

손질&보관법

줄기는 굵고 길며 단단한 것이 좋아요. 아래 심줄이 또렷하게 박혀있고 겉대와 속대의 굵기가 일정하며 연녹색을 띠며, 잎은 누렇지 않고 광택 나는 녹색을 띠는 게 좋아요. 줄기 쪽을 사용하면 잎은 버리는 경우가 많아요. 그러나 잎에 영양성분이 더 많으므로 잘게 썰어서 볶음 요리에 사용하면 비타민A를 다량 섭취할 수 있어요.

손질하기 전 그대로 신문지에 싸서 냉장고 신선실에 보관하면 3일 정도 신선도를 유지할 수 있어요. 손질된 셀러리는 키친타월에 싸서 냉장 보관해요. 간혹 손질된 셀러리를 비닐봉지에 보관하는데, 셀러리가 배출하는 에틸렌 가스가 빠져나가지 못해서 셀러리의 신선도가 떨어져요. 장기간 보관하려면 잎사귀와 줄기를 살짝 데친 후에 냉동 보관해요.

셀러리와 궁합이 좋은 식재료

사과, 마늘, 양파, 당근, 호두, 감자, 요거트, 소고기, 달걀, 닭고기, 양고기, 갑각류 등

자기주도이유식에서 셀러리 활용하기

셀러리의 단단한 질감은 질식 위험을 높일 수 있어요. 질식 위험을 줄이기 위해서는 줄기를 얇게 썰고, 부드러워질 때까지 익히는 게 좋습니다. 죽이나 시리얼, 요거트 같은 음식에 섞어줘도 좋아요. 생후 9개월 후기 이유식 이후부터는 핑거푸드로 시도하기 좋아요. 돌 이후 어느 정도 씹는 기술이 발달하고 스스로 조절하는 능력이 생기면 익히지 않은 얇은 셀러리 조각을 주세요.

후기 3단계	토핑

콜라비

재료

☐ 손질한 콜라비 150g

완성량

20g씩 8개

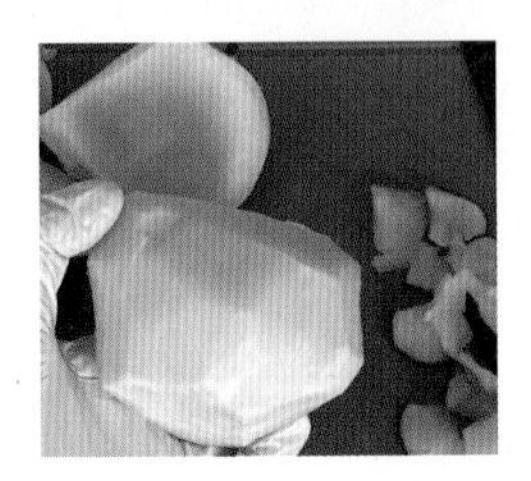

1. 콜라비는 깨끗하게 세척 후 반을 잘라요. 두꺼운 심지가 있으므로 껍질을 두껍게 벗겨주세요.

2. 아이가 먹기 적당한 크기로 잘게 다져주세요. 11개월 아기 기준 사방 5~7mm 정도면 적당해요.

3. 내열용기에 콜라비를 넣고 찜기에 올려 물이 끓은 후 20분 정도 부드러워질 때까지 쪄주세요.

4. 이유식 큐브에 20g씩 소분하여 담아요. 냉동 보관 후 2주 이내 소진합니다.

TIP. **콜라비 활용법**

1. 전자레인지에 쪄도 됩니다. 콜라비에 물을 약간 추가해서 7~9분 정도 쪄요.
2. 남은 콜라비는 어른용 피클을 만들어도 좋아요(물 300mL, 설탕 150g, 식초 150mL를 냄비에 넣고 팔팔 끓인 후 유리병에 적당한 크기로 자른 콜라비를 넣고 끓인 물을 부어주세요).

강낭콩밥

재료

□ 말린 강낭콩 40g
□ 쌀 200g □ 물 300mL

완성량

90g씩 6회분

생후 6개월 이후에 먹을 수 있는 강낭콩밥입니다. 돌 전에는 절대 통으로 주면 안 되고요. 푹 익혀서 으깨주거나 포크로 한번 눌러서 줘야 해요.

1. 말린 강낭콩은 깨끗하게 씻어서 밀폐용기에 담아 물을 붓고 냉장고에 넣어 하루 동안 불려요.

2. 말린 콩 무게에서 보통 2배 정도 불어날 정도로 충분히 불려주세요.

3. 생쌀 200g, 물 300mL을 준비합니다. 진밥을 좋아하는 아기라면 물의 양을 2배로 늘려요.

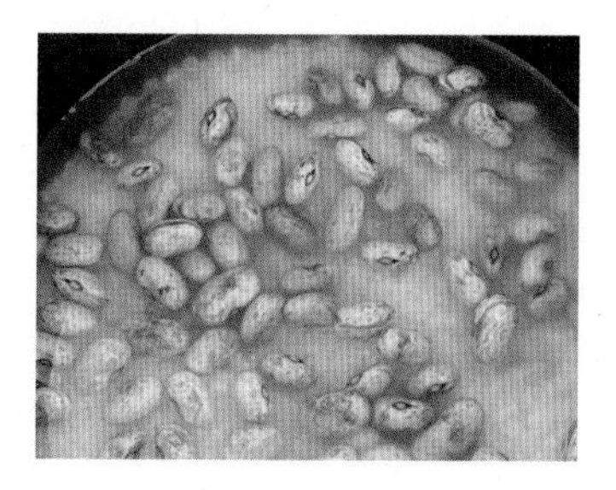

4. 내솥에 깨끗하게 씻은 쌀, 물, 불린 강낭콩을 넣고 잡곡 모드(55분)로 설정해요.

5. 콩이 부드럽게 잘 익었어요.

6. 약 90g씩 6회 분량 정도 나와요.

강낭콩

영양성분

강낭콩에는 탄수화물, 단백질, 섬유질, 식물성 오메가-3 지방산, 칼슘, 엽산 등이 골고루 함유되어 있어요. 철분, 아연, 비타민B 복합체가 다량 함유되어 있어 면역력을 높여줘요. 필수 아미노산인 라이신, 로이신, 트립토판 등이 풍부해 성장기 어린이에게 좋아요. 식이섬유도 풍부해서 아기가 변비일 때도 효과가 있어요. 반면 고 섬유질 음식은 너무 많이 먹으면 복부에 가스가 차서 불편해할 수도 있으니 주의하세요.

강낭콩의 독성 화합물: 헤마글루티닌

강낭콩에는 식물성 헤마글루티닌 같은 독성 화합물이 함유되어 있어 위장 장애와 질병을 유발할 수 있습니다. 헤마글루티닌은 렉틴(탄수화물에 달라붙는 성질의 단백질)의 일종으로 적혈구를 응집하는 성질이 있어요. 가열하면 분해되어 독성을 잃어요.

강낭콩과 궁합이 좋은 식재료

강낭콩의 철분을 흡수하는 데 도움이 되는 비타민C가 풍부한 채소를 함께 먹는 게 좋아요. 아스파라거스, 완두콩, 피망, 콜리플라워, 가지, 퀴노아, 쌀, 토마토, 양파, 당근. 특히 호박에는 비타민A의 모체인 베타카로틴이 많고, 강낭콩에는 단백질 글로불린이 많아서 둘을 함께 먹으면 단백가가 상승해 궁합이 좋아요.

자기주도이유식에서 강낭콩 활용하기

강낭콩은 크기가 작고 둥근 모양 때문에 질식 위험이 높아요. 부드러워질 때까지 푹 익히는 게 좋고, 으깨거나 눌러 납작하게 만든 후 먹여야 해요. 초기에서 중기 이유식 시기에는 불린 강낭콩을 익히고 으깨서 매시나 페이스트 형태로 사용합니다. 다른 채소와 함께 죽에 섞어서 스스로 퍼먹을 수 있게 해주면 좋아요. 손가락으로 집을 수 있을 정도로 발달한 경우라면 부드럽게 익힌 콩을 납작하게 눌러서 직접 손으로 집어 먹을 수 있게 해주세요.

후기 3단계	자기주도

밥새우주먹밥

재료

- ☐ 밥 70g
- ☐ 밥새우 1/2스푼(약 2g)
- ☐ 애호박 15g
- ☐ 양파 15g
- ☐ 참기름 약간

완성량

1~2회분

1. 밥새우는 물에 5분 정도 담가 짠기를 빼주세요(생략 가능).

2. 애호박과 양파는 잘게 다져주세요.

3. 달군 팬에 기름을 소량 두른 후 애호박과 양파를 넣고 양파가 노릇해질 때까지 중약불에서 타지 않게 볶아주세요.

4. 밥새우는 체에 걸러 물기를 뺀 후에 팬에 넣고 볶아주세요. 부드러운 식감을 원하면 볶은 새우를 갈아서 쓰세요.

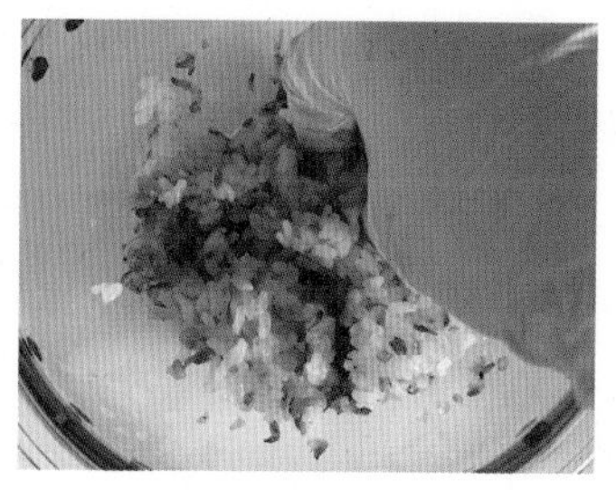

5. 볼에 따뜻한 밥, 4번 재료를 넣고 참기름을 약간 두른 뒤 잘 섞어주세요.

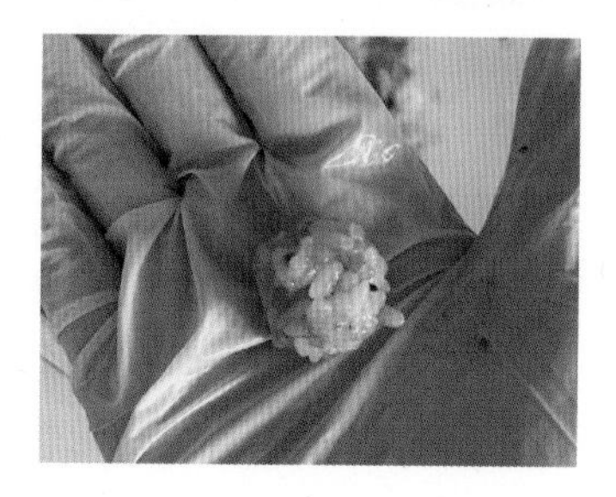

6. 한입 크기 주먹밥으로 만들어주세요.

그린빈

재료

□ 그린빈(손질 후) 60g

완성량

20g씩 3개

1. 그린빈은 깨끗하게 세척 후 양끝 부분을 0.5cm 정도씩 잘라주세요.

2. 아기가 먹을 수 있는 적당한 크기로 다져주세요.

3. 다진 그린빈은 내열용기에 담고, 스틱용은 그대로 찜기에 넣고 물이 끓은 후 10~15분 정도 쪄주세요.

4. 이유식 큐브에 20g씩 소분하여 담은 후 냉동 보관합니다(2주 이내 소진 권장).

후기 3단계	반찬

그린빈스크램블드에그

재료

- ☐ 그린빈 20g
- ☐ 달걀 1알
- ☐ 육수 또는 물 2스푼

완성량

1~2회분

달걀 스크램블드에그를 만들 때 육수를 추가하면 식감이 조금 더 부드러워요.

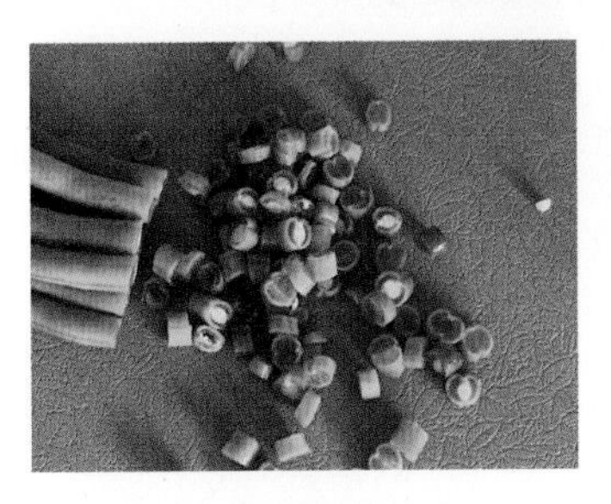

1. 세척한 그린빈은 아기가 먹을 수 있는 크기로 다져주세요.

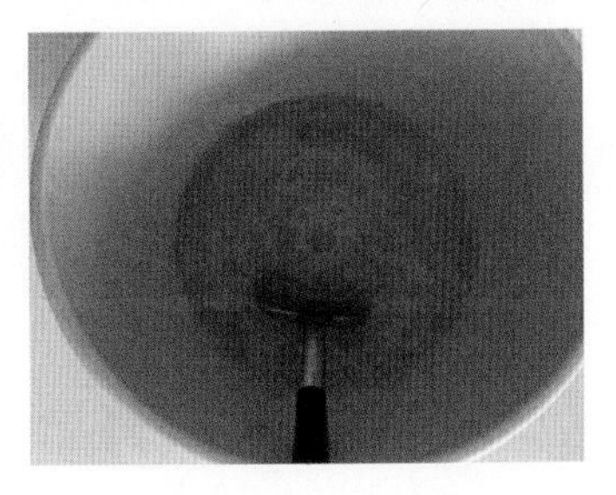

2. 달걀 1알을 잘 풀고 육수 또는 물을 2스푼 넣어 섞어주세요.

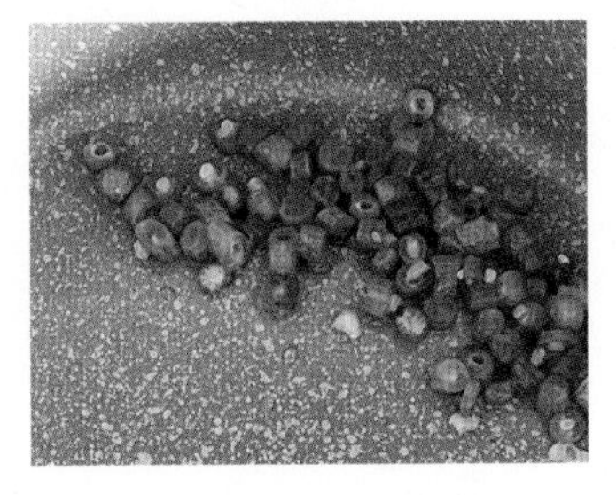

3. 달군 팬에 기름을 소량 두른 후 그린빈을 볶다가 노릇하게 익으면 팬 한쪽으로 밀어주세요.

4. 달걀물을 부어 빠르게 휘저어주세요.

5. 옆에 있는 그린빈과 함께 섞어가며 익혀주면 완성입니다.

완료기 이유식

1장

완료기 이유식 시작 전에 알아두면 좋아요

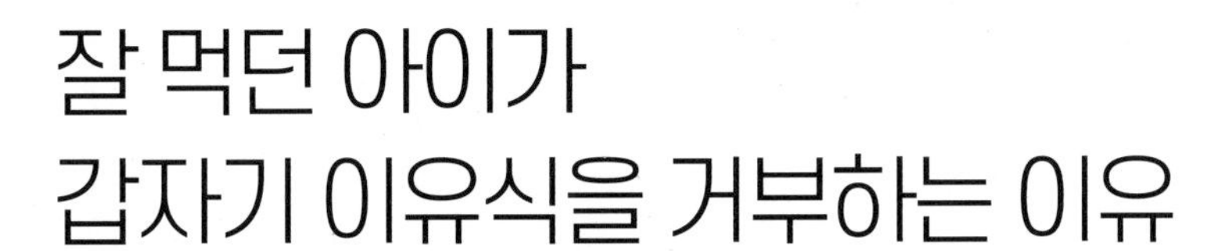

잘 먹던 아이가 갑자기 이유식을 거부하는 이유

어느 날 갑자기 잘 먹던 아이가 이유식을 거부하는 순간이 찾아옵니다.

"왜 안 먹는 거죠? 내가 맛없게 만들어서 그런 걸까요? 너무 힘들어서 포기하고 싶어요."

정말 많은 분들의 이유식 관련 질문 중 대부분이 아이가 잘 안 먹어서 힘들다는 내용이에요. 처음부터 잘 먹으면 좋죠. 하지만 그런 아이들은 정말 많지 않아요. 대부분은 뱉고, 화내고, 울고불고 대환장 파티가 펼쳐지죠. 분명 이유가 있겠지만 말 못하는 아이들이니 이유를 제대로 파악할 수가 없어요. 때문에 다양한 방법을 시도해보고 변화를 주면서 아이한테 맞춰가야 해요.

잘 먹는 아이들과 비교하지 마세요.

SNS에서 보이는 아이들이나 조리원 동기들을 보면 우리 아이 빼고 다 잘 먹는 것 같죠. 현실은 80~90% 엄마들이 아이가 안 먹어서 걱정합니다. 좀 적게 먹고 좀 덜 먹으면 어때요. 몸무게가 꾸준히 늘고 있다면 괜찮아요. 이유식 양에 너무 집착하지 마세요. 시간이 가면서 양이 조금씩 늘어나는 게 더 중요합니다. 이유식(유아식)을 진행하면서 마음 비우기는 필수입니다.

한 수저만 먹어도 괜찮아요. 다 뱉고 먹은 게 없어도 괜찮아요.

특히 초기 이유식을 처음 진행할 때는 대부분 그래요. 이유식 초반은 연습 시기이기 때문에 양보다는 알레르기 테스트, 숟가락과 입자 크기, 질감, 씹고 삼키기를 적응하는 시기입니다. 그러니 좀 덜 먹어도 되고 다 뱉어도 되니 아이를 응원해주세요. 아이들도 처음 접하는 이유식이 얼마나 생소할까요. 열심히 연습하고 노력 중이니 지켜봐주세요. 분명히 조금씩 나아져요.

이유식 방식을 다양하게 시도해 보세요.

토핑/죽/자기주도식 등 진행 방식이 아닌 다른 방식으로도 도전해보세요. 떠먹여주는 걸 좋아하는 아이가 있는 반면 스스로 잡고 먹는 자기주도식을 좋아하는 아이도 있습니다. 토핑 이유식보다 죽 이유식을 더 잘 먹는 경우도 있어요. 실제로 토핑 이유식을 진행하던 분들 중 많은 분들이 아이가 잘 안 먹어서 죽 이유식으로 바꿨는데 잘 먹었다는 후기도 많았어요.

이유식 농도나 입자 크기를 조절해 보세요.

이유식 단계별로 아이가 변화에 적응할 수 있는 시간이 필요합니다. 예를 들어 초기에서 중기로 넘어가면서 갑자기 커진 입자감이나 되직한 농도에 적응을 못해서 구역질을 하거나 구토를 하는 경우가 있어요. 만약 그렇다면 조금 더 잘게 갈거나 묽게 만들어서 진행하다가 서서히 단계를 넘어가는 게 좋아요.

이유식 만들 때 육수를 사용해요.

특히 안 먹는 아이들 이유식에는 더더욱 육수를 사용해야 합니다. 육수 내서 이유식을 만들면 맛과 향이 달라요. 실제로 물로만 만든 이유식보다 육수로 만든 이유식을 더 잘 먹고, 더 많이 먹는 경우가 많아요. 육수는 중기 이유식부터 사용하면 됩니다. 이유식 자체가 힘든데 육수까지 만들어야 할까 고민 중이라면, 물에 넣고 우려서 사용하는 티백형 육수팩이나 코인 육수, 채수팩 제품을 활용해도 괜찮습니다. 단, 제품 구매 시 성분표를 꼭 확인해야 합니다.

아이 컨디션에 따라 다를 수 있어요.

아이가 너무 피곤한 상태이거나 잠이 오거나 배가 크게 고프지 않거나 너무 심하게 배가 고프거나 아프거나, 크게 아프고 나서 입맛이 떨어진 경우에도 이유식을 거부할 수 있어요.

억지로 먹이지 마세요.

먹기 싫다고 울거나 뱉는 걸 보면 화가 치밀어 오르죠. 그렇다고 억지로 먹이면 역효과가 나타날 수 있으니 주의해야 합니다. 식사 시간 자체를 힘들고 고통스러운 시간으로 인식해서 이유식 거부가 더 심해질 수도 있어서요.

돌 전후로 잘 안 먹는다면

1. 이 또는 잇몸이 아프다.

이 원인이 제일 크다고 생각해요. 어느 날 갑자기 첫째 튼이가 자꾸 왼쪽 아래 어금니 쪽이 아프다고 해서 살펴봤더니 멀쩡한 거예요. 그런데 밥 먹을 때 또 아프다고 하더라고요. 겉으로 볼 때는 아무렇지도 않은데 자꾸 아프다고 해서 치과에 갔더니 마지막 어금니가 나오려고 하는 상황이라 아프다고 표현한 거라고 설명해주셨어요. 어금니가 잇몸을 자꾸 자극하고 음식을 씹을 때도 자극이 돼서 아프게 느껴진다고요. 치과 선생님의 말씀을 듣고 나니 그동안 아이들이 왜 안 먹고 울고 짜증을 냈는지 이해가 되더라고요. 표현할 줄 아는 튼이는 말로 했지만, 말 못하는 뿐이는 그저 짜증내고 울고 밥을 뱉는 걸로 표현했던 거였어요. 특히 돌 전후로 폭풍 이앓이가 시작돼요. 그 시기에는 시간 여유를 두고 지켜봐야 해요. 그리고 씹는 걸 힘들어하므로 이유식을 최대한 부드럽게 만들어주는 게 좋습니다.

2. 식감에 예민해진다.

딱딱하고 미끈미끈, 흐물흐물, 질긴 식감들이 어색하고 평소 익숙한 느낌이 아니어서 뱉을 수 있어요.

3. 맛을 안다.

간식이 기본 이유식보다 훨씬 맛있죠. 아이들도 맛을 금방 알아차려요. 하지만 간식은 간식일 뿐! 밥을 안 먹는다고 간식 양을 너무 늘리면 안 돼요. 이유식을 더 안 먹게 돼요.

4. 씹기가 싫다.

씹으려고 노력하는 게 귀찮을 수 있어요. 아이도 편한 걸 금방 알아차려요.

5. 새로운 음식에 거부감이 생긴다.

맛이나 냄새가 유독 강한 식재료는 거부할 수 있어요. 새로운 음식을 소개할 때는 소량으로 시작해보면서 반복적으로 제공하는 게 중요합니다. 하나의 새로운 식재료를 최소 10~15번 정도는 먹여봐야 한다고 해요. 잘 먹지 않는다고 포기하지 마시고, 반복적으로 소량이라도 시도해보는 게 도움이 된답니다.

6. 성장 발달의 전환기일 때: 캐치다운 그로스(Catch-down Growth)

돌 전후의 아이들은 신체적 성장보다 인지 발달이 우선적으로 이뤄지면서 식욕이 줄어드는 현상이 발생합니다. 이 시기에 아이들이 공통적으로 겪는 정상적인 성장 과정이며 성장 발달의 전환점을 의미합니다. 아이는 태어나서 돌까지 키가 크고 몸무게가 늘어나는 등 급격한 신체적 성장을 이루는데요. 돌 무렵부터는 걷고 말을 배우는 인지 능력 발달이 더 두드러져요. 즉, '성장'보다는 '발달'이 급격히 진행되는데, 만약 육체적인 성장까지 급격히 이뤄지면 아이가 이런 상황을 감당하기가 버거워진다고 합니다. 한편 신체가 이전에 비해 빠른 속도로 성장하지 않다 보니, 그만큼 에너지 필요량이 줄어들면서 자연스레 식욕도 줄어요. 그래서 갑자기 이유식 양이 줄거나 이유식을 거부하는 행동을 보입니다. 태어날 때 몸무게가 많이 나갔던 아이들은 '캐치다운 그로스'가 좀 더 빨리 나타나는 경우도 있답니다.

위와 같은 여러 이유들 중 하나로 이유식을 거부하거나 먹는 양이 줄겠지만, 사실 말 못하는 아이들이라 정확한 이유를 알기는 힘들어요. 그래도 저런 이유들로 먹기 싫어하는구나 하고 이해를 하면 마음이 좀 편해요. 시간이 약입니다. 분명히 이 모든 순간도 지나가고, 언젠가는 조금 더 잘 먹는 시기가 찾아옵니다. 그러니 너무 스트레스 받지 마세요. 육아는 장기전이에요. 길게 보고 천천히 가야 해요. 아이 인생에서 이런 순간은 정말 짧아요. 조금만 더 힘내세요. 엄마 아빠와 함께 아이가 삼시세끼 잘 먹는 날이 반드시 올 테니까요.

아기 음식에 간은 언제부터 가능할까?

나트륨은 우리 몸에 꼭 필요한 필수 영양소이지만 너무 과하면 건강에 좋지 않아요. 나트륨에 과도하게 노출될 경우 아기는 짠 음식에 익숙해지고 결국은 비만이나 고혈압의 위험이 높아져 다양한 질병으로 이어질 수 있답니다. 부모의 선택이지만 보통은 돌 이후부터 조금씩 간을 시작할 수 있어요.

다양한 소스류, 언제부터 사용 가능할까?

소금, 간장, 된장, 새우젓, 케첩, 머스터드소스, 마요네즈 등을 사용할 수 있어요. 완료기 이유식, 유아식 초반에 사용할 때는 이왕이면 저염, 저당 제품으로 고르는 게 좋아요. 소스류 사용은 돌 이후부터 조금씩 가능하며, 사용 유무는 부모의 선택입니다.

간장, 된장 사용 시 대두(콩) 알레르기를 주의하세요.

가장 흔한 알레르기 식품 중 하나인 콩으로 만들기 때문에 다른 식재료와 마찬가지로 처음 시도할 땐 소량만 사용해보고 아이의 상태를 관찰합니다. 괜찮으면 서서히 양을 늘려요.

마요네즈에는 달걀 성분이 함유되어 있어요. 달걀 알레르기가 있다면 주의해서 사용해요.

아기 음식에 베이킹파우더를 사용해도 될까?

아기 간식을 만들 때 베이킹파우더가 들어가는 레시피가 꽤 많아요. 일반적으로 빵이나 쿠키에는 사용 가능합니다. 나트륨이 함유되어 있지만 실제 섭취량은 아주 소량이기 때문에 크게 걱정할 필요는 없어요.

나이별 나트륨 권장량은 어떻게 될까?

참고로 아기가 먹는 모유와 분유에도 나트륨이 포함되어 있어요. 미국 국립과학아카데미 의학연구소 식품영양위원회가 하루 나트륨 적정 섭취량을 발표한 내용은 다음과 같아요.

6개월 이하: 110mg / 7~12개월: 370mg / 1~3세: 800mg

우리나라 보건복지부에서 발표한 나트륨 충분섭취량은 다음과 같아요. 거의 비슷해요.

	나트륨 충분섭취량	만성질환위험 감소섭취량
0~5개월	110mg	
6~11개월	370mg	
1~2세	810mg	1,200mg
3~5세	1,000mg	1,600mg

참고 1: 충분섭취량은 영양소의 필요량을 추정하기 위한 과학적 근거가 부족할 경우, 대상 인구집단의 건강을 유지하는 데 충분한 양을 설정한 수치입니다. 충분섭취량은 실험연구 또는 관찰연구에서 확인된 건강한 사람들의 영양소 섭취량 중앙값을 기준으로 정했습니다. 따라서 충분섭취량은 대상 집단의 영양소 필요량을 어느 정도 충족시키는지 확실하지 않기 때문에 대상 집단의 97~98%에 해당하는 사람들의 필요량을 충족시키는 양인 권장섭취량과는 차이가 있습니다.

참고 2: 만성질환 위험감소를 위한 섭취량이란 건강한 인구집단에서 만성질환의 위험을 감소시킬 수 있는 영양소의 최저 수준의 섭취량입니다. 이는 그 기준치 이하를 목표로 섭취량을 감소시키라는 의미가 아니라 그 기준치보다 높게 섭취할 경우 전반적으로 섭취량을 줄이면 만성질환에 대한 위험을 감소시킬 수 있다는 근거를 중심으로 도출된 섭취 기준을 의미합니다.

위 수치에 따르면 돌 전에 이유식을 하고 있는 아기의 하루 나트륨 섭취량은 370mg 이하면 적당하다는 뜻이에요. 돌 이후 완료기 이유식, 유아식 초기를 진행중이라면 하루 나트륨 섭취량은 800~810mg 이하로 권장합니다. 완료기 이유식, 유아식에서 쓰이는 모든 식재료들은 소량의 나트륨을 함유하고 있어요. 소금, 간장, 된장 등의 나트륨 섭취뿐만 아니라 매 끼니 고기, 채소, 잡곡 등에서도 나트륨을 조금씩 섭취하고 있어요.

재료별 나트륨 함량(100g 기준)

종류	100g당 나트륨 함량
닭고기	57mg
닭가슴살	65mg
소고기 안심	45mg(20g당 9mg)
오트밀	3mg
토마토	5mg
고구마	15mg
애호박	2mg
완두콩	2mg
단호박	3mg
사과	3mg
도미	110mg
브로콜리	10mg

이유식이든 유아식이든 가장 중요한 점은 바로 '적당히'입니다. 간을 하지 않아도 아이가 잘 먹는다면 최대한 간하는 시기를 늦추는 게 좋겠죠. 그렇다고 두 돌 전에 간을 해서 먹인다고 잘못됐다는 뜻도 아니에요. 재료별 나트륨 함량을 참고해서 적당히 주면 돼요.

완료기 잡곡밥 짓는 방법

돌 이후부터 아이들의 밥은 어떻게 지어야 할까요? 여러 가지 방법이 있지만 기존에 먹던 방식대로 제공해도 좋아요. 단, 아기가 진밥에 대한 거부감이 없어야 하겠죠? 진밥은 쌀과 물의 비율을 1:2~1:1.5로 잡고 지으면 됩니다. 진밥을 먹다가 서서히 어른과 같은 밥의 질감으로 넘어가면 돼요. 진밥을 거부한다면 보통 어른이 먹는 밥의 형태로 지어서 같이 먹으면 됩니다. 이때는 쌀+잡곡과 물의 비율이 1:1입니다. 딱딱해서 먹기 힘들어한다면 사전에 곡식을 충분히 불려서 부드럽게 지어보세요.

쌀과 잡곡의 비율

보통 돌 전까지는 하루 최대 쌀:잡곡의 비율이 50:50 정도면 적당하다고 합니다. 돌 이후에는 잡곡의 비율을 더 늘려도 괜찮다고도 합니다. 하지만 아기에 따라서 잡곡 비율을 높이거나 낮추는 게 가장 좋으며 아기가 싫어하는데 굳이 잡곡을 지어서 넣지 않아도 괜찮습니다. 후기 이유식도 어른이 먹는 밥을 같이 먹기 위함이니 온 가족이 함께 거부감 없이 맛있게 먹을 수 있다면 그만입니다.

잡곡밥 짓는 방법

1. 쌀 320g, 현미+기장+흑미 160g과 물 600mL를 준비합니다. 현미, 기장, 흑미 대신 수수, 퀴노아, 차조, 보리 등으로 대체해도 좋습니다. 만약 아기용으로 밥을 짓는다면 이 레시피에서 1/2씩 나누어 지으면 됩니다.

2. 쌀과 잡곡은 30분 이상 충분히 불려줍니다.

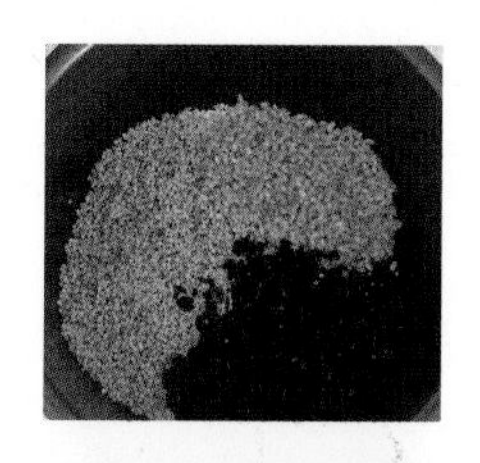

3. 밥솥 내솥에 불린 쌀과 잡곡을 넣어주세요.

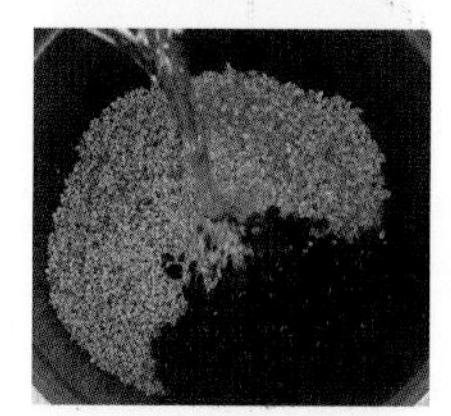

4. 물을 부어주세요. 서로 잘 섞이게 휘휘 저어 섞어주셔도 좋아요.

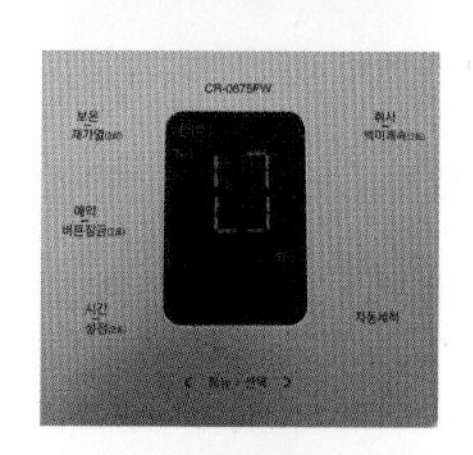

5. 잡곡밥 모드로 돌려주세요(제가 사용한 밥솥 기준 55분).

6. 완성 후 잘 섞어 드시면 됩니다. 완성된 잡곡밥은 1회 분량씩 소분하여 밀폐용기에 담아 냉동(2주 이내 소진) 보관하면 됩니다.

보통 밥을 지을 때 사용하는 쌀 컵 있죠? 이 쌀 컵으로 1컵을 계량하면 160g 정도 나옵니다. 근데 쌀과 잡곡을 50:50 비율로 한다면 쌀 1컵, 잡곡 1컵이 되는데 이렇게 계량해서 밥을 지어보면 생각보다 잡곡이 너무 많은데? 할 수 있고 약간 거부감이 들 수도 있어요. 물론 평소에도 잡곡을 많이 섞어 드시는 분들은 괜찮을 거예요.

저는 잡곡이 너무 많게 느껴져서 쌀 2컵(320g), 잡곡 1컵(160g) 비율로 지어 먹어요. 쌀과 잡곡 비율이 2:1 아니면 3:1 정도로 조절해서 먹는데 괜찮더라고요. 꼭 50:50 비율에 맞추지 않아도 되니 우리 가족이 편하게 맛있게 먹을 수 있는 잡곡밥으로 지어서 아기랑 같이 드셔보세요.

완료기 이유식 한 끼 차림 예시

생후 12개월, 만 1세부터 완료기 이유식이나 유아식을 시작하게 되는데요. 이때 밥은 얼마나 줘야 할지, 반찬은 또 얼마나 주는 게 맞는지 궁금하시죠. 저 또한 그랬어요. 아래 차림 예시와 평균 양을 알려드릴 텐데요. 중요한 건 아기마다 상황이 다를 수 있고, 먹는 양 자체가 다를 수 있습니다. 그럴 수밖에 없는 게 모든 아기들은 개월 수가 같다고 해서 다 똑같지 않거든요. 게다가 밥태기가 세게 온 경우 제대로 한 끼 먹는 게 힘들 수도 있습니다. 다음 예시에서 양은 참고만 하시고, 적게 먹는다고 혹은 더 많이 먹는다고 잘못된 게 아니니 너무 걱정하지 마세요.

식판 차림 예시 메뉴

잡곡밥(90g), 감자된장국(100mL), 소고기무조림(30g), 시금치나물(30g)

다음 표는 1~2세, 3~5세 기준으로 담은 한 끼 예시입니다. 생각보다 꽤 양이 많은 편이더라고요. 뿐이는 돌 지나면서부터 이 양을 한 끼에 전부 먹진 못했어요. 뿐이는 돌 직후부터 밥 양만 70g으로 시작해서 15개월 무렵부터 80g으로 늘리고, 두 돌이 되어 갈 때 90g으로 늘렸어요. 아기가 먹을 수 있는 양에 맞춰서 서서히 진행해도 됩니다.

메뉴	1~2세	3~5세
밥	1주걱(90g)	1과1/2주걱(130g)
국	1과1/2국자(100mL)	2국자(140mL)
반찬 (고기, 생선, 달걀, 콩류)	1숟가락(30g)	1과1/2숟가락(45g)
추가 반찬(채소류)	1과1/2숟가락(30g)	2숟가락(40g)
김치류	1/2숟가락(14g)	1숟가락(20g)

출처: 어린이급식관리지원센터 〈영유아 단체급식 가이드라인〉 1인 1회 적정 배식량

3~5세 내에서는 밥 양만 조절

1. 3세: 4세 분량에서 가득 1숟가락(30g) 감량, 100g 제공
2. 4세: 정량 제공, 130g
3. 5세: 4세 분량에서 가득 1숟가락(30g) 증량, 160g 제공

볶음밥 같은 밥류는 다른 식품군이 포함되어 있어 배식량이 증가됩니다.

1~2세: 볶음밥 130g, 3~5세: 볶음밥 180g

완료기 이유식에서 식판식이 아닌 한 그릇 요리나 진밥 등의 형태로 먹일 경우 한 끼당 155g 정도면 적당합니다.

우리 아이를 위한 식생활

1. 매일 신선한 채소, 과일, 곡류, 고기/생선/달걀/콩류, 우유/유제품을 균형 있게 먹이자.
2. 덜 짜게, 덜 달게, 덜 기름지게 먹이자.
3. 물을 충분히 마시자.
4. 과식을 피하고, 활동량을 늘려서 건강 체중을 유지하자.

출처: 보건복지부 2021 한국인을 위한 식생활지침 개정안

완료기 이유식 식단표(2주간)

▷ 완료기 이유식(생후 12개월) / 하루 세 끼

	1	2	3	4	5	6	7
개월수	D+360	D+361	D+362	D+363	D+364	D+365	D+366
아침	오트밀 포리지 (바나나+치즈)	새우채소죽	오트밀고구마죽	밤수프	오트밀 포리지 (닭고기+브로콜리)	배추들깨죽	고구마시금치죽
오전 간식	제철 생과일 추천						
점심	잡곡밥 함박스테이크 무설탕 아기 피클	잡곡밥 달걀만두 감자볶음	잡곡밥 LA갈비탕 쑥갓두부무침	잡곡밥 콩나물순두부탕 새우브로콜리볶음 애호박나물	잡곡밥 맑은버섯국 토마토달걀볶음 소고기무조림	쌀밥 소고기미역국 숙주나물 당근채전	잡곡밥 감자된장국 삼치강정 콩나물김전
오후 간식	간식 레시피에서 1가지 선택						
저녁	달걀순두부밥	소곰탕밥	황태무죽	소고기가지밥	게살크림리소토	새브채소죽	닭고기버섯리소토
NEW			**황태** (알레르기: O / X)		**들깨** (알레르기: O / X)		
	8	9	10	11	12	13	14
개월수	D+367	D+368	D+369	D+370	D+371	D+372	D+373
아침	달걀찜밥	오트밀 포리지 (아보카도)	소고기새송이 채소죽	오트밀 포리지 (바나나+블루베리)	오트밀달걀죽	간장비빔국수	김달걀죽
오전 간식	제철 생과일 추천						
점심	잡곡밥 밥새우시금치 된장국 버섯들깨볶음 우유치즈감자조림	잡곡밥 꽃게된장찌개 치즈포크너겟 시금치나물	잡곡밥 팽이두부된장국 새우바이트머핀 상추나물	잡곡밥 들깨무채국 김두부무침 얼갈이배추나물	잡곡밥 상추된장국 찹스테이크 오이나물	잡곡밥 아기알탕 소고기느타리 버섯볶음 연근참깨마요	잡곡밥 아기동태탕 두부프라이 브로콜리부침개
오후 간식	간식 레시피에서 1가지 선택						
저녁	소고기콩나물밥	닭백숙	간장버터달걀밥	소고기채소밥볼	매생이크림리소토	감자뇨끼 무설탕 아기 피클	소고기시금치덮밥
NEW			**상추** (알레르기: O / X)		**명란** (알레르기: O / X)		

★ 새롭게 먹어본 재료: 황태, 상추, 명란, 들깨

★ 완료기 이유식 2주간의 예시를 보여주는 식단표입니다. 참고해서 자유롭게 변경하여 먹이셔도 됩니다.

★ 아침: 오트밀 포리지 또는 한 그릇 메뉴/점심: 밥+반찬+국 구성/저녁: 특식 또는 간단 메뉴로 구성해본 식단입니다.

★ 아침 메뉴의 경우 간단하게 과일식이나 빵과 우유 등으로 대체 가능합니다.

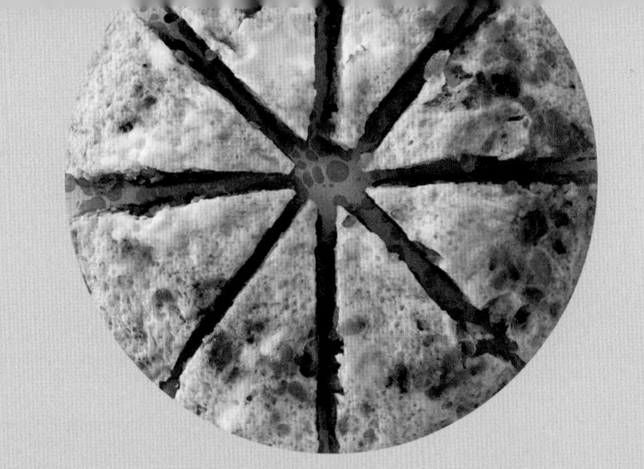

2장

완료기 이유식

완료기 | 밥

달걀순두부밥

재료

- ☐ 밥 50g
- ☐ 달걀 1알
- ☐ 순두부 50g
- ☐ 저염간장 1/2스푼(생략 가능)
- ☐ 육수 20mL
- ☐ 깨 약간(생략 가능)
- ☐ 김가루 약간(생략 가능)
- ☐ 참기름 1/2스푼(생략 가능)

완성량

약 170g 1회분

12개월 이상 아기부터 먹을 수 있어요. 레시피 재료에서 간장을 빼면 돌 전 아기들도 먹을 수 있답니다.

1. 레인지 전용 용기에 달걀을 풀어주세요.

2. 1번에 순두부를 넣고 으깨주세요.

3. 밥, 간장, 육수를 넣고 잘 섞은 후 뚜껑을 덮고 레인지에서 3분간 돌려주세요.

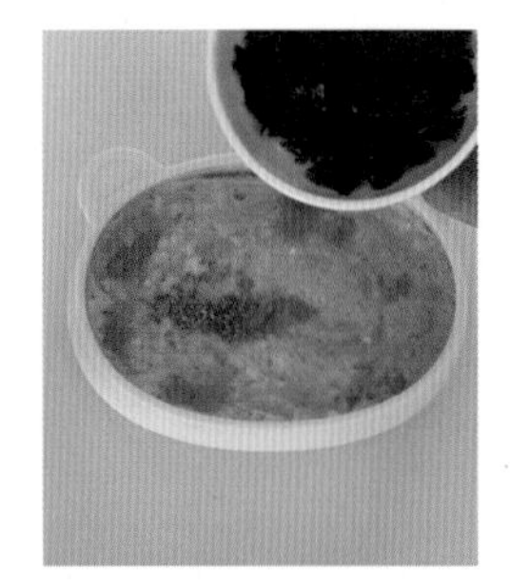

4. 참기름, 깨, 김가루를 추가해서 섞어드세요.

TIP. **달걀순두부밥 응용 팁**

1. 아기가 돌 전이거나 무염식을 한다면 간장을 빼주세요.
2. 일반 간장을 사용한다면 양을 더 줄여주세요.
3. 순두부는 국산콩 제품으로 구매해요.

소고기콩나물밥

재료

- ☐ 소고기 다짐육 100g ☐ 쌀 150g
- ☐ 손질한 콩나물 80g
- ☐ 육수 또는 물 120mL

고기 밑간

저염간장 1스푼, 알룰로스 1/2스푼, 다진 마늘 1/3스푼, 참기름 1/2스푼

양념장

아기: 저염간장 1/2스푼, 참기름 1/3스푼
어른: 간장 2스푼, 고춧가루 1/3스푼, 다진 파 1스푼, 올리고당 1/2스푼, 다진 마늘 1스푼, 참기름 1스푼, 깨 약간

완성량

약 140g씩 3회분

1. 소고기 다짐육은 키친타월로 눌러 핏물을 제거하고 밑간을 해주세요.

2. 콩나물은 깨끗하게 세척 후 지저분한 부분만 손질하고 아기가 먹기 적당한 크기로 잘라주세요.

3. 쌀은 깨끗하게 세척 후 체에 밭쳐 물기를 빼고 내솥에 넣어주세요.

4. 육수 또는 물을 붓고 밑간한 소고기를 펼쳐 넣고, 그 위에 콩나물을 골고루 펼쳐주세요.

5. 백미취사 버튼을 눌러주면 완성입니다. 완성 후에는 밥솥을 열어 살살 섞어주세요.

TIP. **더 맛있게 만드는 방법**

1. 콩나물이 깨끗하면 머리, 뿌리를 제거하지 않아도 됩니다.
2. 육수 양은, 일반 밥은 쌀 무게 기준 0.8배, 진밥은 1~1.5배입니다.
3. 무염식중이면 고기 밑간은 하지 않아도 됩니다.

완료기 | 밥

달걀찜밥

재료

- ☐ 밥 60g
- ☐ 달걀 1알
- ☐ 육수 4스푼(25mL)
- ☐ 참기름 1/2스푼
- ☐ 소금 한 꼬집(생략 가능)

완성량

1회분

후기 이유식 하는 아기부터 먹을 수 있는데 재료에서 소금을 빼주세요(돌 이후 무염식 중인 경우도 소금 생략).

1. 밥 60g, 달걀 1알, 육수 3스푼, 참기름 1/2스푼, 소금 한 꼬집을 준비해요.

2. 레인지 전용 용기에 밥, 달걀, 육수, 참기름, 소금을 넣고 섞어주세요.

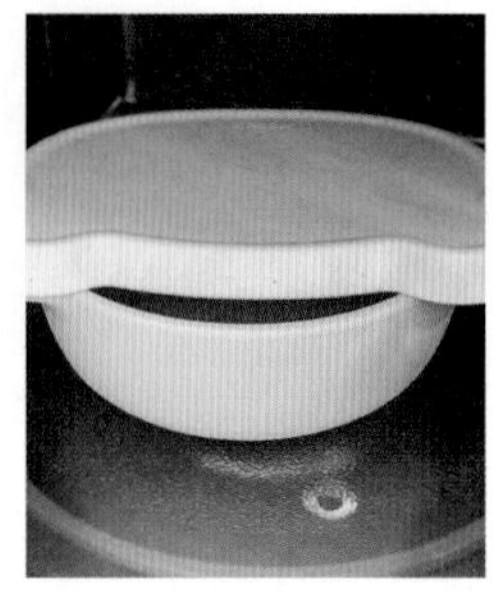

3. 레인지에서 1분 돌리고, 이후에 내용물 확인하면서(부풀어 튀어나올 수 있음) 30초에서 1분씩 끊어가며 돌려요(총 3분 정도면 완성).

4. 달걀찜밥 완성입니다.

TIP. **달걀찜밥 응용 팁**

1. 좀 더 부드러운 느낌을 원하면 달걀물을 2~3번 체에 걸러서 사용해요.
2. 밥은 평소 먹는 양보다 조금 적게 넣어요(평소 양의 70~80%만 사용 권장).
3. 양파, 당근, 애호박 등 채소를 다져서 한 번 볶은 후에 함께 넣으면 더 맛있어요.

간장버터달걀밥

재료

- ☐ 밥 70g
- ☐ 달걀 1알
- ☐ 무염버터 10g
- ☐ 저염간장 1/2스푼
- ☐ 깨 약간(생략 가능)

완성량
1회분

12개월 이상 아기부터 먹을 수 있어요. 레시피에서 간장을 빼면 돌 전 아기들도 시도해볼 수 있어요.

1. 레인지 전용 용기에 밥과 간장을 넣고 비벼주세요.

2. 밥 중간 부분을 살짝 움푹하게 만든 후 버터를 넣어주세요.

3. 2번에 노른자를 넣고 터트린 후 비벼주세요.

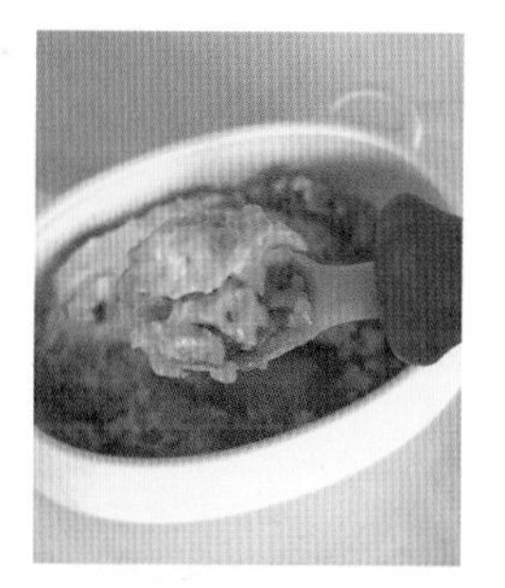

4. 뚜껑을 덮고 레인지에서 3분이면 완성됩니다. 먹기 전에 깨를 솔솔 뿌려주세요.

TIP. **간장버터달걀밥 응용 팁**

1. 돌 전이거나 무염식을 하고 있다면 재료에서 간장을 빼주세요. 일반 간장을 사용한다면 양을 더 줄여주세요.
2. 레시피대로 완성하면 밥이 되직해요. 촉촉한 게 좋다면 1번 과정에서 육수를 30mL 더해주세요.
3. 마지막에 김가루를 추가하면 더 맛있어요.

완료기	밥

소곰탕밥

재료

- ☐ 밥 130g
- ☐ 사골곰탕 230mL
- ☐ 육수 100mL
- ☐ 다진 소고기(소갈비살) 80g
- ☐ 다진 파 1스푼
- ☐ 깨 약간

완성량

185g씩 2회분

12개월 이상 아기부터 먹을 수 있어요. 아기가 아플 때 주면 좋아요.

1. 냄비에 육수, 밥을 넣고 풀어준 후 끓여요.

2. 밥이 육수를 머금는 느낌으로 끓이다가 물이 거의 줄면 사골곰탕, 다진 소고기(소갈비살)를 넣고 끓여요.

3. 간을 하려면 2번 과정에서 소금을 약간 넣어주세요.

4. 2~3분쯤 끓이다가 다진 파를 넣고 약한 불에서 원하는 농도가 될 때까지 끓이다가 완성되면 불을 꺼요.

TIP. **소곰탕밥 응용 팁** 사골국물, 곰탕은 간이 되지 않았다면 돌 전후로 시도 가능합니다(기름기가 최대한 제거된 제품으로 고르세요).

소고기가지밥

재료

- ☐ 쌀 150g ☐ 육수 130mL
- ☐ 다진 소고기 100g
- ☐ 손질한 가지 약 100g
- ☐ 다진 파 2스푼 ☐ 저염간장 1스푼

양념장

아기: 저염간장 1/2스푼, 알룰로스 1/2스푼, 참기름 1/2스푼, 깨 약간

어른: 간장 3스푼, 설탕 1스푼, 다진 파 2스푼, 맛술 1스푼, 다진 마늘 1/2스푼, 고춧가루 1스푼, 참기름 1스푼, 깨 약간

완성량

약 390g(약 2~3회분)

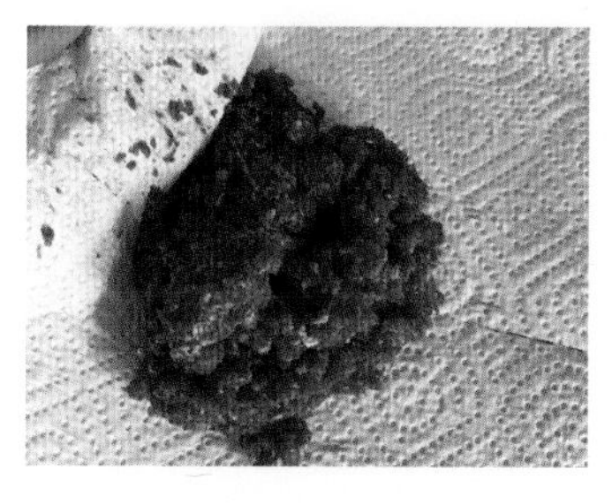

1. 쌀은 깨끗하게 씻어 물기를 빼놓고, 소고기는 키친타월로 핏물을 제거해주세요.

2. 가지는 깨끗하게 세척 후 양 끝 부분을 잘라내고, 세로로 4등분 후 작게 잘라주세요.

3. 달군 팬에 기름을 두르고 다진 파를 넣어 파 향이 올라올 때까지 잘 볶아줍니다.

4. 소고기를 넣고 볶다가 거의 익어갈 때쯤 팬 한쪽으로 밀어둔 후에 간장을 붓고 끓어오르면 섞어가며 볶아주세요.

5. 가지를 넣고 모든 재료가 잘 섞이게 볶아주세요. 너무 오래 볶지는 마세요.

6. 밥솥 내솥에 쌀을 넣고 육수를 부어주세요. 그 위에 볶은 소고기가지를 잘 펼치고 취사 버튼을 누르면 끝입니다.

완료기	밥

소고기시금치덮밥

재료

- ☐ 소고기 다짐육 100g
- ☐ 손질한 시금치 70g
- ☐ 양파 20g ☐ 당근 20g
- ☐ 육수 50mL

고기 밑간

저염간장 1스푼, 알룰로스 1/2스푼, 참기름 1/2스푼

완성량

3~4회분

소고기시금치볶음을 밥에 얹으면 덮밥이 됩니다.

1. 소고기 다짐육은 키친타월로 눌러 핏물을 제거해주세요.

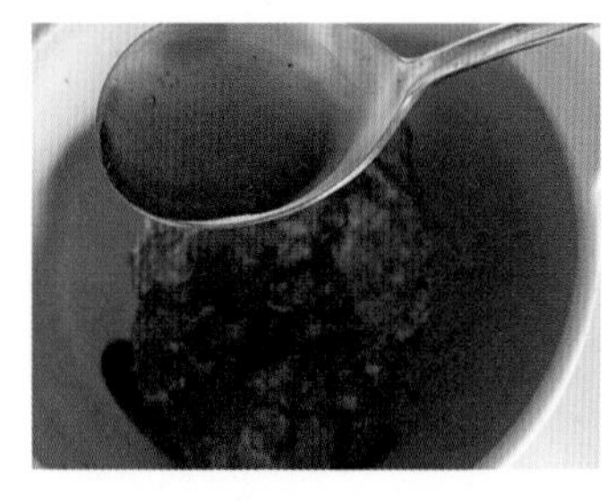

2. 소고기 다짐육에 간장, 알룰로스, 참기름을 넣고 밑간을 해주세요.

3. 시금치는 깨끗하게 세척 후 뿌리 부분을 잘라 끓는 물에 20초간 빠르게 데친 후 다져주세요.

4. 당근, 양파도 아기가 먹을 수 있는 크기로 잘게 다져주세요.

5. 달군 팬에 기름을 소량 두른 후 당근, 양파부터 볶다가 어느 정도 익으면 소고기를 넣고 볶아주세요.

6. 소고기가 다 익으면 다진 시금치를 넣고 같이 볶다가 육수를 붓고 졸아들 때까지 볶으면 완성입니다.

소고기채소밥볼

재료

- ☐ 소고기 40g
- ☐ 밥 70g
- ☐ 당근 15g
- ☐ 애호박 15g
- ☐ 양파 15g
- ☐ 참기름 약간

완성량
1회분

재료의 양을 더 늘려 많이 만들어두고 냉동 보관했다가 먹여요. 전자레인지에서 20~30초 정도 돌리면 돼요.

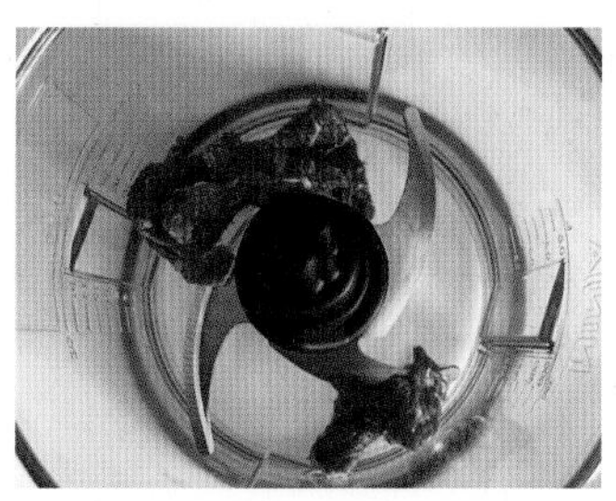

1. 소고기는 핏물을 제거한 후에 다져주세요.

2. 당근, 애호박, 양파도 다져주세요.

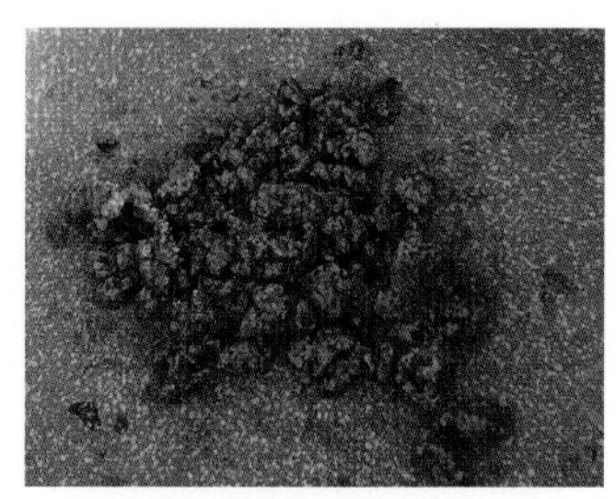

3. 달군 팬에 기름을 약간 두른 후 다진 소고기부터 볶아주세요.

4. 소고기가 어느 정도 익으면 다진 채소를 넣고 섞으면서 볶아주세요.

5. 볼에 밥, 소고기, 채소를 넣고 참기름을 살짝 두른 후 한입 크기로 밥볼을 만들어주세요.

6. 170도로 예열한 에어프라이어에서 5분 정도 구우면 완성입니다.

오트밀달걀죽

재료

- ☐ 오트밀 20g ☐ 달걀 1알
- ☐ 채소육수 100mL
- ☐ 참기름 1/2스푼(생략 가능)
- ☐ 깨 약간(생략 가능)

완성량

1회분(약 150g)

저염간장 1/2스푼을 더해줘도 맛있습니다. 달걀 흰자 테스트 전이거나 알레르기가 있다면 노른자만 2개 넣어주세요.

1. 오트밀, 달걀, 육수, 참기름을 준비해요. 채소 큐브를 1~2가지 더해도 맛있어요.

2. 레인지용 그릇에 오트밀, 육수, 달걀을 모두 넣어주세요.

3. 용량이 넉넉한 그릇을 추천해요. 그릇이 작으면 내용물이 튀어나올 수 있어요.

4. 전부 잘 섞은 후에 뚜껑을 덮고 전자레인지에서 3분 돌려주세요.

5. 참기름을 넣고 잘 섞어서 마무리해주세요.

6. 총 150g의 오트밀달걀죽 완성입니다. 부순 깨를 토핑으로 올렸어요.

오트밀고구마죽

재료

- ☐ 익힌 고구마 50g
- ☐ 오트밀 20g
- ☐ 아기치즈 1장(생략 가능)
- ☐ 우유 120mL

완성량

1회분(약 150g)

생후 6개월 이후에 오트밀, 고구마, 치즈를 시도해봤다면 먹을 수 있어요. 돌 전이라면 우유 대신 분유물을 사용해요.

1. 고구마, 오트밀, 치즈, 우유를 준비해요.

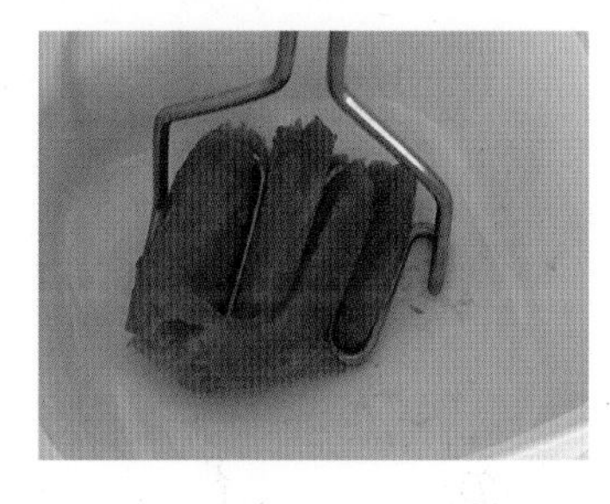

2. 전자레인지용 용기에 익힌 고구마를 넣고 으깨주세요.

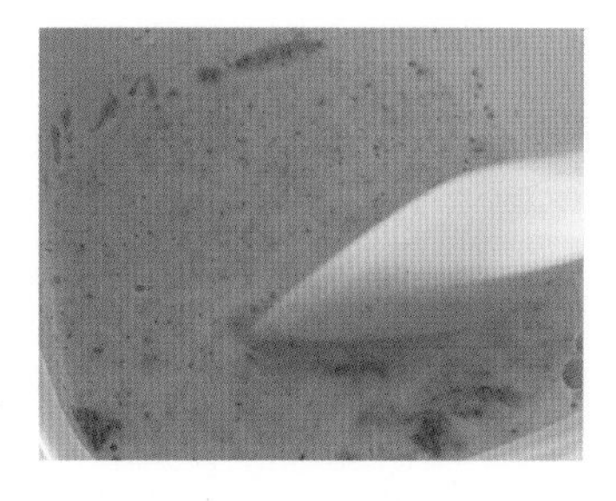

3. 2번에 오트밀, 우유를 넣고 잘 섞어요. 오트밀 대신 아몬드가루, 쌀가루 모두 가능해요.

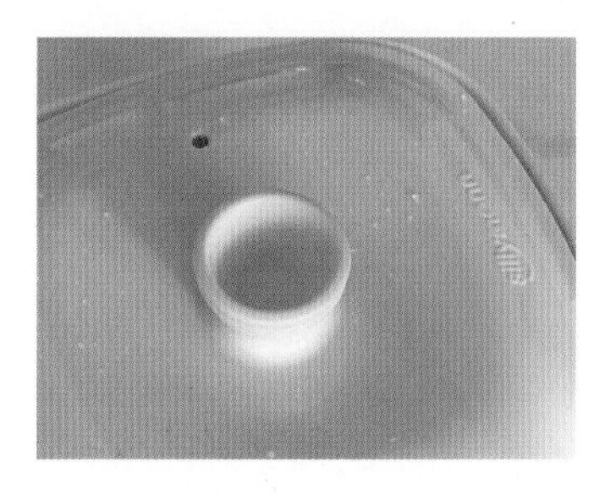

4. 뚜껑을 덮고 전자레인지에서 2분간 돌려주세요.

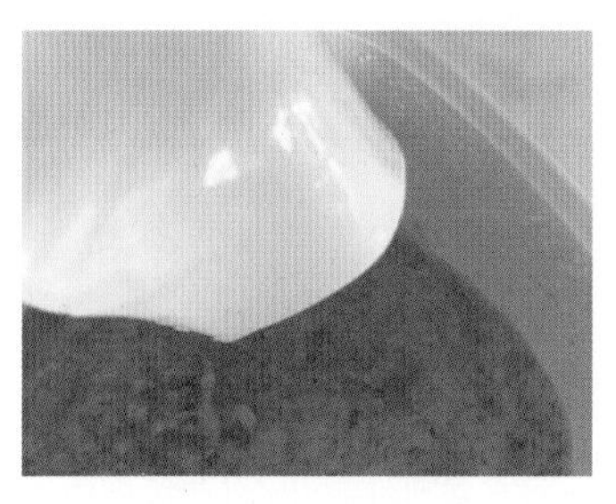

5. 레인지에서 꺼내서 아기치즈 1장을 넣고 30초 더 돌려주세요.

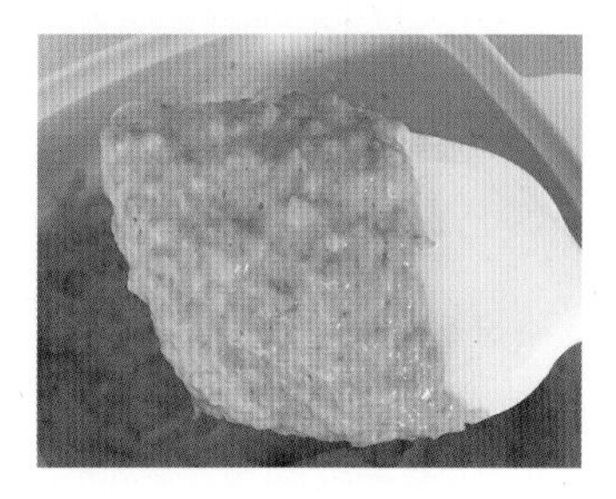

6. 고구마에 치즈 향까지 더한 오트밀 고구마죽 완성입니다.

완료기	죽

김달걀죽

재료

- ☐ 밥 65g
- ☐ 육수 150mL
- ☐ 달걀 1알
- ☐ 참기름 1/2스푼
- ☐ 도시락김 4장
- ☐ 아기치즈 1장(장식용 생략 가능)

완성량

1회분(약 170g)

생후 9개월 이후에 달걀, 김 테스트 후라면 언제든 먹을 수 있어요. 부드러운 죽이어서 장염에 걸렸거나 목이 아플 때 주면 좋아요.

1. 김을 비닐봉지에 넣고 부숴주세요.

2. 냄비에 밥과 육수를 넣고 잘 풀어요.

3. 센 불에서 팔팔 끓으면 밥이 퍼지도록 조금 더 끓여요.

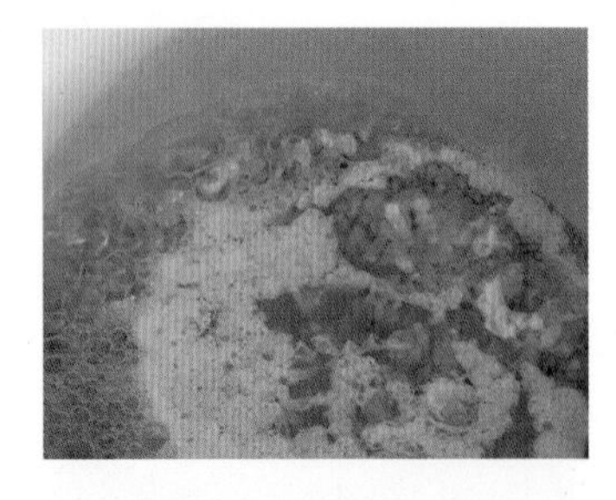

4. 달걀 물을 둘러가며 넣고 잘 저어요.

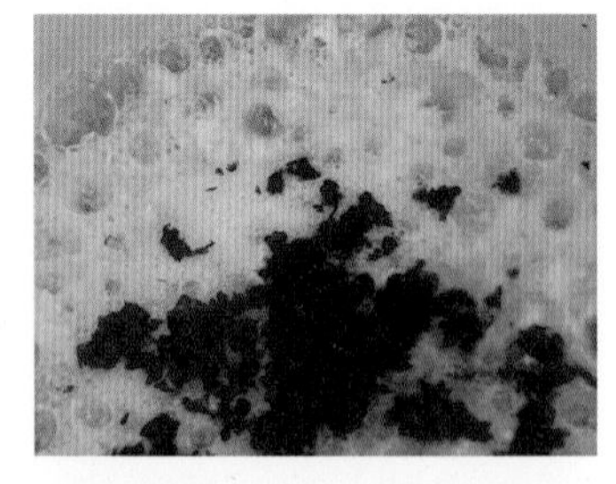

5. 중약 불에서 끓이다가 부순 김을 넣어요.

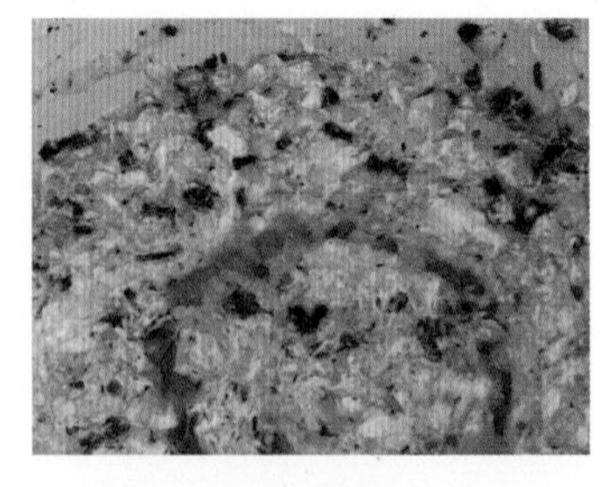

6. 불을 끄고 참기름을 두르고 섞으면 완성입니다.

완료기 | 죽

고구마시금치죽

재료

- ☐ 익힌 고구마 30g
- ☐ 데친 시금치 반 줌(약 15g)
- ☐ 오트밀 15g ☐ 육수 100mL
- ☐ 아기치즈 1장(생략 가능)

완성량

1회분(약 150g)

오트밀, 고구마, 시금치, 치즈 알레르기 테스트가 끝났다면 언제든 먹을 수 있어요.

1. 익힌 고구마를 준비해요. 또는 생고구마를 작게 썰어 레인지용 용기에 넣고 물을 약간 추가해서 5분 정도 돌려주세요.

2. 아기치즈는 상온에 미리 꺼내두세요.

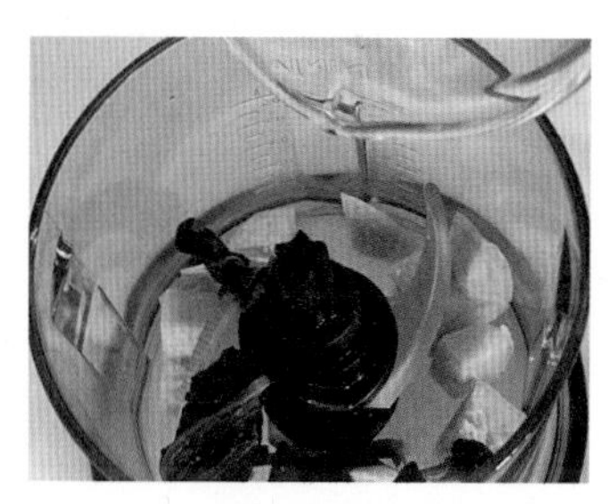

3. 다지기에 익힌 고구마, 데친 시금치, 육수를 모두 넣고 곱게 갈아주세요.

4. 레인지용 그릇에 오트밀을 넣고, 3을 부어주세요.

5. 잘 섞은 후에 뚜껑을 덮고 레인지에서 2분 30초 돌려요.

6. 아기치즈를 올리고 레인지에서 30초 더 돌리면 완성입니다.

완료기	죽

샤브채소죽

재료

- □ 다진 소고기 100g
- □ 숙주나물 20g
- □ 배추 20g □ 청경채 20g
- □ 버섯 20g □ 육수 500mL
- □ 밥 150g □ 다진 당근 20g
- □ 달걀 1알 □ 참기름 1/2스푼
- □ 김가루 약간(생략 가능)

완성량

약 170g씩 4회분

집에서 샤브샤브를 먹고 남은 국물에 채소에 밥을 넣고 죽을 끓이는 방법과 같습니다.

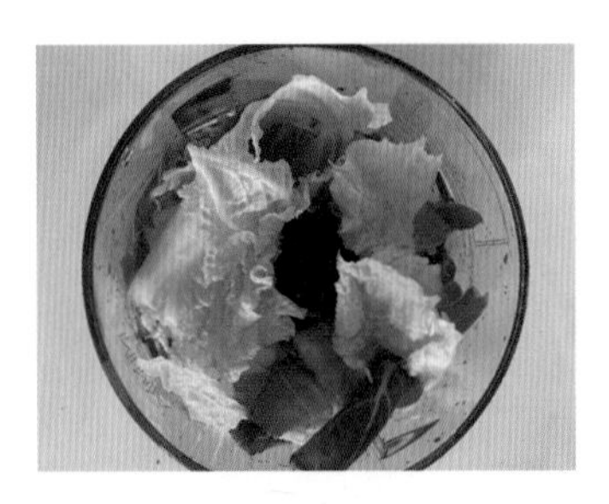

1. 숙주나물, 배추, 청경채, 버섯은 손질한 후에 다지기에 잘게 다져주세요.

2. 다진 소고기는 키친타월로 꾹꾹 눌러 핏물을 제거해주세요.

3. 냄비에 육수와 다진 채소를 넣고 센불에서 끓여요.

4. 팔팔 끓으면 다진 소고기를 넣고 고기와 채소에서 육수가 우러나오도록 끓여주세요.

5. 밥을 넣고 중약 불에서 10분 정도 끓이다가 다진 당근을 넣어주세요.

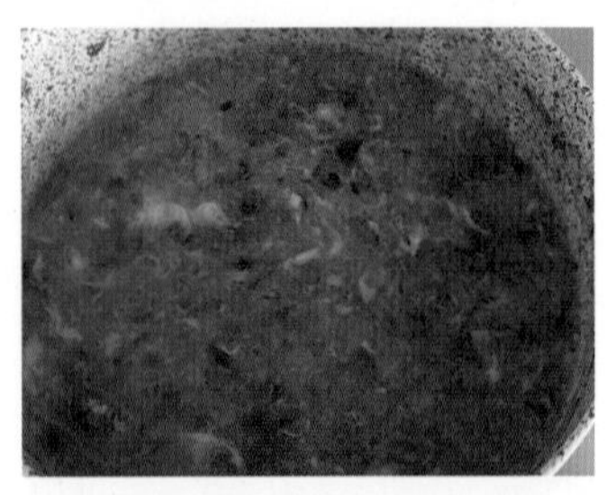

6. 달걀을 잘 풀어서 둘러가며 넣고 2~3분 정도 더 끓이다가 불을 끄고 참기름을 넣어주세요. 김가루를 추가해도 좋아요(생략 가능).

소고기새송이채소죽

재료

- ☐ 소고기 다짐육 100g
- ☐ 불린 쌀 120g
- ☐ 육수 또는 물 600mL
- ☐ 당근 25g ☐ 양파 25g
- ☐ 새송이버섯 100g

소고기 밑간

저염간장 1/2스푼, 다진 마늘 1/2스푼, 참기름 1/2스푼

완성량

160g씩 4회분

무염식을 하거나 돌 전 아기라면 소고기 밑간 과정을 빼고 만들어요.

1. 소고기는 키친타월로 꾹꾹 눌러 핏물을 제거한 후에 밑간을 해주세요.

2. 새송이버섯, 당근, 양파는 깨끗하게 세척 후 다져주세요.

3. 달군 냄비에 기름을 두른 후 밑간 한 고기를 볶다가 80% 정도 익었을 때 불린 쌀을 넣고 볶아주세요.

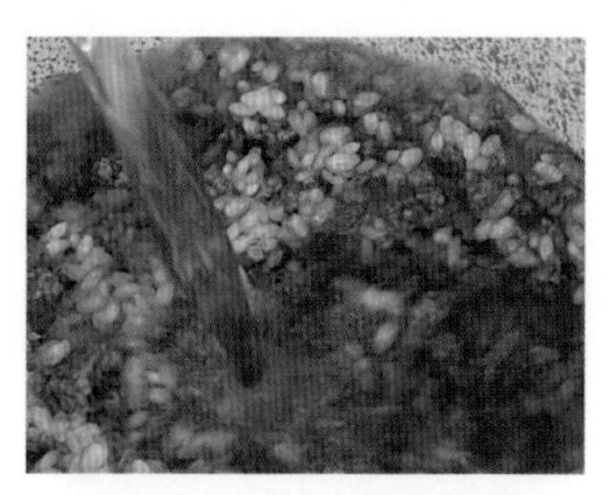

4. 쌀이 투명해질 때 육수를 붓고 센 불에서 끓여주세요.

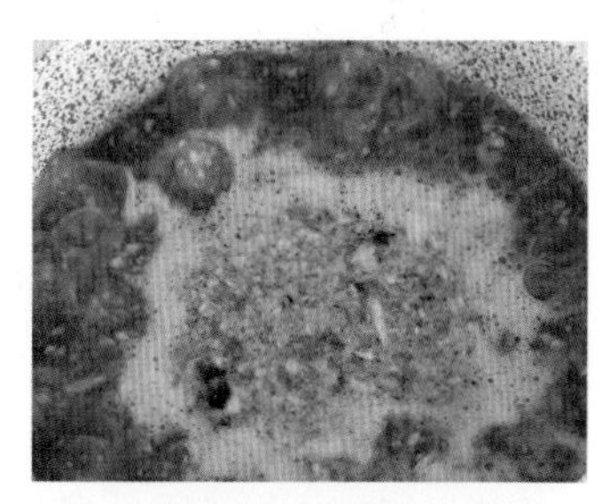

5. 팔팔 끓으면 다진 채소를 넣고 중약불에서 13~15분 정도 끓여주세요.

황태무죽

재료

- ☐ 황태채 10g
- ☐ 무 80
- ☐ 밥 180g
- ☐ 따뜻한 물 500mL
- ☐ 들기름 1/2스푼

완성량

약 150g씩 4회분

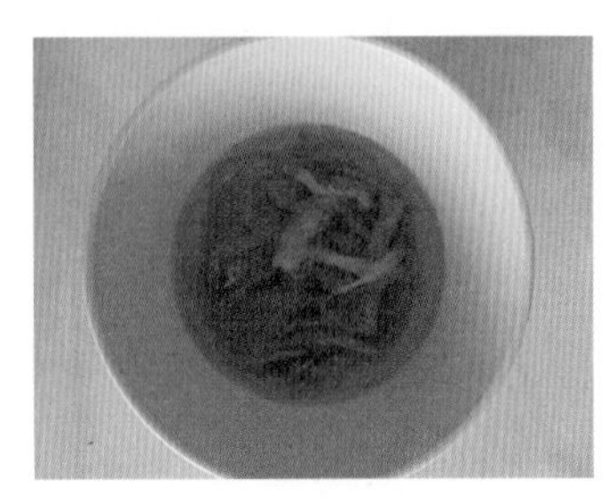

1. 무는 작게 다지고, 황태채는 잘게 자른 후에 따뜻한 물 100mL에 10분간 불려주세요(불린 물은 버리지 마세요).

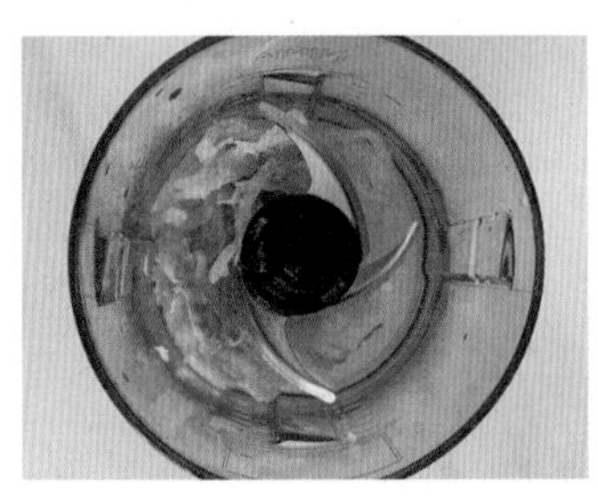

2. 불린 황태채를 물과 함께 믹서에 갈아주세요. 황태채에 가시가 있는지 잘 확인해주세요.

3. 냄비에 기름을 소량 두른 후에 다진 무를 볶아주세요.

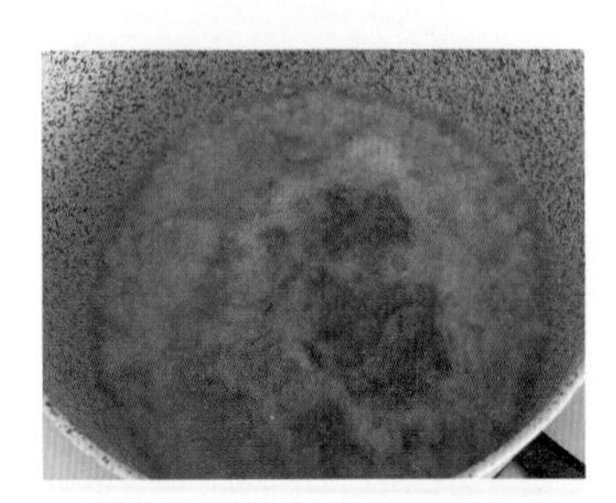

4. 무가 어느 정도 익으면 황태채를 넣고, 추가로 물 400mL를 더 부어주세요.

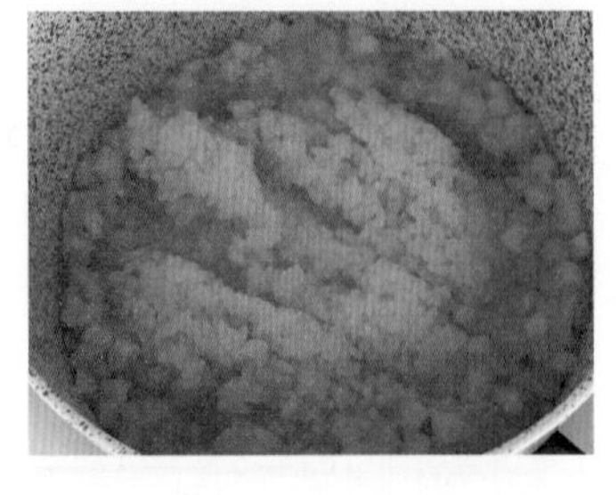

5. 밥을 넣고 퍼질 때까지 중약 불에서 10~13분 정도 푹 끓여주세요.

6. 다 끓였다면 불을 끄고 들기름을 넣고 잘 섞으면 완성입니다.

배추들깨죽

재료

- ☐ 밥 180g
- ☐ 배추 80g
- ☐ 육수 500mL
- ☐ 들깨가루 1스푼
- ☐ 들기름 1/2스푼

완성량
180g씩 3회분

완성된 죽은 소분해서 냉장(3일 이내 소진), 냉동(2주 이내 소진)보관했다가 데워 먹여요.

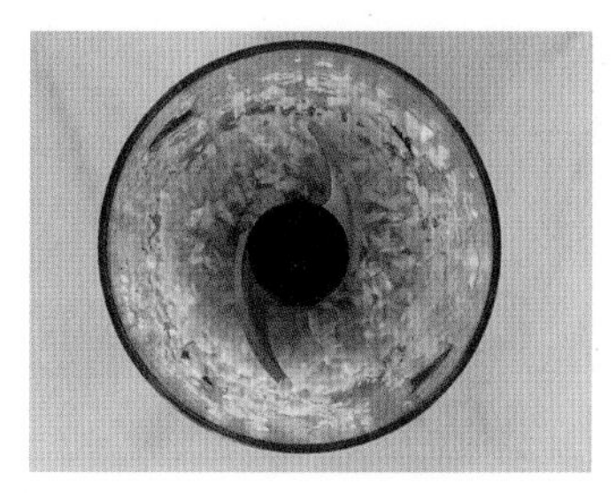

1. 배추는 깨끗하게 씻은 후에 잘게 다져주세요

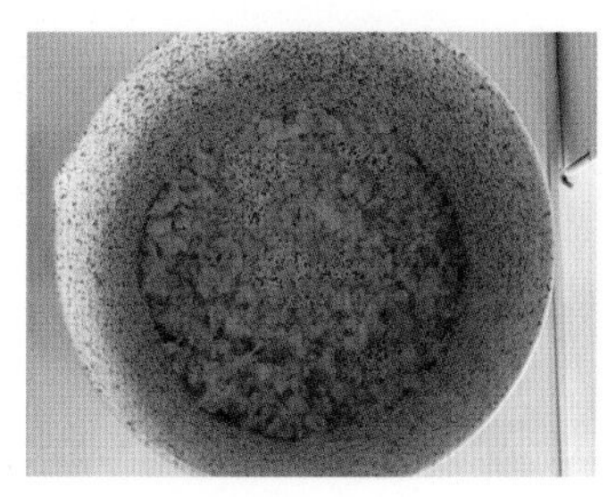

2. 냄비에 기름을 살짝 두른 후 다진 배추를 넣고 볶아주세요.

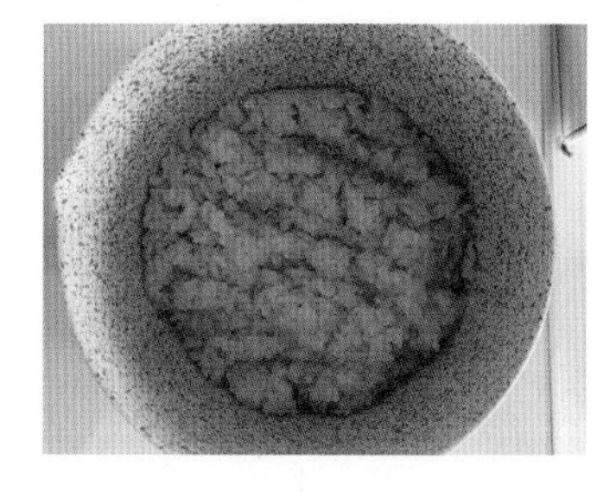

3. 배추가 어느 정도 숨이 죽으면 밥을 넣고 으깨가며 같이 볶아주세요.

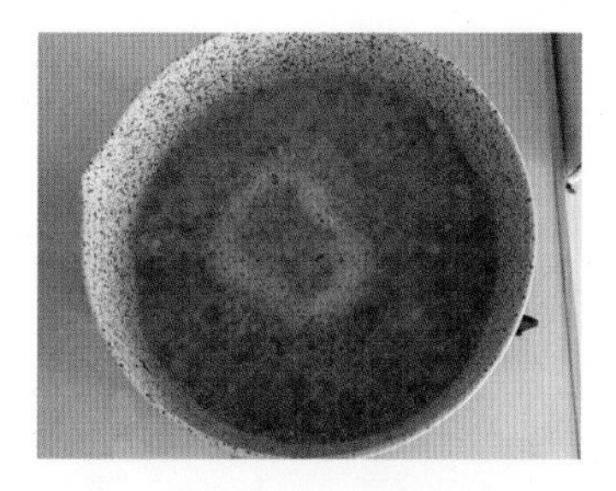

4. 육수를 붓고 센 불에서 끓이다가 팔팔 끓어오르면 중약 불로 줄이고 밥이 퍼질 때까지 10분 정도 더 끓여주세요.

5. 들깨가루를 넣고 잘 섞어가며 2~3분 정도 더 끓여주세요.

6. 다 끓였다면 불을 끄고 들기름을 추가해 섞으면 완성입니다.

새우채소죽

재료

- ☐ 밥 150g
- ☐ 냉동 새우 90g ☐ 양파 20g
- ☐ 당근 20g ☐ 애호박 20g
- ☐ 참기름 1/2스푼 ☐ 육수 450mL

완성량

170g씩 3회분

냉동 새우는 해동할 때 찬물에 분유가루 1스푼을 더하거나 쌀뜨물에 담갔다가 사용하면 비린내 제거에 도움이 돼요.

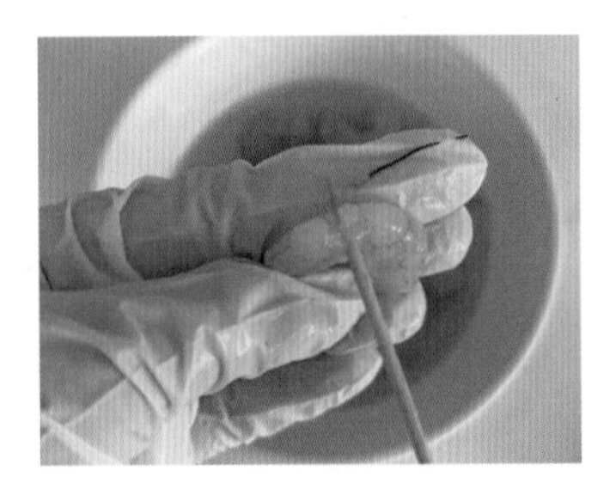

1. 새우는 찬물에 담가 해동 후 등쪽 두세 번째 마디에 이쑤시개를 찔러서 내장을 제거해요.

2. 새우와 채소는 잘게 다져주세요.

3. 팬에 기름을 살짝 두른 후 다진 새우와 다진 채소를 넣고 볶아주세요.

4. 새우와 채소가 어느 정도 익으면 밥을 넣고 으깨듯이 볶다가 육수를 붓고 끓여주세요.

5. 밥이 푹 퍼질 때까지 약한 불에서 10~13분 정도 끓여주세요. 간을 한다면 소금을 더해주세요.

6. 다 끓인 후 불을 끄고 참기름을 둘러 섞어주세요.

밤수프

재료

- □ 익힌 밤 50g
- □ 양파 20g □ 오트밀 10g
- □ 우유 100mL □ 아기치즈 1장

완성량

약 160g(개월 수가 어리면 소분해서 나눠 먹여도 돼요)

오트밀을 넣어서 아침 식사 대용으로 좋아요. 생후 6개월 이후에 밤, 양파, 오트밀, 치즈 테스트가 끝난 시기라면 언제든 먹일 수 있어요.

1. 익힌 밤, 양파, 오트밀, 우유, 아기치즈 1장을 준비해요.

2. 밤, 양파, 오트밀, 우유 모두 다지기에 넣어주세요.

3. 최대한 곱게 갈아주세요.

4. 레인지용 용기에 갈아둔 3번 재료를 부어주세요.

5. 아기치즈 1장을 올려주세요.

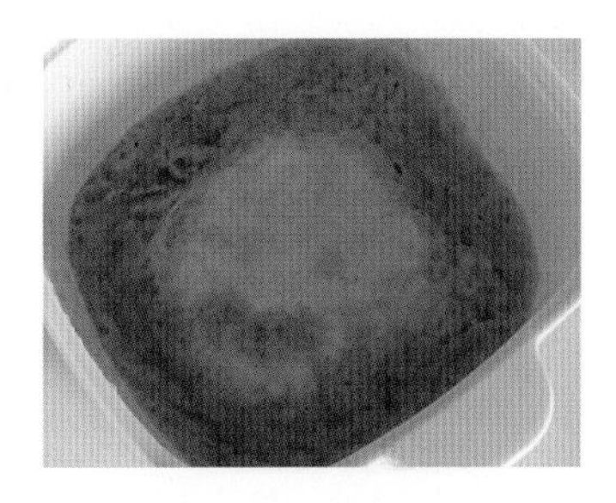

6. 레인지에서 2분 30초면 완성입니다. 밤, 양파 모두 익혀둔 토핑 큐브라면 1분만 돌려요.

닭고기버섯리소토

재료

- ☐ 닭고기 30g
- ☐ 버섯 30g
- ☐ 양파 20g
- ☐ 아기치즈 1장
- ☐ 밥 70g
- ☐ 우유 60mL

완성량
1회분(약 165g)

돌 전이면 우유 대신 모유(분유)를 넣고 만들어요.

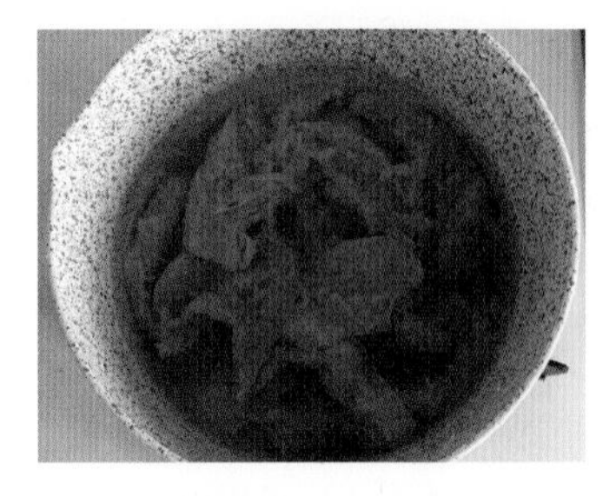

1. 닭고기는 익힌 후에 다져주세요(닭고기 큐브가 있으면 활용해요).

2. 버섯, 양파는 깨끗하게 세척 후 잘게 다져주세요.

3. 레인지용 그릇에 다진 닭고기, 버섯, 양파를 넣고 우유를 부어주세요..

4. 레인지에서 1분~1분 30초씩 끊어가며 총 3분간 돌려주세요(한 번에 돌리면 내용물이 튀어나올 수 있어요).

5. 밥을 넣고 섞은 후에 치즈 1장 올리고 레인지에서 30초 더 돌려주세요..

6. 골고루 섞으면 완성입니다.

게살크림리소토

재료

- ☐ 밥 70g
- ☐ 게살 40g
- ☐ 당근 20g
- ☐ 기름 약간
- ☐ 우유 110mL
- ☐ 아기치즈 1장
- ☐ 양파 20g

완성량

1회분(약 170g)

우유 대신 분유물을 사용하면 돌 전에도 시도 가능합니다.

1. 밥, 당근, 양파, 게살, 아기치즈, 우유를 준비해요.

2. 당근과 양파는 다기지에 넣고 다져 주세요.

3. 달군 팬에 기름을 약간 두르고 다진 당근, 다진 양파, 게살을 볶아주세요.

4. 당근, 양파가 어느 정도 익으면 밥과 우유를 넣고 섞어가며 중약불에서 끓여 주세요.

5. 아기치즈 1장을 넣고 졸이면 완성입니다.

완료기 | 리소토

매생이크림리소토

재료

- ☐ 건조 매생이 0.8g
- ☐ 밥 70g
- ☐ 우유 100mL
- ☐ 아기치즈 1장
- ☐ 다진 마늘 1/3스푼

완성량

1회분(약 170g)

건조 매생이는 1블럭 1.5g씩 소분된 제품을 1/2크기로 잘라 사용했어요. 불리면 양이 많아지므로 소량만 사용해도 됩니다.

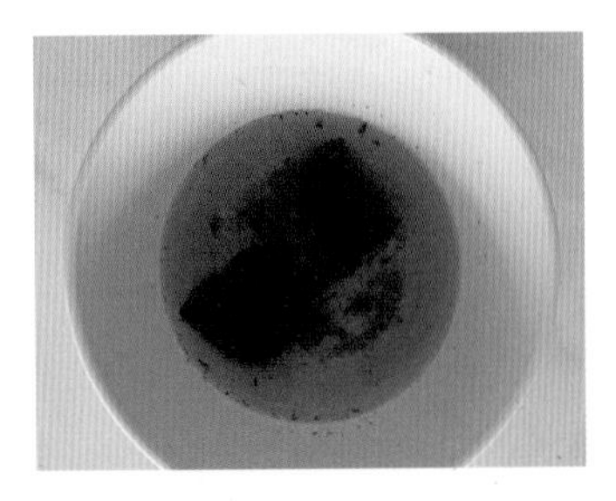

1. 건조 매생이는 따뜻한 물에 담가 풀어주세요.

2. 달군 냄비에 기름을 소량 두른 후에 다진 마늘을 넣고 타지 않게 볶아주세요.

3. 마늘향이 올라오면 우유를 부어주세요.

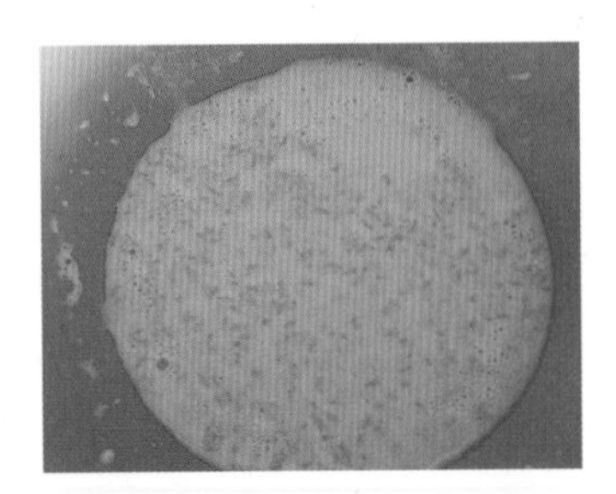

4. 밥을 넣고 잘 으깨가며 섞어주세요.

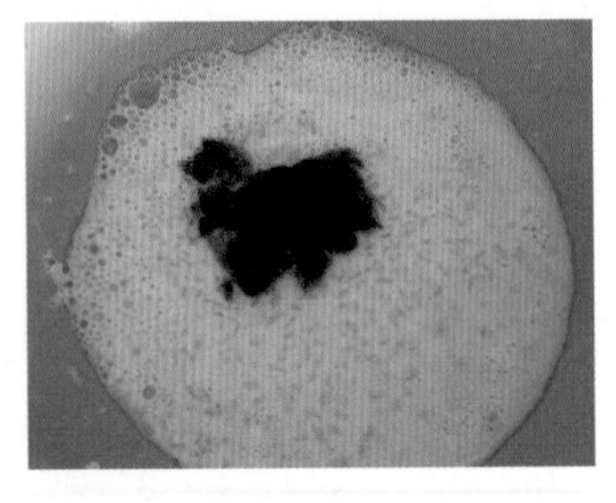

5. 풀어둔 매생이를 건져내 넣고 섞어가며 끓여주세요.

6. 마지막으로 아기치즈를 넣고 녹여가며 조금 더 끓이면 완성입니다.

밥새우시금치된장국

재료

- ☐ 시금치 50g
- ☐ 밥새우 1스푼(약 4g)
- ☐ 저염된장 1/2스푼
- ☐ 다진 마늘 1/2스푼(생략 가능)
- ☐ 육수 또는 쌀뜨물 500mL

완성량
3회분

된장이 들어가서 돌 이후에 저염식 하는 아기부터 시도 가능합니다. 국 종류는 건더기 위주로 주세요. 밥태기에 주면 잘 먹어요.

1. 시금치는 씻어서 뿌리를 제거한 후에 아이가 씹고 삼킬 수 있는 크기로 잘라주세요.

2. 냄비에 육수 또는 쌀뜨물을 붓고 된장을 풀어요. 체망에 밭쳐 풀면 국물이 깔끔해요.

3. 밥새우, 다진 마늘을 넣고 팔팔 끓으면 1분 정도 더 끓여요.

4. 시금치를 넣고 2분 정도 더 끓이면 완성입니다.

5. 밀폐용기에 소분해서 담아요. 한 김 식힌 후 냉장(3일 이내 소진), 냉동(2주 이내 소진) 보관해요.

6. 밥새우와 시금치가 들어가서 구수하고 달큰한 시금치된장국입니다.

완료기 | 국 찌개

들깨무채국

재료

- ☐ 무 100g
- ☐ 들깨가루 1/2스푼
- ☐ 저염간장 1/2스푼(생략 가능)
- ☐ 참기름 또는 들기름 1/2스푼
- ☐ 육수 500mL

완성량
3회분

12개월 이상 아기부터 먹을 수 있어요. 간장을 생략하면 돌 전 아이들도 먹을 수 있어요.

1. 무는 적당한 길이로 채썰어요.

2. 냄비에 채썬 무, 저염간장, 육수를 약간(타지 않을 정도만) 넣고 달달달 볶아주세요.

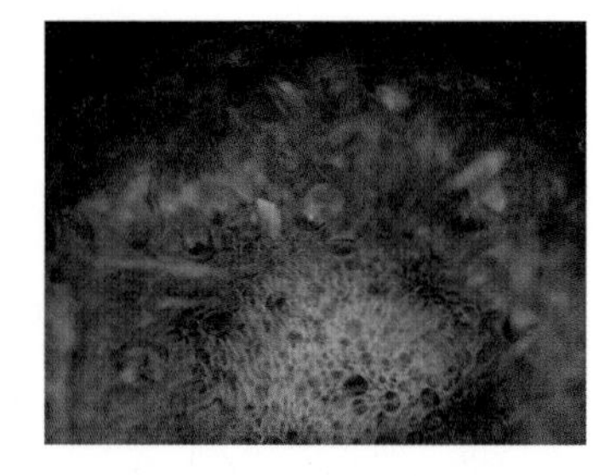

3. 무가 어느 정도 익으면 나머지 육수를 붓고 중약 불에서 5분 정도 더 끓여주세요.

4. 마지막으로 들깨가루, 참기름을 넣으면 완성입니다.

TIP. **더 맛있게 만드는 방법**

1. 모자란 간은 액젓이나 소금으로 해보세요.
2. 들깨가루가 들어가면 훨씬 구수해요.
3. 육수를 사용하면 감칠맛이 나요.

팽이두부된장국

재료

- ☐ 팽이버섯 30g
- ☐ 두부 100g
- ☐ 육수 500mL
- ☐ 저염된장 1스푼

완성량
3회분

12개월 이상 아기부터 먹을 수 있는 팽이두부된장국입니다. 추가 간은 국간장 약간 또는 소금으로 해주세요.

1. 냄비에 육수를 붓고 된장을 푼 후에 끓여요.

2. 팽이버섯과 두부는 쫑쫑 썰어주세요.

3. 팽이버섯과 두부를 1번에 넣고 팔팔 끓이면 완성입니다.

4. 식판에 밥과 반찬, 팽이두부된장국으로 차린 아기 밥상입니다.

상추된장국

재료

- ☐ 상추 40g
- ☐ 저염된장 1/2스푼
- ☐ 육수 500mL

완성량
3회분

12개월 이상 아기부터 먹을 수 있습니다. 육수 대신 쌀뜨물을 사용해도 됩니다. 모자란 간은 소금으로 해주세요.

1. 상추를 깨끗이 씻은 후에 잘게 잘라 주세요.

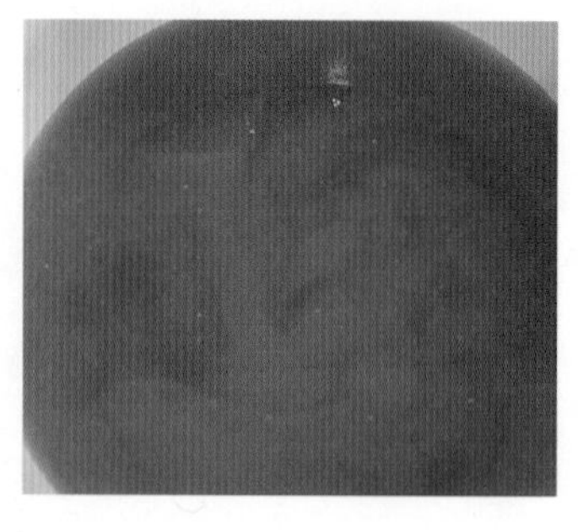

2. 냄비에 육수 500mL를 붓고 저염된장 1/2스푼을 체망에 밭쳐 풀고 센 불로 끓여요.

3. 상추를 넣고 끓이면 완성입니다.

감자된장국

재료

- ☐ 감자 1개(약 100g)
- ☐ 육수 500mL
- ☐ 저염된장 1/2스푼

완성량
3회분

12개월 이상 아기부터 먹을 수 있는 감자된장국입니다. 육수 대신 쌀뜨물을 사용해도 됩니다. 모자란 간은 소금으로 해주세요.

1. 껍질 제거 후 세척한 감자 1개(100g)를 작은 크기로 잘라주세요.

2. 냄비에 육수 500mL를 붓고 저염된장 1/2스푼 체망에 밭쳐 풀고 센 불로 끓여요.

3. 끓으면 감자를 넣고 익을 때까지 푹 끓이면 완성입니다.

맑은버섯국

재료

- ☐ 느타리버섯 50g
- ☐ 팽이버섯 20g
- ☐ 육수 500mL
- ☐ 저염간장 1/2스푼
- ☐ 새우젓 또는 소금 약간 (생략 가능)

완성량
3회분

1. 느타리버섯과 팽이버섯은 씻어서 아이가 먹기 좋은 크기로 잘라요.

2. 냄비에 육수 500mL를 붓고 느타리버섯, 팽이버섯을 넣고 끓여요.

3. 팔팔 끓으면 버섯 맛이 우러나게 2~3분 정도 더 끓이다가 저염간장 1/2스푼을 넣어요.

4. 새우젓이나 소금으로 간을 맞춰요. 무염식 중이라면 간장, 소금은 생략해도 돼요.

콩나물순두부탕

재료

- ☐ 콩나물 1줌(약 45g)
- ☐ 순두부 90g
- ☐ 육수 500mL
- ☐ 새우젓 1/3스푼

완성량
3회분

12개월 이상 아기부터 먹을 수 있는 콩나물순두부탕입니다. 아기가 잘 못 먹으면 콩나물을 더 잘게 자르거나 다져주세요.

1. 콩나물, 순두부, 새우젓, 육수를 준비해요.

2. 냄비에 육수를 붓고 팔팔 끓으면 콩나물을 넣고 2분간 더 끓여요.

3. 새우젓, 순두부를 넣은 후에 순두부를 대강 잘라주세요.

4. 중약불로 줄이고, 3분 정도 더 끓이면 완성입니다.

TIP. **콩나물순두부탕 응용 팁**

1. 돌 전 아이거나 무염식을 한다면 새우젓은 빼주세요.
2. 새우젓 대신 소금, 액젓으로 간을 해도 됩니다.
3. 콩나물, 순두부는 국산콩 제품으로 구매하세요.

아기 알탕

재료

- ☐ 저염명란 1/2개
- ☐ 무 30g
- ☐ 두부 50g
- ☐ 콩나물 1줌
- ☐ 다진 파 1스푼
- ☐ 육수 500mL

완성량
3회분

일반 명란은 염도가 높기 때문에 저염명란을 구매하세요. 남은 명란은 1회 분량씩 소분하고 랩으로 싸서 진공 밀폐용기나 지퍼백에 넣고 냉동 보관해요.

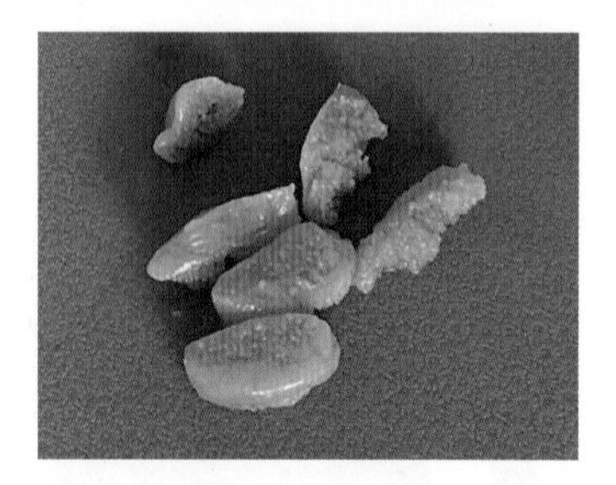

1. 명란은 적당한 크기로 잘라요.

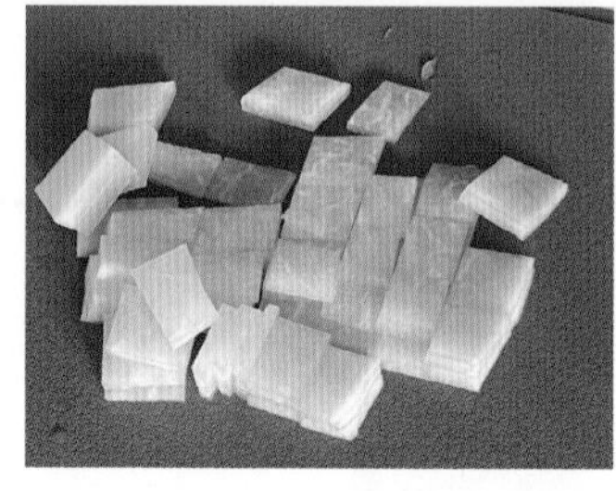

2. 무는 깨끗이 씻어서 나박썰기해요.

3. 두부는 깍둑 썰기해요. 콩나물은 깨끗하게 씻어 준비해요.

4. 냄비에 육수와 무를 넣고 무에서도 육수가 나올 때까지 팔팔 끓여요.

5. 무가 어느 정도 익으면 명란과 두부를 넣고 중약불에서 계속 끓여요.

6. 콩나물과 다진 파를 넣고 1~2분 정도 더 끓이면 완성입니다.

소고기미역국

재료

- ☐ 소고기 90g
- ☐ 건조 미역 1g(불린 후 20g)
- ☐ 육수 550mL
- ☐ 다진 마늘 1/3스푼
- ☐ 간장 1/3스푼(생략 가능)

완성량

3회분(약 400mL)

아이가 무염식중이라면 간장은 생략하고 만들어주세요.

1. 소고기는 키친타월로 핏물을 제거한 후 먹기 좋은 크기로 잘라주세요(다져도 괜찮아요).

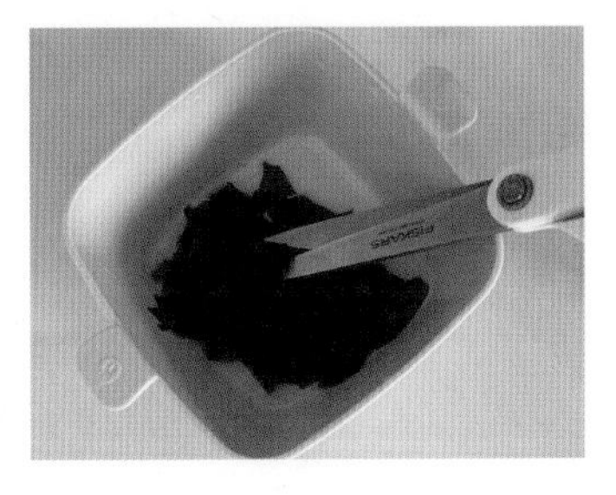

2. 건조 미역은 물에 20분 정도 담가 불린 후 가위로 잘게 잘라주세요.

3. 냄비에 육수 50mL를 붓고 소고기, 다진 마늘, 미역을 넣고 볶아주세요.

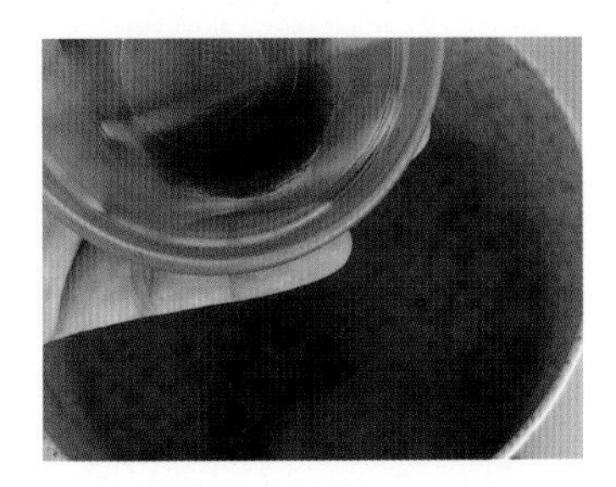

4. 소고기가 어느 정도 익으면 간장을 넣고 볶아주세요.

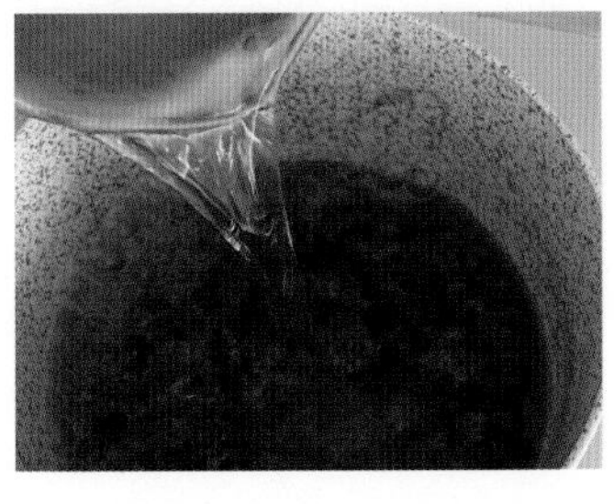

5. 나머지 육수 500mL를 붓고 센 불에서 끓입니다.

6. 팔팔 끓으면 약한 불로 줄이고 30분 정도 푹 끓여주세요.

아기 동태탕

재료

- ☐ 동태살 50g ☐ 무 100g
- ☐ 육수 500mL ☐ 저염간장 1스푼
- ☐ 다진 마늘 1/3스푼
- ☐ 다진 파 1스푼

완성량
3회분

12개월 이상이면 시도해볼 수 있는 아기 동태탕입니다. 소금간 따로 안 해도 맛있어요. 간을 약하게 하거나 무염식을 한다면 간장도 생략 가능해요.

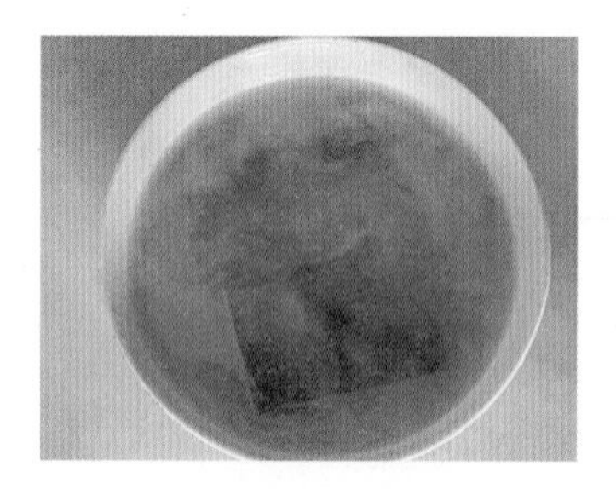

1. 동태살은 비린내를 제거하기 위해 쌀뜨물(또는 분유가루를 탄 찬물)에 담가 두세요.

2. 무는 손질해서 나박썰기하고 동태살도 먹기 좋은 크기로 잘라요.

3. 냄비에 육수와 나박 썬 무를 넣고 팔팔 끓여주세요.

4. 무가 살짝 투명해지면 다진 마늘, 동태살, 간장을 넣고 끓여주세요.

5. 무가 다 익으면 다진 파를 넣고 조금 더 끓이면 완성입니다.

LA갈비탕

재료

- ☐ LA갈비 600g
- ☐ 물(육수용) 2L ☐ 무 300g
- ☐ 양파 1개 ☐ 대파 1대
- ☐ 양파 껍질(생략 가능)

완성량

2~3회분(3인 가족 기준)

LA갈비탕은 완성 후 하루 정도 냉장고에 넣었다가 다음날 하얗게 굳은 기름을 제거하면 훨씬 더 담백해요. 무를 많이 넣을수록 감칠맛이 나요.

1. LA갈비는 찬물에 1시간~1시간 30분 정도 담가두고 30분에 한 번씩 뒤적이거나 물을 갈면서 핏물을 빼주세요.

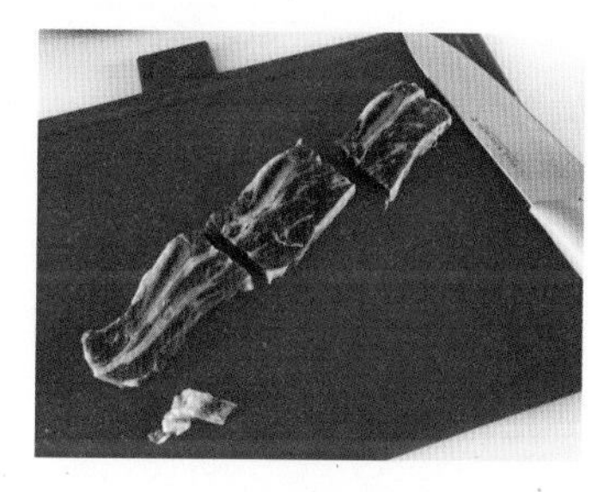

2. LA갈비는 뼈를 기준으로 잘라주세요. 하얗게 붙은 기름은 최대한 제거해주세요.

3. 냄비에 갈비가 잠길 정도로 물을 붓고 끓이면서 짧게 데치는데 이때 불순물을 제거해주세요.

4. 데친 갈비는 흐르는 물에 한번 헹궈주세요.

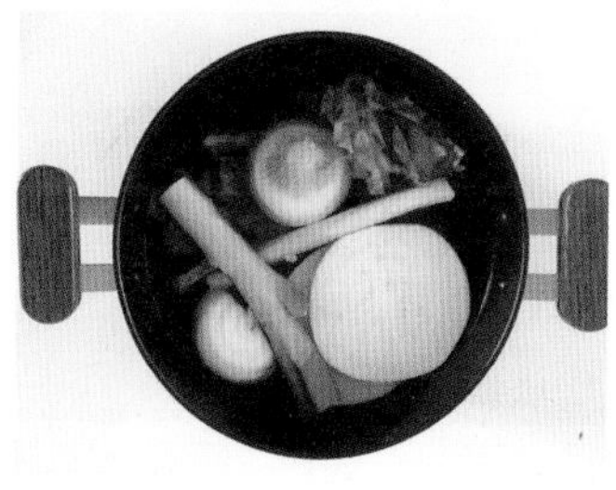

5. 냄비에 물 2L, 데친 갈비와 모든 재료를 넣고 센불에서 끓이다가 약한 불로 줄여 1시간 정도 더 끓여주세요.

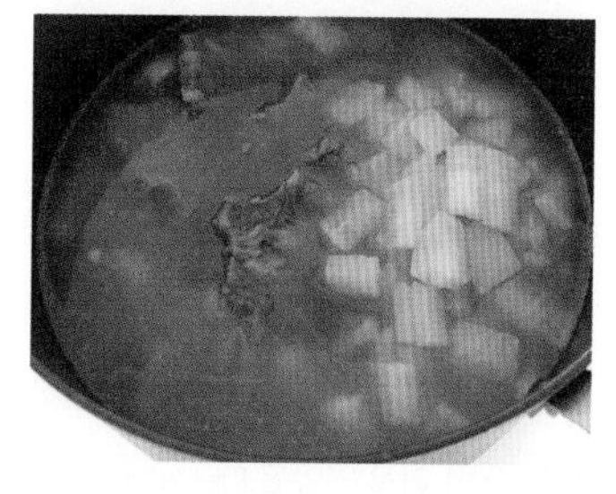

6. 다 끓인 후 재료를 건져내고, 무는 따로 빼서 한 김 식힌 후에 나박 썰어요. 냄비에 갈비탕 육수, 갈비, 무를 넣고 한 번 더 끓이면 완성입니다.

꽃게된장찌개

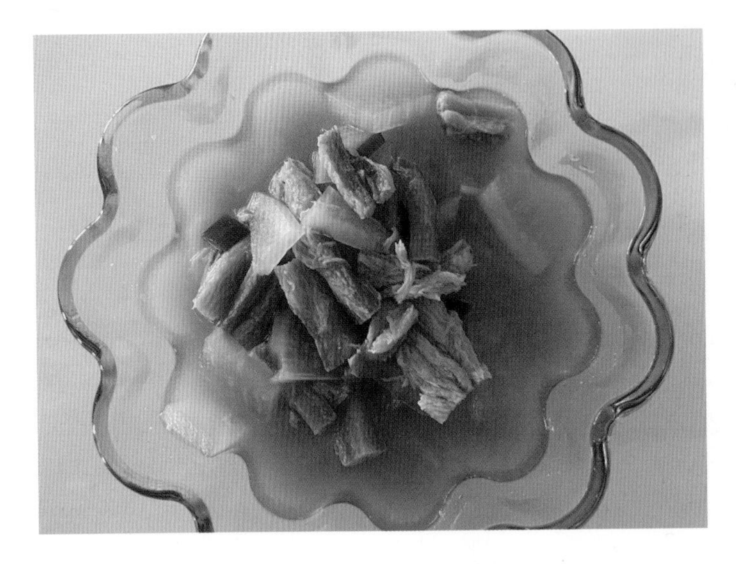

재료

- ☐ 게살 50g
- ☐ 무 100g
- ☐ 저염된장 1스푼
- ☐ 육수 500mL
- ☐ 다진 파 1스푼(생략 가능)

완성량
3회분

12개월 이상이면 시도해볼 수 있습니다. 육수 대신 물 또는 쌀뜨물을 사용해도 좋아요. 일반 된장은 양을 더 줄여서 넣어주세요.

1. 육수, 나박 썬 무, 게살, 다진 파, 저염 된장을 준비해요.

2. 육수에 된장을 풀어주세요.

3. 나박 썬 무를 넣고 먼저 팔팔 끓여주세요. 무에서도 육수가 나와요.

4. 무가 반 이상 익었을 때(살짝 반투명해지면) 게살을 넣어주세요.

5. 중약불에서 무가 완전히 익었을 때, 다진 파를 넣고 조금 더 끓이면 완성입니다.

TIP. **더 맛있게 만드는 방법** 게살을 쌀뜨물이나 분유가루 탄 물, 우유 등에 담가두었다가 사용하면 비린내를 줄일 수 있어요.

쑥갓두부무침

재료

- □ 두부 100g
- □ 쑥갓 한 줌(약 15g)
- □ 참기름 1스푼
- □ 통깨 약간

완성량

2~3회분

쑥갓 100g은 열량이 26kcal 밖에 되지 않고, 소화가 잘 되는 알칼리성 식품입니다. 식이섬유소가 풍부해서 아기가 변비일 때 먹이면 좋아요.

1. 쑥갓은 부드러운 잎 부분 위주로 손질해서 흐르는 물에 깨끗하게 세척해 주세요.

2. 두부는 끓는 물에 30초 정도 데친 후 건져내 물기를 빼주세요. 면포에 넣고 짜면 더 잘 빠져요.

3. 끓는 물에 쑥갓을 넣고 15초 정도만 데쳐요.

4. 데친 쑥갓은 바로 찬물에 넣고 식히면서 빠르게 헹궈주세요.

5. 쑥갓은 물기를 짜고 아기가 먹기 좋은 입자 크기로 다져주세요.

6. 두부는 물기를 최대한 제거한 후에 으깨주세요. 다진 쑥갓, 참기름 1스푼, 깨를 넣고 무치면 완성입니다.

완료기	반찬

콩나물김전

재료

- □ 콩나물 가득 한 줌
- □ 밀가루 1/2스푼 □ 물 1스푼
- □ 무조미김 약간 □ 기름 약간

완성량

1회분

씹는 연습이 잘 된 아기라면 중기 이유식이나 후기 이유식에서 자기주도식 아기반찬으로 활용해도 좋아요.

1. 깨끗하게 세척한 콩나물(머리 제거)은 가위로 잘게 잘라주세요.

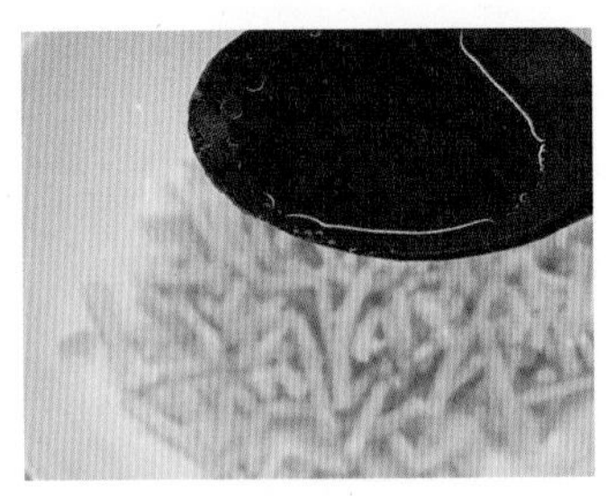

2. 콩나물에 밀가루 1/2스푼, 물 1스푼을 넣고 잘 섞어주세요.

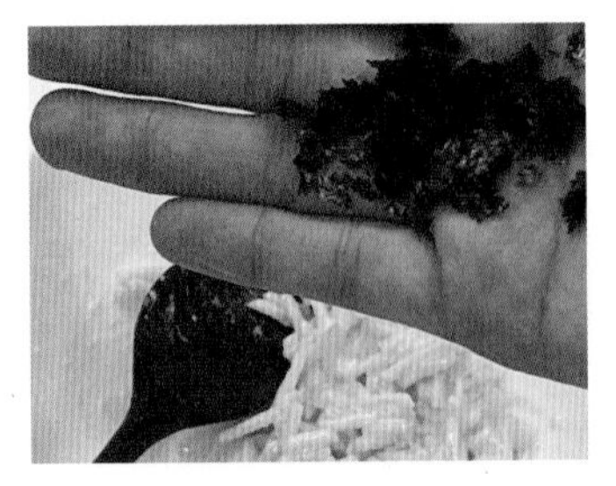

3. 잘게 부순 김을 넣고 잘 섞어주세요.

4. 팬에 기름을 살짝 두르고 구워요. 중기 이유식부터 기름 사용 가능해요.

5. 콩나물김전 완성입니다.

TIP. **더 맛있게 만드는 방법**

1. 밀가루 대신 오트밀가루, 전분가루, 쌀가루 등 다양하게 활용 가능해요.
2. 아기가 잘 먹으면 콩나물 머리를 떼지 않아도 돼요.

브로콜리부침개

재료

- ☐ 브로콜리 50g
- ☐ 전분가루 1스푼
- ☐ 달걀 1알
- ☐ 소금 약간

완성량

1~2회분

12개월 이상 아기부터 먹을 수 있어요. 돌 전이거나 무염식을 한다면 소금을 빼고 만들어요. 돌 이후라면 전분가루 대신 부침가루를 사용해도 됩니다.

1. 브로콜리는 잘게 다져요. 볼에 다진 브로콜리, 전분가루, 달걀, 소금을 넣고 섞어주세요.

2. 달군 팬에 기름을 약간 두른 후 반죽을 붓고 앞뒤 노릇하게 부치면 완성입니다.

완료기	반찬

연근참깨마요

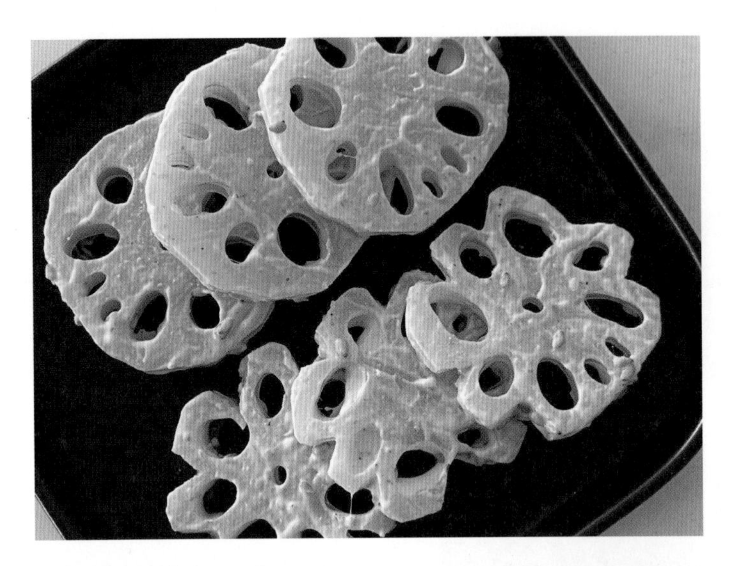

재료

- ☐ 연근 70g
- ☐ 마요네즈 2스푼
- ☐ 설탕 1/2스푼 ☐ 식초 1/3스푼
- ☐ 간 참깨 1스푼 듬뿍
- ☐ 소금 약간(생략 가능)

완성량

2~3회분

12개월 이상이면 도전해볼 수 있는 연근참깨마요입니다.

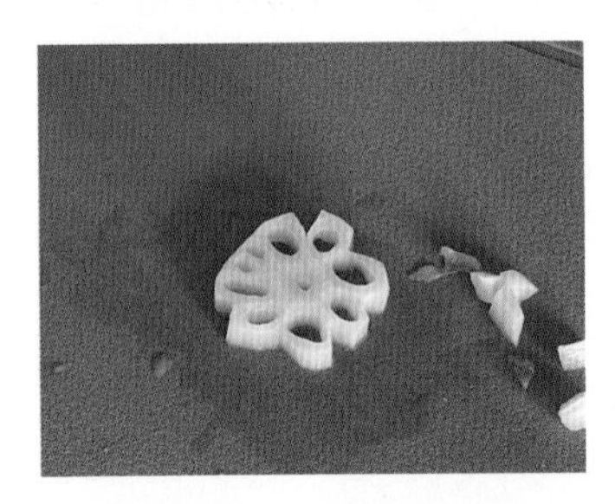

1. 연근은 깨끗이 씻어서 껍질을 깎고 2~3mm 두께로 썰어요. 꽃 모양은 가장자리를 칼로 다듬으면 돼요.

2. 갈변 방지를 위해 자른 연근은 식초 1스푼을 탄 물에 10분 정도 담가둡니다.

3. 연근은 끓는 물에 2~3분간 데치는데 아삭한 식감을 원하면 짧게, 부드러운 식감을 원하면 조금 더 길게 데쳐요.

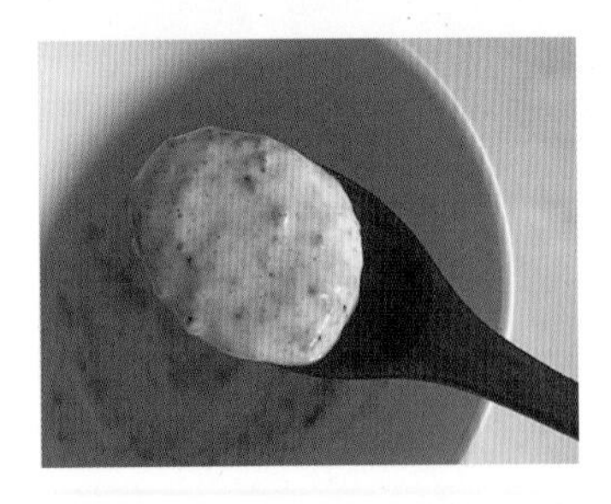

4. 마요네즈, 설탕, 식초, 참깨, 소금을 모두 섞어서 소스를 만들어요.

5. 데친 연근은 찬물에 헹군 후 물기를 완전히 빼고 볼에 담고, 소스를 부어 버무리면 완성입니다.

완료기	반찬

시금치나물

재료

- ☐ 시금치 100g
- ☐ 액젓이나 저염간장 1/3스푼
- ☐ 참기름 1스푼
- ☐ 깨 약간
- ☐ 소금 1/2스푼(생략 가능)

완성량

2~3회분

돌 전이거나 무염식 중이라면 액젓을 빼고 참기름과 깨만 조금 넣고 무쳐주세요.

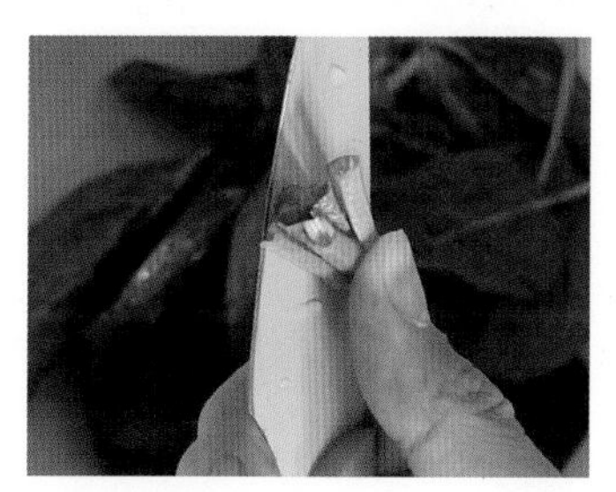

1. 시금치는 깨끗하게 세척 후 뿌리를 잘라주세요.

2. 물에 소금 1/2스푼을 넣고 팔팔 끓으면 시금치를 넣어 딱 30초만 데쳐주세요(두껍고 질긴 시금치면 1분까지).

3. 데친 시금치는 체망에 밭쳐 찬물로 헹구거나 찬물에 담갔다가 꺼내서 물기를 짜주세요.

4. 이때 너무 꾹꾹 세게 짤 필요 없어요.

5. 아기가 먹을 만한 길이로 잘라주세요. 돌이 지난 후 잘 먹으면 잘게 자르지 않아도 돼요.

6. 볼에 데친 시금치, 액젓, 참기름, 깨를 넣고 조물조물 무치면 완성이에요.

완료기	반찬

애호박나물

재료

- □ 애호박 100g
- □ 참기름 1스푼
- □ 통깨 약간

완성량

2~3회분

아기도 잘 먹는 애호박나물입니다. 간을 약간 해주고 싶다면 소금으로 맞춰주세요.

1. 냄비에 400mL 물을 붓고 팔팔 끓으면, 자른 애호박을 넣고 3분 30초간 익혀주세요.

2. 익힌 애호박은 체망에 밭쳐 찬물에 한 번 헹구고 물기를 빼주세요.

3. 볼에 애호박, 참기름, 통깨를 넣고 잘 섞어주세요.

4. 식판에 밥, 다른 반찬과 함께 주면 맛있는 한 끼 완성입니다.

숙주나물

재료

- □ 숙주나물 100g
- □ 참기름 1/2스푼
- □ 깨 약간

완성량

2회분

TIP. 간을 한다면 숙주 데치는 물에 소금 1/2스푼을 넣고, 4번 과정에서 액젓 1/3스푼을 추가하면 더 맛있어요.

1. 숙주나물은 깨끗하게 씻은 후 끓는 물에 2분 30초간 데쳐주세요.

2. 빠르게 찬물로 헹궈준 후 손으로 살짝 눌러 물기를 빼줍니다.

3. 볼에 숙주나물을 넣고 아기가 먹기에 적당한 크기로 잘라주세요.

4. 참기름, 깨를 넣고 버무리면 완성입니다.

완료기	반찬

얼갈이배추나물

재료

- ☐ 얼갈이배추 150g
- ☐ 액젓 1/2스푼
- ☐ 참기름 1스푼
- ☐ 깨 약간
- ☐ 소금 1/2스푼(생략 가능)

완성량

2~3회분

얼갈이배추를 이용한 나물 반찬이에요. 얼갈이배추는 비타민C가 풍부해 감기예방에 좋고, 섬유소나 칼슘도 풍부해요. 참기름과 깨를 넣어 고소하고, 식감도 아삭아삭해서 뿐이가 좋아했던 반찬이에요.

TIP 1. **아이 편식을 대하는 마음** 이유식 이후 돌쯤 되면 아기들도 자기만의 입맛이 생기면서 편식을 합니다. 보통 초록 채소들을 거부하는 경우가 많은데 안 먹어도 자주 제공해주는 게 좋아요. '이건 싫어하니까 그냥 빼자!' 하고 식단에서 아예 배제시키면 좀 더 컸을 때 오히려 편식이 심해질 수 있답니다. 그러니 지금 안 먹는다고 해서 포기하지 마시고 꼭 다시 도전해보세요. 10~15회 정도 눈으로 보고 먹어봐야 아기들도 익숙해진답니다.

1. 얼갈이배추는 부드러운 어린잎 위주로 골라요. 150g 정도 준비해서 깨끗하게 세척해요.

2. 얼갈이배추를 데칠 때 소금을 넣어요. 배추에서 짠맛이 나지는 않아요. 생략 가능해요.

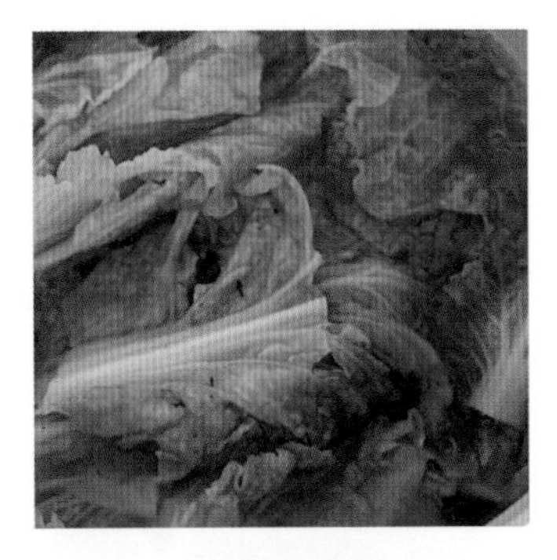

3. 잎이 크면 대충 잘라주세요. 냄비의 물이 팔팔 끓을 때 모두 넣고 2분 정도 데쳐주세요.

4. 체망에 밭쳐 찬물로 헹궈줍니다. 찬물에 담갔다가 빼도 돼요.

5. 물기를 빼고 살짝 짜줍니다. 너무 강하게 꾹꾹 짜지 않아도 돼요.

6. 아이가 먹을 수 있는 크기로 적당히 잘라주세요.

7. 볼에 데친 배추, 액젓, 참기름, 깨를 모두 넣어주세요.

8. 조물조물 무치면 완성이에요.

TIP 2. **돌 전 아기 반찬으로 활용하는 방법** 액젓을 사용해서 돌 이후 반찬으로 권장하지만, 돌 이전이라도 가능합니다. 걱정되면 얼갈이배추는 더 잘게 다져주고 액젓은 빼고 참기름, 깨만 넣고 무쳐도 돼요.

액젓은 멸치액젓을 사용했어요. 까나리액젓, 참치액, 꽃게액젓 등 모두 대체 가능해요. 액젓을 빼고 저염간장이나 저염된장을 넣고 무쳐도 좋아요.

완료기	반찬

오이나물

재료

- ☐ 오이 100g
- ☐ 소금 1/4스푼
- ☐ 면포
- ☐ 기름 약간
- ☐ 참기름 약간
- ☐ 깨 약간

완성량
2회분

돌 이후 간을 하고 있다면 먹여 볼 수 있는 오이나물입니다. 소금을 살짝 넣고 절이지만 짜지 않아요. 저염식 중인 아기들도 충분히 먹을 수 있어요.

1. 오이는 굵은소금으로 박박 씻은 후 필러로 껍질을 대강 깎고, 양 끝부분을 1.5~2cm씩 잘라내요.

2. 오이를 얇게 슬라이스해요.

3. 아기 소금 1/4스푼을 슬라이스한 오이에 뿌리고 15분 동안 그대로 두세요.

4. 15분 후 오이에서 수분이 나와 물기가 조금 생겨요. 물에 한 번 헹군 후 물기를 빼주세요.

5. 면포에 오이를 넣고 물기를 꾹 짜주세요. 손으로 짜도 돼요.

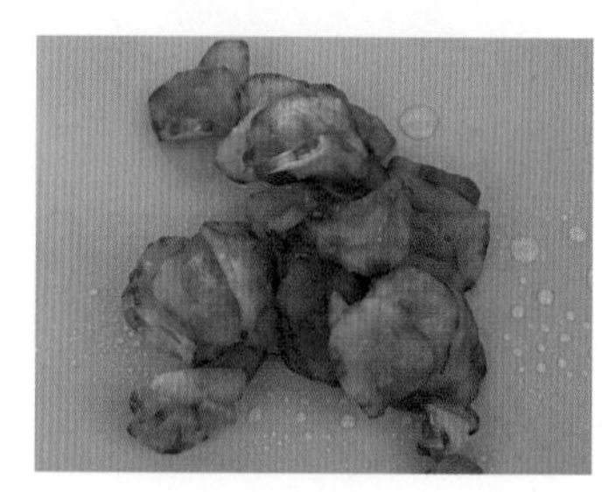

6. 달군 팬에 기름을 약간 두르고, 센 불에서 1분 정도만 빠르게 볶아요. 식은 후에 참기름, 깨를 넣고 버무리면 완성입니다.

완료기	반찬

상추나물

재료

- ☐ 상추 30g
- ☐ 저염간장 1/3스푼
- ☐ 참기름 약간
- ☐ 깨 약간

완성량
2회분

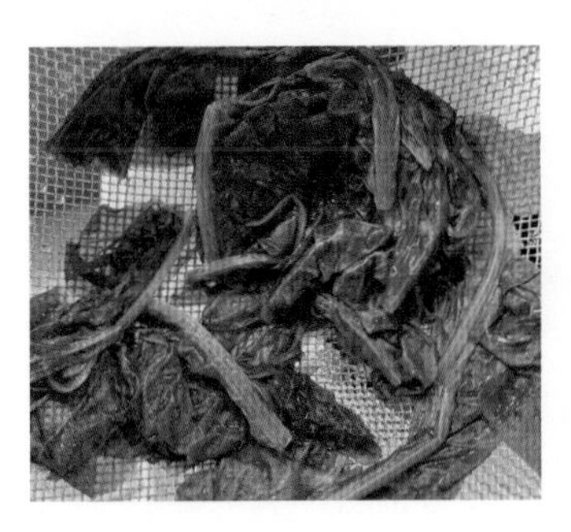

1. 상추를 깨끗이 씻어 끓는 물에 2~3번 뒤적거리며 빠르게 데친 후에 빼내주세요.

2. 찬물에 한번 헹궈 물기를 꼭 짠 후에 적당한 크기로 잘라주세요.

3. 볼에 넣고 저염간장 1/3스푼, 참기름 약간, 깨 약간 뿌려서 살살 무치면 완성입니다.

완료기	반찬

당근채전

재료

- □ 당근 1개(80g)
- □ 전분 1/2스푼
- □ 아기치즈 1장

완성량
2회분

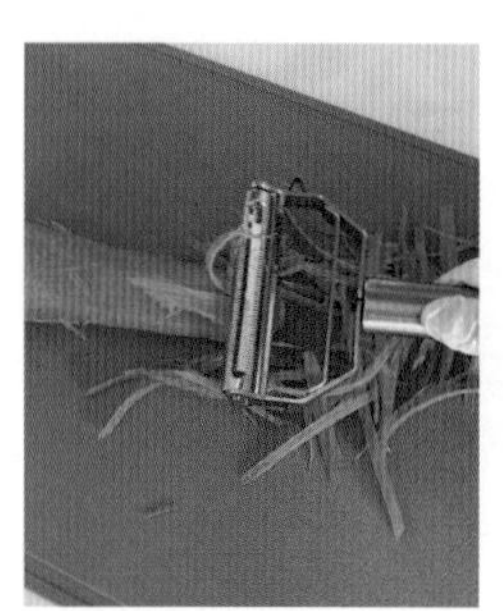

1. 당근은 채칼로 최대한 얇게 채썰어주세요.

2. 볼에 채 썬 당근을 넣고 전분가루로 코팅한다는 느낌으로 살살 버무려주세요.

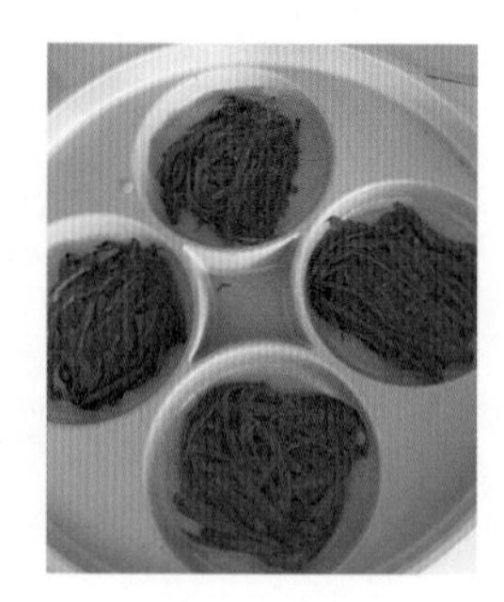

3. 달군 팬에 기름을 넉넉히 두르고 당근 반죽을 올려 둥글게 모양을 잡아주세요.

4. 앞뒤 노릇하게 굽다가 마지막에 아기치즈를 4등분해서 올려주세요.

TIP. 간을 하는 아기라면 채 썬 당근에 소금을 한 꼬집 더해주세요.

베이비웍 달걀찜

재료

- ☐ 달걀 4개
- ☐ 육수 200mL
- ☐ 맛술 또는 청주 1/2스푼(생략 가능)
- ☐ 소금 또는 새우젓 1/3스푼
- ☐ 참기름 1스푼

완성량
아기, 엄마, 아빠가 함께 한 끼 먹을 수 있는 양

엄마, 아빠, 아기(달걀 알레르기 테스트가 끝난 경우, 돌 전에는 소금, 맛술 생략)가 함께 먹을 수 있는 레시피입니다. 간을 한다면 12개월 이상 아기들부터 먹을 수 있습니다.

1. 달걀 4개를 풀고 체망에 2번 걸러서 준비해요. 생략 가능한 과정이지만 걸러주면 더 부드러워요.

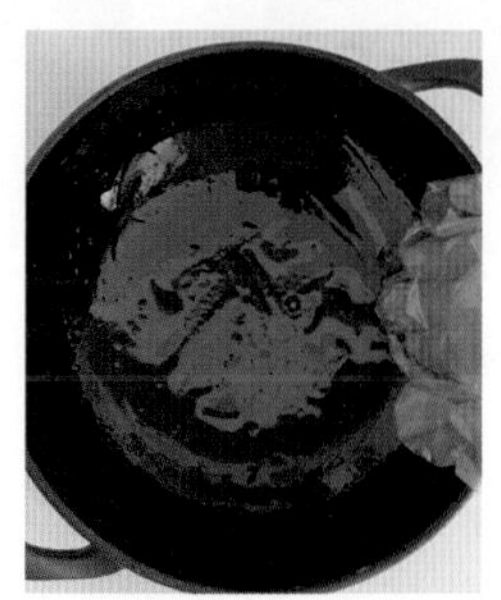

2. 베이비웍 안쪽에 참기름 1스푼을 넣고 골고루 발라주세요.

3. 달걀물, 육수, 맛술, 소금을 모두 넣고 섞은 후 베이비웍에 붓고 센 불에서 저어가며 끓여주세요.

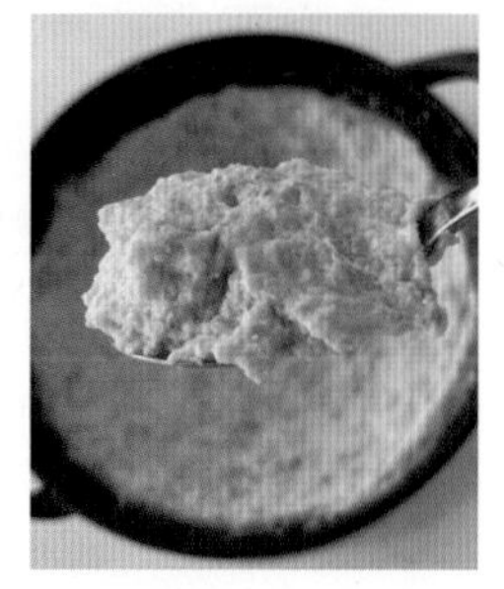

4. 계속 저어주다가 몽글몽글 순두부처럼 되어갈 때 약불로 줄이고 뚜껑을 닫고 6분이면 완성입니다.

TIP. **달걀찜 응용 팁** 찜기를 사용한다면, 모든 재료를 섞고 찜기용 그릇에 담아 물 끓고 중약불에서 20~25분 정도 쪄주세요.

완료기	반찬

새우바이트머핀

재료

- ☐ 새우 살 150g
- ☐ 두부 150g
- ☐ 당근 20g
- ☐ 양파 20g

완성량

2~3회분

각 재료에 알레르기 반응이 없으면 후기 이유식 이후부터 먹여도 돼요.

1. 새우는 내장을 제거하고 분유가루를 푼 물에 담가두었다가(비린내 제거) 흐르는 물로 세척해요. 당근, 양파는 잘게 다져주세요.

2. 다지기에 새우 살을 넣고 곱게 다져주세요.

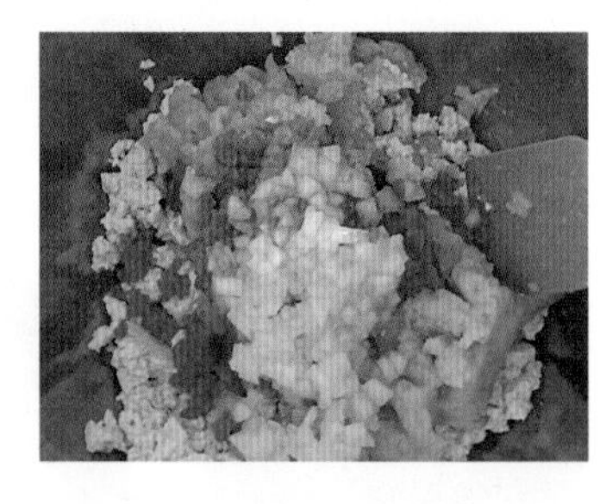

3. 볼에 두부를 넣고 으깬 후에 다진 새우, 당근, 양파를 모두 넣어주세요.

4. 찰기가 생길 때까지 치대가며 반죽해주세요.

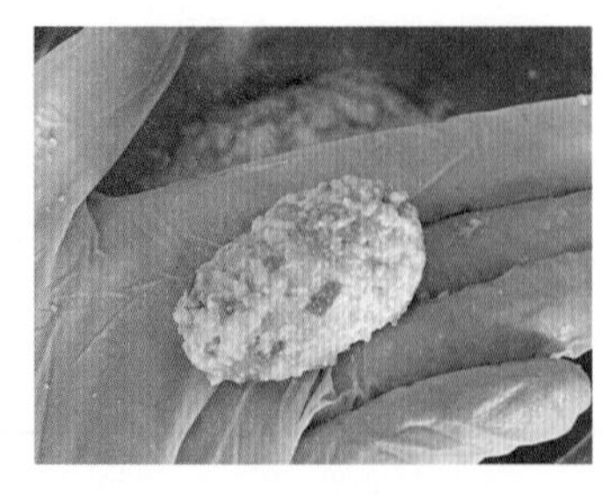

5. 한입 크기로 동그랗게 빚어주세요. 에어프라이어 전용 트레이에 오일 스프레이를 뿌리고 반죽을 올려주세요.

6. 오븐/에어프라이어 180도에 25~35분간 구워요. 촉촉한 식감을 원한다면 찜기에서 20~30분 정도 쪄주세요.

완료기	반찬

감자볶음

재료

- □ 감자 2개(작은 사이즈, 약 120g)
- □ 양파 20g
- □ 참기름 1/2스푼
- □ 깨 약간

완성량
3회분

1. 감자는 깨끗하게 씻어 껍질을 제거하고 일정한 두께로 채썰고, 양파도 채썰어 주세요.

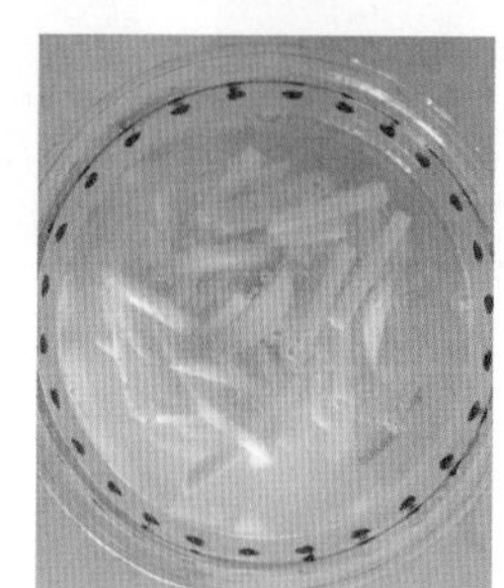

2. 찬물에 채 썬 감자를 5분 정도 담갔다가 흐르는 물에 흔들어 전분기를 제거해주세요.

3. 팬에 기름을 두르고 감자부터 볶다가 어느 정도 익으면 양파도 같이 넣고 볶아주세요.

4. 감자가 다 익으면 불을 끄고 참기름, 깨를 넣고 버무려주세요.

TIP. **감자볶음 응용 팁**

1. 간을 하는 아기라면 전분기를 제거한 감자에 소금 1/3스푼을 넣고 절여두었다가 볶으면 잘 부서지지 않고 간도 적당해서 맛있어요.
2. 조리시간을 단축하려면 미리 전자레인지용 찜기에 채 썬 감자를 조금 익힌 후에 볶아주세요.

완료기	반찬

소고기느타리버섯볶음

재료

- ☐ 소고기 100g ☐ 느타리버섯 60g
- ☐ 저염간장 1/2스푼(생략 가능)
- ☐ 알룰로스 1/2스푼(생략 가능)
- ☐ 다진 파 1스푼
- ☐ 참기름 1/2스푼 ☐ 깨 약간

완성량
3회분

느타리버섯은 수분 함량이 높아서 오래 볶으면 물이 나와 식감이 물컹해져요. 숨이 살짝 죽을 정도로만 빠르게 볶는 게 좋아요.

1. 소고기는 키친타월로 핏물을 제거하고 적당한 크기로 다져주세요.

2. 느타리버섯은 밑동을 제거하고 결대로 찢어 적당한 크기로 자르고, 파는 다져주세요.

3. 팬에 기름을 두르고 소고기부터 볶다가 어느 정도 익으면 느타리버섯을 넣고 함께 볶아주세요.

4. 저염간장과 알룰로스를 넣고 섞어가며 빠르게 볶아주세요.

5. 다진 파를 넣고 조금 더 볶다가 불을 끄고 참기름, 깨를 넣어 버무려주세요.

새우브로콜리볶음

재료

- ☐ 새우(냉동) 100g
- ☐ 브로콜리 50g
- ☐ 맛술 1/2스푼
- ☐ 소금 한 꼬집(생략 가능)
- ☐ 후추 약간(생략 가능)
- ☐ 멸치 액젓 1티스푼(생략 가능)
- ☐ 다진 마늘 1/2스푼
- ☐ 무염버터 10g(생략 가능)
- ☐ 포도씨유 1스푼

완성량
2~3회분

1. 새우는 찬물에 해동하고 씻은 후에 볼에 넣고 소금 한 꼬집, 맛술 1/2스푼, 후추를 약간 넣고 잘 섞어주세요.

2. 브로콜리는 세척한 후에 부드러운 봉오리 부분만 끓는 물에 넣고 1분 정도 데쳐주세요.

3. 달군 팬에 포도씨유를 1스푼 두른 후에 다진 마늘 1/2스푼을 넣고 중불에서 볶다가 새우를 넣고 볶아주세요.

4. 새우가 익으면 팬 한쪽으로 몰아두고 무염버터 10g을 넣고 녹인 후에 새우와 섞어가며 볶아주세요.

5. 데친 브로콜리를 넣고 함께 볶아주세요.

6. 마지막으로 멸치 액젓 1티스푼을 넣어 볶으면 완성입니다(멸치 액젓은 생략 가능).

완료기	반찬

토마토달걀볶음

재료

- ☐ 방울토마토 3개
- ☐ 달걀 1알
- ☐ 다진 대파 1스푼
- ☐ 우유 1스푼
- ☐ 올리브유(또는 포도씨유) 1스푼

완성량

1~2회분

1. 볼에 달걀 1알과 우유 1스푼을 넣고 잘 풀어주세요.

2. 깨끗하게 씻은 방울토마토는 1/2~1/4 등분 크기로 잘라주세요.

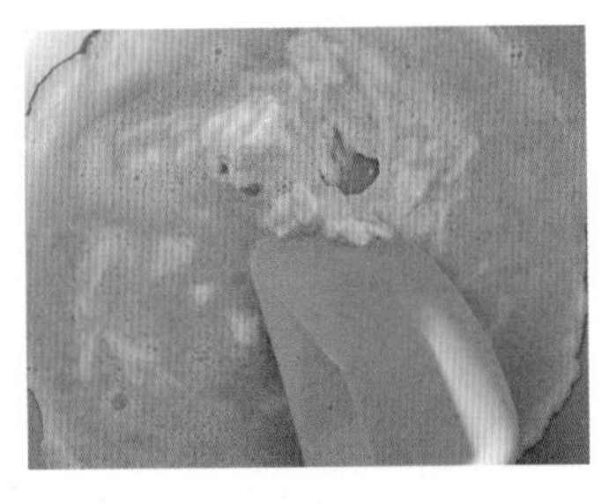

3. 달군 팬에 기름을 1스푼 두른 후 중불에서 달걀물을 붓고 빠르게 휘저으며 스크램블드에그를 만들어주세요.

4. 스크램블이 50%쯤 익었을 때 팬 한쪽으로 밀어둔 후 다른 한쪽에 다진 대파를 넣고 볶아주세요.

5. 대파가 노릇해질 때쯤 손질해둔 방울토마토를 넣고 볶아주세요.

6. 달걀이 80%쯤 익었다 싶을 때 불을 끄면 완성입니다. 토마토를 너무 오래 볶으면 흐물흐물 식감이 떨어지므로 살짝만 볶아주세요.

버섯들깨볶음

재료

- ☐ 느타리버섯 50g
- ☐ 팽이버섯 50g
- ☐ 양파 30g
- ☐ 참기름 1스푼
- ☐ 들깨가루 1스푼
- ☐ 소금 한 꼬집(생략 가능)

완성량

3회분

1. 느타리버섯은 물에 가볍게 씻은 후 결대로 쭉쭉 찢어주고 먹기 좋은 크기로 잘라주세요.

2. 팽이버섯은 밑동을 제거하고 가볍게 씻은 후 1.5~3cm 정도 길이로 잘라주세요.

3. 양파는 채 썰어서 준비합니다.

4. 달군 팬에 기름을 두르고 양파부터 볶아주세요.

5. 양파가 노릇해지면 느타리버섯, 팽이버섯 순으로 넣고 함께 볶아주세요.

6. 들깨가루를 넣고 조금 더 볶다가 불을 끄고 참기름을 넣어 잘 섞어주세요.

완료기	반찬

치즈포크너겟

재료

- ☐ 돼지고기(안심 또는 다리살) 150g
- ☐ 아기치즈 1장 ☐ 다진 양파 30g
- ☐ 다진 아스파라거스 20g(생략 가능)
- ☐ 빵가루 2스푼
- ☐ 반죽용 밀가루, 달걀물, 빵가루

완성량
약 20개

돼지고기, 치즈, 양파, 아스파라거스, 밀가루, 달걀 테스트가 끝났다면 생후 7개월 이후 언제든지 시도 가능합니다.

1. 빵가루가 없어서 식빵 2장을 다지기에 갈아서 사용했어요. 당근, 양파는 잘게 다져주세요.

2. 다지기에 돼지고기, 다진 양파, 다진 아스파라거스를 넣어주세요.

3. 아기치즈 1장을 찢어 넣고, 빵가루 2스푼을 더해서 곱게 갈아요.

4. 지름 2~3cm 정도로 동글납작하게 빚은 후에 밀가루-달걀물-빵가루 순서로 묻혀주세요.

5. 예열해둔 에어프라이어(오븐) 180도에서 10분간 굽고 뒤집어서 10분 더 구워 주세요. 오일 스프레이를 뿌려주면 좋아요(생략 가능).

6. 한 김 식힌 후 밀폐용기에 담아 냉장(3일 이내 소진), 냉동(2주 이내 소진) 보관하고 데워 먹어요.

함박스테이크

재료

- ☐ 소고기 다짐육 100g
- ☐ 두부 100g ☐ 양파 30g
- ☐ 당근 30g ☐ 다진 마늘 1/3스푼
- ☐ 무염버터 10g
- ☐ 저염간장 1스푼(생략 가능)
- ☐ 아기치즈 1장(생략 가능)

완성량
4~5회분

팬에 굽는 대신 에어프라이어에 구워도 됩니다(예열 후 160도 7분 굽고 뒤집어 7분 굽기).

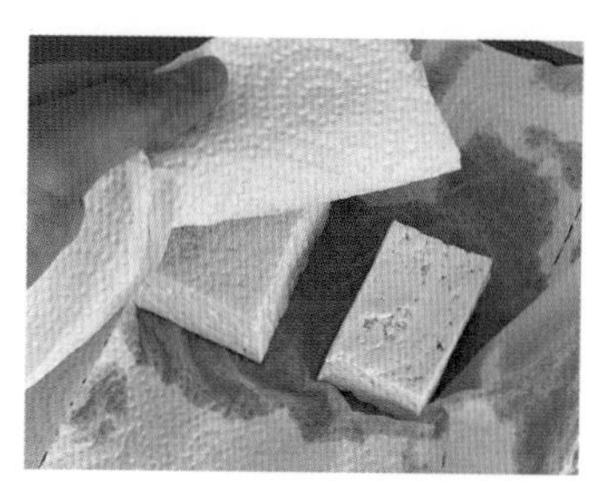

1. 두부는 키친타월로 물기를 제거합니다.

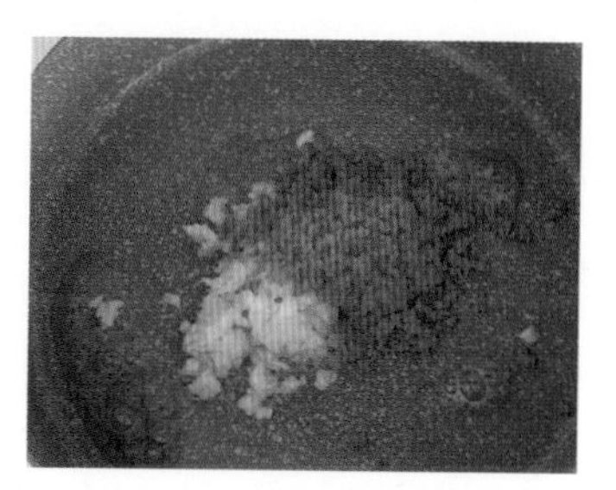

2. 달군 팬에 무염버터를 녹이고 다진 양파, 다진 당근은 넣어 볶아주세요.

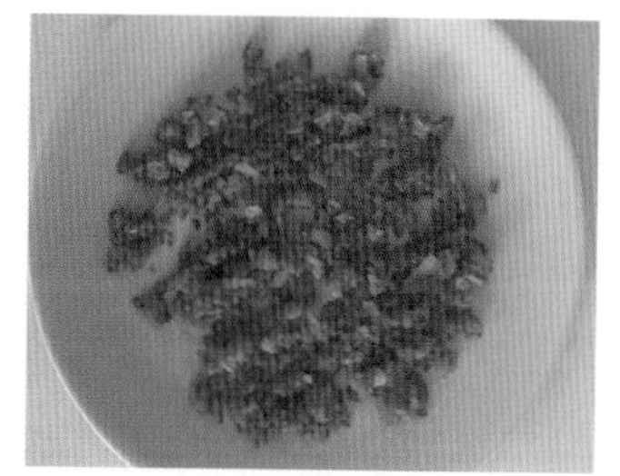

3. 볶은 채소는 따로 덜어두고 한 김 식혀주세요.

4. 볼에 볶은 채소, 다진 마늘, 소고기, 두부를 넣고 치대가며 반죽해주세요.

5. 둥글게 모양을 잡아주세요. 약 40g씩 5개 나옵니다.

6. 달군 팬에 기름을 넉넉하게 두르고 중약 불에서 익히다가 겉면이 익으면 약한 불로 줄이고 속까지 익혀주세요.

완료기	반찬

찹스테이크

재료

- ☐ 찹스테이크용 소고기 60g
- ☐ 파프리카 30g ☐ 양파 30g
- ☐ 다진 마늘 1/3스푼 ☐ 무염버터 5g
- ☐ 올리브유 1스푼

소스(섞어서 미리 준비)

- ☐ 돈까스소스 1스푼
- ☐ 간장 또는 굴소스 1/2스푼
- ☐ 케첩 1/3스푼
- ☐ 올리고당(물엿이나 알룰로스) 1/2스푼

완성량

2~3회분

1. 고기는 키친타월로 눌러서 핏물을 제거해주세요.

2. 고기는 올리브유 1스푼을 넣고 10분 정도 재워두세요.

3. 파프리카, 양파는 손질해서 적당한 크기로 잘라주세요.

4. 달군 팬에 버터를 녹이고 다진 마늘을 볶다가 고기를 넣고 70~80%만 익혀요. 너무 익히면 질겨져요.

5. 팬에서 고기를 덜어내고 파프리카, 양파를 넣고 볶아요.

6. 5번에 익힌 고기와 소스를 붓고 한 번 더 볶으면 완성입니다.

완료기	반찬

삼치강정

재료

- ☐ 삼치 50g
- ☐ 밀가루 1스푼 듬뿍
- ☐ 기름 약간 ☐ 저염간장 1스푼
- ☐ 올리고당 1/2스푼 ☐ 참기름 약간
- ☐ 물 2스푼

완성량
1회분

12개월 이상이면 시도 가능한 레시피입니다. 밀가루 대신 전분가루, 올리고당 대신 조청을 사용해도 됩니다.

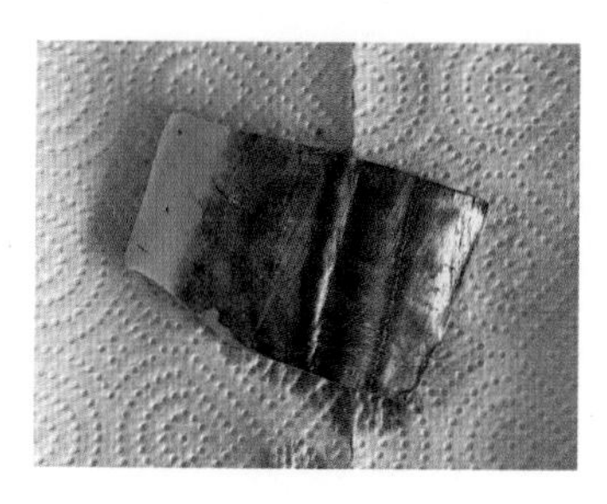

1. 삼치 한 토막을 깨끗하게 씻어서 키친타월로 물기를 제거한 후에 적당한 크기로 잘라주세요.

2. 비닐에 밀가루 1스푼을 넣고 삼치를 넣고 흔들어서 밀가루를 묻혀요.

3. 달군 팬에 기름을 넉넉하게 두르고 삼치를 노릇하게 구워주세요.

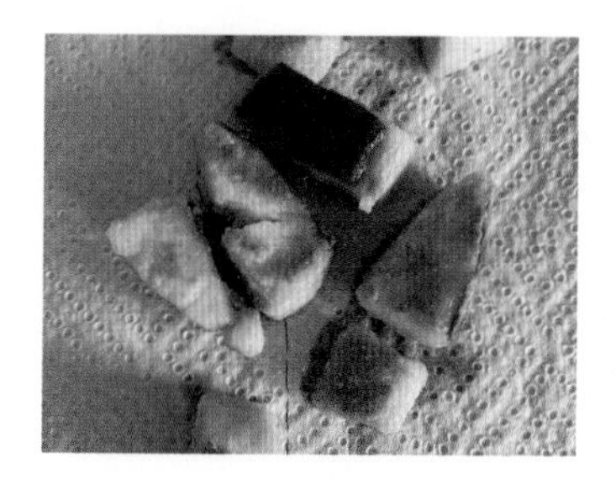

4. 구운 삼치를 키친타월에 올려서 기름을 빼주세요.

5. 저염간장 1스푼, 올리고당 1/2스푼, 참기름 약간, 물 2스푼을 넣고 섞어주세요.

6. 팬에 5번 소스를 붓고 보글보글 끓이다가 약한 불로 줄인 후에 삼치를 넣고 양념을 묻히면서 섞으면 완성입니다.

완료기	반찬

소고기무조림

재료

- ☐ 소고기 100g
- ☐ 무 80g
- ☐ 육수 150mL
- ☐ 참기름 1/2스푼
- ☐ 깨 약간

완성량

3~4회분(약 140g)

간을 하는 아기라면 소고기를 볶을 때 저염간장 1/2스푼을 추가해주세요.

1. 무는 아기가 먹기 좋은 크기로 깍뚝 썰어주세요.

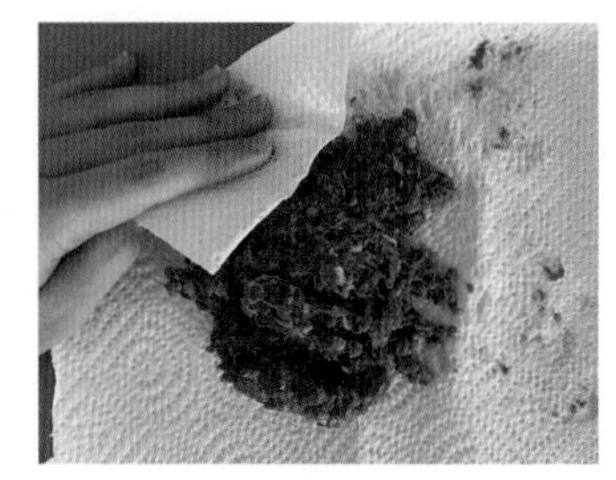

2. 소고기는 키친타월로 핏물 제거 후 먹기 좋은 크기로 썰거나 다져주세요.

3. 팬에 기름을 두르고 소고기부터 볶다가 무를 넣고 볶아주세요.

4. 육수를 넣고 약한 불에서 졸여주세요.

5. 불을 끄고 참기름, 깨를 넣고 버무려주세요.

우유치즈감자조림

재료

- ☐ 감자 1개(약 130g)
- ☐ 무염버터 10g
- ☐ 물 100mL
- ☐ 우유 150mL
- ☐ 아기치즈 1장

완성량
2~3회분

돌 이후 우유를 잘 먹지 않는 아이들의 간식으로 좋아요.

1. 감자는 깨끗하게 씻어서 껍질을 깎고 깍둑썰기해요. 물에 담가서 감자전분을 빼주세요.

2. 달군 팬에 무염버터를 녹인 후에 감자를 넣고 노릇하게 볶아주세요.

3. 물 100mL를 붓고 감자가 익고 물이 어느 정도 졸아들 때까지 끓여요.

4. 우유 150mL를 붓고 졸이다가 아기치즈 1장을 넣고 녹여주세요.

5. 국물이 거의 없게 졸이면 완성입니다.

5. 고소하고 부드러워서 완료기 반찬이나 간식으로 추천해요.

완료기	반찬

두부프라이

재료

- ☐ 두부 70g
- ☐ 기름 약간

완성량
1회분

간을 하는 아기라면 3번 과정에 소금을 약간 뿌려주세요. 또는 완성된 두부프라이에 간장과 참기름을 더해도 좋아요.

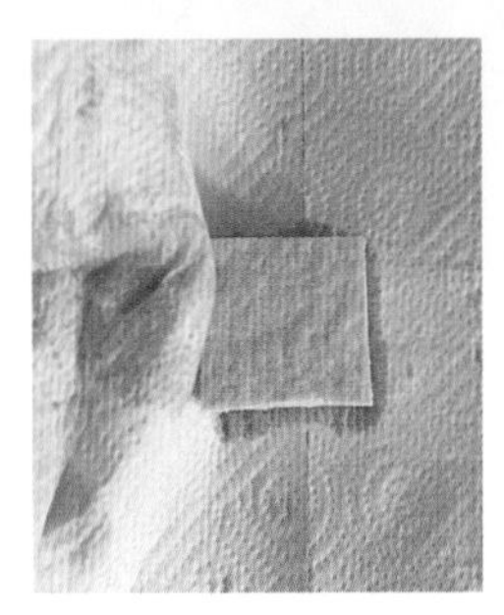

1. 두부는 키친타월로 물기를 제거합니다.

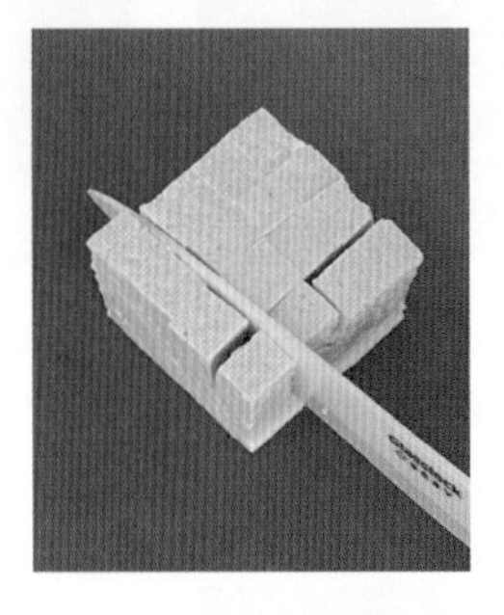

2. 두부 높이의 1/2 정도까지만 격자 모양으로 칼집을 내주세요.

3. 윗면에 오일스프레이를 골고루 뿌려주세요.

4. 예열한 에어프라이어에 200도 20분간 구우면 완성입니다.

김두부무침

재료

- ☐ 두부 90g
- ☐ 무조미김 1장(김밥김 기준 반 장)
- ☐ 저염간장 1/2스푼(돌 전이면 생략)
- ☐ 참기름 1/2스푼
- ☐ 깨 약간

완성량

2~3회분

재료에서 간장을 생략하면 9개월 이상부터 먹일 수 있어요. 간을 더 하는 편이라면 기본 재료에서 소금을 추가해보세요. 어른 입맛에도 맛있어요.

1. 두부는 레인지 전용 용기에 넣고 1분 30초간 데워요 (뚜껑은 덮지 않아도 돼요).

2. 데친 두부는 체망에 밭친 후 꾹꾹 눌러 물기를 짜주세요.

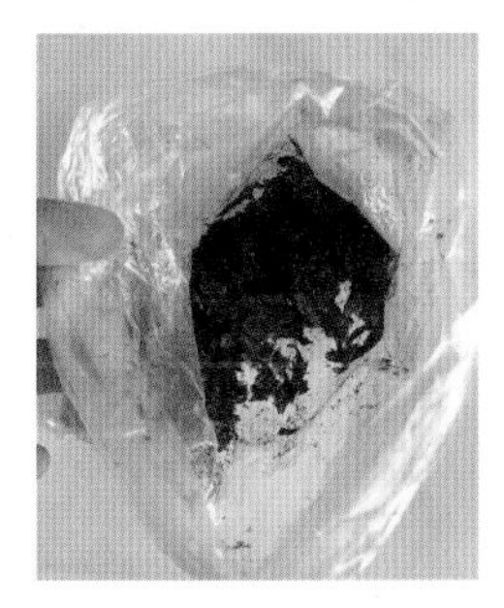

3. 무조미김 1장을 비닐봉지에 넣고 부셔주세요.

4. 볼에 으깬 두부, 김, 간장 1/2스푼, 참기름 1/2스푼, 깨를 조금 넣고 무치면 완성입니다.

완료기	반찬

무설탕 아기 피클

재료

- [ ] 백오이 1개
- [ ] 당근 약간(장식용)
- [ ] 물 180mL
- [ ] 100% 사과주스 1개(120mL)
- [ ] 식초 20mL

완성량

2~3회분

1. 깨끗하게 세척한 오이는 껍질을 대충 깎고 적당한 두께로 썰어주세요.

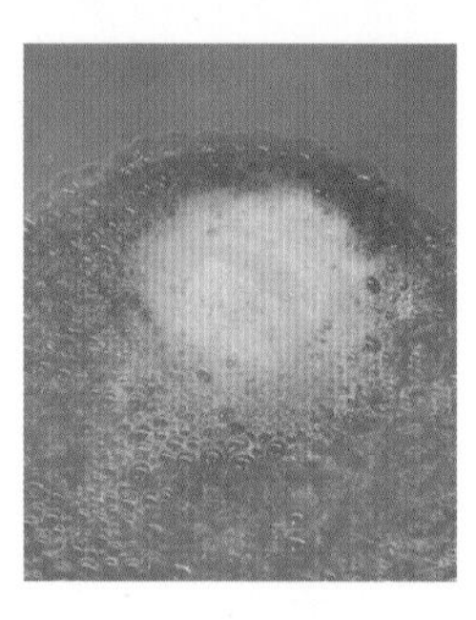

2. 냄비에 물 180mL, 사과주스 1개, 식초 20mL를 넣고 팔팔 끓으면 불을 꺼요.

3. 유리병에 자른 오이와 당근을 차곡차곡 넣고 물을 부어주세요.

4. 실온에 두었다가 하루 지나면 냉장보관해요.

TIP. **어른용 피클 재료 및 응용 팁**

1. 어른용 피클 재료: 오이 3개, 물 400mL, 설탕 180g, 식초 180mL, 피클링스파이스 1스푼

2. 피클은 저장성이 좋은 백오이로 만드는 게 좋아요. 오이를 껍질째 사용한다면 뾰족한 부분들만 대충 정리해주세요. 일반 식초도 사용 가능해요. 저는 유기농 사과식초를 사용했어요. 오이, 당근 외에 채소를 같이 넣고 만들어도 좋아요(적채, 양배추, 파프리카, 무, 비트 등). 냉장보관 기간은 최대 10~14일 정도입니다.

감자뇨끼

재료

- ☐ 감자 200~250g(중 사이즈 2개)
- ☐ 밀가루 100g(종이컵 기준 2/3컵)
- ☐ 노른자 1알
- ☐ 파마산치즈가루 1스푼(생략 가능)

완성량

2~3회분

뇨끼는 이탈리아 요리이며, 팬에 구워 아기(7개월 이상) 간식으로 활용 가능합니다.

1. 노른자, 손질한 감자, 밀가루, 파마산치즈가루를 준비해요.

2. 감자는 잘게 잘라서 레인지용 찜기에 넣고 물을 약간 붓고 레인지에서 10분간 익혀주세요.

3. 볼에 찐 감자를 넣고 으깬 후에 밀가루, 노른자, 파마산치즈가루를 모두 넣고 수제비 질감으로 반죽해요.

4. 도마에 밀가루를 뿌리고, 반죽을 길쭉하게 만든 후 적당한 크기로 잘라 포크로 눌러 모양을 만들어요.

5. 반드시 팔팔 끓는 물에 올리브유 1스푼(엉겨붙는 것 방지), 뇨끼 반죽을 넣은 후 1분 뒤에 건져내요.

6. 5번 과정까지만 해도 맛있지만, 기름을 두른 팬에 노릇하게 구우면 훨씬 더 맛있어요.

완료기	특별식

크림소스감자뇨끼

재료

- ☐ 베이컨 5줄
- ☐ 양송이버섯 4개
- ☐ 양파 1/2개
- ☐ 올리브오일 2스푼
- ☐ 생크림 250mL
- ☐ 우유 500mL
- ☐ 아기치즈 1장
- ☐ 파마산치즈가루 1스푼(생략 가능)
- ☐ 소금 약간(생략 가능)
- ☐ 뇨끼 적당량

완성량
2~3회분

이 크림소스만 있으면 뇨끼나 파스타, 리소토를 만들어도 맛있어요.

1. 달군 팬에 올리브오일을 두르고 잘게 자른 베이컨, 채 썬 양파를 넣고 먼저 볶다가 양파가 어느 정도 익으면 자른 양송이버섯을 넣고 볶아주세요.

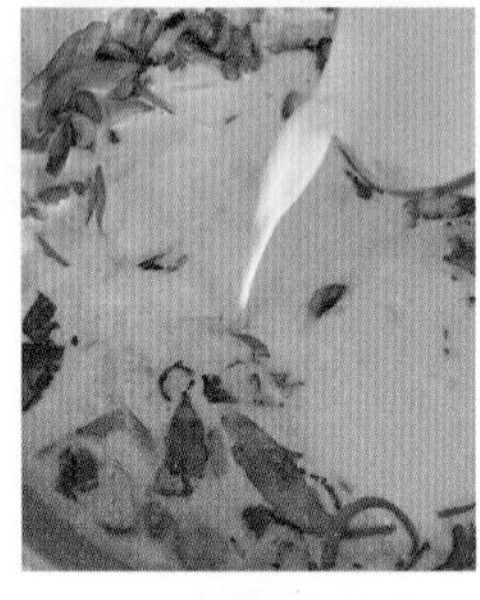

2. 생크림, 우유를 넣고 섞어주며 끓이다가 아기치즈 1장을 넣고 더 끓여요.

3. 어느 정도 졸아들면 파마산치즈가루 1스푼을 넣고, 소금으로 간을 합니다.

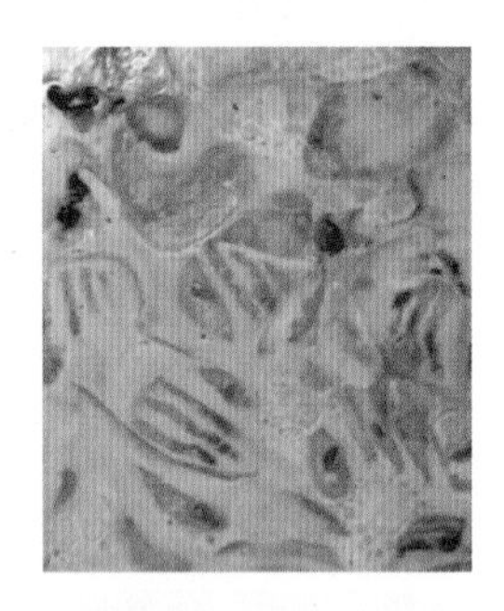

4. 마지막으로 뇨끼를 넣고 끓이면 완성입니다.

TIP. 베이컨은 뜨거운 물에 담갔다가 물기를 빼고 사용하면 짠기와 각종 첨가물도 뺄 수 있어요.

완료기	특별식

닭백숙

재료

- ☐ 생닭 1마리(800g~1kg 정도)
- ☐ 물 2L ☐ 양파 2개
- ☐ 대파 1대 ☐ 마늘 15~20개
- ☐ 국물내기용 약재 팩(생략 가능)

완성량

아기, 엄마, 아빠가 함께 한두 끼 먹을 수 있는 양

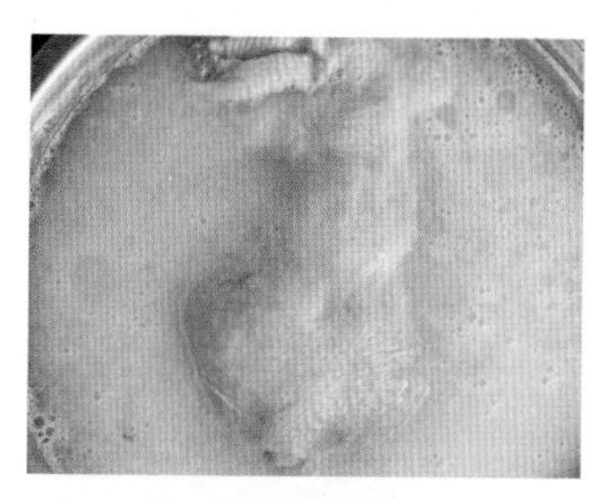

1. 닭고기는 모유(분유)에 30분 정도 담가서 잡내를 제거한 후에 깨끗하게 세척해요. 누린내가 나기 쉬운 날개끝, 똥집, 지방 부분은 가위로 잘라내요.

2. 큰 냄비에 물 2L를 붓고 닭고기와 재료를 모두 넣은 후에 센 불로 끓여주세요.

3. 팔팔 끓으며 떠오르는 하얀 거품은 걷어내고, 중약불로 줄이고 40분 이상 더 끓이면 완성입니다.

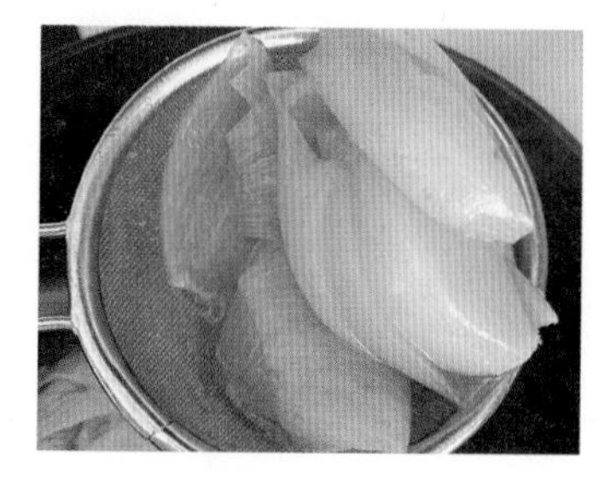

4. 다 익은 후 닭과 마늘을 제외한 모든 재료는 건져내주세요.

5. 닭을 건져 한 김 식힌 후에 뼈와 살을 발라주세요. 다리 부분을 통째로 쥐여주면 자기주도식이 가능합니다.

TIP. 닭백숙 국물에 마늘은 으깨 넣고, 닭고기 살을 넣어 냉장 보관합니다. 다음날 다시 끓여 밥과 함께 제공하거나 밥과 다진 채소를 넣고 닭죽을 끓여도 좋아요.

완료기	특별식

간장비빔국수

재료

- ☐ 국수 30g(아기용)+어른용 2인분
- ☐ 애호박 1/2개 ☐ 양파 1/4개
- ☐ 대파 1/3대 ☐ 채썬 당근 약간

양념장

아기: 저염간장 1스푼, 사과주스(또는 설탕) 1/2스푼, 참기름 1/2스푼, 통깨 약간
어른: 간장 3스푼, 다진 마늘 1/2스푼, 식초 1/2스푼, 설탕 1/2스푼, 참기름 1스푼, 통깨 약간

완성량

아기, 엄마, 아빠가 함께 한 끼 먹을 수 있는 양

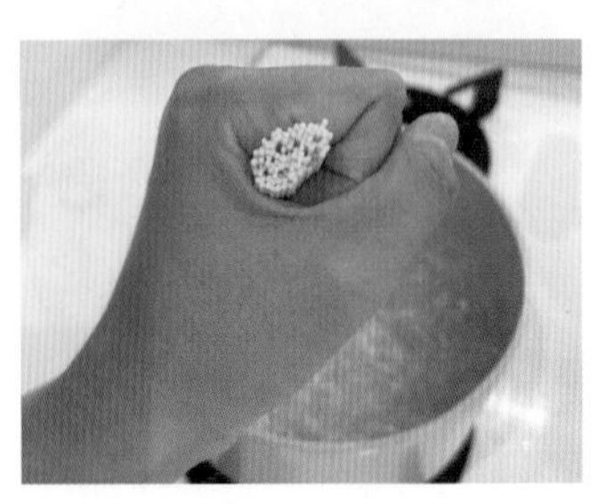

1. 끓는 물에 국수를 삶아요. 어른 2인분에 아기 줄 거 약간 더하면 돼요.

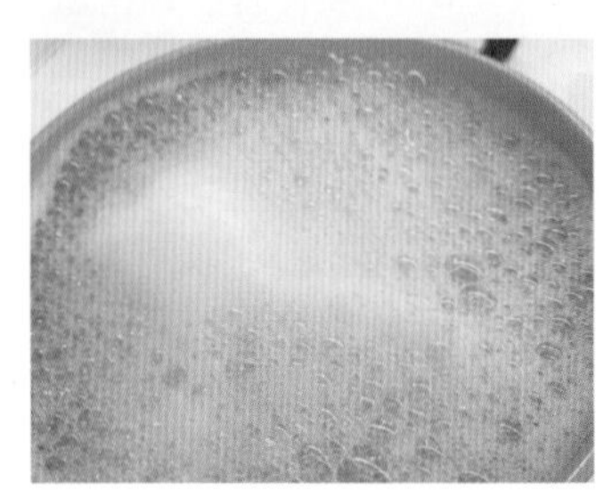

2. 국수 삶는 물이 끓어오르면 찬물을 반 컵 넣고 끓여요.

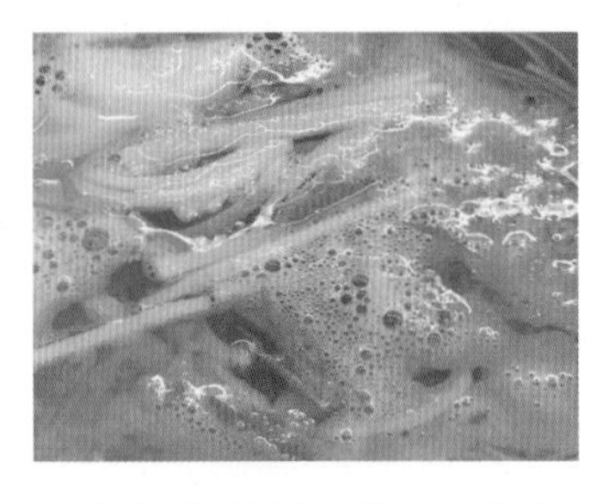

3. 채 썬 채소를 넣고, 물이 또 끓어오르면 찬물 반 컵을 넣고 끓이다가 마지막으로 끓어 넘치려 할 때 불을 꺼요.

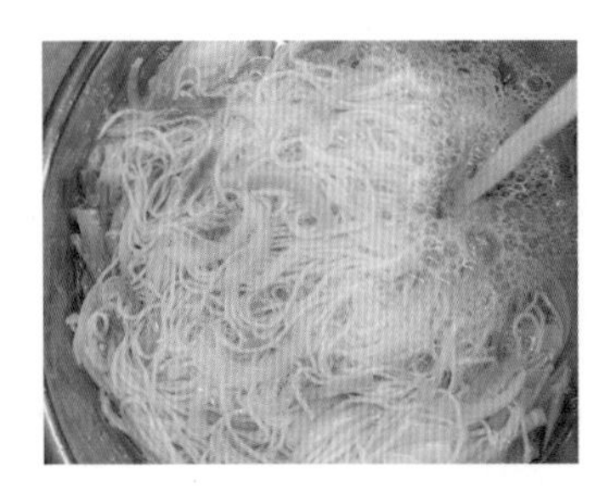

4. 국수와 채소는 찬물에 헹궈주세요.

5. 국수는 물기를 충분히 빼주세요.

6. 국수를 볼에 담아 어른용과 아이용 간장소스를 각각 넣고 비비면 완성입니다.

달걀만두

재료

- □ 달걀 1알
- □ 당면 15g
- □ 저염간장 1/2스푼
- □ 다진 파 약간

완성량
1회분

12개월 이상 아기들부터 먹을 수 있는 레시피입니다.

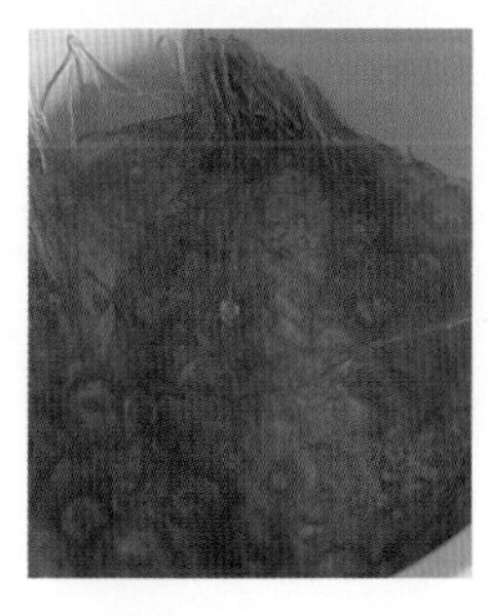

1. 당면은 끓는 물에 7분간 삶고, 물기를 뺀 뒤 잘게 잘라주세요.

2. 자른 당면에 달걀, 간장, 다진 파를 넣고 잘 섞어요.

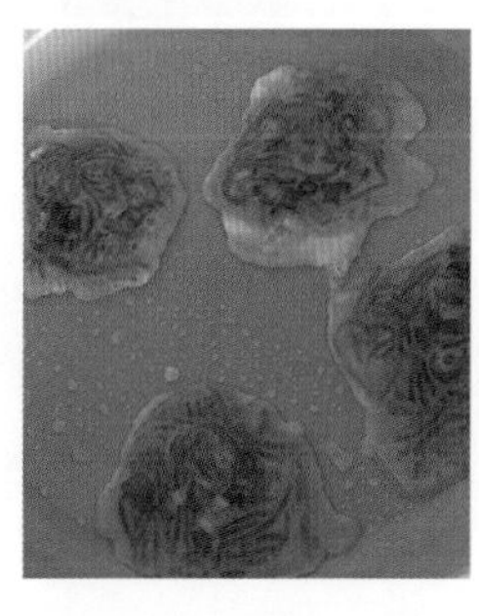

3. 달군 팬에 기름을 두르고 반죽을 한 스푼씩 올려 노릇하게 구워주세요.

4. 반쯤 익으면 만두 모양으로 반 접어 노릇하게 더 익혀주세요.

간식 & 과일

1장 간식

아기 간식은 제철과일을 챙겨주거나
직접 만든 엄마표 간식을 만들어주면 좋아요.
시판 간식을 구입할 때는 제품 뒷면의 원재료,
함유량 등을 꼭 확인하고 선택하세요.

감자전

재료

- □ 감자(중) 1개

완성량

지름 4~5cm 기준 7개 정도

후기 이유식 이후부터 아기 간식, 핑거푸드로 제공해도 좋아요. 기름이 없어도 만들 수 있어요.

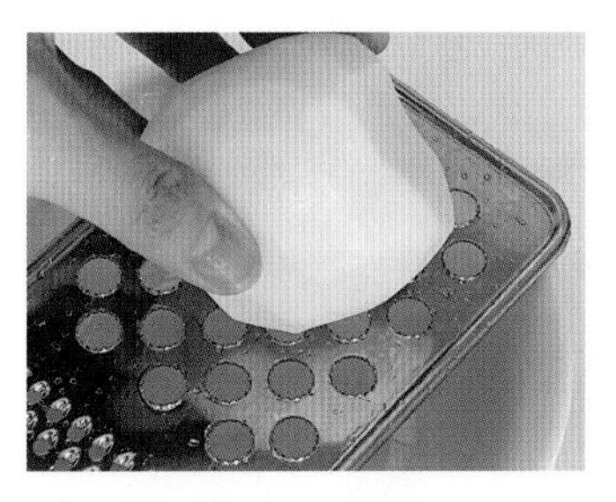

1. 감자는 껍질을 깎고 강판에 갈아주세요. 다치지 않게 조심해요.

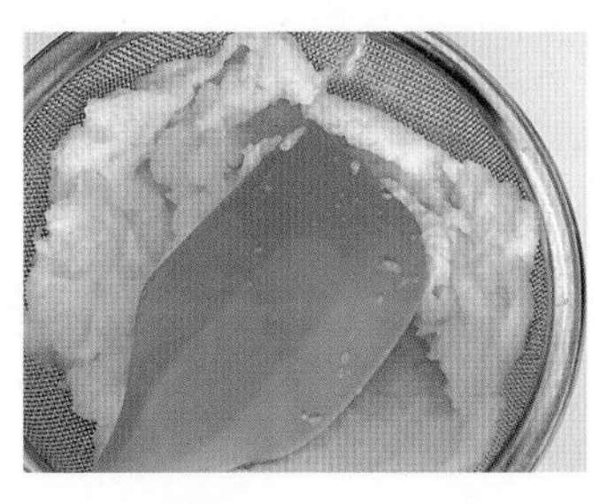

2. 체망에 밭쳐 물기를 꾹꾹 눌러 짜요.

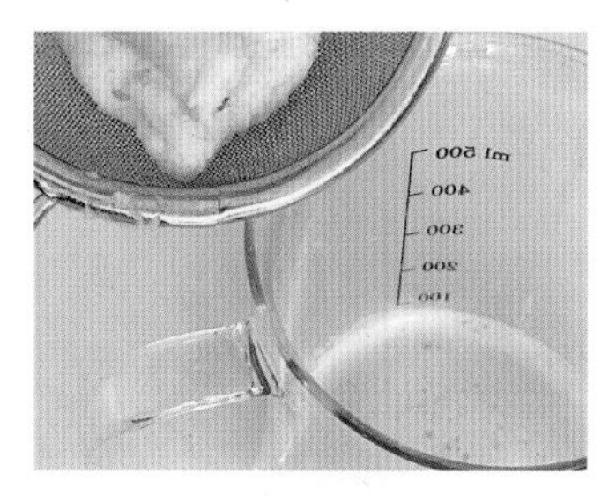

3. 감자 물을 5~10분 정도 두면 전분이 하얗게 가라앉아요.

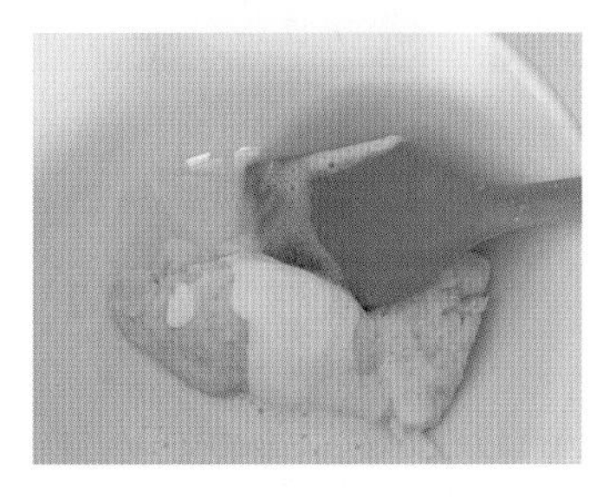

4. 위에 물은 버리고 하얀 전분과 감자 건더기를 섞어주세요.

5. 중불로 달군 팬에 한 숟가락씩 올려 펼쳐주세요.

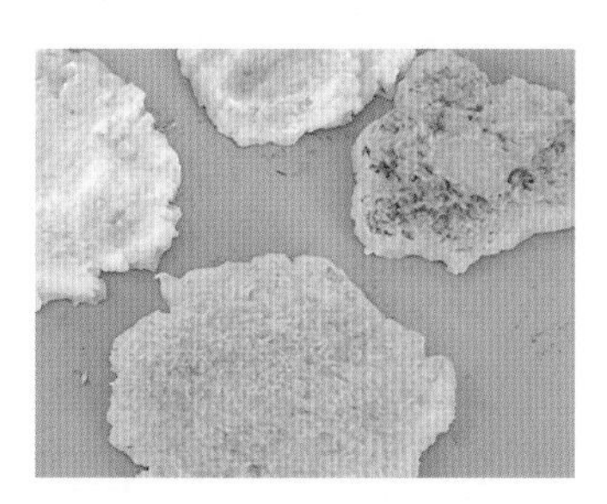

6. 약한 불에서 노릇노릇하게 구워요. 기름이 없어도 잘 뒤집어져요.

고구마치즈전

재료

- ☐ 익힌 고구마 100g
- ☐ 오트밀가루 10g
- ☐ 우유 10g
- ☐ 아기치즈 1장
- ☐ 기름 약간

완성량
1회분

아이와 어른 간식으로 강력 추천해요. 구운 꿀고구마로 만들면 더 맛있어요. 반죽을 4등분해서 굽고, 아기치즈도 4등분해서 작은 사이즈로 만들어도 좋아요.

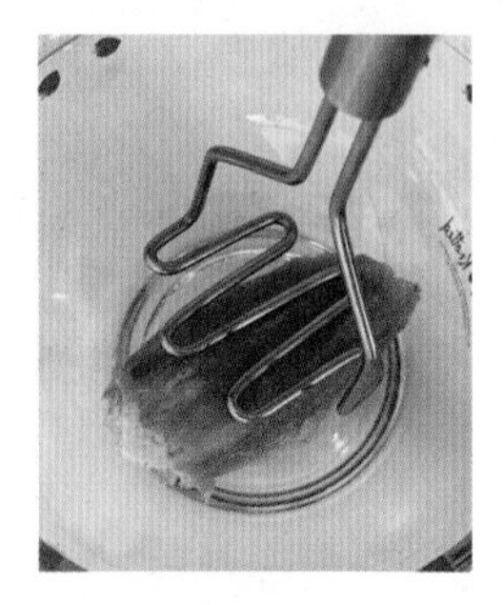

1. 볼에 고구마를 넣고 으깨주세요.

2. 오트밀가루, 우유를 넣고 잘 섞어서 반죽해요.

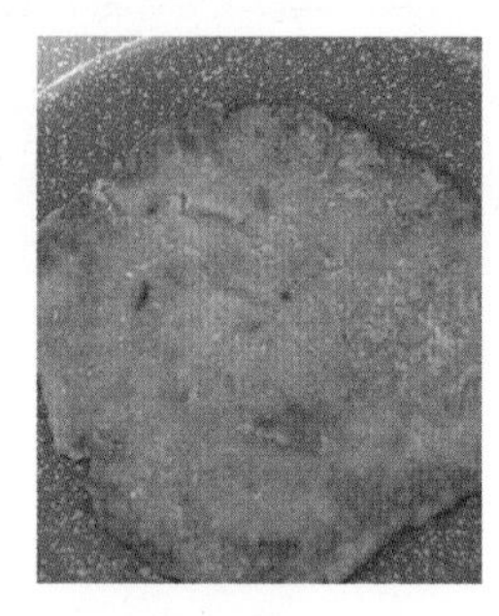

3. 달군 팬에 오일스프레이를 뿌리고, 반죽을 올려 펼친 후에 노릇하게 구워요.

4. 불을 끄고 아기치즈를 올리면 완성입니다. 치즈를 빨리 녹이려면 뚜껑을 덮어주세요.

TIP. **고구마치즈전 더 맛있게 만들기**

1. 오트밀가루 대신 퀵오트나 포리지오트, 밀가루, 쌀가루 모두 가능합니다.
2. 어른용으로 반죽에 파마산치즈가루를 1스푼 더하고, 아기치즈 대신 모짜렐라 치즈를 올리면 훨씬 맛있어요.

사과빵

재료

- ☐ 달걀 2알
- ☐ 사과 1/2개
- ☐ 땅콩버터 20g(약 2스푼)
- ☐ 당근 70g
- ☐ 아보카도유(또는 기름) 약간

완성량
1~2회분

6개월 이상이면 먹일 수 있어요. 밀가루가 들어가지 않은 글루텐프리 음식으로 소화도 잘 돼서 속이 편안합니다.

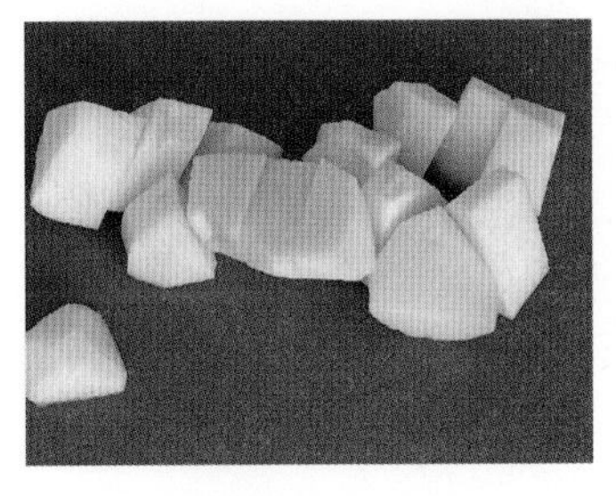

1. 사과는 껍질과 씨를 제거하고 적당한 크기로 잘라주세요.

2. 당근도 적당한 크기로 잘라주세요.

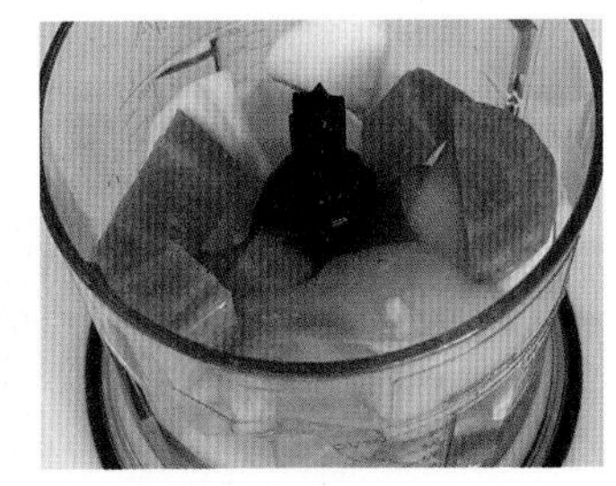

3. 사과, 당근, 땅콩버터, 달걀을 모두 믹서에 넣고 곱게 갈아주세요.

4. 레인지용 그릇 안쪽에 기름을 바르고 반죽을 부어주세요.

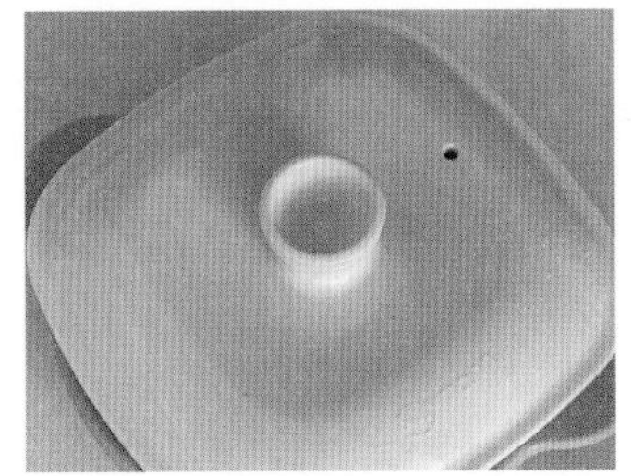

5. 뚜껑을 덮거나 랩을 씌워 젓가락으로 구멍을 뚫은 후에 전자레인지에서 8분 돌려요.

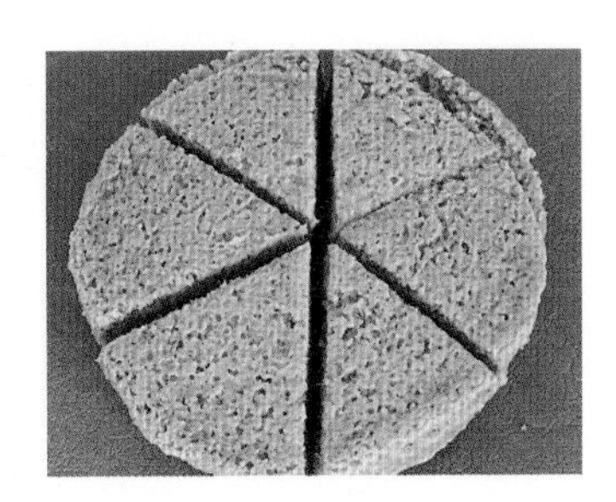

6. 그릇에서 빼내서 6등분 해주세요.

90초 땅콩버터빵

재료

- ☐ 달걀 1알
- ☐ 땅콩버터 3스푼(약 35g)
- ☐ 베이킹파우더 1티스푼
- ☐ 기름 약간(생략 가능)

완성량
1~2회분

90초면 빵이 만들어져요. 재료는 딱 3가지. 땅콩이 혈당을 낮춰주어 당뇨 있는 분들, 키토식단 하는 분들 사이에서 유명한 빵이에요.

1. 달걀, 땅콩버터, 베이킹 파우더 3가지 재료만 있으면 돼요.

2. 달걀을 잘 풀고, 베이킹파우더 1티스푼을 넣어주세요.

3. 땅콩버터 3스푼을 전부 넣고, 잘 섞어주세요.

4. 레인지용 실리콘그릇이나 유리그릇 안쪽에 기름을 바르고 반죽을 담아주세요.

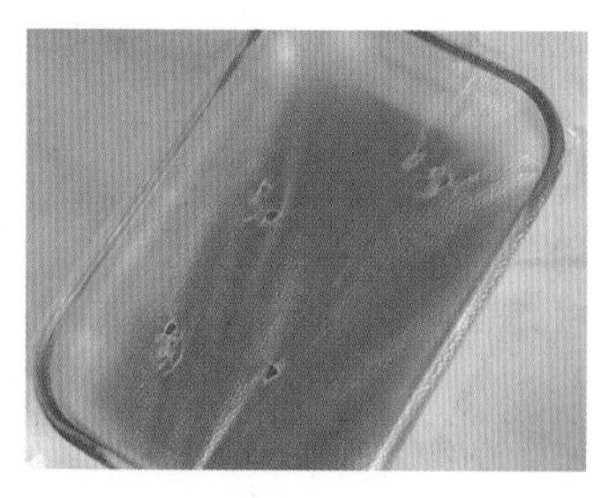

5. 랩을 씌워 젓가락으로 구멍을 뚫어요. 전자레인지에서 90초(1분 30초) 돌려주세요.

6. 적당한 크기로 잘라주세요.

감자당근빵

재료

- ☐ 감자 150g(중간 크기 1개)
- ☐ 당근 40g
- ☐ 달걀 1알 ☐ 오트밀가루 10g
- ☐ 무염버터 5g(또는 올리브유 1/2스푼)

완성량

1~2회분

7개월 이상이면 먹을 수 있어요. 감자가 들어가서 아침 식사 대용으로도 좋아요. 브로콜리, 옥수수, 호박 등 다양한 재료를 추가하면 더 맛있어요.

1. 감자, 당근은 갈아서 준비하고 버터는 미리 실온에 꺼내두어요.

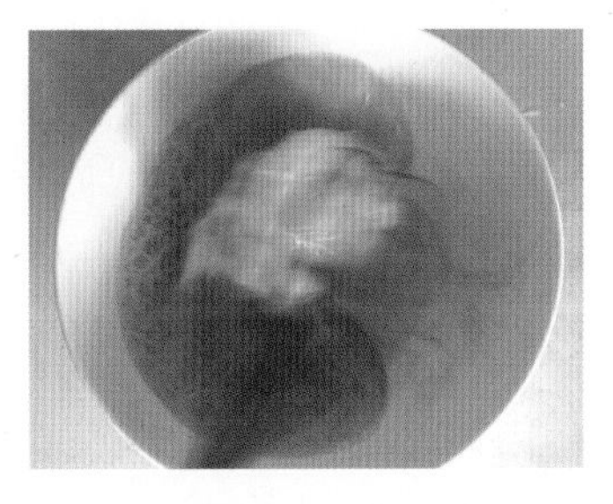

2. 달걀을 최대한 많이 휘저어서 풀어줘요.

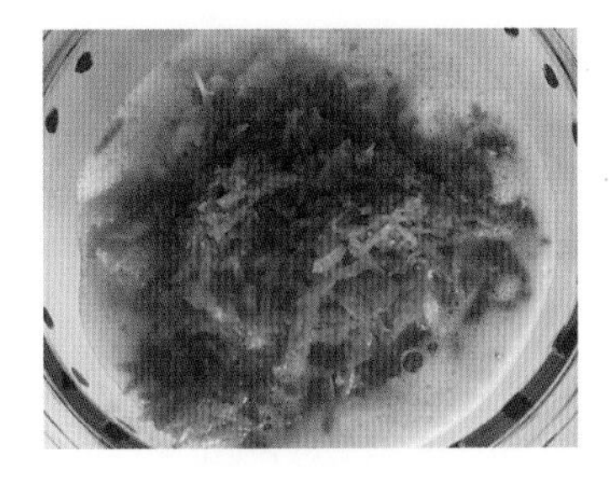

3. 볼에 달걀물, 갈아둔 감자와 당근, 오트밀가루, 버터를 넣고 잘 섞어주세요.

4. 레인지용 볼에 반죽을 담고 3분간 가열하고 상태를 확인한 후에 2분, 총 5분간 가열해요.

5. 감자당근빵 완성입니다.

바나나치즈빵

재료

- ☐ 바나나 1개
- ☐ 달걀 1알
- ☐ 밀가루 2스푼
- ☐ 우유 2스푼
- ☐ 아기치즈 1장

완성량
1~2회분

6개월 이상 돌 전 아기라면 우유 대신 분유를 사용하면 먹을 수 있어요.

1. 바나나, 달걀, 밀가루, 우유 모두 넣고 갈아주세요.

2. 레인지용 그릇에 1번 반죽을 붓고 위에 자른 아기치즈를 올리고 3분 30초간 돌려주세요.

TIP. 손에 묻어나는 게 싫다면 레인지에 돌린 후에 에어프라이어 180도에서 5분 정도 더 돌려주세요.

분유빵

재료

- ☐ 분유가루 4스푼(20g)
- ☐ 쌀가루 10g
- ☐ 달걀 1알
- ☐ 따뜻한 물 30mL

완성량

1~2회분

분유를 잘 먹지 않는 아기들에게 간식으로 만들어주기 좋은 메뉴입니다.

1. 레인지용 그릇에 달걀을 먼저 잘 풀어주세요.

2. 분유가루, 쌀가루, 따뜻한 물을 모두 넣고 잘 풀어주세요.

3. 랩을 씌우고 윗부분에 구멍을 뚫고, 전자레인지에 2분 30초 돌려주세요.

4. 그릇을 뒤집어엎어 분유빵을 빼고 한 김 식으면 8등분으로 잘라요.

TIP. **더 맛있게 만들기**

1. 다지기나 믹서에 모든 재료를 넣고 갈아서 만들면 더 편해요.
2. 쌀가루는 생략 가능해요. 추가로 바나나 또는 고구마 또는 단호박 등을 부재료로 50g 정도씩 추가해도 돼요(바나나분유빵, 고구마분유빵 등).
3. 아기치즈 1/2장을 잘게 잘라 넣고 섞어 만들면 치즈분유빵도 가능합니다.

망고요거트찐빵

재료

- ☐ 망고 또는 애플망고 50g
- ☐ 오트밀 30g ☐ 달걀 1알
- ☐ 아기 요거트 1개(85g)
- ☐ 베이킹파우더 1/2티스푼(생략 가능)
- ☐ 무염버터 10g(생략 가능)

완성량

9개

생후 6개월 이상이면서 각 재료에 알레르기가 없었다면 시도 가능한 간식입니다.

1. 오트밀은(퀵오트, 포리지오트, 롤드 오트) 곱게 갈아주세요.

2. 다지기에 망고, 오트밀가루, 달걀, 아기 요거트를 넣어주세요.

3. 잘 부풀게 하는 베이킹파우더도 소량 넣었어요. 생략해도 됩니다.

4. 무염버터 10g을 전자레인지에 30초~1분 정도 녹여서 넣어요. 버터가 들어가면 맛과 향이 더 좋아요.

5. 곱게 갈아놓은 모든 재료를 머핀틀의 70~80% 정도만 채워주세요.

6. 찜기에서는 25분, 레인지에서는 3분 돌려주세요. 찌면 촉촉하고 구우면 쫄깃한 느낌이에요.

바나나건빵

재료

- ☐ 잘 익은 바나나 1개
- ☐ 땅콩버터 1스푼 반(약 20g)
- ☐ 밀가루(박력분) 190g
- ☐ 베이킹파우더 2티스푼(생략 가능)

*돌 이후라면 설탕 30g, 소금 1/3스푼을 추가하면 더 맛있어요.

완성량

2~3회분

6개월 이상이면서 땅콩, 달걀, 밀가루 알레르기 통과 후라면 언제든지 시도 가능합니다.

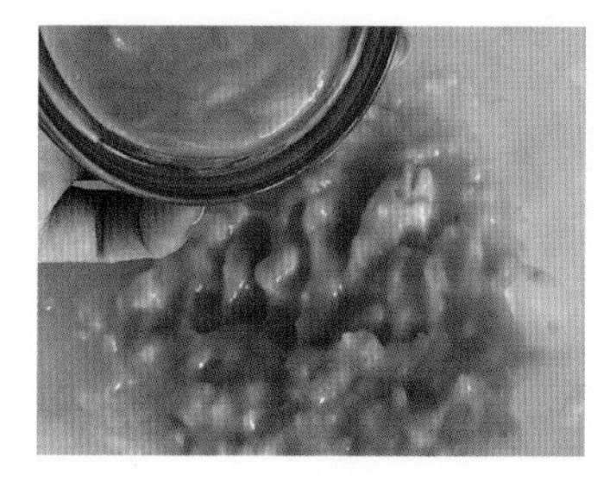

1. 으깬 바나나에 땅콩버터를 넣고 잘 섞어주세요.

2. 밀가루와 베이킹파우더를 넣고 섞어 주세요.

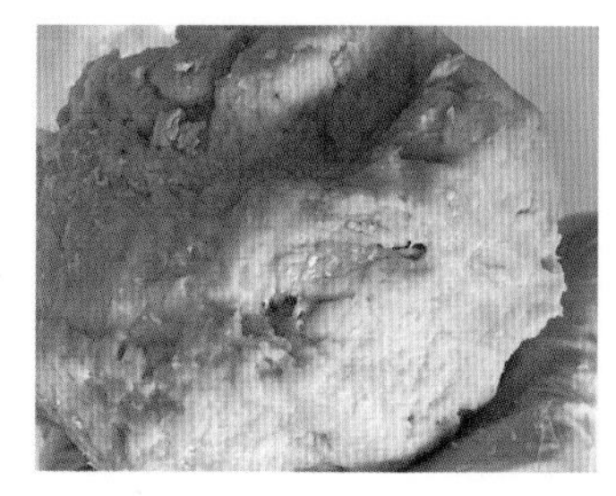

3. 뭉쳐지면 손으로 반죽해요. 농도는 밀가루로 맞춰요.

4. 반죽을 일정한 두께가 되게 밀대로 밀어주세요.

5. 모양틀로 찍어낸 반죽을 에어프라이어 180도에서 13분 돌려주세요.

6. 맛있는 바나나건빵 완성입니다. 바나나향이 많이 나진 않아요.

사과바나나머핀

재료

- □ 사과 40g(약 1/4개)
- □ 바나나 1/2개
- □ 달걀 1알
- □ 오트밀 20g
- □ 으깬 땅콩(생략 가능)
- □ 메이플 시럽(생략 가능)

완성량

중 사이즈 머핀틀 기준 3개

생후 6개월 이후 각 재료들의 알레르기 테스트 완료 후라면 언제든지 시도 가능합니다.

1. 오트밀은 가루나 퀵오트나 포리지 오트도 괜찮아요. 볶은 땅콩은 칼로 으깨요.

2. 다지기에 사과, 바나나, 오트밀, 달걀을 모두 넣어요. 돌 이후라면 메이플시럽을 약간 추가하면 맛있어요.

3. 모든 재료를 한 번에 갈아주세요.

4. 중 사이즈 머핀틀 안쪽에 기름을 바른 후에 반죽을 70~80% 정도만 채워주세요.

5. 으깬 땅콩을 올려주세요. 많이 넣으면 맛있어요.

6. 에어프라이어 180도 예열 후 14분 구워요(기기에 따라 12~15분 정도).

사과퓌레머핀

재료

- ☐ 사과퓌레(다른 퓌레 대체 가능) 100g
- ☐ 무염버터 20g ☐ 우유 50mL
- ☐ 밀가루(쌀가루 대체 가능) 90g
- ☐ 베이킹파우더 약간(생략 가능)
- ☐ 바닐라익스트랙 약간(생략 가능)

완성량

중 사이즈 머핀틀 기준 3개

버터가 들어가서 생후 7개월 이상이라고 적어두었습니다. 돌 전이면 우유 대신 분유물을 사용하세요.

1. 다지기에 사과퓌레, 밀가루, 우유, 녹인 무염버터, 베이킹파우더(생략 가능)를 모두 넣어요.

2. 바닐라익스트랙을 몇 방울 추가해주세요(돌 이후).

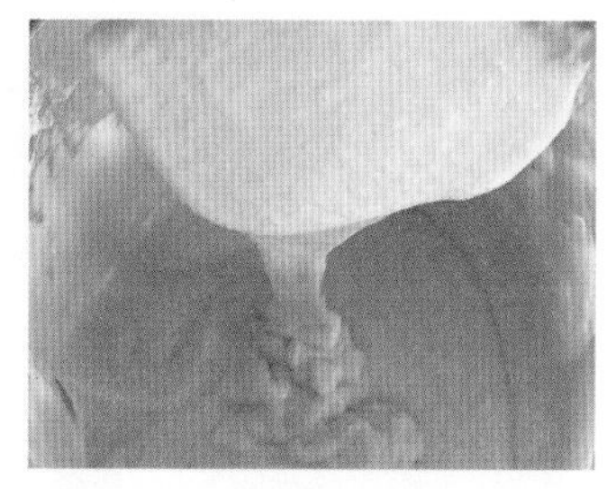

3. 한 번에 갈면 반죽 완성입니다. 핫케이크 반죽과 비슷해요.

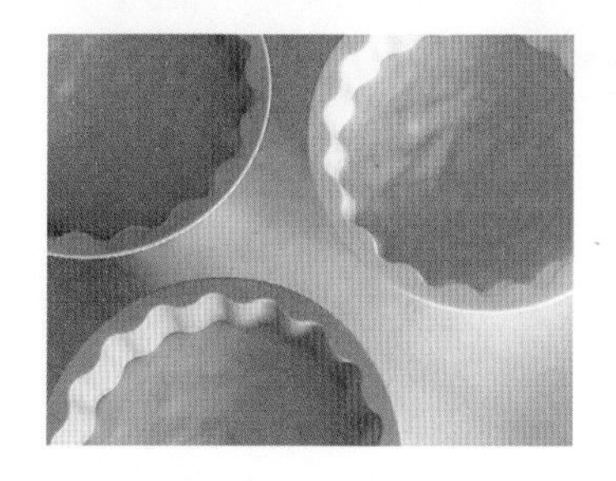

4. 중 사이즈 머핀틀 안쪽에 기름을 살짝 바른 후에 반죽을 70~80% 정도만 채워주세요.

5. 예열한 에어프라이어(오븐) 170도에서 10분간 구워주세요.

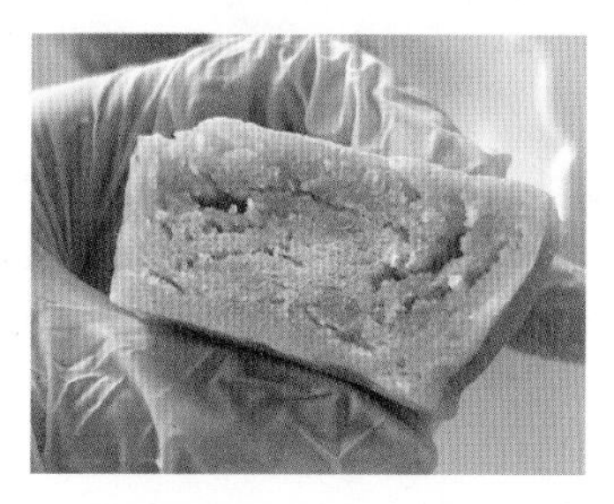

6. 달걀이 들어가지 않아 폭신한 느낌은 덜 해요. 고구마, 당근, 단호박 등 퓌레 종류를 바꿔서도 만들어보세요.

간식	머핀

땅콩소스사과머핀

재료

- ☐ 사과 40~50g(중간 크기 사과 1/2개)
- ☐ 달걀 1알
- ☐ 오트밀가루 30g
- ☐ 땅콩버터 약간
- ☐ 건포도 7~8개 정도(생략 가능)

완성량

중 사이즈 머핀틀 기준 2개

6개월 이상이면 먹을 수 있는 머핀입니다. 땅콩 테스트 전이라면 땅콩버터는 생략해주세요. 건포도를 넣어서 씹는 맛도 있고 맛도 더 좋아요.

1. 믹서에 손질한 사과, 달걀, 오트밀가루를 모두 넣고 갈아주세요.

2. 1번 반죽을 머핀틀 2개에 나눠붓고(80% 이하로 채우기) 건포도를 더해주세요.

3. 전자레인지에서 2분 30초 가열하면 완성입니다.

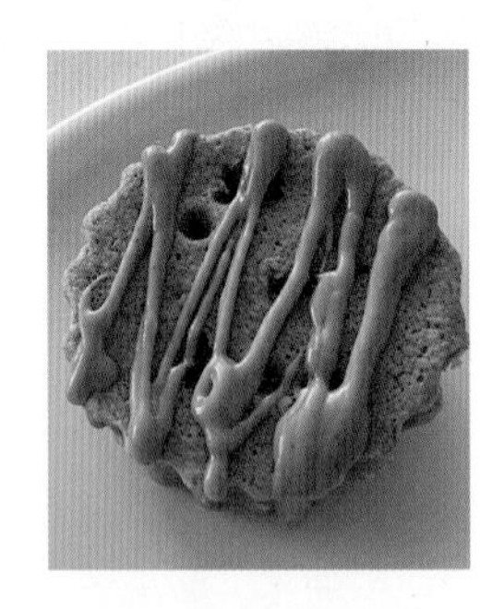

4. 땅콩버터를 머핀 위에 뿌려주세요.

TIP. **더 맛있게 만들기** 좀 더 빵 느낌을 원하면 베이킹파우더 한 꼬집을 1번 과정에 추가해주세요.

배대추차

재료

- □ 배 1개
- □ 대추 10개 □ 물 1L

완성량
5~6회분

생후 6개월 이후면 먹을 수 있는 배대추차입니다. 환절기 감기 예방과 기관지염, 만성 비염에 효과가 있어요.

1. 배는 깨끗하게 세척한 후에 씨를 제거하고 적당한 크기로 잘라주세요.

2. 대추는 먼지가 묻어 있기 때문에 물로 한 번 가볍게 세척해주세요.

3. 내솥에 배, 대추, 물을 넣고 찜 기능으로(1시간) 설정해주세요.

4. 1시간 후 완성된 모습입니다.

5. 체망에 걸러주세요. 대추나 배는 먹어도 괜찮습니다.

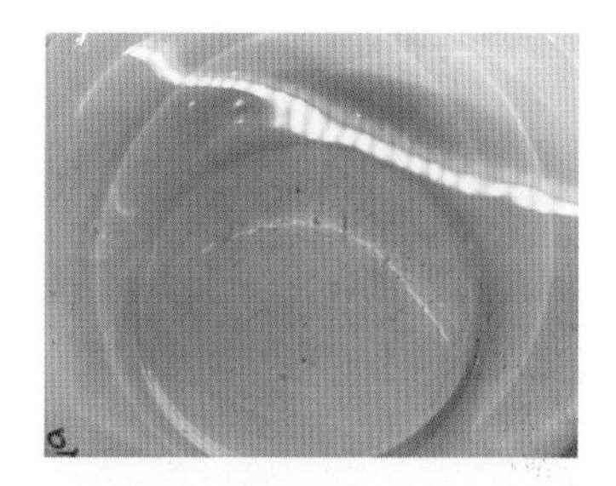

6. 식힌 후 냉장 보관해요. 달달해서 맛있어요.

시금치팬케이크(슈렉팬케이크)

재료

- ☐ 사과 60g(약 1/4개)
- ☐ 시금치 반 줌(약 15g)
- ☐ 오트밀 30g ☐ 우유 50mL
- ☐ 달걀 1알
- ☐ 베이킹파우더 1티스푼(생략 가능)

완성량

10개, 2~3회분

시금치는 비타민A가 가장 많고 비타민C와 칼슘, 철분 등이 들어 있어 아주 몸에 좋은데요. 팬케이크로 만들어주면 잘 먹어요.

1. 돌 전이면 우유 대신 분유물을 사용해요. 베이킹파우더는 생략해도 돼요.

2. 다지기나 믹서에 사과, 시금치, 달걀, 오트밀, 우유, 베이킹파우더를 넣어주세요.

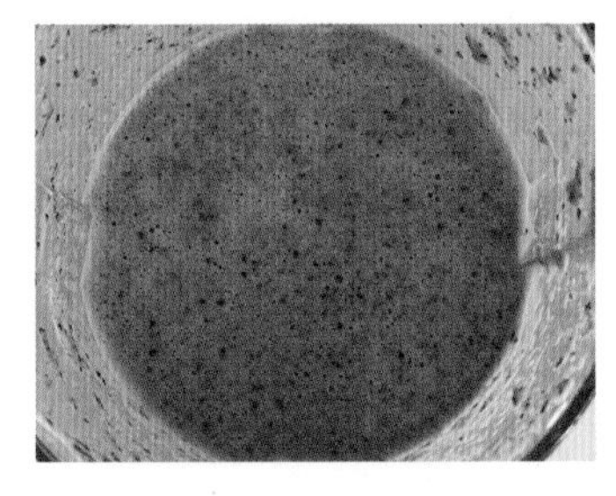

3. 곱게 갈면 반죽 완성입니다.

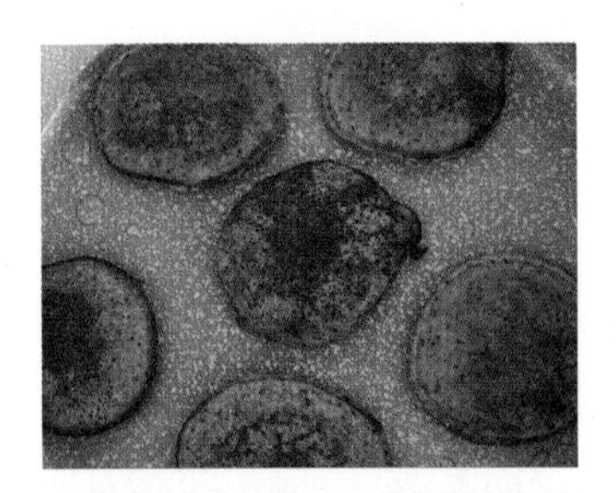

4. 달군 팬에 기름을 약간 두르거나 무염버터 5~10g 정도를 녹인 후에 약한 불에서 노릇노릇하게 구워주세요.

5. 에그팬이 있으면 팬케이크 모양으로 굽기 편해요.

6. 촉촉해서 아기들도 잘 먹어요.

바나나오트밀팬케이크

재료

- ☐ 잘 익은 바나나 1/2개
- ☐ 달걀 1알
- ☐ 오트밀가루 30g
- ☐ 우유 30mL
- ☐ 무염버터 또는 오일 약간(생략 가능)

완성량

2~3회분

생후 6개월 이상이면서 모든 재료를 먹어본 아기라면 시도 가능합니다. 돌 전 아기라면 우유 대신 분유물을 사용해요.

1. 다지기에 바나나, 오트밀가루, 달걀, 우유 모두 넣어주세요.

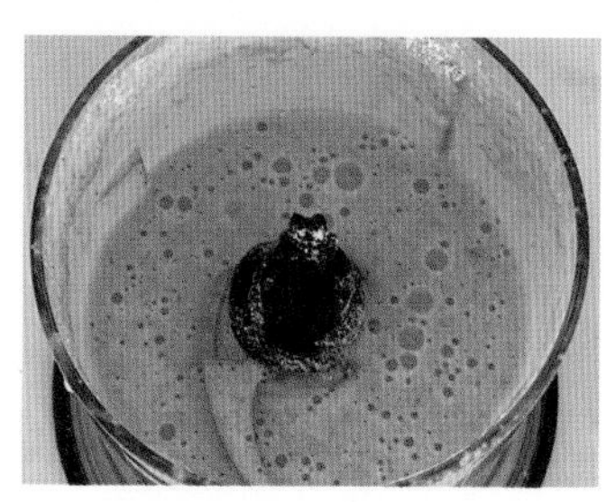

2. 곱게 갈아서 반죽을 만들어요.

3. 달군 팬에 무염버터 또는 오일을 녹인 후에 반죽을 붓고 노릇하게 구워주세요.

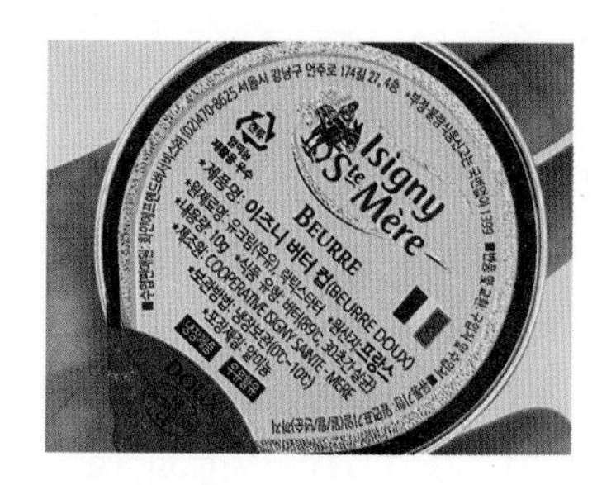

4. 이즈니 버터(10g)를 사용했어요. 돌 전이면 5g만 사용해요.

5. 약한 불에서 구워요. 보글보글 기포가 올라오면 뒤집어요.

6. 요거트나 생과일을 곁들여요.

바나나오트밀찜케이크

재료

- ☐ 잘 익은 바나나 1개
- ☐ 달걀 1알
- ☐ 분유물 10mL
- ☐ 오트밀 1스푼

완성량

1~2회분

생후 7개월 중기 이유식 이후부터 간식으로 줄 수 있어요. 물도 함께 챙겨주세요.

1. 달걀 1알은 잘 풀어주세요.

2. 달걀물, 바나나 1개, 오트밀 1스푼, 분유물 10mL를 준비해요.

3. 바나나는 잘 으깨주세요.

4. 그릇에 으깬 바나나, 달걀물, 오트밀, 분유물을 넣고 잘 섞어주세요.

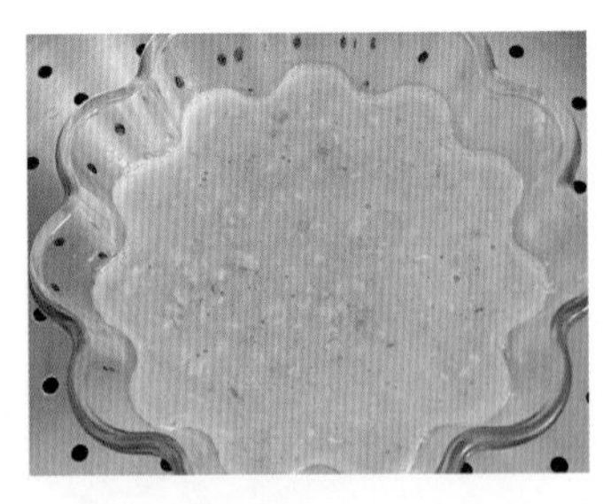

5. 용기에 반죽을 붓고 찜기에 올려요.

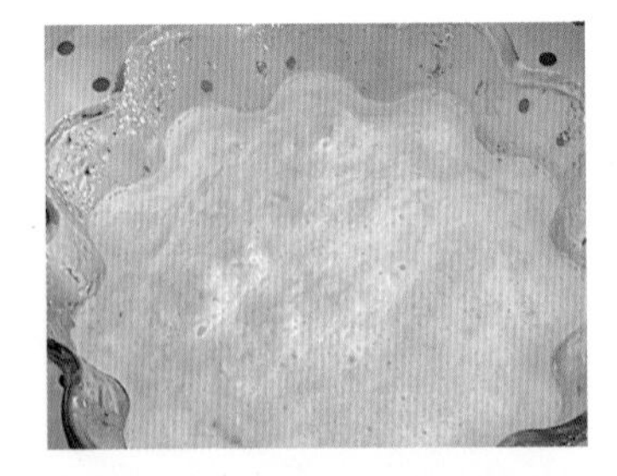

6. 물이 끓고 나서 15분 정도 찌면 완성입니다.

바나나땅콩팬케이크시리얼

재료

- ☐ 바나나 40g(1/2개)
- ☐ 오트밀가루 30g ☐ 달걀 1알
- ☐ 우유 20mL(돌 전이면 분유)
- ☐ 땅콩버터 1/2스푼(5g)
- ☐ 베이킹파우더 약간(생략가능)

완성량
2~3회분

생후 6개월 이상이면서 바나나, 오트밀, 달걀, 버터를 먹어본 아기라면 언제든지 시도 가능합니다. 한 끼 식사 대용으로도 좋아요. 돌 전 아기라면 우유 대신 분유물을 사용해요.

1. 바나나, 오트밀가루, 달걀, 우유, 땅콩버터, 베이킹파우더를 준비해요.

2. 1번 재료를 다지기나 믹서에 모두 넣고 곱게 갈아요.

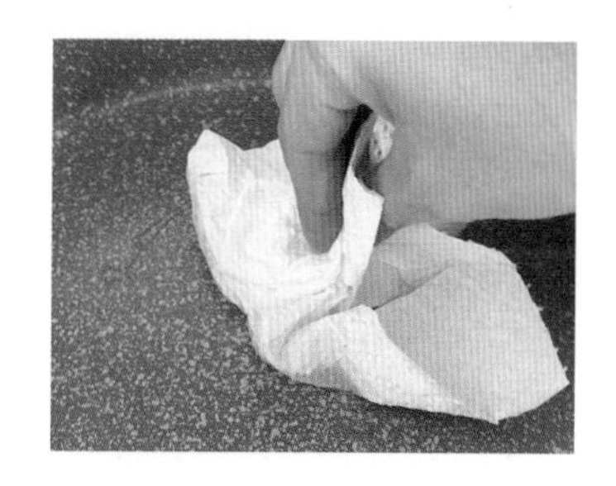

3. 팬에 기름을 약간 두른 후 키친타월로 닦아내요. 최소한의 기름만 있어도 됩니다.

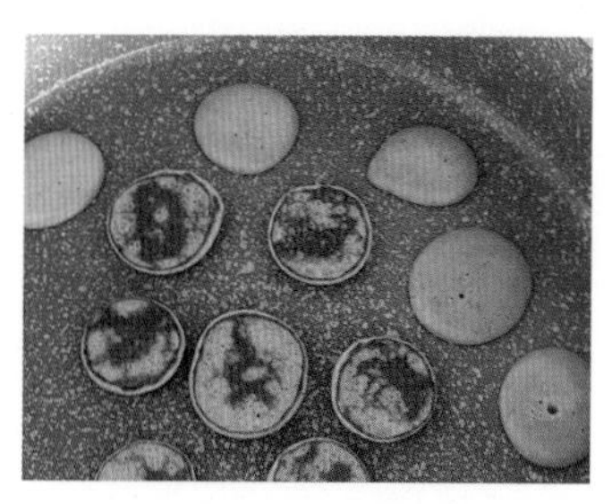

4. 반죽을 작은 크기로 올려 앞뒤로 노릇하게 구워주세요. 작게 부치는 게 힘들면 큰 반죽으로 부쳐도 돼요.

5. 시리얼처럼 그릇에 담아 우유를 부어먹거나, 메이플시럽을 뿌려도 좋아요. 딸기나 바나나 같은 생과일을 곁들여도 좋아요.

간식 | 빵

프렌치토스트

재료

- ☐ 쌀식빵 2개
- ☐ 달걀 1알 ☐ 우유 2스푼
- ☐ 설탕 1스푼 ☐ 소금 2꼬집
- ☐ 버터(다른 기름으로 대체 가능).

완성량

아기랑 엄마 함께 1회 분량

어른이 먹어도 맛있어요. 우유나 요거트, 생과일을 곁들이면 한 끼 식사로도 충분해요.

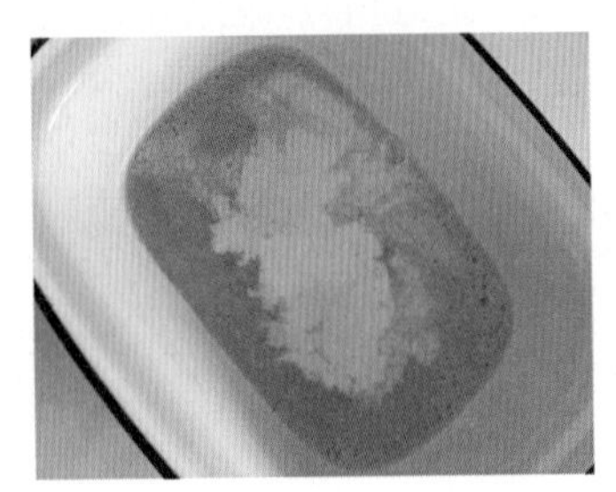

1. 달걀, 우유, 설탕, 소금을 잘 섞어서 달걀물을 만들어요.

2. 식빵을 적당한 크기로 잘라요.

3. 식빵을 달걀물에 푹 적셔주세요.

4. 달군 팬에 버터를 녹이고 달걀물 묻힌 식빵을 앞뒤로 노릇하게 구워요.

5. 달걀물이 촉촉하게 스며들어 정말 맛있어요.

TIP. **참고사항**

1. 무염식중이거나 설탕 사용 전이면 설탕, 소금은 생략해요.
2. 설탕 대신 연유를 넣거나 마지막에 슈가파우더를 뿌려도 좋아요.

프렌치토스트컵

재료

- ☐ 쌀식빵 2쪽
- ☐ 달걀 1알 ☐ 우유 60mL
- ☐ 설탕 또는 연유 약간
- ☐ 머핀틀(중간 크기) 2개

완성량
2개

9개월 이상(우유 대신 분유 사용 시)이면 먹을 수 있어요. 생과일이나 치즈, 수프, 우유, 요거트 등을 곁들이면 한 끼 식사 대용으로도 충분해요.

1. 식빵은 밀대로 밀어준 후 테두리를 잘라내고 4면의 중간까지 칼집을 내요(빵이 분리되지 않게).

2. 머핀틀에 쌀식빵을 겹쳐 넣어 컵 모양을 만들어요(2개).

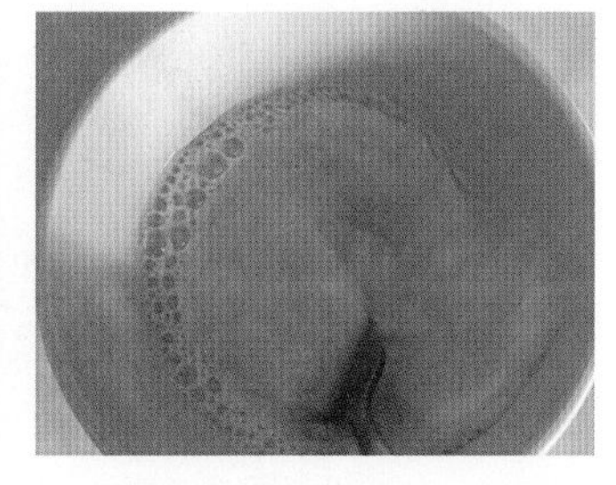

3. 달걀과 우유를 섞어주세요. 단맛을 원하면 여기에 설탕(또는 연유)을 조금 추가해도 돼요.

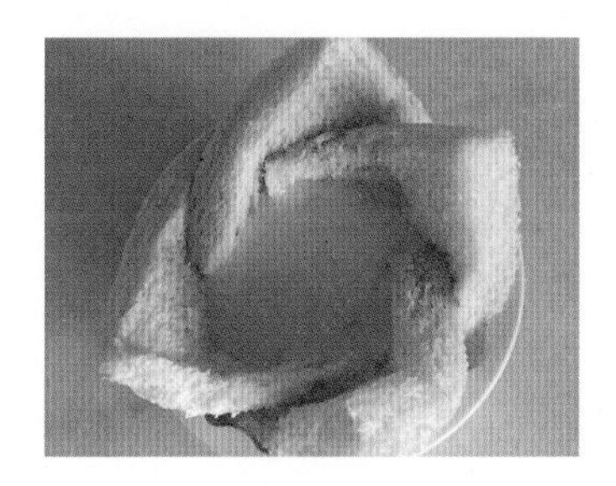

4. 반죽을 두 번에 걸쳐 나눠서 부어주세요.

5. 에어프라이어 170도에서 약 13분 정도 구우면 완성입니다.

간식 | 빵

카스테라

재료

- ☐ 달걀 4알
- ☐ 설탕 60g
- ☐ 밀가루(박력분) 80g
- ☐ 무염버터 50g
- ☐ 바닐라익스트랙 약간 (생략 가능)

완성량

5~6회분

돌 이후에 먹을 수 있는 카스테라입니다. 단맛을 어디까지 허용했느냐에 따라 카스테라 먹이는 시기는 달라질 수 있어요. 완성 후 하루 지나서 먹으면 더 맛있어요.

1. 밀가루는 체에 곱게 걸러주세요.

2. 곱게 푼 달걀물에 설탕을 넣고 완전히 녹을 때가지 잘 섞어요. 달걀 비린내 제거용으로 바닐라익스트랙을 약간 넣어요(생략 가능).

3. 뜨거운 물에(중탕) 달걀물을 올려 천천히 저어가며 따뜻하게 온도를 올려줘요(37~40도).

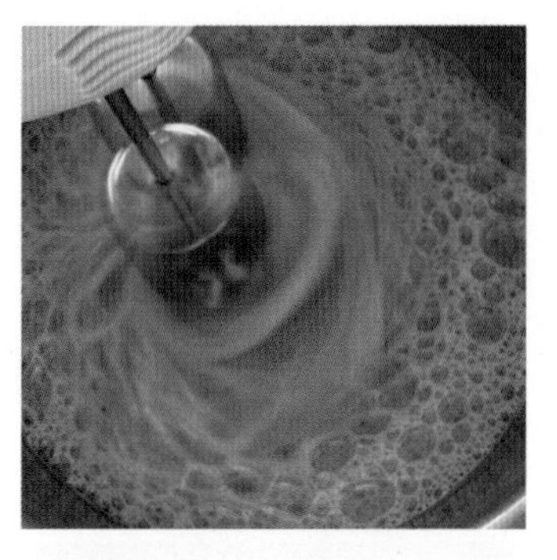

4. 버터도 녹이고, 달걀물은 핸드믹서 고속으로 6분 정도 휘핑해요(떨어진 반죽이 그 자리에 3초 유지될 정도).

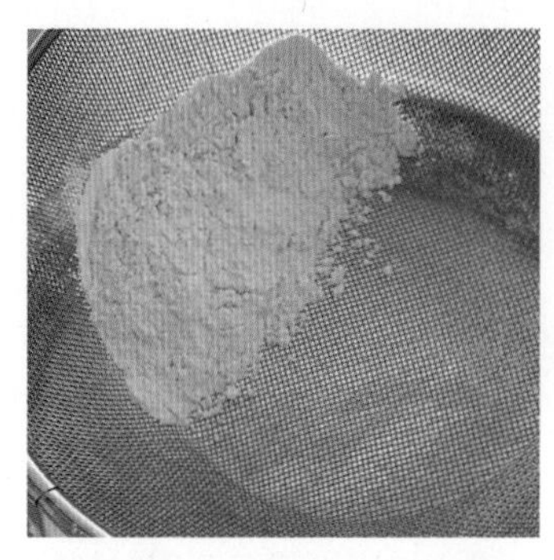

5. 핸드믹서 1단으로 2분간 휘핑하고 기포 제거 후 1번 밀가루를 한 번 더 체쳐서 넣어주세요.

6. 한 손으로 돌려가며 날가루가 없어질 때까지 살살 섞어주세요.

7. 녹인 버터에 반죽을 2주걱 넣고 잘 섞은 후에 높은 위치에서 틀에 부어주세요.

8. 틀을 두어 번 바닥에 떨어뜨려 기포를 정리한 후 에어프라이어 170도에서 30분간 구우면 완성입니다.

간식	빵

바나나크레페롤

재료

- ☐ 당근 15g
- ☐ 밀가루 또는 오트밀가루 50g
- ☐ 우유 또는 분유 40mL
- ☐ 달걀 1알 ☐ 바나나 1개
- ☐ 그릭요거트 약간 ☐ 기름 약간

완성량
1회분

9개월 이상(우유 대신 분유 사용 시)이면 먹을 수 있어요. 당근 대신 시금치를 갈아 넣으면 초록색 크레페를 만들 수 있어요. 최대한 얇게 부치면 좋아요.

1. 당근을 강판에 갈아주세요.

2. 당근, 밀가루, 우유, 달걀을 모두 믹서에 넣고 곱게 갈아주세요.

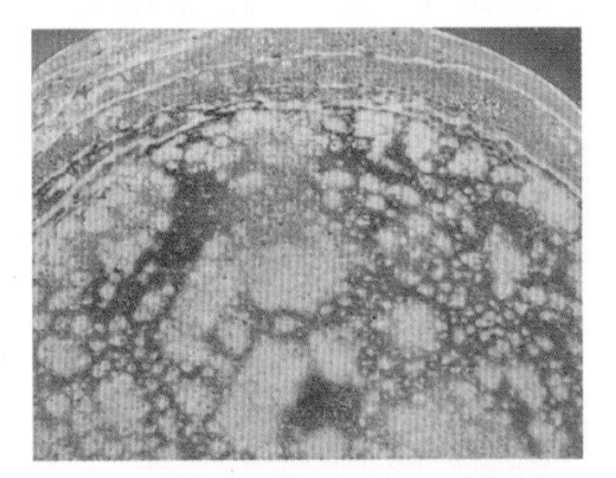

3. 달군 팬에 기름을 약간 두르고 2번 반죽을 부어 최대한 얇게 부쳐요.

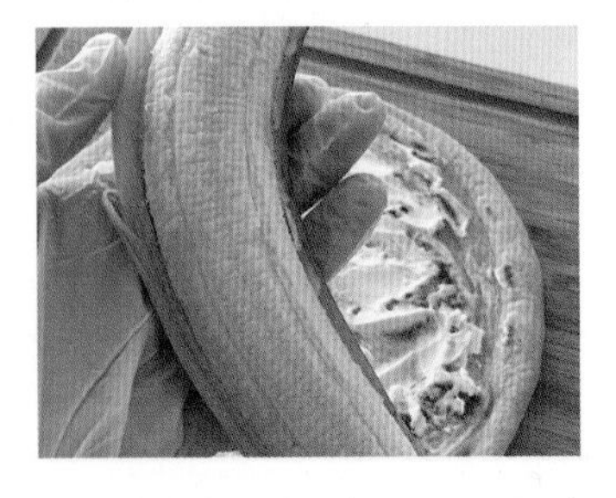

4. 크레페에 그릭요거트를 골고루 바른 후에 바나나를 넣고 말아주세요.

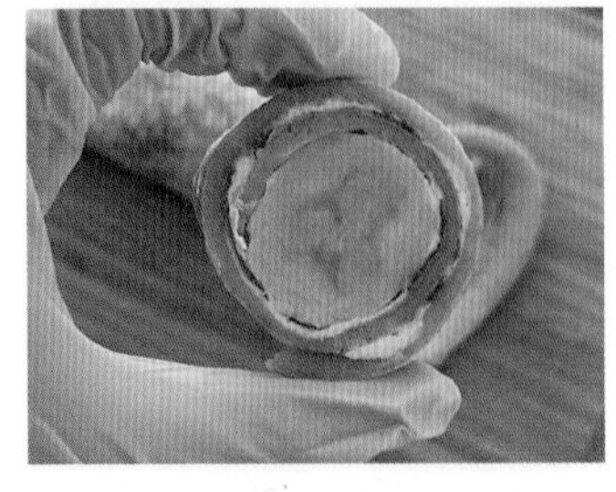

5. 적당한 크기로 자르면 완성입니다.

TIP. **참고사항**

1. 달걀 흰자 알레르기가 있다면 노른자만 2알 넣어요.
2. 기름 대신 버터를 녹여 반죽을 구워도 맛있어요.

치즈와플

재료

- ☐ 달걀 2알
- ☐ 우유 2스푼(약 10mL)
- ☐ 아기치즈 1장
- ☐ 기름 약간

완성량

1~2회분

오트밀 포리지나 과일, 요거트 등을 곁들이면 든든한 한 끼 식사가 됩니다. 다양한 채소 토핑(양파, 파프리카, 시금치 등)을 넣으면 맛이 더 풍부해요.

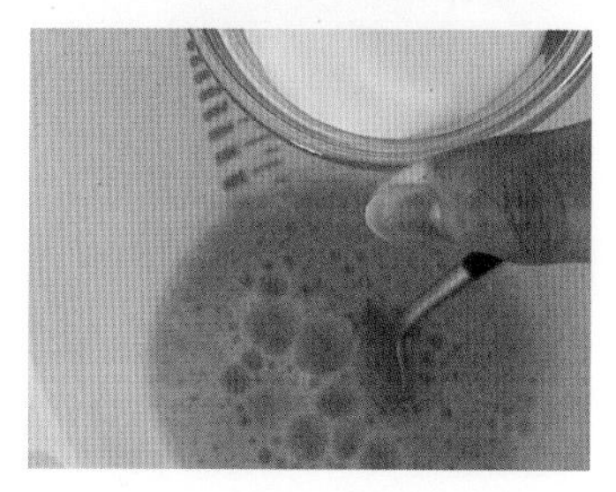

1. 아기치즈는 미리 실온에 꺼내두세요. 달걀 2알을 먼저 풀고 우유를 넣어주세요.

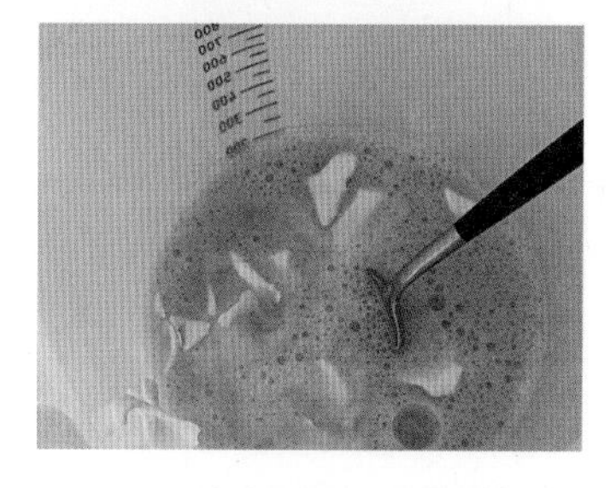

2. 아기치즈를 작게 잘라 섞어주세요.

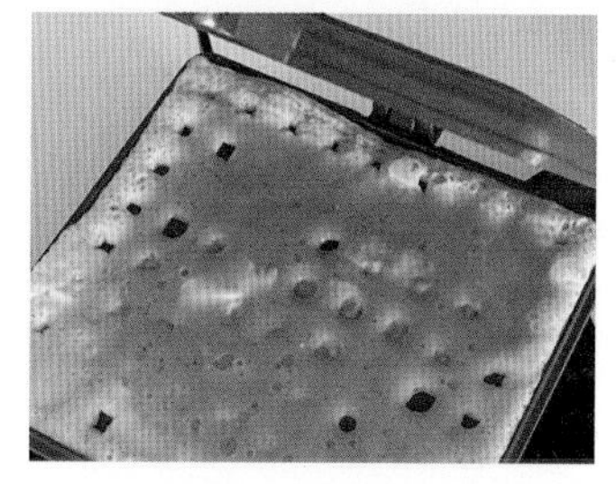

3. 중불에서 예열한 와플팬에 기름을 살짝 발라주세요. 2번을 적당히 붓고 약한 불에서 뒤집어가며 구워주세요.

4. 달걀, 치즈가 들어가 부풀어올라요. 색감이 노릇노릇해지면 완성입니다.

5. 적당한 크기로 잘라 주세요.

간식 | 쿠키

당근오트밀바

재료

- ☐ 오트밀 60g
- ☐ 땅콩버터 15g(약 1스푼)
- ☐ 우유 60mL ☐ 당근 1/4개

완성량

1~2회분

씹는 연습이 많이 된 경우라면 돌 전이어도 시도해볼 수 있어요. 땅콩버터가 들어가서 고소하고 오트밀, 당근을 넣어 한 끼 식사 대용으로도 좋아요.

1. 재료를 모두 준비해요. 돌 전에 주려면 우유 대신 분유를 사용해요.

2. 롤드 오트를 사용했어요. 퀵오트나 포리지오트를 사용하면 좀 더 부드러워요.

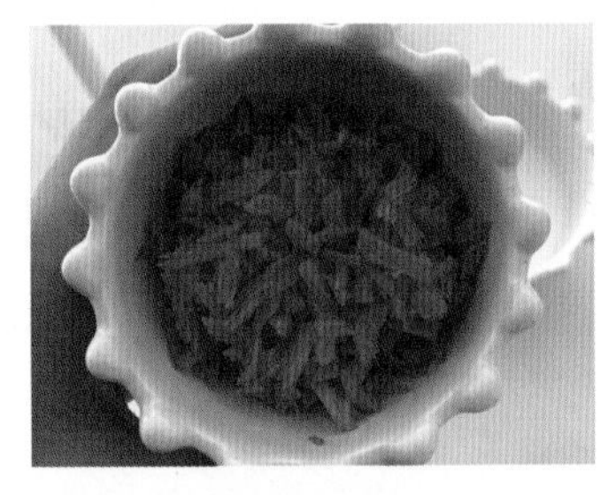

3. 당근은 그레이터로 갈거나 얇은 채칼로 썰거나 잘게 다져요.

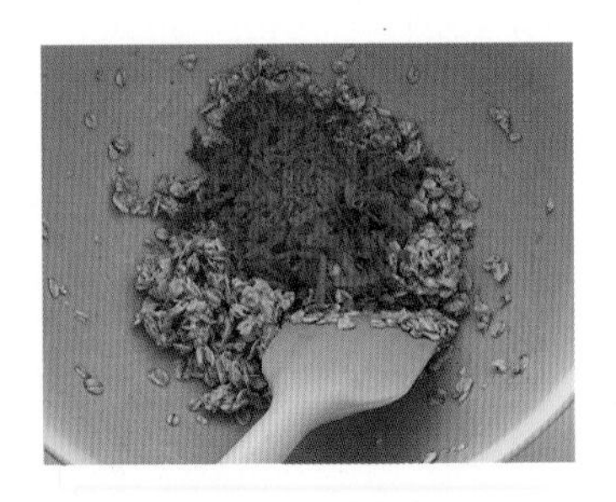

4. 볼에 오트밀, 땅콩버터, 우유, 당근을 모두 넣고 잘 섞어주세요.

5. 오븐/에어프라이어용 틀에 종이호일을 깔고 반죽을 얇게 펼쳐요. 180도에서 30분 굽고 꺼내서 10분 식혀주세요.

6. 오트밀바 완성입니다.

바나나오트밀쿠키

재료

- ☐ 오트밀(포리지오트) 60g (종이컵 기준 1컵)
- ☐ 땅콩버터 15g(약 1스푼)
- ☐ 잘 익은 바나나 1/2개
- ☐ 블루베리 12개

완성량
지름 5cm 쿠키 4개

6개월 이상이면서 바나나, 오트밀, 땅콩 테스트가 끝났다면 언제든지 시도 가능합니다.

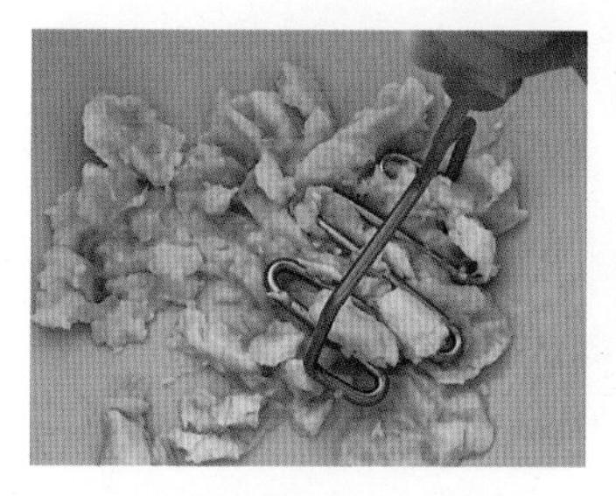

1. 바나나는 껍질을 벗겨서 포크나 매셔로 으깨주세요.

2. 1번에 땅콩버터, 오트밀을 넣고 잘 섞어요. 퀵오트나 롤드 오트를 사용해도 좋아요.

3. 2번을 동그랗게 뭉쳐서 모양을 만들어요.

4. 오븐/에어프라이어용 틀에 종이호일을 깔고 동글납작하게 쿠키 모양으로 만들어서 올려요.

5. 블루베리는 도마에 올리고 칼을 눕혀 으깨주세요.

6. 으깬 블루베리를 쿠키 위에 데코해요. 180도 오븐에서 8~10분 정도 구운 후 꺼내서 10분 식혀주세요.

고구마쿠키

재료

- ☐ 고구마(중간 크기) 150g
- ☐ 밀가루 130g
- ☐ 무염버터 40g

딱 3가지 재료로 만들 수 있는 초간단 간식 고구마쿠키입니다. 밀가루, 고구마 테스트가 끝났다면 시도해볼 수 있어요.

TIP. **고구마 쿠키 더 맛있게 만들기**

1. 두께가 일정해야 골고루 잘 익어요. 고구마 대신 감자, 단호박을 넣어도 좋아요.
2. 설탕 30g+소금 1/3스푼을 믹서로 곱게 갈아서 반죽에 추가하면 단맛과 짠맛이 더해져 더 맛있어요.

1. 생고구마는 깨끗이 손질한 후에 대강 잘라주세요.

2. 무염버터 40g을 준비해요. 간을 하는 아기라면 가염버터도 괜찮아요.

3. 전자레인지 전용 용기에 고구마를 넣고, 물을 자작하게 부은 후에 뚜껑을 닫아 5분간 익혀요.

4. 버터는 전자레인지에 30초씩 끊어가며 덩어리 없이 녹여요.

5. 밀가루 130g을 계량해요.

6. 잘 익은 고구마는 물기를 빼서 볼에 넣고 매셔로 잘 으깨주세요.

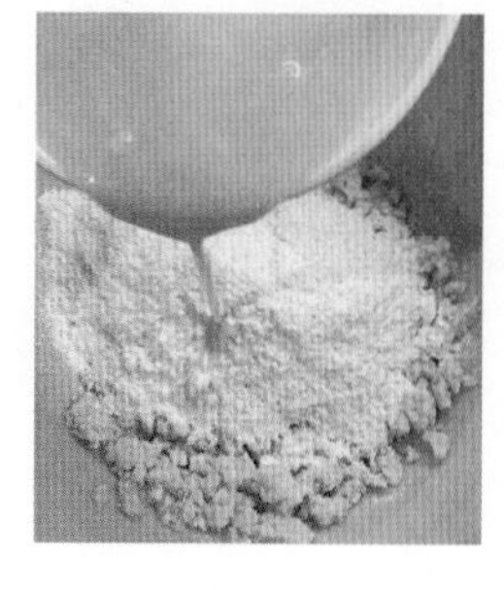

7. 6번에 밀가루 130g, 녹인 무염버터 40g을 부어주세요.

8. 골고루 잘 섞어주세요. 손으로 치대가며 반죽해요.

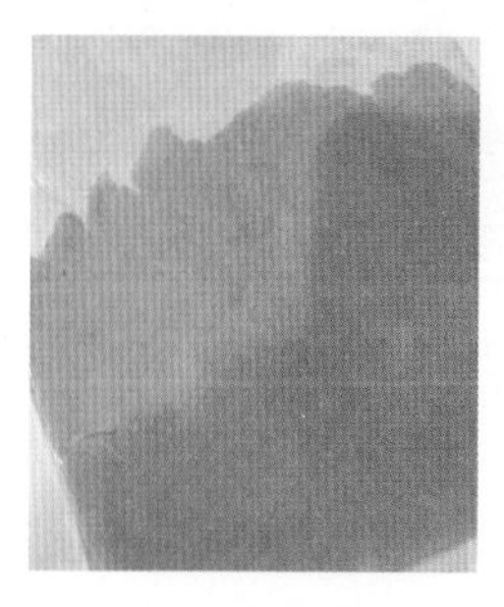

9. 반죽 위에 랩을 덮거나 지퍼백에 넣고 밀어요. 그대로 냉장실에 넣고 30분간 휴지시켜요.

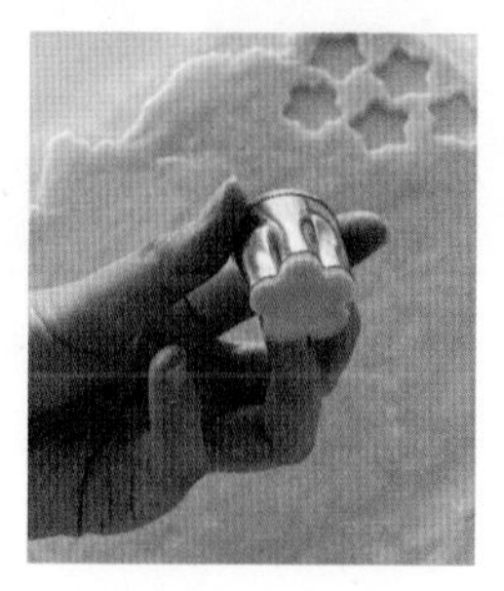

10. 반죽을 꺼내 쿠키 틀로 찍어내요. 180도로 예열한 오븐/에어프라이어에 넣고 10분간 구워요.

11. 아이들에게 하트 모양, 별 모양을 찍으라고 주면 아주 재밌어합니다.

12. 색감도 예쁘고 만들기도 쉬운 고구마쿠키 완성입니다.

고구마사과잼쿠키

재료

- ☐ 익힌 고구마 100g
- ☐ 익힌 브로콜리 100g
- ☐ 아기치즈 2장
- ☐ 빵가루 또는 쌀가루나 오트밀가루 50g
- ☐ 사과퓌레 약간

완성량

지름 4cm 쿠키 9개

생후 7개월 이상부터 추천하는 레시피입니다.

1. 볼에 익힌 고구마를 으깨주세요.

2. 볼에 익힌 브로콜리를 넣고 잘 으깨줍니다. 브로콜리가 잘 으깨지지 않으면 다지기로 다져 넣으세요.

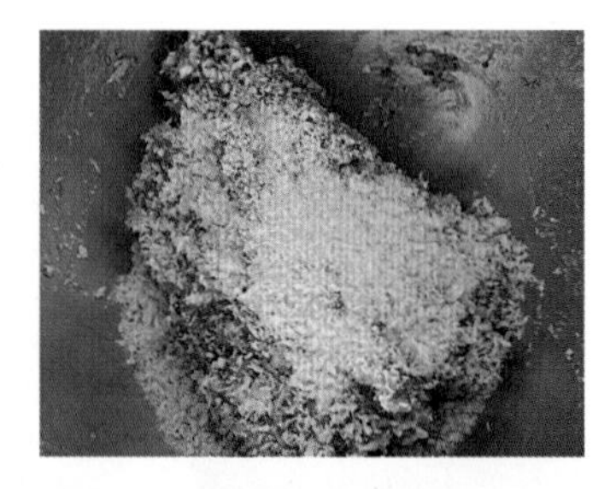

3. 으깬 고구마와 브로콜리에 아기치즈 2장, 빵가루를 넣고 반죽해요.

4. 틀에 종이호일을 깔고, 반죽을 동글납작하게 만들어 중앙 부분을 살짝 눌러줍니다.

5. 사과퓌레(다른 과일퓌레도 가능)를 조금씩 짜 넣고, 에어프라이어 160도에서 13~15분 정도 구워주세요.

6. 식감도 좋고 달콤한 고구마사과잼쿠키 완성입니다.

아기제니쿠키

재료

- 밀가루(박력분) 100g
- 무염버터 70g
- 달걀 1알
- 설탕 50g
- 소금 1g
- 바닐라익스트랙 약간(생략 가능)

완성량

약 10개(지름 4cm 기준)

12개월 이상부터 추천하는 레시피입니다. 설탕, 소금을 생략하면 돌 전에도 먹을 수 있어요.

1. 버터, 달걀은 미리 꺼내 실온에 30분 이상 두세요.

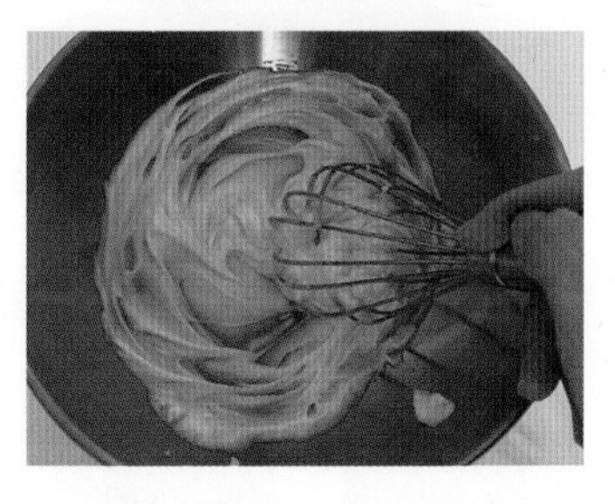

2. 볼에 버터를 넣고 휘저으며 마요네즈 질감으로 만들어요. 설탕, 소금을 조금씩 나눠 넣으며 잘 섞어주세요.

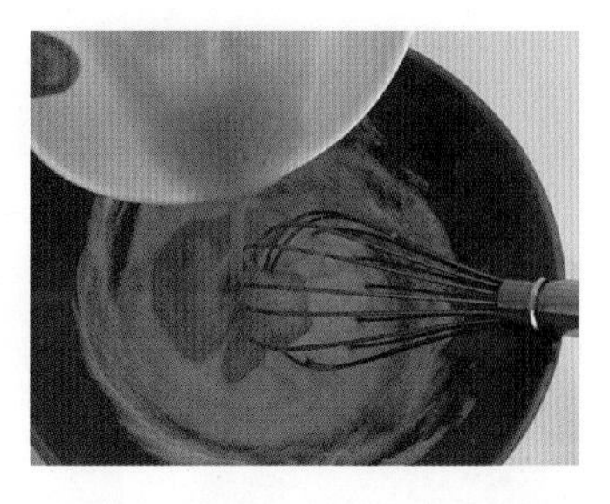

3. 달걀물을 2번에 2~3회 나누어 넣으면서 버터와 잘 섞어주세요.

4. 밀가루를 체에 곱게 걸러 3번에 넣어주세요.

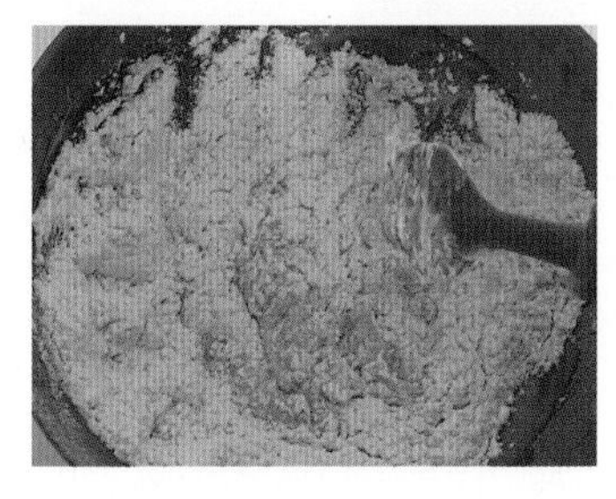

5. 주걱으로 가볍게 자르듯이 섞어주세요. 흰 가루가 안 보이면 됩니다.

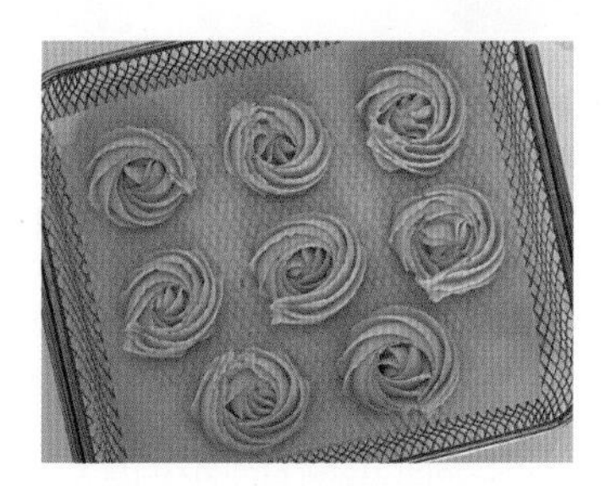

6. 짤쭈머니에 깍지를 끼워 일정한 두께로 반죽을 짜요. 에어프라이어 170도에서 13분 구우면 완성입니다.

간식 | 과자

치즈볼(치즈까까)

재료

□ 아기치즈 1장

완성량

1~2회분

튼이가 어릴 때부터 좋아하던 간식인데 7살이 된 지금까지도 잘 먹어요. 뿐이는 10개월쯤 처음으로 만들어줬는데 입 안에 달라붙는지 먹다 기침을 하거나 구역질했는데, 돌 전후로는 잘 먹었어요. 물을 함께 주면 편안하게 먹을 것 같아요.

1. 매일 상하 아기치즈 2단계 제품을 사용했어요. 돌 전이면 1단계를 구매해요.

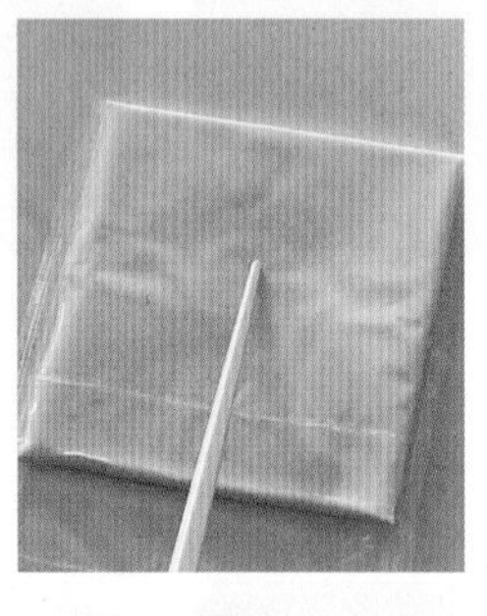

2. 치즈는 젓가락으로 줄을 긋는다는 느낌으로 16등분 해주세요.

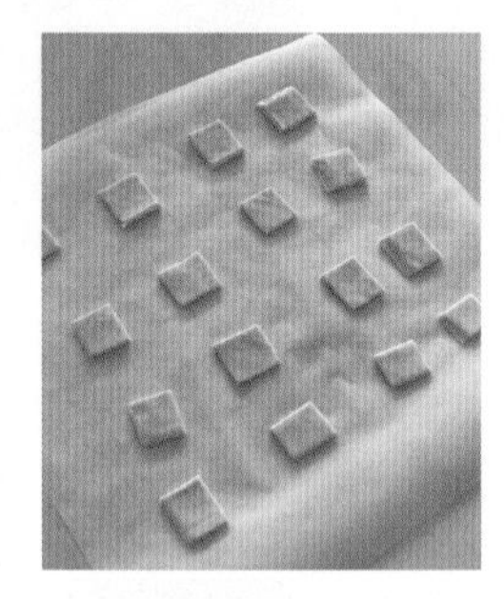

3. 치즈는 종이호일에 간격을 띄워 배치해요.

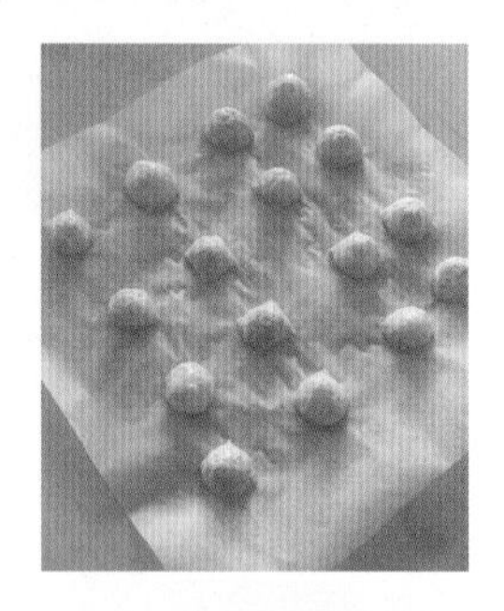

4. 전자레인지에서 1분 20초면 완성입니다. 치즈가 부풀어올라 과자처럼 변해요.

TIP. **만들 때 주의사항**

1. 전자레인지 사양에 따라 완성되는 시간이 달라요. 참고로 제가 사용한 전자레인지는 오븐 복합형이 아닌 일반 전자레인지입니다.

2. 치즈는 생후 6개월 이상이면 먹을 수 있어요. 나트륨이 함유되어 있기 때문에 적당히 주는 게 좋아요. 종이호일 대신 실리콘 재질 접시에 만들어도 돼요. 다만 종이호일에 한 것처럼 치즈가 잘 떨어지진 않아서 다소 불편할 수 있어요.

오트밀땅콩볼(오땅볼)

재료

- ☐ 바나나 1개
- ☐ 땅콩버터(또는 아몬드버터) 2스푼(약 25g)
- ☐ 오트밀 50g
- ☐ 무염버터 5g(생략 가능)

완성량

약 10개(지름 4cm 기준)

생후 6개월 이상이면서 바나나, 땅콩, 오트밀 알레르기 테스트를 통과했다면 언제든 시도 가능한 노달걀 레시피입니다.

1. 바나나 1개, 땅콩버터 2스푼, 오트밀 50g 3가지 재료를 준비해요.

2. 볼에 잘 익은 바나나를 넣고 으깨주세요.

3. 2번에 땅콩버터(또는 아몬드버터), 오트밀을 넣고 골고루 섞어주세요.

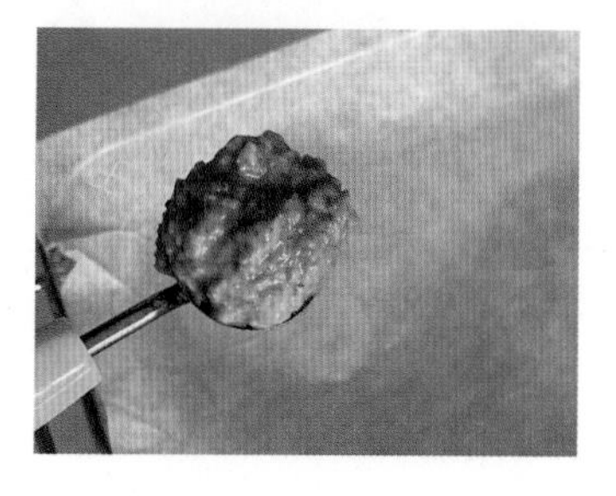

4. 티스푼이나 스쿱으로 반죽을 떨어뜨려 둥근 모양을 만들어주세요.

5. 반죽을 뜨고 탕탕 내리치면 반죽이 떨어져 나와요. 만약 반죽이 너무 질면 오트밀을 조금 더 추가해요.

6. 에어프라이어 170도에서 13분 정도 구우면 완성입니다.

땅콩버터사과퓌레

재료

- ☐ 사과 1/8조각(약 35g)
- ☐ 땅콩버터 1/2스푼

완성량
1회분

땅콩버터는 농도 때문에 처음에는 먹기 힘들어할 수 있어요. 사과퓌레에 섞어서 묽게 만들어 주면 훨씬 잘 먹어요.

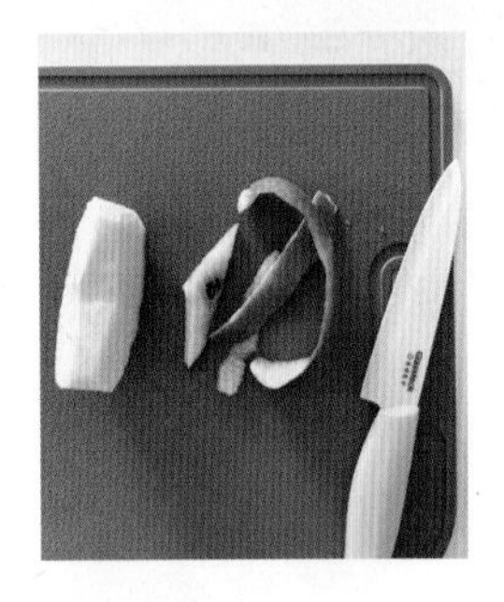

1. 사과는 깨끗하게 세척 후 껍질과 씨를 제거합니다.

2. 강판에 사과를 갈아요.

3. 사과퓌레에 땅콩버터 1/2스푼을 토핑처럼 올려요.

4. 잘 섞어서 묽게 만들어주세요.

푸룬퓌레

재료

- ☐ 푸룬(프룬) 6개
- ☐ 뜨거운 물 100mL

완성량

약 30g씩 3일분

뿐이가 중기 이유식을 시작하고 변비가 찾아와서 푸룬퓌레를 만들어 먹였는데 효과가 있었어요. 푸룬은 말린 서양자두인데, 달달해요. 단 음식을 피하고 싶으면 돌 이후에 주세요.

1. 자두는 살충제를 많이 뿌리는 과일이므로 유기농 푸룬을 권장합니다.

2. 그릇에 푸룬이 잠길 만큼 뜨거운 물을 붓고 30분~1시간 정도 불려주세요.

3. 불렸던 물도 버리지 말고 푸룬과 함께 냄비에 모두 넣고 센 불로 끓여요.

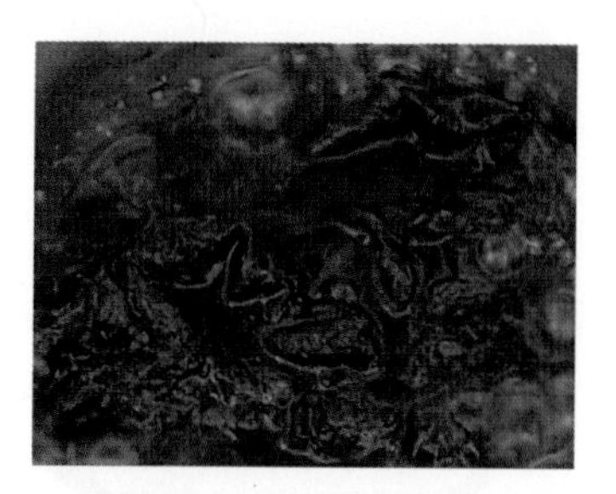

4. 끓어오르면 약한 불로 줄이고 푸룬이 으깨질 정도로 2~3분 정도 더 끓여주세요.

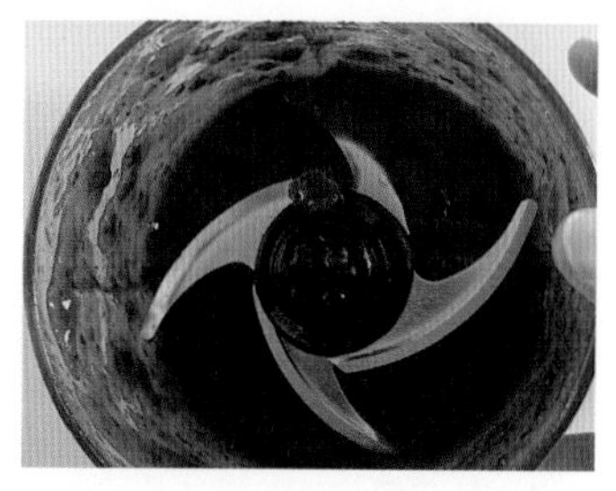

5. 믹서에 넣고 곱게 갈아주세요.

6. 2~3회분으로 소분해서 밀폐용기에 담아 냉장 후 3일 이내, 냉동은 2주 이내 소진해요.

망고바나나퓌레

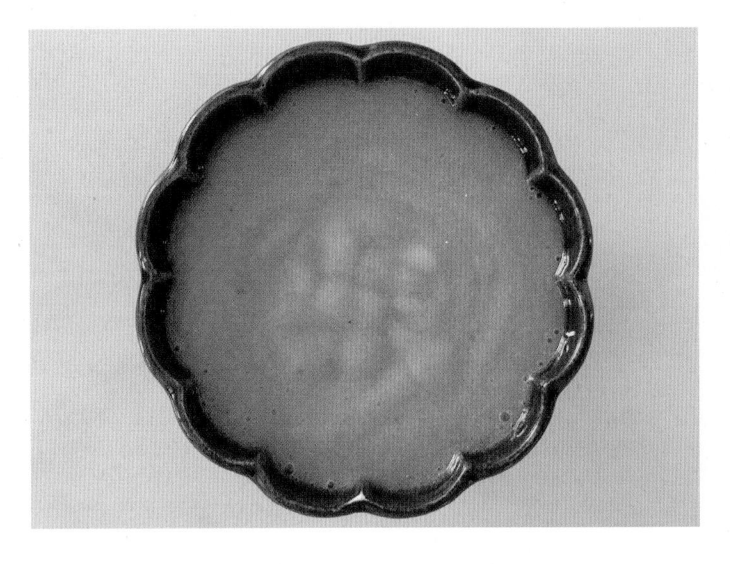

재료

- [ ] 망고 과육 1쪽
- [ ] 바나나 1개

완성량

약 110g(3회분)

생후 6개월 이후 아기가 망고와 바나나에 대한 알레르기 테스트가 끝났다면 먹여볼 수 있어요. 덜 익은 망고는 신맛이 강해서 후숙한 후에 먹어야 맛있어요.

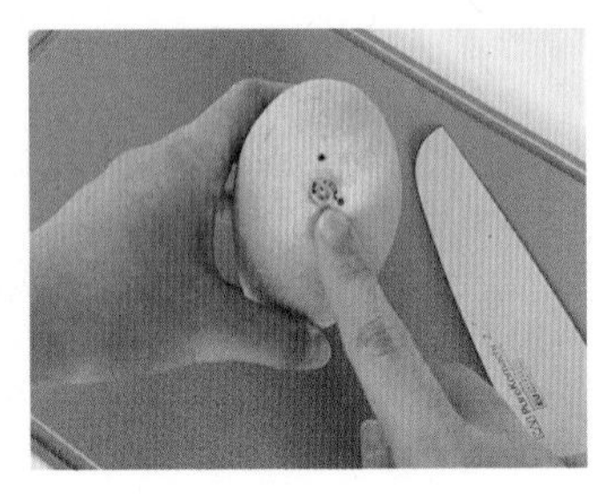

1. 망고는 꼭지 부분을 기준으로 가운데 씨가 있는 걸 생각하며 양쪽 옆 과육을 잘라주세요.

2. 3등분해요. 망고 씨 부분 과육은 알레르기 반응을 보일 수 있으니 주의하세요.

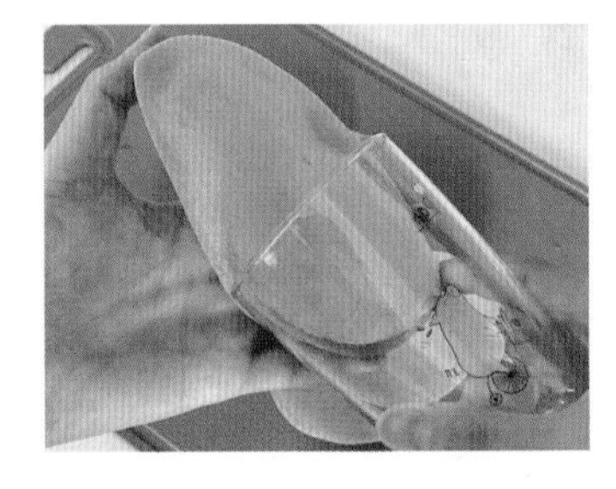

3. 자른 망고는 과육과 껍질 사이에 유리컵을 넣고 밀어주면 쉽게 분리할 수 있어요.

4. 망고 한 쪽, 바나나 1개를 믹서에 넣고 갈아주세요.

5. 113g 정도 나왔습니다. 돌이 지난 아기라면 우유를 조금 넣어줘도 좋아요.

6. 3회분으로 소분해요. 처음에는 소량만 먹여보고 잘 먹으면 양을 늘려주세요.

망고샤베트

재료

- ☐ 망고 또는 애플망고 1개
- ☐ 그릭요거트 80g

설탕이나 첨가물이 들어가지 않은 아이스크림은 돌 이후 조금씩 시도 가능하며, 시판 아이스크림은 두 돌 이후에 먹이는 게 좋아요.

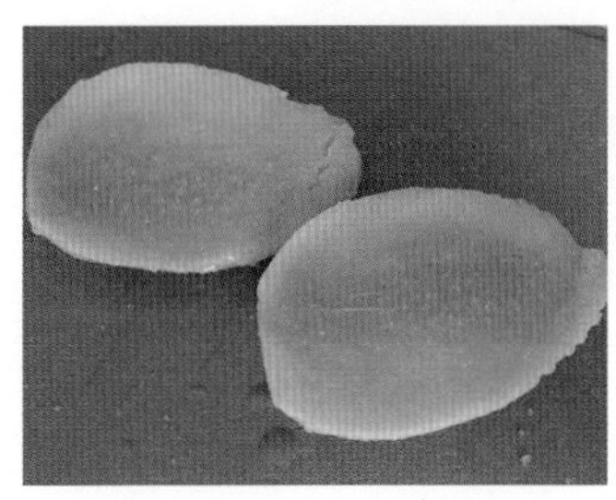

1. 망고를 과육만 분리해서 준비해요.

2. 믹서에 망고와 그릭요거트를 넣고 곱게 갈아주세요.

3. 2번을 밀폐용기에 붓고 총 4~6시간 정도 냉동해요.

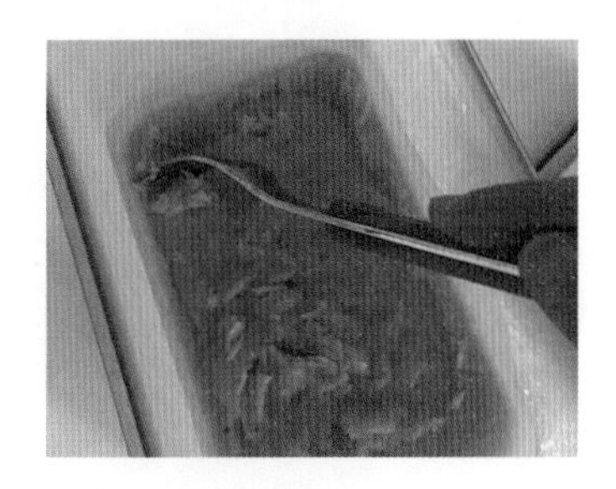

4. 부드러운 샤베트를 위한 팁은 얼리는 동안 1시간 30분마다 꺼내서 포크로 긁은 후에 다시 냉동하는 거예요.

5. 그렇게 해서 4~6시간 후에 보면 아주 부드러운 샤베트가 만들어져요.

2장

과일

아기 간식은 제철과일을 챙겨주거나
직접 만든 엄마표 간식을 만들어주면 좋아요.
시판 간식을 구입할 때는 제품 뒷면의 원재료,
함유량 등을 꼭 확인하고 선택하세요.

귤(오렌지/한라봉/레드향 등)

귤, 오렌지처럼 신맛이 강한 과일은 산이 들어 있어서 간혹 위장이 약한 아기들은 많이 먹으면 토하거나 설사를 할 수 있으니 참고해주세요.

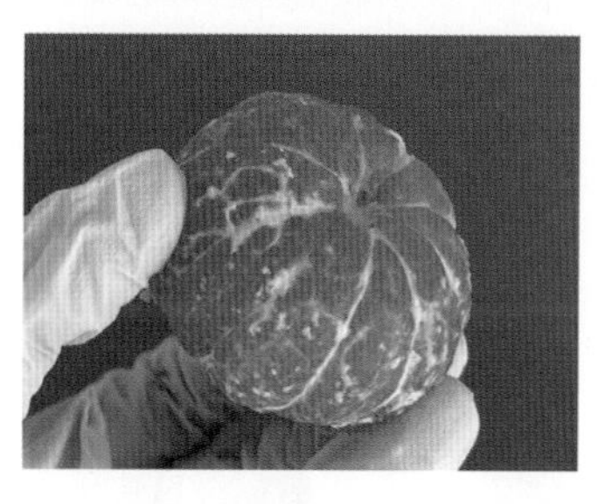

1. 귤 껍질을 벗기고 하얀 속껍질(귤락)도 떼어내요.

2. 껍질 벗긴 귤을 포크로 눌러서 으깨주세요.

3. 으깬 귤 과육을 아기요거트에 토핑으로 올려주세요.

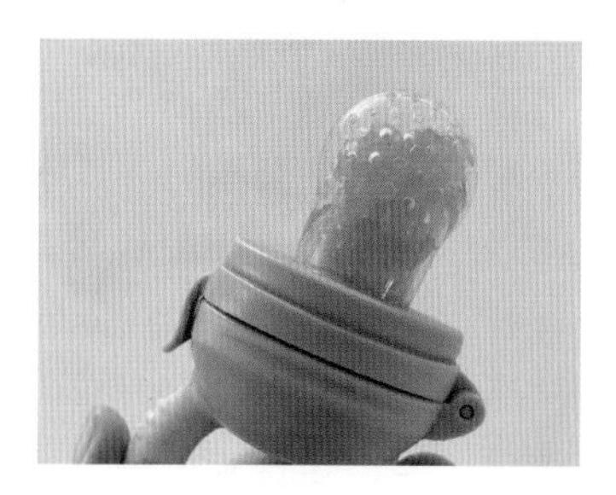

4. 속껍질을 제거한 귤 과육만 잘라서 과즙망에 넣어주세요.

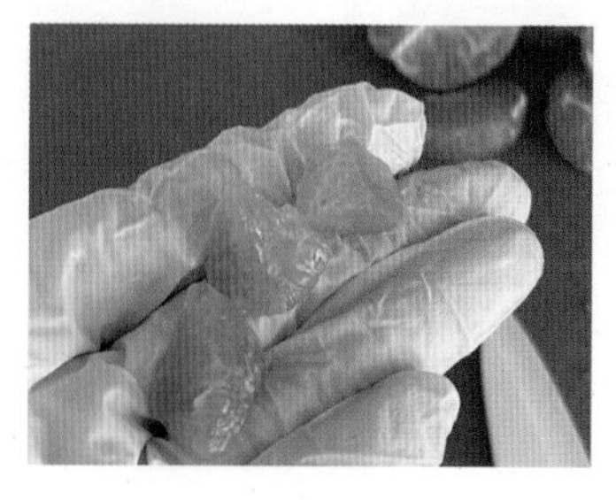

5. 생후 9개월 이상부터는 귤 속껍질을 제거하고 알맹이만 자기주도 간식으로 주세요.

6. 아이가 어느 정도 적응한 후에는 속껍질을 벗기지 않고 반으로 잘라만 줘도 잘 먹어요.

간식 | 과일

망고

망고는 단맛이 강해요. 아기에게 단맛을 천천히 소개해주고 싶다면 먹이는 시기를 조금 더 늦춰주세요.

1. 유리컵을 이용해서 망고 과육을 분리해주세요.

2. 2가지로 준비했어요. 하나는 3등분한 과육 한쪽, 또 하나는 4등분 해서 길게 잘랐어요.

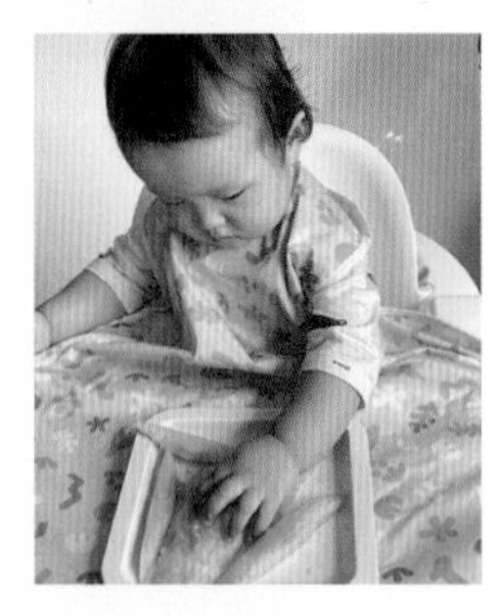

3. 7개월 무렵에 망고를 처음 먹었고, 8개월쯤 자기주도식으로 제공했어요. 길게 잘라준 망고 스틱은 손에 잡고 먹었어요.

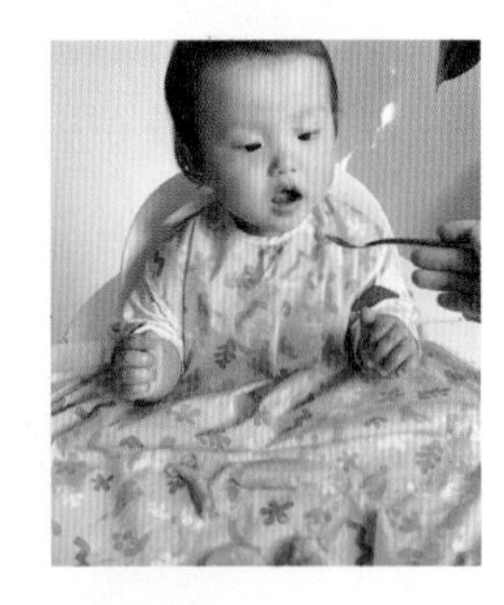

4. 작게 잘라 포크로 찍어주면 잘 먹어요. 직접 손으로 만져보면서 던지기도 하고 흘리는 것도 많아요. 턱받이가 있으면 수월해요.

무화과

무화과는 알레르기 식품으로 분류되어 있어요. 파인애플처럼 피신 성분이 있어 서 민감한 사람은 입술, 혀가 따가울 수 있으니 주의해서 먹여주세요.

1. 무화과는 물에 장시간 닿지 않는 게 좋아요. 물에 잠시 담갔다가 빠르게 흐르는 물로 세척하고 키친타월로 물기를 닦아요.

2. 줄기 부분을 잘라내요.

3. 반으로 잘라요. 생후 6~8개월 아기라면 1/2 크기를 추천합니다.

4. 후기 이유식쯤에는 아이 스스로 집어 먹을 수 있으니 4~8등분해서 제공해요.

TIP 1. **자기주도 간식 활용법** 무화과 껍질을 벗긴 후에 속살만 으깨서 요거트나 오트밀 포리지에 넣어서 먹여보세요.

TIP 2. **손질 및 보관 방법** 무화과는 쉽게 상해요. 세척하지 않은 상태로 냉장 보관하고 2~3일 이내로 먹는 게 좋아요. 특히 무화과에 물기가 있으면 곰팡이가 생길 수 있어요. 키친타월로 잘 닦거나 감싸서 최대한 겹치지 않게 두세요.

석류

석류는 수분을 잃으면 달콤함이 덜하기 때문에 수분 유지가 중요해요. 밀봉한 뒤 냉장 보관하면 한 달까지도 신선해요.

1. 석류 꼭지 부분에서 1.5~2cm가량 잘라주세요.

2. 석류가 나뉘어 있는 결대로 칼집을 내고 뜯어내면 쉽게 분리할 수 있어요.

3. 큰 그릇을 석류 아래에 두고 가로로 반 자른 후에 주걱이나 큰 스푼으로 두드려요.

4. 알맹이가 쏙쏙 빠져요.

TIP. **자기주도 방법**

6개월 이상: 숟가락 뒷면으로 석류 씨를 으깨거나 납작하게 만들어줄 수 있으나, 돌 전후로 미루는 게 좋습니다(석류 씨가 작아도 질식 위험이 있기 때문).

12개월 이상: 석류 알맹이를 스스로 집어 먹을 수 있게 도와줄 수 있어요. 지속적으로 아기에게 꼭꼭 씹어 먹으라고 알려주세요. 석류 씨는 소화되지 않고 아기 변에서 그대로 보일 수 있지만 정상입니다. 다만 기저귀 발진이 생길 수 있어요(시간이 지나면 괜찮아져요). 석류 과육을 요거트에 넣어 스스로 떠먹을 수 있는 간식으로 줘도 좋아요.

딸기

딸기의 산성으로 과하게 섭취하면 입 주변에 피부 발진이나 기저귀 발진을 유발할 수 있지만, 시간이 지나면 좋아져요.

1. 딸기는 꼭지를 떼고 윗부분을 잘라내요.

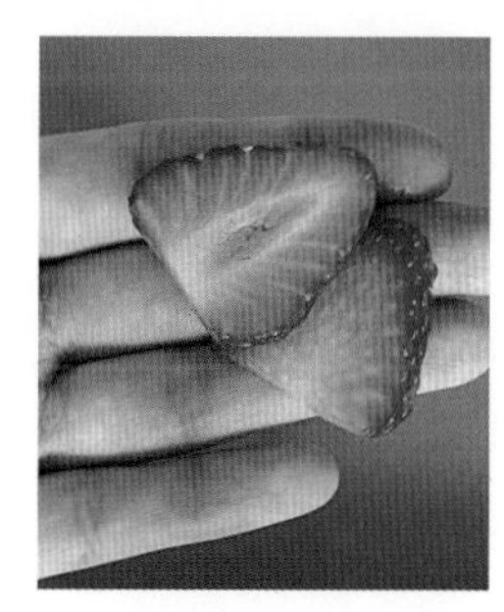

2. 작게 자르거나 얇게 슬라이스해서 주세요.

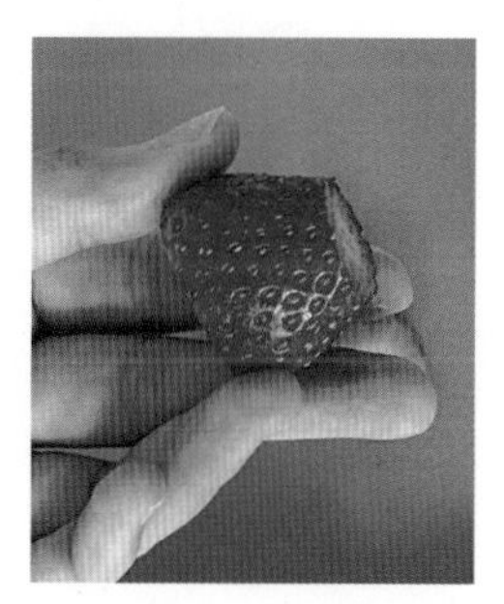

3. 통째로 줄 때는 끝부분을 조금 잘라내요.

4. 슬라이스 조각과 통째로 줄 때 딸기 사진 참고하세요.

TIP. **자기주도 방법**

6개월 이상: 작은 것보다 큰 사이즈의 딸기를 주세요. 너무 단단한 질감보다는 부드럽게 잘 익은 딸기가 좋아요. 딸기를 통째로 제공할 때는 끝부분을 조금 잘라내요. 윗부분을 잘라 먹으면서 캑캑거릴 수 있어서요. 염려된다면 딸기를 작게 자르거나 으깨서 주세요.

9개월 이상: 스스로 집어 먹을 수 있는 시기이기 때문에 딸기를 얇게 슬라이스해서 제공할 수 있어요. 아기가 집기 어려워 짜증내거나 혀나 입천장에 달라붙어 불편함을 느낄 수도 있어요. 금세 익숙해지면 스스로 잘 조절해서 먹어요.

12개월 이상: 작게 자르거나, 다진 딸기, 슬라이스한 딸기를 주세요. 아기가 잘 먹으면 딸기 하나를 통째로 주거나 2등분 또는 4등분해서 줘도 됩니다.

간식 | 과일

아보카도

아보카도의 연한 녹색 과육은 공기와 접촉 시 쉽게 갈변되어 거뭇해질 수 있습니다. 자연적인 현상이기 때문에 섭취하는 데는 이상이 없습니다.

1. 실온에서 2~3일 정도 후숙해서 익으면 세로로 칼집을 내요.

2. 살짝 비틀어서 안에 있는 씨를 빼내요.

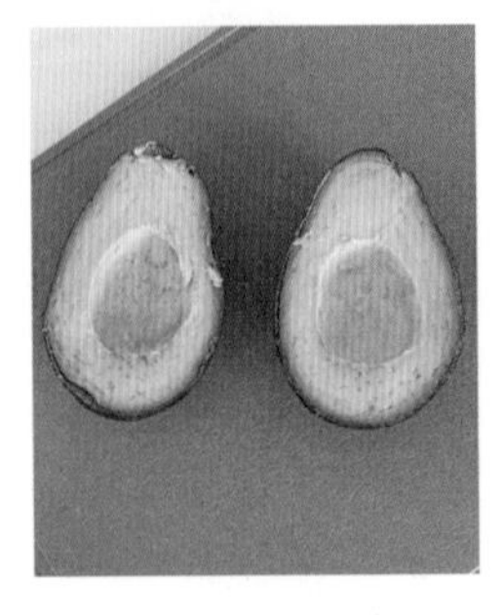

3. 숟가락으로 껍질과 과육을 분리합니다.

4. 한입 크기나 길게 스틱 형태로 또는 으깨서 주세요.

TIP. **자기주도 방법**

6개월 이상: 잘 익은 아보카도를 길게 스틱 형태로 잘라 주거나 으깨서 주세요.

9개월 이상: 스스로 집는 능력이 발달하는 시기이므로 아보카도를 한입 크기로 잘라 주세요. 만약 스스로 집어 먹기 힘들어한다면 이전과 같이 과육을 으깨서 주세요.

12개월 이상: 이전과 같은 방법으로 제공하거나 반을 자른 아보카도를 주세요. 스스로 스푼을 사용해서 과육을 먹는 연습을 해봐도 좋아요.

사과

아기가 변비인 경우 사과 과즙만 주지 말고, 과육을 함께 먹이세요. 구강 알레르기 증후군이 있으면 사과를 먹었을 때 입이 따끔거리는 반응이 나타날 수 있어요.

자기주도 방법

6개월 이상: 껍질과 씨를 제거한 사과 반쪽을 끓는 물에 5분 정도 푹 익혀주세요. 익힌 사과를 갈거나 으깨서 떠먹여 주세요.

9개월 이상: 얇은 생사과 슬라이스나 원형으로 얇게 잘라서 주세요. 이 시기엔 생사과를 먹기 힘들어할 수 있어요. 부드럽게 익히거나 퓌레 형태로 만들어 주세요.

돌 이후: 사과를 1/4~1/8 조각으로 잘라 주는 것은 두 돌 정도 되었을 때 가능하다고 합니다. 안전하게 사과를 통으로 더 크게 주거나 퓌레 형태로 만들어 주세요.

블루베리

섬유질이 풍부해서 변비 예방에도 좋습니다. 블루베리 생과는 씻지 않고 밀폐용기에 담아 냉장 보관 후 먹기 직전에 세척해요.

자기주도 방법

동그랗고 단단한 질감의 블루베리는 질식 위험이 높아요.

6개월 이상: 블루베리를 으깬 후 오트밀 포리지, 요거트에 올려 스푼으로 직접 떠먹을 수 있게 도와주세요.

9개월 이상: 잘 익은 블루베리는 손으로 납작하게 만들어 터트려주세요. 스스로 집어 먹을 수 있기 때문에 소근육 발달에도 도움이 될 수 있답니다.

돌 이후: 잘 익은 블루베리를 으깨거나, 손으로 납작하게 눌러서 주세요. 돌이 지나면서 서서히 통째로 먹을 수 있는데요. 아기마다 적응 속도가 다르므로 잘 씹을 때까지 조금 더 기다려주세요.

수박

구입 후 초기 오염 방지를 위해 수박을 자르기 전에 깨끗이 세척하는 게 최우선입니다. 수분을 많이 함유하고 있어서 너무 많이 먹으면 변이 묽어지거나 설사를 할 수도 있어요.

자기주도 방법

수박씨는 삼키면서 걸릴 수 있으므로 반드시 수박씨를 제거하고 주세요.

6개월 이상: 이 없이 잇몸으로 세게 깨물기도 해요. 잘게 으깬 형태로 주거나 수박 껍질이 있는 과육을 스스로 잡고 먹을 수 있도록 도와주세요. 또는 긴 네모 모양의 스틱 형태로 잘라 주세요. 수박 껍질 끝 부분이 날카롭지 않게 손질해주세요.

9개월 이상: 후기 이유식 시기부터는 다시 스틱형으로 시도해볼 수 있고, 손으로 집어 먹을 수 있도록 한입 크기로 자른 수박을 줘도 돼요.

돌 이후: 삼각형 모양의 수박을 스스로 잡고 먹을 수 있어요. 하지만 아기의 씹는 능력에 따라 적응 속도는 다를 수 있으니 옆에서 잘 지켜봐주세요

간식 | 과일

참외

온도가 낮을수록 단맛이 강해지므로 냉장 보관(5도 정도)하면 좋아요. 소화기관이 약한 아기는 한 번에 너무 많은 양을 먹으면 배탈이나 설사를 유발할 수 있으니 주의하세요.

자기주도 방법

6개월 이상: 식감이 딱딱한 편이므로 충분히 씹는 연습이 된 이후에 시도해보세요. 깨끗하게 씻은 후 껍질과 참외 씨를 제거하고 얇게 잘라주세요.

12개월 이상: 씨를 제거하고 얇게 슬라이스해서 스스로 집어 먹게 하거나 씨가 있는 상태에서 약간 두께감 있게 잘라주세요. 아이가 캑캑거리면 스스로 참외 조각을 뱉어낼 수 있도록 앞에서 시늉을 보이며 도와주세요. 어느 정도 씹을 수 있고, 소화기관이 발달했다면 참외(싱싱한 참외) 씨까지 먹여볼 수 있어요.

단감(홍시)

영양성분

감은 비타민A와 비타민B가 풍부합니다. 우리 몸의 철분 흡수를 도와주는 비타민C는 100g 중 약 14mg이 함유되어 있답니다. 그밖에 펙틴, 카로티노이드가 함유되어 있는데 카로티노이드 중 일부는 비타민A로 전환되어 아기의 성장과 면역체계를 지원하고, 눈 건강에도 도움을 줄 수 있답니다.

손질&보관법

온도가 높을수록 쉽게 물러지므로 비닐봉지에 밀봉하여 냉장 보관해요.

알레르기 가능성

흔한 알레르기 식품은 아니에요. 하지만 드물게 알레르기가 있는 경우가 있을 수 있으니, 소량으로 시작하여 상태를 관찰하면서 먹이는 걸 추천합니다.

자기주도식이유식에서 단감(홍시) 활용하기

단감은 식감이 딱딱해서 질식 위험이 높으니 충분히 씹는 연습이 된 이후에 시도해주세요. 특히 곶감 같은 말린 과일은 질식 위험이 높기 때문에 최소 돌 이후에 시도해보는 걸 권장합니다.

6개월 이상: 이 시기엔 딱딱한 식감의 단감보다는 부드러운 홍시를 권장합니다. 씨가 있다면 제거하고 잘 익은 홍시의 과육을 으깨어 스스로 퍼먹을 수 있도록 도와주세요.

9개월 이상: 부드러운 홍시를 제공해주세요. 감을 반으로 잘라 스스로 스푼을 이용해 떠먹는 연습을 해도 좋습니다. 씨가 있다면 제거합니다. 잘 익은 홍시 전체를 제공하거나, 반을 잘라 주거나, 한입 크기로 잘라 스스로 집어 먹을 수 있도록 제공해주세요.

12개월 이상: 홍시는 이전과 같이 제공할 수 있습니다. 아기가 씹는 연습이 잘 되는 편이라면 이제 단감도 시도해볼 수 있어요. 스스로 씹어 먹고 조절할 수 있도록 도와주세요. 큰 조각을 삼켰을 땐 당황하지 마시고 아기가 스스로 뱉을 수 있도록 앞에서 뱉는 시늉을 보여주세요.

배

영양성분

배의 85~88%는 수분으로 구성되어 있는데 주성분은 탄수화물이며, 당분이 10~13% 정도 됩니다. 사과산, 주석산, 시트르산 등의 유기산과 비타민B, 비타민C, 섬유소 등이 함유되어 있습니다. 기관지 질환에 효과가 있으며 감기, 천식 등에 좋습니다. 가래와 기침을 없애고 배가 차고 아플 때 증상은 완화시켜주는 효과도 있습니다. 배변을 촉진하는 섬유질, 소르비톨이 풍부해서 아기의 배변 활동에도 도움이 될 수 있습니다. 어린 개월 수의 아기들은 배 껍질을 잘 씹지 못하지만 일반적으로 배 껍질에는 많은 영양소가 포함되어 있답니다. 배에는 연육효소가 있어 단백질의 연육을 돕기 때문에 육류와 함께 섭취하면 좋답니다.

손질&보관법

배는 신문지에 싸서 냉장 보관해요.

알레르기 가능성

흔한 알레르기 식품은 아니에요. 하지만 드물게 알레르기가 있을 수 있으니, 소량으로 시작하여 상태를 관찰하면서 먹이는 걸 추천합니다.

자기주도이유식에서 배 활용하기

사과와 마찬가지로 단단한 질감이기 때문에 연령에 맞게 손질해서 제공해주세요. 배도 질식 위험이 높은 음식 중 하나이므로 주의해주세요.

6개월 이상: 껍질, 씨 부분을 제거한 후에 부드럽게 푹 익혀서 주세요.

9개월 이상: 얇게 자른 생배를 슬라이스해서 주세요.

18개월 이상: 두 돌쯤 되면 생배의 절반이나 1/4~1/8조각을 스스로 조절해가며 씹어 먹을 수 있습니다. 물론 아기마다 적응 속도는 다를 수 있다는 점 참고해주세요.

파인애플

영양성분

파인애플은 탄수화물, 비타민B6, 비타민C, 엽산 등의 영양소를 함유하고 있으며 섬유질도 풍부한 과일입니다. 단백질 소화효소 브로멜라인이 함유되어 있어서 육류와 함께 섭취하면 소화에 도움이 됩니다. 반면 이 성분 때문에 입 안에 염증을 일으킬 수도 있답니다. 가끔 파인애플을 많이 먹으면 입 안이 따끔거리는 증상이 그런 이유입니다. 또한 고섬유질 식품에 속해서 종종 장내 가스를 생성해서 이로 인해 아기가 불편해할 수도 있지만, 시간이 지나면서 서서히 적응하므로 크게 걱정하거나 파인애플 섭취를 제한할 필요는 없답니다.

손질법

과즙이 바닥 부분에 모여 있어서 생파인애플을 통으로 산다면 잎 쪽을 아래로 해서 하루쯤 보관했다가 먹어요. 파인애플은 꼭지를 잘라내고 겉껍질을 오려낸 후에 심을 제거해요.

알레르기 가능성

흔한 알레르기 식품은 아니지만, 라텍스 알레르기, 구강 알레르기 증후군이 있으면 파인애플에 예민한 반응을 보일 수 있습니다. 파인애플도 산성식품이기 때문에 입 주위 발진이나 기저귀 발진을 유발할 수 있으나 시간이 지나면 괜찮아지므로 크게 걱정하지 않아도 됩니다.

자기주도이유식에서 파인애플 활용하기

파인애플의 단단함과 미끄러운 질감 때문에 질식 위험이 높습니다.

6개월 이상: 부드럽고 잘 익은 파인애플을 길고 평평하게 잘라서 주세요. 파인애플의 산성이 강해서 걱정되면 요거트 등에 섞어 주면 입 속에서 따끔거리는 증상을 줄일 수 있습니다.

9개월 이상: 부드럽고 잘 익은 파인애플을 한입 크기로 제공할 수 있습니다. 스스로 집어 먹을 수 있도록 도와주거나 이전처럼 길고 평평하게 잘라 주세요.

12개월 이상: 한입 크기의 파인애플 조각을 스스로 포크로 찍어 먹을 수 있게 도와주세요.

키위

영양성분

키위는 사과의 3배 수준의 식이섬유가 들어 있답니다. 키위는 과육보다 껍질 부위에 가성용 식이섬유인 펙틴이 더 많이 함유되어 있으므로 껍질 바로 밑 부분까지 최대한 긁어 먹는 게 좋아요. 골드키위에는 비타민C가 오렌지의 2배, 비타민E가 사과의 6배나 들어 있고, 엽산이 가장 풍부하며, 칼륨, 칼슘, 인 등 무기질도 다량 함유하고 있어요. 키위 과즙에는 단백질 분해효소인 악티니딘이 있어서 고기를 먹은 뒤 후식으로 먹으면 단백질 소화를 도와줘요.

보관법

최대 일주일 정도 냉장 보관이 가능합니다. 다른 과일과는 별도로 보관하는 게 좋습니다.

알레르기 가능성

흔한 알레르기 식품은 아니에요. 하지만 드물게 알레르기가 있을 수 있으니, 소량으로 시작하여 상태를 관찰하면서 먹이는 걸 추천합니다. 간혹 다양한 반응으로 키위 알레르기가 보고되고 있습니다. 꽃가루 알레르기(꽃가루 음식 알레르기)로 구강 알레르기 증후군이 있으면 키위에 민감하게 반응할 수도 있습니다. 간혹 키위와 같은 산성 식품의 경우 아기 입 주변에 발진이 생기거나 기저귀 발진을 보일 수 있습니다. 하지만 시간이 지나면 자연스레 좋아집니다.

자기주도이유식에서 키위 활용하기

키위의 과육은 단단하고 미끄러워서 질식 위험이 높을 수 있습니다.

6개월 이상: 잘 익고 부드러운 키위를 반만 껍질을 벗기고 스스로 잡고 먹게 해주세요.

9개월 이상: 키위 껍질을 벗기고 조금 큰 사이즈로 잘라주세요. 이전처럼 키위를 통째로 제공해주거나 으깨서 요거트 등에 섞어 주세요.

12개월 이상: 키위 껍질을 벗기고, 한입 크기로 잘라 스스로 집어 먹을 수 있게 도와주세요. 이전보다 조금 더 작은 크기로 제공할 수 있고, 포크로 직접 집어 먹는 연습을 해도 좋아요.

복숭아

영양성분

복숭아는 비타민A, 비타민C, 비타민E를 다량 함유하고 있으며, 장내 미생물과 장 건강에 도움이 되는 섬유질이 풍부하고 배변을 촉진하는 소르비톨도 함유하고 있어요. 다만 복숭아와 같은 고섬유질 식품은 장내 가스 생성을 유발해서 소화하는 데 불편할 수 있어요.

손질&보관법

복숭아는 0~1도 정도의 냉장실에서 보관해야 단맛이 잘 느껴진답니다. 흐르는 물에 여러 번 씻어 복숭아 털을 제거하는 게 좋아요.

알레르기 가능성

흔한 알레르기 식품은 아니에요. 하지만 드물게 알레르기가 있을 수 있으니, 소량으로 시작하여 상태를 관찰하면서 먹이는 걸 추천합니다. 구강 알레르기 증후군(꽃가루 음식 알레르기 증후군)이 있는 경우 복숭아에 민감할 수 있습니다. 구강 알레르기 증후군은 일반적으로 일시적인 가려움증, 따끔거림 또는 입안의 화끈거림을 유발하긴 하지만 위험한 반응을 일으킬 가능성은 없다고 합니다. 이 부분이 불편하다면 복숭아를 익히거나 껍질을 벗기는게 도움이 될 수 있습니다.

자기주도이유식에서 복숭아 활용하기

덜 익었거나 단단한 질감, 복숭아 특유의 미끄러운 질감도 질식 위험의 원인이 됩니다.

6개월 이상: 잘 익어 부드러운 복숭아를 껍질을 벗겨내고, 반으로 잘라 씨도 제거한 후에 주세요. 부드럽게 으깨서 포리지나 요거트 등에 넣어 섞어 먹여도 좋아요.

9개월 이상: 부드럽게 잘 익은 복숭아를 얇게 썰어서 주거나 한입 크기로 잘라 주세요. 또는 잘게 썰어 포리지나 요거트 등에 넣어 스스로 떠먹을 수 있게 도와주세요.

12개월 이상: 아기가 어느 정도 씹는 능력이 좋아졌다면 부드럽게 잘 익은 복숭아 전체를 줄 수도 있습니다. 직접 깨물고 씨를 피해 과육만 먹는 방법을 알려줄 수도 있어요.

자두

영양성분

자두는 칼륨, 비타민A, 비타민C, 비타민K가 함유되어 있으며, 식이섬유소와 펙틴이 풍부해 아기 변비에 도움이 될 수 있습니다. 반면 과다 섭취 시 복부팽만감이나 장내 가스 유발 등의 불편함이 있기 때문에 소량으로 시작하는 걸 권장합니다. 우리가 흔히 먹는 붉은색, 보라색 자두에는 항산화제로 유명한 안토시아닌 성분이 들어 있습니다.

손질&보관법

깨끗이 씻어 냉장 보관합니다.

알레르기 가능성

흔한 알레르기 식품은 아니에요. 하지만 드물게 알레르기가 있을 수 있으니, 소량으로 시작하여 상태를 관찰하면서 먹이는 걸 추천합니다.

자기주도이유식에서 자두 활용하기

조금 덜 익어 단단한 질감이거나 사이즈가 작으면 질식 위험이 있습니다.

6개월 이상: 잘 익어 부드러운 자두를 1/2크기로 자르고 씨를 제거합니다. 생으로 제공하거나 부드럽게 푹 익힌 자두를 으깬 후 포리지나 요거트에 섞어 주세요.

9개월 이상: 부드럽고 잘 익은 자두를 1/4크기로 자르거나 얇게 슬라이스해서 제공해요. 미끄러운 질감 때문에 스스로 집어 먹는 걸 어렵게 느낄 수도 있어요.

12개월 이상: 부드럽게 잘 익은 자두의 씨를 제거하고, 한입 크기로 제공해요. 껍질은 벗기지 않아도 괜찮습니다. 스스로 한입 크기 과일을 포크로 찍어 먹는 연습을 할 수도 있습니다. 처음에는 잘 못하지만 연습하면서 서서히 적응해 나갈테니 많이 응원해주세요.

24개월 이상: 두 돌쯤 되었을 때부터는 자두 한 개를 통째로 주고, 스스로 먹을 수 있도록 도와주세요.

멜론

영양성분

멜론은 열량이 낮고, 수분 함량이 높으며, 카로틴과 비타민C, 칼륨, 엽산, 비타민B6가 풍부해서 수분 공급을 도와주고, 전해질 균형이나 신진대사 등에 도움이 될 수 있습니다. 또 섬유질과 수분이 함유되어 있어 장에 수분을 공급하여 건강한 배변 활동을 도울 수 있습니다.

손질&보관법

멜론은 반드시 껍질을 깨끗하게 물로 씻은 후 먹는 게 좋습니다. 무겁고 껍질에 흠집이 없는 것을 선택합니다. 꼭지 주변이 떨어지려 하거나 살짝 분리되기 시작하면 잘 익었다는 표시입니다. 서늘하고 통풍이 잘 되는 상온에서 3~4일 정도 보관합니다. 냉장고에 보관할 때는 향이 진하게 발산되므로 봉투나 랩에 밀봉해서 냉장 보관합니다. 너무 차가우면 단맛이 감소하므로 냉장고에 오래 두지 않는 게 좋습니다.

알레르기 가능성

흔한 알레르기 식품은 아니에요. 소화기관이 약한데 한 번에 너무 많은 양을 섭취하면 배탈이나 설사를 유발할 수 있으니 주의하세요.

자기주도이유식에서 멜론 활용하기

멜론의 단단하고 미끄러운 특성은 질식 위험을 높일 수 있습니다.

6개월 이상: 껍질과 씨를 제거하고, 초승달 모양이나 얇은 직사각형 모양으로 잘라 주세요. 스스로 집어 먹는 걸 힘들어하면 옆에서 지켜보면서 먹을 수 있도록 도와주세요.

9개월 이상: 이전과 같이 제공하거나 조금 더 작게 잘라서 한입 크기로도 주세요.

18개월 이상: 두 돌이 다가올 때쯤이면 아이들에게 큰 멜론 조각을 제공해줄 수 있어요. 멜론 껍질을 깨끗이 씻고, 씨를 제거합니다. 껍질이 붙어 있는 멜론 조각(반달 모양)을 제공해 스스로 들고 과육을 베어 먹을 수 있게 해주세요.

산딸기

영양성분

섬유질이 많이 함유되어 있어 변비에 효과가 있어요. 또한 산딸기의 씨앗은 소화되지 않고 아기 변에 그대로 나올 수 있는데 정상적인 현상이니 걱정하지 않아도 돼요.

손질& 보관법

5~7월이 제철인 산딸기는 쉽게 무르고 곰팡이가 생기기 쉬워요. 씻지 않고 냉장 보관 후 5일 이내 먹는 게 가장 좋아요. 물에 오래 담가두면 비타민C가 손상되기 때문에 30초 이내로만 담가두고, 흐르는 물에 빠르게 세척해요.

알레르기 가능성

구강 알레르기 증후군이 있으면 산딸기에도 민감한 반응을 보일 수 있답니다. 일시적으로 가려움증이나 화끈거림을 유발할 수 있어요. 산딸기와 같은 산성 식품은 산딸기 즙이 피부에 닿을 때 입 주위에 접촉 발진을 일으키거나 기저귀 발진을 유발하거나 악화시킬 수 있어요. 다만 시간이 지나면서 좋아져요.

자기주도이유식에서 산딸기 활용하기

6개월 이상: 산딸기를 으깨서 오트밀 포리지, 요거트 등에 올려주세요.

9개월 이상: 스스로 집어 먹을 수 있게 해주세요. 손이나 포크로 눌러 납작하게 만들어주세요.

12개월 이상: 잘 익어서 부드러운 산딸기라면 누르거나 으깨지 않고 통째로 줘볼 수 있습니다. 다만 아기가 잘 못 먹거나 적응할 시간이 더 필요하면 이전처럼 누르거나 으깨서 주세요. 요거트에 으깬 산딸기를 넣고 섞어줘도 좋은 간식이 됩니다.

체리

영양성분

체리는 섬유질이 풍부하고 수분, 칼륨, 카로틴, 엽산이 함유되어 있어요. 다만 복부 팽만감과 가스를 유발할 수 있기 때문에 너무 과하게 많은 양을 섭취하지 않도록 주의해주세요.

손질& 보관법

6~8월 제철인 체리는 물이 닿으면 빠르게 물러요. 구입 후에는 씻지 않고 냉장 보관하고 먹기 직전에 꺼내서 흐르는 물에 씻어요. 씨를 빼고 먹어요.

알레르기 가능성

흔한 알레르기 식품은 아니에요. 하지만 드물게 알레르기 반응이 일어날 수 있어요. 소량을 먹여보면서 아이 상태를 관찰해주세요.

자기주도이유식에서 체리 활용하기

6개월 이상: 씨를 제거하고 체리 과육을 잘게 자르거나 다져 오트밀 포리지, 요거트 등에 넣어 섞어주세요.

9개월 이상: 씨를 제거하고 체리 과육을 4등분하거나 잘게 잘라 주세요. 아기 스스로 집어 먹을 수 있게 해주면 좋아요. 다만 체리 과즙은 잘 지워지지 않기 때문에 버려도 괜찮은 옷을 입히거나 자기주도식 턱받이를 사용하길 추천해요.

12개월 이상: 씨를 제거한 체리 과육을 주세요. 다져서 포리지나 요거트에 넣어주거나 4등분한 과육을 주세요.

용과

영양성분

용과는 과육이 하얀색이거나 빨간색입니다. 용과 과육 100g당 칼륨 함량이 272㎎으로 사과나 배보다 월등하게 높아요. 용과는 인체에 유익한 미네랄 성분과 항산화 물질을 풍부하게 함유하고 있어요. 수분 함량이 높고, 섬유질이 풍부하며, 열량이 낮고, 무기질도 풍부하여 당뇨환자의 식이요법에 널리 사용되고 있어요.

손질& 보관법

7~8월 제철인 용과는 껍질을 벗기고 과육만 먹어요. 랩이나 키친타월로 감싸 밀봉하면 일주일 정도 냉장 보관이 가능해요.

알레르기 가능성

흔한 알레르기 식품은 아니에요. 하지만 드물게 알레르기 반응이 생길 수 있어요. 소량을 먹여보고 아이 상태를 관찰하면서 주세요. 구강 알레르기 증후군이 있으면 용과에도 민감한 반응을 보일 수 있답니다.

자기주도이유식에서 용과 활용하기

6개월 이상: 껍질을 제거한 용과를 반으로 잘라서 큰 조각을 주거나 4등분해서 스스로 먹을 수 있도록 도와주세요. 크게 베어 먹는 게 걱정되면 작게 자르거나 으깬 용과를 오트밀 포리지, 요거트 등에 섞어주셔도 좋아요.

9개월 이상: 스스로 집어 먹을 수 있도록 한입 크기로 잘라 주세요. 또는 포크로 용과 과육을 집어 먹는 연습을 할 수 있게 도와주세요.

망고스틴

영양성분

망고스틴은 맛이 뛰어나 '과일의 여왕'으로 불리며 더운 여름에 열을 내려주는 효과가 있어요. '크산톤' 성분은 강력한 항산화 성분으로 노화 방지 및 염증 완화 효과가 있어요. 비타민C가 풍부해 피로를 해소하고 피부를 맑게 가꿔줘요. 단, 당 함량이 높기 때문에 너무 많은 양은 주지 않는 게 좋아요.

손질& 보관법

깨끗하게 세척 후 꼭지를 떼어내고 윗 부분에서 손으로 눌러 압력을 주면 금이 가면서 쉽게 껍질을 벗길 수 있어요. 돌덩이처럼 딱딱한 망고스틴은 상했을 확률이 높으니 버리는 게 좋아요. 큰 조각은 씨가 있을 확률이 높아요. 보통 과육만 먹고 씨는 뱉어내요.

알레르기 가능성

흔한 알레르기 식품은 아니에요. 하지만 드물게 알레르기 반응이 생길 수 있어요. 소량을 먹여보고 아이 상태를 관찰하면서 주세요.

자기주도이유식에서 망고스틴 활용하기

6개월 이상: 씨를 제거한 후 과육만 잘게 다져주세요. 요거트 등에 얹어 스스로 떠먹을 수 있도록 도와주세요.

9개월 이상: 씨를 제거한 후 과육을 한입 크기로 잘라 스스로 집어 먹을 수 있게 해주세요. 잘 못 먹으면 더 잘게 잘라 주세요.

12개월 이상: 스스로 씹는 능력이 발달했다면 작은 과육 크기 그대로 제공해줄 수 있습니다. 하지만 이때도 걱정되거나 아직 잘 못 먹으면 잘게 잘라주세요.

찾아보기

토핑(시기별)

토핑 이유식(시기별)

토핑(가나다순)

토핑 (시기별)

초기 토핑 이유식

단호박 • 164
달걀노른자 • 172
당근 • 160
브로콜리 • 152
사과 • 159
소고기 • 138
소고기죽(쌀가루 16배죽) • 130
쌀죽 • 132
쌀죽(밥 5배죽) • 122
쌀죽(불린 쌀 10배죽) • 120
쌀죽(쌀가루 16배죽) • 124
애호박 • 140
양배추 • 156
오이 • 148
오트밀죽(8배죽) • 134
오트밀죽(불린 쌀+퀵롤드 오트밀 10배죽) • 128
오트밀죽(쌀가루+퀵롤드 오트밀) • 126
완두콩 • 168
청경채 • 144

중기 토핑 이유식 1단계

고구마 • 240
고구마퓌레 • 240
닭고기 • 218
두부 • 228
무 • 243
비트 • 258
시금치 • 236
쌀보리죽(10배죽) • 232
아욱 • 246
양파 • 224
적채 • 254
퀴노아쌀죽(8배죽) • 250
토마토 • 262
현미쌀죽(10배죽) • 216

중기 토핑 이유식 2단계

달걀순두부조림 • 298
달걀토마토범벅 • 275
배추 • 276
비타민 • 294
새송이버섯 • 272
소고기양송이볶음 • 304
소고기토마토소스 • 288
수수쌀죽(8배죽) • 284
양송이버섯 • 300
연근 • 290
흑미쌀죽(8배죽) • 268
흰살 생선 • 280

후기 토핑 이유식 1단계

3배 잡곡무른밥 • 344
6배 잡곡무른밥 • 342
가지 • 382
검은콩 • 352
검은콩퓌레 • 352
구기자닭죽(무른밥) • 356
근대 • 368
김 • 379
밤 • 360
소고기미역죽(무른밥) • 348
오트밀 포리지 • 329
차조무른밥(7배죽) • 338
파프리카 • 372
팽이버섯 • 364

후기 토핑 이유식 2단계

2배 잡곡진밥 • 392
건포도 • 410
게살수프 • 438
느타리버섯 • 402
단호박건포도범벅 • 410
바나나 • 442
부추 • 420
부추달걀스크램블드에그 • 422
삼색 닭안심소시지 • 430
새우 • 414

새우애호박조림 • 418
샤인머스켓 • 446
소고기라구소스 • 432
숙주나물 • 398
아스파라거스 • 394
연어양파감자볼 • 426
오이 • 445
우엉 • 434
케일 • 406
케일달걀오믈렛 • 409

후기 토핑 이유식 3단계

1.5배 잡곡진밥 • 462
강낭콩밥 • 485
그린빈 • 488
그린빈스크램블드에그 • 489
돼지고기 • 464
매생이달걀찜 • 480
밥새우주먹밥 • 487
셀러리 • 472
쑥갓 • 479
오징어 • 475
오징어볼 • 476
콜라비 • 484
톳밥(밥솥) • 468
톳밥(전자레인지) • 466

완료기 이유식

LA갈비탕 • 537
간장버터달걀밥 • 509
간장비빔국수 • 570
감자뇨끼 • 567
감자된장국 • 531
감자볶음 • 553
게살크림리소토 • 525
고구마시금치죽 • 517
김달걀죽 • 516
김두부무침 • 565
꽃게된장찌개 • 538

달걀만두 • 571
달걀순두부밥 • 506
달걀찜밥 • 508
닭고기버섯리소토 • 524
닭백숙 • 569
당근채전 • 550
두부프라이 • 564
들깨무채국 • 528

맑은버섯국 • 532
매생이크림리소토 • 526
무설탕 아기 피클 • 566
밤수프 • 523
밥새우시금치된장국 • 527
배추들깨죽 • 521
버섯들깨볶음 • 557
베이비웍달걀찜 • 551
브로콜리부침개 • 541

삼치강정 • 561
상추나물 • 549
상추된장국 • 530
새우바이트머핀 • 552
새우브로콜리볶음 • 555
새우채소죽 • 522
샤브채소죽 • 518
소고기가지밥 • 511
소고기느타리버섯볶음 • 554
소고기무조림 • 562
소고기미역국 • 535
소고기새송이채소죽 • 519
소고기시금치덮밥 • 512
소고기채소밥볼 • 513
소고기콩나물밥 • 507
소곰탕밥 • 510
숙주나물 • 545
시금치나물 • 543
쑥갓두부무침 • 539

아기 동태탕 • 536
아기 알탕 • 534
애호박나물 • 544
얼갈이배추나물 • 546
연근참깨마요 • 542
오이나물 • 548
오트밀고구마죽 • 515
오트밀달걀죽 • 514
우유치즈감자조림 • 563

찹스테이크 • 560
치즈포크너겟 • 558

콩나물김전 • 540
콩나물순두부탕 • 533
크림소스감자뇨끼 • 568

토마토달걀볶음 • 556
팽이두부된장국 • 529
함박스테이크 • 559
황태무죽 • 520

간식

90초 땅콩버터빵 • 578
감자당근빵 • 579
감자전 • 575
고구마사과잼쿠키 • 602
고구마치즈전 • 576
고구마쿠키 • 600

당근오트밀바 • 598
땅콩버터사과퓌레 • 606
땅콩소스사과머핀 • 586
망고바나나퓌레 • 608
망고샤베트 • 609
망고요거트찐빵 • 582
바나나건빵 • 583
바나나땅콩미니팬케이크시리얼 • 591
바나나오트밀쿠키 • 599
바나나오트밀찜케이크 • 590
바나나오트밀팬케이크 • 589
바나나치즈빵 • 580
바나나크레페롤 • 596
배대추차 • 587
분유빵 • 581
사과바나나머핀 • 584
사과빵 • 577
사과퓌레머핀 • 585
시금치팬케이크(슈렉팬케이크) • 588
아기제니쿠키 • 603
오트밀땅콩볼(오땅볼) • 605
치즈볼(치즈까까) • 604
치즈와플 • 597
카스테라 • 594
푸룬퓌레 • 607
프렌치토스트 • 592
프렌치토스트컵 • 593

과일

귤(오렌지/한라봉/레드향 등) • 611
단감(홍시) • 621
딸기 • 615
망고 • 612
망고스틴 • 631
멜론 • 627
무화과 • 613
배 • 622
복숭아 • 625
블루베리 • 618
사과 • 617
산딸기 • 628
석류 • 614
수박 • 619
아보카도 • 616
용과 • 630
자두 • 626
참외 • 620
체리 • 629
키위 • 624
파인애플 • 623

토핑 이유식
(시기별)

초기 토핑 이유식

당근달걀노른자완두콩브로콜리 쌀오트밀 • 175
소고기브로콜리당근청경채 쌀오트밀 • 163
소고기 쌀오트밀 • 136
소고기애호박 쌀오트밀 • 142
소고기애호박청경채 쌀오트밀 • 146
소고기양배추브로콜리단호박 쌀오트밀 • 167
소고기완두콩단호박양배추 쌀오트밀 • 171
소고기청경채오이 쌀오트밀 • 151

중기 토핑 이유식 1단계

닭고기시금치양파단호박 쌀보리죽 • 239
닭고기양파청경채달걀노른자 현미쌀죽 • 227
닭고기완두콩당근브로콜리 현미쌀죽 • 222
닭고기적채사과고구마 퀴노아쌀죽 • 257
두부양배추브로콜리단호박 쌀현미죽 • 231
소고기무단호박브로콜리 보리쌀죽 • 245
소고기브로콜리당근단호박 쌀보리죽 • 235
소고기브로콜리무양배추 퀴노아쌀죽 • 253
소고기비트애호박아욱 퀴노아쌀죽 • 261
소고기아욱무단호박 보리쌀죽 • 249
소고기토마토당근브로콜리 퀴노아쌀죽 • 265

중기 토핑 이유식 2단계

비타민비트달걀순두부조림 수수쌀죽 • 297
새송이버섯브로콜리달걀토마토범벅 흑미쌀죽 • 275
소고기배추비트애호박 흑미쌀죽 • 279
소고기브로콜리애호박비트 흑미쌀죽 • 271
소고기양송이볶음배추적채 수수쌀죽 • 303
소고기연근양파비트 수수쌀죽 • 293
소고기토마토소스적채시금치 수수쌀죽 • 287
흰살생선양파브로콜리배추 흑미쌀죽 • 283

후기 토핑 이유식 1단계

당근양파 소고기미역죽 • 351
소고기가지볶음청경채당근 잡곡무른밥 • 385
소고기검은콩청경채애호박 잡곡무른밥 • 355
소고기근대양파당근 3배 잡곡무른밥 • 371
소고기김애호박당근 3배 잡곡무른밥 • 378
소고기배추연근새송이버섯 차조무른밥 • 341
소고기팽이버섯비트브로콜리 잡곡밥 • 367
양파단호박 구기자닭죽 • 359
청경채밤 구기자닭죽 • 363

후기 토핑 이유식 2단계

닭고기아스파라거스치즈감자전 잡곡진밥 • 397
부추달걀스크램블드에그당근애호박 잡곡진밥 • 425
새우애호박적채새송이버섯 잡곡진밥 • 417
소고기느타리버섯파프리카애호박 2배 잡곡진밥 • 405
소고기단호박건포도범벅브로콜리 잡곡진밥 • 413
숙주나물흰살생선당근청경채 잡곡진밥 • 401
연어양파감자볼애호박스틱비트스틱 잡곡진밥 • 429
우엉브로콜리소고기라구소스 잡곡진밥 • 437

토핑
(가나다순)

가

가지 • 382
간장버터달걀밥 • 509
간장비빔국수 • 570
감자뇨끼 • 567
감자당근빵 • 579
감자된장국 • 531
감자볶음 • 553
감자전 • 575
강낭콩밥 • 485
건포도 • 410
검은콩 • 352
검은콩퓌레 • 352
게살수프 • 438
게살크림리소토 • 525
고구마 • 240
고구마사과잼쿠키 • 602
고구마시금치죽 • 517
고구마치즈전 • 576
고구마쿠키 • 600
고구마퓌레 • 240
구기자닭죽(무른밥) • 356
귤(오렌지/한라봉/레드향 등) • 611
그린빈 • 488
그린빈스크램블드에그 • 489
근대 • 368
김 • 379
김달걀죽 • 516
김두부무침 • 565
꽃게된장찌개 • 538

나

느타리버섯 • 402

다

단감(홍시) • 621
단호박 • 164
단호박건포도범벅 • 410
달걀노른자 • 172
달걀만두 • 571
달걀순두부밥 • 506
달걀순두부조림 • 298
달걀찜밥 • 508
달걀토마토범벅 • 275
닭고기 • 218
닭고기버섯리소토 • 524
닭백숙 • 569
당근 • 160
당근오트밀바 • 598
당근채전 • 550
돼기고기 • 464
두부 • 228
두부프라이 • 564
들깨무채국 • 528
딸기 • 615
땅콩버터사과퓌레 • 606
땅콩소스사과머핀 • 586

마

맑은버섯국 • 532
망고 • 612
망고바나나퓌레 • 608
망고샤베트 • 609
망고스틴 • 631
망고요거트찐빵 • 582
매생이달걀찜 • 480
매생이크림리소토 • 526
멜론 • 627
무 • 243
무설탕 아기 피클 • 566
무화과 • 613

바

바나나 • 442
바나나건빵 • 583
바나나땅콩미니팬케이크시리얼 • 591
바나나오트밀찜케이크 • 590
바나나오트밀쿠키 • 599
바나나오트밀팬케이크 • 589
바나나치즈빵 • 580
바나나크레페롤 • 596
밤 • 360

밤수프 • 523
밥새우시금치된장국 • 527
밥새우주먹밥 • 487
배 • 622
배대추차 • 587
배추 • 276
배추들깨죽 • 521
버섯들깨볶음 • 557
베이비웍달걀찜 • 551
복숭아 • 625
부추 • 420
부추달걀스크램블드에그 • 422
분유빵 • 581
브로콜리 • 152
브로콜리부침개 • 541
블루베리 • 618
비타민 • 294
비트 • 258

사

사과 • 159, 617
사과바나나머핀 • 584
사과빵 • 577
사과퓌레머핀 • 585
산딸기 • 628
삼색 닭안심소시지 • 430
삼치강정 • 561
상추나물 • 549
상추된장국 • 530
새송이버섯 • 272
새우 • 414
새우바이트머핀 • 552
새우브로콜리볶음 • 555
새우애호박조림 • 418
새우채소죽 • 522
샤브채소죽 • 518
샤인머스캣 • 446
석류 • 614
셀러리 • 472
소고기 • 138
소고기가지밥 • 511
소고기느타리버섯볶음 • 554
소고기라구소스 • 432
소고기무조림 • 562
소고기미역국 • 535
소고기미역죽(무른밥) • 348
소고기새송이채소죽 • 519
소고기시금치덮밥 • 512
소고기양송이볶음 • 304
소고기죽(쌀가루 16배죽) • 130
소고기채소밥볼 • 513
소고기콩나물밥 • 507
소고기토마토소스 • 288
소곰탕밥 • 510
수박 • 619
수수쌀죽(8배죽) • 284
숙주나물 • 398, 545
시금치 • 236
시금치나물 • 543
시금치팬케이크(슈렉팬케이크) • 588
쌀보리죽(10배죽) • 232
쌀죽 • 132
쌀죽(밥 5배죽) • 122
쌀죽(불린 쌀 10배죽) • 120
쌀죽(쌀가루 16배죽) • 124
쑥갓 • 479
쑥갓두부무침 • 539

아

아기 동태탕 • 536
아기 알탕 • 534
아기제니쿠키 • 603
아보카도 • 616
아스파라거스 • 394
아욱 • 246
애호박 • 140
애호박나물 • 544
양배추 • 156
양송이버섯 • 300
양파 • 224
얼갈이배추나물 • 546
연근 • 290
연근참깨마요 • 542
연어양파감자볼 • 426
오이 • 148, 445
오이나물 • 548
오징어 • 475
오징어볼 • 476
오트밀 포리지 • 329
오트밀고구마죽 • 515
오트밀달걀죽 • 514
오트밀땅콩볼(오땅볼) • 605
오트밀죽(8배죽) • 134
오트밀죽(불린 쌀+퀵롤드 오트밀 10배죽) • 128
오트밀죽(쌀가루+퀵롤드 오트밀) • 126
완두콩 • 168
용과 • 630
우엉 • 434
우유치즈감자조림 • 563

자

자두 • 626
적채 • 254

차

차조무른밥(7배죽) • 338
참외 • 620
찹스테이크 • 560
청경채 • 144
체리 • 629
치즈볼(치즈까까) • 604
치즈와플 • 597
치즈포크너겟 • 558

카

카스테라 • 594
케일 • 406
케일달걀오믈렛 • 409
콜라비 • 484
콩나물김전 • 540
콩나물순두부탕 • 533
퀴노아쌀죽(8배죽) • 250
크림소스감자뇨끼 • 568
키위 • 624

타

토마토 • 262
토마토달걀볶음 • 556
톳밥(밥솥) • 468
톳밥(전자레인지) • 466

파

파인애플 • 623
파프리카 • 372
팽이두부된장국 • 529
팽이버섯 • 364
푸룬퓌레 • 607
프렌치토스트 • 592
프렌치토스트컵 • 593

하

함박스테이크 • 559
현미쌀죽(10배죽) • 216
황태무죽 • 520
흑미쌀죽(8배죽) • 268
흰살 생선 • 280

기타

1.5배 잡곡진밥 • 462
2배 잡곡진밥 • 392
3배 잡곡무른밥 • 344
6배 잡곡무른밥 • 342
90초 땅콩버터빵 • 578
LA갈비탕 • 537

최신 이유식 지침을 반영한 세상 쉽고 맛있는 레시피 253
뿐이 토핑 이유식

초판 1쇄 발행 2024년 3월 7일
초판 24쇄 발행 2024년 12월 17일

지은이 정주희

대표 장선희 **총괄** 이영철
기획편집 현미나, 정시아, 한이슬, 오향림
디자인 양혜민, 최아영 **외주디자인** design STUDIO BEAR
마케팅 박보미, 유효주, 박예은
경영관리 전선애

펴낸곳 서사원 **출판등록** 제2023-000199호
주소 서울특별시 마포구 성암로 330 DMC첨단산업센터 713호
전화 02-898-8778 팩스 02-6008-1673
이메일 cr@seosawon.com
네이버 포스트 post.naver.com/seosawon
페이스북 www.facebook.com/seosawon
인스타그램 www.instagram.com/seosawon

ISBN 979-11-6822-272-4 13590